W0310416

E-Book inside.

Mit folgendem persönlichen Code
können Sie die E-Book-Ausgabe
dieses Buches downloaden.

70182-r65p6-y0j00-
ah341

Registrieren Sie sich unter
www.hanser-fachbuch.de/ebookinside
und nutzen Sie das E-Book
auf Ihrem Rechner*, Tablet-PC
und E-Book-Reader.

* Systemvoraussetzungen: Internet-Verbindung und Adobe® Reader®

Hanschke
Digitalisierung und Industrie 4.0 –
einfach und effektiv

Inge Hanschke

Digitalisierung und Industrie 4.0 – einfach und effektiv

Systematisch und lean die Digitale Transformation meistern

HANSER

Die Autorin:

Inge Hanschke, München
www.Lean24.com

FSC
www.fsc.org
MIX
Papier aus verantwortungsvollen Quellen
FSC® C013736

Bibliografische Information der Deutschen Nationalbibliothek:

Die Deutsche Nationalbibliothek verzeichnet diese Publikation in der Deutschen Nationalbibliografie; detaillierte bibliografische Daten sind im Internet über http://dnb.d-nb.de abrufbar.

Lektorat: Brigitte Bauer-Schiewek
Herstellung: Irene Weilhart
Copy editing: Petra Kienle, Fürstenfeldbruck
Layout: Manuela Treindl, Fürth
Grafiken: Inge Hanschke, München, und Frank Fischer, Ottobrunn
Umschlagdesign: Marc Müller-Bremer, www.rebranding.de, München
Umschlagrealisation: Stephan Rönigk
Datenbelichtung, Druck und Bindung: Kösel, Krugzell
Ausstattung patentrechtlich geschützt. Kösel FD 351, Patent-Nr. 0748702
Printed in Germany

Print-ISBN: 978-3-446-45293-0
E-Book-ISBN: 978-3-446-45299-2

Inhalt

Vorwort

Am besten erledigt man die Dinge systematisch.

Hesiod von Böotien (um 700 v. Chr.)

Digitalisierung und Industrie 4.0 verändern Organisation, Prozesse und IT-Landschaften jedes Unternehmens nachhaltig. Informations- und Kommunikationstechnik findet Einzug in allen administrativen und wertschöpfenden Prozessen des Unternehmens. Geschäftsmodelle und Produkte des Unternehmens verändern sich ebenso wie die Wertschöpfungsketten gravierend. Innovative maßgeschneiderte Produkte und Time-to-market entscheiden über die Wettbewerbsfähigkeit des Unternehmens.

Der Kunde erwartet maßgeschneiderte und einfach zu benutzende Produkte und Leistungen passend zu seinen sich über die Zeit verändernden Anforderungen über alle für ihn interessanten Kanäle (Omnikanalfähigkeit), wie z. B. Kundenportal, Mail, Fax, Telefon oder Social Media und Mobile. Das Unternehmen muss flexibel und schnell diese Produkte und Leistungen zur Verfügung stellen. Hierzu muss das Unternehmen seine End-to-end-Prozesse optimieren und soweit möglich automatisieren sowie insbesondere für die Business-Agilität enablen.

Renommierte Unternehmen in allen Branchen werden quasi über Nacht von neuen Wettbewerbern herausgefordert. So ist z. B. der Gebrauchtwagenmarkt über klassische Inserate irrelevant und durch Gebrauchtwagenplattformen abgelöst worden. Jeder kann sich einfach und schnell über den erzielbaren Preis für sein Wunschauto informieren. Über Vergleichsplattformen können auch Strom- oder Gasanbieter leicht verglichen werden. Diese Plattformen bieten zudem Services für einen einfachen und schnellen Wechsel. In anderen Branchen werden z. B. Dienstleistungen anstelle konkreter Produkte vertrieben, da nur noch über eine „Rund-um-sorglos-Leistung" eine Differenzierung möglich ist. Die Digitalisierung bietet Chancen; hat aber auch Risiken. In Bild 1 finden Sie einige Beispiele:

Bild 1 Beispiele für Auswirkungen der Digitalisierung

Für jedes Unternehmen gibt es unterschiedliche Handlungsfelder. Beispiele hierfür sind:

- Automatisierung von Geschäftsprozessen, indem z. B. diese über Workflows mit Workflow-Systemen abgebildet und mit den unterschiedlichen IT-Systemen ohne Medienbrüche integriert werden. Manuelle Schritte für z. B. Prüfungen entfallen durch den Einsatz von Regelsystemen und Expertensystemen. Papierdokumente oder nicht elektronisch auswertbare Informationen werden durch digitale Informationen und Dokumente ersetzt.
- Mehrwert aus vorhandenen Daten für ein zielgruppengerechtes Marketing, Akquise oder aber kundenmaßgeschneiderte Produkte heben. Vorhandene Daten liegen neben operativen Datenbeständen aus z. B. Auftragsabwicklungssystemen über das Nutzungsverhalten auf der Webseite oder aus dem Rücklauf von Kampagnen vor. Die Integration und Analyse dieser Daten über z. B. Big-Data-Techniken liefern neue Einblicke.
- Online-Bewerbung und automatisches Sichten von Bewerbungen oder Prüfung gegen soziale Medien, Mitarbeiterportal mit unkomplizierter Beantragung von Urlaub, digitale Personalakte oder Gehaltsabrechnung per Mail prägen oder stellen Herausforderungen für das Personalmanagement.
- Industrielle vertikale und horizontale Wertschöpfungsprozesse mit Produktionsprozessen mit Maschinen, die sich gegenseitig über Fehlerzustände oder Materialengpässe (Maschine-Maschine-Kommunikation) informieren und gegebenenfalls eine Bestellung oder eine Eskalation per Telefon auslösen.
- Nutzung von maschinellem Lernen z. B. für KI, Roboter oder die Optimierung von Werbung in Größe, Farbe oder anderen Attributen auf der Webseite in Abhängigkeit von der Klickrate und Interessentenprofilen bei einer speziell konfigurierten Webseite. Durch Analyse und Auswertungen können automatisch Präferenzen bereitgestellt werden.

Weitere Handlungsfelder finden Sie in Kapitel 1.

Die Vielfalt der Handlungsfelder und der sich daraus ergebenden Chancen und Risiken ist riesig; auch schon bevor die Buzz-Words „Digitalisierung“ und „Industrie 4.0“ Einzug gehalten haben. Hier stellt sich die Frage, was ist die Digitalisierung bzw. Industrie 4.0 und wie kann man systematisch Digitalisierung bzw. Industrie 4.0 umsetzen.

Der Begriff der Digitalisierung wird unterschiedlich verwendet und interpretiert. Die Schwerpunkte und Sichten können sich von Branche zu Branche durchaus unterscheiden. Von daher muss jeder für sein Unternehmen seine Inhalte und Definition finden und mit konkreten Anwendungsfällen für alle im Unternehmen veranschaulichen. Wie dies konkret aussieht, hängt stark vom aktuellen Digitalisierungsgrad ab.

Den höchsten Digitalisierungsgrad haben im Branchenvergleich Unternehmen der Informations- und Kommunikationstechnologie gefolgt mit einem gewissen Abstand von den Versicherungen und Banken sowie ebenso mit einem Abstand die Medienbranche. Elektronik-, Automotive- und Energieversorgungsunternehmen hinken im Vergleich etwas hinterher. Weiter abgeschlagen sind die Pharma- und Chemie-Industrie, der Maschinen- und Anlagenbau sowie der Handel. Schlusslicht ist die Logistik. Siehe hierzu [dve16].

Im Idealfall startet die Digitalisierung mit einer Digitalisierungsstrategie, die top-down von der Unternehmensführung vorgegeben wird. Treiber und der Bedarf der Kunden zur Digitalisierung sind ebenso zu berücksichtigen wie die konkreten Ziele und Randbedingungen des Unternehmens, wie z. B. der aktuelle Digitalisierungsgrad.

Doch häufig ist es umgekehrt. Viele Unternehmen und Verantwortliche werden getrieben durch den Wettbewerb und den Bedarf von Kunden. Dieser „digitale Aktionismus“ ohne Digitalisierungsstrategie birgt ein hohes Risiko.

Hier setzt dieses Buch an. Das Buch liefert einerseits einen ganzheitlichen schlanken und handhabbaren Ordnungsrahmen und andererseits einen Schritt-für-Schritt-Leitfaden für die systematische maßgeschneiderte Ableitung Ihrer individuellen Digitalisierungsstrategie sowie deren Operationalisierung durch direkt anwendbare Hilfestellungen.

Im Buch werden die wesentlichen Treiber der Digitalisierung, die daraus entstehenden Herausforderungen auf Business- und IT-Seite und die für deren Bewältigung erforderlichen Bausteine anhand von Beispielen aufgezeigt. Ein wesentlicher Schwerpunkt bildet insbesondere das Digitalisierungs- und Industrie-4.0-Framework als ganzheitlicher Rahmen sowie Plattformen für die Umsetzung. Mithilfe eines Schritt-für-Schritt-Leitfadens werden Hilfestellungen für die individuelle Ableitung und für die Umsetzung der digitalen Transformation gegeben. Die Schritte werden anhand von Beispielen erläutert.

Der Lean-Gedanke ist sowohl für den Ordnungsrahmen für die Digitalisierung und Industrie 4.0 als auch für die Leitfäden und Lösungsbausteine zentral. Kundenwertorientierung steht im Vordergrund. Verschwendung ist, wo auch immer möglich, zu vermeiden („Werte schaffen ohne Verschwendung“). Dies ist die Voraussetzung für eine nachhaltige digitale Transformation. Durch die konsequente Anwendung der Prinzipien und Methoden werden die Organisation und die Prozesse befähigt, sich schnell und effizient auf die immer größer werdenden Herausforderungen einzustellen. Dies sichert langfristig die Existenz des Unternehmens und dessen Wirtschaftlichkeit.

Über einen gesteuerten Veränderungsprozess muss die digitale Transformation in leistbaren Schritten eingeführt und ausgebaut werden. Die Größe der Schritte hängt stark von der Unternehmenskultur ab. Eine offene Leistungskultur basierend auf Vertrauen, Respekt, Toleranz, Fairness, Partizipation und Integrität muss schrittweise etabliert werden. Auf dieser Basis kann dann schrittweise der Ausbau erfolgen. Quick-wins sind ein wesentlicher Erfolgsfaktor für die nachhaltige Verankerung.

München, im Frühjahr 2018

Inge Hanschke

Danksagung

Vielen Dank an die vielen Digitalisierungs- und Industrie-4.0-Experten und Kollegen aus befreundeten Unternehmen für den intensiven Austausch.

Danke an meine Diskussionspartner, Reviewer und Unterstützer, die durch wertvolle Kommentare und Feedback das Buch maßgeblich mitgestaltet haben. Hier sind insbesondere Sebastian Hanschke und auch Frau Brigitte Bauer-Schiewek sowie Frau Irene Weilhart vom Hanser-Verlag für ihr wertvolles Feedback und ihre Unterstützung zu nennen.

Besonderen Dank an Jörg Krüger, meine Familie und Freunde, die mir den Rücken freigehalten haben und mich auch durch Feedback tatkräftig unterstützt haben.

Wegweiser durch dieses Buch

Die Gliederung des Buchs ist in Bild 2 dargestellt. Sie können die Kapitel in der genannten Reihenfolge oder aber auch selektiv lesen. Sie sind inhaltlich in sich abgeschlossen.

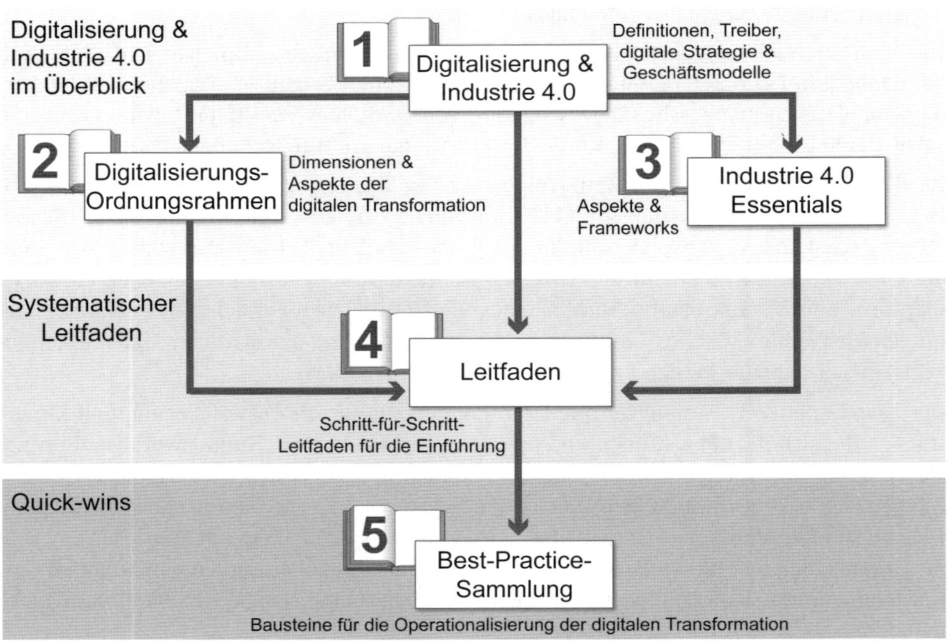

Bild 2 Kapitelstruktur

Kapitel 1 führt in die Digitalisierung und Industrie 4.0 ein. Sie finden hier Begriffsdefinitionen, die aktuellen Herausforderungen und Treiber der digitalen Transformation. Ein Schwerpunkt bildet die Digitalisierungsstrategie sowie Beispiele für digitale Geschäftsmodelle, um den möglichen Nutzen der Digitalisierung anschaulich zu machen.

Kapitel 2 stellt das Digitalisierungsframework mit allen Aspekten vor. Anhand dieses Frameworks kann systematisch eine Reifegrad-Analyse durchgeführt werden.

In *Kapitel 3* finden Sie alle wesentlichen Aspekte zu Industrie 4.0 sowie eine Übersicht über Frameworks und Best-Practices in diesem Umfeld.

Kapitel 4 liefert einen Schritt-für-Schritt-Leitfaden für die Ableitung Ihres spezifischen Digitalisierungs-Frameworks sowie zur Ermittlung Ihres Digitalisierungsreifegrads.

Kapitel 6 liefert Ihnen eine Best-Practice-Sammlung zur Operationalisierung Ihrer digitalen Transformation. Weitere Best-Practices finden Sie auf der Webseite zum Buch www.leanITM.de.

Jedes Kapitel enthält darüber hinaus zahlreiche Literaturhinweise als Empfehlung für die Vertiefung des jeweiligen Themas.

Wer sollte dieses Buch lesen?

Das Buch adressiert alle Personengruppen in Business und IT, die die digitale Transformation gestalten oder von ihr betroffen sind.

- *Chief Digital Officer sowie Management*
  - Welches sind die wichtigsten digitalen Trends und Technologien, die das Geschäft aktuell und in der Zukunft beeinflussen?
  - Welcher Handlungsdruck entsteht durch Digitalisierung? Welche Kundengruppen werden aktuell und zukünftig adressiert? Welche Bedürfnisse? Wettbewerb?
  - Welche Geschäftsmodelle sind möglich und welche passen zum Unternehmen?
  - Wie ist der digitale Reifegrad des Unternehmens? Ist das Unternehmen digitalen Themen gegenüber aufgeschlossen und bereit, sich zu verändern?
  - Welche Auswirkung hat die Digitalisierung auf die Kultur, Organisation, Prozesse und die Mitarbeiter(führung) des Unternehmens?
  - Wie kann die digitale Transformation systematisch angegangen werden?
  - Wie kann die unüberschaubare Komplexität beherrscht werden?
  - Wie kann das Datenmanagement wirksam durchgeführt werden?
- *Leiter Organisation und Führungskräfte*
  - Welche organisatorischen Voraussetzungen müssen für die digitale Transformation geschaffen werden?
  - Welche Anforderungen stellt die digitale Transformation an Führungskräfte?
  - Welche Veränderungen sind in Organisation, Prozessen und Führung im Zeitalter der Digitalisierung und Industrie 4.0 notwendig? Wie kann die digitale Transformation organisationsverträglich erfolgen?
  - Wie werden sich Unternehmen, Management und Führung im Zeitalter der Industrie 4.0 verändern (müssen)?

  - Was ist Management 4.0? Welche Auswirkungen hat dies auf mich?
- *Business-Verantwortliche, Business-Planer und Personen aus dem Umfeld Prozessmanagement oder Geschäftsprozessoptimierung*
  - Wie sehen mein Geschäftsmodell und meine Prozesslandschaft heute und in der Zukunft aus? Wie plane und steuere ich Business-Transformationen erfolgreich?
  - Muss ich mein Geschäftsmodell ändern und warum? Wie setze ich dies einfach und effektiv um?
  - Wie finden Sie Handlungsbedarfe und Optimierungspotenziale für die Optimierung der Business-Unterstützung der IT?
  - Wie können Sie erkennen, ob die IT-Landschaft hinreichend zukunftssicher, einfach und robust für die zuverlässige Gewährleistung des Geschäftsbetriebs ist?
  - Wie decken Sie Abhängigkeiten und Auswirkungen von Business-Veränderungen auf?
- *Verantwortliche für Business-Transformationen wie z. B. Fusionen oder Umstrukturierungen*
  - Wie identifizieren Sie fachliche und IT-Anteile, die lose oder eng gekoppelt sind? Wie können Sie die Auswirkungen einer Umstrukturierung analysieren und bewerten?
  - Wie können Sie Planungsalternativen inhaltlich analysieren und gegenüberstellen?
  - Wie planen und steuern Sie den Veränderungsprozess?
- *Mitarbeiter*
  - Wie verändert die Digitalisierung meine Arbeitswelt?
  - Welche Kompetenzen sind als Schlüsselqualifikation für die Digitalisierung notwendig?
- *Gesellschaft*
  - Welche Auswirkungen haben die Demografie und Digitalisierung auf die Wettbewerbsfähigkeit Deutschlands?
  - Welche persönlichen und gesellschaftlichen Folgen hat die Digitalisierung?
  - Welche Risiken entstehen und wie kann man sich persönlich absichern? Wie kann man seinen digitalen Fingerabdruck beeinflussen?
  - Wie kann die Gesellschaft fit für die digitalen Herausforderungen gemacht werden?
  - Welche gesellschaftlichen und rechtlichen Rahmenbedingungen müssen für eine erfolgreiche digitale Transformation geschaffen werden?
  - Wer bestimmt die Spielregeln der Zukunft?
  - Wie kann der Sehnsucht nach verlässlichen Strukturen in instabilen Zeiten begegnet werden?

Webseite zum Buch

Auf der Webseite zum Buch http://Lean42.com und unter http://downloads.hanser.de finden Sie weitergehende Informationen.

1 Digitalisierung & Industrie 4.0

Every morning in Africa, a gazelle wakes up.
It knows it must run faster than the fastest lion or it will be killed.
Every morning a lion wakes up.
It knows it must outrun the slowest gazelle or it will starve to death.
It doesn't matter whether you are a lion or a gazelle.
When the sun comes up, you better start running.

Thomas L. Friedman: The World Is Flat, 2005

Die Digitalisierung ist ein „Game Changer" und führt zu einem gravierenden und globalen Strukturwandel in der Wirtschaft und in allen Lebensbereichen der Gesellschaft. Die fortschreitende Durchdringung digitaler Technologien, sich ändernde Kundenbedürfnisse, der Umgang mit und die Verwertung von Daten, Globalisierung, Fusionen, zunehmender Wettbewerb und kürzer werdende Innovations- und Produktlebenszyklen zwingen Unternehmen, ihre Geschäftsmodelle in immer kürzeren Zeitabständen zu überdenken und anzupassen. Bestehende Produkte, Wertschöpfungsketten und etablierte Geschäftsmodelle verändern sich. Unternehmen können in Echtzeit mit Geschäftspartnern und der Internet-Community kommunizieren. Per App werden betriebliche Anlagen genauso wie das „Smart Home" gesteuert.

Die Digitalisierung ändert die Spielregeln. Volatile Märkte, steigende Bedeutung von Wertschöpfungsnetzwerken, neue Wettbewerber und gleichzeitig Fachkräftemangel erfordern ein Umdenken. Radikale Innovationen sind notwendig. Innovative maßgeschneiderte Produkte und Time-to-market entscheiden über die Wettbewerbsfähigkeit und das Überleben des Unternehmens. Die Unternehmen müssen entsprechend dem obigen Zitat von Friedman für den nächsten großen „Run" bereit sein. Zur Bewältigung dieser gewaltigen Herausforderungen müssen Unternehmen ihre Digitalisierungskompetenz ständig weiterentwickeln. Die rechtzeitige Auseinandersetzung mit Chancen und Risiken der Digitalisierung entscheidet über das Überleben von Unternehmen.

Eine klare Vision (siehe Abschnitt 1.3) und eine Standortbestimmung bilden den Startpunkt und gleichzeitig die Voraussetzung für eine erfolgreiche digitale Transformation (siehe Bild 1.1 und Abschnitt 1.3.5).

Auf dieser Basis können in einem kreativen Prozess systematisch die für das Unternehmen relevanten digitalen Geschäftsmodelle entwickelt sowie die für die Umsetzung erforderlichen fachlichen und technischen Capabilities abgeleitet werden (siehe Abschnitt 4.2.1). Unter Nutzung von digitalen Lösungsbausteinen und Plattformen, z. B. für die Industrie 4.0, entstehen dann digitale Lösungen und individuelle Plattformen in einem agilen, fortlaufenden Veränderungsprozess, der digitalen Transformation. Aufgrund der Neuartigkeit der digitalen

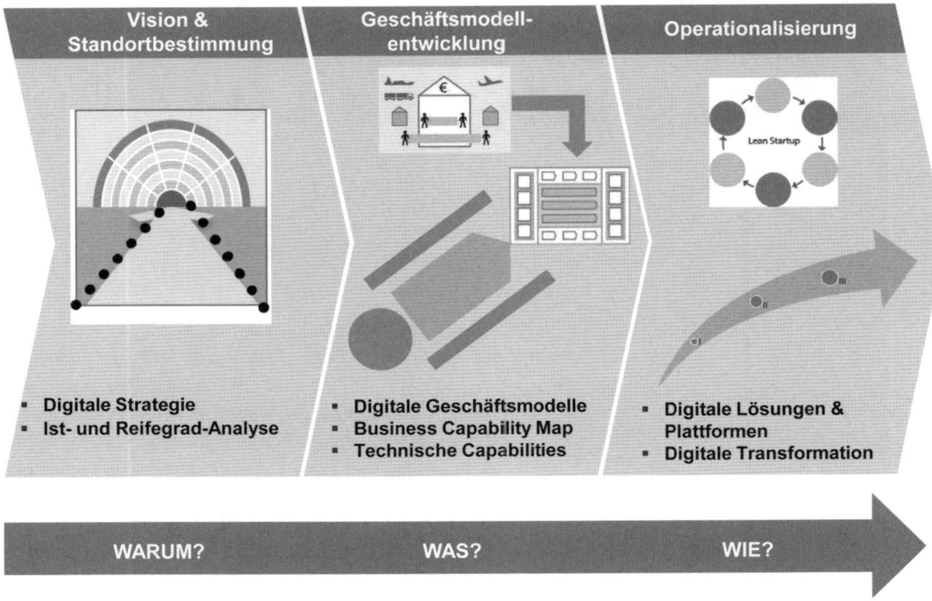

Bild 1.1 Digitalisierung im Überblick

Produkte und Dienstleistungen ist deren Kundenwert vorab häufig schwer einschätzbar. Dann wird als erster Ausbauschritt ein Minimum Viable Product (MVP) angestrebt, die Lösung mit dem minimalen Funktionsumfang, der einen Wert für den Kunden darstellt. Ziel ist es, Produkte oder Dienstleistungen schnell auf den Markt zu bringen, um anhand von Feedback das Produkt oder die Dienstleistung und einhergehend den Kundenwert und damit auch die Kundennachfrage schrittweise zu verbessern. Diese Methode, Lean Startup genannt, verändert fundamental die Art und Weise, wie neue Produkte und Dienstleistungen entwickelt werden (siehe hierzu Kapitel 5).

Dieses Kapitel führt in die Digitalisierung und Industrie 4.0 ein. Sie finden hier Begriffsdefinitionen, die aktuellen Herausforderungen und Treiber der digitalen Transformation. Einen Schwerpunkt bilden die Digitalisierungsstrategie sowie Beispiele für digitale Geschäftsmodelle, um den möglichen Nutzen der Digitalisierung anschaulich zu machen.

In diesem Kapitel finden Sie die Antworten auf folgende Fragen:

- Was versteht man unter Digitalisierung und Industrie 4.0?
- Welche Herausforderungen bestehen für Unternehmen?
- Welcher Nutzen kann erzielt werden?
- Was ist eine digitale Strategie?
- Welche Beispiele von digitalen Geschäftsmodellen gibt es?

1.1 Was ist Digitalisierung und Industrie 4.0?

Der Begriff der Digitalisierung wird unterschiedlich verwendet und interpretiert. Die Schwerpunkte und Sichten können sich von Branche zu Branche und abhängig von der digitalen Strategie eines Unternehmens durchaus unterscheiden. Von daher muss jeder für sein Unternehmen seine eigenen Inhalte und Definitionen finden und mit konkreten Anwendungsfällen für alle im Unternehmen veranschaulichen.

Häufig findet man technologieorientierte Definitionen wie „Digitalisierung bedeutet die Nutzung digitaler Technologien, wie z. B. Big Data", in denen die Nutzung von Technologien wie Big Data im Mittelpunkt steht. Der eigentliche Bedarf und der Kundenmehrwert rücken in den Hintergrund. Die Technik ist aber nur ein Hilfsmittel zur Zielerreichung. So ist z. B. ein Bedarf eine 360-Grad-Sicht auf die Kunden, um zielgruppengerechte Akquise, Marketing und Kundenbetreuung sicherzustellen. Grundlage können hierfür alle im Unternehmen verfügbaren Informationen bilden, die ganzheitlich integriert analysiert werden müssen. Ein anderes Beispiel ist die Optimierung des Recruiting-Prozesses, in dem aus Vergangenheitswerten Erkenntnisse für die Voraussetzungen für Erfolge gewonnen werden sollen. Big Data kann hier gegebenenfalls eine technische Lösung sein.

Der Begriff der Digitalisierung wird unterschiedlich interpretiert. Unstrittig ist, dass bei der Digitalisierung analoge Daten in digitale umgewandelt werden. Andererseits beschreibt es die Automation von Prozessen und Geschäftsmodellen durch das Vernetzen von digitaler Technik, Informationen, Dingen und Menschen sowie die Nutzung von digitalen Technologien, wie z. B. Machine Learning oder Big Data.

Digitalisierung und Industrie 4.0

Digitalisierung bezeichnet den Wandel zu neuartigen, häufig disruptiven Geschäftsmodellen mittels Informations- und Kommunikationstechnik. Analoge Daten werden in digitale umgewandelt, Geschäftsprozesse flexibilisiert und automatisiert sowie Technik, Informationen, Dinge und Menschen vernetzt. Der Kunde und dessen Bedürfnisse stehen im Mittelpunkt. Durch Effizienz muss der Freiraum für Innovation geschaffen werden.

Disruption steht für den Umbruch, in dem traditionelle Geschäftsmodelle durch innovative Geschäftsmodelle abgelöst oder verdrängt werden.

Industrie 4.0 steht für eine schnellere, effizientere und flexiblere Fabrik und smarte Produkte von morgen. Die ganze Wertschöpfungskette und der komplette Produkt-Lifecycle werden mithilfe einer sich weitestgehend selbst organisierenden Produktion optimiert. Technische Grundlage hierfür bilden intelligente und vernetzte Systeme. Maschinen, Anlagen, Produkte und Menschen kommunizieren und kooperieren direkt miteinander.

Smarte Produkte sind intelligente und vernetzte Produkte, in denen z. B. Sensoren und Aktoren enthalten sind, über die diese selbstständig Daten erheben, analysieren, bewerten und mit anderen Produkten, Maschinen oder Menschen kommunizieren.

In der Digitalisierung stehen der Kunde und dessen „Kundenerlebnis“ sowie Effizienzgewinne im Mittelpunkt. Das Kundenerlebnis ist die Gesamtheit der persönlichen Erfahrungen des Kunden mit dem Unternehmen oder der Marke über alle möglichen Berührungspunkte (Touchpoints). Der Kunde sammelt nicht nur beim Kauf eines Produkts oder einer Dienstleistung Erfahrungen mit der Marke oder dem Unternehmen, sondern schon über das Marketing, den Vertrieb und nach dem Kauf über die Wartung und den Service. So kann man dem Kunden z. B. über ein „Rundum-sorglos-Paket“ mit Wartung Arbeit abnehmen und damit ein positives Kundenerlebnis prägen. In der digitalen Transformation sind alle möglichen Kundenerlebnisse entlang der Customer Journey, dem vom Kunden zurückgelegten Weg mit dem Unternehmen wie z. B. Karrierestart oder erster eigener Wagen, einzubeziehen.

In Bild 1.2 finden Sie als Beispiel eine Customer Journey im Kontext Automotive. Die ersten Berührungspunkte mit einem Auto und unterschiedlichen Automarken hat man als Kleinkind. Hier zählen andere Features als später. Im Bild ist hier die Unterhaltung für das Kleinkind aufgeführt. Hier wird aber schon bereits häufig ein erstes Markenbewusstsein geschaffen: „Unser Auto ist besser als das des Nachbarn oder des Vaters vom Freund.“ Dieses Markenbewusstsein und eine Loyalität dazu müssen nachhaltig weiterentwickelt werden. Im Bild ist hier das virtuelle Autorennen dargestellt. Auch in diesem Zusammenhang hilft die Markenpräsenz, um den potenziellen Käufer weiter zu binden, sodass dieser zunächst vielleicht einen gebrauchten und später einen Neuwagen kauft oder seinen Arbeitgeber dazu veranlasst, eine gewisse Marke als Firmenwagen zu leasen. Entsprechend des Lebensabschnitts verändern sich die Ansprüche und auch hier muss sich die Marke positionieren, wenn sie diese Käufer nicht verlieren will. Es geht letztendlich darum, möglichst viele positive und

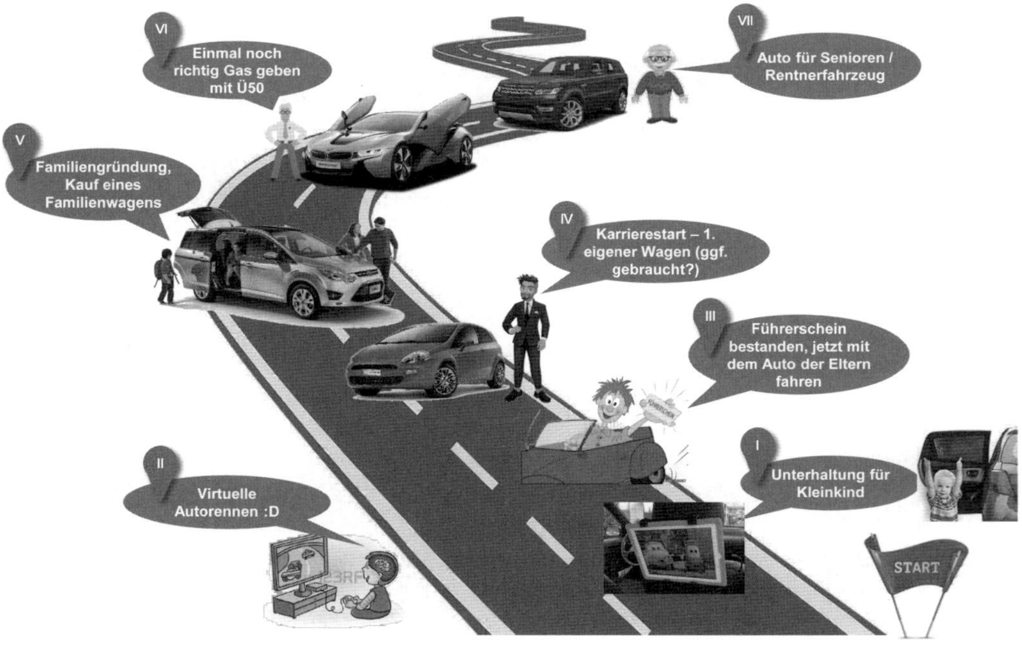

Bild 1.2 Beispiel Customer Journey

besondere Erlebnisse mit der Marke aufzubauen, um die Kundenbindung und resultierend die Kundenloyalität zu fördern. Der Kunde wird zum Markenbotschafter. Zudem sind Kunden bereit, für gute Erlebnisse auch tiefer in die Tasche zu greifen.

Es ist essenziell, sowohl herauszufinden, was Kunden überhaupt und auf welche Art und Weise wollen, als auch, wie das Unternehmen diese Wünsche befriedigen und gleichzeitig damit Geld verdienen kann. Oft ist das Kundenerlebnis dem Unternehmen nicht bekannt. So hat z. B. die Zusammenarbeit mit Robotern auch ihre Grenzen, wenn der Wunsch nach einem persönlichen Kontakt zu einem Masseur oder Personal Trainer besteht. Aber auch dies ist Änderungen unterworfen, z. B. im Rahmen der gesellschaftlichen Entwicklung. Hier ist es essenziell, alle relevanten Daten zu sammeln, zu analysieren und zu nutzen, um Kundenmehrwert zu produzieren. Digitale Unternehmen sind datengetrieben und datengesteuert, aber der Weg dahin ist recht schwierig (siehe Abschnitt 5.5).

Effizienzgewinn durch optimierte Geschäftsprozesse mit den unterschiedlichen Stellschrauben wie Automatisierung („Elektrifizierung"), datengetriebene Prozesse, Mensch-Maschine- und Maschine-Maschine-Kommunikation, Machine Learning, Self-Service-Portale und Smart-Vernetzung sind wesentliche Faktoren in der Digitalisierung. Viele Geschäftsvorfälle, wie die standardisierte Bearbeitung von Schadensfällen in Versicherungen, werden durch Systeme mit Workflows und Regelsystemen übernommen. Der Kundendienst wird losgeschickt, wenn eine Software einen Wartungsbedarf feststellt. Darüber hinaus finden Bots und Roboter mit maschinellem Lernen und KI in immer mehr Kontexten Anwendung. So übernehmen diese die Kommunikation mit Kunden. Online Shopping Agents, Roboter zur Paketauslieferung und in Parkgaragen sind weitere Anwendungsfälle. Prominente Beispiele sind Amazons virtuelle Assistentin Alexa oder Leichtbauroboter (LBR) in der Produktion von Audi A3 und Q2 im Werk in Ingolstadt, die die Verschraubung der Unterbodenverkleidung übernehmen. Sicherlich erleichtern Roboter die Arbeit durch Entlastung von Routinetätigkeiten mit reduzierten Fehlerquoten. So ersparen Leichtbauroboter bei Audi Arbeitern Überkopfarbeiten.

In Smart Factories tauschen Maschinen, Geräte und intelligente Objekte untereinander und mit Menschen Informationen aus, analysieren diese und reagieren ohne menschliches Eingreifen. Autonome und sich selbst organisierende Systeme übernehmen viele Aufgaben von Menschen. Die Auswirkungen auf die Arbeitswelt sind aber weitreichend. So fallen viele Jobs weg und die Anforderungen der verbleibenden Jobs verändern sich nachhaltig. Know-how wird immer wichtiger und Arbeitnehmer müssen für die Zusammenarbeit mit Robotern befähigt werden. Vor allem bedarf es eines Kulturwechsels und neuer Jobprofile.

Ob und wann es so kommen wird, weiß heute niemand. Sicher sind sich die Experten, dass es künftig mehr autonome, sich selbst organisierende Systeme geben wird. Viele daraus entstehende Fragen werden aktuell bereits heiß diskutiert. So stellt sich z. B. die Frage, welche Regeln beim autonomen Fahren in Unfallsituationen greifen, oder, wer dann für Schäden haftet.

Die Folgen der Digitalisierung für die Wirtschaft, Arbeitswelt und Gesellschaft sind heute nicht absehbar. Fehlende Standards sowie Unsicherheiten über rechtliche Rahmenbedingungen, Sicherheit der Lösungen und Unklarheit bezüglich Eigentumsverhältnissen der Daten behindern die digitale Transformation erheblich. Die Schaffung von De-facto-Standards ist für Unternehmen extrem risikobehaftet, da unklar ist, ob ausreichend Marktteilnehmer diese später nutzen. Nur durch die Zusammenarbeit mit anderen Unternehmen kann dieses Risiko reduziert werden.

Die Reife von digitalen Technologien ist durchaus unterschiedlich. Einige Technologien müssen erst aufmerksam beobachtet und über Pilotprojekte, gegebenenfalls gemeinsam mit anderen Unternehmen, erprobt werden. Es ist essenziell, frühzeitig Erfahrungen zu sammeln und Kompetenzen aufzubauen, um diese später schnell zum Aufbau neuer Geschäftsmodelle anwenden zu können.

Die Digitalisierung ist kein Trend und keine Modeerscheinung, sondern aufgrund der technischen Möglichkeiten und gleichzeitig vorhandener Verwertungspotenziale Realität, der sich jedes Unternehmen stellen muss. Nur so bleibt ein Unternehmen auf Dauer wettbewerbsfähig.

Schnelligkeit und systematisches Vorgehen sind Erfolgsfaktoren für die Wettbewerbsfähigkeit. Die Auswirkungen der Digitalisierung sind sowohl im Unternehmen als auch in der Gesellschaft und für jeden Einzelnen noch nicht absehbar. Die Digitalisierung verändert die Unternehmen und die Gesellschaft von innen heraus - neue Chancen und Möglichkeiten entstehen.

Hierzu müssen alle Dimensionen der Digitalisierung (siehe Bild 1.3) betrachtet werden. Der Kunde mit seinen Bedürfnissen und Kundenkontaktpunkten (Touchpoints) steht im Mittelpunkt. Die wesentlichen Dimensionen sind:

- **Digitale Strategie**
  Vision, Ziele und Leitplanken, um folgende Fragen zu beantworten: „Wo wollen wir hin?" oder „Wie wollen wir uns zukünftig positionieren?"
- **Business-Eco-System**
  Das Business-Eco-System besteht unter anderem aus Geschäftspartnern, Netzwerken und digitalen Plattformen sowie Marktpartnern inklusive der Kooperation mit dem Wettbewerb (Coopetition) und der Einbindung des Kunden (Co-Creation), um Kundenmehrwert zu generieren und den Geschäftsbetrieb zu optimieren.
- **Produkte und Dienstleistungen**
  Die Produkte und Dienstleistungen müssen dem „EUTA"-Prinzip (einfach - ubiquitär - transparent - attraktiv) folgen und auf die Kundenbedürfnisse ausgerichtet sein (siehe Abschnitt 1.3.3).
- **Business Capabilities**
  Analyse der erforderlichen und vorhandenen Fähigkeiten, um die digitale Strategie umzusetzen sowie die Produkte und Dienstleistungen im Business-Eco-System bereitzustellen.
- **Geschäftsprozesse und Organisation**
  Erforderliche Aufbau- und Ablauforganisation zur agil gesteuerten Umsetzung.
- **Daten und technische Assets**
  Transparente IT-Bebauung und Datenmanagement als Basis für die Analyse, Planung und Steuerung der digitalen Transformation.
- **Skills und Kultur**
  Erforderliche und vorhandene Skills intern und extern entsprechend der Sourcing-Strategie sowie digitale Kultur des Lernens.

Im Folgenden schauen wir uns die Enabler und die Treiber der Digitalisierung etwas näher an. Details zu den Dimensionen finden Sie in Abschnitt 2.1.

Bild 1.3 Dimensionen der Digitalisierung

1.2 Treiber und Enabler der Digitalisierung

Die Digitalisierung wird insbesondere durch die rasante Entwicklung in der Informations- und Kommunikationstechnik einhergehend mit deren Preisverfall vorangetrieben. Soziale Netzwerke im Internet, Themen-, Vergleichs- und Bewertungsportale, Suchmaschinen, Leasing-Plattformen, App Stores, Online-Marktplätze und Medienplattformen bestimmen zunehmend unseren digitalen Alltag und die Geschäftsmodelle der Unternehmen. Wesentlich für die disruptiven Innovationen sind insbesondere die internetbasierten Anwendungen im World Wide Web, die digitalen Plattformen mit ihrer Netzwerkstruktur und die Verwertungsmöglichkeiten von Daten. Die neuen Möglichkeiten haben dazu beigetragen, dass der einfache und schnelle Zugang zu Informationen und Wissen zu einem Erfolgsfaktor sowohl für die Wirtschaft, die Politik, die Wissenschaft und für jeden Einzelnen geworden ist.

Wesentliche Treiber der Digitalisierung und auch der Industrie 4.0 sind insbesondere

- der Marktdruck durch **disruptive und evolutionäre Innovationen** in allen Wirtschaftsbereichen, basierend auf den neuen, bezahlbaren technischen Möglichkeiten, wie z. B. Smart Home, sowie

- die damit einhergehenden **veränderten Kunden- und Community-Bedürfnisse**,
- **digitale Plattformen, mit deren Netzwerkstruktur** als neuem Ordnungsrahmen für die digitale Ökonomie,
- die schnell aufkommenden und völlig neuartigen **Wettbewerber** sowie
- **Regulatorien**, wie gesetzliche Anforderungen, die einen elektronischen Austausch vorschreiben.

Um wettbewerbsfähig zu bleiben, müssen Unternehmen ihre Geschäftsmodelle in immer kürzeren Zeitabständen überdenken und digitalisieren. Es gilt, mit den Wettbewerbern Schritt zu halten und vor allen Dingen noch unbekannten Wettbewerbern zuvorzukommen.

Die Digitalisierung wird durch die zunehmend schnellere technische Innovation begünstigt. Beispiele hierfür sind:

- Die Miniaturisierung und der Kostenverfall der Hardware wie Computer, Sensoren und Aktoren. Günstige RFID-Chips machen jedes Objekt eindeutig identifizierbar.
- Die breite Verfügbarkeit drahtloser Kommunikationswege sowie der laufende Ausbau der Breitbandnetze.
- Bessere Analysemöglichkeiten großer Datenmengen durch Big-Data- und Predective-Analytics-Technologien und -Methoden.

Reife, nutzbare digitale Technologien sind der wesentliche Enabler der digitalen Transformation. Viele digitale Technologien haben bereits im Hype-Cycle (siehe Bild 1.4) das Tal der Enttäuschung durchschritten und halten Einzug in Produkten und Dienstleistungen sowie im Leistungserbringungsprozess. Social Media, Cloud-Computing, digitale Plattformen, Big Data/Data Analytics und KI/Machine Learning eröffnen völlig neue Geschäftsmodelle.

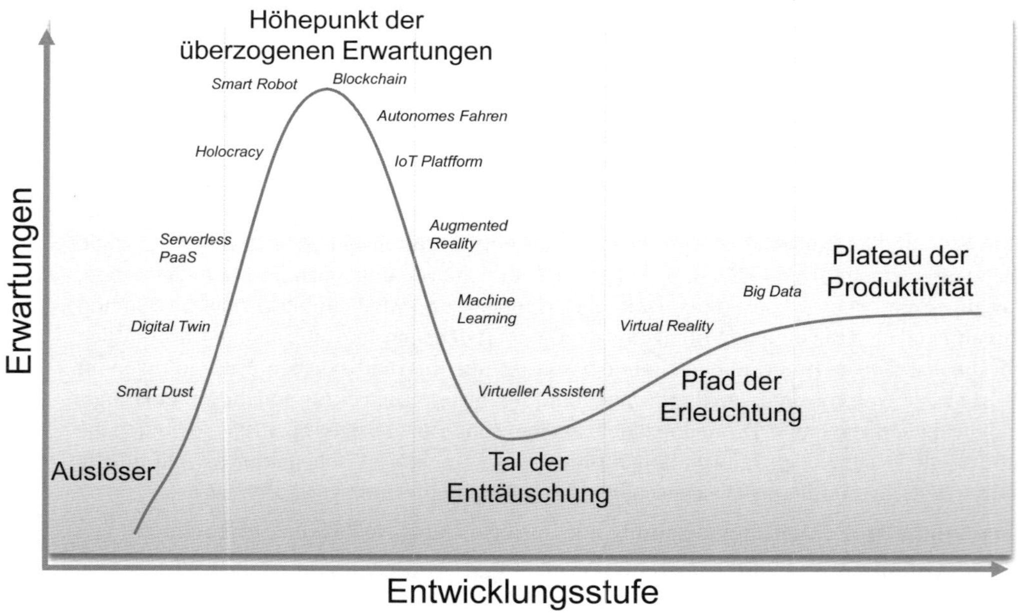

Bild 1.4 Auszug Hype-Cycle

Beispiele hierfür sind:

- **Mobile Endgeräte und Internet** sind ein Massenmarkt und erlauben den Zugriff auf Informationen jederzeit und von überall. Smartphone, Tablet oder Datenbrille verbinden Nutzer jederzeit und überall mit dem Internet. Hierdurch werden nahezu alle Lebensbereiche unterstützt. Beispiele sind online Zeitunglesen, Überwachung des Gesundheitszustands oder mobiles Bezahlen.
- **3D-Druck** als Fertigungsverfahren für Kleinserien, bei dem aus einem digitalen Modell Schicht für Schicht ein reales Objekt entsteht. Diese Technologie findet Anwendung bei individualisierten Produkten, wie Schmuck, künstlichen Organen oder Prototypen.
- **Internet der Dinge** zur Vernetzung aller Gegenstände, um auf dieser Basis z. B. selbstoptimierende Fabriken (Smart-Fabriken), globale Logistikketten oder Gebäudeautomation aufzubauen.
- **Fortgeschrittene Roboter**, die sich selbst bauen, sich in der Umwelt zurechtfinden und sich auf Menschen einstellen und diesen helfen. Beispiele sind z. B. Staubsauger- oder Rasenmäher-Roboter oder Roboter in der Fertigung.
- **Big Data und Predective Analytics** machen Vorhersagen und Trends (auch zusammen mit den Basisdaten) nutzbar in allen Funktionen der horizontalen und vertikalen Wertschöpfungsketten.
- **Clouds** ermöglichen den Zugriff auf persönliche Daten jederzeit und von überall. Software, Infrastruktur und Services werden gemietet statt gekauft.
- **KI/Machine Learning** führen zu einer neuen Generation von Robotern und Bots, die viele Aufgaben von Menschen in den unterschiedlichen Lebensbereichen übernehmen. Beim maschinellen Lernen werden von Systemen selbstständig neues Wissen erworben und Algorithmen weiterentwickelt.

Ständig tauchen neue Technologien auf, wie z. B. „Smart Dust“, der intelligente Schmutz, digitale Zwillinge (siehe Abschnitt 2.3.6) oder „Serverless PaaS“, die sorgfältig im unternehmensinternen Innovationsmanagement beobachtet werden müssen (siehe Abschnitt 5.1.1).

Auf dem Peak bzw. im Übergang zum Tal der Tränen befinden sich inzwischen bereits Technologien, wie „Smart Robots“, „Blockchain“, autonomes Fahren, „IoT-Plattformen“, virtuelle Assistenten, e-Mobility oder „Nanotube Electronics“. „Virtual Reality“ und „Big Data“ sind Beispiele für bereits etablierte Technologien. Weitere Informationen zu diesen Technologien finden Sie in Kapitel 5.

Die rechtzeitige Auseinandersetzung mit Chancen und Risiken der Technologien ist von existenzieller Bedeutung für alle Unternehmen. Social Media, Cloud-Computing, digitale Plattformen, Big Data/Data Analytics und KI/Machine Learning eröffnen völlig neue Geschäftsmodelle. Omnikanalfähigkeit schafft weitere Vertriebskanäle weit über Unternehmens- und Ländergrenzen hinweg. Klassische Kanäle, wie Post, E-Mail, Fax und Telefon sowie Außendienst und Vermittler werden mit digitalen Kanälen, wie Social Media, digitale Plattformen und Kundenportale, sowie Mobile kombiniert. Wertschöpfungsketten überspannen nicht nur das eigene Unternehmen, sondern beziehen Geschäftspartner, den Kunden (Co-Creation) oder sogar Wettbewerber mit ein (Business-Eco-System). Die horizontale und vertikale Integration der Wertschöpfungsketten vom Einkauf über die Produktion zum Versand und bis auf Ebene des Sensors in der Maschine mit integrierten Daten schafft die Grundlage für den Einsatz von übergreifender KI und Big Data Analytics. Neue Einsichten werden durch Analyse des

Datenbestands gewonnen. So kann z. B. das Marketing zielgerichteter erfolgen. Selbstständig lernende Systeme verfügen über alle relevanten Daten für die Schärfung ihrer Regeln und Algorithmen, um Rückschlüsse zu ziehen und Empfehlungen abzuleiten oder sogar komplett selbstständig zu handeln. Die Potenziale für Wachstum und Wohlstand sind enorm. Disruptive und evolutionäre Innovationen prägen digitale Geschäftsmodelle.

Die Nutzung sozialer Netzwerke nimmt im privaten, öffentlichen und geschäftlichen Bereich enorm zu und erzeugt eine immer weiter wachsende Informationsflut mit Datenschätzen über Kunden, die über Business Analytics und Big Data sowie von selbstlernenden Systemen (KI/ Machine Learning) genutzt werden können. So teilen viele potenzielle Kunden ihr Wissen, ihre Meinungen, ihre Beobachtungen und sicherlich auch ihre Bewertungen. Diese haben eine große und unmittelbare Auswirkung auf das Kaufverhalten und das Image des Anbieters, dessen Marke. Erschwerend kommt hier der Netzwerkeffekt von digitalen Plattformen hinzu. Positives und negatives Feedback haben unmittelbar große Auswirkungen. Die Kunden sind über mobile Endgeräte, insbesondere Smartphones, nahezu rund um die Uhr im digitalen Netz aktiv und nutzen diese sowohl für die sozialen Netzwerke als auch immer mehr für den Kauf oder die Nutzung von Produkten und Dienstleistungen. Die Kommunikation findet unabhängig von Zeit und Ort (ubiquitär) statt. Die Grenzen zwischen Arbeit und Freizeit verschwimmen zunehmend, ebenso zwischen dienstlichen und privaten Geräten und Daten.

Die Möglichkeiten und vor allen Dingen auch die Komplexität der Digitalisierung bergen auch hohe Risiken, insbesondere im Datenschutz und in der Informationssicherheit. Datentransparenz fehlt häufig völlig. Welche Daten liegen in welcher Cloud oder sogar in nicht vom Unternehmen kontrollierten digitalen Plattformen? Die Sicherheitsanforderungen nehmen ständig zu. Cyber–Security oder Wirtschaftsspionage sind entsprechende Schlagworte. Die Anzahl der Angriffe auf z. B. kritische Infrastrukturen, aber auch auf jede Webseite oder private Firewall, explodiert förmlich.

Hier ist es essenziell, den Datenschutz und die IT-Sicherheit ganzheitlich zu adressieren und so die Vertraulichkeit, Verfügbarkeit und Integrität der Daten entsprechend den Schutzzielen sicherzustellen. Wesentliche Bausteine sind dabei die Cloud-Strategie, die Social-Network-Strategie, das Identity- und Access-Management (IAM), die Abwehr von Spam-Attacken und Hackerangriffen sowie Sicherheitsmaßnahmen für die Prävention und Umsetzung der unternehmensspezifischen Sicherheits- und Compliance-Anforderungen. Es gilt, viele Bedrohungen erst gar nicht entstehen zu lassen und auftretende Bedrohungen schnellstmöglich und mit geringstmöglichem Schaden zu eliminieren, was viel Know-how bei den handelnden Personen voraussetzt und eine wichtige digitale Fähigkeit eines Unternehmens ausmacht.

Um die Potenziale der digitalen Technologien freisetzen und nutzen zu können, muss eine **breitbandige Echtzeitkommunikation im Gigabitbereich** sowohl unternehmensintern als auch in Deutschland aufgebaut werden. Das Gigabit-Glasfasernetz muss hohe Kapazitäten, breite Verfügbarkeit und geringe Latenz aufweisen. Das im Internet pro Minute transportierte Datenvolumen steigt auf allen Netzebenen exorbitant. Das weltweite Datenvolumen im Festnetz verdoppelt sich derzeit alle 40 Monate, in den Mobilfunknetzen sogar alle 18 Monate. Während 2014 weltweit rund 718 Exabyte (718 Milliarden Gigabyte) umgesetzt wurden, wird sich dieser Wert schon bis 2019 auf 2 Billionen Gigabyte in etwa verdreifachen. Eine breite und erschwingliche Verfügbarkeit fehlt aktuell in vielen Regionen. Auch die verzögerungsfreie Übertragung (geringe Latenz) ist für viele Anwendungen unverzichtbar, beispielsweise für eine intensive Cloud-Nutzung und vernetzte Unternehmenssoftware. Studien belegen, dass im Online-Handel bereits bei einer Verzögerung von einer Sekunde beim Seitenaufbau rund 10 Prozent weniger Umsatz getätigt wird und die Kundenzufriedenheit um 16 Prozent sinkt. Schon Verzögerungen im Millisekunden-Bereich, die heute noch die Regel sind, machen wiederum bestimmte Prozessanwendungen unmöglich. Siehe hierzu [BRD16].

Der Schutz digitaler Daten und von Industrieanlagen vor unbefugtem Zugriff durch beispielsweise Konkurrenten oder Kriminelle stellt eine große Herausforderung dar (Cybersecurity). Die technische Machbarkeit ist noch in vielen Bereichen eingeschränkt. Grenzen setzen die ungelöste Energieversorgung der intelligenten Objekte, wie z. B. die limitierte Laufzeit von Batterien, oder die nicht ausreichende technische Reife der entstehenden Produkte und Dienstleistungen. Neben der Breitbandkommunikation im Gigabitbereich fehlen unter anderem Standards für Plattformen, Architekturen und Übertragungen. Unsicherheiten über rechtliche Rahmenbedingungen, Sicherheit der Lösungen und Unklarheit bezüglich Eigentumsverhältnissen und Datenschutzanforderungen der Daten behindern die Verwertung von technischen Möglichkeiten und den grenzenlosen Austausch von Daten erheblich. Zudem fehlen Fachkräfte für Digitalisierungstechniken und -methoden, um die zunehmende Komplexität zu beherrschen.

Zudem löst die Digitalisierung in vielen Unternehmen eher ein abstraktes Bedrohungsgefühl aus als einen echten Handlungsimpuls. Das operative Tagesgeschäft läuft wie gehabt. Dies führt zu überwiegend wirkungslosen Einzeldigitalisierungsmaßnahmen, anstatt einer systematischen und bahnbrechenden digitalen Transformation.

Neben der Tatenlosigkeit und den Hindernissen von außen gibt es auch gravierende unternehmensinterne Hindernisse. Interne Grabenkämpfe, Silodenken und Revierverhalten blockieren Innovationen und damit die digitale Transformation. Es geht nichts voran, wenn jeder auf seinen Pfründen beharrt und hierarchische Strukturen fortbestehen. Die Veränderung der Unternehmenskultur zu einer offenen Leistungs- und Innovationskultur ist daher ein immanenter Erfolgsfaktor (siehe hierzu Abschnitt 5.1).

Alle Aspekte müssen ganzheitlich und systematisch adressiert werden. Hierzu dient die digitale Strategie.

1.3 Digitale Strategie

Die Digitalisierung führt zu disruptiven Umbrüchen bei der Zusammenarbeit und insbesondere bei der Wertschöpfung. Sie verändert Menschen, Unternehmen, Märkte und die Gesellschaft. Wer die Digitalisierung erfolgreich meistern will, muss mit veränderten Kundenbedürfnissen, einer anderen Sicht der Digital Natives, schnell aufkommenden Wettbewerbern, immer vielfältigeren Mitarbeitererwartungen und den technischen Innovationen flexibel und schnell umgehen können.

Die richtige Einschätzung der digitalen Reife fehlt häufig, da viele Unternehmen lediglich ein diffuses Gefühl einer zukünftigen Herausforderung und keinen unmittelbaren Handlungsdruck für die Digitalisierung spüren. Eine digitale Strategie ist notwendig.

Alle Beteiligten benötigen ein gemeinsames und abgestimmtes Verständnis über die Digitalisierung und die konkreten Ansätze im eigenen Kontext. Schwammige Formulierungen sind ebenso zu vermeiden wie eine fehlende Operationalisierung.

Eine digitale Strategie gibt Orientierung und bietet einen Handlungsrahmen für die digitale Transformation. Sie ist ein wesentlicher Bestandteil der Unternehmens- und IT-Strategie oder muss zumindest mit diesen harmonieren. Sie gibt Vision, Ziele und Leitplanken für die digitale Transformation vor und verbindet das Vorhandene mit dem notwendigen Neuen.

Folgende Fragen müssen u. a. beantwortet werden:

- Gibt es eine digitale Strategie für die Partizipation an der digitalen Welt? Ist diese im Unternehmen kommuniziert? Gibt es Leitplanken, wie z. B. Prinzipien?
- Nutzen aktuelle Geschäftsmodelle digitale Fähigkeiten? Wie werden zukünftige Geschäftsmodelle kontinuierlich (weiter-)entwickelt? Wie wird sichergestellt, dass Produkte digital veredelt werden? Werden digitale Abfallprodukte als solches erkannt?
- Wie erfolgt das Innovations-Enabling? Gibt es Freiraum für das Querdenken? Oder wie entstehen in Ihrem Unternehmen disruptive Innovationen?
- Existiert es eine Markenstrategie? Wie werden die Attraktivität und die Bekanntheit der Marke gesteigert?
- Herrscht Klarheit über die Ausgangslage, die digitale Reife?
- Sind die erforderlichen digitalen Fähigkeiten identifiziert? Sind die digitalen Fähigkeiten in der Organisation vorhanden und verankert? Welche Fähigkeiten werden intern und welche extern erbracht (siehe Sourcing- und Cloud-Strategie in Abschnitt 5.3)?
- Wer treibt im Unternehmen die digitale Transformation? Existiert ein Chief Digital Officer?
- Sind bestehende Strukturen bereit für die Individualisierung der Produkte und die smarte Fabrik? Werden digitale Plattformen unterstützt?
- Existiert ein umfassendes Prozesskomplexitätsmanagement? Werden Prinzipien aus dem Lean Management für die digitale Transformation genutzt?
- Gibt es Kennzahlen zur Bewertung der Kundenzufriedenheit und des Fortschritts bei der Digitalisierung?
- Sind die erforderlichen technischen Plattformen und digitalen Kompetenzen vorhanden? Werden die technischen Schnittstellen zur horizontalen und vertikalen Vernetzung unterstützt (Interoperabilität, Omnikanalfähigkeit)?
- Werden die Datenschutz- und Informationssicherheitsanforderungen sowie Compliance-Anforderungen eingehalten?

Als Teil der Unternehmensstrategie gibt die digitale Strategie die strategischen Vorgaben für die digitale Transformation in den nächsten Jahren vor. Die digitale Strategie dokumentiert die aktuelle Ausgangslage, den digitalen Reifegrad, die Vision, das aktuelle und geplante Geschäftsmodell, die Leitplanken und – soweit bereits ermittelt – die erforderlichen Maßnahmen zur Umsetzung. Sie setzt dadurch formale und verbindliche Rahmenbedingungen und Planungsprämissen für das strategische und operative Management.

Eine digitale Strategie wird regelmäßig – häufig zumindest jährlich – überprüft und bei Bedarf angepasst. Sie schafft damit eine verlässliche Grundlage für die zielgerichtete Planung und Steuerung der digitalen Transformation.

Die digitale Strategie und insbesondere das Geschäftsmodell müssen das Bestehende („Exploitation") ausnutzen und das Neue erkunden („Exploration"), Ambidextrie („Beidhändigkeit") genannt. Die Kombination ist entscheidend. So können Erweiterungen von vorhandenen Produkten und Dienstleistungen oder digitale Abfallprodukte den ersten Schritt in Richtung der Digitalisierung darstellen. Für neue innovative Produkte und Dienstleistungen, die mitunter über teure F&E-Projekte identifiziert werden, müssen einerseits häufig noch ein Business-Eco-System mit Kunden und Geschäftspartnern aufgebaut sowie andererseits tragfähige Verwertungspotenziale, wie digitale Plattformen, identifiziert und schrittweise über Lean-Startup-Methoden (siehe Abschnitt 5.2.2) verprobt werden. Die bereits bestehenden Produkte und Leistungen sichern das Unternehmen wirtschaftlich ab. Über ein gesteuertes Innovationsmanagement und Veränderungsmanagement kann das „Neue" erkundet werden. Nur so lassen sich attraktive neue Märkte, Kooperationspotenziale und tragfähige Verwertungskonzepte für teure F&E-Projekte finden und Bedrohungen der alten und auch der neuen Wettbewerber abwehren. Innovative maßgeschneiderte Produkte und Time-to-market entscheiden über die Wettbewerbsfähigkeit des Unternehmens in der Zukunft.

Eine digitale Strategie gibt Antwort auf folgende Fragen (siehe [Coe03], [Dic85] und [Win03] und Bild 1.5):

- Aktuelle Ausgangslage: Wo stehen wir heute? Was zeichnet uns aus?
- Vision und Soll-Zustand: Wofür stehen wir? Wo wollen wir hin?
- Weg zum Ziel: Wie wollen wir langfristig erfolgreich sein?

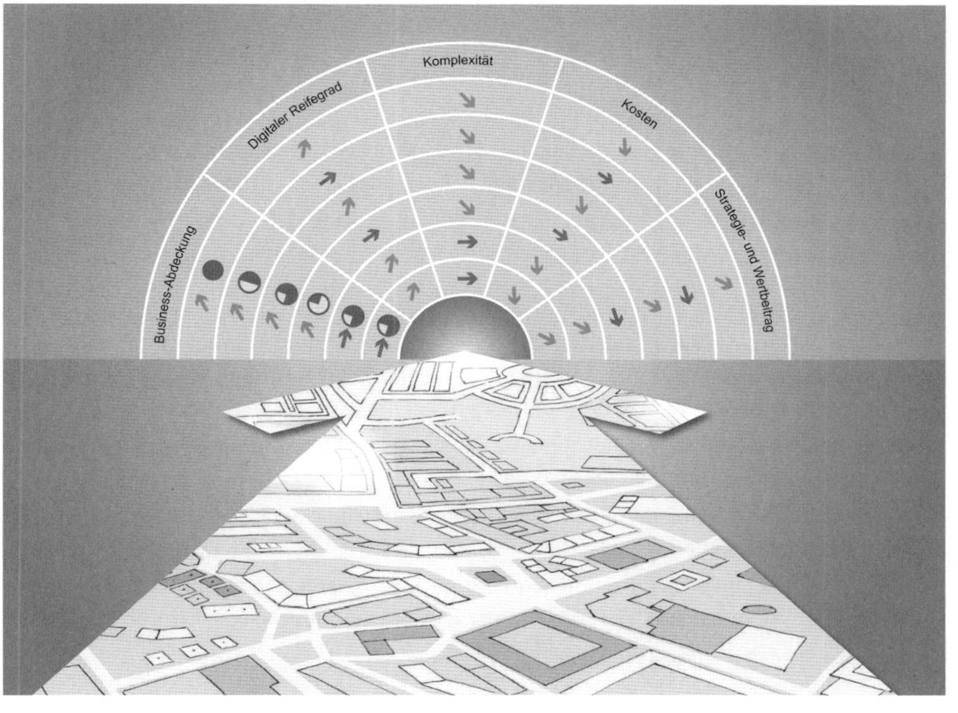

Bild 1.5 Digitale Strategie – Verbindung vom Vorhandenen mit dem notwendigen Neuen

„Wo wollen wir hin?" oder „Wie wollen wir uns zukünftig positionieren?"

Die strategische Positionierung erfolgt durch die Formulierung der Mission und der Vision. Eine Mission ist der Zweck einer Organisation, der ihre Existenz rechtfertigt. Eine Vision ist die langfristig ausgerichtete Zielsetzung, an der sich sämtliche Aktivitäten orientieren.

Beispiel für eine digitale Mission:

> „Wir nutzen digitale Potenziale durch systematische, interdisziplinäre und unternehmensübergreifende Kreativitätsprozesse und agile Feedbackprozesse, um für unsere Kunden den größtmöglichen Wert zu generieren. Wir optimieren und elektrifizieren konsequent alle unsere Geschäftsprozesse, um unsere Produkte und Dienstleistungen wirtschaftlich erbringen zu können."

Beispiel für eine digitale Vision:

> „Wir sind 2025 das für Kunden und Mitarbeiter attraktivste Unternehmen für Robotik in Europa."

Auf der Basis einer klaren Mission und Vision kann das digitale Geschäftsmodell ganzheitlich entwickelt und kontinuierlich eng verzahnt mit dem Innovationsmanagement weiterentwickelt werden (siehe Bild 1.6).

Bild 1.6 Digitales Geschäftsmodell

Wesentlicher Input ist eine ganzheitliche SWOT-Analyse:

- Welche Stärken und Schwächen hat das Unternehmen aktuell? Hierbei muss besonderes Augenmerk auf verdeckte Stärken und Schwächen gelegt werden. Eine systematische Analyse (siehe Abschnitt 5.2) hilft hier.
- Welche Stärken und Schwächen benötigt das Unternehmen zukünftig für die digitale Transformation? Wie können diese aufgebaut werden?
- Welche Schlüsselpotenziale bilden die Alleinstellungsmerkmale des Unternehmens im relevanten Marktsegment?
- Welche potenziellen oder tatsächlichen Bedrohungen lassen sich aus der Umweltanalyse und der Unternehmensanalyse ableiten und wie soll auf diese reagiert werden?

Hieraus lassen sich strategische Empfehlungen ableiten:

- grundlegende Aussagen zu Wachstum, Stabilisierung, Konsolidierung oder Schrumpfung des Unternehmens,

- Strategien für die Marktkommunikation, Produktportfolio und Preispolitik sowie marktbezogene Strategien wie Diversifikation, Differenzierung und Spezialisierung,
- Verhalten gegenüber Wettbewerbern, wie z. B. Kartellbildung oder Entwicklung digitaler Plattformen.

Im Detail können unterschiedliche Methoden, wie z. B. Business Canvas (siehe Abschnitt 5.2.1), genutzt werden. Die wesentlichen Dimensionen werden im Folgenden etwas näher betrachtet.

Dimension Kunde: Identifikation – Kundenzugang – Kundenbindung

Markt und Zielkunden:
Identifikation der für das Unternehmen relevanten Kundengruppen und -segmente mit deren Bedürfnissen, Merkmalen, Besonderheiten, Verhaltensweisen, Finanzkraft und bevorzugten Kanälen.

Kernfragen:
Wer sind die wichtigsten Kunden für das Unternehmen, für die Wert generiert werden soll? Wer sind unsere aktuellen Kunden? Unser aktueller Markt? Wer sind unsere Zielkunden? Wie erzeugen wir welchen Wert für unsere Zielkunden? Welche Produkte und Leistungen sind für unsere Zielkunden interessant?

Sicherstellung und Optimierung des Kundenzugangs:
Über digitale Plattformen, wie z. B. Amazon, kann deren Kundenbasis und Netzwerkeffekt genutzt werden. Die IT kann auch einen wesentlichen Beitrag zur Verbesserung des Kundenzugangs leisten. Beispielsweise können Self-Service-Portale auf die Kundenanforderungen zugeschnittene Vertriebskanäle und Servicezugänge bereitstellen. Ein weiteres Beispiel sind Community- oder Kollaborationsplattformen, die z. B. einen direkten Austausch von Informationen unter Experten ermöglichen. Vielleicht kann auch auf das Kundennetzwerk von Geschäftspartnern durch Kooperation mit diesen zugegriffen werden.

Kernfragen:
Über welche Kanäle finden wir Zugang zu den Kunden? Bieten wir diese Kanäle aktuell schon? Wie erreichen wir Omnikanalfähigkeit? Welche vorhandenen digitalen Plattformen sind für uns interessant und wie können wir uns hier am besten integrieren? Wollen und können wir ggf. eine eigene Plattform aufbauen? Wie erreichen wir Echtzeit-Fähigkeit?

Kundenbindung:
Durch die Bereitstellung von auf den Kunden zugeschnittenen und kostengünstigen Lösungen und Services kann das Kerngeschäft des Kunden maßgeblich unterstützt und vereinfacht werden. Insbesondere Komfort, einfacher Zugang und Entlastung von z. B. Routinevorgängen führen zu einer hohen Kundenzufriedenheit und emotionalen Bindung. Durch individualisierte Lösungen wird gleichzeitig die Kundenabhängigkeit erhöht. Ein Beispiel hierfür ist die automatische Lieferantenintegration in einer Just-in-time-Fertigung oder aber eine individuelle Informationsbereitstellung durch eine Business-Intelligence-Lösung. Aber auch die Zusammenarbeit mit anderen Unternehmen, z. B. über digitale Plattformen, kann einen Mehrwert für die Kunden erzeugen und gleichzeitig die Kundenbindung an das eigene Unternehmen vergrößern. So nutzen manche Nutzergruppen vorwiegend einige digitale Plattformen und freuen sich, wenn ihre Produkte und Leistungen auch dort vertreten sind.

Kernfragen:
Wie können wir die Zielkunden an uns möglichst lange binden? Welche Begeisterungs-Features sind hilfreich? Wie kann positive Emotion für unser Unternehmen, unsere Marke,

unsere Produkte und Leistungen erzeugt werden? Wie kann Mehrwert für unseren Kunden erzeugt werden? Wie einfach/ubiquitär/transparent/attraktiv sind unsere Produkte und Leistungen sowie der Kundenzugang?

Ist eine interaktive Wertschöpfung mit dem Kunden (Co-Creation) denkbar und wie kann dies ausgestaltet werden?

Wie erhalten wir kontinuierlich aussagekräftige Informationen über Märkte, Kundenbedürfnisse und Wettbewerber?

Kundenmehrwert durch „einfach – ubiquitär – transparent – attraktiv" („EUTA")

- **Einfach:** Der schnelle und einfache Zugang zu Informationen und Wissen ist ein entscheidender Faktor sowohl für die Wirtschaft als auch für jeden Einzelnen geworden. Komplexe Benutzerschnittstellen und unverständliche Bedienerführung „schrecken" Kunden ab. Beispiele sind Self-Service-Funktionen oder die Integration in digitale Plattformen.
- **Ubiquitär:** Informationen sind ubiquitär, d. h. von nahezu überall und jederzeit abrufbar. Über jeden Kanal, wie z. B. Smartphone, und von überall, d. h. u. a. Präsenz in sozialen Netzwerken und digitalen Plattformen, kann Geschäft angebahnt und abgewickelt werden.
- **Transparent:** Leistungsumfang und Preis müssen transparent, vergleichbar und somit einschätzbar sein. Dies ist essenziell, um Vertrauen zu schaffen. Klar strukturierte Webseiten sowie Funktionalitäten und Leistungen neben fokussierten digitalen Plattformen, wie z. B. Bewertungsportalen oder Onlinehandelsplattformen mit guten Suchmöglichkeiten, erhöhen die Kundenbindung.
- **Attraktiv:** Das Produkt oder die Leistung sowie der Zugangskanal, wie z. B. eine digitale Plattform, muss entweder einen Coolness-Faktor („gewitzt") und/oder einen hohen Nutzen für den Kunden aufweisen. Mehrwerte entstehen durch maßgeschneiderte Produkte und Leistungen, Umsetzung der Kernanforderungen durch adäquate Funktionalitäten oder aber durch Komfortfunktionen und Services, wie z. B. Rundum-sorglos-Pakete oder Mehrwertberatungsleistung.

Dimension Produkte und Leistungen

Differenzierung gegenüber dem Wettbewerb oder Kostenführerschaft sind die klassischen Strategien für Produkte und Leistungen. Durch leistungsfähige, auf die Kundenbedürfnisse zugeschnittene, komfortable, effiziente und/oder flexible Produkte und Leistungen sowie einen guten Service können Sie einen wichtigen Beitrag zur Differenzierung leisten.

Kernfragen:
Welche Produkte und Leistungen werden von unseren Zielkunden nachgefragt? Gibt es hier Wettbewerb? Welche Wettbewerber gibt es? Wie wollen wir uns gegenüber dem Wettbewerb differenzieren? Individualisierung oder Kostenführerschaft oder bessere Services? Neue Produkte und Leistungen durch z. B. neue Kooperationsformen mit unseren Geschäftspartnern?

Wie kann Mehrwert für unseren Kunden erzeugt werden? Wie einfach/ubiquitär/transparent/attraktiv sind unsere Produkte und Leistungen?

Wie erhalten wir kontinuierlich und zeitnah aussagekräftige Informationen über Kundenbedürfnisse, Wettbewerber, digitale Kanäle und Konkurrenzprodukte sowie Kosten und Nutzen der Produkte und der Beschaffungsalternativen der Kunden? Wie können wir Eintrittsbarrieren für Wettbewerber schaffen?

Dimension Business-Eco-System: Chancen durch neue Formen der Kooperation

Auch über die Grenzen eines Unternehmens hinweg entstehen Eco-Systeme, die einen Beitrag zum Gelingen des Geschäftsmodells leisten. Sie verbinden Unternehmen und vernetzen deren Produkte, Leistungen, Daten, Maschinen oder auch Menschen.

Kernfragen:
Mit welchen Geschäftspartnern kann in welcher Art und Weise kooperiert werden? Welche strategischen Allianzen können geschlossen werden? Welche digitalen Plattformen sind interessant? Eine eigene digitale Plattform? Ist eine interaktive Wertschöpfung mit dem Kunden (Co-Creation) denkbar und wie kann dies ausgestaltet werden?

Wie können wir ein eigenes Eco-System organisationsübergreifend und interdisziplinär aufbauen? Welche Beteiligten sollen welche Fähigkeiten effizient einsetzen und welche Prozesse vereinfachen? Wie können gemeinsam größere Ziele schneller erreicht werden?

Wirtschaftlichkeit durch Effizienzsteigerung

Der Ressourceneinsatz sollte sowohl im Business als auch in der IT optimiert werden, um Freiraum für Innovationen zu schaffen. Die Optimierung im Business hat großes Potenzial. Durch eine adäquate IT-Unterstützung der Geschäftsprozesse, wie z. B. die Verschlankung oder Automatisierung von Geschäftsprozessen, eine Vernetzung von Lieferketten, elektronische Kooperation über Portale oder die Vermeidung von Medienbrüchen, kann die Effizienz in den Geschäftsabläufen erheblich verbessert und damit der Freiraum für Business-Innovationen geschaffen werden. Die IT kann hier Handlungsbedarf und Optimierungspotenzial aufzeigen und gemeinsam mit dem Business das Potenzial über Projekte und Wartungsmaßnahmen heben.

Über die Automatisierung von Geschäftsprozessen sowie Standardisierung bzw. Homogenisierung der IT-Landschaft sind enorme Kosteneinsparungen möglich. So können Routinevorgänge automatisiert sowie Skaleneffekte genutzt und z. B. Lizenzkosten eingespart werden. Durch kontinuierliche Konsolidierung der IT-Landschaft lässt sich diese vereinfachen, wodurch die Betriebs- und Wartungsaufwände sinken. Eine Know-how-Bündelung, Konsolidierung des Produkt- und Dienstleistungsportfolios sowie Konzentration auf die Kerneigenleistungen mit z. B. Outsourcing von Serviceleistungen schaffen darüber hinaus große Einsparungspotenziale. Auch die Auslagerung von Services in die Cloud (siehe Cloud-Computing in Abschnitt 5.3.2) kann Personal-, Lizenz- und Rechenzentrumskosten reduzieren.

Kernfragen:
Welche Optimierungsmöglichkeiten gibt es im Business und in der IT? Welche Verschwendungen bestehen (siehe Abschnitt 5.1.3) bei Prozessen, Organisation, IT-Unterstützung, Maschinen oder Betriebsmitteln? Welche Automatisierungsmöglichkeiten gibt es? Welche Standardisierungsmöglichkeiten können genutzt werden? Gibt es Einsparungspotenzial über Cloud-Computing oder über Sourcing-Alternativen? Wie kann möglichst wirtschaftlich ein zuverlässiger, sicherer und skalierbarer Geschäftsbetrieb gewährleistet werden?

Time-to-market: Zeitvorsprung vor dem Wettbewerb & agile Veränderung des Geschäftsmodells

Der Zeitvorsprung vor dem Wettbewerb kann nur durch Business-Innovationen sowie eine schnelle Produktentwicklung und -bereitstellung erreicht werden. Lean Startup (siehe Abschnitt 5.2.2) ermöglicht es bei disruptiven Geschäftsmodellen, schnell ein erstes Kernprodukt bereitzustellen, auf dessen Basis dann Feedback eingeholt werden kann.

Die IT kann dies durch vorausschauende strategische IT-Planung, flexible und tragfähige Unternehmens- und Softwarearchitekturen, sichere, zuverlässige und effiziente On-Premises- und Cloud-Computing-Betriebsmodelle sowie durch aktives IT-Innovationsmanagement unterstützen.

Die Agilität, d. h. die Geschwindigkeit der Anpassung an sich verändernde Rahmenbedingungen und neue Marktsituationen, ist eine der wichtigsten Herausforderungen für Unternehmen. Innovative Lösungen differenzieren vom Wettbewerb lediglich so lange, bis die Konkurrenz nachgezogen hat. Die Transformationsgeschwindigkeit wird genauso wichtig wie das Geschäftsmodell selbst.

Der IT kommt hier eine Schlüsselrolle zu, da sie heute praktisch alle Geschäftsprozesse unterstützt. Reaktionsgeschwindigkeit und Flexibilität der IT sind direkt mit dem Unternehmenserfolg verbunden. Durch eine flexible und tragfähige Unternehmens- und Softwarearchitektur kann schnell auf Veränderungen reagiert werden. Eine bi- oder multimodale IT wird zum Erfolgsfaktor. Eine bimodale IT ist die Kombination der traditionellen Entwicklungs- und Betriebsorganisation der IT mit experimentellen agilen Schnellbooten für digitale Transformationsprojekte mit hoher Priorität und Time-to-market-Anforderungen.

1.3.1 Wesentliche Erfolgsfaktoren für die digitale Transformation

Die Folgen der Digitalisierung für die Wirtschaft, Arbeitswelt und Gesellschaft sind heute nicht absehbar. Dies macht die digitale Transformation umso schwieriger.

Was macht eine erfolgreiche digitale Transformation aus?

Eine digitale Transformation ist eine Revolution. In der Regel entsteht neues, noch nicht vorher vollständig Durchdachtes. Kontinuierliches Lernen und Feedback-Schleifen sind wesentlicher Bestandteil der digitalen Kultur.

Erfolgsentscheidend für die digitale Transformation sind neben der digitalen Kultur disruptive Geschäftsmodelle, digitale Plattformen und/oder die Digitalisierung bestehender Geschäftsmodelle. Digitale Plattformen wie Amazon oder Facebook bilden mit ihrem Netzwerkeffekt einen neuen Ordnungsrahmen für die digitale Wirtschaft. Von den Auswirkungen her ist dies vergleichbar mit dem Skaleneffekt in der industriellen Massenproduktion. Schauen wir uns disruptive Geschäftsmodelle und digitale Plattformen etwas näher an.

- **Disruptive Geschäftsmodelle**, die durch revolutionäre Innovation Chancen eröffnen Traditionelle Geschäftsmodelle und Wertschöpfungsketten verändern sich gravierend oder werden sogar komplett „zerstört“ und durch neue ersetzt.

  Ein Beispiel sind Smartphones, die den Markt der Mobiltelefone revolutioniert haben, oder Apples iPad als Vorreiter einer neuen Geräteklasse.

„Innovator-Dilemma“: Große, aktuell erfolgreiche Unternehmen befinden sich in einer Zwickmühle. Sie sind Gefangene ihres eigenen Erfolgs. Verändern sie ihr Geschäftsmodell und ihre Produkte und Dienstleistungen, verärgern sie ihre Stammkunden, mit denen sie aktuell Gewinne erzielen. Veränderungen an den bestehenden, eingefahrenen Prozessen und der gewachsenen Systemlandschaft und riesigen Datenbeständen sind zudem schwerfällig.

Zudem lassen sich Erfolgschancen von disruptiven neuen Geschäftsmodellen kaum vorhersagen. Das eigene Geschäftsmodell infrage zu stellen ist für erfolgreiche Unternehmen nach nüchterner Risikoabwägung oft nicht sinnvoll. Sie setzen daher häufig eher auf kontinuierliche Verbesserung und gleichzeitig auf eine bimodale Organisation und IT (oder sogar multimodal) (siehe Bild 5.2) und ein Produktportfolio aus klassischen evolutionär weiterentwickelten Produkten und disruptiven Innovationen.

Startups haben dagegen nichts zu verlieren und setzen alles auf eine Karte. Sie probieren ihre neuen Ideen und Methoden zunächst auf Nischenmärkten aus (siehe Abschnitt 5.2.2, Lean Startup). Dort sammeln sie Erfahrung und verbessern die Produkte und Dienstleistungen. Dann greifen sie etablierte Unternehmen auf breiter Front an. Mit neuartigen, in der Regel innovativeren, zeitgemäßen und häufig unschlagbar günstigen Produkten, da sie technologische Innovationen im Gegensatz zu den etablierten Unternehmen voll ausnutzen können. Etablierte Unternehmen können ihr bestehendes Produkt- und Dienstleistungsportfolio nur mit großem finanziellen und zeitlichen Aufwand ersetzen, da sie z. B. Verpflichtungen zur Erfüllung von Altverträgen haben („Innovator‘s Dilemma“). Sie sind Gefangene ihres eigenen Erfolgs. Die klassischen Erfolgsfaktoren wie Ertrags- und Wachstumsorientierung erweisen sich bei disruptiven Innovationen möglicherweise als geradezu gefährlich und existenzbedrohend.

Beispiele für Startups und disruptive Geschäftsmodelle sind FinTechs oder aber Tesla, Google oder Apple Autos.

Innovative Startups („Angreifer“) starten mit einem Minimum Viable Product (MVP, siehe Abschnitt 5.2.2). Nach der ersten Bewährung entwickeln sie das Produkt oder die Dienstleistung agil weiter und wachsen unaufhörlich und verdrängen oder ersetzen langfristig den etablierten Wettbewerber, wenn dieser nicht im gleichen Tempo folgen kann und seinerseits neue Produkte und Dienstleistungen anbietet. Ein häufig zitiertes Beispiel ist hier die Werftindustrie. Neue Dampfschiff-Werften, die mit motorgetriebenen Dampfschiffen in Binnengewässern experimentierten und Erfolg hatten, verdrängten Segelschiff-Werften, die immer größere, schönere, teurere Schiffe für die Übersee-Routen bauten und die neue Konkurrenz unterschätzten.

Es gibt jedoch auch eine ganze Reihe positiver Beispiele der etablierten Unternehmen, wie Carsharing-Angebote oder Kundenbindung über Verbesserung der Produkt- und Serviceangebote und Beratungsfunktionen in etablierten Onlinehandelsplattformen. Hier wird, wie oben ausgeführt, dem „EUTA“-Prinzip (einfach – ubiquitär – transparent –attraktiv) gefolgt und so Mehrwert für den Kunden geschaffen.

- **Digitale Plattformen**, an denen keiner vorbeikommt
  Digitalisierung impliziert die globale und interdisziplinäre Vernetzung von unterschiedlichsten Nutzergruppen mithilfe der Informationstechnik. Diese erfolgt zunehmend über digitale Plattformen.

  Eine digitale Plattform ist eine Basis, die über das Internet Interaktionen zwischen Nutzergruppen ermöglicht, sodass für diese Gruppen ökonomische Vorteile entstehen.

Digitale Plattformen bilden entweder soziale Netzwerke mit positivem Rückkopplungseffekt, wie z. B. Facebook, oder stellen eine Basis für eine Vielzahl von Unternehmen, um deren Produkte und Dienstleistungen über das Internet zu vermarkten. Sie bringen die verschiedenen Nutzergruppen wie Käufer und Verkäufer zusammen (Marktplatz-Funktion).

Ganz entscheidend für den Erfolg von digitalen Plattformen ist die Standardisierung der Interaktion zwischen sehr vielen Akteuren. Dadurch können die Transaktionskosten im Vergleich zu klassischen Geschäftsbeziehungen deutlich gesenkt werden.

Plattform-API

Eine **Plattform-API** ist eine Form von Application Programming Interface (API), die Schnittstellen und Funktionen für die Integration von Anwendungen oder Plug-ins in eine Plattform bietet. Beispiele für Funktionen sind der Zugriff auf Benutzerdaten oder Integration von sozialen Kanälen wie Facebook. ■

Digitale Plattformen definieren technische und betriebswirtschaftliche „Spielregeln" sowie APIs und Prozesse für z. B. die Freigabe.

Charakteristisch für digitale Plattformen ist ihr Netzwerkeffekt. Die Nutzer der Plattformen tauschen Informationen aus und sind miteinander vernetzt. Der Nutzen und damit die Attraktivität der Plattform steigen mit der Anzahl ihrer Nutzer, was den **Netzwerkeffekt** definiert. So ist für Käufer das Angebot auf einem Marktplatz umso attraktiver, je mehr Wettbewerb auf der Plattform herrscht.

Über digitale Plattformen werden neue Märkte und bei hoher Marktkonzentration Monopole geschaffen. Beispiele sind Amazon oder eBay sowie insbesondere die App-Stores der Android- oder iOS-Plattform. Da ein Großteil der Handys auf Android und iOS basieren, müssen Mobile-Produkte sich den Regeln von Google bzw. Apple unterwerfen. Die Plattformbetreiber erlangen zudem enormes Wissen über Endkunden, deren Nutzungsverhalten und deren Daten.

Es entstehen zunehmend mehr Plattformen, wie z. B. „Pizza.de" als Portal für Essenslieferdienste oder Hotel-, Flug- und Taxi-Vermittler für Hotel-, Flug- und Taxi-Buchungen. Nicht alle werden sich am Markt durchsetzen. Der Netzwerkeffekt kann hier, wenn sich Meinungsführer und wichtige Gruppen abmelden, wie z. B. Restaurants bei Lieferdienst-Portalen oder Markenhändler von Online-Handelsplattformen, auch ins Gegenteil umschlagen. Dann laufen der Plattform die Nutzer in Scharen davon; eine sich selbst verstärkende negative Rückkopplung. Jede Abmeldung führt zu weniger Nutzen der Plattform für andere.

Netzwerkeffekt

Nachdem eine kritische Anzahl von Plattformnutzern erreicht ist, wächst ihre Zahl exponentiell und nicht mehr linear wie auf traditionellen Märkten. Sättigungseffekte treten bei erfolgreichen (nicht verdrängten) Plattformen erst ein, wenn sie eine marktbeherrschende Stellung eingenommen haben.

Auf einen Satz reduziert, lautet die Kernaussage des Standardwerks (siehe [Sha98]) von Carl Shapiro und Hal R. Varian zum Netzwerkeffekt: „Der Erfolg füttert sich selbst." Varian ist heute Chefökonom von Google. ■

Unternehmen, die über die digitalen Plattformen ihre Produkte und Dienstleistungen anbieten, profitieren von der Plattform. Sie nutzen den über die digitale Plattform geschaffenen Vertriebsweg. Das Auffinden eines passenden Transaktionspartners der jeweils anderen Gruppe ist in der digitalen Welt sehr viel einfacher als in der analogen. Durch die Marktplatz-Funktion können die Transaktionskosten weiter reduziert werden, da der Zugang meist kostenlos ist. Die Plattforminfrastruktur kann einfach genutzt werden und muss nicht selbst geschaffen, gewartet und weiterentwickelt werden.

Gleichzeitig entsteht aber auch eine Abhängigkeit, insbesondere, wenn sich ein Anbieter auf eine digitale Plattform spezialisiert. Plattformanbieter geben den Preis- und Innovationsdruck, dem sie selber unterliegen, an die Nutzer weiter. Je mehr Wettbewerb auf der Plattform herrscht, desto attraktiver ist das Angebot aber gleichzeitig für die Endkunden.

Hat sich eine digitale Plattform erst einmal etabliert, führt an ihr kein Weg vorbei. Es entstehen Oligopole, wie z. B. Amazon oder Facebook, mit einer gewaltigen Machtposition. Aber in einem Oligopol kann es nur wenige Spieler geben. Fast alle, die antreten, werden scheitern und viel Geld verbrennen.

Der Wettbewerb unter den Plattformen ist mörderisch. Bei Plattformen geht es insbesondere um Marktanteile. Die Eintrittsbarrieren für neue Plattformanbieter sind wegen Cloud-Computing, einfachen Programmiermethoden und einem ganzen Ökosystem von Dienstleistern für Startups niedrig und sinken immer weiter. Eine disruptive Idee reicht, wenn gutes Timing, unternehmerisches Talent und Glück zusammenkommen. Der Netzwerkeffekt tut dann sein Übriges. Nachdem eine kritische Anzahl von Plattformnutzern erreicht ist, wächst ihre Zahl exponentiell und nicht mehr linear wie auf traditionellen Märkten. Sättigungseffekte treten bei erfolgreichen (nicht verdrängten) Plattformen erst ein, wenn sie eine marktbeherrschende Stellung eingenommen haben.

Viele Startups nutzen die Digitalisierung als Chance, Marktstrukturen grundlegend zu verändern. Sie haben im Gegensatz zu den etablierten Unternehmen auch nichts zu verlieren. Für etablierte Unternehmen sind hingegen nicht immer, wie ausgeführt, disruptive Geschäftsmodelle für eine erfolgreiche digitale Transformation notwendig. Auch über eine kontinuierliche Verbesserung und Digitalisierung des bestehenden Produkt- und Serviceangebots können neue Kundengruppen gewonnen, der Zugang vereinfacht und die Kundenbindung bei etablierten Unternehmen erhöht werden. So können z. B. bestehende Produkte auch in neue digitale Plattformen integriert werden oder aber mit Partnern neue Zusatzleistungen bereitgestellt werden.

Wann sollte man auf disruptive und wann auf evolutionäre Geschäftsmodelle setzen?

1.3.2 Disruptive und evolutionäre Geschäftsmodelle

Schauen wir uns hierzu den Unterschied etwas genauer an. Evolutionäre Geschäftsmodelle nutzen auch Innovation, jedoch ändert sich der Markt nicht grundlegend. So werden durch Automatisierung oder Chatbots die Art und Weise der Kollaboration zwischen den Beteiligten nicht verändert, sondern lediglich weiterentwickelt. Disruption bezeichnet hingegen die komplette Umstrukturierung beziehungsweise Zerschlagung etablierter Modelle. Ein Beispiel hierfür ist der Wandel der Musikindustrie vom Anbieter physischer Platten oder CDs zum

Streaming-Provider. Streaming bezeichnet die gleichzeitige Übertragung und Wiedergabe von Video- und Audiodaten über ein Netzwerk. Dies leitete einen disruptiven Prozess ein, der Händler und Presswerke gleichermaßen ihrer Geschäftsbasis beraubt. Kunden haben einfach die Möglichkeit, z. B. über iTunes ihre Musiktitel online zu erwerben.

In Bild 1.7 finden Sie ein Portfolio mit vier Quadranten zum Einsortieren des Ideenpools aus dem kreativen Innovationsprozess (siehe Abschnitt 5.1.1). Im Portfolio werden verschiedene Innovationstypen in Abhängigkeit vom Grad der Markt- und Technologieinnovation dargestellt. **Alltags-Innovationen** nutzen existierende, bewährte Technologien und adressieren vorhandene Kundenguppen und -segmente. Differenzierung kann entweder über Kosten oder Mehrwert für Kunden im Vergleich mit dem Wettbewerb geliefert werden. Letzteres erfordert eine ausreichende Schnelligkeit. Customer Experience Management (kurz CEM) auf allen Kundenkontaktpunkten („Touchpoints") ist hier erfolgsentscheidend. Dies beinhaltet auch z. B. digitale Plattformen wie Check24. Durch die Kostenführerschaft können z. B. „vergleichbare" Produkte und Leistungen einen enormen Kundenzugewinn erzielen. Für Wettbewerber ist es jedoch relativ einfach, hier zu überholen.

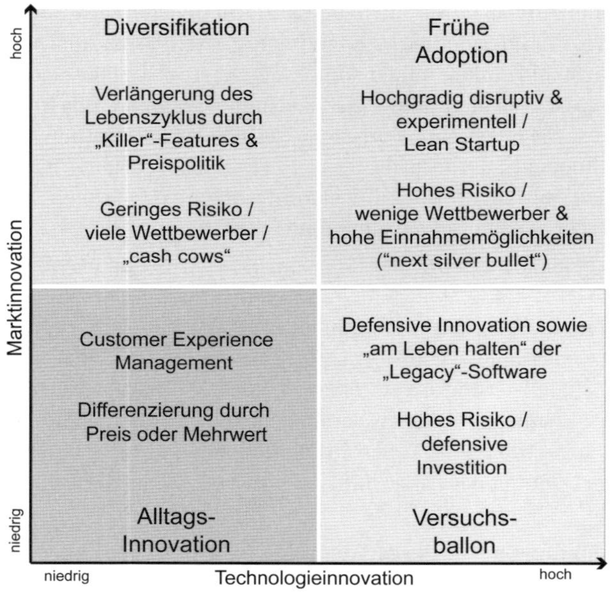

Bild 1.7
Innovationsportfolio
Disruptiv – Evolutionär

Definition Customer Experience Management (CEM)

Customer Experience Management (Kundenerfahrungsmanagement) beinhaltet alle Analyse-, Planungs-, Durchführungs- und Steuerungsprozesse, um die Bedürfnisse der Kunden zu identifizieren und zu erfüllen. Mittels positiver Kundenerlebnisse über die komplette Customer Journey wird eine emotionale Bindung zum Kunden aufgebaut. Positive Kundenerlebnisse haben natürlich auch eine direkte Wirkung auf Nutzungsintensität und Kaufbereitschaft.

Ziel ist es hierbei, Kunden als begeisterte Markenbotschafter zu gewinnen (zufrieden - loyal - begeistert), die aktiv Werbung für die Produkte und Dienstleistungen des Unternehmens über Empfehlungen und Mund-zu-Mund-Propaganda machen.

Hierzu wird jede Interaktion zwischen einem Kunden und dem Unternehmen gemonitort, analysiert und soweit möglich begleitet und organisiert. ■

Im Quadranten „**Diversifikation**" wird vorhandene Technologie genutzt, um durch adäquate Preispolitik und diversifizierende „Killer"-Features neue Einnahmequellen in bestehenden oder neuen Märkten, Kanälen oder neuen Kundengruppen und -segmenten zu erschließen. Neben funktionalen Features kann auch z. B. durch Internationalisierung oder Vereinfachung der Nutzung ein Mehrwert für Kunden erzeugt werden. Ein Beispiel hierfür ist Twitter. Die Technologie ist relativ einfach, hat aber die Art und Weise des Informationsaustauschs gravierend verändert. Der Lebenszyklus von Technologien, Produkten oder Dienstleistungen wird hierdurch verlängert (siehe Bild 1.8). Einfachheit, positive Kundenerlebnisse und eine Markenbildung sind auch hier erfolgsentscheidend. Basis ist eine sorgfältige Markt- und Kundenanalyse, um das Potenzial abschätzen zu können. Das Risiko und auch die erforderlichen Investitionen sind in der Regel überschaubar, allerdings auch für Wettbewerber.

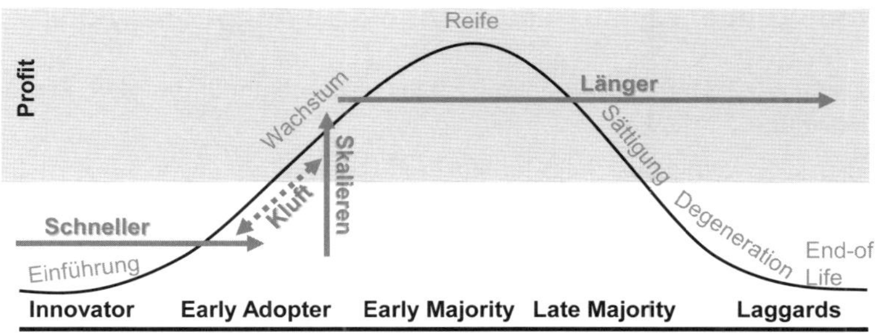

Bild 1.8 Technologie-Adoptions- und Produktlebenszyklus

Definition Markenbildung

Markenbildung ist das systematische Etablieren einer Unternehmens-, Produkt- oder Dienstleistungsmarke. Einprägsame positive Eigenschaften (Attraktivität), die mit der Marke in Verbindung gebracht werden, zusammen mit der Markenbekanntheit bestimmen den Wert der Marke.

Die Markenbildung dauert in der Regel längere Zeit und erfordert eine sorgfältige Markenstrategie, Marketingmaßnahmen und das Einlösen der Werbeversprechen. ■

Radikale Innovationen finden sich im „**Early Adoption**"-Quadranten. Die Technologien sind noch in einer frühen Phase des Technologie-Adoptionszyklus (siehe Abschnitt 1.3.3). Neue Technologien und ein neuer Markt bergen viele Risiken, bringen aber auch eine hohe Differenzierung und bei Erfolg auch hohe Einnahmemöglichkeiten über eine relativ lange

Zeit, da die Wachstums- und Sättigungsphase mit Zeitvorsprung vor dem Wettbewerb voll ausgenutzt werden kann. Aufgrund der Unvorhersagbarkeit, häufig auf beiden Dimensionen, sind möglichst kostengünstige Experimente und schnelle Kunden-Feedbacks mit Techniken, wie z. B. Lean Startup (siehe Abschnitt 5.2.2), erfolgsentscheidend. Ein Beispiel für diesen Quadranten ist „Kindle".

Radikale technische Innovationen in vorhandenen Märkten kennzeichnen die „Versuchsballon"-Innovationen. Investitionen müssen sehr sorgfältig getätigt werden, da einerseits die technischen Risiken bestehen und andererseits offen ist, ob genügend Einnahmen erzielt werden können. Nahezu jedes innovative Unternehmen hat einige Versuchsballon-Innovationen, die nie Marktreife erzielen. Dies ist aber vorab nicht immer einschätzbar.

Daher ist es essenziell, im Innovationsmanagement den Ideenpool (siehe Abschnitt 5.1.1) in die Quadranten einzuordnen. Jede neue Innovationsidee sollte zudem bezüglich ihrer Reife, Chancen (Zukunftsfähigkeit und Interoperabilität), Risiken (Substituierbarkeit, strategische Bedeutung) und Einsetzbarkeit für das Unternehmen bewertet werden. So erhält man ein vollständiges Bild für die Analyse und Geschäftsmodellentwicklung.

Schauen wir uns hierzu den Technologie-Adoptionszyklus im Zusammenspiel mit dem Produktlebenszyklus etwas näher an.

1.3.3 Produktlebenszyklus und Technologie-Adoptionszyklus

In Bild 1.8 wird der Technologie-Adoptionszyklus in Kombination mit dem Produktlebenszyklus dargestellt.

Die Planung des Produktlebenszyklus für alle Produkte und Leistungen des Portfolios ist eine wesentliche Aufgabe der Unternehmensplanung. Nicht alle Phasen des Produktlebenszyklus werden für alle Produkte immer erreicht. Kein Produkt lebt ewig. Wie der Lebenszyklus eines Produkts verläuft, hängt von zahlreichen Einflussfaktoren ab. Zwischen erster Produktidee und letztem Verkauf gibt es viele Veränderungen gegenüber der ursprünglichen Produktplanung. Die Strategien z. B. für das Marketing müssen im Verlauf der Lebenszeit eines Produkts den Gegebenheiten angepasst werden.

Schauen wir uns den Produktlebenszyklus näher an:

- **Einführungsphase**
  Das Produkt oder die Dienstleistung wird am Markt eingeführt. Hier gibt es häufig noch Kaufzurückhaltung. Marketingmaßnahmen und Differenzierung über Attraktivität oder Preis sind essenziell, um ausreichend Käufer zu finden und Umsatz zu erzielen. Hier entscheidet sich auch sehr schnell, ob das Produkt oder die Dienstleistung am Markt überhaupt ankommt oder ein Flop ist.

  Über die Marktkommunikation erfolgt der Imageaufbau. Aufgrund der in der Regel hohen Kosten für die Produktentwicklung (Produktentstehungsprozess kurz PEP) und Marketingmaßnahmen werden in der Regel noch keine Gewinne mit dem Produkt oder der Dienstleistung erzielt. Bei Produkten und Dienstleistungen, die bereits bei Markteinführung ein Verkaufsschlager sind, gibt es häufig Fertigungsengpässe aufgrund der großen Nachfrage. Hier muss schnell eine Lieferfähigkeit erreicht werden.

  Die Einführungsphase ist beendet, wenn die Erlöse die Kosten ausgleichen („Break-even").

- **Wachstumsphase**
  Diese Phase ist durch starkes Wachstum des Markts gekennzeichnet. Die Erhöhung der Attraktivität des Produkts und eine adäquate Preispolitik sind erfolgsentscheidend, da Wettbewerber auf das Produkt oder die Dienstleistung aufmerksam werden und versuchen, ähnliche oder gleiche Produkte oder Leistungen mit reduzierten Produktentstehungskosten auf den Markt zu bringen (Free-Rider-Problem). Trotz anhaltender Marketingmaßnahmen und Ausbau des Produkts oder der Dienstleistung werden durch Ausbau des Marktanteils Gewinne erzielt.
- **Reifephase**
  Reife liegt vor, wenn das Wachstum am Markt stagniert. Die Reifephase ist die profitabelste und längste Marktphase. Die Unternehmen haben immer noch einen hohen Marktanteil. Aufgrund der zunehmenden Konkurrenz sinken zum Ende der Phase die Gewinne. Die Wachstumsraten sind rückläufig. Über die Steigerung der Attraktivität der Produkte und Leistungen durch z. B. mehr Komfort und Mehrwert einhergehend mit Erhaltungsmarketingaktionen kann die Phase verlängert und damit der Profit vom Produkt oder der Dienstleistung erhöht werden. Das Produkt oder die Dienstleistung ist keine „Neuigkeit" mehr, aber vielleicht ein „must-have". Ein adäquates Kosten-Nutzen-Verhältnis durch eine passende Preispolitik ist ebenso erfolgsentscheidend.
- **Sättigungsphase**
  Diese Phase ist erreicht, wenn kein weiteres Marktwachstum mehr mit dem Produkt oder der Dienstleistung zu erzielen ist. Umsätze und Gewinne gehen zurück. Die Nachfrage hängt nur noch von z. B. Ersatz- oder Erneuerungskäufen ab. Bestimmende Faktoren sind hier die technische Lebensdauer des Produkts und der Wandel von Mode und Geschmack. Weitere Diversifikation und erste Preissenkungen sind für diese Phase charakteristische Strategien. Das Produkt oder die Dienstleistung sollte aber bei positiven Deckungsbeiträgen am Markt gehalten und über z. B. Modifikationen[1] verlängert werden. Ein Beispiel hierfür ist Coca-Cola, welches über unterschiedliche Varianten wieder Neukunden gewonnen hat.

  Langlebige und variantenreiche, vor allem technische Gebrauchsgüter wie Fahrzeuge, Kommunikationsgeräte, Fernseher, Haushaltsgeräte und Investitionsgüter wie Maschinen, technische Arbeitsmittel und Werkzeuge werden kontinuierlich um neue Ausstattungsmerkmale und Mehrwertfunktionen ergänzt oder auch komplett neu entwickelt.

  Die Sättigungsphase endet, wenn keine Gewinne mehr erzielt werden können. Dann kann das Produkt oder die Dienstleistung durch eine Neueinführung (Relaunch) ersetzt oder z. B. über eine Verbundbeziehung zu anderen Produkten (Economies of Scope) wieder attraktiv gemacht werden.
- **Degenerationsphase**
  In der Degenerationsphase kann der irreversible Rückgang der Marktanteile und des Umsatzes nicht mehr über Marketingmaßnahmen abgefangen werden. Hier gibt es, siehe oben, die Strategie „Ausphasen" oder eines Relaunch (Rekonsolidierung). Ziel ist es hierbei, dass das Produkt oder die Leistung so modifiziert und neu positioniert wird, dass es einen weiteren Lebenszyklus durchläuft. Beispiele hierfür sind die iPhone- oder Golf-Generationen.

[1] Häufig wird bei eigentlich komplett neuen Nachfolgeprodukten der Produktname beibehalten. Hier verschwimmen in gewisser Weise die Phasen des Produktlebenszyklus.

- **End-of-Life-Phase**
  Das Produkt oder die Leistung ist am Ende des Lebenszyklus. Die Serienproduktion wird eingestellt und die Servicekräfte werden auf andere Produkte umgeschult. Jedoch müssen Garantieleistungen, Ersatzteilversorgung, Rücknahme und Entsorgung von Altprodukten gewährleistet sein. Häufig werden diese Leistungen an andere Unternehmen ausgelagert, die sich auf dieses Geschäftsmodell spezialisiert haben.

Eine entscheidende Frage ist, ob ein Produkt oder eine Dienstleistung nach der Markteinführung erfolgreich ist, d. h. ob es in die Wachstumsphase eintritt, wie schnell und in welchem Maß diese das mögliche Marktpotenzial ausschöpfen und wo die Sättigungsgrenze liegt und wie schnell diese erreicht wird. Bei disruptiven Innovationen lässt sich dies vorab nicht absehen. So kann der Anbieter nach der Markteinführung feststellen, dass nicht so viele Produkte wie geplant verkauft werden. Hierfür gibt es unterschiedliche Ursachen. So kann sich der Markt langsamer als geplant entwickeln. Kunden halten am alten Produkt fest und wechseln nur zögerlich oder aber gesetzliche Rahmenbedingungen wurden geändert und Unternehmen haben mehr Zeit für einen Wechsel. Ein Beispiel hierfür sind Smart Meter, intelligente Zähler. Die Prognose von vielen Energieversorgungsunternehmen wurde bei weitem nicht erreicht. Erst durch Zwang wurden viele Jahre später die ursprünglich geplanten Zahlen erreicht. Der Break-even-Zeitpunkt verschiebt sich erheblich in die Zukunft.

Das Marktpotenzial kann aber auch völlig falsch eingeschätzt werden. So kann das Produkt für die Zielgruppe nicht attraktiv sein. Der Break-even-Zeitpunkt wird möglicherweise nie erreicht und das Produkt ist ein Flop. Umgekehrt kann das Marktpotenzial auch unterschätzt werden, der Anbieter ist dann sehr schnell erfolgreich und muss die Produktion schnellstmöglich skalieren, um keine Lieferschwierigkeiten zu bekommen.

Gerade bei neuartigen Produkten und Dienstleistungen sind die potenziellen Kunden und Anwender noch etwas zurückhaltend. Sie müssen zunächst erfahren, dass es ein neues Produkt gibt. Außerdem muss ein Bedürfnis geweckt werden, das Produkt oder die Dienstleistung zu kaufen. Dies kann z. B. durch Werbung oder über Messen erfolgen. Häufig werden in dieser frühen Reifephase Bewertungen oder Erfahrungsberichte genutzt, bevor es ausprobiert wird.

Entscheidend für eine erfolgreiche Markteinführung sind:

- **Produkte und Dienstleistungen folgen dem „EUTA“-Prinzip** (einfach – ubiquitär – transparent – attraktiv)
  Die Produkte und Dienstleistungen müssen auf die Kundenbedürfnisse ausgerichtet werden. Sie müssen attraktiv für den Kunden durch einen deutlich sichtbaren oder erlebbaren Mehrwert, ubiquitär nutzbar und mit einem adäquaten und transparenten Kosten-Nutzen-Verhältnis gestaltet werden. Je einfacher und weniger erklärungsbedürftig es ist und je leichter es sich anwenden lässt, desto kleiner sind die Widerstände für das Ausprobieren. Der Coolness-Faktor erhöht zudem die Attraktivität.

  Dies setzt die Kenntnis der Kunden und von deren persönlichen Vorlieben, Wünschen, Befürchtungen und Erwartungen voraus.

- **Vielfältige und für die Zielgruppe passende Touchpoints anbieten**
  Alle Kundenkontaktpunkte, die für die Zielgruppe relevant sind, wie z. B. Apps oder Kundenportale, müssen zur Verfügung stehen und einfach nutzbar sein.

  Ein einfacher Zugang und Möglichkeiten zum Ausprobieren reduzieren die Hemmschwelle der Kunden, damit Erfahrungen zu sammeln.

- **Schnell positive Bewertungen veröffentlichen**
  Positive Bewertungen sind gerade bei noch nicht bekannten Produkten und Dienstleistungen erfolgsentscheidend. Wenn Meinungsführer, wie z. B. Prominente, ein Produkt kaufen und ihre positiven Erfahrungen publikumswirksam verbreiten, so wirkt das wie eine Empfehlung. Dies ist ein wesentlicher Aspekt bei den zielgruppenadäquaten Marketingmaßnahmen, wie z. B. Werbung.
- **Kompatibilität zu Gesetzgebung und Trends sicherstellen**
  Megatrends wie z. B. Mobile müssen ebenso berücksichtigt werden wie gesellschaftliche Werte und Normen. Zudem müssen bestehende und geplante Gesetzgebungen eingehalten werden.

Der Technologie-Adoptionszyklus hängt mit dem Produktlebenszyklus, wie in Bild 1.8 dargestellt, zusammen. Kunden sind Innovationen gegenüber unterschiedlich eingestellt.

Folgende Adoptionskategorien der potenziellen Kunden lassen sich unterscheiden:

- **Innovator**
  Innovatoren sind Pioniere und Technologieenthusiasten, die aus Begeisterung und Interesse an der Erforschung neuer Technologien und Produkte kaufen. Sie sind risikobereit und aufgeschlossen für neue Technologien. Sie wollen Neues ausprobieren und erhoffen sich unmittelbare Verbesserungen aus den Ergebnissen der Einführung. Sie experimentieren gerne und sind technologieaffin. In der Regel können sie Innovationen aufgrund ihres überdurchschnittlichen Ausbildungsgrads beurteilen. Sie sind finanziell gesichert und können sich die häufig noch teuren und unausgereiften Produkte leisten. Sie machen einen geringen Teil der Gesamtkäuferschaft aus, haben aber einen starken Einfluss auf den Erfolg einer Innovation.
- **Early Adopter**
  Early Adopter sind Visionäre, Vorreiter und Trendsetter. Sie legen großen Wert auf diese Rolle und sind ebenso technologieaffin wie die Innovatoren und in der Regel mit den Produkten sehr bewandert, weisen aber eine geringere Risikobereitschaft auf. Positive Erfahrungen der Pioniere üben eine Art Demonstrationseffekt für die Gruppe der Early Adopters aus.

  Sie erwerben die neuesten technischen Entwicklungen oder die neuesten Produktversionen zu einem sehr frühen Zeitpunkt, wenn diese meist noch unausgereift und teuer sind. Jedoch hat die Gruppe nicht den Mut oder die Möglichkeit zur sofortigen Adaption und wartet, bis eine Innovation etwas gereift ist. Early Adopters sind Meinungsführer und können gut als Tester und Feedback-Geber genutzt werden. Ihre Bewertungen haben Vorbildcharakter für die anderen Kundentypen.
- **Early Majority**
  Kunden des Typs Early Majority sind Pragmatiker. Sie sind eher bedachtsam, haben keine große Risikobereitschaft und orientieren sich an der Meinung und den Bewertungen der Early Adopters (Nachahmungsdrang). Sie warten bis sich ein neues Produkt als ausgereift und nützlich erweist und treffen ihre Entscheidungen wohlüberlegt. Sie springen nicht unüberlegt auf Trends auf und warten positive Erfahrungsberichte ab, bevor sie sich zu einem Kauf entscheiden. Sie sind letztendlich entscheidend für den flächendeckenden Erfolg einer Innovation (Massenmarkt).

- **Late Majority**
  Die Late Majority sind Mitläufer und Skeptiker. Sie sind sicherheitsorientiert, konservativ und gehen keine Risiken ein. Sie halten am Bewährten und Bekannten fest und sind zurückhaltend bei technischen Neuerungen. Erst wenn sich das Neue etabliert hat und der äußere gesellschaftliche Druck steigt („das machen doch alle so"), wie z. B. bei De-facto-Standards oder Inkompatibilitäten älterer Produkte, nehmen sie die Innovation an.
- **Laggards**
  Laggards sind Nachzügler, die das neue Produkt erst dann nutzen, wenn es nicht mehr anders geht. Sie sind Skeptiker mit einem langen Entscheidungsprozess. Sie sind stark von ihrem Umfeld und massenmedialen Tendenzen bestimmt. Erst, wenn z. B. das Produkt nicht mehr lange verfügbar ist, wechseln sie. Sie interessieren sich weniger für die Technologie, sondern für den Nutzen, der aus dieser erwächst.

Der Übergang zwischen der Nische zum Massenmarkt ist häufig eine Kluft, die schwer zu überwinden ist. Ein neues Produkt ist erst dann erfolgreich, wenn es vom Massenmarkt (Early Majority) akzeptiert wird. Dies ist eine besonders kritische Phase, weil das neue Produkt ein Flop wird, wenn es nicht gelingt, diese Kluft zu überwinden. Sicherlich kann das Produkt auch in der Nische überleben. Der Profit ist dann aber in der Regel überschaubar.

Von der Markteinführung bis zur Reife vergeht je nach Komplexität und Umfang der Neuerung oft einige Zeit. So verging von der revolutionären Einführung der Elektrizität bis zu ihrem messbaren Wachstum eine Zeitspanne von fast zwei Jahrzehnten.

Jedes Unternehmen verfügt in der Regel über ein Produktportfolio mit Produkten und Dienstleistungen in unterschiedlichen Lebenszyklen. Neue Produkte und Dienstleistungen können entweder über eine evolutionäre oder disruptive Geschäftsmodellentwicklung entstehen.

Bei der evolutionären Weiterentwicklung der Geschäftsmodelle wird eine bestehende Technologie oder ein existierendes Produkt attraktiver durch Usability, Feature-Zuwachs und/oder den Preis gestaltet. Hier ist eine ganzheitliche Analyse (z. B. Wettbewerber, Markt, Ersatzprodukte und Verhandlungsstärke des Kunden bzw. der Lieferanten) essenziell. Ein agiles Vorgehen ist bei disruptiven Innovationen überlebensnotwendig (siehe Lean Startup und MVP in Abschnitt 5.2.2), da deren Auswirkungen nicht wirklich planbar sind. Disruptive Innovationen verändern die Spielregeln auf dem Markt und das Nutzungsverhalten gravierend. Disruptive Innovationen und die evolutionäre Weiterentwicklung der bestehenden Geschäftsmodelle werden in den Unternehmen häufig parallel vorangetrieben, um das Innovator‘s Dilemma zu vermeiden und stattdessen Innovationen zu ermöglichen.

1.3.4 Innovator‘s Dilemma

Das Innovator's Dilemma kann man mit „Warum etablierte Unternehmen Gefangene ihres eigenen Erfolgs sind" umschreiben. Gerade weil die etablierten Unternehmen in ihrem Stammgeschäft erfolgreich sind, scheitern sie häufig bei disruptiven Innovationen. Die evolutionäre Weiterentwicklung von bestehenden Produkten und Dienstleistungen ist zunächst wesentlich lukrativer als Experimente mit disruptiven Innovationen, die sich erst im Erfolgsfall auf lange Sicht auszahlen.

Etablierte Unternehmen können ihr bestehendes Produkt- und Dienstleistungsportfolio nur mit großem finanziellen und zeitlichen Aufwand ersetzen. Sie haben einerseits Verpflichtungen zur Erfüllung von Altverträgen und andererseits vor allem eine formale Kultur, komplexe Aufbau- und Ablauforganisation sowie IT-Landschaft aufgebaut, die im Vergleich zu Startups relativ schwerfällig sind. Zudem neigen etablierte Unternehmen zu „Overengineering".

Für Innovation braucht es die besten Entrepreneure mit Leidenschaft und Herzblut, die den Willen und die Energie haben, die Innovation voranzutreiben. Die hierarchische Organisationsstruktur von vielen etablierten Unternehmen verhindert Innovationen. Schlüsselpersonen verfügen selten über Freiraum für Innovationen, da sie den Umsatz des bestehenden Geschäfts sichern und für weiteres Wachstum in den angestammten Bereichen sorgen. Sie können somit nicht für das Neue freigestellt werden.

Startups haben dagegen nichts zu verlieren und setzen alles auf eine Karte. Sie probieren ihre neuen Ideen und Methoden zunächst auf Nischenmärkten aus (siehe Abschnitt 5.2.2). Dort sammeln sie Erfahrung und verbessern ihre Produkte und Dienstleistungen. Dann greifen sie etablierte Unternehmen auf breiter Front an. Mit neuartigen, in der Regel innovativeren, zeitgemäßen und häufig unschlagbar günstigen Produkten, da sie technologische Innovationen im Gegensatz zu den etablierten Unternehmen voll ausnutzen können. Sie nutzen z. B. das Marktvakuum für einfache und komfortable Produkte.

Definition Innovations-Enabling

Innovations-Enabling ist die digitale Fähigkeit, Kreativität der Mitarbeiter zu entfesseln. Wichtig sind hier u. a., Freiraum für Querdenken und unbewertete Ideenfindung zu schaffen.

Innovations-Enabling ist ein Schlüsselwort zur Lösung dieses Dilemmas. Hierfür gibt es unterschiedliche Ansätze:

- **Bimodale Organisation**
  Kombination der traditionellen Organisation mit experimentellen Schnellbooten für digitale Transformationsprojekte mit hoher Priorität und Time-to-market-Anforderung. Hierzu können z. B. eigenständige Einheiten in bestehenden Unternehmen gegründet werden. Dies findet man insbesondere in der IT (siehe Tabelle 1.1).

Tabelle 1.1 Bimodale IT - Kennzeichen

	Traditionelle IT	Agiles Schnellboot
Warum?	Zuverlässiger Geschäftsbetrieb des aktuellen Kerngeschäfts	Digitale Transformationsprojekte mit hoher Priorität und Time-to-market-Anforderungen
Kennzeichen	Langfristige, klassische Planung und plangetriebene Umsetzung	Agile Planung und Umsetzung Nutzung digitaler Plattformen und Cloud-Computing
Methoden	Budgetplanung, Wasserfall-Modell und z. T. auch agile Entwicklungsmethoden wie Scrum, integriert in klassische Organisation	Agile Investitions- und Entwicklungsplanung, Lean Startup, agile Entwicklungsmethoden wie Scrum und Kanban
Betriebsmodell	Entwicklung und Betrieb getrennt	DevOps

Innovation Labs, Think Tanks oder zugekaufte, aussichtsreiche Startups sind Beispiele für Schnellboote. Dies sind weitgehend unabhängige Einheiten in eigenen Räumen, eigener Organisation und einer kreativen Startup-Kultur sowie zunehmend ausgestattet mit ausreichend Geld, Zeit und erfahrenen Entrepreneuren.

Über Allianzen mit Geschäftspartnern und auch Wettbewerbern können etablierte Unternehmen gegenüber Startups aufholen. Die richtigen, fähigen Personen mit an Bord zu haben, ist hier aber ebenso erfolgsentscheidend.

- **Kultur- und Wertewandel** in Richtung Lean Thinking und Lean Organisation
  Anpassung der Unternehmenskultur in Richtung offene und lernende Leistungs- und Feedback-Kultur. Dies erfordert häufig einen langen gesteuerten Veränderungsprozess. Über die Akquise von Innovationsvorreitern kann dies mitunter beschleunigt werden.
- **Freiraum für Kreativität schaffen**
  Kreativität ist das spielerische, experimentelle Entdecken von etwas völlig Neuem. Dies kann eine zufällige Kombination von Bestehendem, eine Übertragung einer Idee aus einem anderen Kontext oder eine komplett neue, zuerst unsinnig erscheinende Idee jenseits von klassischen Denkmustern sein. Die Ideenfindung darf nicht bewertet werden.

  Die Kreativität der Mitarbeiter ist Grundlage für neue Ideen und disruptive Innovationen. Führungskräfte haben die Aufgabe, den Prozess der Ideenfindung zu fördern und die Rahmenbedingungen für die Ideenfindung zu schaffen sowie die Ideen aufzugreifen und zu verarbeiten. Führungskräfte können Anreize schaffen, dass Mitarbeiter Neues wagen, auch wenn das Scheitern droht.

  Wesentlich sind insbesondere die intrinsischen Motivationsfaktoren für die Kreativität, wie die intellektuelle Herausforderung und Freiräume bei der Arbeit. So erwarten z. B. Unternehmen wie Google von ihren Mitarbeitern, dass diese einen Teil ihrer Arbeitszeit nutzen, um einfach kreativ zu sein. Förderlich ist es, wenn die Mitarbeiter erkennen, dass sie an einer „guten Sache" mitwirken. Sie erkennen den Sinn ihres Tuns.

  Interdisziplinäre Teams sind ebenso wie „Digital Natives" sehr wichtig. So können z. B. „Digital Natives" mit Affinität zu modernen Technologien in der Organisation damit beauftragt werden, disruptive Strategien zu identifizieren, um die digitale Herausforderung zu meistern.
- **Methoden für die Ideenfindung**
  Die Methoden für die Ideenfindung müssen einfach und schnell verstanden werden sowie den Beteiligten Spaß machen.

  Für die Ideenfindung gibt es unterschiedliche Methoden. Z. B. über Think Tanks, in denen sich interdisziplinäre Teams mit zukunftsorientierten Fragestellungen beschäftigen, können Innovationen hervorgebracht werden. Design Thinking und Open Innovation sind Beispiele für Methoden zum Anzapfen der Kreativitätspotenziale von Menschen.

Definition Bimodale IT

Bimodale IT ist die Kombination der traditionellen Entwicklungs- und Betriebsorganisation der IT mit experimentellen, agilen Schnellbooten für digitale Transformationsprojekte mit hoher Priorität und Time-to-market-Anforderungen.

Innovations-Enabling ist der Schlüssel sowohl für die evolutionäre Weiterentwicklung der Geschäftsmodelle als auch für disruptive Innovationen. Es kombiniert die Ausnutzung von Bestehendem und die Erkundung des Neuen. In Kreativitätsworkshops, wie z. B. mit Design Thinking, entstehen Ideen und Prototypen. Nicht alle davon sind bahnbrechend und müssen sorgfältig analysiert und im Falle der Umsetzung kontinuierlich überwacht werden. Fragen der erfolgreichen Skalierung sind z. B. für den nachhaltigen Erfolg entscheidend.

Innovations-Enabling ist ein wesentlicher Bestandteil einer digitalen Strategie eines Unternehmens. Wesentlich sind zudem folgende Grundsätze:

- Die digitale Strategie muss in der Unternehmensstrategie verankert werden. Ein Management-Committment der Unternehmensführung ist Grundvoraussetzung für eine erfolgreiche digitale Transformation.
- Alle Ziele müssen mit entsprechenden Ressourcen und Budgets z. B. für Think Tanks untermauert werden.
- Betroffene zu Beteiligten machen. Alle relevanten Stakeholder, wie z. B. Service-Mitarbeiter, von Anfang an mit einbeziehen.
- Realistische Ziele definieren und über Kennzahlen das Innovationscontrolling durchführen.
- Kundenwertorientierung und Wirtschaftlichkeit sind zwei Maxime, die bei allen evolutionären und disruptiven Innovationen berücksichtigt werden müssen. Die Bedürfnisse der potenziellen Kunden und deren Kundenberührungspunkte (Touchpoints) müssen ständig im Auge behalten werden.

1.3.5 Operationalisierung der digitalen Strategie

Eine digitale Strategie ohne Operationalisierung ist wirkungslos. Erst, wenn die Roadmap für die Umsetzung der digitalen Strategie und die erforderlichen Maßnahmen abgeleitet, aufgesetzt und die Umsetzung agil im Detail geplant und gesteuert wird, gelingt die digitale Transformation.

Die digitale Strategie und Transformation muss für jedes Unternehmen individuell gestaltet werden. Eine klare Vision und eine Standortbestimmung bilden den Startpunkt und gleichzeitig die Voraussetzung für eine erfolgreiche digitale Transformation. Auf dieser Basis können in einem kreativen Innovationsprozess systematisch die für das Unternehmen relevanten digitalen, evolutionären und disruptiven Geschäftsmodelle entwickelt sowie die für die Umsetzung erforderlichen fachlichen und technischen Capabilities abgeleitet werden. Unter Nutzung von digitalen Lösungsbausteinen und Plattformen, z. B. für die bimodale Organisation, entstehen dann digitale Lösungen und individuelle Plattformen in einem agilen, fortlaufenden Veränderungsprozess, der digitalen Transformation.

In Bild 1.9 finden Sie das Vorgehen zur Operationalisierung der digitalen Strategie im Überblick. In Kapitel 4 finden Sie eine detaillierte Schritt-für-Schritt-Anleitung.

- **Warum? Ziele und Treiber verstehen**
  Der Kunde und dessen Bedürfnisse stehen im Mittelpunkt aller Aktivitäten und unternehmerischen Entscheidungen. Alle Ergebnisse und Aktivitäten müssen kritisch im Hinblick auf den Kundennutzen geprüft werden. Ein richtiges Handeln setzt das Verstehen der Bedürfnisse der potenziellen Kunden und deren Kundenberührungspunkte (Touchpoints) voraus. Diese müssen ständig im Auge behalten werden.

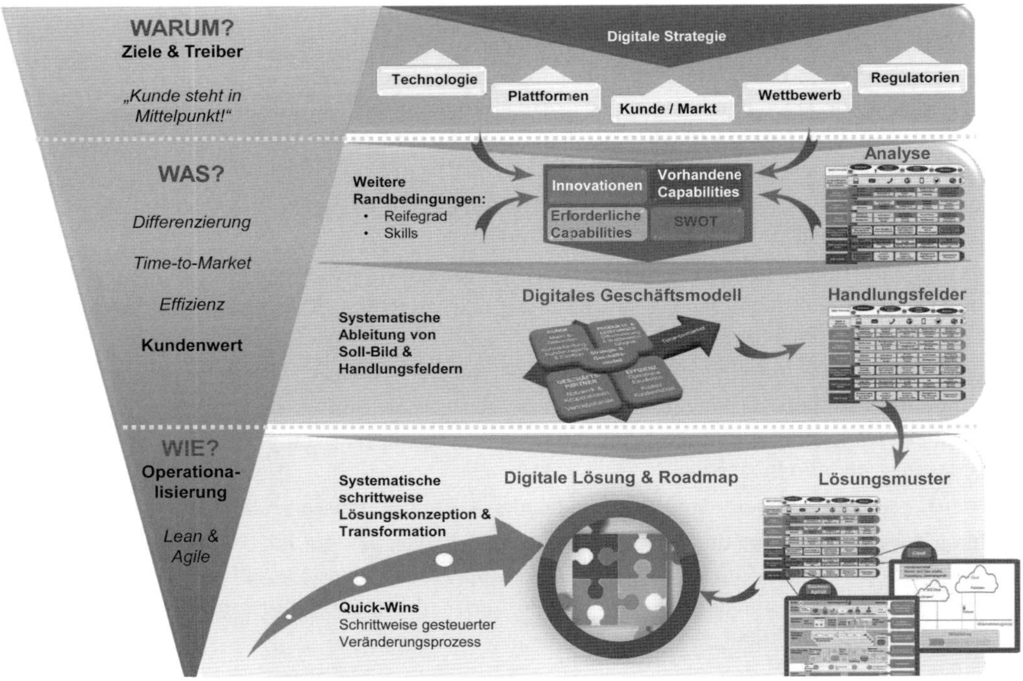

Bild 1.9 Operationalisierung der digitalen Strategie

Ziel ist eine hohe Kundenzufriedenheit und damit eine stabile Kundenbindung und Differenzierung vom Wettbewerb durch kundenorientierte Produkte und Leistungen sowie geeignete Kanäle. In einem Ökosystem mit Partnern und neuen Formen der Arbeitsteilung und Kooperation sowie mit effizienten Prozessen und vor allen Dingen mit einer ausreichenden Transformationsgeschwindigkeit können die Wettbewerbsposition immer weiter ausgebaut und die Anforderungen der Digitalisierung bewältigt werden – und das mit einem Zeitvorsprung vor Wettbewerbern.

Ausgehend von Vision und Zielen des Unternehmens müssen ganzheitlich alle Treiber der Digitalisierung, wie Technologie, Plattformen, Kunde/Markt, Wettbewerb und Regulatorien, im Rahmen der Entwicklung der digitalen Strategie sowie auch deren Operationalisierung adressiert werden. Durch die digitale Strategie werden eine Vision und Leitplanken für die Umsetzung vorgegeben. Beispiele für Leitplanken sind die Vorgabe der Nutzung von digitalen Plattformen wie Amazon sowie die Art und Weise der Partizipation an der digitalen Welt.

Gibt es eine digitale Strategie für die Partizipation an der digitalen Welt? Ist diese im Unternehmen kommuniziert? Gibt es Leitplanken, wie z. B. Prinzipien?

- **Was? Digitale Stellhebel ableiten und das digitale Geschäftsmodell entwickeln** Ausgangspunkt ist eine digitale Standortbestimmung zur Klärung der digitalen Reife. Auf dieser Basis können in einem kreativen Innovationsprozess systematisch die für das Unternehmen relevanten digitalen evolutionären und disruptiven Innovationen gesammelt sowie die für die Umsetzung erforderlichen fachlichen und technischen Capabilities abgeleitet werden. Die Analyse erfolgt ganzheitlich und systematisch entlang aller wesentlichen

Dimensionen der Digitalisierung (siehe Abschnitt 1.1, Bild 1.3) und schließt eine SWOT-Analyse ein. Wesentlicher Input für die systematische und ganzheitliche Analyse kann ein Best-Practice-Framework (siehe Kapitel 2) darstellen.

Die Ergebnisse der Analyse bilden wesentlichen Input für die Ableitung des Soll-Bilds des digitalen Geschäftsmodells. Aus einem Soll-Ist-Abgleich können dann Handlungsfelder ermittelt und priorisiert werden.

Wesentliche digitale Fähigkeiten:

- **Customer Experience:** In der Lage sein, das Produkt- und Dienstleistungsspektrum konsequent auf die Bedürfnisse der potenziellen Kunden und der relevanten Touchpoints auszurichten.
- **Innovations-Enabling:** Die digitale Fähigkeit, Kreativität der Mitarbeiter zu entfesseln. Wichtig ist hier u. a., Freiraum für Querdenken und unbewertete Ideenfindung zu schaffen.
- **Digitalisierung der Prozesse:** Alle Prozesse auf Kommunikation, Kollaboration und Agilität ausrichten sowie weitestgehend automatisieren.
- **Agiler, gesteuerter Veränderungsprozess:** Über einen gesteuerten Veränderungsprozess muss die Organisation schrittweise weiterentwickelt werden.
- **Lean Thinking und Lean Organisation**
  Lean ist eine Führungs- und Unternehmenskultur, um Kundenzufriedenheit, Wettbewerbsfähigkeit und Mitarbeitermotivation ganzheitlich und systematisch zu erreichen.

- **Wie? Digitale Lösung und digitale Roadmap zur Umsetzung**
  Hier geht es insbesondere um die Konzeption von zielführenden und handhabbaren, nachhaltigen Lösungen für alle Handlungsfelder sowie die Ableitung von Maßnahmen für die Umsetzung, wobei Lösungsmuster (siehe Kapitel 5) genutzt werden können.

  Die Roadmap gibt einerseits Leitplanken sowie andererseits eine Orientierung für das Denken und Handeln in der digitalen Transformation vor. Durch konkrete Maßnahmen, wie z. B. auch Kommunikationsmaßnahmen, muss die Umsetzung agil im Detail geplant und im Anschluss gesteuert werden. Hier sind auch z. B. die Datenschutz- und Informationssicherheits- sowie Compliance-Anforderungen mit zu berücksichtigen, um einen zuverlässigen Geschäftsbetrieb zu gewährleisten.

  Der Umsetzungsplan muss kontinuierlich an die jeweiligen Gegebenheiten agil angepasst und gesteuert werden (siehe Abschnitt 5.8, Agile Planung).

  Die digitale Transformation erfolgt in einem schrittweise gesteuerten Veränderungsprozess Quick-Win-basiert. Jeder Schritt muss Mehrwert für den Kunden und das Unternehmen liefern und darf gleichzeitig das Team nicht überfordern.

Digitale Plattformen sind, wie bereits ausgeführt, häufig auch ein Schlüssel für die Operationalisierung, da digitale Märkte auf digitalen Plattformen stattfinden. Beispiele sind Amazon, Facebook und Google oder gegebenenfalls eine eigene Plattform. Der Netzwerkeffekt ist ein Hebel für die eigene Wertschöpfung.

Freiraum für Innovationen durch Effizienzgewinne mittels z. B. Automatisierung von Geschäftsprozessen ist ein anderer Schlüssel für die Operationalisierung. Papierdokumente erweisen sich als Störenfriede bei der Automatisierung von Prozessen und werden immer weiter zurückgedrängt. Alles, was digitalisiert werden kann, wird digitalisiert.

Innovative neue digitale Produkte und Dienstleistungen erfordern häufig große Investments, ohne zu wissen, ob ein Markt dafür besteht. Die Entwicklung digitaler disruptiver Geschäftsmodelle geht in der Regel mit einem hohen Grad an Unsicherheit aufgrund ihrer Neuartigkeit einher. Besonders der Wert für den Kunden lässt sich häufig kaum vorab einschätzen.

Eine typische Lösung ist hier ein Minimum Viable Product (MVP) als erster Ausbauschritt. MVP ist die Lösung mit dem minimalen Funktionsumfang, die einen Wert für den Kunden darstellt. Ziel ist es, Produkte oder Dienstleistungen schnell auf den Markt zu bringen, um anhand von Feedback das Produkt oder die Dienstleistung und einhergehend den Kundenwert und damit auch die Kundennachfrage schrittweise zu verbessern. Diese Methode, Lean Startup genannt, verändert fundamental die Art und Weise, wie neue Produkte und Dienstleistungen entwickelt werden (siehe hierzu Abschnitt 5.2.2).

Etablierte Unternehmen haben in der Regel ein Produkt- und Dienstleistungsportfolio mit Bausteinen aus den verschiedenen Status des Produktlebenszyklus bzw. der Technologie-Adoption (siehe Abschnitt 1.3.3). Dieses Portfolio muss aktiv kundenorientiert weiterentwickelt, gemanagt und auch bereinigt werden.

Von besonderer Bedeutung ist der Aufbau der wesentlichen digitalen Fähigkeiten:

- **Customer Experience:** In der Lage sein, das Produkt- und Dienstleistungsspektrum konsequent auf die Bedürfnisse der potenziellen Kunden und der relevanten Touchpoints auszurichten.
- **Innovations-Enabling:** Die digitale Fähigkeit, Kreativität der Mitarbeiter zu entfesseln. Wichtig ist hier u. a., Freiraum für Querdenken und unbewertete Ideenfindung zu schaffen.
- **Digitalisierung der Prozesse:** Alle Prozesse auf Kommunikation, Kollaboration und Agilität ausrichten sowie weitestgehend automatisieren.
- **Agiler, gesteuerter Veränderungsprozess:** Über einen gesteuerten Veränderungsprozess (KVP, siehe [HLo12]) muss die Organisation schrittweise weiterentwickelt werden. Die Führungskräfte benötigen Fingerspitzengefühl und einen langen Atem, um die traditionellen Denk- und Arbeitsstrukturen und die Kultur nachhaltig zu verändern.

  Es gilt hierbei, Betroffene zu Beteiligten zu machen und alle Mitarbeiter auf dem Weg der digitalen Transformation mitzunehmen.
- **Lean Thinking und Lean Organisation**
  Lean ist eine Führungs- und Unternehmenskultur, um Kundenzufriedenheit, Wettbewerbsfähigkeit und Mitarbeitermotivation ganzheitlich und systematisch zu erreichen. Lean ist hier ein Schlüssel, sowohl in Bezug auf Prozesse als auch auf Organisation und Werkzeugunterstützung, da nur so alle Aufgaben bewältigt werden können.

  Der Lean-Gedanke ist dabei eine ebenso einfache wie geniale Idee. Kundenwertschöpfende Prozesse werden priorisiert und Verschwendung wird möglichst vermieden („Werte schaffen ohne Verschwendung"). Über eine offene Leistungskultur, basierend auf Vertrauen, Respekt, Toleranz, Fairness, Partizipation und Integrität, werden mithilfe von Lean-Prinzipien und -Techniken Geschäftsprozesse und die Organisation kontinuierlich und nachhaltig weiterentwickelt. In einem fortlaufenden Verbesserungsprozess werden die Prozesse und die Organisation kundenwertorientiert aufgestellt und Verschwendungen eliminiert.

Die ständige Verbesserung muss das tägliche Denken bestimmen. Ein aktives Feedbackmanagement und Lernprozesse sind neben überschau- und beherrschbaren Schritten die wesentlichen Säulen der kontinuierlichen Verbesserung. Überschau- und beherrschbare Schritte sind notwendig, um zu schnellen Ergebnissen zu kommen, für die Feedback eingeholt werden kann, um dann auf diesem sicheren Terrain das Erreichte über den nächsten Schritt weiter auszubauen. So nimmt einerseits die Gesamtumsetzungsgeschwindigkeit durch die schnellen, sicheren Schritte zu und andererseits steigt die Motivation durch den ständigen Fortschritt. Hierdurch können die Geschäftsprozesse und die Organisation entsprechend des Feedbacks und der Erfahrungen kontinuierlich und agil optimiert werden. Feedback wird explizit zu jedem Ergebnis und jeder Aktivität eingeholt. Jeder Mitarbeiter muss zielgerichtet auf die Umsetzung der Unternehmensstrategie und der Geschäftsanforderungen einen Beitrag zur ständigen Verbesserung leisten.

Die Organisation und die Prozesse müssen einfach, effizient und handhabbar gestaltet werden, damit der Nutzen die Aufwände übersteigt und spürbar wird. Eine schlanke kundenorientierte Organisation und kollaborative Prozesse sind notwendig.

Jeder Mitarbeiter muss eigenverantwortlich handeln und sich persönlich zu Kundennutzen und Qualität verpflichten, um die wirklichen Anforderungen der Kunden zu ermitteln und für die Kunden zufriedenstellende, angemessene Lösungen oder Produkte wirtschaftlich bereitzustellen. Over-Engineering wird so vermieden und Qualitätsmanagement zur „Standardaufgabe" eines jeden Mitarbeiters. Eigenverantwortung schafft darüber hinaus Freiraum für Innovationen und steigert die Mitarbeitermotivation. Aus dem Spaß an der Arbeit resultiert Mehrleistung für das Unternehmen und für dessen Kunden.

Wichtig ist dabei, dass allen Teammitgliedern die Unterstützung gegeben wird, die sie benötigen, um ihre Aufgaben zu erledigen.

Renommierte Unternehmen in allen Branchen werden quasi über Nacht von neuen Wettbewerbern herausgefordert. So ist z. B. der Gebrauchtwagenmarkt über klassische Inserate irrelevant und durch Gebrauchtwagenplattformen abgelöst worden. Jeder kann sich einfach und schnell über den erzielbaren Preis für sein Wunschauto informieren. Über Vergleichsplattformen können auch Strom- oder Gasanbieter leicht verglichen werden. Diese Plattformen bieten zudem Services für einen einfachen und schnellen Wechsel. In anderen Branchen werden z. B. Dienstleistungen anstelle konkreter Produkte vertrieben, da nur noch über eine „Rundum-sorglos-Leistung" eine Differenzierung möglich ist. Die Digitalisierung bietet Chancen, hat aber auch Risiken.

Für die Konkretisierung schauen wir uns einige Beispiele für digitale Geschäftsmodelle etwas näher an.

1.4 Beispiele für digitale Geschäftsmodelle

Die Digitalisierung verändert zunehmend nachhaltig die Geschäftsmodelle der Unternehmen. Der Wettlauf um Produkte und Märkte von morgen hat begonnen. Kundenorientierung, Differenzierung, Time-to-Market und Wirtschaftlichkeit entscheiden über den Erfolg des Unternehmens.

Neue innovative Geschäftsmodelle entstehen, wie z. B. Portale für Essenslieferung oder Massage als Vermittler zwischen dem eigentlichen Lieferanten und dem Kunden. Andere Geschäftsmodelle verändern sich, wie z. B. im preissensiblen und transparenten Markt der KFZ-Versicherungen. Mit durchschnittlich jährlich rund drei Millionen verkauften Neuwagen ist der Automarkt in Deutschland überwiegend gesättigt. Verbesserte Nahverkehrsnetze in Ballungsräumen und Mobilitätsangebote wie Car-Sharing senken die Nachfrage. Der Markt ist durch Vergleichsportale zunehmend transparent und der Preisdruck steigt. Kostenreduktion ist daher gerade z. B. in der Schadensregulierung durch Automatisierung einer der Stellhebel für die Umsetzung.

Mit den wachsenden Möglichkeiten steigt auch die Erwartungshaltung der Kunden nach maßgeschneiderten und einfach zu benutzenden Produkten über alle für sie interessanten Kanäle (Omnikanalfähigkeit), wie z. B. Kundenportal, Mail, Fax, Telefon oder Social Media und Mobile. Dies führt zu grundlegenden Anforderungen, denen sich nahezu jedes Geschäftsmodell stellen muss. Neue Produkte und Dienstleistungen müssen sich an den Bedürfnissen der Kunden ausrichten. Dies erfordert u. a. das Befolgen des EUTA-Prinzips (einfach – ubiquitär – transparent – attraktiv), wie in Abschnitt 1.3 beschrieben.

Die Entwicklung digitaler Geschäftsmodelle geht in der Regel mit einem hohen Grad an Unsicherheit aufgrund ihrer Neuartigkeit einher. Neue interdisziplinäre Denkmodelle und schnelles Kundenfeedback sind essenziell, um einerseits den kreativen Ideenfindungsprozess nicht zu behindern und andererseits schnell gegenzusteuern, wenn der gewünschte Erfolg ausbleibt, siehe hierzu Abschnitt 5.1.

Nur so können attraktive neue Märkte, Kooperationspotenziale, digitale Abfallprodukte bestehender Prozesse und tragfähige Verwertungskonzepte für teure F&E-Projekte gefunden und die Bedrohungen der alten und auch der neuen Wettbewerber abgewehrt werden. Innovative maßgeschneiderte Produkte und Time-to-Market entscheiden über die Wettbewerbsfähigkeit des Unternehmens.

Die Kernfrage lautet hierbei: Wie verändern sich Geschäftsmodelle in Zeiten der zunehmenden Digitalisierung und wie kann man sich selbst darauf vorbereiten? Oder wie beantworten Sie folgende Fragen?

- Haben Sie eine klar definierte digitale Strategie mit Vision und Leitplanken?
- Kennen Sie die Bedürfnisse Ihrer Kunden und die Kundenkontaktpunkte?
- Sorgen Sie mit Ihrem Produkt- und Dienstleistungsportfolio für smarte Kundenerlebnisse?
- Nutzen Sie die Digitalisierung als Nährboden für neue Geschäftsideen?
- Nutzen Sie Ihre IT zum Enablen der technischen Innovationen Und einen zuverlässigen, sicheren und kostengünstigen Geschäftsbetrieb?
- Fördern Sie eine lean und agile Kultur und Organisation? Wie fördern Sie die Kollaboration, den Informationsaustausch und die Zusammenarbeit?

Im Folgenden finden Sie einige Beispiele aus verschiedenen Branchen. Hieraus können Sie Anregungen entnehmen und Ihre eigenen digitalen Geschäftsmodelle mithilfe von interdisziplinären Kreativitätstechniken und dem in den folgenden Kapiteln beschriebenen systematischen Vorgehen entwickeln.

1.4.1 Banken

Auch bei den Finanzdienstleistern führt die Digitalisierung zu einem Umbruch. So ist für jeden Endkunden der Rückgang der Anzahl der Filialen deutlich spürbar. Online-Banking und Self-Services sind hier u. a. die Ursachen. Weitere Beispiele für die Digitalisierung und veränderte Geschäftsmodelle sind:

- **Digitale Hausbank**
  Aufbauend auf der typischerweise langen Geschäftsbeziehung im kapitalintensiven und technologieorientierten produzierenden Gewerbe können Angebote digitalisiert und ein Mehrwert geschaffen werden. Wesentlich sind die enge Beziehung zu den Kunden und eine hohe Service- und Lösungsqualität mit dem Ziel, ein herausragendes digitales Kundenerlebnis über Smart Data zu schaffen. Ein signifikantes Wachstumspotenzial liegt hier insbesondere in der Gewinnung von Marktanteilen und Mehrwertdiensten, insbesondere persönliche Beratung, auch außerhalb vom Banking.

  Wesentliche Erfolgsfaktoren: Kundenbindung, Omnikanalfähigkeit sowie Mehrwertdienste.

  Für die nachhaltige Profitabilität ist die Digitalisierung des Kerngeschäfts durch z. B. Automatisierung der End-to-end-Prozesse und Bots essenziell.
- **FinTechs** als B2B-Technologiepartner
  Positionierung gegenüber dem Wettbewerb über eine gezielte Auswahl von FinTechs als B2B-Technologiepartner, um so die Innovationen und den Kundenmehrwert sowie die Qualität der Abwicklung zu verbessern. Gegebenenfalls werden hier auch Equity Investments getätigt.

  Wesentliche Erfolgsfaktoren: Realistische Einschätzung der FinTechs sowie des agilen Aufbaus eines Business-Eco-Systems und der Integrationsfähigkeit in digitale Plattformen.

Definition FinTech

FinTech ist ein Sammelbegriff für die Digitalisierung im Finanzdienstleistungssektor. Über moderne Technologien und innovative Lösungen werden die Prozesse z. B. zum Bezahlen, Absichern, Anlegen, Finanzieren und Beraten optimiert und möglichst standardisiert und automatisiert.

FinTech-Unternehmen stehen entweder im Wettbewerb zu klassischen Finanzdienstleistern oder kooperieren mit ihnen. Kooperationen werden häufig abgeschlossen, um die Digitalisierung schneller voranzutreiben, was in „verkrusteten Strukturen" häufig nur schwer möglich ist. FinTech-Unternehmen im Versicherungsbereich werden InsurTech und Unternehmen aus der Immobilienbranche PropTech genannt.

- **Blockchain**
  Blockchain ist ein allgegenwärtiger Hype. Nahezu jedes Finanzinstitut investiert aktuell in diese Technologie. Insbesondere FinTechs profitieren hiervon. Beispiele für Startups in diesem Kontext sind Arbo Ventures, RRE Ventures und First Round Capital.

  Allerdings kann dessen Potenzial für realistische, profitable Geschäftsmodelle noch nicht belastbar abgeschätzt werden. Erste Piloten wie z. B. Überweisungsservices entstehen. Viele Großbanken schließen sich zu Konsortien zusammen, wie z. B. R3 CEV 42 mit u. a. Barclays, BBVA, Credit Suisse, JPMorgan, Royal Bank of Scotland, Commerzbank, Deutsche Bank und UBS unter Führung eines Fintechs, und erforschen das Themenfeld und führen in einem abgeschlossenen weltumspannenden Blockchain-Netzwerk erste Finanztransaktionen aus. Auf Basis dieser Erfahrungen können schrittweise Anwendungsfälle und neue digitale Geschäftsmodelle entstehen.

  Wesentliche Erfolgsfaktoren: Frühzeitige Beschäftigung und Aufbau eines Business-Eco-Systems.

  Banken und Versicherungen sollten sich schrittweise auf Blockchain und daraus entstehende Möglichkeiten vorbereiten. Eine Marktreife wird sicherlich erst in Jahren erreicht, da aktuell neben den technischen und Sicherheitsherausforderungen noch einheitliche Standards über Unternehmensgrenzen hinweg geschaffen und rechtliche Hürden überwunden werden müssen.

1.4.2 Versicherungen

Die Digitalisierung hat auch die konservative Versicherungsbranche erreicht. Smarte Technologien wie Telematik beeinflussen bereits seit Jahren die Produkt- und Preispolitik der Versicherungen. Fintechs und InsurTechs entwickeln sich zunehmend weiter. Wesentlich sind darüber hinaus Vergleichsportale, die sich als wichtige Vertriebswege aufgrund anderer Kanäle, wie z. B. sozialen Netzwerken, etabliert haben. Der Außendienst ist mit mobilen Endgeräten ausgestattet. Digitale Technologien revolutionieren auch in der Versicherungsbranche das Kundenerlebnis, eröffnen Ertragspotenziale und reduzieren Kosten z. B. durch Automatisierung.

Versicherer reagieren teils abwartend und reaktiv, teils mit einzelnen, unzusammenhängenden Initiativen auf diese Herausforderungen. Kundenwertorientierung (Bedürfnisse und Touchpoints) ist häufig noch nicht systematisch adressiert. Die wesentlichen Herausforderungen sind:

- **Omnikanalfähigkeit**
  Bereitstellung aller Produkte und Dienstleistungen über alle für die potenziellen Kunden relevanten klassischen (z. B. Makler, Außendienst oder Homepage) und digitalen Kanäle (digitale Plattformen, wie z. B. Facebook oder Kundenportale) sowie InsurTechs. Omnikanalfähigkeit ist häufig noch eine Herausforderung. Der Kunde will aber selbst entscheiden, wann und wie er mit dem Unternehmen in Kontakt tritt.

  Erfolgsfaktoren: Befähigung des bestehenden Vertriebsnetzes und dessen Erweiterung zum Business-Eco-System. Die selbstständigen Agenten und Makler sind nach wie vor wichtige Ansprechpartner für den Kunden.

- **Ausbau von Self-Service-Angeboten**
  Kundenportale und Self-Service-Angebote, wie Transparenz über das Versicherungsvertragsportfolio des Kunden, die individuelle Prämienkalkulation, die automatisierte Meldung von KFZ-Schäden über Apps oder die Einreichung von digitalen Rechnungen werden zum State-of-the-Art.

  Erfolgsfaktoren: Omnikanalfähigkeit sowie Aufbrechen der Silos.

- **Automatisierung der End-to-end-Prozesse**
  Automatisierung der End-to-end-Prozesse vom Verkauf bis zur Vertragsabwicklung und -erfüllung, wie z. B. in der Schadensabwicklung zur Steigerung von Effizienz und Profitabilität. Die Geschäftsabläufe beinhalten auch Satelliten- und Umsysteme des Business-Eco-Systems. Z. B. können Regelsysteme oder KI-Lösungen für Risikobewertungen bei Standardfällen (und zukünftig auch bei schwierigen Fälle) Vorschläge erstellen. Dies schließt auch z. B. eine Betrugserkennung mit ein.

  Erfolgsfaktoren: Prozessmanagement, Microservices und API-Management sowie Regelsysteme/Machine Learning.

- **Robo-Advisor** – der digitale Versicherungsagent
  Noch nicht Realität, aber vieldiskutiert. Der Robo-Advisor nutzt maschinelles Lernen auf Basis des vorhandenen Datenmaterials. Er kann sehr schnell nach einem „Training“ auf die Bedürfnisse eines Kunden eingehen. Schon heute können diese auf der Basis des analysierten Datenmaterials Ansatzpunkte für neue Geschäfte aufzeigen.

  Hier wird diskutiert, ob menschliche Berater mit einem Robo-Advisor eng zusammenarbeiten. Der Außendienst oder Makler hat dann mehr Zeit für die Beratung und die Beziehungspflege.

  Erfolgsfaktoren: Datenmanagement und Befähigung des Vertriebsnetzes.

- **Up- und Cross-Selling**
  Durch zielgenaue Ansprache können weitere Potenziale gehoben werden. So erreicht z. B. Werbung nur Interessierte. KI-Systeme mit Advanced Data Analytics sind in der Lage, die Kommunikationsflut über alle Kanäle wie Post und Mails hinweg zu analysieren und die richtigen Schlüsse daraus zu ziehen.

  Je gezielter Versicherer ihre Kunden adressieren, desto höher ist die Erfolgsquote. Durch moderne Analysewerkzeuge wird das Zielgruppen-Targeting-Tool erheblich verbessert. Auch der Versicherungsnehmer profitiert von den auf seine Bedürfnisse maßgeschneiderten Informationen.

  Durch Nutzung von Regelsystemen oder KI/maschinellem Lernen kombiniert mit Advanced Data Analytics können schneller die interessanten Kunden herausgefiltert und Up- und Cross-Selling-Potenziale aufgezeigt werden, die von menschlichen Beratern häufig gar nicht erkannt werden. Nach Abschluss berechnen diese selbstständig die Provision und kümmern sich um die Abwicklung. Diese KI-Lösungen heben die Beratungsleistung auf das nächste Level.

  Erfolgsfaktoren: Advanced Data Analytics und KI/Machine Learning sowie Datenmanagement.

- **Nutzungsabhängige Tarife**
  IoT hat auch seine Relevanz im Business-Eco-System einer Versicherung. So können aus dem vernetzten Auto und der Telematik Daten für fahrverhaltensabhängige Tarife erhalten

werden. Auch in Gebäuden kommen immer mehr vernetzte Geräte zum Einsatz. Über Sensoren wird das Verbraucherverhalten transparent. Versicherungen können ihre Produkte am tatsächlichen Bedarf ausrichten.

Erfolgsfaktoren: IoT, Business-Eco-System und Flexibilität in der Produktgestaltung.

Für Versicherungen zeichnen sich vor allen Dingen als Handlungsfelder die Omnikanalfähigkeit, modulare Produktansätze, die Automatisierung von End-to-end-Prozessen (insbesondere in der Schadenabwicklung/Dunkelverarbeitung) sowie die Verbesserung der Kundeneinbindung durch Self-Service sowie strategische Allianzen mit anderen Branchen, wie z. B. der Automobilbranche, für die Bereitstellung digitaler Mehrwert-Angebote ab.

1.4.3 Produzierende Unternehmen

Die Geschäftsmodelle der Produktionsunternehmen verändert sich ebenso nachhaltig. Das bisherige Kerngeschäft, gekennzeichnet durch Verkauf von Produkten und Abschluss von Serviceverträgen für Wartung und Reparatur, befindet sich im Umbruch. Die Leistungsbeziehung endet nicht mit der Auslieferung des Produkts sowie gegebenenfalls dem Aufstellen der Maschinen, sondern deckt den kompletten Lebenszyklus bis zur Verschrottung des Produkts ab. Anstelle eines Kaufs findet man immer häufiger auch Leasing-, Pay-per-use-Modelle und Rundum-sorglos-Angebote. Der Kunde bezahlt nur noch für seinen Verbrauch. Diese Geschäftsmodelle helfen, Kunden langfristig zu binden.

Produzierende Unternehmen befinden sich im Zeitalter von Industrie 4.0, was für dynamische, sich selbst organisierende und optimierende sowie übergreifende Wertschöpfungsnetzwerke insbesondere in Produktion, Logistik und Instandhaltung steht. Basis hierfür ist die horizontale und vertikale Vernetzung der Wertschöpfungsketten und deren Informationen in Echtzeit über alle beteiligten Systeme, Objekte und Menschen sowohl intern als auch mit den Geschäftspartnern. Anwendungsfälle sind u. a. die vorausschauende Wartung (Predictive Maintenance), welche neue Geschäftsmodelle eröffnen und Kosten reduzieren. Beispiele hierfür sind:

- Individualisierte Produktion mit Losgröße 1, wie z. B. individualisierte Parfüm-Produktion. Aus Millionen von möglichen Duftkompositionen, Flakons, Sprayköpfen und Verpackungen kann der Kunde individualisiert über das Internet sein Parfüm konfigurieren. Das individualisierte Produkt muss in kurzer Zeit (z. B. innerhalb eines Tages) entsprechend der Konfiguration versandbereit sein.
- Predictive Maintenance: Intelligente Systeme stellen Wartungsintervalle sicher und erkennen eine Störung, bevor sie auftritt.
- Technische Sensoren verhindern Kollisionen und Verletzungen. Roboter entlasten Mitarbeiter z. B. von körperlich anstrengenden Überkopf-Arbeiten.
- Fahrerlose Transportsysteme: In der Logistik helfen generische Unterstützungssysteme, wie zum Beispiel fahrerlose Transportsysteme oder Flugdrohnen, um Transportprozesse zu vereinfachen – teilweise auch ohne vorherigen Implementierungsaufwand.
- Eine sichere Zusammenarbeit von Mensch und Roboter wird mit Industrie 4.0 realisierbar. Durch sie werden z. B. die Tragkraft und Positioniergenauigkeit des Roboters mit der Geschicklichkeit und dem Prozesswissen des Menschen verknüpft. Zudem wird der Mensch körperlich entlastet, wenn ein Roboter bei belastenden Tätigkeiten unterstützt.

Ein Beispiel hierfür ist die neue Generation von Leichtbaurobotern, die mit den Menschen als Assistenzsysteme mit humanoidem Ausweichverhalten ohne Verletzungsgefahr für die Menschen zusammenarbeiten.

- Exoskelette dienen dazu, den Menschen körperlich z. B. beim Heben schwerer Gegenstände zu entlasten.
- Intelligenter Schlüsselfinder mit cyber-physischen Technologien in der smarten Fabrik durch digitales Produktgedächtnis im Rohling und eingebettetes System mit Funkmodul im Schlüssel.
- Mensch-Roboter-Kommunikation in einem Montagesystem mit hochflexiblen hybriden Arbeitsplätzen. Nutzung von aktivem Produktgedächtnis und Assistenzfunktionen bei Planung und Produktion.
- Roboter mit adaptiven Greifern mit Hilfe einer 3D-Kamera im Torso zur Annäherung an ein Objekt. Zum Auslesen von Größe, Gewicht und Griffpunkten aus dem Produktgedächtnis wird eine in der Hand integrierte Antenne genutzt.
- Datenbrillen oder andere visuelle Hilfsmittel zur Anzeige von relevanten Informationen oder Warnungen in Echtzeit, wenn z. B. ein Schadstoffniveau erreicht ist. Der Mensch erhält die Informationen, die er benötigt, in der Brille direkt in sein Blickfeld projiziert. Ein schöner Nebeneffekt ist, dass er die Hände frei für ausführende Tätigkeiten in der Maschinenführung, Montage oder Instandhaltung hat. Datenbrillen können aber auch als digitale Assistenten und für ein mobiles, interaktives und situationsadaptives Lernen von Prozess- und Wartungsprozeduren in Tutorsystemen genutzt werden.

Wertschöpfung in der Vision der Industrie 4.0 entsteht in Form von Diensten im Zusammenspiel von Anbietern, Nutzern und dem „Internet of Things" (IoT). Nutzer und Kunden gestalten die Wertschöpfung aktiv mit („Co-Creation"), Dienste werden über Plattformen angeboten. Diensteanbieter, Plattformbetreiber und Kunden bilden Ökosysteme und Datenräume von z. B. Marketing, Produktions- und Servicedaten, die Transparenz schaffen und Grundlage für die Planung und Steuerung bilden.

Dies ist noch keine Realität. Standardisierte und sichere Plattformen sind noch nicht in diesem Reifegrad verfügbar. Eines der größten Probleme bei der Umsetzung der smarten Fabrik ist die Kompatibilität und der Entwicklungsstand der Maschinen in der Industrie. In den Produktionshallen arbeiten oft alte und neue Maschinen mit unterschiedlichen und inkompatiblen Möglichkeiten zur Datenerhebung und Kommunikation zusammen. Plattformen sind nötig, um mit verschiedenen Schnittstellen-Standards umzugehen sowie Daten in Echtzeit zu analysieren und zu verarbeiten.

Zudem sind ohne Sicherheitsstandards smarte Produkte und Fabriken auf allen Ebenen bedroht. So gibt es zunehmend mehr Spezialviren und Trojaner für eingebettete Systeme und sogar Schadsoftware speziell zur Störung der Leittechnik hochsensibler atomarer Großanlagen. Die Entwicklung von standardisierten und sicheren Plattformen schreitet aber rasant voran, siehe hierzu Kapitel 3.

Ein wesentlicher Erfolgsfaktor ist die horizontale und vertikale Integration (siehe Kapitel 3). Die horizontale und vertikale Vernetzung von Marketing, Bestellung, Eingangslogistik, über die Produktion, die Ausgangslogistik bis hin zum Service über das Business-Eco-System hinweg sind Voraussetzung für die smarte Fabrik mit bedarfsorientierter effizienter Produktion z. B. kleiner Losgrößen. Zwischen den Partnern entlang der Wertschöpfungskette werden Engineering-Daten ausgetauscht. Einheitliche Daten und Datenintegrität zwischen den Partnern entlang der Wertschöpfungskette sind Voraussetzung.

Über die Datenintegration auf allen Ebenen und Data Analytics wird Transparenz geschaffen und Entscheidungshilfen für z. B. die Predictive Maintenance oder bessere Anlagennutzung gegeben. So können der Produktionsprozess optimiert, Instandhaltungskosten minimiert und die Energieeffizienz gesteigert werden. Kombiniert mit KI/Machine Learning optimieren sich die Produktionsnetzwerke selbst entsprechend Kriterien wie Kosten, Verfügbarkeit oder Ressourcenverbrauch. Die Steuerung und Überwachung (Monitoring) kann auch über mobile Geräte oder den Fernzugang via Web erfolgen.

Bessere Vernetzung, zunehmende Miniaturisierung und fallende Hardwarekosten bilden die Basis für sich selbst verwaltende Systeme. Physikalische und virtuelle Welten verschmelzen. In der vernetzten Fabrik („Smart Industry") werden Echtzeitdaten von Maschinen und smarten Objekten erfasst, über verschiedene Systeme und gegebenenfalls auch über Unternehmensgrenzen hinweg mit anderen Daten zusammengeführt, korreliert und regelbasiert ausgewertet. Autonome und sich selbst organisierende Systeme übernehmen viele Aufgaben. Maschinen, Geräte und intelligente Objekte tauschen Informationen untereinander und mit Menschen aus, analysieren diese und reagieren ohne menschliches Eingreifen.

Die Auswirkungen und Möglichkeiten dieser Innovationen sind heute noch nicht absehbar. Einige Ansätze haben sich aber bereits bewährt, wie die vorausschauende Wartung (Predictive Maintenance). Die detaillierte Ausgestaltung hat aber genauso ihre Tücken, da auch hier z. B. jemand entscheiden muss, wann eine Maschine zur Wartung gestoppt und welcher Kundenauftrag deshalb verschoben werden soll.

Weitere Informationen zu Industrie 4.0 finden Sie in Kapitel 3.

1.4.4 Automotive

Die Automotive-Branche steht vor der Herausforderung, mit neuen Wettbewerbern wie Tesla und den Großen der IT-Branche wie Google und Apple Schritt halten zu müssen. Digitalisierungsschwerpunkte sind aktuell autonomes Fahren, Fahrassistenzsysteme, Sicherheit, Infotainment und Kommunikation sowie Mobilitätsmanagement.

Über offene Plattformen und neue Formen der Partnerschaft entstehen neue Geschäftsmodelle, die jedes Unternehmen für sich alleine u. a. wegen der fehlenden Marktmacht nicht selbst durchsetzen könnte. Ein Beispiel ist das Carsharing von BMW und der Autovermietung Sixt. Nutzer können verfügbare Fahrzeuge orten, reservieren, buchen sowie das Fahrzeug öffnen und weitere Services nutzen. Hierzu werden u. a. Mobile- und Mashup-Technologien genutzt. So werden die GPS-Daten der Fahrzeugstandorte genutzt und im Kartendienst „Google Maps" angezeigt.

Automobilhersteller werden zunehmend zum Anbieter von Mobilität und Plattformbetreiber von Services und Mehrwertdiensten. Für die Kunden ist es nicht mehr notwendig, selbst ein Auto zu besitzen. Über bedarfsorientiertes Pay-per-use-Carsharing bezahlt der Kunde genau das, was er für die Beförderung von A nach B „verbraucht" hat. Er muss sich nicht mehr um Steuern, Versicherung und Parkplatzgebühren kümmern.

Mobilität gibt es bereits jetzt und wird in Zukunft noch viel stärker, flächendeckender und jederzeit verfügbar sein. Aktuell bestehen noch Einschränkungen. So steht z. B. das Carsharing-Angebot nur in gewissen Regionen zur Verfügung.

Die Geschäftsmodelle der Automobilbranche und der Produktionsunternehmen verändern sich nachhaltig. Das bisherige Kerngeschäft, gekennzeichnet durch Verkauf von Produkten und dem optionalen Abschluss von Zusatzservices sowie Serviceverträgen für Wartung und Reparatur, tritt in den Hintergrund. Gerade durch die Serviceverträge sowie die Kombination der Produkte mit Services ließ sich die Kundenbindung über längere Zeit aufrechterhalten und ausbauen. Dies ändert sich mit den kurzen Kundenkontakten bei Mobilitätsservices. Sicherlich wird durch Markenprägung und Kundenzufriedenheit bei Nutzung der Mobilitätsservices erneut eine Kundenbindung hergestellt. Andere Wettbewerber können hier aber mit „Coolness-Faktoren" und besseren Services einfacher verdrängen. Über Mehrwertleistungen wie Peer-to-Peer-Vermietung von Parkplätzen und Privatfahrzeugen oder das induktive Laden von Elektrofahrzeugen auf dedizierten Parkplätzen lässt sich auch für etablierte Anbieter ein Mehrwert generieren. Ein Beispiel ist hier die Daimler-Tochter moovel. Die Mobilitäts-App verknüpft partizipierende ÖPNV-Netzwerke, das Daimler-Car-Sharing-Angebot car2go, die Daimler-Taxi-Vermittlung mytaxi und das Angebot der Deutschen Bahn inklusive Call a Bike und Flinkster sowie eine einheitliche Bezahlfunktionalität via Kreditkarte.

Digitale Plattformen, die Komfort für die Kunden schaffen, werden auch in der Automotive-Branche immer wichtiger. Die Plattformen setzen Spielregeln und übernehmen eine Vermittlerrolle zwischen den verschiedenen Interessengruppen, wie z. B. Serviceanbieter und Automobilhersteller. Voraussetzung ist eine flexible, sichere, zuverlässige und skalierbare Infrastruktur und die systematische Datenerhebung und -verwendung von Fahrzeug- und Nutzungsdaten für Mehrwertdienste.

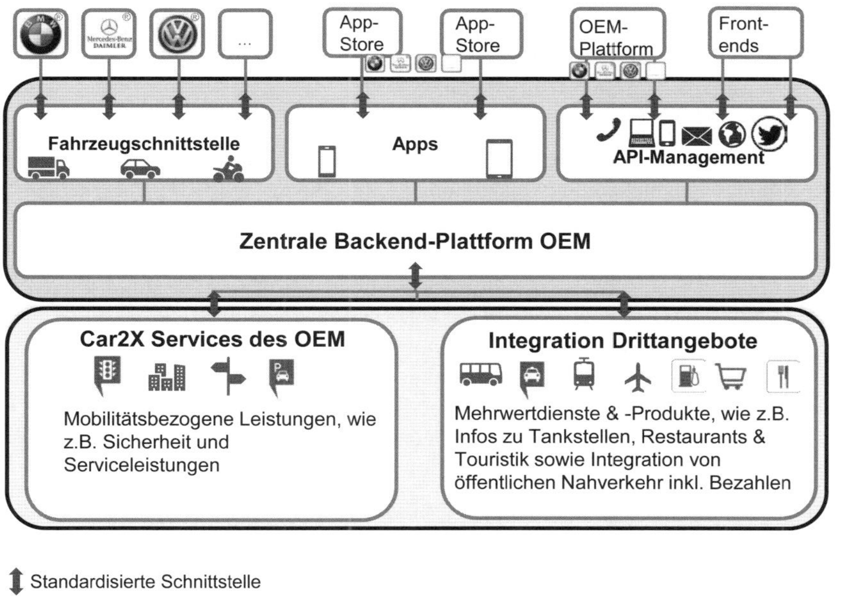

Bild 1.10 Mobility-Plattform-Architektur

In Bild 1.10 finden Sie ein Beispiel einer Automotive-Plattform-Architektur. Wesentlich sind offene Standardschnittstellen und Austauschformate, über die Services eines OEM (Original Equipment Manufacturer), aus gemeinsamen digitalen OEM-Plattformen oder ausgewählte Drittangebote einfach und schnell mit OEM-Branding integriert werden können. Weitere wesentliche Elemente bilden die Integration von mobilen Endgeräten und übergreifende Apps für alle OEM- und ausgewählte Drittangebote sowie deren Integration in App-Stores, Internetportale und die Unterstützung aller digitalen Kanäle sowie ein explizites API-Management.

Aufgrund der wachsenden Zahl und Art der Informationen und Apps für den Fahrer sind nutzerfreundliche HMI-Konzepte (Human Machine Interface) für die Kommunikation zwischen Fahrer und Fahrzeug immer wichtiger. Das beginnt bei der visuellen Wahrnehmung und reicht bis zur akustischen sowie haptischen Rückmeldung.

Zentrales Element der Mobility-Plattform-Architektur bildet eine OEM-übergreifende gemeinsame Backend-Plattform, die gemeinsame Funktionalität und standardisierte Integrationspunkte für z. B. fahrzeugorientierte Services bietet, insbesondere für die Datenerhebung und -analyse. Hierunter fallen Fahrzeugdaten, Fahrerdaten und Fahrumgebungsdaten, wie z. B. Kartenmaterial. Über die Ausweitung der Kommunikation zwischen Fahrzeugen und Ampeln, Parkplätzen und Verkehrsleitsystemen könnten in einer Zukunftsvision die Verkehrsflüsse optimiert und Staus oder Parkplatzmangel vermieden werden.

Auf dieser Datenbasis können neue Mehrwertleistungen oder Produktangebote entstehen. Ein Beispiel sind individualisierte Versicherungen, welche auf Basis der tatsächlich gefahrenen Strecken und dem individuellen Fahrverhalten für den Kunden optimierte Policen ermöglichen. Ein anderes Beispiel ist das Shopping oder das Vorbestellen von Tickets oder anderen Kommunikations- oder Unterhaltungsdienstleistungen während des Fahrens, zugeschnitten auf das (Bei-)Fahrerverhalten.

Disruptive Anbieter wie Tesla haben bereits einen größeren Schritt in Richtung des Selbstverständnisses vom Automobilhersteller zum Mobilitätsanbieter gemacht. Sie streben die Maximierung der Fahrzeugauslastung mittels automatisierter Privatvermietung aus wirtschaftlichen und ökologischen Gründen an.

„Connected" Fahrzeuge sind bereits heute Realität. Wenn man von aktuell circa 1,6 Milliarden Fahrzeugen ausgeht, dann können in dieser Dimension Sensoren die Straßen entlangfahren und mit einem Schlag neben den Smartphones die größte Kategorie im „Internet der Dinge" werden. Vernetzte Fahrzeuge bieten im Sicherheitsumfeld viele Möglichkeiten. Bei Diebstahl oder bei Vergehen nicht kooperativer Fahrzeugführer kann das Fahrzeug zum Beispiel digital gestoppt werden. Das EPS-System warnt in Echtzeit vor Glatteis und das GPS-System übermittelt die Fahrgeschwindigkeit an die Verkehrsleitsysteme. Straßenkarten, Informationen des eigenen Fahrzeugs und anderer Fahrzeuge und der Wunsch des Fahrers werden intelligent verknüpft. Die Autobranche arbeitet derzeit an der Entwicklung selbstfahrender Fahrzeuge. Parkassistenten oder Bremshilfen bei geringen Geschwindigkeiten sind bereits Realität. Weitere Chancen und Risiken lassen sich kaum vorhersagen, abzusehen ist aber der Wandel der Automobilindustrie zum Mobilitätsanbieter.

Mobilität, auch ohne ein Auto zu besitzen, ist gerade für die junge Generation ein Bedürfnis. Die Anbieter klassischer Mobilität, wie z. B. Automobilhersteller, Bahn oder Fluglinien, bekommen das veränderte Selbstverständnis im Umgang mit Mobilität bereits zu spüren. Zahlreiche Dienstleistungen werden rund um das vernetzte Fahren und die Bereitstellung und Nutzung von intelligenten Ladeinfrastrukturen für Elektromobilität samt Abrechnungsmodellen entstehen. Neue Akteure werden auftauchen, die sich mit innovativen Ideen am Markt etablieren. Der Erfolg z. B. der Elektromobilität hängt von einer flächendeckenden Ladeinfrastruktur ab.

Automobilhersteller nutzen zunehmend Coopetition, die Dualität von Konkurrenz und Kooperation auf Märkten. Nur über Partnerschaften zwischen dem Automobilhersteller und Anbietern von Mobilitätsdienstleistungen können nachhaltige Konzepte und disruptive Innovationen gestemmt werden.

1.4.5 Smart Home

Smart Home ist der Sammelbegriff für das Internet der Dinge im Heimbereich. Ein Smart Home ist ein vernetztes, intelligentes Zuhause mit dem Ziel, die Sicherheit, die Wohn- und Lebensqualität zu steigern sowie Energiekosten zu senken, die nächste Generation der Hausautomation. Basis hierfür bildet die funkbasierte Vernetzung smarter Geräte und Gadgets. Die intelligenten Dinge können mit uns und untereinander kommunizieren. Auf diese Weise werden Alltagsvorgänge automatisiert und Geräteeinstellungen, z. B. von Heizung, Licht, Kaffeemaschine oder Lautstärke, an die persönlichen Bedürfnisse angepasst. Häufig werden diese über Smartphone, Tablet als „Fernbedienung" oder sogar ohne Endgerät über Sprachbefehle und Handzeichen gesteuert, sowohl von zuhause als auch von unterwegs über das Smartphone.

Anwendungsbeispiele für Smart Home sind:

- **Energiesparen im Smart Home durch intelligente Thermostate**, welche die Einstellungen automatisch, basierend auf vordefinierten Programmen individuell steuern. Smarte Thermostate als lernende Systeme analysieren das Heizverhalten auf Basis von Gewohnheiten und regeln dann automatisch (überschreibbar) die Temperatur oder schalten sich automatisch aus, wenn niemand zuhause ist, und heizen energiesparend auf, sobald sich ein Bewohner dem Haus nähert. Über Sprachassistenten genügt ein einfacher Sprachbefehl für die Regulierung der Heizungen im ganzen Haus.
- **Smarte Sicherheitssysteme** zur Prävention von Einbruch mithilfe von z. B. Tür- und Fensterkontakten, Bewegungsmeldern, Überwachungskameras, Feuermeldern, Feuchtigkeits- und Wassersensoren inklusive Übertragung auf das Smartphone. Die smarten Sicherheitssysteme sind mittlerweile für jeden erschwinglich und dienen zur Abschreckung von Einbrechern. Laute Sirenen und Lichtsignale irritieren ungebetene Gäste und machen Nachbarn hellhörig.
- **Smarte Haushaltsgeräte** zur Arbeitserleichterung und Komfortsteigerung, wie z. B. Saug-Roboter, smarte Waschmaschinen, die sich vom Büro aus bedienen lassen oder die smarte Kaffeemaschine oder der smarte Kühlschrank. Der smarte Kühlschrank und die Speisekammer füllen sich bei Bedarf selbstständig nach. Wir nehmen nur noch die Ware an der Haustür von autonomen Drohnen entgegen. Die smarte Kaffeemaschine weckt individualisierbar mit frischem Kaffeeduft zur gewünschten Zeit mit der über eine App gesteuerten individuellen Schaum-, Stärke- und Milcheinstellung.
- **Smart Entertainment** mit Musik-Streamingdiensten (wie z. B. Spotify oder Napster), Lautsprechersystemen und Heimkino sowie privatem NAS-Server für Fotos und Videos, kombiniert mit smarter Lichtsteuerung für die Entspannung zu Hause.

Smart Home hilft dabei, den Alltag einfacher, sicherer, kostengünstiger und bequemer zu gestalten, indem es uns viele Steuer-, Komfort- und Überwachungstätigkeiten anbietet. Insbesondere der Komfort entscheidet über den Kundenwert.

1.4.6 Gesellschaft

Das Internet kommt immer näher an uns Menschen heran und vielleicht auch irgendwann sogar in uns hinein. Beispiele hierfür sind:

- **Smartwatch**, mit der man die Anzahl der im Alltag gegangenen Schritte zählen, die Schlafdauer messen und Ernährungstipps erhalten kann,
- **Hörprothesen**, die digital zum Dimmen der Umgebungsgeräusche eingestellt werden können,
- **Gelenkmotoren**, die per Bluetooth ansprechbar sind,
- **Blutzuckersensoren** zum Monitoring der Insulinwerte und zum Steuern der Insulinzufuhr durch Ärzte,
- **Autonom fahrende Fahrzeuge**, Flugzeuge und Schiffe sind Realität,
- **Haie, die in Australien mit Sensoren** ausgestattet sind und ihre Position twittern. Damit werden Schwimmer durch diese Tweeds gewarnt, dass Haie in der Nähe sind,
- digitaler Staat und digitale Verwaltung,
- soziale Plattformen, Smart Home, elektronische Gesundheitskarte, digitale Verwaltung sowie
- in einer Zukunftsvision implantierte Chips.

Auf gesellschaftlicher Ebene führt die Digitalisierung zu gravierenden Veränderungen in allen Lebensbereichen, wie z. B. zu neuen Möglichkeiten der Partizipation der Bürger in Form von elektronischen Volksabstimmungen. Dabei gibt es sowohl Chancen als auch Risiken. Beispiele für Risiken sind:

- Beispielhafte Pressemeldungen: „Kühlschrank spammt das Internet zu." oder „Harmlose Haushaltsgeräte wie Kaffeemaschinen werden digital über das Internet gekapert."
- Ein anderes Beispiel sind Sicherheitskameras, die über das Internet von möglichen Einbrechern zum Erkunden genutzt werden können, oder aber Fernseher oder Alexa, die die Gewohnheiten der Nutzer ausspähen und an den Hersteller senden.
- Sicherheitsleck bei Vaillant Heizungsanlagen: Der Hersteller empfahl seinen Kunden, den Stecker zu ziehen, um die Verbindung zum Internet zu kappen. Über ein Sicherheitsleck konnte jeder über das Internet die Heizung steuern, umprogrammieren und Schäden verursachen.
- Eine Krankenversicherung ist sicherlich an Smartwatch-Daten interessiert.

Hier stellt sich die Frage, wie man unberechtigte Zugriffe oder Datensammlungen verhindern kann. Häufig lautet die einzige Antwort, die digitalen Services nicht zu nutzen. Dies geht aber oft aus anderen Gründen nicht, da für Unternehmen oder auch im Privatbereich Zwänge bestehen. Sicher ist dagegen, dass die Cyber-Kriminalität zunimmt. Hier muss ein neues Bewusstsein für die Datensicherheit und die Verwendung von Daten wachsen. Vielleicht ist auch ein Kodex notwendig.

Die Digitalisierung der Gesellschaft schafft viele Chancen; bringt aber auch viele Risiken mit sich. Es führt kein Weg daran vorbei, sich mit der Digitalisierung zu beschäftigen, da dies überlebensnotwendig für die Zukunft ist.

Die Automatisierung von Geschäftsprozessen ist gesellschaftlich brisant, da durch die sie viele Arbeitnehmer ihren Arbeitsplatz verlieren können. Dies führt unausweichlich zu enormen Änderungen im sozialen Gefüge und stellt für die Politik und die Gesellschaft eine Herausforderung dar.

1.4.7 Digitalisierung der Arbeitswelt

Die Digitalisierung verändert auch die Arbeitswelt gravierend. So skizzierte der amerikanische Wirtschaftswissenschaftler Warren G. Bennis die zukünftige Arbeitswelt folgendermaßen: „Die Fabrik der Zukunft wird zwei Beschäftigte haben: einen Mann und einen Hund. Die Aufgabe des Mannes wird sein, den Hund zu füttern. Der Hund wird die Aufgabe haben, den Mann davon abzuhalten, die automatisierten Systeme anzufassen."

Wie die Arbeitswelt in der Zukunft wirklich aussieht, ist schwierig konkret vorauszusagen. Viele Ängste bestehen. Beispiele:

- Produkte werden ohne Menschen produziert und mithilfe künstlicher Intelligenz weiterentwickelt und von intelligenten Robotern montiert.
- Produktideen werden von neuronalen Netzwerken eigenständig entwickelt und gleichzeitig auch auf Absatz- und Profitchancen hin analysiert.
- Ein Produkt kann einfach auf 3D-Druckern „ausgedruckt" werden.
- Im Gesundheitssektor werden Diagnosen von stetig dazulernenden Maschinen gestellt. Operationen werden von OP-Robotern in einer Präzision durchgeführt, die kein Mensch vollbringen kann.
- Verkäufer, Makler und Vermittler werden nicht mehr benötigt, da Bots deren Aufgaben besser übernehmen können und Kunden besser beraten.

Hier stellen sich dann Fragen, wie:

- Gibt es überhaupt noch genügend Arbeit für alle? Fallen durch die Automatisierung viele Stellen weg? Welche Stellen bleiben übrig? Welches Qualifikationsniveau ist hierfür erforderlich?
- Wie sieht die Arbeitswelt 4.0 aus? Gibt es neben Vordenkern, Robotern und Datengurus, die die digitale Revolution anführen, überhaupt noch Arbeitnehmer?
- Wie sehen Arbeitsmodelle der Zukunft aus? Nehmen Heimarbeitsplätze immer weiter zu?
- Wie sieht die Interaktion zwischen Maschine und Mensch aus? Werden dem Mensch Anweisungen ins Auge projiziert („Augmented Reality"), wenn dieser doch noch gebraucht wird? Hat der Mensch neben einer Überwachungsfunktion überhaupt noch eine Funktion?
- Was passiert, wenn die Maschinen und die KI ausfällt?
- Was heißt dies für die erforderlichen Skills? „Wer nicht mit der Zeit geht, geht mit der Zeit." Welche Anforderungen werden an die Lern- und Veränderungsbereitschaft gestellt?
- Wie sieht Führung 4.0 aus als Basis für Innovations-Enabling?

Die Digitalisierung bietet auch hier Chancen und Risiken. So gibt es für Mitarbeiter neue flexible Arbeitsmodelle. Die Personaleinsatzplanung wird erleichtert und kann auch z. B. bevorzugte Arbeitszeiten berücksichtigen und damit eine bessere Vereinbarkeit von Beruf und Privatleben unterstützen. Durch digitale Assistenzsysteme kann der Mensch kognitiv entlastet werden. Die Assistenzsysteme unterstützen bei Entscheidungen. Der Mensch kann sich gezielter auf seine verbleibenden Tätigkeiten konzentrieren.

Arbeiten 4.0 geht einher mit Organisation 4.0 und vielen bislang ungeklärten arbeitsrechtlichen Fragen für Arbeitgeber, Führungskräfte und Mitarbeiter. Es kommt zu Lean Thinking und Organisation und globalen Arbeitsgruppen, die sich entsprechend der Anforderungen flexibel organisieren.

Ein wichtiges Schlagwort ist auch Digital Employee Experience, analog zu Digital Customer Experience. Ziel ist es hierbei, ein positives Mitarbeitererlebnis zur Mitarbeiterbindung, Produktivitätssteigerung sowie Attraktivitätssteigerung des Unternehmens zu erzielen. Durch das Wohlbefinden und die Motivation der Mitarbeiter wird dies erreicht. Hierzu sind eine ausreichende Kommunikation, Freiraum für Kreativität und Lernen, Karrierefortschritt sowie Belohnungen und Anerkennung essenziell.

Digitale Unternehmen sind datengetrieben und datengesteuert, aber der Weg dahin ist recht schwierig. Neue Berufsbilder entstehen durch die Digitalisierung. Data Stewards und Data Scientist sind hierfür Beispiele. Vor allem bedarf es eines Kulturwechsels und neuer Jobprofile. Siehe hierzu Abschnitt 5.5.

Die Grenzen zwischen Arbeit und Freizeit verschwinden zunehmend, ebenso zwischen dienstlichen und privaten Geräten und Daten. Dies hängt u. a. am durchschlagenden Erfolg von mobilen Endgeräten, insbesondere Smartphones. Diese werden immer mehr in den sozialen Netzwerken als auch für den Kauf oder die Nutzung von Produkten und Dienstleistungen verwendet. Die Kommunikation findet unabhängig von Zeit und Ort (ubiquitär) statt. Die Auswirkungen für die Wirtschaft, die Arbeitswelt und für jeden Einzelnen sind nicht absehbar.

Digitalisierung und Industrie 4.0

Digitalisierung und Industrie 4.0 verändern Organisation, Prozesse und IT-Landschaften jedes Unternehmens nachhaltig. Informations- und Kommunikationstechnik hält Einzug in allen administrativen und wertschöpfenden Prozessen des Unternehmens. Ein Beispiel hierfür sind Maschinen, die sich gegenseitig über Fehlerzustände oder Materialengpässe informieren und gegebenenfalls eine Bestellung auslösen.

Im Idealfall startet die Digitalisierung mit der Digitalisierungsstrategie, die top-down von der Unternehmensführung vorgegeben wird. Doch häufig ist es umgekehrt. Viele Unternehmen und Verantwortliche werden getrieben durch den Wettbewerb und den Kunden. Dieser „digitale Aktionismus" ohne Digitalisierungsstrategie ist gefährlich und häufig für Unternehmen existenzbedrohend.

Eine Digitalisierungsstrategie analysiert ganzheitlich alle Dimensionen der Digitalisierung und gibt eine Vision, Ziele und Leitplanken vor. Auf der Basis einer realistischen Einschätzung der digitalen Reife kann das digitale Geschäftsmodell mit disruptiven und evolutionären Ideen als Soll-Bild sowie die digitale Roadmap gestaltet, an veränderte Anforderungen und Randbedingungen agil angepasst und deren Umsetzung gesteuert werden.

Die Schwerpunkte und Sichten unterscheiden sich von Branche zu Branche durchaus. Die Lösungsmuster sind aber relativ ähnlich. Hilfestellungen hierzu finden Sie in den folgenden Kapiteln.

2 Digitalisierungs-Ordnungsrahmen

Wer hohe Türme bauen will, muss lange beim Fundament verweilen.

Anton Bruckner (1824–1896), Komponist

Die Digitalisierung ändert die Spielregeln. Volatile Märkte, steigende Bedeutung von Wertschöpfungsnetzwerken, neue Wettbewerber und gleichzeitig Fachkräftemangel erfordern ein Umdenken. Radikale Innovationen sind notwendig. Innovative, maßgeschneiderte Produkte und Time-to-market entscheiden über die Wettbewerbsfähigkeit und das Überleben des Unternehmens.

Die Digitalisierung verändert die Wirtschaft, die Gesellschaft und das Umfeld jedes Einzelnen gravierend. Jeder ist bereits jetzt oder zukünftig betroffen. Daher stellt sich nicht die Frage, ob man sich den Herausforderungen stellt. Es bleibt letztendlich nur die Frage, wann man mit der digitalen Transformation startet und wie man sich schnellstmöglich für Innovationen enablen kann. Wie wird durch Digitalisierung ein Mehrwert für den Kunden geschaffen?

Ein systematisches Management der digitalen Transformation spielt dabei eine entscheidende Rolle. Das Digitalisierungsframework, das in diesem Kapitel vorgestellt wird, unterstützt bei der Reifegrad-Analyse und der systematischen Planung und Steuerung der digitalen Transformation. Das Digitalisierungsframework wurde aus Erfahrungen von vielen Digitalisierungsinitiativen konsolidiert. Es gibt einen Ordnungsrahmen vor und dient als Überblick über alle wesentlichen Aspekte der Digitalisierung. Es unterstützt bei der Identifizierung der für die Digitalisierung Ihres Unternehmens relevanten Bereiche.

In Bild 2.1 werden die wesentlichen Dimensionen der Digitalisierung dargestellt. Der Kunde und dessen Bedürfnisse und Kundenkontaktpunkte (Touchpoints) stehen im Mittelpunkt. Die wesentlichen Dimensionen sind die digitale Strategie, das Business-Eco-System, die Produkte und Dienstleistungen des Unternehmens, die erforderlichen Business und technischen Capabilities, Daten und technische Assets sowie Geschäftsprozesse und die Organisation sowie nicht zuletzt die Skills der externen oder internen Mitarbeiter. Diese Dimensionen werden in Abschnitt 2.1 detailliert beschrieben.

Im Anschluss wird in Abschnitt 2.2 das Digitalisierungsframework mit seinen Bestandteilen im Detail vorgestellt. Zudem werden wesentliche digitale Technologien erläutert, die häufig Bestandteile von disruptiven Geschäftsmodellen sind oder aber mit denen man bestehende Produkte und Dienstleistungen digitalisieren kann. Wesentliche Lösungsbausteine finden Sie in Kapitel 5.

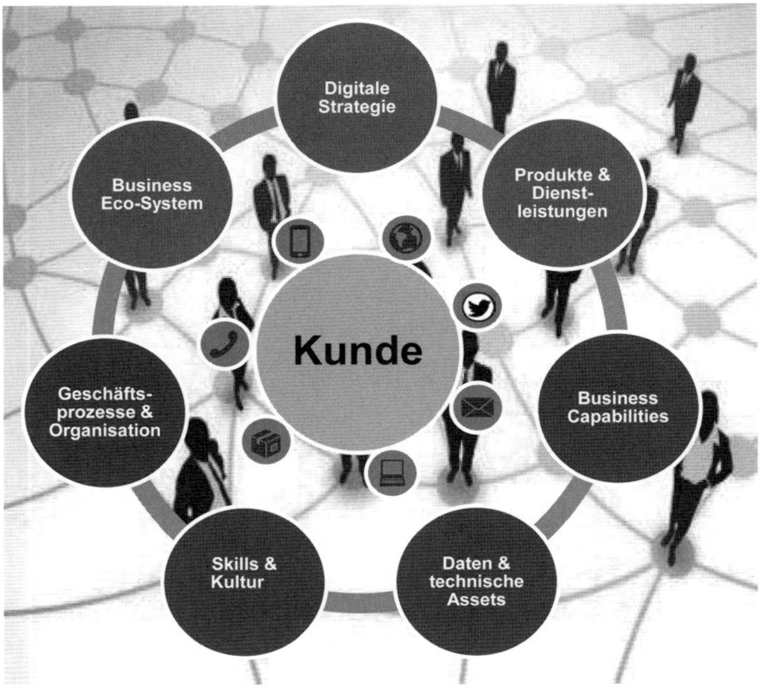

Bild 2.1 Dimensionen der Digitalisierung

In diesem Kapitel finden Sie die Antworten auf folgende Fragen:

- Welche Dimensionen sind für die Analyse, Planung und Steuerung der digitalen Transformation zu berücksichtigen?
- Welche Aspekte müssen bei der Digitalisierung berücksichtigt werden?
- Welche Lösungsansätze und digitale Technologien gibt es?

2.1 Dimensionen der Digitalisierung

In der Digitalisierung stehen, wie in Bild 2.1 dargestellt, der Kunde und dessen „Kundenerlebnis" im Mittelpunkt. Das Kundenerlebnis ist die Gesamtheit der persönlichen Erfahrungen des Kunden mit dem Unternehmen oder der Marke über alle möglichen Kundenberührungspunkte (Touchpoints), wie z. B. klassische und digitale Kanäle. Der Kunde sammelt nicht nur beim Kauf eines Produkts oder einer Dienstleistung Erfahrungen mit der Marke oder dem Unternehmen, sondern schon über das Marketing, den Vertrieb und nach dem Kauf über die

Wartung und den Service. So kann man dem Kunden z. B. über ein „Rundum-sorglos-Paket" mit Wartung Arbeit abnehmen und damit ein positives Kundenerlebnis prägen. In der digitalen Transformation sind alle möglichen Kundenerlebnisse entlang der Customer Journey, dem vom Kunden zurückgelegten Weg mit dem Unternehmen, einzubeziehen.

Über Customer Experience Management werden die Bedürfnisse der Kunden identifiziert und deren Umsetzung geplant und gesteuert. Über positive Kundenerlebnisse wird eine emotionale Bindung zum Kunden aufgebaut. Ziel ist es hierbei, Kunden zu begeisterten Markenbotschaftern zu machen (zufrieden – loyal – begeistert), die aktiv Werbung für die Produkte und Dienstleistungen des Unternehmens über Empfehlung und Mund-zu-Mund-Propaganda machen. Positive Kundenerlebnisse haben natürlich auch eine direkte Wirkung auf Nutzungsintensität und Kaufbereitschaft. Siehe hierzu Abschnitt 5.4.

Die wesentlichen Dimensionen der Digitalisierung sind:

- **Digitale Strategie**
- **Business-Eco-System**
- **Produkte und Dienstleistungen**
- **Capabilities**
- **Geschäftsprozesse und Organisation**
- **Daten und technische Assets**
- **Skills und Kultur**

Die Dimensionen der Digitalisierung werden im Folgenden im Überblick vorgestellt.

Dimension Digitale Strategie

Vision, Ziele und Leitplanken, um folgende Fragen zu beantworten: „Wo wollen wir hin?" oder „Wie wollen wir uns zukünftig positionieren?" Ziel ist die Schaffung eines Mehrwerts für den Kunden. Wesentlich sind hierbei insbesondere:

- Die Vision und die Mission sowie „smarte" strategische Ziele.
- Markenstrategie auf Basis der Analyse der Attraktivität und Bekanntheit der Marke(n).
- Ergebnisse der SWOT-Analyse mit Umfeldanalyse zur Identifikation von Chancen und Trends sowie externen Herausforderungen, der Unternehmensanalyse zur Bestimmung der Stärken und Schwächen und internen Herausforderungen.
- Einschätzung des digitalen Reifegrads (siehe Abschnitt 4.2) mit einer kritischen Betrachtung der relevanten digitalen Fähigkeiten und deren aktuellem Abdeckungsgrad.
- Stoßrichtungen und Prinzipien für die Partizipation an der digitalen Welt, z. B. Positionierung und Strategien in Richtung digitaler Plattformen, Effizienzsteigerung durch Automatisierung, digitale Veredelung oder Abschöpfung digitaler Abfallprodukte sowie Art und Weise des Enablings von disruptiven Innovationen.
- Handlungsfelder und Maßnahmen für alle digitalen Handlungsfelder, insbesondere aber das Customer Experience Management, das Vorgehen für das Innovations-Enabling, um Freiraum für das Querdenken zu schaffen, sowie für die Automatisierung der End-to-end-Prozesse, digitale Veredelung und Abschöpfung der digitalen Abfallprodukte. Ein weiteres typisches Handlungsfeld ist das Datenmanagement inklusive Analytics und Big Data.

- Gesteuerter Veränderungsprozess für die schrittweise Umsetzung der digitalen Transformation inkl. Skill-Management, Mitarbeitermotivation und -enabling sowie Kommunikationsplan.
- Vorgehensweise zur Umsetzung der Datenschutz- und Informationssicherheitsanforderungen sowie Compliance-Anforderungen.
- Steuerungsinstrumentarium für alle strategischen Ziele der digitalen Transformation.
- Organisation und Prozesse zur Verankerung und schrittweisen Umsetzung, wie z. B. Verantwortlichkeiten für das Treiben der digitalen Transformation (z. B. Chief Digital Officer) oder bimodale Organisation für die agile Planung, Durchführung und Steuerung sowie Förderung der lean und agile Kultur mit enger Kollaboration, Informationsaustausch und Zusammenarbeit.

Dimension Business-Eco-System

Das Business-Eco-System besteht unter anderem aus Geschäftspartnern, Netzwerken und digitalen Plattformen sowie Marktpartnern inklusive der Kooperation mit dem Wettbewerb (Coopetition) und der Einbindung des Kunden (Co-Creation), um Kundenmehrwert zu generieren und den Geschäftsbetrieb zu optimieren.

Es verbindet die Unternehmen oder Privatpersonen organisationsübergreifend und interdisziplinär. Es vernetzt deren Daten, Maschinen oder Menschen und unterstützt dabei, digitale Netzwerke aufzubauen, neue Geschäftsmodelle zu ermöglichen oder aber Prozesse zu vereinfachen. Beispiele sind Joint Ventures für Grundlagenforschung, experimentelle Prototypen oder die Entwicklung und der Betrieb von digitalen Plattformen.

Dimension Produkte und Dienstleistungen

Jedes Unternehmen verfügt in der Regel über ein Produktportfolio mit Produkten und Dienstleistungen in einer unterschiedlichen Lebenszyklusphase (siehe Abschnitt 1.3.3). Neue Produkte und Dienstleistungen können entweder über eine evolutionäre oder disruptive Geschäftsmodellentwicklung entstehen. Sie sollten dem „EUTA“-Prinzip (einfach – ubiquitär – transparent – attraktiv) folgen und auf die Kundenbedürfnisse hin maßgeschneidert werden (siehe Abschnitt 1.2). Bestehende Produkte und Dienstleistungen müssen auf ihre Möglichkeiten zur Digitalisierung geprüft werden. Beispiele hierfür sind:

- Automatisierung der End-to-end-Prozesse.
- Integration von Produkten und Dienstleistungen in Omnikanäle, wie z. B. Self-Service parallel zu klassischen Kundenkontaktpunkten.
- Verbesserung der Services oder sogar Services anstatt Produkten, wie z. B. Geräte im Dentalbereich, die nur noch vermietet in Kombination mit einer vorausschauenden Wartung angeboten werden.
- Digitalisierung der Kundeninteraktion durch z. B. Bots und KI/Machine Learning.
- Schaffung von Mehrwert durch Nutzung von digitalen Technologien wie IoT oder Bots, wie z. B. Vernetzung der klassischen Produkte über Sensoren und Schaffung einer Möglichkeit zur Steuerung über Apps oder Mehrwertdienste über die Cloud, wie z. B. die Predective Maintenance durch cloudbasierte Analyse von Betriebsdaten wie Laufzeit, Temperatur und Drehzahl einer Maschine beim Kunden.

Dimension Business Capabilities

Analyse der erforderlichen und vorhandenen Fähigkeiten und Funktionalitäten, um die digitale Strategie umzusetzen sowie die Produkte und Dienstleistungen im Business-Eco-System bereitzustellen. Die erforderlichen Fähigkeiten leiten sich aus der digitalen Strategie und den Erfordernissen des geplanten Produkt- und Dienstleistungsportfolios sowie des Business-Eco-Systems ab.

Hier sind insbesondere auch spezifische digitale Capabilities aufzubauen:

- **Customer Experience Management:**
  In der Lage sein, das Produkt- und Dienstleistungsspektrum konsequent auf die Bedürfnisse der potenziellen Kunden und der relevanten Touchpoints auszurichten.
- **Innovations-Enabling:**
  Die digitale Fähigkeit, Kreativität der Mitarbeiter zu entfesseln. Wichtig sind hier u. a., Freiraum für Querdenken und unbewertete Ideenfindung zu schaffen.
- **Digitalisierung der Prozesse:**
  Alle Prozesse auf Kommunikation, Kollaboration und Agilität ausrichten sowie soweit wie möglich automatisieren.
- **Agiler, gesteuerter Veränderungsprozess:**
  Über einen gesteuerten Veränderungsprozess muss die Organisation schrittweise weiterentwickelt werden.
- **Lean Thinking und Lean Organisation:**
  Lean ist eine Führungs- und Unternehmenskultur, um Kundenzufriedenheit, Wettbewerbsfähigkeit und Mitarbeitermotivation ganzheitlich und systematisch zu erreichen.

Dimension Geschäftsprozesse und Organisation

Die erforderliche Aufbau- und Ablauforganisation zur agilen, gesteuerten Umsetzung muss einfach, effizient und handhabbar gestaltet werden, damit der Nutzen die Aufwände übersteigt und spürbar wird. Eine schlanke, kundenorientierte Organisation und kollaborative Prozesse sind notwendig, um Kundenzufriedenheit, Wettbewerbsfähigkeit und Mitarbeitermotivation ganzheitlich und systematisch zu erreichen. Lean ist hier ein Schlüssel, sowohl in Bezug auf Prozesse als auch auf Organisation und Werkzeugunterstützung, da nur so alle Aufgaben bewältigt werden können.

Die ständige Verbesserung muss das tägliche Denken bestimmen. Ein aktives Feedbackmanagement und Lernprozesse sind, neben überschau- und beherrschbaren Schritten, die wesentlichen Säulen der kontinuierlichen Verbesserung. Überschau- und beherrschbare Schritte sind notwendig, um schnell zu Ergebnissen zu kommen, für die Feedback eingeholt werden kann, um dann auf diesem sicheren Terrain das Erreichte über den nächsten Schritt weiter auszubauen. So nimmt einerseits die Gesamtumsetzungsgeschwindigkeit durch die schnellen, sicheren Schritte zu und andererseits steigt die Motivation durch den ständigen Fortschritt. So können die Geschäftsprozesse und die Organisation entsprechend des Feedbacks und der Erfahrungen kontinuierlich und agil optimiert werden. Feedback wird explizit zu jedem Ergebnis und jeder Aktivität eingeholt. Jeder Mitarbeiter muss einen Beitrag zur ständigen Verbesserung zielgerichtet auf die Umsetzung der Unternehmensstrategie und der Geschäftsanforderungen leisten.

Dimension Daten und technische Assets

Eine transparente IT-Bebauung und ein explizites Datenmanagement sind die Basis für die Analyse, Planung und Steuerung der digitalen Transformation. Daten sind der „Rohstoff" des 21. Jahrhunderts, sind Produktionsfaktor und die Grundlage für die horizontale und vertikale Vernetzung, Business-Analytics und Machine Learning. Über Datenmanagement muss einerseits eine Datenlandkarte und damit Transparenz erzeugt sowie die Datennutzung und -verwendung aktiv geplant und gesteuert werden. Dies hängt z. B. eng mit der Cloud-Strategie oder aber der Datenschutzklassifikation für die Umsetzung der Datenschutzanforderungen (siehe Abschnitt 2.2.7) zusammen. Zu den ohnehin schon vorhandenen und zum Teil nur noch nicht genutzten Daten im Unternehmen kommen durch die horizontale und vertikale Vernetzung noch eine zunehmende Anzahl an Sensordaten und technischen Log-Dateien bis hin zu Social-Media-Daten hinzu. Diese enthalten häufig wertvolle Informationen, die bislang noch nicht genutzt wurden. Es gilt diesen Schatz zu heben. Business Analytics oder Big Data und Data Lake sind Schlagworte in diesem Kontext.

Definition Data Lake

Data Lake ist eine Datenhaltung mit einer großen Menge an Rohdaten in ihrem ursprünglichen Format, um beliebige Daten schnell und einfach für Analysen nutzbar zu machen und zu verknüpfen. Es geht hier primär um das Entdecken neuer Zusammenhänge in nicht aufbereiteten Daten. Häufig ist vorab unklar, ob und welcher Nutzen aus den Daten generiert werden kann.

Ein Data Lake besteht im Allgemeinen aus einem Rohdatenbereich und einem aufbereiteten, integrierten und qualitätsgesicherten Datenbereich. Im Rohdatenbereich steht das Entdecken neuer Zusammenhänge in nicht aufbereiteten Daten im Gegensatz zum klassischen Data Warehouse im Vordergrund. Das Data Warehouse zielt hingegen auf eine hohe Effizienz für interaktive Analysen und Berichte ab. Die Informationen sind passgenau für den Benutzer aufbereitet. Die Kombination aus dem Data-Science-orientierten Vorgehen und vorwiegenden Self-Service-Analysen basierend auf den aufbereiteten Daten hat sich in der Praxis bewährt. ■

Ebenso müssen die IT-Architektur und die Geschäftsarchitektur mit u. a. Business Capabilities und Geschäftsprozessen aktiv über das Enterprise Architecture Management gemanagt werden. Transparenz über die Bebauung als Grundlage für Entscheidungen, Business-IT-Alignment sowie die aktive Business-orientierte Planung und Steuerung der Weiterentwicklung der IT-Landschaft ist essenziell für die agile Planung und Umsetzung der digitalen Transformation. Nur mit einem leistungsfähigen Analyse-, Planungs- und Steuerungsinstrumentarium können Auswirkungen und Abhängigkeiten aufgezeigt werden. Siehe hierzu Abschnitt 5.6.

Skills und Lieferanten

Aus den fachlichen und technischen Capabilities leiten sich die erforderlichen Skills ab. Diese Skills müssen intern oder extern entsprechend der Sourcing-Strategie aufgebaut werden.

In der Digitalisierung erwachsen zudem neue Jobprofile, wie Data Steward, Data Scientist und Chief Digital Officer.

- **Data Steward**
  Data Stewards sind die Treiber der Datenqualität. Sie sensibilisieren für eine Datenkultur und Datenqualität. Sie führen z. B. diesbezügliche Schulungen durch und zeigen die Auswirkungen von fehlender Datenqualität auf. Sie stellen für Kerngeschäftsobjekte, wie z. B. Kundendaten, die Datenqualität (hinreichende Vollständigkeit, Aktualität, Konsistenz und Güte) über Forcierung von Datenqualitätsmaßnahmen und ein Qualitätsmonitoring mittels unternehmensindividuell festzulegenden Metriken sicher. Sie stellen sicher, dass Information korrekt, konsistent und durchgängig im ganzen Unternehmen verarbeitet und genutzt wird.

  Dies ist essenziell für z. B. zielgenaue Marketingaktivitäten. Sie arbeiten eng mit dem Fachbereich zusammen und unterstützen beim Einführen und Managen eines Datenglossars für alle wesentlichen Stamm- und Bewegungsdaten sowie beim Data Profiling, auch als „Daten-Archäologie" bekannt. Von besonderer Bedeutung sind alle Daten, um die 360-Grad-Sicht auf Kunden herzustellen. Dies ist die Basis, um ein Produkt- und Dienstleistungsspektrum für optimale Kundenerlebnisse agil und nachhaltig bereitzustellen.

  Data Stewards arbeiten auch eng mit dem Datenschutzbeauftragten zusammen, um sicherzustellen, dass die Datensicherheitsanforderungen ebenso wie die Compliance-Anforderungen umgesetzt werden. Sie unterstützen zudem bei der Entscheidungsfindung und bei der Analyse der Abhängigkeiten für z. B. „Daten in der Cloud".

  Weitere Informationen hierzu finden Sie im Kontext zum Datenmanagement in Abschnitt 5.5.

- **Data Scientist** oder auch Datenanalyst genannt
  Er gibt Antworten auf die analytischen Fragestellungen auf Grundlage der zur Verfügung stehenden Daten im Data Lake unter Nutzung von Data-Science-Methoden. Ausgehend von der fachlichen Fragestellung generiert er Ideen für mögliche Zusammenhänge, Abhängigkeiten oder Auswirkungen.

  Die strukturierte Analyse und Auswertung der riesigen und immer weiter explodierenden Datenmengen ist die Hauptaufgabe des Data Scientists. Mithilfe von Data-Science-Methoden lässt sich neues, häufig unerwartetes Wissen aus dem Data Lake erschließen. Hierzu nutzt der Data Scientist Analysemethoden, die häufig auf Big-Data-Technologien wie Hadoop aufbauen. Er erstellt prädiktive Modelle, mit welchen auf die Zukunft bezogene Antworten aus Eingangsvariablen abgeleitet werden können. Zudem nutzt er Methoden aus der Statistik für z. B. die Analyse von Zusammenhängen.

  Das Anforderungsprofil ist sehr anspruchsvoll. So werden gute Kenntnisse in Statistik, maschinellem Lernen, Business Analytics sowie in einschlägigen Programmiersprachen vorausgesetzt und im Idealfall ergänzt mit Branchenkenntnis, analytischem Denkvermögen, Business-Analyse-, Kommunikations- und Teamfähigkeit.

  Er arbeitet eng mit dem CDO zusammen, da er wesentlichen Input für die (Weiter-)Entwicklung der digitalen Geschäftsmodelle liefert.

- **Chief Digital Officer** (CDO)
  Er verantwortet die Entwicklung der digitalen Strategie und neuer digitaler Geschäftsmodelle. Zudem treibt er die digitale Transformation auf allen Ebenen voran.

  Hierzu muss er alle ökonomischen, technischen und strategischen Aspekte der Digitalisierungsvorhaben im Zusammenhang überblicken, Abhängigkeiten, Konflikte und Synergien erkennen und managen. Customer Experience Management ist ein Kern seiner Aufgaben, da die Bedürfnisse des Kunden im Vordergrund bei der Gestaltung neuer digitaler Geschäftsmodelle stehen. Er ist Innovationsmotor für die Entwicklung neuer digitaler Geschäftsmodelle und verantwortet deren Erfolgskontrolle und Optimierung. Zudem treibt er das Innovations-Enabling voran und arbeitet eng mit dem interdisziplinären Innovationsmanagement (siehe Abschnitt 5.1.1) zusammen. Er formt die digitale Transformation in einem gesteuerten Veränderungsprozess inklusive der Veränderung der Organisation zu einer digitalen Kultur.

  Der CDO ist in der Regel Teil der Unternehmensführung oder aber Stab der Unternehmensführung. Nur so hat er die notwendige Durchschlagskraft. In Abhängigkeit von Größe und Ausrichtung des Unternehmens sowie der Digitalisierungsaffinität der Unternehmensführung kann dies auch in Personalunion von z. B. dem CEO oder dem CIO erfolgen, wenn diese ausreichend Zeit für diese Aufgabe haben. Wichtig ist, dass Klarheit über den Verantwortungsbereich besteht und Schnittstellen zu anderen Bereichen geschaffen und alle Bereiche „mitgenommen“ werden.

Nun schauen wir uns die Dimensionen etwas detaillierter an.

2.2 Digitalisierungsframework

Eine klare Vision (siehe Abschnitt 1.3) und eine Standortbestimmung (siehe Abschnitt 4.2) bilden den Startpunkt und gleichzeitig die Voraussetzung für eine erfolgreiche digitale Transformation (siehe Bild 1.1).

Auf dieser Basis können in einem kreativen Prozess systematisch die für das Unternehmen relevanten digitalen Geschäftsmodelle (siehe Abschnitt 5.2) für die relevanten Zielgruppen entwickelt sowie die für die Umsetzung erforderlichen fachlichen und technischen Capabilities abgeleitet werden (siehe Abschnitt 5.2.3). Unter Nutzung von digitalen Lösungsbausteinen entstehen dann digitale Lösungen und individuelle Plattformen in einem agilen, fortlaufenden Veränderungsprozess, der digitalen Transformation.

Im Digitalisierungsframework (siehe Bild 2.2) sind alle wesentlichen Aspekte mit Lösungsmustern enthalten. Diese werden im Folgenden im Überblick vorgestellt. Das Digitalisierungsframework ist entsprechend der vorgestellten Dimensionen der Digitalisierung strukturiert.

Die oberen Dimensionen bilden zusammen die Eckpfeiler, das „WAS“, für das digitale Geschäftsmodell jedes Unternehmens. Hier werden sowohl die Ziele, Visionen und Leitplanken als auch das Produkt- und Dienstleistungsportfolio und das dafür erforderliche Business-Eco-System analysiert. Die unteren Dimensionen sind für eine erfolgreiche Umsetzung, das „WIE“, erforderlich. Aus dem „WAS“ werden die für deren Umsetzung erforderlichen Fähigkeiten sowie die Leitplanken für die Geschäftsprozesse und Organisation abgeleitet.

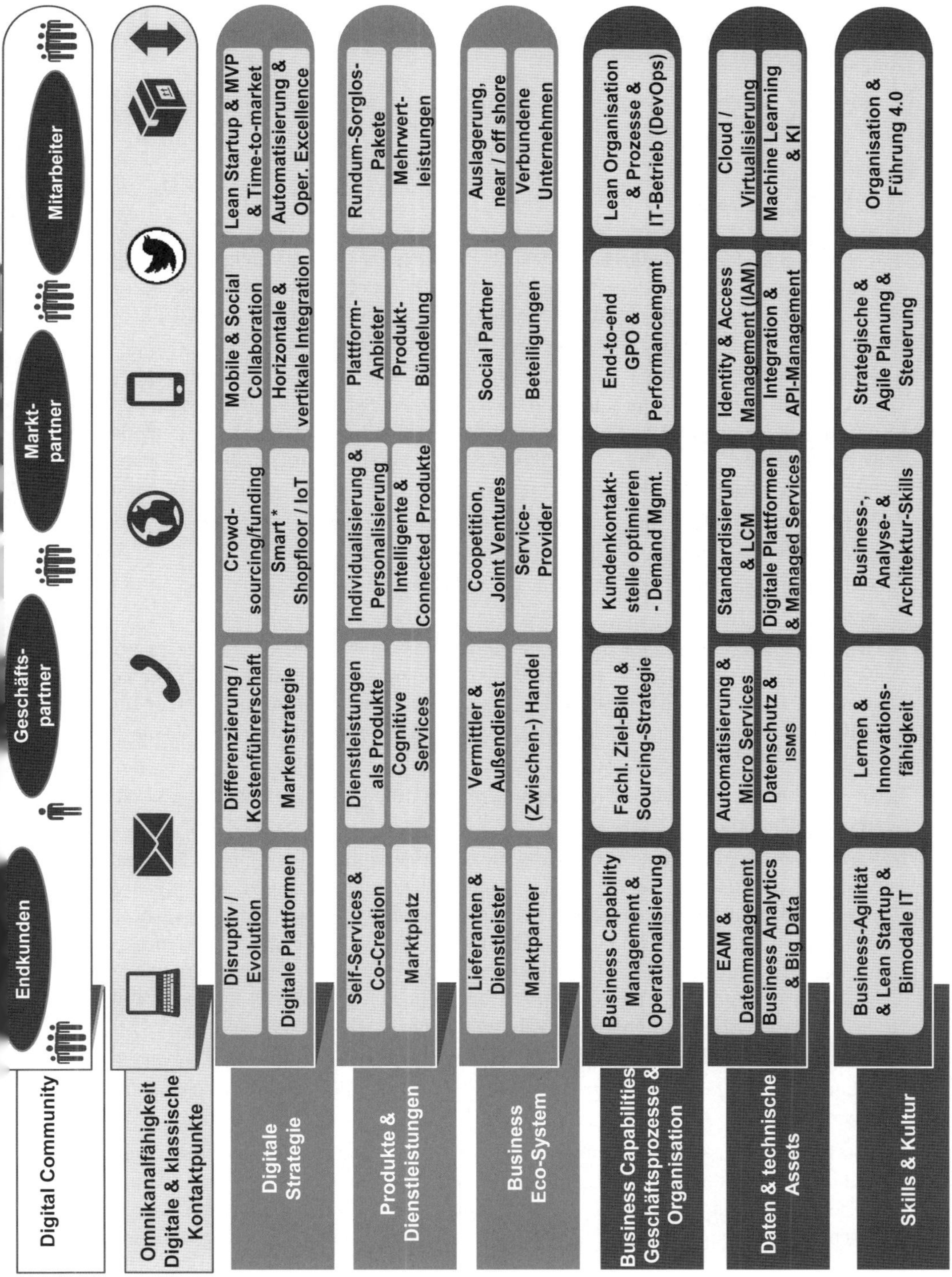

Bild 2.2 Digitalisierungsframework

Die Fähigkeiten werden durch IT-Systeme und Daten bereitgestellt. Digitale Skills und Kultur sind die Voraussetzungen für den gesteuerten Veränderungsprozess im Rahmen der digitalen Transformation.

Schauen wir uns die Dimensionen etwas näher an.

2.2.1 Zielgruppen

Der Kunde und dessen Bedürfnisse stehen im Mittelpunkt bei der Entwicklung digitaler Geschäftsmodelle. Die Kunden gliedern sich hierbei in unterschiedliche Zielgruppen auf, die für das Unternehmen relevanten Kundengruppen und -segmente. In Bild 2.2 werden Endkunde, Geschäftspartner, Marktpartner und Mitarbeiter unterschieden:

- **Endkunde** sind die Käufer eines Produkts oder Nutzer einer Dienstleistung des Unternehmens. Die für ein Unternehmen relevanten Kundengruppen und -segmente müssen unternehmensindividuell ermittelt und deren Bedürfnisse, Merkmale, Besonderheiten, Verhaltensweisen, Finanzkraft und bevorzugte Kanäle sowie ihre möglichen Kundenkontaktpunkte ermittelt werden.

  Kernfrage hierbei: Wer sind die wichtigsten Kunden für das Unternehmen, für die Wert generiert werden soll?

  Endkunden können gleichzeitig auch Geschäftspartner, Wettbewerber oder Mitarbeiter sein.

- **Geschäftspartner** sind die Unternehmen oder Privatpersonen, die für die End-to-end-Wertschöpfung (horizontale und vertikale Vernetzung) erforderlich sind oder genutzt werden. Lieferanten, Service-Provider, Dienstleister oder Outsourcing-Partner für z. B. IT-Betriebsleistungen sind Beispiele für Geschäftspartner. Sie sind Teil des Business-Eco-Systems (siehe Abschnitt 2.1).

  Kernfrage hierbei: Welche Geschäftspartner sind notwendig, um die End-to-end-Wertschöpfung zu erbringen?

- **Marktpartner** (erweiterte Geschäftspartner) liefern einen Beitrag zum Gelingen des Geschäftsmodells. Sie helfen, Risiken zu minimieren, den Zugang zu wesentlichen Ressourcen oder den Markt zu erhalten oder die digitalen Herausforderungen zu bewältigen. Beispiele sind Vermittler, Makler, Außendienst, Handel, strategische Allianzen, auch mit anderen Branchen (Beispiel Automotive und Versicherungen oder Automotive und Ladeinfrastruktur-Provider), Joint Ventures, digitale Plattform-Betreiber, Kooperation mit Wettbewerbern (Coopetition) und Kunden-Anbieter-Beziehung (Co-Creation).

  Kernfrage hierbei: Welche Marktpartner sind für die Steigerung der Attraktivität oder die Bekanntheit der Marke oder für die Verwirklichung von disruptiven Geschäftsmodellen erforderlich?

- **Mitarbeiter** ist eine Arbeitskraft, die in einem Unternehmen als Arbeiter oder Angestellter beschäftigt ist. Häufig wird dies auf externe Mitarbeiter erweitert, die z. B. interimsweise Aufgaben eines Mitarbeiters übernehmen. Diese können bei einem Unternehmen beschäftigt oder aber freiberuflich tätig sein. Mitarbeiter können auch Endkunden ihres Unternehmens sein.

Die Grenzen zwischen Arbeit und Freizeit verschwinden zunehmend, ebenso zwischen dienstlichen und privaten Geräten und Daten. Häufig leisten Mitarbeiter auch gerade in ihrer Freizeit wichtigen Input im Innovationsmanagement, z. B. bei Hackathons.

Kernfrage hierbei: Welche internen Ressourcen sind für die Leistungserbringung erforderlich und wie können diese für die Leistungserbringung motiviert werden?

Erfolgreiche digitale Geschäftsmodelle sind maßgeschneidert auf ihre Zielgruppen. Die sorgfältige Analyse dieser und deren Bedürfnisse und die erforderliche Art und Weise der Einbindung sind erfolgsentscheidend. Eine Analyse bezüglich der Technologie-Adoption der Zielgruppen ist ebenso von Bedeutung. Siehe hierzu Abschnitt 1.3.3.

2.2.2 Kundenkontaktpunkte

Beispiele für Kundenkontaktpunkte (Touchpoints) sind die klassischen Kanäle wie Post, E-Mail, Fax und Telefon sowie Außendienst und Vermittler. Omnikanalfähigkeit schafft weitere Vertriebskanäle weit über Unternehmens- und Ländergrenzen hinweg. Klassische Kanäle werden mit digitalen Kanälen wie Social Media, digitalen Plattformen und Kundenportalen kombiniert.

Beispiele für Anforderungen von der Kundenseite an digitale Kanäle sind:

- Professionelle Website
- Präsenz in sozialen Netzwerken, wie Facebook
- Apps für die Interaktion und die Nutzung von Services, wie z. B. Schadensabwicklung von Versicherungen oder das Bestellen im Online-Versandhandel
- Self-Service-Funktionalitäten für z. B. den Zugriff auf Vertrags- oder Abrechnungsdaten
- Mobile Endgeräte für den Außendienst

Die Kontaktpunkte müssen einfach und bequem nutzbar, ubiquitär, transparent und für die Zielgruppe attraktiv sein (siehe EUTA-Prinzip: einfach - ubiquitär - transparent - attraktiv; siehe Abschnitt 1.2). Dies ist maßgeblich für die Nutzung und die Akzeptanz der Angebote.

Weitere Kontaktpunkte kommen über das Business-Eco-System, wie z. B. digitale Plattformen auch von Partnern und Vermittlern, Werbemittel mit z. B. aufgedrucktem Barcode mit integriertem Link oder aber Vergleichsportale wie „Check24" oder Vermittlerportale von z. B. Lieferdiensten.

Jeder Kundenkontaktpunkt ist gleichzeitig ein Markenkontaktpunkt und verändert die Wahrnehmung der Marke, das Kundenerlebnis über die komplette Customer Journey. Die Attraktivität und Bekanntheit der Marke beeinflussen letztendlich stark, ob Kunden Produkte und Dienstleistungen erneut kaufen, weiterempfehlen oder sogar einen hohen Preis dafür bezahlen, wie z. B. beim iPhone. Alle Markenkontaktpunkte müssen stimmig und widerspruchsfrei sein. Hierzu ist eine Markenstrategie erforderlich (siehe Abschnitt 2.2.3).

2.2.3 Strategische Stoßrichtungen

Durch die digitale Strategie werden Vision, Ziele und Leitplanken für die digitale Transformation vorgegeben. Als Rahmenvorgaben sind insbesondere die strategischen Stoßrichtungen relevant. Dies sind die Kernentwurfsentscheidungen der digitalen Strategie. Sie legen die Art und Weise der Partizipation an der digitalen Welt fest. Beispiele sind die Positionierung und Strategien in Richtung digitaler Plattformen, Effizienzsteigerung durch Automatisierung, die digitale Veredelung oder die Abschöpfung digitaler Abfallprodukte sowie Art und Weise des Enablings von disruptiven Innovationen.

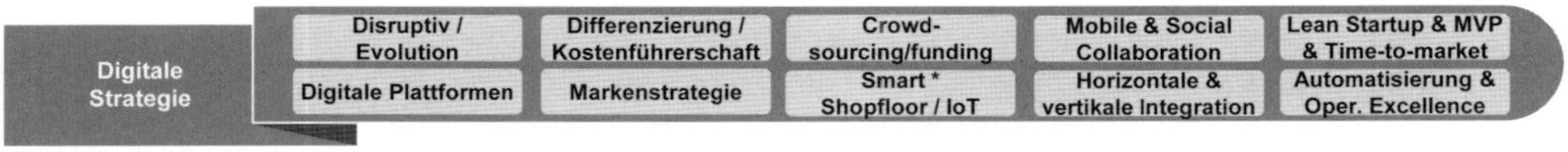

Bild 2.3 Wesentliche Kernentwurfsentscheidungen

In Bild 2.3 sind die wesentlichen Kernentwurfsentscheidungen einer digitalen Strategie dargestellt:

- **Disruptive und evolutionäre Weiterentwicklung der Geschäftsmodelle**
  Wie erfolgt das Innovations-Enabling, um disruptive Innovationen zu ermöglichen oder Ideen für die evolutionäre Weiterentwicklung der Geschäftsmodelle zu entwickeln?

  Innovations-Enabling ist, wie in Abschnitt 1.3 ausgeführt, die digitale Fähigkeit, Kreativität der Mitarbeiter zu entfesseln. Wichtig sind hier u. a., Freiraum für Querdenken und unbewertete Ideenfindung zu schaffen.

  Hierfür gibt es unterschiedliche Ansätze und Methoden, wie bimodale Organisation mit Schnellbooten und Tanker (siehe Abschnitt 5.1), Kultur- und Wertewandel in Richtung Lean Thinking und Lean Organisation (siehe Abschnitt 5.1.3) sowie die Art und Weise, Freiraum für Kreativität über z. B. Think Tanks zu schaffen.

  Wichtig sind insbesondere der Freiraum für die Ideenfindung und ein stringentes Management des Innovationsportfolios (siehe Abschnitt 5.1.1) inklusive der neuen technologischen Möglichkeiten.

  Wie werden systematisch die Chancen aus der Digitalisierung von vorhandenen Produkten oder Dienstleistungen genutzt?

  Welche End-to-end-Prozesse lassen sich automatisieren? Wie kann die Wertschöpfungskette horizontal und vertikal auch über Unternehmensgrenzen hinweg vernetzt werden?

  Welche Produkte oder Dienstleistungen können über weitere Kanäle eingebunden werden?

  Wo kann der Mehrwert aus vorhandenen Daten durch Business Analytics und Big Data genutzt werden?

  Welche digitalen Technologien können genutzt werden, um Produkte oder Prozesse zu optimieren? Z. B. mobile Geräte im Außendienst, Barcode auf Belegen oder 3D-Drucker für Prototypen.

- **Markenstrategie**
  Die Marke, genauer genommen der Markenkern, gibt ein zentrales, funktionales oder emotionales Nutzenversprechen gegenüber dem Kunden und dient der Abgrenzung zu

anderen Marken. Wohin auch der Markt und das Unternehmen sich verändert, die Marke muss im Kundenerlebnis stimmig und widerspruchsfrei bleiben. Nur so können die Attraktivität und Bekanntheit der Marke auf Dauer genutzt und der Markenwert erhöht werden. Die Attraktivität und Bekanntheit der Marke beeinflussen letztendlich stark, ob Kunden Produkte und Dienstleistungen wieder kaufen, weiterempfehlen oder sogar einen hohen Preis dafür bezahlen.

Die Marke wird über Firmenname, Logo sowie über das Produkt-, Verpackungs- und Leistungsdesign, aber auch Briefpapier und Foliendesign erkenntlich. Marketingmaßnahmen und letztendlich alle Kontaktpunkte in Marketing, Vertrieb, Auftragsdurchführung und Service entscheiden über die Stimmigkeit der Marke. Über Marketingmaßnahmen wird versucht, die Bekanntheit der Marke zu steigern.

Erster Schritt sind die Festlegung und Kommunikation des Markenkerns, sodass im Idealfall jeder im Unternehmen (und im Business-Eco-System) auf die Frage, was die Marke ausmacht, eine klare, präzise und inhaltsgleiche Antwort gibt.

Zur Bestimmung des Markenkerns müssen Sie ermitteln, was Ihr Unternehmen einzigartig macht (USP – Unique Selling Proposition). Wo liegen Ihre ganz besonderen Kompetenzen und Leistungen, mit denen Sie sich von Wettbewerbern abgrenzen? Es geht um eine klare Positionierung Ihres Unternehmens, weg vom Bauchladen zum klaren scharfen Profil. Hierzu müssen Sie auch betrachten, was Sie nicht leisten oder nicht sein wollen.

- **Differenzierung oder Kostenführerschaft**
  Zur Hervorhebung gegenüber dem Wettbewerb gibt es unterschiedliche Strategien. Einerseits kann die Kostenführerschaft oder eine Differenzierung durch kundenorientierte Produkte und Leistungen sowie geeignete Kanäle (siehe „EUTA") erfolgen. Auch über die Auswahl des Markts kann eine Differenzierung erreicht werden. Welche Strategie gewählt wird, hängt stark von der Markenstrategie ab.

  Hier besteht eine große Abhängigkeit davon, in welcher Phase vom Produktlebenszyklus sich das Produkt oder die Dienstleistung befindet.

- **Digitale Plattformen**
  Digitalisierung impliziert die globale und interdisziplinäre Vernetzung von unterschiedlichsten Nutzergruppen mithilfe von Informationstechnik. Diese erfolgt zunehmend über digitale Plattformen.

  Eine digitale Plattform ist ein Fundament, das Interaktionen zwischen Nutzergruppen über das Internet ermöglicht, sodass für diese Gruppen ökonomische Vorteile entstehen. Digitale Plattformen bilden entweder soziale Netzwerke mit positivem Rückkopplungseffekt, wie Facebook, oder für eine Vielzahl von Unternehmen die Basis, um Produkte und Dienstleistungen für Käufer über jeden Internetzugang anzubinden. Sie bringen die verschiedenen Nutzergruppen wie Käufer und Verkäufer zusammen (Marktplatz-Funktion).

  Ganz entscheidend für den Erfolg von digitalen Plattformen ist die Standardisierung der Interaktion zwischen sehr vielen Akteuren. Dadurch können die Transaktionskosten im Vergleich zu klassischen Geschäftsbeziehungen deutlich gesenkt werden.

  Digitale Plattformen sind, wie bereits in Abschnitt 1.3 ausgeführt, häufig auch ein Schlüssel für die Operationalisierung, da digitale Märkte auf digitalen Plattformen stattfinden. Beispiele sind Amazon, Facebook und Google oder gegebenenfalls eine eigene Plattform. Der Netzwerkeffekt ist ein Hebel für die eigene Wertschöpfung.

Hier müssen Sie folgende Fragen für sich beantworten:

Welche Plattformen gibt es in meinem Marktsegment? Wer sind hier die Player? Sind dort die für uns relevanten Zielkunden vertreten? Wie verhält sich diesbezüglich der Wettbewerb? Ist die Plattform passend zu unserer Marke?

Ist eine eigene Plattform oder eine Plattform zusammen mit anderen Marktteilnehmern hilfreich? Mit welchen Partnern, z. B. mit Wettbewerbern (Coopetition) oder Zusatzanbietern oder mit Kunden (Co-Creation)?

- **Crowd-Sourcing und Crowd-Funding**
  Schätzen Sie das Potenzial von Crowd-Sourcing oder Crowd-Funding für sich selbst ein.

  Crowd-Sourcing bezeichnet eine kollaborative, interaktive Form der Leistungserbringung einer Menschenmenge von extrinsisch oder intrinsisch motivierten Freiwilligen unter Verwendung moderner Kommunikationstechnologien. Crowd-Sourcing ist eine Sourcing-Strategie, in der zumeist das Expertenwissen einer Menge von Internetnutzern genutzt wird. Beim Crowd-Sourcing wird auf die verschiedenen Kompetenzen und Ideen der Crowd-Mitglieder zurückgegriffen. Anwendungsfälle finden sich in den verschiedensten Kontexten, vor allem aber im kreativen Umfeld. Ein allgemein bekanntes Beispiel ist Wikipedia. Internetnutzer können das Online-Lexikon kostenfrei nutzen und auf freiwilliger Basis erweitern und verbessern. Ein anderes Beispiel sind Crowd-Sourcing-Design-Unternehmen. Wenn z. B. ein Design für ein Firmenlogo gefunden werden soll, kann man professionelle Crowd-Sourcing-Dienste nutzen, um möglichst viele Design-Vorschläge zur Auswahl zu bekommen. Das beste Design wird gekauft und der entsprechende Designer erhält ein vorher festgelegtes Honorar. Dies haben wir selbst bei Lean42 erfolgreich so praktiziert.

  Die Intelligenz der Masse, die Schwarmintelligenz, wird genutzt, um Wert zu generieren. Die Crowd-Mitglieder bringen ihr Wissen und ihre Erfahrungen ein. Bei Aufgaben, die keine direkte Bezahlung für die Crowd-Mitglieder selbst liefern, muss auf eine andere Entlohnung, wie z. B. Anerkennung durch Danksagung oder Steigerung des Bekanntheitsgrads, geachtet werden.

  Crowd-Funding ist eine neue Möglichkeit der Finanzierung von z. B. neuen Produkten oder Startups. Kapitalgeber sind eine Vielzahl von Personen, in der Regel Internetnutzer. Menschen mit Ideen ohne ausreichende Geldmittel können das Internet nutzen, um sich das notwendige Kapital zu beschaffen. Über das Crowd-Funding kann zudem auch die Aufmerksamkeit beim Zielpublikum erregt werden, da die Interessentenwerbung gleichzeitig natürlich auch von möglichen Kunden wahrgenommen wird.

  Geldgeber erhalten als Gegenleistung eine spätere finanzielle Erfolgsbeteiligung, das eingesetzte Kapitel mit oder ohne Verzinsung oder aber eine öffentliche Danksagung. Es gibt aber auch Projekte, die sich nur durch Spenden finanzieren oder abhängig von Umsatz oder erwirtschaftetem Gewinn Mindestsummen zurückerstatten. Der Phantasie sind hier keine Grenzen gesetzt.

  Beim Crowd-Funding kommt es darauf an, Interessenten zu begeistern und zu motivieren, sich finanziell zu beteiligen. Mögliche Geldgeber müssen sofort verstehen, worum es geht, was das Vorhaben von anderen differenziert und auch, womit letztendlich Geld verdient werden kann. Offenheit und Ehrlichkeit sind essenziell. Leere Sprüche oder Werbeslogans ohne Fundament machen potenzielle Geldgeber misstrauisch. Der Coolness-Faktor ist dagegen sehr wichtig, da viele Investoren darauf anspringen.

Ob Geldgeber bereit sind, sich finanziell zu beteiligen, hängt stark von den handelnden Personen ab, die das Finanzierungsanliegen präsentieren. Bei Personen mit einer hohen Reputation im jeweiligen Kontext, wie z. B. ein erfolgreicher Filmemacher, ist es ungleich leichter als bei einem unbeschriebenen Blatt, Geldgeber für die Vorfinanzierung z. B. der Entwicklungszeit zu finden. Hier sind ein sauberes Geschäftsmodell, z. B. über Business Canvas beschrieben (siehe Abschnitt 5.2.1), und vor allen Dingen vorzeigbare Prototypen erfolgsentscheidend.

Natürlich spielt der Sympathiefaktor eine große Rolle. Menschen interagieren hier mit Menschen. Persönlichkeit, Überzeugungskraft, Ausstrahlung und Chemie spielen eine große Rolle. Ein Erfolgsgarant ist zudem das eigene Netzwerk von direkten (und indirekten) passenden Kontakten.

Häufig gelingt keine vollständige Finanzierung von z. B. neuen Produkten. Über eine Anschubfinanzierung kann aber ein MVP (siehe Abschnitt 5.2.2) entstehen, das als Grundlage für eine weitere Crowd-Funding-Finanzierung genutzt werden kann.

Für das Crowd-Funding gibt es inzwischen bereits einige Portale, die häufig auf besondere Themenbereiche spezialisiert sind. Zur Umsetzung von Crowd-Funding entstehen Plattformen wie ZINSLAND, die selbst wieder über Crowd-Funding finanziert werden. Hier gibt es diverse Unterarten, wie z. B. das Crowd-Investing für die einfache Investition in Immobilienprojekte.

- **Smart***
  Schätzen Sie das Potenzial aus dem Kontext Industrie 4.0 von Smart* sowie Shopfloor und IoT für sich selbst ein. Weitere Informationen finden Sie in Kapitel 3.

  Smarte Produkte sind intelligente und vernetzte Produkte, in denen z. B. Sensoren und Aktoren enthalten sind, über welche diese selbstständig Daten erheben, analysieren, bewerten und mit anderen Produkten, Maschinen oder Menschen kommunizieren.

- **Internet of Things (IoT)**
  Maschinen, Geräte und intelligente Objekte tauschen untereinander und mit Menschen Informationen aus, analysieren diese und reagieren ohne menschliches Eingreifen. Hierzu sind „Smart Objects" notwendig, die mithilfe von Sensoren Daten von der Umgebung sammeln, konsolidieren, weiterleiten und ggf. eigene Entscheidungen treffen.

  In der Verbreitung von IoT gibt es einige limitierende Faktoren, wie z. B. die Energieversorgung. Intelligente Objekte müssen häufig unabhängig vom Energieversorgungsnetz arbeiten. Hier gibt es zwar Entwicklungen für einen sparsamen Ressourcenumgang, das Problem ist aber noch nicht vollständig gelöst.

- **Shopfloor-Management** ist die Werkstattsteuerung. Die Möglichkeiten der Digitalisierung der Shopfloor-Systeme sind erheblich. So ermöglicht die digitale Darstellung von Echtzeit-Performancedaten ein frühes Erkennen von Abweichungen.

  Die echtzeitfähige Anbindung des Shopfloors, also der Maschinen und Anlagen, sowie die Vernetzung der Automatisierungstechnik sind erfolgsentscheidend. Meldungen an Maschinen müssen in Echtzeit erfolgen und dürfen nicht durch z. B. eine Videokonferenz, die einen Großteil der verfügbaren Bandbreite belegt, behindert werden. Daher wird häufig das Shopfloor-Netzwerk von anderen Netzwerken getrennt und z. B. als „Edge-Cloud" oder „Fog-Computing" umgesetzt. In der Edge-Cloud können die echtzeitfähige IP-Kommunikation sowie Protokolle wie Feldbus genutzt werden. Über ein Edge-Gateway wird die Edge-Cloud mit der IT-Cloud verbunden. Auf dieser Basis können die Komponenten im Shopfloor in Echtzeit miteinander kommunizieren und gleichzeitig aus der IT-Cloud verwaltet werden.

- **Horizontale und vertikale Integration**
  Digitale Prozesse halten Einzug in die Produktion und Administration. Die Informations- und Kommunikationstechnologie verschmilzt mit den Produktionssystemen. Die horizontale und vertikale Integration der Wertschöpfungsketten in Echtzeit und die End-to-end-Automatisierung sind zentrale Elemente von Industrie 4.0 (siehe Bild 3.4).

  Die Produktionssysteme werden vertikal mit den betriebswirtschaftlichen Prozessen innerhalb des Unternehmens vernetzt. Alle Akteure, egal ob Maschine oder Mensch, können über eine digitale Plattform zu jeder Zeit auf die vernetzten Daten zugreifen und sie verarbeiten. Dies setzt eine Standardisierung auf Applikations- und Dienstebenen sowie sichere, skalierbare Netzwerke mit hohen Bandbreiten voraus, um beispielweise Cloud-Dienste ausführen zu können.

  Die horizontale Vernetzung entlang der Liefer- und Wertschöpfungskette umfasst die bereichsübergreifende Zusammenarbeit innerhalb des Unternehmens und unternehmensübergreifende Zusammenarbeit in Wertschöpfungsnetzwerken, dem Business-Eco-System. Hierdurch werden neue Arten von Zusammenarbeitsmodellen mit Geschäftspartnern und Kunden ermöglicht sowie die Zusammenarbeit und die Koordination übergreifend unterstützt. Intelligente, sich selbst steuernde Lieferketten werden auf Basis eines standardisierten Informationsaustauschs über eine durchgehende Kommunikationsinfrastruktur in Echtzeit entlang allen Teilnehmern des Wertschöpfungsnetzwerks möglich. So wird durchgängig Transparenz geschaffen und flexibel auf Störungen reagiert. Eine globale, unternehmensübergreifende Optimierung über das gesamte Wertschöpfungsnetzwerk wird möglich.

  Welche weiteren Möglichkeiten von Industrie 4.0 wollen Sie auf welche Art und Weise berücksichtigen? Weitere Informationen hierzu finden Sie in Kapitel 3.

- **Mobile und Social Collaboration**
  Die Art und Weise, wie wir zusammenarbeiten, ändert sich infolge der Digitalisierung dramatisch. Mobile, insbesondere das Smartphone, ist State-of-the-art.

  Flexibilität, Selbstbestimmung und Eigenverantwortung spielen bei der Zusammenarbeit eine zentrale Rolle. Mobile und Social Collaboration unterstützen die Arbeitseffizienz und neue Formen der Zusammenarbeit. Sie verändern dabei die grundlegenden Verhaltensweisen und sind wesentlicher Faktor für das Innovation-Enabling. Mobile und Social Collaboration hilft, die Unternehmenskultur in Richtung digitaler Lean-Kultur weiterzuentwickeln.

  Beispiele für Social-Collaboration-Werkzeuge sind Blogs, Wikis, Foren und File-Sharing. Beispiele für Produkte sind Sharepoint, Confluence, Crowdworx oder Jive. Nicht zu vergessen die Instant Messaging Tools, wie WhatsApp, Telegram, Hangouts, WeChat und Facebook Messenger, die weltweit eingesetzt werden. So gibt es inzwischen eine Milliarde WhatsApp-Nutzer.

  Sicherlich gibt es Unterschiede zwischen den User-Typen. Analoge Bewahrer oder Experten setzen, aufgrund von Angst vor Veränderung, Ablehnung des digitalen Wandels oder lieb gewordener Arbeitsweisen, auf altbewährte Mittel und lassen z. B. von der Sekretärin nach wie vor E-Mails ausdrucken. Dieser Typus wird aber deutlich weniger.

Digitale Beginner nutzen zwar digitale Werkzeuge; können aber deren Potenzial nicht abschätzen und effizient anwenden. Digitale Experten profitieren dagegen von den digitalen Werkzeugen.

Sie müssen sich hier die Frage stellen, wie unterstützen und fördern Sie die Social Collaboration und wie stellen Sie sicher, dass diese in den von Ihnen gewünschten Grenzen verläuft?

Trends, wie Consumerization und BYOD (Bring your Own Device) sind zudem zu berücksichtigen.

- **Automatisierung und Operational Excellence**
  Operational Excellence ist die Fähigkeit, das aktuelle Geschäft kostenangemessen, sicher und zuverlässig durchzuführen sowie kontinuierlich zu verbessern. Insbesondere Verlässlichkeit und Sicherheit des Geschäftsbetriebs sind für das Unternehmen überlebenswichtig. Der Basisbetrieb muss sicher, performant, stabil und kostenoptimiert gewährleistet werden, um die Geschäftstätigkeit des Unternehmens nicht zu gefährden. Die IT muss zudem über die Kompetenz verfügen, das Business bezüglich effizienzsteigernder Maßnahmen, wie z. B. im Kontext der Automatisierung von Geschäftsprozessen, zu beraten. Hierbei müssen immer IT-Trends und deren mögliche Auswirkungen auf das Business und die IT im Auge behalten werden. Beispiele für technische Trends sind die „Consumerization“ und „Cloud-Computing“ und ihre vielfältigen Auswirkungen auf die Infrastruktur. Strategien, wie z. B. „bring your own device“, kurz BYOD, sind omnipräsent und müssen adressiert werden.

  Eine hinreichende Operational Excellence ist notwendig, um den erforderlichen Freiraum für Veränderungen zu schaffen. In der Regel werden mit zunehmender Operational Excellence, wie in Bild 2.4 dargestellt, die Kosten im operativen Geschäftsbetrieb nachhaltig reduziert. Damit stehen, selbst bei sinkendem Fachbudget oder IT-Budget, mehr Mittel für Innovationen in Business und IT zur Verfügung.

  Hier müssen Sie z. B. folgende Fragen beantworten: Wie kann Effizienz gesteigert werden? Automatisierung von End-to-end-Prozesse? Beseitigung von Redundanzen? Im IT-Umfeld gibt es State-of-the-Art-Trends, wie Virtualisierung, Cloud-Computing, Consumerization und explizites Technologiemanagement (siehe Abschnitt 5.6).

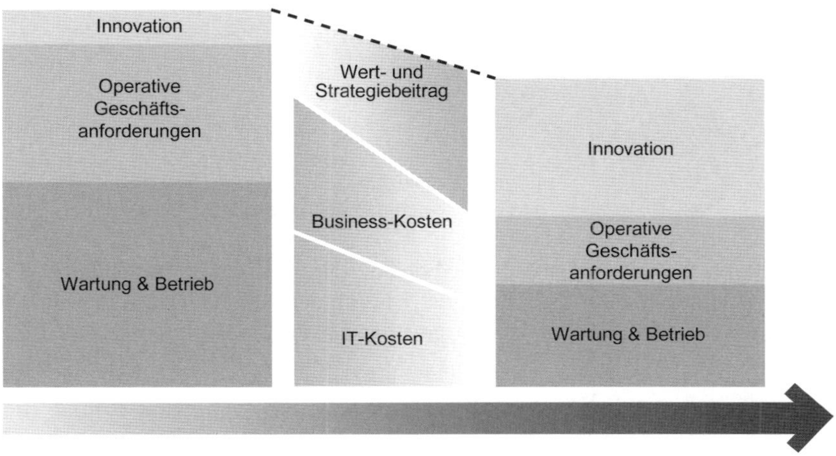

Bild 2.4 Durch Operational Excellence Freiraum für Innovation schaffen

Bei allen Maßnahmen müssen Sie darüber hinaus die Sicherheits-, Datenschutz- und Compliance-Anforderungen berücksichtigen.

- **Lean Startup, MVP und Time-to-Market**
  MVP ist ein wesentliches Instrument der Methode „Lean Startup", die zum Ziel hat, Produkte schnell auf den Markt zu bringen, um anhand von Feedback das Produkt schrittweise zu verbessern. Dies verändert fundamental die Art und Weise, wie neue Produkte entwickelt werden.

  In Bild 2.5 finden Sie die Methode „Lean Startup" dargestellt. Die Art des Vorgehens ändert sich gegenüber der klassischen Vorgehensweise. Anstatt eine möglichst exakte Planung im Vorfeld abzugeben, erstellen wir eine Hypothese über die elementaren Faktoren für den Erfolg des Produkts. Es geht dabei darum, den Nutzen des Produkts für die Kunden durch schrittweise Erweiterung bzw. Veränderung des Produkts zu verbessern. Wir messen, wie die Kunden darauf reagieren. Aus dem Feedback leiten wir ab, wie wir das Produkt erweitern und optimieren können. Ziel ist es, über das Feedback zu identifizieren, welche Wünsche und Bedürfnisse unsere Kunden wirklich haben.

  Hierzu nutzen wir möglichst kurze Zyklen. D. h. wir müssen den Nutzen in möglichst kleine Einheiten – das Minimum Viable Product – zerteilen. Dies muss nur so umfangreich sein, dass wir damit unsere Hypothese überprüfen können. Essenziell ist dabei, dass wir in diesen kurzen Zyklen z. B. die Software bereitstellen können.

  Hier müssen Sie für sich die Frage stellen, für welche Innovationen des Innovationsportfolios (siehe Abschnitt 1.3.2) Sie diese Methode nutzen und wie Sie diese organisatorisch verankern.

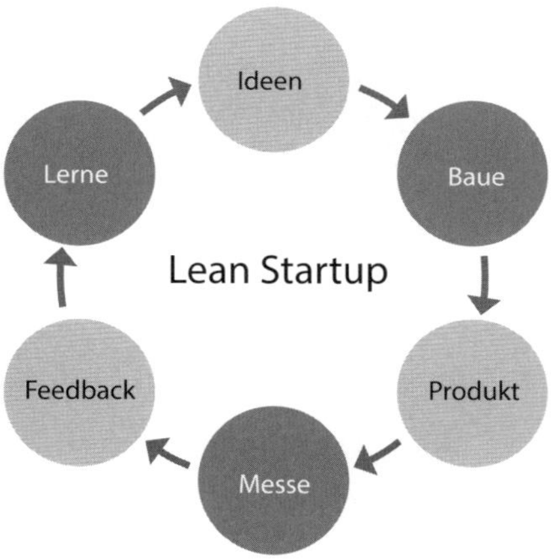

Bild 2.5
Methode Lean Startup

In den obigen Abschnitten finden Sie viele Fragen. Nicht jede dieser Fragen müssen Sie im Detail zur Festlegung der strategischen Stoßrichtung der digitalen Transformation beantworten. Die wesentlichen Leitplanken, Strategien und Prinzipien müssen aber frühzeitig festgelegt werden.

2.2.4 Produkte und Dienstleistungen

Bei den Produkten und Dienstleistungen des Unternehmens geht es primär um die Differenzierung gegenüber dem Wettbewerb und leistungsfähige, auf die Kundenbedürfnisse zugeschnittene, komfortable, effiziente und/oder flexible Produkte und Leistungen sowie einen guten Service. Hierbei ist ein Trend von Produkten weg zu Services zu beobachten. So wie im Automotive-Umfeld „Mobilität" „verkauft" wird, bieten z. B. Maschinenhersteller anstelle Kaufverträgen Leasingverträge mit vorausschauender Wartung an.

Die Kernfragen sind hier:

- Welche Produkte und Leistungen werden von unseren Zielkunden über welche Kundenkontaktpunkte nachgefragt?
- Gibt es hier Wettbewerb? Welche Wettbewerber gibt es? Wie wollen wir uns gegenüber dem Wettbewerb differenzieren? Individualisierung oder Kostenführerschaft oder bessere Services? Neue Produkte und Leistungen durch z. B. neue Kooperationsformen mit unseren Geschäftspartnern (Coopetition)?
- Wie kann Mehrwert für unsere Kunden erzeugt werden? Durch Individualisierung und Personalisierung der Produkte und Dienstleistungen? Omnikanalfähigkeit? Bessere Services und Kundensupport? Self-Service? Neue Features? Persönliche Kundenerlebnisse?
- Wie einfach/ubiquitär/transparent/attraktiv sind unsere Produkte und Leistungen (EUTA-Prinzip)?
- Wie erhalten wir kontinuierlich und zeitnah aussagefähige Informationen über Kundenbedürfnisse, Wettbewerber, digitale Kanäle und Konkurrenzprodukte sowie Kosten und Nutzen der Produkte und der Beschaffungsalternativen der Kunden? Wie können wir Eintrittsbarrieren für Wettbewerber schaffen?

Hier gibt es viele alternative Ansätze. In Bild 2.6 werden wesentliche aufgeführt.

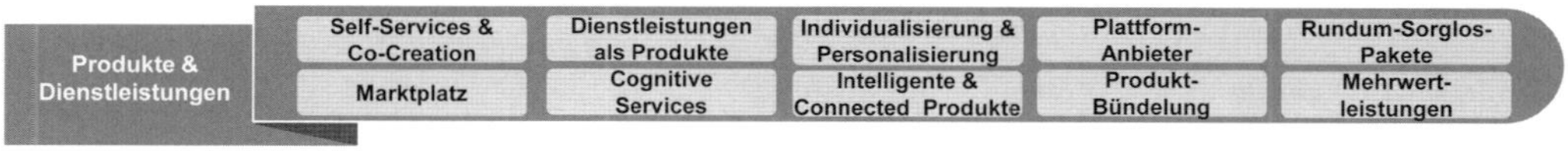

Bild 2.6 Ansätze im Kontext „Produkte und Dienstleistungen"

Schauen wir uns diese Ansätze etwas näher an, die als Mehrwertdienste oder Bestandteile von Produkten und Dienstleistungen relevant sein können.

- **Self-Service-Funktionen**
  Der Kunde kann neben dem klassischen Kontaktpunkt, wie z. B. Filialen bei Banken, auch online über ein Kundenportal Services nutzen. Dies ist gleichzeitig Fluch und Segen. Einerseits hat der Kunde orts- und zeitunabhängig die Möglichkeit, Services zu nutzen. Andererseits stellen sich auch die Anbieter darauf ein. So geht z. B. das Filialnetz der Banken immer weiter zurück. Kunden, die persönlichen Kontakt zur Bank wegen der Komplexität des Anliegens suchen oder, wenn ein nicht vorhersehbarer Sonderfall eintritt, der Fingerspitzengefühl und ein hohes Fachwissen des Beraters verlangt, werden ein Stück alleine gelassen. Dies gilt natürlich nicht nur für den Bankenbereich, sondern für alle digitalen Services. Beinahe jeder „Kunde" hat dieses Ohnmachtsgefühl schon einmal erlebt.

Neben Kundenportalen treten hier immer mehr auch Bots (siehe Abschnitt 2.3.1) in Erscheinung, die die Mensch-Mensch-Kommunikation durch eine Mensch-Maschine-Kommunikation ersetzen.

Hier stellt sich die Frage, für welche Services Self-Service-Funktionen genutzt und für welche der menschliche Kundenberater eingesetzt werden sollte. Welche Produkte und Leistungen sind beratungsintensiv und vor allen Dingen abhängig von einer Vertrauensbeziehung, die häufig zu Maschinen (zumindest noch) nicht hergestellt wird?

- **Co-Creation**
  Co-Creation mit dem Kunden ist eine neue Form der interaktiven Wertschöpfung zwischen Unternehmen und Kunden. Kunden gestalten die Produkte und Dienstleistungen aktiv mit und übernehmen teilweise sogar deren Entwicklung und Herstellung als wesentlichen Bestandteil der Innovations- und Produktionsprozesse. Die Kunden gehören in der Regel einer hochmotivierten Community von freiwilligen und unbezahlten Nutzern an, die z. B. selbst Features dazu entwickeln und der Community als Teil eines Produkts oder Plattform-Service bereitstellen. Neben der Entwicklung wird Co-Creation häufig für den Test von neuen Features eingesetzt. Ziel ist, dass komplexe Aufgaben durch die verteilten Fähigkeiten vieler gelöst werden können, indem einzelne Nutzer vorhandenes Wissen optimal anwenden.

  Dies bedingt häufig in gewissem Maße eine Selbstorganisation auf der Basis einer digitalen Plattform mit starkem Kollaborationsfokus. Motivierte Teilnehmer müssen ohne materielle Anreize gewonnen werden. Der Mehrwert muss über andere Faktoren geschaffen werden. So könnte das entstehende Produkt besser oder billiger als rein kommerzielle Alternativen sein. Die mitwirkenden Kunden sind dann quasi ihre eigenen Abnehmer. Sie arbeiten daran, genau das passende Produkt für sich zu schaffen.

  Rechtliche Fragestellungen, besonders Fragen der Lizenzierung, sind hier noch offen. Häufig findet hier Open-Source Anwendung. Die Anbieter nutzen das entstehende Produkt, an dem sie selbst aktiv mitwirken und z. B. die inhaltliche und qualitative Führung übernehmen, um auf dieser Basis Dienstleistungen zu verkaufen.

- **Marktplatz**
  Ein Marktplatz ist eine bestimmte Art von digitaler Plattform. Insbesondere über Vergleichs- und Vermittlungsportale wird ein digitaler Marktplatz geschaffen. Diese verändern unter anderem unsere Art einzukaufen, Essenslieferungen auszusuchen, zu reisen und uns fortzubewegen. Darüber hinaus gibt es praktisch in allen Bereichen Vergleichsportale, die für den Kunden mehr Transparenz in die Märkte bringen. Hier können Versicherungsverträge, Serviceleistungen, Strom- und Gaspreise oder auch nahezu alle Produkte leicht und unmittelbar verglichen werden. Zudem bieten diese Marktplätze Serviceleistungen, wie z. B. zum einfachen Wechsel zu einem anderen Telekommunikations- oder Stromanbieter.

  Für Unternehmen ohne starke Marke besteht quasi ein Zwang, in den verschiedenen Marktplätzen vertreten zu sein, wenn die Wettbewerber es sind und Zielgruppen diese Marktplätze als Touchpoint verwenden. Hierdurch entstehen in der Regel Kosten für die Unternehmen, da z. B. eine gewisse, häufig nicht unbeträchtliche Servicegebühr vom Marktplatz einbehalten wird.

  Hier muss sehr sorgfältig analysiert werden, welche Marktplätze zu bedienen sind. Dies muss kontinuierlich bei der Analyse der Kundenkontaktpunkte gemanagt werden.

- **Dienstleistungen als Produkte**
  Aktuell ist zu beobachten, dass viele Produkte durch Dienstleistungen entweder komplett substituiert oder aber angereichert werden. Dies hängt insbesondere auch mit der Markttransparenz zusammen. Wie ausgeführt, können Preise über Marktplätze einfach verglichen werden, was häufig dazu führt, dass sich die Kunden hier für die günstigste Variante entscheiden. Durch Dienstleistungen wird z. B. Komfort über **Rundum-sorglos-Pakete** geschaffen, die den Kunden entlasten und dem „EUTA"-Prinzip, insbesondere bezüglich Komfort, mehr entsprechen. Dies schließt auch bessere Services und Kundensupport mit ein, um sich vom Wettbewerb zu differenzieren.

  Über positive Kundenerlebnisse wird eine emotionale Bindung zum Kunden aufgebaut. Ziel ist es hierbei, Kunden zu begeisterten Markenbotschaftern zu machen (zufrieden - loyal - begeistert), die aktiv Werbung für die Produkte und Dienstleistungen des Unternehmens über Empfehlung und Mund-zu-Mund-Propaganda machen. Positive Kundenerlebnisse haben natürlich auch eine direkte Wirkung auf Nutzungsintensität und Kaufbereitschaft.
- **Cognitive Services**
  Cognitive Services sind intelligente Algorithmen, die zu Produkten oder Services hinzugefügt werden können, um mithilfe von KI-Techniken, wie z. B. Deep Learning oder Data Mining, menschliche Lern- und Denkprozesse zu simulieren und so die Anforderungen der Kunden in Bezug auf z. B. visuelle Bildanalyse, Spracherkennung, Spracheingabe und Übersetzung zu erfüllen. Die Systeme lernen selbstständig ohne menschliche Hilfe durch die gemachten Erfahrungen und gesammelten Daten. Dadurch lösen sie selbstständig Probleme und automatisieren die Lösungsvorgänge. Hierzu entwickeln sie eigene Lösungen und Strategien durch die Analyse der z. T. großen Datenbasis, der Suche nach Mustern und dem ständigen Verfeinern ihrer Analysemethoden durch maschinelles Lernen. Die selbstlernenden IT-Systeme sind in der Lage, in Echtzeit mit ihrem Umfeld zu interagieren, und berücksichtigen die erhaltenen Informationen für ihre eigenständig entwickelten Erkenntnisse. Hierfür ist es erforderlich, große Datenmengen zu speichern und sie in hoher Geschwindigkeit zu verarbeiten und zu analysieren.

  Cognitive Services kommen in vielen Bereichen zum Einsatz. Ein Beispiel ist die vorausschauende Wartung (Predictive Maintenance), Produktempfehlungen auf Marktplätzen oder das IBM-Computersystem „Watson".
- **Individualisierung und Personalisierung**
  Es ist notwendig, Produkte und Dienstleistungen immer genauer auf den einzelnen Kunden anzupassen. Individualisierung und Personalisierung sind wesentlich für ein positives Kundenerlebnis.

  Die Einhaltung des EUTA-Prinzips (siehe Abschnitt 1.3), Usability und User Experience sind Erfolgsfaktoren für digitale Produkte. Die Benutzeroberflächen von Anwendungen müssen sich am Menschen orientieren und nicht an den gegebenen technischen Möglichkeiten bzw. Beschränkungen. Des Weiteren müssen sie individuell an dessen Bedürfnisse angepasst werden können. Dies erfolgt z. B. über Rollen, durch individuelle, veränderliche Profile oder den Einsatz von maschinellem Lernen.

  Hier müssen Sie Ihre Produkte und Dienstleistungen auf Möglichkeiten der Individualisierung und Personalisierung analysieren. Dies stellt auch hohe Anforderungen an das Produktdesign.

- **Intelligente und Connected Produkte**
  Smarte Produkte sind intelligente und vernetzte Produkte, in denen z. B. Sensoren und Aktoren enthalten sind, über die sie selbstständig Daten erheben, analysieren und bewerten sowie mit anderen Produkten, Maschinen oder Menschen kommunizieren. Dies beinhaltet die Fehlererkennung und auch in gewissem Umfang ein selbstständiges Handeln. Smarte Produkte beinhalten zunehmend produktbezogene Services für z. B. vorausschauende Wartung oder Zusatz-Online-Dienste, individualisiert auf die Bedürfnisse der Kundengruppen und -segmente. Smarte Produkte sind digital veredelte Produkte. Sie unterstützen den Produktionsprozess aktiv, indem sie z. B. Informationen über erforderliche Einstellungen durch proaktive M2M-Kommunikation über eingebettete Sensorik und Aktuatorik liefern. Smarte Produkte haben ein semantisches Produktgedächtnis, z. B. auf einem RFID-Chip zur Auswahl des passenden Deckels oder der Farbwahl des Produkts. Mithilfe des Produktgedächtnisses werden der Weg des Produkts durch die smarte Fabrik geplant sowie passende Fertigungsschritte (Dienste) gefunden, gegebenenfalls angepasst und deren Ausführung angestoßen.

Machine-to-Machine-Kommunikation (M2M)

Machine-to-Machine (M2M) steht für den automatisierten Informationsaustausch zwischen Endgeräten wie Maschinen, Anwendungssystemen, Leitstellen, Automaten, Fahrzeugen oder Containern. Für die Kommunikation können unter anderem das Internet oder Mobilfunknetze verwendet werden.

In smarten Fabriken könnten sich ganze Produktionsanlagen mit M2M-Kommunikation permanent unterhalten, über Sensoren gesammelte Informationen auswerten und so Prozesse schnell, effizient und kostengünstig halten. So können Werkstoffe, die in eine Produktionsanlage geliefert werden, zum Beispiel per RFID-Chips der Anlage mitteilen, in welcher Maschine sie verarbeitet werden sollen.

Hier entstehen langfristig wieder neue Anforderungen, wie z. B. die Fernwartung der Systeme und die Informationssicherheit, gerade in der horizontalen und vertikalen Vernetzung.

Weitere Informationen zu Industrie 4.0 finden Sie in Kapitel 3.

- **Digitale Plattformanbieter**
  Bei digitalen Plattformen oder multi-sided Markets werden unterschiedliche Kundengruppen oder -segmente angesprochen, die aber voneinander abhängig sind. Sie leben von den Vernetzungsmöglichkeiten des Internets durch den Kontakt und die Interaktion zwischen Vertretern der einen mit der anderen Gruppe. In der Regel wird eine Plattform angeboten, die die Interaktion zwischen Mitgliedern der verschiedenen Kundengruppen erleichtert und Transaktionskosten minimiert. Für die jeweils andere Kundengruppe wird eine möglichst große und breite Zielgruppe zur Verfügung gestellt. Durch hohe Nutzerzahlen kann ein Vorsprung gegenüber dem Wettbewerb erzeugt werden. Bekannte Beispiele sind Facebook als Social-Media-Plattform für Benutzer und eBay als Plattform für Käufer und Verkäufer.

  Es können unterschiedliche Strategien verfolgt werden, wie z. B. eine **einfache und kostengünstige Zugangsstrategie** für Anbieter oder aber eine **Integrator-Strategie**, bei der die Vernetzung zwischen den Plattformteilnehmern über offene Standardschnittstellen erfolgt. Hier wird darüber hinaus eine Entwicklungsplattform für Angebote kostenfrei zur

Verfügung gestellt. Eine weitere Strategie ist die **Ökosystem-Strategie**. Hier bietet der Plattformbetreiber einen Mehrwert, der über den Preis hinausgeht. Über ein Ökosystem für Anbieter und Nutzer wird eine Qualitätsgarantie oder ein funktionaler Mehrwert geboten.

Vorhandene digitale Plattformen sind sorgfältig auszuwählen. Eine neue aufzubauen, ist sicherlich nicht einfach. Häufig erfolgt dies - interdisziplinär und global - im Business-Eco-System mit Partnern.

Ein Joint Venture ist eine spezifische Kooperationsform für ein gemeinsames Vorhaben zwischen rechtlich und wirtschaftlich voneinander unabhängigen Unternehmen, bei dem die Partner gemeinsam ein Ziel anstreben, wie z. B. eine digitale Plattform zu enablen. Die Führungsverantwortung und das finanzielle Risiko werden in der Regel gemeinsam getragen.

- **Produktbündelung**
  Unter Produktbündelung wird das Angebot von zwei oder mehr Produkten in einem gemeinsamen Paket zu einem gemeinsamen Preis verstanden. Häufig werden initial homogene oder heterogene Produktbausteine auch aus dem Business-Eco-System bereitgestellt, die beliebig kombiniert werden können. Das Ziel des Anbieters ist es, mit dem gebündelten Verkauf höhere Gewinne zu erzielen als mit dem Verkauf der Einzelbausteine. Gründe dafür können Skalenvorteile bei der Produktion oder dem Vertrieb sein. Der gebündelte Verkauf kann aber auch eine höhere Attraktivität für den Kunden in Bezug auf z. B. Komfort oder Vereinfachung der Beschaffung beinhalten.

  Um die Vorteile der Produktbündelung zu nutzen, müssen vorab die relevanten Bausteine identifiziert und flexibel integrierbar bereitgestellt werden.

- **Mehrwertleistungen**
  Mehrwertleistungen sind Erweiterungen zu Produkten oder Dienstleistungen, um den Wert für den Kunden zu steigern, eine höhere Kundenbindung zu erreichen und damit letztendlich auch den Profit des Unternehmens und die Markenbildung zu steigern.

  Mehrwertleistungen sind häufig Service- oder Zusatzleistungen, die dem eigentlichen Produkt beigefügt werden. Ein Beispiel hierfür sind Fußmatten, die beim Autokauf kostenfrei hinzugegeben werden. Mehrwertleistungen können aber auch Prozesse des Kunden vereinfachen.

  Kunden sind häufig bereit, mehr für Produkte und Dienstleistungen mit spürbarem Mehrwert zu bezahlen.

  Welche Mehrwertleistungen können Sie für Ihre Produkte und Dienstleistungen im Vergleich zum Wettbewerb anbieten?

Wichtig!

EUTA (Einfachheit und Komfort - ubiquitär - transparent und attraktiv) ist für den Kunden der Maßstab für den Kundenwert und damit für erfolgreiche Produkte und Dienstleistungen.

Grundvoraussetzungen sind:

- **Usability**: eine einfache, intuitive und benutzerfreundliche Bedienbarkeit. Hierzu wird in der Norm ISO 9241 die „Ergonomie der Mensch-System-Interaktion“

zusammengefasst. Ziel ist es hierbei, einen gültigen, zuverlässigen Standard zur möglichst objektiven Bewertung von „Usability“ zu schaffen.

- **Positives Kundenerlebnis** (User Experience)
  Das Kundenerlebnis ist die Summe der Erfahrungen, die ein Kunde bei der Begegnung und der Interaktion mit der Marke vor und nach dem Kauf von Produkten und Dienstleistungen über alle möglichen Berührungspunkte (Touchpoints) hat.

Jede Kundeninteraktion hat hier einen Beitrag! ■

2.2.5 Business-Eco-System

Das Business-Eco-System besteht unter anderem aus Geschäftspartnern, Netzwerken und digitalen Plattformen sowie Marktpartnern inklusive der Einbindung des Kunden (Co-Creation) oder Coopetition mit Wettbewerbern, um Kundenmehrwert zu generieren und den Geschäftsbetrieb zu optimieren.

Es verbindet die Unternehmen oder Privatpersonen organisationsübergreifend und interdisziplinär. Es vernetzt deren Daten, Maschinen oder Menschen und unterstützt dabei, digitale Netzwerke aufzubauen, neue Geschäftsmodelle zu ermöglichen oder aber Prozesse zu vereinfachen. Beispiele sind Joint Ventures für Grundlagenforschung oder experimentelle Prototypen oder bei der Entwicklung und dem Betrieb von digitalen Plattformen.

Ein wesentlicher Erfolgsfaktor ist die horizontale und vertikale Integration (siehe Abschnitt 3.1). Die horizontale und vertikale Vernetzung von Marketing, Bestellung, Eingangslogistik über die Produktion, die Ausgangslogistik bis hin zum Service über das Business-Eco-System hinweg ist Voraussetzung für die smarte Fabrik mit bedarfsorientierter, effizienter Produktion z. B. von kleinen Losgrößen. Zwischen den Partnern entlang der Wertschöpfungskette werden Engineering-Daten ausgetauscht. Einheitliche Daten und Datenintegrität zwischen den Partnern entlang der Wertschöpfungskette ist hierbei Voraussetzung (siehe auch Datenmanagement in Abschnitt 5.5).

Welche Player sind für Sie im Business-Eco-System relevant?

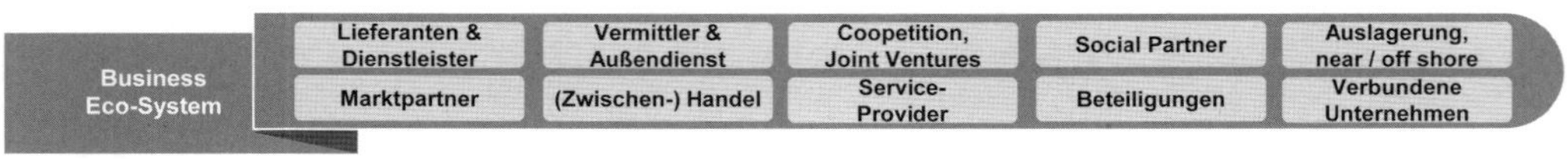

Bild 2.7 Wesentliche Aspekte des Business-Eco-Systems

Die wesentlichen Teilnehmer eines Business-Eco-Systems sind (siehe Bild 2.7):

- **Geschäftspartner** sind die Unternehmen oder Privatpersonen, die für die End-to-end-Wertschöpfung (horizontale und vertikale Vernetzung) erforderlich sind oder genutzt werden. Sie sind eng mit dem Unternehmen verbunden und werden auch vom Unternehmen gesteuert. Hierunter fallen (sicherlich nicht immer scharf zu trennen und unternehmensindividuell):

- **Lieferanten** sind Teil der horizontalen Wertschöpfungsketten und versorgen das Unternehmen mit Produkten, Hilfsmitteln oder Rohstoffen. Sie sind an das Unternehmen durch z. B. langfristige Verträge gebunden, um für das Unternehmen die Verfügbarkeit z. B. von Bauteilen sicherzustellen und (günstige) Preisgarantien zu erhalten. Häufig erfolgt dies über Just-in-time-Produktion (kurz JIT), bei der das Material in der Stückzahl und zu dem Zeitpunkt produziert und geliefert wird, die auch tatsächlich für die Kundenaufträge benötigt wird. Typische Beispiele sind Automobilzulieferer, die einzelne Bauteile, wie z. B. Schrauben oder aber ganze Baugruppen, wie z. B. vormontierte Armaturenbretter, liefern.
- **Dienstleister** unterstützen dagegen punktuell oder beraten, trainieren oder steuern im Auftrag des Unternehmens. Beispiele sind Managementberatungs- oder Schulungsunternehmen oder freiberufliche Softwarearchitekten. Sie können sowohl über Dienstleistungs- als auch über Werkverträge beauftragt werden. Typische Werke findet man u. a. in der Softwareentwicklung, wenn Individualsoftware im Auftrag vom Kunden erstellt wird. Dienstleister unterstützen so bei der unternehmensinternen Wertschöpfung.
- **Service-Provider** sind IT-Dienstleister, die die Verantwortung für definierte Dienste, wie z. B. Hosting Services oder im Bereich der Netzwerksicherheit, übernehmen.
- **Outsourcing-Partner** ist ein Unternehmen, dass z. B. Teile des IT-Betriebs und der Second- und Third-Level-Serviceleistungen entsprechend fest definierter SLAs (Service Level Agreements oder besser gesagt Operation Level Agreements, kurz OLAs) übernimmt. Diese sind häufig aus Kostengründen near- oder offshore ausgelagert. Outsourcing ermöglicht die Konzentration auf Kernkompetenzen. Doch Outsourcing hat auch eine Kehrseite: Der Aufwand für die Organisation und Koordination der externen Anbieter und Lieferanten ist nicht zu unterschätzen.

- **Marktpartner** (erweiterte Geschäftspartner) sind alle anderen Beteiligten, die einen Beitrag zum Gelingen des Geschäftsmodells leisten. Sie helfen Risiken zu minimieren, den Zugang zu wesentlichen Ressourcen oder zum Markt zu erhalten oder die digitalen Herausforderungen zu bewältigen. Sie leisten einen wesentlichen Beitrag für die Steigerung der Attraktivität oder Bekanntheit einer Marke und die Verwirklichung von evolutionären und disruptiven Geschäftsmodellen. Sie sind aber nicht so eng an das Unternehmen gebunden wie die Geschäftspartner.

  Beispiele sind strategische Allianzen, auch mit anderen Branchen (z. B. Automotive und Versicherungen oder Automotive und Ladeinfrastruktur-Provider), Joint Ventures, digitale Plattformbetreiber, Kooperation mit einem Wettbewerber (Coopetition) und Kunden-Anbieter-Beziehung (Co-Creation). Hierunter fallen:

  - **Die Vertriebsorganisation, die neben dem internen Vertrieb mit Vertriebsmitarbeitern, Filialen und Internet-Verkauf u. a. mit folgenden Marktpartnern zusammenarbeiten können:**

    Außendienst sind Personen, die Unternehmen nach außen vertreten und Vertriebsaufgaben übernehmen. Dies können sowohl festangestellte Mitarbeiter als auch verbundene Unternehmen oder Personen sein, die dann in der Regel eine vertragliche Verpflichtung eingehen.

    Vermittler oder Makler vermitteln zwischen zwei Parteien. Typische Beispiele sind der Versicherungs- und der Immobilienmakler. Sie können analog angestellt, selbstständig oder in einer Maklerorganisation angesiedelt sein.

(Zwischen-)Handel sind Unternehmen oder Privatpersonen, die in der Regel nicht selbst erstellte Güter (Handelswaren) von Marktteilnehmern an Dritte absetzen. Das Sortieren, Mischen und Abpacken gilt hier als Bearbeitung oder Verarbeitung. Hier kann u. a. zwischen Einzel- und Großhandel unterschieden werden. Beim Großhandel können gegenüber dem Einzelhandel mehr Waren, häufig zu einem niedrigeren Preis, abgesetzt werden.

- **Strategische Allianzen** sind eine Vereinbarung zwischen zwei oder mehr Unternehmen, bei bestimmten Geschäftsaktivitäten zu kooperieren, sodass jeder von den Stärken des anderen profitiert und Wettbewerbsvorteile erlangt.

  Beispiele sind Joint Ventures für Grundlagenforschung oder experimentelle Prototypen oder bei der Entwicklung und dem Betrieb von digitalen Plattformen sowie Kooperationen mit Wettbewerbern (Coopetition) und Kunden-Anbieter-Beziehungen (Co-Creation).

- **Joint Venture** ist ein gemeinsames Vorhaben mehrerer rechtlich und wirtschaftlich voneinander unabhängiger Unternehmen, bei dem die Partner das finanzielle Risiko gemeinsam tragen. In der Regel wird hierzu ein rechtlich selbstständiges Gemeinschaftsunternehmen, an dem mindestens zwei voneinander unabhängige Unternehmen beteiligt sind, gegründet. Vorteile von Joint Ventures sind die Know-how-Erweiterung, die Risikostreuung, die Aufteilung des Kapitalbedarfs sowie eine bessere grenzüberschreitende Zusammenarbeit.

  Ein Beispiel ist das von Danone und Grameen 2006 gegründete Joint Venture, um einen besonders kostengünstigen Joghurt für die Ärmsten herzustellen, der alle Nahrungsbestandteile enthält, die bei der Ernährung der Armen in Bangladesch in der Regel fehlen. Danone zieht aus der Zusammenarbeit mit Grameen Know-how, wie es sinnvolle, bezahlbare und kostendeckende Produkte für die Märkte an der Armutsschwelle entwickeln kann.

  Ein weiteres Beispiel ist z. B. das Joint Venture eines deutschen Autoherstellers mit weltbekannter Marke und eines chinesischen Zulieferers mit Markt-Insiderwissen. Weitere Beispiele sind die Kooperation von BMW mit Energiekonzernen zur Forschung auf dem Gebiet der zukunftsweisenden Wasserstoff-Technologie. Ein anderes Beispiel ist das geplante Joint Venture von BMW, Daimler, Ford, VW, Audi und Porsche für ein ultraschnelles Hochleistungsladenetz an wichtigen Verkehrsachsen in Europa.

- **Coopetition** ist eine Kooperation unter Wettbewerbern. Voraussetzung für das Gelingen ist eine Win-Win-Situation für alle Beteiligten. Eine solche Kooperation hat großes Potenzial, da die Wettbewerber sich in der Regel eher ähnlich sind. Sie können gegenseitig Lieferengpässe oder -flauten ausgleichen sowie sich inhaltlich ergänzen und damit das gemeinsame Leistungsportfolio attraktiver für Kunden gestalten. Beispiele sind Wettbewerber, die gemeinsam eine Plattform aufbauen und vermarkten. Andere Beispiele sind regionale Gastronomiebetriebe, die sich zusammenschließen, um eine gemeinsame Kneipen-Musik-Nacht zu veranstalten.

  Coopetition erfolgt in der Regel über strategische Allianzen mit dem Ziel, Erträge zu stabilisieren sowie Produkte und Dienstleistungen zu optimieren. Coopetition verhindert einen ruinösen Preiswettbewerb und führt damit zu Wettbewerbsvorteilen für alle beteiligten Anbieter (Win-Win-Strategie).

- **Co-Creation** steht für Strategien von Unternehmen, die ihre Kunden als Wertschöpfungspartner miteinbeziehen. Sie gestalten Produkte oder Dienstleistungen mit und sind sogar teilweise an deren Entwicklung und Herstellung beteiligt.

  Beispiele gib es hier im Open-Innovation-Umfeld, wo gemeinsam mit dem Kunden die Produkte und Dienstleistungen der Zukunft gestaltet werden.

  Open Innovation steht für die Öffnung der Innovationsprozesse über Unternehmensgrenzen hinweg, um das Innovationspotenzial von außen zu nutzen. Hier entsteht eine Menge Synergiepotenzial für alle Beteiligten.

  Ein konkretes Beispiel ist die neue „coole" Webseite von Manchester City, die in enger Zusammenarbeit mit den Fans entstanden ist. Die Postbank beispielsweise lässt über das Internet ihre Kunden an der Entwicklung digitaler Produkte und Services über ihr Ideenlabor auf Basis einer spezialisierten Plattform teilnehmen. Regelmäßig werden hier neue digitale Angebote mittels Co-Creation evaluiert, konzipiert und als Mockup oder Prototyp getestet.

- **Verbundene Unternehmen** ohne oder mit gegenseitigen finanziellen Beteiligungen kommen durchaus häufig vor. Beispiele sind Tochterunternehmen, die rechtlich selbstständig sind. Über Beteiligung kann Einfluss (Macht) ausgeübt werden. Hier muss jedes Unternehmen seinen Nutzen abwägen.

  Beteiligungen werden häufig auch von Investoren gehalten. Ein Investor finanziert z. B. ein Startup mit oder beteiligt sich bei einem bestehenden Unternehmen. Er kann auch der Hauptanteilseigner sein. Die Auswahl des richtigen Investors ist entscheidend, da es schwerer ist, sich von einem Investor zu trennen als geschieden zu werden. Venture-Capital-Geber bestehen häufig auf eine meist umfangreiche Rechtevergabe. Zudem gibt es einen erheblichen Mehraufwand für Reporting und Investorenpflege sowie i. d. R. nach einiger Zeit einen erheblichen Profit-Druck. Dafür können das Kontaktnetzwerk und das Know-how des Investors genutzt werden.

- **Social Partner** über soziale Netzwerke wie Facebook, Twitter und Google+ sind früher vorwiegend privat genutzt worden. Dies hat sich aber inzwischen erheblich geändert. Chatten während der Arbeitszeit, das Teilen von Fotos, Dokumenten und Videos (auch aus dem Unternehmen) liegen im Trend. Viele erliegen der Faszination. Dies birgt aber auch manche Risiken.

  Ein soziales Netzwerk ist eine digitale Plattform, welche Menschen (und zunehmend auch KI) über das Internet miteinander verbindet. Die Nutzer können Inhalte teilen und untereinander kommunizieren, sich also durch ein solches Netzwerk über unterschiedlichste Wege austauschen. Über sein Profil kann ein Nutzer z. B. die Sichtbarkeit für andere Benutzer einstellen. Zudem gibt es neben vielen anderen Funktionen die Möglichkeit, Nachrichten an Einzelpersonen oder Gruppen zu senden.

  Unternehmen nutzen die sozialen Netzwerke, um sich selber auf dem Markt zu positionieren oder für die Öffentlichkeitsarbeit und zu Vertriebszwecken. Weitere Einsatzbereiche kommen ständig hinzu. So werden z. B. immer häufiger auch über das soziale Netzwerk Supportleistungen angeboten. Die Einholung von Empfehlungen (positiven Bewertungen) ist ein weiterer wichtiger Aspekt, da damit das Kaufverhalten beeinflusst wird.

Der Umgang mit persönlichen Daten und die entsprechenden Voreinstellungen im Profil sind jedoch ein Risiko, sowohl für Privatpersonen als auch Unternehmen. Zudem werden in sozialen Netzwerken von vielen bereitwillig persönliche Informationen und Bilder preisgegeben. Der Datenschutz, insbesondere auch von Kontaktdaten, wird häufig stiefmütterlich behandelt.

Ein weiteres Risiko, insbesondere für Unternehmen, ist die Meinungsbildung in Sekundenbruchteilen. Die sozialen Netzwerke müssen aufmerksam und mit zum Teil großem Zeitaufwand oder durch KI unterstützt beobachtet und analysiert werden, um möglichst schnell reagieren zu können.

- **Digitale Plattformen** wie z. B. Amazon bieten einen Netzwerkeffekt und eröffnen so eine neue Kundenbasis. Sie sind, wie in Abschnitt 2.2.2 ausgeführt, gleichzeitig Kundenkontaktpunkt und Business-Eco-System.

  Hier stellt sich die Frage, ob und welche digitalen Plattformen – gegebenenfalls mit Marktpartnern – aufgebaut werden sollen. Siehe Abschnitt 2.2.2.

Wichtig!
Digitale Plattformen und internationale interdisziplinäre Kooperationen zwischen unterschiedlichen Branchen werden zu zentralen Erfolgsfaktoren für die Digitalisierung.

2.2.6 Business Capabilities, Geschäftsprozesse und Organisation

Business Capabilities, Geschäftsprozesse und Organisation sind wesentliche Bestandteile der Geschäftsarchitektur (siehe Abschnitt 5.6), die als Grundlage für die Operationalisierung des digitalen Geschäftsmodells notwendig sind.

- **Business Capabilities** sind (Geschäfts-)Fähigkeiten, die eine Organisation, eine Person oder ein System besitzt und auf die sich das Unternehmen stützt, um seine Geschäftsziele zu erreichen. Geschäftsfähigkeiten werden von Menschen oder Systemen in Prozessen unter Nutzung von Technologien und weiteren Ressourcen mit Leben gefüllt, um so das fachliche Leistungsvermögen des Unternehmens bereitzustellen.

  Die vorhandenen und erforderlichen Business Capabilities müssen ermittelt und aus dem Soll-Ist-Abgleich müssen Handlungsfelder abgeleitet werden.

- **Geschäftsprozesse** bestehen aus einer Abfolge von zielgerichteten Aktivitäten zur Umsetzung des Geschäftsmodells des Unternehmens. Geschäftsprozesse leisten einen unmittelbaren Beitrag zur Wertschöpfung oder unterstützen andere wertschöpfende Geschäftsprozesse. Geschäftsprozesse haben einen definierten Anfang und ein definiertes Ende mit einem klar festgelegten Ergebnis. In der Regel werden Geschäftsprozesse mehrfach durchgeführt.

  Wesentlich für die digitale Transformation sind vor allen Dingen die Betrachtung der End-to-end-Geschäftsprozesse über die kompletten horizontalen Wertschöpfungsketten inklusive des Business-Eco-Systems. Wesentlich ist hier die Betrachtung des Wertstroms (siehe Abschnitt 5.1.3).

- **Organisation** besteht aus der Aufbau- und Ablauforganisation des Unternehmens. Wesentlich für die digitale Transformation ist hierbei die Struktur des Unternehmens, z. B. der Geschäftseinheiten wie Unternehmensabteilungen oder der Standorte und Werke des Unternehmens. Die Art der Organisation muss die Vernetzung intern und mit dem Business-Eco-System ermöglichen. Silos und hierarchische Strukturen behindern die digitale Transformation. Hier beginnt sich das Schlagwort „Organisation 4.0" zu etablieren, bei dem es um das Aufbrechen von starren Hierarchien und dem „Bewahrertum" geht. Dies geht einher mit der Kulturveränderung in Richtung einer offenen und lean Leistungskultur (siehe Abschnitt 2.2.8).

In Bild 2.8 finden Sie das Business Capability Management aufgrund seiner Bedeutung direkt als ersten Aspekt. Daneben finden Sie die weiteren wesentlichen Aspekte im Hinblick auf eine erfolgreiche digitale Transformation im Kontext der Geschäftsarchitektur. Diese betrachten wir nun etwas näher:

Bild 2.8 Wesentliche Aspekte der Geschäftsarchitektur

- **Business Capability Management und dessen Operationalisierung:**
  Für die Umsetzung der digitalen Strategie, Bereitstellung des Produkt- und Dienstleistungsportfolios sowie Aufbau und Betrieb des Business-Eco-Systems sind digitale und klassische Fähigkeiten, hier vereinfacht unter Business Capabilities zusammengefasst, erforderlich. Die benötigten Fähigkeiten müssen abgeleitet und mit den vorhandenen Fähigkeiten abgeglichen werden. Aus dem Soll-Ist-Vergleich ergeben sich Handlungsfelder, die über geeignete digitale Maßnahmen umgesetzt werden müssen. Dies ist wesentlicher Bestandteil des Business Capability Managements (siehe Abschnitt 5.2.4).

Definition Business Capabilities und Business Capability Management

Business Capabilities sind (Geschäfts-)Fähigkeiten, die eine Organisation, eine Person oder ein System besitzt und auf die sich das Unternehmen stützt, um seine Geschäftsziele zu erreichen. Geschäftsfähigkeiten werden von Menschen oder Systemen in Prozessen unter Nutzung von Technologien und weiteren Ressourcen mit Leben gefüllt, um so das fachliche Leistungsvermögen des Unternehmens bereitzustellen.

Die Fähigkeiten werden im Wesentlichen durch Geschäftsfunktionen beschrieben, die durch Ressourcen- oder Technologieanforderungen konkretisiert werden können. Es wird in der Regel zwischen wettbewerbsdifferenzierenden und unterstützenden Geschäftsfunktionen unterschieden.

Business Capability Management ist ein systematischer Ansatz zur Identifikation der aktuell oder zukünftig für das Unternehmen relevanten Fähigkeiten und zur schnellen Anpassung des Geschäftsmodells und der Geschäftsprozesse sowie deren IT-Unterstützung an veränderte Marktanforderungen und Wettbewerbsbedingungen. ■

Hier sind insbesondere auch spezifische digitale Capabilities aufzubauen:

Customer Experience Management: Die Befähigung, das Produkt- und Dienstleistungsspektrum konsequent auf die Bedürfnisse der potenziellen Kunden mit ihren relevanten Touchpoints auszurichten (siehe Abschnitt 5.4) und über positive Kundenerlebnisse die emotionale Bindung zu Kunden auf- und auszubauen.

Innovations-Enabling: Die digitale Fähigkeit, Kreativität der Mitarbeiter zu entfesseln. Wichtig sind hier u. a., Freiraum für Querdenken und unbewertete Ideenfindung zu schaffen (siehe Abschnitt 1.3.4).

Digitalisierung der Prozesse: Alle Prozesse auf Kommunikation, Kollaboration und Agilität ausrichten sowie weitestgehende Automatisierung aller End-to-end-Prozesse, Redundanzen beseitigen, manuelle Tätigkeiten reduzieren, technologische Chancen nutzen, Services in die Cloud bringen (siehe Abschnitt 5.3.2), Consumerization und Integrationsfähigkeit verbessern.

Agiler, gesteuerter Veränderungsprozess: Über einen gesteuerten Veränderungsprozess muss die Organisation schrittweise weiterentwickelt werden, um die gravierenden Veränderungen in der Organisation nachhaltig zu verankern. Siehe hierzu Abschnitt 2.2.8.

Lean Thinking und Lean Organisation: Lean ist eine Führungs- und Unternehmenskultur, um Kundenzufriedenheit, Wettbewerbsfähigkeit und Mitarbeitermotivation ganzheitlich und systematisch zu adressieren und im Rahmen des gesteuerten Veränderungsprozesses der digitalen Transformation schrittweise zu erreichen. Siehe hierzu Abschnitt 2.2.8.

Häufig werden bestehende Business Capability Maps um digitale Fähigkeiten ergänzt und bestehende Capabilities an die digitalen Anforderungen angepasst. Bezüglich weiterer Informationen zum Business Capability Management sei auf Abschnitt 5.2.4 verwiesen.

- **Fachliches Zielbild und Sourcing-Strategie**
  Das fachliche Zielbild wird einerseits durch die zukünftige Capability Map und andererseits durch die Zielkunden, das Produkt- und Dienstleistungsportfolio, die Kundenkontaktpunkte sowie das Business-Eco-System und die Organisation 4.0 bestimmt. Die Abhängigkeiten, Handlungsfelder und Auswirkungen von Veränderungen müssen Sie ganzheitlich über alle diese fachlichen Dimensionen analysieren, planen und steuern.

  So adressieren z. B. einige Produkte nur einige Zielkunden und dies über festgelegte Kundenkontaktpunkte. Hier leistet Enterprise Architecture Management der vierten Generation (kurz EAM 4.0, siehe Abschnitt 5.6) einen wesentlichen Beitrag.

  Für die Ableitung des fachlichen Zielbilds können Methoden der Bebauungsplanung (siehe Abschnitt 5.6) genutzt werden. Aus den strategischen Anforderungen der digitalen Strategie sowie aus der Operationalisierung des digitalen Geschäftsmodells und der Digitalisierung bestehender Prozesse wird das fachliche Zielbild abgeleitet. Hier fließen bewertete technische Innovationen (siehe Innovationsmanagement in Abschnitt 5.1.1) ebenso mit ein, wie aktuelle Handlungsbedarfe, Anforderungen aus Datenschutz, Compliance und Informationssicherheit.

  Auf dieser Basis kann die digitale Transformation geplant werden. Wichtig sind hier ein realistisches Zielbild und eine Roadmap für die Umsetzung sowie eine regelmäßige Anpassung der agilen Planung entsprechend der Erfordernisse.

Im fachlichen Zielbild muss klar zwischen den wettbewerbsdifferenzierenden und Commodity-Leistungen unterschieden werden. Auf dieser Basis muss eine **Sourcing-Strategie**, insbesondere für die IT, festgelegt werden (siehe hierzu Abschnitt 5.3.1). Über eine adäquate Sourcing-Strategie können folgende Ziele erreicht werden:

- Performance- und Effizienzsteigerung sowie eine nachhaltige Kostenoptimierung.
- Steigerung der Innovationskraft: Nutzung von Innovationen und Best-Practices durch Einbeziehung von Experten und Marktführern.
- Flexibilisierung: Flexible „on demand"-Nutzung von Ressourcen oder Services, um interne Engpässe auszugleichen. Beispiel hierfür ist Cloud-Computing (siehe Abschnitt 5.3.2).
- Risikominimierung: Operative Risken werden durch SLAs mit Service-Providern und Backup-Strategien reduziert. Zudem wird häufig auch mehr Kontrolle erreicht.

- **Demand Management – Kundenkontaktstelle optimieren**

Das Demand Management ist die Schlüsseldisziplin für die business-orientierte Umsetzung von Geschäftsanforderungen. Business-Analysten aus dem Demand Management haben eine Schnittstellenfunktion zwischen Business und IT mit starker Business-Orientierung und gleichzeitigem IT-Sachverstand. Eine optimale Kundenkontaktschnittstelle ist erfolgsentscheidend für die Planung und Steuerung der digitalen Transformation.

Das Demand Management ist die Disziplin für das Management der strategischen und operativen Geschäftsanforderungen. Es geht darum, im Zusammenspiel zwischen Business und IT die Geschäftsanforderungen möglichst angemessen, kostengünstig und trotzdem tragfähig und zeitgerecht in den Geschäftsprozessen und in der IT-Unterstützung umzusetzen. Das Demand Management vermittelt und dolmetscht zwischen den Fach- und IT-Abteilungen. Die wesentliche Tätigkeit im Demand Management ist die Business-Analyse, d. h. die Identifikation, Aufnahme, Bündelung, fachliche Planung, Bewertung und Steuerung der Umsetzung von Geschäftsanforderungen.

Das Demand Management steuert den Zufluss von neuen Geschäftsanforderungen in die Umsetzung. Die Business-Analysten beraten die Fachbereiche sowohl im Hinblick auf die Strategieumsetzung als auch in Bezug auf die Nutzung von technischen Trends und Möglichkeiten. Für sehr viele Unternehmen ist das aber noch Zukunftsmusik, meist findet die Abstimmung zwischen Fachabteilung und IT bisher noch sehr unsystematisch und unregelmäßig statt. Häufig wird der Fehler gemacht, dass entweder technische Diskussionen zu früh geführt werden oder bereits spezifiziert wird, bevor die wirkliche Essenz der Anforderung verstanden wurde. Dies führt dann dazu, dass die IT zwar die Anforderungen umsetzt, die Lösung aber nicht den wirklichen Bedürfnissen der Fachbereiche entspricht. Durch eine systematische und hinterfragende Business-Analyse lässt sich dieser unnötigen Geld- und Ressourcenverschwendung entgegenwirken (siehe [HGG12] und [Lef11]).

Wichtig ist hier insbesondere auch die Beratung bei der Priorisierung der Geschäftsanforderungen, gerade in Zeiten knapper Budgets. Nur so kann sichergestellt werden, dass die eingeschränkten Ressourcen richtig eingesetzt werden. Die Priorisierung der Geschäftsanforderungen erfolgt häufig im Rahmen der fachlichen Themenplanung und Budgetierung sowie im Projektportfoliomanagement. Dies muss eng verzahnt mit dem Innovationsmanagement und der Planung und Steuerung der Digitalisierungsinitiativen erfolgen. Nur so wird sichergestellt, dass das, was geplant wurde, auch wirklich umgesetzt wird.

Weitere Informationen hierzu finden Sie in Abschnitt 5.7.

- **End-to-end-Geschäftsprozessoptimierung und Performance-Management**
  Die Optimierung der kompletten horizontalen Wertschöpfungskette unter Einbeziehung des Business-Eco-Systems ist, wie bereits ausgeführt, entscheidend u. a. für einen effizienten und zuverlässigen Geschäftsbetrieb.
- **Lean Organisation und Prozesse, auch im IT-Betrieb (DevOps)**
  Eine Lean Organisation basiert auf einer offenen Leistungskultur und schlanken, handhabbaren, auf den Kundenwert ausgerichteten Prozessen. Sie stellt die Befähigung der Mitarbeiter in den Mittelpunkt.

  Eine offene Leistungskultur basiert auf Vertrauen, Respekt, Toleranz, Fairness, Partizipation und Integrität. Sie ist Voraussetzung für die Bewältigung der Herausforderungen der digitalen Transformation. Im Mittelpunkt steht der Mitarbeiter mit seiner praktischen Erfahrung, da darauf die Lösungskompetenz und Prozessbeherrschung fußt. Klare Verantwortung anstatt genauer Vorgaben. Wichtig ist insbesondere auch ein Verständnis für die Sinnhaftigkeit von Standards und Regeln und die Bereitschaft, diese ggf. zu verändern sowie auch eigene Fehler zu kommunizieren.

  Zunehmend wird die Frage gestellt, ob die klassische hierarchische Organisation in der Zukunft noch geeignet ist, um die digitale Transformation zu bewältigen. Hier gibt es eine ganze Reihe von Ansätzen im Kontext Organisation 4.0, wie z. B. Holacracy (siehe [Rob16]). Holacracy verfolgt das Prinzip der lebendigen, selbstorganisierenden Struktur. Die Organisationsstruktur verändert sich hierbei kontinuierlich entsprechend der Erfordernisse der Organisation durch selbstorganisierende Teams. Auf eine traditionelle Management-Hierarchie wird gänzlich verzichtet.

  Bei der Organisation 4.0 geht es insbesondere darum, aufgrund der Knappheit der Talente Talentmanagement zu betreiben, d. h. digitale Talente zu identifizieren, auszuwählen und zu befähigen sowie die Agilität in den Teams zu fördern und die Arbeitswelt der Zukunft zu gestalten (siehe Abschnitt 5.1.2).

  Der Wandel von einer klassisch hierarchischen zu einer agilen Organisation muss in kleinen Schritten in einem gesteuerten Veränderungsprozess erfolgen. Die handelnden Menschen müssen den Wandel verstehen und sich damit identifizieren. Nur so werden sie ihn aktiv mitgestalten und – vor allem – mittragen. Die Einbeziehung aller Betroffenen und eine funktionierende Kommunikation sind essenziell, gerade bei hochgradig kreativen Prozessen, wie den für disruptive Geschäftsmodelle entscheidenden Innovationsprozess (siehe Abschnitt 5.1.1).

  Dies spiegelt sich auch in der IT wider, in der die klassische Aufteilung zwischen Anwendungsentwicklung und Betrieb zunehmend der Vergangenheit angehört. Das Zauberwort lautet „DevOps“.

  DevOps ist ein zusammengesetztes Wort aus „Development“, der Anwendungsentwicklung, und „Operations“, dem IT-Betrieb. DevOps ist ein Ansatzpunkt zur Verbesserung der Zusammenarbeit zwischen Anwendungsentwicklung und IT-Betrieb durch gemeinsame Anreize, Prinzipien, Prozesse und Werkzeuge. Hierbei sollen sowohl die Qualität der Produkte als auch die Geschwindigkeit und Zuverlässigkeit der Inbetriebnahme verbessert werden. Time-to-Market und Releasezyklen sollen verkürzt und der Aufwand und die Kosten für die Inbetriebnahme und den Betrieb reduziert werden. Betriebsstörungen sollen schnell beseitigt werden. Dies ist essenzielle Voraussetzung für die digitale Transformation und das hierfür erforderliche Lean Startup (siehe Abschnitt 5.2.2).

2.2.7 Daten und technische Assets

Die erforderlichen Fähigkeiten werden überwiegend durch Funktionalitäten der IT-Systeme und deren Daten bereitgestellt. Hier gilt es, einerseits Transparenz zu schaffen und andererseits die Weiterentwicklung entsprechend der Anforderungen der digitalen Transformation agil zu planen und zu steuern.

In Bild 2.9 werden die wesentlichen Aspekte im Datenmanagement und für das IT-Architekturmanagement dargestellt.

Bild 2.9 Wesentliche Aspekte im Datenmanagement und IT-Architekturmanagement

Wesentlich für ein wirksames Management der Daten und technischen Assets des Unternehmens sind:

- **Datenmanagement**
  Das Datenmanagement umfasst das Planen, Gestalten, Überwachen und Steuern der Verwendung, Verteilung und Kommunikation von Informationen in Organisationen zur Erreichung strategischer Ziele.

  Das Datenmanagement adressiert hierbei alle organisatorischen, methodischen, konzeptionellen, technischen Maßnahmen und Verfahren, die auf einen nachhaltigen Unternehmenserfolg abzielen. Hierzu sind

  - die richtigen Daten zum richtigen Zeitpunkt für die Geschäftsprozesse bereitzustellen,
  - die optimale Nutzung der Daten zu gewährleisten und
  - eine angemessene Datenqualität und Informationssicherheit sicherzustellen.

  Für einen nachhaltigen Unternehmenserfolg ist eine möglichst positive „Customer Experience", die Summe der Erfahrungen eines Kunden mit dem Unternehmen, immanent wichtig. Zufriedene Kunden führen zu einer größeren Verbreitung der Produkte und Dienstleistungen des Unternehmens und sind entscheidend, um dauerhaft als Marke und Unternehmen erfolgreich zu sein.

  Hierzu muss das Unternehmen seine Kunden, deren Bedürfnisse und deren Feedback zu Produkten und Dienstleistungen des Unternehmens kennen. Daten aus den unterschiedlichsten Quellen müssen analysiert werden und als Input für die Weiterentwicklung des Geschäftsmodells genutzt werden. Beispiele für Daten sind hierbei das Klickverhalten auf Internetseiten, Analyse aller Daten zum Kunden von Akquise- bis Beschwerdeinformationen oder direktes Feedback zu Produkten, die z. B. über Lean-Startup-Techniken schnell dem Kunden zur Verfügung gestellt werden.

  Diese 360°-Sicht auf den Kunden muss neben innovativen Ideen in die Gestaltung neuer Produkte und Dienstleistungen einfließen, um den Kunden Mehrwert zu liefern. Gleichzeitig muss aber der Business Outcome ganzheitlich betrachtet werden. Dies schließt Effizienz und damit wirtschaftliche Aspekte ebenso wie die Gewährleistung eines sicheren und zuverlässigen Geschäftsbetriebs sowie eine nachhaltige Daten- und Servicequalität mit ein (siehe Bild 2.10).

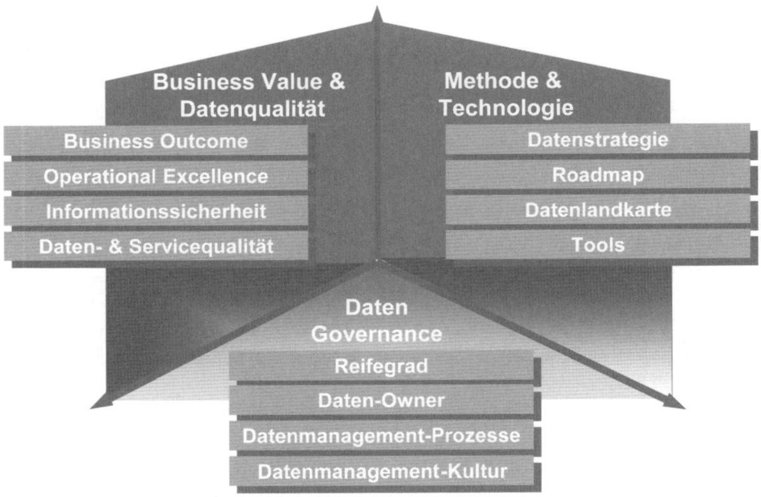

Bild 2.10 Datenmanagement

Für die Umsetzung sind angemessene Methoden und Technologien und eine schlanke, handhabbare Daten-Governance erfolgsentscheidend. Weitere Informationen hierzu finden Sie in Abschnitt 5.5.

- **Enterprise Architecture Management**

  Enterprise Architecture Management (EAM) liefert ein Analyse-, Planungs- und Steuerungsinstrumentarium, das für eine erfolgreiche digitale Transformation unerlässlich ist.

  Enterprise Architecture Management (EAM) ist ein systematischer und ganzheitlicher Ansatz für das Verstehen, Kommunizieren, Gestalten und Planen der fachlichen und technischen Strukturen im Unternehmen. Es hilft dabei, die Komplexität der IT-Landschaft zu beherrschen und die IT-Landschaft strategisch und businessorientiert weiterzuentwickeln. EAM ist ein wesentlicher Bestandteil des IT-Managements und beinhaltet alle Prozesse für die Dokumentation, Analyse, Qualitätssicherung, Planung und Steuerung der Weiterentwicklung der IT-Landschaft und der Geschäftsarchitektur in ihrem Zusammenspiel.

  Es sammelt und verbindet alle für die Digitalisierung und den laufenden Geschäftsbetrieb relevanten fachlichen und technischen Strukturen des Unternehmens. So wird die für die Planung und Analyse erforderliche Transparenz geschaffen.

  Es besteht aus dem Management der Geschäftsarchitektur, dem IT-Bebauungsmanagement, dem Technologiemanagement sowie dem Management der Betriebsinfrastruktur.

  Im Rahmen des **Technologiemanagements** wird der technische Blueprint des Unternehmens kontinuierlich weiterentwickelt. Neue technologische Entwicklungen werden im Hinblick auf ihre Einsetzbarkeit und Auswirkungen im Unternehmen beobachtet, evaluiert, bewertet und gegebenenfalls in den Blueprint aufgenommen. Der Lebenszyklus der technischen Bausteine wird gemanagt. Technische Bausteine und deren Releases, die nicht mehr zukunftsfähig sind oder sich im Einsatz nicht bewährt haben, werden als „abzulösen" über den Lifecycle-Status im Blueprint gekennzeichnet. So werden Zukunftsfähigkeit und Tragfähigkeit von technischen Standards sichergestellt.

Durch die technische Standardisierung wird die Vielfalt der eingesetzten technischen Bausteine reduziert. Standardisierungskandidaten können durch die Analyse des Blueprints und der technischen Bebauungsplangrafik gewonnen werden. Immer dann, wenn mehr als ein technischer Baustein in einer technischen Domäne vorhanden ist, besteht ein Anhaltspunkt für eine Vereinheitlichung.

Standardisierung kann auch auf Ebene von Applikationen oder Schnittstellen erfolgen. Auf der Ebene von Applikationen werden Redundanzen in der Unterstützung von Business Capabilities, Produkten oder Geschäftsprozessen beseitigt. Im API-Management wird die Standardisierung von Schnittstellen forciert.

Im **Lifecycle-Management (kurz LCM)** wird der Lebenszyklus eines IT-Systems von der Idee oder Einführung bis zum Ablösen hinweg geplant. Das Lifecycle-Management spielt eng mit der Bebauungsplanung beziehungsweise dem Informationssystem-Portfoliomanagement (kurz IS-Portfoliomanagement) zusammen und ist ein wesentlicher Bestandteil der Standardisierung und Homogenisierung.

- **Digitale Plattformen, Managed Services, Integration und API-Management**
  Digitale Produkte stellen in der Regel Services bereit. Diese werden auf digitalen Plattformen oder aber direkt über das API-Management bereitgestellt und müssen professionell gemanagt werden.

  Auch für das Internet der Dinge ist der Austausch von Informationen und Services zwischen Systemen erfolgsentscheidend. Hierzu ist Interoperabilität z. B. über Standards notwendig.

  API-Management ist das aktive Management von Services, und insbesondere deren APIs (Application Programming Interface) über den kompletten Lebenszyklus der Services hinweg. Dies beinhaltet die Steuerung, Optimierung, Standardisierung und Veröffentlichung von Services über APIs in einer sicheren und skalierbaren Umgebung. Sie automatisieren, überwachen und steuern die API-Verbindungen und gewährleisten die Konsistenz zwischen mehreren API-Implementierungen und Versionen. Zudem unterstützen sie das Performance-Management und Informationssicherheitsmanagement, indem z. B. Sicherheitsrichtlinien integriert werden. API-Management ist eine Voraussetzung für die horizontale und vertikale Vernetzung in der Digitalisierung.

- **Cloud und Virtualisierung**
  Cloud-Computing bekommt mit SaaS, PaaS oder IaaS eine immer größere Bedeutung. Dies muss beim Technologiemanagement und beim IT-Servicemanagement berücksichtigt werden. Weitere Informationen zum Cloud-Computing finden Sie in Abschnitt 5.3.2.

  Virtualisierung sind Software- und Hardware-Techniken, die eine Abstraktionsschicht zwischen dem Nutzer (oder Anwendungen oder Schnittstellen) einerseits und physischen Hardware-, Netzwerk- oder Softwarekomponenten andererseits bilden. Virtualisierung ermöglicht die Abstraktion von Hardware, Software und Netzen. Virtuelle (nicht physische) Geräte und Dienste emulieren Hardware, Betriebssysteme, Datenspeicher oder Netzwerkressourcen. Sie erlauben es, Computerressourcen transparent zusammenzufassen oder aufzuteilen oder ein Betriebssystem innerhalb eines anderen auszuführen.

  Es gibt drei Bereiche in der IT, in denen Virtualisierung hauptsächlich zum Einsatz kommt: Netzwerk-, Storage- und Server-Virtualisierung.

- **Automatisierung und Microservices**
  Die Automatisierung von End-to-end-Prozessen eliminiert, soweit wie möglich, manuelle Tätigkeiten und Schnittstellen. Durch Integration von Systemen über idealerweise offene Standards und API-Management werden manuelle Schnittstellen beseitigt. Manuelle Arbeitsschritte können z. B. durch den Einsatz von KI, wie z. B. Bots oder Regelsysteme, entfallen. Häufig werden hier die komplexen Fälle nach wie vor von Sachbearbeitern übernommen. Standardfälle können zunehmend automatisiert abgearbeitet werden.

  Voraussetzung für die Automatisierung von End-to-end-Prozessen ist einerseits deren Modellierung z. B. in Form von Prozessmodellen und Geschäftsregeln. Andererseits müssen einzeln einbindbare Services vorhanden sein, die quasi hinter der Aktivität im Prozess stehen. Diese werden Microservices genannt.

  Änderungen an Geschäftsregeln oder Workflows sollten einfach modelliert oder konfiguriert werden können. Nur so können Änderungen „lokal" ausgeführt werden. Bestehende Systeme lassen sich dann tendenziell leichter austauschen und neue Informationssysteme können schneller in die Systemlandschaft eingebunden werden. Dies erfordert aber in der Regel eine Komponentisierung der Informationssysteme. Nach deren Umsetzung ist die IT in der Lage, Business-Veränderungen schneller umzusetzen. Dies erfolgt über die Microservices.

  Jeder Microservice implementiert genau eine Funktion (eine feingranulare Capability), die als Aktivität im Prozess eingebunden werden kann. Im Idealfall sind Microservices unabhängig, erweiterbar und austauschbar und über standardisierte Schnittstellen einfach in Workflows einbindbar.

- **Business Analytics und Big Data**
  Business Analytics erweitert die klassische Business Intelligence (BI) um den Blick in die Zukunft und setzt vor allem auf statistische Analysen von Unternehmensdaten. Business Analytics gibt Antworten auf die Fragen nach den Gründen, Auswirkungen, Wechselwirkungen oder Folgen von Ereignissen. Zudem ist es möglich, Szenarien durchzuspielen und Handlungsalternativen aufzuzeigen: Was geschieht, wenn wir an dieser oder jener Stellschraube drehen?

  Um den Planungsprozess im Unternehmen zu verbessern, nutzt Business Analytics diverse Analyse-Tools, u. a. im Big-Data-Umfeld Hadoop.

  Mit „Big Data" werden große Mengen an Daten bezeichnet, die u. a. aus den operativen Datenbeständen des Unternehmens und zusätzlich aus z. B. sozialen Medien oder Sensordaten stammen. Diese werden, wie bereits ausgeführt, in einem Data Lake gesammelt und über Data-Science-Methoden analysiert.

  Beispiele für Datenquellen sind das Internet und der Mobilfunk, die Finanzindustrie, die Energiewirtschaft, das Gesundheitswesen und der Verkehr und Daten, die aus Quellen wie intelligenten Agenten, sozialen Medien, Kredit- und Kundenkarten, Smart Metering Systemen, Assistenzgeräten, Überwachungskameras sowie Flug- und Fahrzeugen stammen und die mit speziellen Lösungen gespeichert, verarbeitet und ausgewertet werden.

- **Identity und Access Management (IAM)**
  Das Identity und Access Management (IAM) besteht aus dem Identity und dem Access Management.

Das Identity Management schafft eine stets aktuelle und gültige Datenbasis über die in einer Organisation existierenden Identitäten, deren Eigenschaften und Zuordnung zur Organisation sowie deren Businessrollen zur Ableitung der notwendigen Berechtigungsobjekte über den ganzen Identitäts-Lebenszyklus.

Das Access Management beschäftigt sich mit allen Maßnahmen zur Legitimation und Beschränkung von Zugriffen auf IT-Ressourcen und Informationen.

Unter Provisionierung wird die operative Durchführung der Einrichtung, Änderung oder Löschung von Berechtigungen verstanden. Die Provisionierung kann dabei je nach Implementierung vollständig automatisiert, halbautomatisiert oder ganz manuell erfolgen. Die Unterscheidung erfolgt dabei in der Praxis je nach Zielsystem unterschiedlich.

IAM ist ein wesentlicher Erfolgsfaktor für die Umsetzung der Informationssicherheit.

- **Datenschutz und Informationssicherheit**
  Datenschutz und Informationssicherheit stellen neben Compliance hohe Anforderungen, die im Rahmen der digitalen Transformation umgesetzt werden müssen.

  Datenschutz ist der Schutz personenbezogener Daten bei deren Erhebung, Verarbeitung und Nutzung. Am 25.05.2018 endet die Übergangsfrist der EU-Datenschutz-Grundverordnung, die deutlich höhere Anforderungen an den Datenschutz mit entsprechend empfindlicheren Strafen bei Nichteinhaltung enthält.

  Für die Umsetzung der Datenschutzanforderungen ist das Datenmanagement (siehe Abschnitt 5.5) unabdingbar. So kann z. B. die Datenklassifikation als Mittel für das Risikomanagement genutzt werden. Es werden Fragen beantwortet, wie z. B.: „Welche Klassen von Daten(-bereichen), z. B. Endkunde, haben welches Schutzniveau?".

  Informationssicherheit adressiert die Schutzziele, wie z. B. Vertraulichkeit, Verfügbarkeit und Integrität. Diese gilt es über ein Informationssicherheitsmanagementsystem (kurz ISMS) sicherzustellen, sodass alle Verfahren und Prozesse im Kontext der Informationssicherheit abgesichert werden und fristgerecht alle Vorschriften und Gesetzesanforderungen für alle einzuhaltenden Normen wie IT-Grundschutz, ISO 27001 & ISO 27002:2005, ISO 27001 und ISO 27002:2013 erfüllt werden.

  Angriffe auf Informationsinfrastrukturen sind in den letzten Jahren immer zahlreicher und professioneller geworden. Wegen der hohen Dunkelziffer ist es schwer vorherzusagen, wie hoch das Schadenspotenzial und die Kosten wirklich sind. Die Hochrechnungen und die polizeilichen Fallzahlen lassen die Dimension zwar erahnen, jedoch sind exakte Werte schwer zu erheben. Die Bedrohungslage, gerade im Cyberspace, nimmt ständig zu. Hier wurde der Begriff Cyber-Security (siehe Abschnitt 2.3.7) geprägt.

- **Machine Learning und Künstliche Intelligenz (KI)**
  Beim maschinellen Lernen wird von Systemen selbstständig neues Wissen erworben. Während beim Data Mining der Fokus auf dem Finden neuer Muster liegt, die bereits in den bestehenden Daten vorliegen, geht es beim maschinellen Lernen darum, neue Algorithmen aus vorhandenen Daten abzuleiten. Hier werden die Regeln und Algorithmen so trainiert, dass sie aus den vorliegenden Daten lernen, selbstständig ein Datenmodell erzeugen und dieses für Prognosen oder Entscheidungen einsetzen. Beispiel: Eine Versicherung erzeugt mithilfe von historischen Kündigungsdaten ein Modell, das Kunden vorhersagt, die künftig ebenfalls kündigen könnten.

KI und Machine Learning entwickelt sich aktuell rasant. Umso mehr stellen sich folgende Fragen:

- Wo gibt es die größten Chancen, wo die größten Risiken von Machine Learning?
- Welche Anwendungsbereiche gibt es heute, welche in fünf bis zehn Jahren?
- Wie sollte man Machine Learning am besten einführen?
- Kann Machine Learning eine Lösung für das Fachkräfteproblem sein? Ist es Job Machine oder Job Killer?

Weitere Informationen zu KI und Machine Learning finden Sie in Abschnitt 2.3.4.

2.2.8 Skills und Kultur

Digitale Skills und eine digitale Kultur sind Voraussetzungen für den gesteuerten Veränderungsprozess im Rahmen der digitalen Transformation.

Aus den fachlichen und technischen Capabilities leiten sich die erforderlichen Skills ab. Diese Skills müssen intern oder extern entsprechend der Sourcing-Strategie aufgebaut werden. In der Digitalisierung erwachsen zudem neue Jobprofile wie Data Steward, Data Scientist und Chief Digital Officer, wie in Abschnitt 2.1 ausgeführt.

Eine offene Leistungskultur ist die Voraussetzung für eine erfolgreiche digitale Transformation. Sie gibt Mitarbeitern Freiraum für Kreativität und stärkt so die Innovationskraft des Unternehmens. Zudem steigt die Mitarbeitermotivation. Siehe hierzu Abschnitt 5.1.

Das Lean Thinking hat eine besondere Bedeutung, da ohne diese Kulturänderung Veränderungen nur sehr schwer oder gar nicht herbeigeführt werden können. Das, was hinter dem Lean-Gedanken steht, haben viele Manager noch nicht verstanden. Sie verändern die Organisation ohne Mitsprachemöglichkeit der Mitarbeiter, erweitern Führungsspannen, kürzen per Rasenmähermethode Budgets oder übernehmen organisatorische Konzepte oder Methoden anderer Unternehmen ohne Anpassung. Es fehlt häufig an Selbstreflexion und der Möglichkeit, dass Mitarbeiter Kompetenzen und Verantwortung für Aufgaben übernehmen. Die Manager wollen überall mitreden und alles im Griff behalten. So wird das Potenzial einer lernenden und offenen Leistungskultur verschenkt.

Lean Thinking basiert aber auf einer offenen Leistungskultur mit Vertrauen, Respekt, Toleranz, Fairness, Partizipation und Integrität. Im Mittelpunkt steht der Mitarbeiter mit seiner praktischen Erfahrung, Lösungskompetenz und Prozessbeherrschung. Es bedarf klarer Verantwortung statt genauer Vorgaben. Wichtig ist insbesondere auch ein Verständnis für die Sinnhaftigkeit von Standards und Regeln und die Bereitschaft, diese ggf. zu verändern sowie auch eigene Fehler zu kommunizieren. Wesentlich sind hier eine offene Kommunikation, Feedback-Prozesse und auch Eigenverantwortung, Teamarbeit und Empowerment. So können für die Kunden zufriedenstellende, angemessene und wirtschaftlich tragbare Lösungen oder Produkte bereitgestellt werden. Siehe Abschnitt 5.1.3.

In Bild 2.11 finden Sie die wesentlichen Aspekte zu Skills und Kultur als Voraussetzungen für die erfolgreiche digitale Transformation.

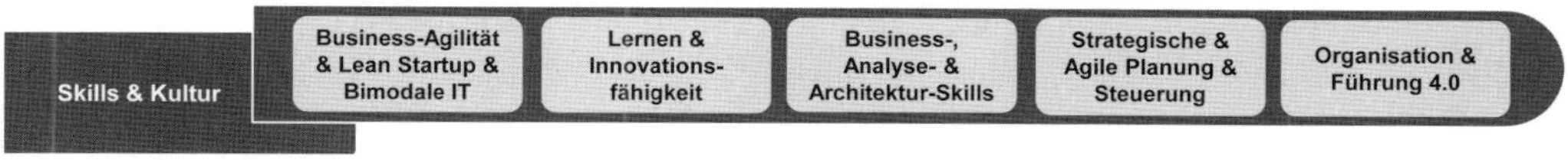

Bild 2.11 Wesentliche Aspekte zu Skills und Kultur als Voraussetzung für die erfolgreiche digitale Transformation

Schauen wir uns diese Aspekte etwas näher an:

- **Business-Agilität, Lean Startup und Bimodale IT**
  Bei disruptiven Geschäftsmodellen zählt vor allen Dingen die Geschwindigkeit, um mit der Innovationsgeschwindigkeit Schritt zu halten. Hier geht der Trend zum Rapid Prototyping mit Prototypen, Mockups und „MVPs", um möglichst schnell herauszufinden, ob das neue Produkt, ein neuer Service oder ein neues Feature für Kunden tatsächlich relevant ist. Aufgrund des Feedbacks können dann Anpassungen gemacht werden und so das Produkt kontinuierlich an die Bedürfnisse des Kunden angepasst werden. Dies ist ein „Trial und Error", um u. a. auch die Frage zu beantworten, wie viel der Kunde bereit ist, für das digitale Angebot zu bezahlen. Nur so kann Time-to-market planvoll und gleichzeitig agil erfolgen.

  Das Minimum Viable Product (MVP) ist die Lösung mit dem minimalen Funktionsumfang, der einen Wert für den Kunden darstellt.

  Durch Lean Startup wird es ermöglicht, Anpassungen am Produkt vorzunehmen und schnell auf Veränderungen des Markts zu reagieren. Sie hat das Ziel, Produkte schnell auf den Markt zu bringen, um anhand von Feedback das Produkt schrittweise zu verbessern. Dies veränderte fundamental die Art und Weise, wie neue Produkte entwickelt wurden.

  Bimodale IT ist die Kombination der traditionellen Entwicklungs- und Betriebsorganisation der IT mit experimentellen, agilen Schnellbooten für digitale Transformationsprojekte mit hoher Priorität und Time-to-market-Anforderungen.

  Für weitere Informationen zur Umsetzung der Business-Agilität sei auf Kapitel 5 verwiesen.
- **Business-Analyse und Architektur-Skills** sind wichtig, um einerseits den Kundenbedürfnissen wirklich auf den Grund zu gehen und andererseits kundenwertorientierte und tragfähige Lösungen zu entwickeln. Bezüglich tragfähigen und flexiblen Anwendungsarchitekturen sei auf Abschnitt 5.6 verwiesen.

Definition Business-Analyse

Business-Analyse ist eine Tätigkeit zur Identifikation von Geschäftsanforderungen sowie Ableitung und Herbeiführung von fachlichen Lösungen, die Unternehmen helfen, ihre Ziele zu erreichen. Eine Lösung besteht oft in der Bereitstellung von IT-Komponenten, kann aber auch Prozessverbesserungen oder organisatorische Änderungen umfassen.

- **Strategische und agile Planung und Steuerung**
  Die Bedeutung der vorausschauenden Planung und Steuerung sowie die Roadmap-Planung nimmt deutlich zu. Planung ist notwendig, um Entscheidern eine Orientierung durch Größenordnungen von Kosten und Zeitabschätzungen zu geben. Gerade im konventionellen Umfeld ist dies häufig eine Voraussetzung für die Beauftragung eines Projekts. Diese verschiebt sich aber zu einer agilen Planung.

Agile Planung ist eine Königsdisziplin, da beim ohnehin schwierigen Planen die kontinuierlichen Veränderungen einbezogen werden müssen. Der Grat zwischen planlos und Planungsaufwandsgrab ist schmal. Die agile Planung macht daher eine Vorhersage, wie viel das Team voraussichtlich schaffen wird. Weitere Informationen hierzu finden Sie im Abschnitt 5.8.

- **Lernen und Innovationsfähigkeit sowie Organisation und Führung 4.0**
  Sowohl die Organisation als auch jeder Einzelne ist von der Digitalisierung betroffen. Jeder Einzelne muss mit dem Tempo der Innovation mithalten und permanent lernen, um nicht den Anschluss zu verpassen. Hierfür muss eine ständige, persönlich getriebene Weiterbildung erfolgen. Weitere Veränderungen sind das agile Arbeiten in Teams (z. B. Scrum), flexible Arbeitszeiten und -orte und BYOD.

  Die klassische hierarchische Organisation hat langsam aber sicher ausgedient. Flache und flexible Organisationsstrukturen sowie eine neue Rolle von Führungskräften, wie z. B. Servant Leadership (siehe Abschnitt 5.1), halten zunehmend Einzug.

  Es gibt bereits eine ganze Reihe Ansätze im Kontext der Organisation 4.0, wie z. B. Holacracy (siehe [Rob16]). Holacracy, wie oben bereits kurz ausgeführt, verfolgt das Prinzip der lebendigen selbstorganisierenden Struktur. Die Organisationsstruktur verändert sich hierbei kontinuierlich entsprechend der Erfordernisse der Organisation durch selbstorganisierende Teams. Auf eine traditionelle Managementhierarchie wird gänzlich verzichtet.

  Bei der Organisation 4.0 geht es insbesondere darum, aufgrund der Knappheit der Talente, Talentmanagement zu betreiben, d. h. digitale Talente zu identifizieren, auszuwählen und zu befähigen sowie die Agilität in den Teams zu fördern und die Arbeitswelt der Zukunft zu gestalten (siehe Abschnitt 5.1.2).

  Der Wandel von einer klassisch hierarchischen zu einer agilen Organisation muss in kleinen Schritten in einem gesteuerten Veränderungsprozess erfolgen. Die handelnden Menschen müssen den Wandel verstehen und sich damit identifizieren. Nur so werden sie ihn aktiv mitgestalten und – vor allem – mittragen. Die Einbeziehung aller Betroffenen und eine funktionierende Kommunikation sind essenziell, gerade bei hochgradig kreativen Prozessen wie dem für disruptive Geschäftsmodelle entscheidenden Innovationsprozess (siehe Abschnitt 5.1.1).

Das Digitalisierungsframework kann als Ordnungsrahmen für die individuelle Ausprägung der Digitalisierungsinitiativen eines Unternehmens verwendet werden. In Kapitel 3 finden Sie weitere Informationen zu Industrie 4.0, Kapitel 4 enthält Vorgehens-Best-Practices.

Im Folgenden finden Sie eine Sammlung wesentlicher digitaler Technologien für disruptive Geschäftsmodelle.

2.3 Digitale Technologien

Im Folgenden werden wesentliche digitale Technologien erläutert, die häufig Bestandteile von disruptiven Geschäftsmodellen sind oder helfen, um bestehende Produkte und Dienstleistungen zu digitalisieren.

2.3.1 3D-Druck

Beim 3D-Druck werden automatisch-maschinell dreidimensionale Gegenstände aus flüssigen, festen oder pulverförmigen Materialien schichtweise erzeugt. Der Aufbau erfolgt über physikalische oder chemische Härtungs- oder Schmelzprozesse. Die Maße und die Form werden über CAD-Programme beschrieben oder können alternativ durch das dreidimensionale Abtasten (3D-Scannen) eines bestehenden Gegenstands erzeugt werden. In der Forschung werden bereits neueste Generationen autonomer Roboter mit der 3D-Scan-Technologie verbunden, was weitere Möglichkeiten eröffnet.

3D-Drucker werden häufig bei der Prototyp-Entwicklung für das Rapid Prototyping oder den schnellen Modellbau eingesetzt. Schnell können Musterteile mithilfe vorhandener Konstruktionsdaten direkt erzeugt werden. Aber auch in der Einzelfertigung und bei Kleinserien findet der 3D-Druck Anwendung, um z. B. seltene Ersatzteile zu fertigen. Weitere Beispiele sind die Anfertigung individueller Zahnkronen und Hörgeräte sowie Einzelfertigung von Schmuckstücken.

Einzigartige Statuen, Büsten oder Münzen werden originalgetreu und in mikrometergenauer Qualität mit hoher Geschwindigkeit gescannt, die Konstruktionsdaten werden automatisch erzeugt und eine Kopie wird angefertigt, was die Kosten eines solchen Verfahrens deutlich minimieren kann. Die Kopien sind häufig mit bloßem Auge nicht vom Original zu unterscheiden.

Andere Anwendungsfälle findet man z. B. in der Textilindustrie und im Maschinenbau:

- **Textilindustrie zur Materialapplikation auf Textilien insbesondere in der Haute Couture**
  Mittels 3D-Druck können diese visuell und funktional veredelt werden. Die Potenziale im Design von Kleidung lassen sich gleichermaßen auf Heimtextilien wie Rollos, Vorhänge oder Gardinen übertragen.
- **Textilindustrie zur Funktionalisierung**
  Durch das Einbringen elektrischer Leitfähigkeit, Multilayer-Strukturen für Leuchtstrukturen oder aber Funktionsschichten auf textilen Flächen im Bereich von Schutz- und Sportkleidung.
- **Herstellung benötigter Werkzeuge und Formen für die Produktion**
  Durch 3D-Druck können in kürzester Zeit z. B. Messvorrichtungen, Spritzgussformen oder auch Heft- und Spannvorrichtungen für die Fertigung erstellt werden.
- **Erstellung von Prototypen als Konzeptmodelle oder Funktionsmodelle** mit Look-and-Feel des Endprodukts

2.3.2 Social Media

Social Media verändert nachhaltig den Alltag und die Gesellschaft und ist gleichzeitig eine der größten Quellen geschäftsrelevanter Daten. Social Media (oder auch soziale Medien) sind digitale Lösungen für die Vernetzung und den Austausch von Internetnutzern. Soziale Netzwerke sind digitale Plattformen zum Aufbau von Netzwerken, Emotionalisierung mit dem Ziel Kundenbindung, Veröffentlichung von zielgruppenrelevanten Inhalten oder einfach nur Networking und Image-Pflege.

Wesentliche Beispiele sind:

- Schwerpunkt Kommunikation, wie Blogs, Webinare, Mikroblogging, Event-Portale, Foren und Instand Messenger wie Twitter und Tumblr.
- Schwerpunkt Zusammenarbeit und Wissensmanagement, wie Wikis (u. a. Confluence und Sharepoint), Social Bookmarks und Tagging, Bewertungs- und Auskunftsportale.
- Schwerpunkt Beziehungsnetzwerke, wie Facebook, Google+, XING und Linkedin.
- Schwerpunkt Multimedia mit Foto- und Video-Sharing, wie Instagram, Pinterest, Snapchat und Flickr sowie YouTube und Vimeo.

Facebook ist das größte Beziehungsnetzwerk und schon lange am Markt. Instagram ist ein Online-Dienst für das Teilen von Fotos und kurzen Videos, vergleichsweise jung, aber zunehmen populär. Mit allen Funktionalitäten lässt sich Instagram nur als App auf Smartphones nutzen. Hierüber werden aber bereits eine große Anzahl von Bildern verbreitet. Thematische Zuordnungen erfolgen, wie bei anderen Netzwerken, über Hashtags. Hashtags sind auch für das Marketing ein wesentliches Pflichtinstrument, um die jungen Käufergruppen einzubeziehen.

Die Daten, die von Nutzern preisgegeben werden, sind wichtige Quellen, insbesondere für das Marketing und die Geschäftsmodellentwicklung, die über Big-Data-Techniken im Business Analytics (siehe Abschnitt 2.3.3) erschlossen werden können. Social Media hat sich zum Machtfaktor entwickelt. Viele Kaufentscheidungen werden auf Basis von Informationen aus sozialen Medien getroffen.

Immer mehr Menschen verbringen ihre Zeit privat und beruflich online. Dies hat auch Schattenseiten, wie die starke Verringerung der persönlichen Kontakte oder das Verwischen von Freizeit und Arbeit und wird durch u. a. Strategien wie „BYOD“ (bring your own device) noch gefördert. Auch die permanente Erreichbarkeit führt zu einem dauerhaften Zeitdruck, der durchaus gesundheitliche Schäden nach sich ziehen kann. Auch die Umgangsformen und der Respekt vor anderen Menschen leiden durch die Übertragung des Social-Media-Kommunikationsstils in den Alltag.

Rund um den Begriff Social Media ranken sich unterschiedliche Technologien aus dem Content Management, Omnikanalmanagement, Marketing über soziale Kanäle, Commerce-Plattformen, Community-Plattformen, Kollaboration und Wissensmanagement, Dokumentenverwaltung und Kommunikationsplattformen.

Im Webbereich werden unterschiedliche Technologien genutzt. Ein häufig verwendetes Beispiel ist die Mashup-Technologie. Unter Mashup versteht man die Verschmelzung von Bausteinen und Daten bestehender Lösungen aus unterschiedlichen Quellen zu neuen digitalen Inhalten und Services. Voraussetzung hierfür ist eine standardisierte Integration über Programmierschnittstellen (APIs). Für den Nutzer ergibt sich der Vorteil, dass er seine gewohnten Anwendungen weiter nutzen kann, diese nur mehr bieten.

Häufig werden Mashups im Internet der Dinge verwendet. Beim Carsharing fließen die GPS-Daten mit den Standorten der Mietfahrzeuge in den Online-Kartendienst „Google Maps" ein. So kann der Angebotsnutzer den Fußweg zum nächsten verfügbaren Auto über sein Smartphone einfach finden.

Ein weiterer Trend sind hier Mikro-Webseiten, sogenannte **Microsites**. Dies sind schlanke Webseiten mit wenigen Unterseiten und geringer Navigationstiefe, die häufig thematisch auf wenige Punkte insbesondere für das Online-Marketing und Aktionen, wie z. B. für eine Veranstaltung, bezogen sind. Sie sind in der Regel „Keyword"-optimiert und durch Backlinks mit ihrer Hauptwebseite verbunden.

2.3.3 Business Analytics und Big Data

Business Analytics ist ein Überbegriff über Business Intelligence (kurz BI) und Big Data. Business Analytics erweitert BI um den Blick in die Zukunft und der Ermittlung von Zusammenhängen und Mustern in großen Datenbeständen (Big Data). Business Analytics liefert Antworten auf die Fragen nach den Gründen, Auswirkungen, Wechselwirkungen oder Folgen von Ereignissen. Zudem ist es möglich, Szenarien durchzuspielen und Handlungsalternativen aufzuzeigen: Was geschieht, wenn wir an dieser oder jener Stellschraube drehen?

Smarte Kunden

Mithilfe von Business Analytics werden digitale Spuren der Kunden im Big Data quer über alle Kanäle, Kontaktpunkte sowie internen und externen Datensammlungen aufgespürt, analysiert, die Essenz herausgefiltert, um zukünftiges Kundenverhalten und -eigenschaften vorherzusagen.

Business Intelligence (BI) zielt darauf ab, Fragen zur aktuellen wirtschaftlichen Situation zu beantworten. Hierzu werden Unternehmensdaten systematisch gesammelt, ausgewertet und visualisiert. Kennzahlen, gegebenenfalls aggregiert in Dashboards, und Auswertungen zum Monats- oder Quartalsende unterstützen in Kombination mit Soll-Ist-Vergleichen das Management bei der Entscheidungsfindung.

BI befasst sich überwiegend mit den Geschehnissen in der Vergangenheit und deren Auswirkungen auf die Gegenwart. Es beantwortet Fragen zum Geschehen (Was ist wann passiert?), zur Menge, Häufigkeit oder den Ursachen eines Ereignisses. Werkzeuge dafür sind beispielsweise Reporting (KPIs, Metriken), automatisiertes Monitoring (Alarm bei Über- bzw. Unterschreiten von Schwellenwerten), Dashboards, Ad-hoc-Anfragen oder OLAP (Online Analytical Processing). OLAP beispielsweise arbeitet deduktiv, stellt also Hypothesen auf und fragt gezielt Informationen ab, um die Vorannahme zu bestätigen oder zu verwerfen.

Business Analytics nutzt unterschiedliche Methoden, um den Planungsprozess zu verbessern. Hierzu zählen unter anderem:

- **A/B-Tests oder multivariates Testen:** Überprüfung von Entscheidungen.
- **Statistische oder quantitative Analyse:** Erklären, warum ein bestimmtes Ergebnis eingetreten ist.

- **Data Mining:** Entdeckung von neuen Mustern und Zusammenhängen in Daten. Im Gegensatz etwa zu OLAP ist diese Analysetechnik induktiv, das heißt, sie sucht in den Datensätzen ohne eine Vorannahme nach Auffälligkeiten oder Mustern, interpretiert diese und stellt eigene Hypothesen auf.
- **Predictive Analytics:** Vorhersage künftiger Trends und Entwicklungen auf der Basis von Daten aus der Vergangenheit. Es entdeckt Muster und Zusammenhänge in den Daten und ermöglicht Vorhersagen, was aufgrund der Historie in Datenbeständen in Zukunft mit sehr hoher Wahrscheinlichkeit passiert und welche Trends sich abzeichnen. Die ermittelten Fakten müssen interpretiert und die richtigen Schlüsse daraus gezogen werden, um auf dieser Basis fundierte Entscheidungen zu treffen.

  Es besteht eine enge Verbindung mit Data Mining.
- **Big Data:** Riesige Datenmengen z. B. im Terabyte-Bereich aus unterschiedlichen Quellen werden mithilfe von Techniken, wie z. B. Hadoop, analysiert, um Zusammenhänge und Muster zu erkennen. Hier wird auch Datamining eingesetzt.

Moderne Business-Analytics-Umgebungen bestehen im Allgemeinen aus einem Rohdatenbereich und einem aufbereiteten, integrierten und qualitätsgesicherten Datenbereich. Im Rohdatenbereich steht das Entdecken neuer Zusammenhänge in nicht aufbereiteten Daten im Gegensatz zum klassischen Data Warehouse über Data-Science-Methoden im Vordergrund. Das Data Warehouse zielt hingegen auf eine hohe Effizienz für interaktive Analysen und Berichte ab. Die Informationen sind passgenau für den Benutzer aufbereitet. Die Kombination aus dem Data-Science-orientierten Vorgehen und vorwiegenden Self-Service-Analysen aus den aufbereiteten Daten hat sich in der Praxis bewährt.

Data Lake ist eine Datenhaltung mit einer großen Menge an Rohdaten in ihrem ursprünglichen Format, um beliebige Daten schnell und einfach für Analysen nutzbar zu machen und zu verknüpfen. Es geht hier primär um das Entdecken neuer Zusammenhänge in nicht aufbereiteten Daten. Häufig ist vorab unklar, ob und welcher Nutzen aus den Daten generiert werden kann.

Wesentlich ist häufig eine Datenanreicherung, um Zusatzdaten aus unterschiedlichen Quellen für Analysen mit nutzen zu können. Bei der Datenanreicherung werden vorhandene Daten ergänzt, um den Informationsgehalt und den Datennutzen zu erhöhen. Beispiele für angereicherte Daten sind Kontaktdaten, Telefonnummern, geografische Informationen und die Rolle des Kontakts sowie eine Kundenkategorie.

> Die **Datenanreicherung** zielt darauf ab, die Datengrundlage für zielgruppenspezifische Marketingaktionen, passgenaue Produkte und Dienstleistungen sowie für ein vollumfängliches Kundenprofil als Basis für eine höhere Kundenbindung durch ein „persönlicheres“ Verhältnis zu schaffen.

Daten können sowohl aus vorhandenen Daten des Unternehmens als auch durch Kauf oder Kooperation mit anderen Unternehmen gewonnen werden. So werden häufig Adressen gekauft. Hier gibt es unterschiedlichste Quellen, wie z. B. CDs oder aber Unternehmen, die entsprechende Services bereitstellen. Andere Quellen sind internationale Warenwirtschaftsregister, wie UNSPSC oder eCl@ss, um Daten über Produkte oder Geschäftspartnerdaten aufzuwerten.

Über die Integration, Analyse und Bewertung der Daten des Unternehmens werden Daten angereichert. So kann z. B. aus Informationen zu einem Kunden dessen Potenzial, Loyalität und Verhalten abgeleitet und ein Kundenprofil gewonnen werden. Auf dieser Basis können passgenaue Produkte und Dienstleistungen entwickelt und bereitgestellt werden. Ein weiteres Beispiel ist die Geokodierung, womit Käuferschichten geografisch klassifiziert werden können.

Ein weiterer Anwendungsfall ist das Compliance Management (siehe [Han16]). Durch den Abgleich mit externen Listen kann die Übereinstimmung mit Gesetzen und Vorschriften überprüft und damit z. B. den Gefahren von Korruption und Geldwäsche vorgebeugt werden.

Am Ende der Datenanreicherung muss eine Qualitätsprüfung erfolgen. Nur so kann sichergestellt werden, dass die angereicherten Daten nicht fehlerhaft sind. Wichtig ist zudem die Nachvollziehbarkeit, daher die Beantwortung von Fragestellungen wie: „Welchen Ursprung haben welche Daten?"

Auf dieser Basis kann dann die Analyse erfolgen. Data Mining ist hierbei sehr wichtig. **Data Mining** ist die systematische Anwendung statistischer Methoden auf Massendaten mit dem Ziel, bisher unbekanntes, aber potenziell nützliches Wissen zu entdecken. Regelmäßigkeiten, Zusammenhänge, verborgene Muster und Trends werden aufgedeckt. Ein Beispiel ist die Analyse des Kaufverhaltens in Supermärkten oder des Nutzungsverhaltens von Internetnutzer. Es geht darum, Wissen aus bereits vorhandenen Daten zu gewinnen.

Methoden im Data Mining sind z. B.:

- **Entscheidungsbaum** für die automatische Klassifikation von Daten entsprechend vorgegebener Kriterien, wie z. B. der Geokode.
- **Clustering** für die Segmentierung und Gruppierung von Daten, wie z. B. die Geokodierung oder die Clusterung von Kunden entsprechend ihres Kaufverhaltens.
- **Regressionsanalyse** zur Identifikation von Beziehungen zwischen mehreren Attributen wie z. B. Abhängigkeit der Produktauswahl von Produktpreis und Einkommensgruppe des Kunden.
- **Assoziations-Analyse** zur Suche nach Mustern, bei denen ein Ereignis mit einem anderen Ereignis verbunden ist. Die Abhängigkeiten zwischen den Datensätzen werden über Wenn-dann-Regeln beschrieben. Ein Beispiel hierfür ist: „Wenn der Kunde Waschmittel kauft, kauft er auch Milch."

Um Data Mining, den Analyseschritt der Wissensentdeckung, durchführen zu können, müssen die Daten erhoben, in digitale Form überführt, gegebenenfalls bereinigt, angereichert und in das für die Analyse passende Format transformiert werden. Die gefundenen Muster müssen durch Experten ausgewertet werden. So kann z. B. bei der Analyse von Fahrzeugdaten inklusive Reparaturdaten ein möglicher Zusammenhang zwischen einem Bauteil und einem hohen Reparaturanfall aufgedeckt werden. Ob das Muster wirklich relevant ist, entscheidet der Experte.

Die Aufbereitung der Daten ist häufig sehr aufwendig, weil Daten von unterschiedlichen Quellen integriert, Inkonsistenzen beseitigt sowie fehlende Daten angereichert werden müssen. Hierfür können auch Techniken eingesetzt werden.

Data Mining nutzt Methoden der Predictive Analytics für die Vorhersage von Trends.

Predictive Analytics beschäftigt sich mit der Vorhersage der wahrscheinlichen Zukunft und Trends. Hierzu werden Vorhersagemodelle und Methoden wie maschinelles Lernen,

Elemente der Spieltheorie oder Simulationsverfahren genutzt. Predictive Analytics nutzt zudem Text-Mining, auf Algorithmen basierende Analyseverfahren, um aus nicht strukturierten Textdaten wie Artikeln oder Blogs Strukturen zu finden.

Mit dem Vorhersagemodell müssen Aussagen mit einem akzeptablen Maß an Zuverlässigkeit getroffen werden können. Hierzu wird ein statistisches Modell erstellt, validiert und geändert, wenn sich die Daten verändern. Predictive Analytics ist ein kontinuierlicher Prozess, in dem Vorhersagemodelle erstellt, Analysen durchgeführt und die Vorhersagemodelle entsprechend den Erkenntnissen verbessert werden. So werden die Vorhersagen immer präziser.

Predictive Analytics wird u. a. eingesetzt bei:

- Vorhersage von Kundenverhalten im Marketing.
- Wettervorhersagen in der Meteorologie.
- Vorausschauende Wartung, in der Sensoren Daten zum Status einer Maschine liefern, auf deren Basis über die Erkennung von Fehlermustern eine Wartungsarbeit empfohlen wird.
- Lastprognosen für das intelligente Stromnetz (Smart Grid) zur Vorhersage des Strombedarfs zum Abgleich mit der fluktuierenden Stromerzeugung aus Solar- und Windkraftwerken.
- Kredit-Scoring durch Banken, um das Risiko des Zahlungsausfalls einschätzen zu können.
- Vorhersagemodellen für die Fahrsicherheit einer Person auf der Basis von Alter, Geschlecht, Fahrerfahrung und Vorschäden für KFZ-Versicherungen. Auf dieser Basis können die Unfallgefahr und die Höhe des KFZ-Versicherungsbetrags errechnet werden.

Data-Science-Methoden kombinieren Ansätze u. a. aus der Mathematik, der Statistik, dem maschinellen Lernen, der Programmierung, der Mustererkennung und der Prognosemodellierung. Beispiele sind:

- Statistik mit Hypothesentests und statistischen Modellen.
- Lineare Regressionsmodelle und Vorhersagemodelle.
- Machine-Learning-Algorithmen, wie z. B. k-nearest-neighbors, n-äre Bäume, Random Forests, Neuronale Netze und Deep Learning (siehe Abschnitt 2.3.4).

2.3.4 Bots, KI und Machine Learning

Chatbots oder einfach nur Bots, sind smarte Programme, die automatisiert mit Nutzern in natürlicher Sprache kommunizieren können. Sie werden auch als virtuelle persönliche Assistenten bezeichnet. Es gibt Chatbots, die auf strukturierten Fragen und Antworten basieren, und Chatbots auf Basis von KI mit maschinellem Lernen. Erstere stoßen schnell an ihre Grenzen. Beide Arten lassen sich innerhalb des sichtbaren Benutzerinterfaces vom Nutzer aber kaum unterscheiden.

Chatbots übernehmen zunehmend die Kundenkommunikation und nutzen hierfür immer umfangreichere künstliche Intelligenz. Beispiele sind Siri und Alexa. Sie formulieren für den Menschen natürlich klingende Antworten, damit sich Mensch und Maschine halbwegs normal unterhalten können. Google, Facebook und Microsoft setzen auf diese Technologie und wollen durch Einsatz von künstlicher Intelligenz einen bislang nie dagewesenen Fortschritt erreichen. Dafür nutzen sie die erschwingliche und reichlich vorhandene Computerpower der Cloud.

Anwendung finden Bots aktuell für folgende Bereiche:

- Services ohne direkten Kontakt zum Kunden, wie z. B. telefonischer Service als erste Anlaufstelle für Kunden. Sie entlasten Mitarbeiter vom Telefondienst, sodass Wartezeiten verkürzt werden. Mitarbeiter im Telefondienst können sich auf komplexere Anfragen konzentrieren.
- Steigerung der Produktivität durch automatisches Abwickeln von Routinetätigkeiten, wie z. B. Versenden von Nachrichten an Kunden. Lieferdienste nutzen dies aktuell schon häufig. Integrierte Echtzeit-Kommunikationstools wie Slack oder HitChat verbessern die Produktivität, indem sie unter anderem Erinnerungsnachrichten an potenzielle Kunden schicken.
- Suchhilfestellung mit Sprachunterstützung, z. B. für die Suche nach Hotels oder Reisen.
- Kurznachrichten als Kommunikationskanal und Input für den Bot anstelle von Telefon oder E-Mails, gerade bei der jungen Generation.

Ziel der Bots ist es, das Leben der Nutzer durch Automatisierung oder den „Coolness-Faktor“ zu erleichtern und zu verschönern. So können eine Reihe von Aufgaben, wie Banküberweisungen oder das Wechseln des Mobilfunkanbieters, extrem vereinfacht werden. Vieles erfolgt einfach per App. Bots sind rund um die Uhr erreichbar und verkürzen die Wartezeiten.

Sicherlich haben Bots auch einige Schattenseiten. Wenn die Weiterentwicklung so wie geplant stattfindet, sind viele Arbeitsplätze in Gefahr. Darüber hinaus verändert sich die Art der Kommunikation, so ist eine Anweisung für Alexa wie „Bitte spiele das Lied...“ eher die Ausnahme. Dies färbt auf die weitere zwischenmenschliche Kommunikation ab. Die gesellschaftlichen Auswirkungen sind nicht abzuschätzen.

Bots eröffnen ein riesiges Potenzial von Chancen (aber sicherlich auch Gefahren) gerade durch das Erwachsenwerden von KI/Machine Learning.

Beim **maschinellen Lernen** wird von Systemen selbstständig neues Wissen erworben. Während beim Data Mining der Fokus auf dem Finden neuer Muster liegt, die bereits in den bestehenden Daten vorliegen, geht es beim maschinellen Lernen darum, neue Algorithmen aus vorhandenen Daten abzuleiten. Hier werden die Regeln und Algorithmen so trainiert, dass sie aus den vorliegenden Daten lernen, selbstständig ein Datenmodell erzeugen und dieses für Prognosen oder Entscheidungen einsetzen. Beispiel: Eine Versicherung erzeugt mithilfe von historischen Kündigungsdaten ein Modell, das Kunden vorhersagt, welche künftig kündigen könnten. Andere Anwendungsfälle sind die Erkennung von Kreditkartenbetrug, Aktienmarktanalysen sowie die Spracherkennung.

Deep Learning nutzt neuronale Netze für Prognosen und zur Entscheidungsunterstützung für z. B. Gesichts-, Sprach- und Objekterkennung. Auf Basis vorhandener Informationen und des neuronalen Netzes kann das System das Erlernte immer wieder mit neuen Inhalten verknüpfen und so seine Lerntiefe erhöhen. Die Maschine ist in der Lage, Prognosen oder Entscheidungen zu treffen und diese zu hinterfragen.

Die Basis bildet ein neuronales Netz als eine Art künstliches Abstraktionsmodell des menschlichen Gehirns, bestehend aus künstlichen Neuronen mit Eingangs- und Ausgangsneuronen. Dazwischen befinden sich mehrere Schichten an Zwischenneuronen. Die Eingangsneuronen lassen sich durch Lernen auf verschiedenen Wegen über die Zwischenneuronen mit den Ausgangsneuronen verknüpfen. Je mehr Neuronen und Schichten existieren, desto komplexere Sachverhalte lassen sich abbilden.

Durch kontinuierliches Hinterfragen der Entscheidungen erhalten die Informationsverknüpfungen bestimmte Gewichtungen. Bestätigen sich Entscheidungen, erhöht sich deren

Gewichtung, werden sie revidiert, verringert sich die Gewichtung. Zwischen der Eingabeschicht und der Ausgabeschicht entstehen immer mehr Stufen an Zwischenschichten und Verknüpfungen. Über den eigentlichen Output entscheiden die Anzahl der Zwischenschichten und deren Verknüpfung.

Beim Deep Learning sorgt der Mensch lediglich dafür, dass die Informationen für das Lernen bereitstehen und die Prozesse dokumentiert sind. Die eigentliche Analyse und das Ableiten von Prognosen oder Entscheidungen überlässt er der Maschine selbst. Der Mensch hat keinen Einfluss auf die Ergebnisse des Lernprozesses. Es lässt sich im Nachhinein nicht mehr vollständig zurückverfolgen, auf Basis welcher genauen Muster eine Maschine eine bestimmte Entscheidung getroffen hat. Zudem werden die Entscheidungen ständig hinterfragt und die Entscheidungsregeln selbstständig optimiert.

KI und Machine Learning entwickeln sich aktuell rasant. Umso mehr stellen sich folgende Fragen:

- Wo gibt es die größten Chancen, wo die größten Risiken von Machine Learning?
- Welche Anwendungsbereiche gibt es heute, welche in fünf bis zehn Jahren?
- Wie sollte man Machine Learning am besten einführen? Welche Standards gibt es?
- Kann Machine Learning eine Lösung für das Fachkräfteproblem sein? Ist es Job Machine oder Job Killer?
- Ist KI imstande, sich zu verselbstständigen? Verschwimmen die Grenzen zwischen Mensch und Maschine derart, dass wir irgendwann nicht mehr wissen, mit wem wir es zu tun haben? Können wir uns den digitalen Assistenten wirklich anvertrauen?
- Wie sicher ist die Technologie?
- Welche Voraussetzungen müssen vom Gesetzgeber eingeführt werden? KI-Verhaltenskodex?

2.3.5 Augmented und Virtual Reality

Augmented Reality ist die visuell durch Computer erweiterte Wahrnehmung der Realität. Ein typisches Beispiel ist das Einblenden der Abseitslinien und der Torentfernung als zusätzliche Informationen bei einer Fußball-Übertragung. Für Augmented Reality werden technische Hilfsmittel, wie z. B. eine Kamera für die Aufnahme, Sensoren und geeignete Visualisierungsmöglichkeiten, benötigt.

Virtual Reality (kurz VR) ist eine computergenerierte Wirklichkeit, die nur virtuell existiert, in der man sich aber bewegen, die man erfahren und erfühlen kann. In der Regel hat eine VR ein 3D-Bild und in vielen Fällen auch Ton. Sie wird entweder über Großbildleinwände in speziellen Räumen (Automatic Virtual Environment kurz CAVE) oder über Datenbrillen übertragen.

Ein Beispiel ist u. a. Googles „Project Glass". Der Name „Glass" bezieht sich auf das Glasprisma, das die Informationen in das Sichtfeld des Benutzers einblendet. Die Datenbrille projiziert Informationen ins Sichtfeld des Nutzers. Sie kann benutzt werden, um von unterwegs E-Mails abzurufen, zu chatten, einzukaufen und im Internet zu surfen. Auch in der Produktion bringt eine Datenbrille für die Mitarbeiter viele Erleichterungen. So werden z. B. Fertigungsauftragsnummern, auftragsspezifische Informationen oder digitale Zeichnungen ohne Suchaufwand verfügbar gemacht.

2.3.6 IoT, M2M und RFID

Das **Internet der Dinge** (IoT) ist ein Netzwerk von intelligenten Objekten. Alltagsgegenstände oder Maschinen werden dabei mit Prozessoren und eingebetteten Sensoren ausgestattet, um miteinander über das IP-Netz zu kommunizieren. Maschinen kommunizieren miteinander unternehmensintern über M2M (Machine-to-Machine) und mit dem Internet, wenn sie angebunden sind. Jedes intelligente Objekt hat seine eigene Internetadresse und ist darüber identifizierbar.

Ein wichtiger Faktor für den Erfolg des Internets der Dinge ist der Austausch von Informationen und Services mit einem anderen System. Hierzu ist Interoperabilität z. B. über Standards notwendig. In vielen Bereichen gibt es noch keine oder wenige Standards. Dies erschwert die Vernetzung zwischen Geräten von verschiedenen Herstellern.

Ein anderer wesentlicher Aspekt ist das Datenmanagement als Grundlage für die Vernetzung und die Aufgabenerfüllung. Die intelligenten Objekte benötigen den Zugang zu allen relevanten Daten und das übergreifend und integriert. Siehe hierzu Abschnitt 5.5.

Die Intelligenz der intelligenten Objekte nimmt mit KI-Techniken, wie in Abschnitt 2.3.4 ausgeführt, immer weiter zu. So können smarte Geräte zunehmend selbstständig agieren und sich auf Situationen anpassen.

Ziel des Internets der Dinge ist es, die Grenzen zwischen virtueller und realer Welt vollständig aufzulösen. Jedes intelligente Objekt soll in der Lage sein, seine Zustandsinformationen laufend im Internet zur Verfügung zu stellen. Ein Beispiel ist der Kühlschrank, der mitteilt, welche Lebensmittel abgelaufen sind oder welche fehlen und eingekauft werden müssen. Dies ist auch die Basis z. B. für eine vorausschauende Wartung.

Das Internet der Dinge hält Einzug in alle Lebensbereiche, wie z. B. bei Autos, Haushaltsgeräten, in der Medizin, im Handel, in Unterhaltungsgeräten, Fabriken, Produktionseinrichtungen und Kraftwerken.

Über **M2M** (Machine-to-Machine) kommunizieren Geräte selbstständig miteinander ohne menschliches Einwirken. Beispiele sind die vollautomatische Entladung eines Containerschiffs in einem Hafen oder das automatische Einparken von Autos in einer freien Lücke im Parkhaus. Hierzu werden oft Sensoren genutzt, die permanent Daten untereinander austauschen und damit eine zentrale Steuerung möglich machen.

Sensoren können viele Daten eines Geräts, wie Bewegungen, Temperatur oder Helligkeit, messen. In Kombination mit der Positionsbestimmung mittels GPS ergeben sich zahlreiche weitere Möglichkeiten.

Sensoren werden immer kleiner. **Smart Dust**, intelligenter Schmutz, ist eine Zukunftsvision, bei der kleinste Partikel (Staubkörnchen) als mikroskopische Sensoren untereinander kommunizieren und Informationen austauschen. Smart Dust wird zu smarten Objekten, die über das Internet der Dinge kommunizieren. Es ist eine Komponente der Mikrosystemtechnik (MEMS), bestehend aus einer Laserdiode und steuerbaren Spiegeln für die optische Übertragung. Ein solcher Smart-Dust-Kubus ist autark und hat eine eigene Stromversorgung z. B. durch Solarzellen. Alle Schaltungen und Komponenten müssen jedoch in diesem extrem kleinen Kubus untergebracht werden.

Heute sind viele Smart-Objekte (siehe Kapitel 3) mit RFID ausgerüstet. **RFID** (Radio Frequency Identification) ermöglicht die automatische und berührungslose Datenerfassung,

Identifizierung und Lokalisierung von Objekten und Lebewesen anhand von Radiowellen. Ein RFID-System besteht aus einem Transponder und einem Lesegerät zum Auslesen des kennzeichnenden Codes. Der Transponder befindet sich am oder im Gegenstand oder Lebewesen.

RFID verbreitet sich dank immer einfacherer und kostengünstigerer Technologien in zahlreichen Anwendungsgebieten immer weiter. Produkte werden mit RFID-Chips ausgestattet sein und führen sich selbst durch die Produktion. Ein weiterer Anwendungsfall ist das Chippen von Haustieren oder die Diebstahlsicherung von Waren.

Radio-Frequency-IDentification-Tags können im IoT für Tracking-Zwecke wertvolle Daten z. B. über Waren in Lagern oder auch über den Lagerort von Produkten liefern. Die kleinen Tags können leicht in einem Container, in der Kleidung oder sogar unter der Haut untergebracht und dann beim Passieren eines Lesegeräts ohne Sichtkontakt registriert werden. Im Gegensatz zu Barcodes können Geräte Hunderte von RFID-Tags gleichzeitig lesen und funktionieren auch in Metallteilen.

Es gibt eine ganze Reihe weiterer Technologien und Standards, insbesondere auch für die Integration. So ist Bluetooth Low Energy (kurz BLE oder Bluetooth 4.0) eine spezielle Version des bekannten Drahtlos-Standards und eine wichtige Technologie für smarte Devices: Mit BLE ausgerüstete Gadgets können sich permanent drahtlos mit der Umgebung unterhalten, schonen aber den Akku und müssen nicht bei jedem Aufeinandertreffen erneut gepaart werden.

Ein weiteres Beispiel ist iBeacon. Der Markenname iBeacon wurde 2013 von Apple als proprietärer Standard für die Navigation in geschlossenen Räumen eingeführt. Die kleinen, in der Anschaffung bewusst günstigen Geräte senden Sensordaten über ein BLE-Signal. Mit einer Knopfzelle können iBeacons rund ein Jahr laufen. Mit mehreren iBeacons können Positionen sehr exakt bestimmt werden und zum Beispiel in einem Ladengeschäft zu jedem Regal passende Angebote auf das Smartphone geschickt werden.

Das Zusammenspiel zwischen der virtuellen und physischen Welt wird immer wichtiger. Ein Beispiel sind hier **digitale Twins**, die bei der Planung von Maschinen eingesetzt werden. Ein digitaler Twin ist ein virtuelles Abbild von z. B. einer Anlage. Realer und digitaler Zwilling tauschen Statusdaten aus, die Sensoren permanent erfassen. Unternehmen können so Produktfehler in der Entwicklungsphase früher erkennen, nach Belieben testen, modifizieren und optimieren sowie ihre Anlagen und Bauteile selbst nach der Auslieferung kontrollieren. Das Digital-Twin-Konzept erlaubt Effizienzgewinne innerhalb der gesamten Produktionskette. Der kontinuierliche Fluss von Frühwarnung-, Vorhersage- und Verhaltensdaten ermöglicht die fortlaufende Verfeinerung der Algorithmen, die hinter den Prozessen und Produkten stehen, und damit nicht zuletzt eine bessere Ausführungsplanung und längere Asset-Lebensdauer.

Ein „**Smart Robot**“ ist ein künstliches, intelligentes System (KI), welches von der eigenen Umwelt und Erfahrungen sein eigenes Wissen aufbauen kann. Smart Robots können mit Menschen zusammenarbeiten und deren Verhalten erlernen. Ein frühes Beispiel eines Smart Robots ist Baxter, welcher von „Rethink Robotics“ in Boston, Massachusetts produziert wurde. Baxter ist ein Industrie-Droide (humanoider Roboter), welcher direkt neben anderen Mitarbeitern in einer Fabrik arbeitet. Er wird oft für monotone Aufgaben eingesetzt wie zum Beispiel Präzisionsverpackung.

Die Anzahl und die Arten von Aufgaben, welche durch Software, Roboter und andere clevere Maschinen automatisiert oder ersetzt werden können, steigen rapide. Intelligente Roboter haben nicht nur die Fähigkeit zu Handarbeiten, sondern auch für kognitive Aufgaben.

Dies waren nur einige Beispiele, die technischen Möglichkeiten entwickeln sich rasant weiter.

2.3.7 Cyber-Security

Angriffe auf Informationsinfrastrukturen sind in den letzten Jahren immer zahlreicher und professioneller geworden. Wegen der hohen Dunkelziffer ist es schwer vorherzusagen, wie hoch das Schadenspotenzial und die Kosten wirklich sind. Die Hochrechnungen und die polizeilichen Fallzahlen lassen die Dimension zwar erahnen, jedoch sind exakte Werte schwer zu erheben. Die Bedrohungslage, gerade im Cyberspace, nimmt ständig zu. Hier hat sich der Begriff Cyber-Security gebildet.

Cyber-Security erweitert die klassische IT-Sicherheit auf den Cyberspace. Insbesondere die Schutzziele Vertraulichkeit, Verfügbarkeit und Integration entsprechend der Schutzbedarfsanforderungen werden adressiert. Der Cyberspace ist der virtuelle Raum aller vernetzten IT-Systeme über das Internet, mobile Kommunikation und beliebige andere Datennetze.

Cyber-Security beschreibt den Schutz vor technischen, organisatorischen und naturbedingten Bedrohungen, die die Sicherheit des Cyberspace inklusive Infrastruktur- und Datensicherheit gefährden. Es beinhaltet alle Konzepte und Maßnahmen, um Gefährdungen[1] zu erkennen, zu bewerten und zu verfolgen, vorzubeugen sowie Handlungs- und Funktionsfähigkeit möglichst schnell wiederherzustellen. Zu den Maßnahmen zählen Schwachstellenanalysen, Systemhärtung, Penetrationstests, Datenschutz, Schulung zur Sensibilisierung der Mitarbeiter, verantwortungsbewusste Administratoren und natürlich die Risikoanalyse bestehender Informations- und Kommunikationssysteme. Dazu gehören sowohl der physische Schutz von Gebäuden und Serverräumen als auch Schutzmaßnahmen gegen Malware, Netzwerksicherheit sowie die Sicherung von Cloud-Infrastrukturen, mobilen Szenarien und dem Internet der Dinge.

Beispiele für Bedrohungen im Kontext der Cyber-Security sind:

- Aktive Inhalte von Webanwendungen, wie JavaScript, VBScript, ActiveX, PHP und PHP-Frameworks über z. B. XSS Cross-Site-Scripting, SQL-Injection oder Google-Hacking angreifen.
- Diebstahl von Identitäten, um mit fremden Namen z. B. Geschäfte zu tätigen.
- Angriff von DNS-Server (Domain Name Service) über DNS-Spoofing.
- Port 80 (http) und Port 43 (HTTPS).

Bedrohungen gibt es nahezu für alle Klassen von Systemen, wie z. B. Microsoft-, Linux- oder auch Mobile-Systeme. Bei Mobile-Systemen hängt die Bedrohung stark von den Freiheitsgraden der Systeme ab. Gerade Android-Nutzer sind heute vielfältigen Gefährdungen ausgesetzt: Vom reinen Datenklau bis hin zum kompletten Kontrollverlust ist alles möglich. Alle Bedrohungen können zu akuten Gefährdungen führen, die schnell und systematisch gemanagt werden müssen.

Für die Verankerung der Cyber-Security müssen Sie Ihre strategischen Cyber-Ziele definieren und für alle Kontrollziele Maßnahmen und Meilensteine definieren und einen Umsetzungsplan erstellen, damit die Umsetzung überprüft und bei Bedarf angepasst werden kann. Dies erfolgt in der Regel im Rahmen des Aufbaus eines Informationssicherheitsmanagementsystems (siehe Abschnitt 2.2.7).

---

[1] Gefährdung = Bedrohung und Schwachstelle

2.3.8 Blockchain

Blockchain ist eine verteilte, öffentliche Datenbank, die als Grundlage digitaler Währungen wie Bitcoins dient. Im Finanzsektor spricht man auch von der "Distributed Ledger Technology".

Eine Blockchain ist eine Kette von Datensätzen (Blöcken), in der die nachträgliche Manipulation durch Speicherung einer Prüfsumme (Hashwert) des vorangehenden Datensatzes im jeweils nachfolgenden erschwert ist. Diese Art der kryptographischen Verkettung unterstützt die Integrität, die Unveränderlichkeit der Daten. Eine Blockchain hält eine wachsende Liste von Transaktionsdatensätzen vor und wird chronologisch in einem Konsensverfahren erweitert, in dem am Ende neue Elemente (Blöcke) hinzugefügt werden. Das häufigste Konsensverfahren ist hierbei die „Proof of Work"-Methode (kurz PoW). Siehe hierzu Bild 2.12.

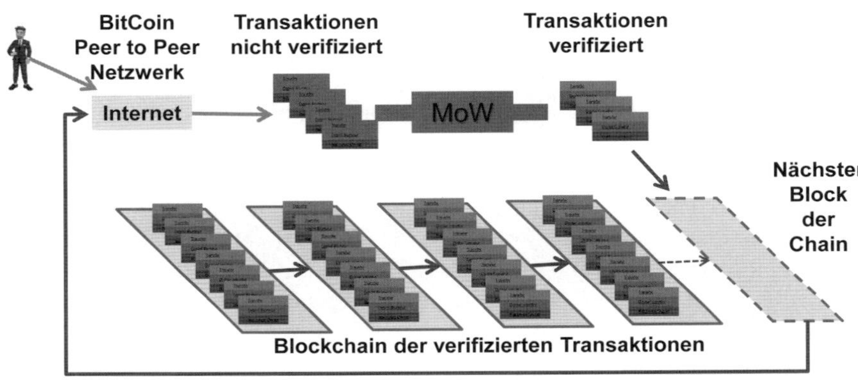

Bild 2.12 Prinzip-Bild Blockchain und Bitcoins

Eine Blockchain bildet die technische Basis für Kryptowährungen, wie z. B. Bitcoins. Bitcoin ist eine digitale Währung im Web mit einem dezentralen Bezahl-Netzwerk. Eine Bitcoin-Blockchain ist quasi ein öffentliches Buchungssystem aller Bitcoin-Transaktionen, die jemals getätigt wurden. Eine Transaktion ist ein Transfer eines Betrags zwischen Bitcoin-Wallets. Bitcoin-Wallets besitzen einen geheimen privaten Schlüssel, „Seed" genannt, zum Signieren der Transaktion.

In einer Bitcoin-Blockchain existieren nur Kontostände und alle getätigten Bitcoin-Transaktionen. Die Transaktionen werden zu Blöcken zusammengefasst, auf Gültigkeit überprüft und in der Regel mit dem Konsensmechanismus „Proof of Work" (kurz PoW) an die bisherige Kette von Blöcken angefügt. Der dezentrale Konsensmechanismus ersetzt die Notwendigkeit einer vertrauenswürdigen dritten Instanz zur Integritätsbestätigung von Transaktionen, wie z. B. klassische Banken. Die Blockchain-Technologie bietet eine ausreichend sichere Infrastruktur, um Vermögenswerte oder sensible Daten zu versenden, ohne auf einen Mittelsmann angewiesen zu sein, sprich Peer-to-Peer.

Bei der PoW-Methode werden ungefähr alle zehn Minuten von irgendeinem Teilnehmer die in dieser Zeit bei ihm angelangten Transaktionen zu einem nicht mehr veränderbaren Block zusammengefasst. Dieser wird dann an alle verteilt und ist schließlich Teil der kollektiven Blockchain. Der Empfänger einer Transaktion muss also so lange warten, bis er einen Block bekommt, der die Transaktion enthält. Dann ist sie beglaubigt. Die Belohnung zum Erzeugen der Blöcke erfolgt in Form einer festgelegten Anzahl an Bitcoins. Dies schafft einen Anreiz für die Teilnehmer. Durch den Proof of Work wird sichergestellt, dass Manipulationen viel Rechenleistung benötigen. Damit gesichert ist, dass nur ungefähr alle zehn Minuten ein Block erzeugt wird, muss die Software des Miners neben der Überprüfung der Transaktionen noch eine Rechenaufgabe lösen. Diese passt sich im Schwierigkeitsgrad automatisch an die am Mining beteiligte Rechenleistung an.

Neben der Kryptowährung gibt es noch viele weitere Anwendungsfelder, wie automatisierte Vertragsabwicklungen (Smart Contracts), Finanzierung von Handelstransaktionen oder die Absicherung von Transportrisiken, etwa beim Schiffstransport im Überseehandel. So kann die Blockchain eingesetzt werden, um erforderliche Unterlagen für alle Beteiligten schnell und kostengünstig bereitzustellen, indem diese mit Zeitstempel nachverfolgbar digital gespeichert werden. Auf diese Weise kann die Information, welchen Wert die Ware hat, wo sie wie und von wem verladen und transportiert wurde, z. B. für Haftungsfragen unverfälschbar bereitgestellt werden. Dadurch können Zahlungen schneller angestoßen und die Warenlieferung beschleunigt werden.

Weitere Einsatzmöglichkeiten gibt es in der Verwaltung von Eigentumsrechten oder den Rechten bei digitalen Werken wie Musik oder Filmen, die transparente und nachvollziehbare Verwaltung einer Supply Chain sowie bei der revisionssicheren Archivierung. Jedes Unternehmen muss frühzeitig Einsatzmöglichkeiten prüfen und die Voraussetzungen schaffen.

Die Blockchain-Technologie hat das Potenzial zur Schlüsseltechnologie; gerade wegen ihrer hohen Manipulations- und Ausfallsicherheit. Die Prozesse werden durch Blockchain transparenter, günstiger und sicherer. Anwendungsbeispiele finden sich in nahezu allen Bereichen, aber insbesondere in der Finanz- und Versicherungsbranche, dem Energiesektor, der Industrie 4.0 und der Pharmaindustrie sowie in der intelligenten Lieferkette.

Ordnungsrahmen für die digitale Transformation

Die digitale Transformation startet mit der Digitalisierungsstrategie und der Standortbestimmung als Ausgangspunkt für deren Operationalisierung (siehe Abschnitt 1.3.5). Hierfür sind eine ganzheitliche Analyse, Planung und Steuerung erfolgsentscheidend. Der Ordnungsrahmen für die digitale Transformation gibt alle relevanten Dimensionen und deren typische Ausprägungen als Grundlage für die Analyse vor. Darüber hinaus liefert er disruptive und evolutionäre Lösungsideen und -muster für die Gestaltung des digitalen Geschäftsmodells und für den Soll-Ist-Abgleich für die Bestimmung von Handlungsfeldern sowie für die detaillierte Gestaltung der Roadmap zur digitalen Transformation.

Nutzen Sie das Digitalisierungsframework für eine erfolgreiche digitale Transformation. Über Feedback freue ich mich natürlich immer, um das Digitalisierungsframework weiterzuentwickeln (E-Mail: Inge.Hanschke@Lean42.com).

3 Industrie 4.0 Essentials

Was für den einfachen Menschen ein Stein ist, ist für den Wissenden eine Perle.

Dschelal ed-Din Rumi (1207–1273), persischer Mystiker und Dichter

Durch Industrie 4.0 wird die industrielle Produktion mit moderner Informations- und Kommunikationstechnik verzahnt. Das Internet der Dienste und Daten verschmilzt mit dem Internet der Dinge. Hierdurch werden disruptive und evolutionäre Geschäftsmodelle ermöglicht.

Digital vernetzte Maschinen, Geräte und intelligente Objekte bilden dabei die Grundlage. Dies ermöglicht eine weitestgehend selbstorganisierte Produktion:

- Industrie 4.0 vernetzt Produktion mit Informations- und Kommunikationstechnik sowie Prozess-, Maschinen- und Sensorendaten.
- Die klassische Produktionshierarchie in Form von zentraler Steuerung wird durch die dezentrale Selbstorganisation ersetzt.
- Maschinen, Geräte, intelligente Objekte und Menschen kommunizieren und kooperieren in der Industrie 4.0 direkt miteinander.
- Das Internet der Dinge verschmilzt mit dem Internet der Dienste. Die durchgängige dienstorientierte Architektur für Marketing, Vertrieb und Produktion interagieren mit der dezentralen Fabriksteuerung.
- Die komplette vertikale und horizontale Wertschöpfungskette – und nicht nur wie bislang ein Produktionsschritt – wird optimiert beziehungsweise optimiert sich selbst.
- Alle Phasen des Produkt-Lebenszyklus werden abgedeckt – von der Produktidee über die Entwicklung, Produktion, Nutzung und Wartung bis hin zum Recycling.
- Durch digitale Veredelung entstehen intelligente Produkte (Smarte Produkte), die den Produktionsprozess aktiv unterstützen und Mehrwert-Services für den Kunden bieten.
- Werkstücke und Maschinen steuern selbstständig, flexibel, effizient und ressourcenschonend die Produktion.
- Smarte Fabriken erlauben die kundenindividuelle und kostengünstige Produktion und Verpackung in Losgröße 1.

Der Wandel vollzieht sich in der Industrie immer schneller. Industrie 4.0 ist die vierte Stufe der industriellen Revolution, ein strategischer und technologischer Durchbruch in Richtung selbstorganisierte Produktion, Logistik und Wartung.

In Bild 3.1 finden Sie die vier Stufen der industriellen Revolution, die mit der Erfindung der Dampfmaschine Ende des 18. Jahrhunderts startete. Menschliche Arbeitskraft wurde durch mechanische Produktionsanlagen ersetzt. Mit den mechanischen Produktionsanlagen

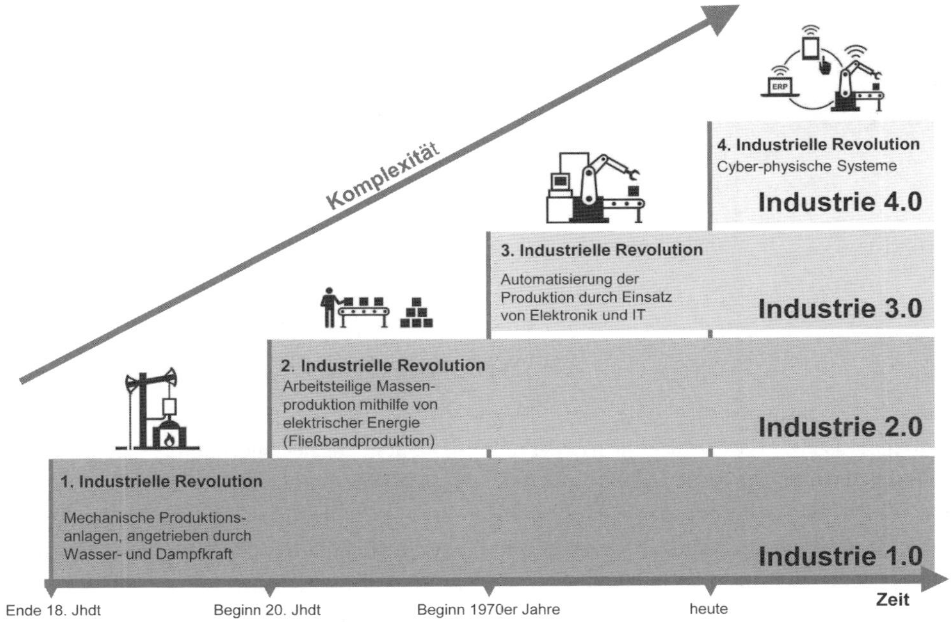

Bild 3.1 Vier Stufen der industriellen Revolution (siehe DFKI)

konnten die Waren schneller und damit größere Stückzahlen in gleicher Zeit als bisher durch Handarbeit gefertigt werden.

Anfang des 20. Jahrhunderts brachten die elektrische Energie und die Einführung des Fließbands die arbeitsteilige Produktion zuerst in Schlachthöfen und beim Automobilhersteller Ford. Durch die zweite Stufe der industriellen Revolution konnten die Produktionskosten erheblich reduziert werden.

In den frühen 1970er-Jahren hielten die Rationalisierung und Automatisierung in der dritten Stufe der industriellen Revolution Einzug in die Fertigung. Informationstechnologie, Elektronik, programmierte Maschinen und Industrieroboter übernahmen Arbeitsschritte, für die zuvor Handarbeit erforderlich war. Einhergehend verlangten Kunden nach einer größeren Vielfalt an qualitativ hochwertigen Produkten.

Heute befinden wir uns an der Schwelle zur vierten Stufe der industriellen Revolution, der Industrie 4.0. Intelligente und digital vernetzte Maschinen, Geräte und intelligente Objekte arbeiten unternehmensübergreifend in horizontalen und vertikalen Wertschöpfungsnetzwerken (siehe Bild 3.4) und in direktem Kontakt mit Kunden zusammen. Sie tauschen Informationen aus, sind selbstlernend und optimieren die Produktion, die Logistik und die Wartung.

Der Grundstein für Industrie 4.0 wurde durch Innovationen auf den Gebieten der Elektronik, Softwaretechnik, Mechatronik, globaler Netzwerke und KI sowie deren interdisziplinärer Vernetzung und übergreifender Datenverfügbarkeit gelegt. Wesentliche Entwicklungen sind hierbei:

- **Internet der Dinge (IoT)**
  Vision der globalen Infrastruktur zur Vernetzung von Physical und virtuellen Gegenständen durch Informations- und Kommunikationstechnik

- **Cyber-Physical Systeme (CPS)**
  CPS sind über digitale Netzwerke untereinander vernetzte Systeme mit eingebetteter Software und Elektronik, die über Sensoren und Aktoren mit der Umgebung verbunden sind.
- **Maschine-Maschine- und Mensch-Maschine-Kommunikation**
  Selbst lernende und organisierende Systeme sowie die enge Zusammenarbeit zwischen z. B. Robotern und Menschen eröffnen komplett neue Möglichkeiten der Wertschöpfung.
- **Miniaturisierung der Hardware wie Computer, Sensoren und Aktoren sowie deren Kostenverfall**
  Die Leistungsfähigkeit vervielfacht sich bei sinkendem Platzbedarf. Durch den Kostenverfall eröffnen sich neue Anwendungsgebiete. So ist z. B. durch günstige RFIC-Chips jedes Objekt identifizierbar.
- **Digitale Kommunikationsnetze mit hoher Bandbreite und Verfügbarkeit**
  Digitale Kommunikationsnetze mit zunehmender Bandbreite und breiter Verfügbarkeit sind die Grundlage für die unternehmensübergreifende Vernetzung insbesondere in der Logistik.
- **Mobile und Social Kommunikation**
  Smartphones und mobile Endgeräte sowie Facebook und andere soziale Kommunikationsplattformen verändern das Nutzerverhalten nachhaltig.
- **Big Data und Analytics**
  Bessere Analysemöglichkeiten insbesondere für große Datenmengen schaffen die Grundlage, um Mehrwert aus Daten zu ziehen.
- **Cloud-Computing** (siehe Abschnitt 5.3.2)
  IaaS, PaaS und SaaS verändern die Wertschöpfungsketten in der IT erheblich und forcieren das Internet der Dienste.

Jedoch sind nicht alle Grundlagen und Aspekte von Industrie 4.0 aktuell final geklärt. So hat die Entwicklung von technischen Standards und Normen erst begonnen. Diese ist aber die Voraussetzung für die Kommunikation zwischen Mensch und Maschine beziehungsweise zwischen Maschine und Maschine entlang der vertikalen und horizontalen Wertschöpfungsketten. Auch die Datentransparenz und die Hebung des Mehrwerts aus den Daten befindet sich häufig noch in den Kinderschuhen.

In diesem Kapitel finden Sie die wesentlichen Aspekte zu Industrie 4.0 sowie eine Übersicht über Frameworks und Best-Practices in diesem Umfeld sowie Literaturhinweise. Es werden die Erfolgsfaktoren beleuchtet und mögliche Stolpersteine, wie fehlende Standards für Schnittstellen, Architekturen, Plattformen und Übertragungsstandards sowie ungeklärte Datenschutzfragen oder rechtliche Fragen, adressiert.

In diesem Kapitel finden Sie die Antworten auf folgende Fragen:

- Was sind die wesentlichen Aspekte von Industrie 4.0?
- Welche Standards, Architekturen, Frameworks und Plattformen gibt es?
- Was behindert Industrie 4.0?
- Was sind die wesentlichen Erfolgsfaktoren für Industrie 4.0?
- Welche Best-Practices gibt es in diesem Umfeld?

3.1 Wesentliche Aspekte von Industrie 4.0

Industrie 4.0 steht für die vierte Stufe der industriellen Revolution. Informations- und Kommunikationstechnologie verschmelzen mit Produktionstechnologie. Zusammen mit den neuen technischen Möglichkeiten, wie z. B. Machine Learning (siehe Abschnitt 2.3.4) oder Cyber-Physical Systeme, wird hierdurch eine neue Stufe der Wertschöpfung ermöglicht. Eine dynamische, sich selbst optimierende und organisierende, unternehmensübergreifende Produktion, Logistik und Wartung auf der Basis digital vernetzter Geräte, Systeme und intelligenter Objekte sowie die Verfügbarkeit von Informationen in Echtzeit verändern die Organisation und Steuerung der gesamten Wertschöpfungskette über den Produktlebenszyklus von der Idee bis zur Entsorgung.

Die wesentlichen Ziele von Industrie 4.0 sind:

- Positive Kundenerlebnisse durch Individualisierung der Produktion bis hin zu Losgröße 1
- Reduktion der Durchlauf- und Lieferzeiten
- Kürzere Rüstzeiten von Maschinen und bessere Auslastung der Produktionsanlagen
- Vorausschauende und automatisierte Wartung der Maschinen und Produkte
- Qualitätssteigerung in Prozessen und Produkten (weniger Ausschuss) durch Fehlerreduktion
- Standardisierte und einheitliche Engineering-Datenversorgung und Integration über alle Beteiligten im Entwicklungsprozess
- Höhere Prozesstransparenz und Steuerungsmöglichkeit durch z. B. Nachverfolgung von Bauteilen oder digitale Prozesse und Fabriken

Industrie 4.0 zeichnet sich insbesondere durch smarte Produkte und eine smarte Produktion sowie digitale Prozesse, integriert in ein Business Eco-System, aus (siehe Bild 3.2 und Abschnitt 2.2.5), um einerseits den Kundenwert und andererseits die Produktivität durch mehr Effizienz zu steigern. Technologien, wie Internet of Things, Künstliche Intelligenz, z. B. in Form von Machine Learning oder Regelsystemen oder der Robotik eingebettet in standardisierte und sichere Plattformen, eröffnen die Möglichkeiten für Industrie 4.0. Die digitalen Geschäftsmodelle der Unternehmen können sich hierbei erheblich unterscheiden, abhängig von den individuellen Zielen der Unternehmen. Über einen gesteuerten Prozess zur Geschäftsmodellentwicklung, eingebettet in ein interdisziplinäres Innovationsmanagement, müssen kreative Ideen gefunden und bewertet werden (siehe Kapitel 4 und 5).

Smarte Produkte sind intelligente und vernetzte Produkte, in denen z. B. Sensoren und Aktoren enthalten sind, über die sie selbstständig Daten erheben, analysieren, bewerten und mit anderen Produkten, Maschinen oder Menschen kommunizieren. Dies beinhaltet die Fehlererkennung und auch in gewissem Umfang ein selbstständiges Handeln. Smarte Produkte beinhalten zunehmend produktbezogene Services für z. B. vorausschauende Wartung oder Zusatz-Online-Dienste, individualisiert auf die Bedürfnisse der Kundengruppen und -segmente. Smarte Produkte sind digital veredelte Produkte. Sie unterstützen den Produktionsprozess aktiv, indem sie z. B. Informationen über erforderliche Einstellungen durch proaktive M2M-Kommunikation über eingebettete Sensorik und Aktuatorik liefern. Smarte Produkte haben ein semantisches Produktgedächtnis z. B. auf einem RFID-Chip zur Auswahl des passenden Deckels oder der Farbwahl des Produkts. Mithilfe des Produktgedächtnisses

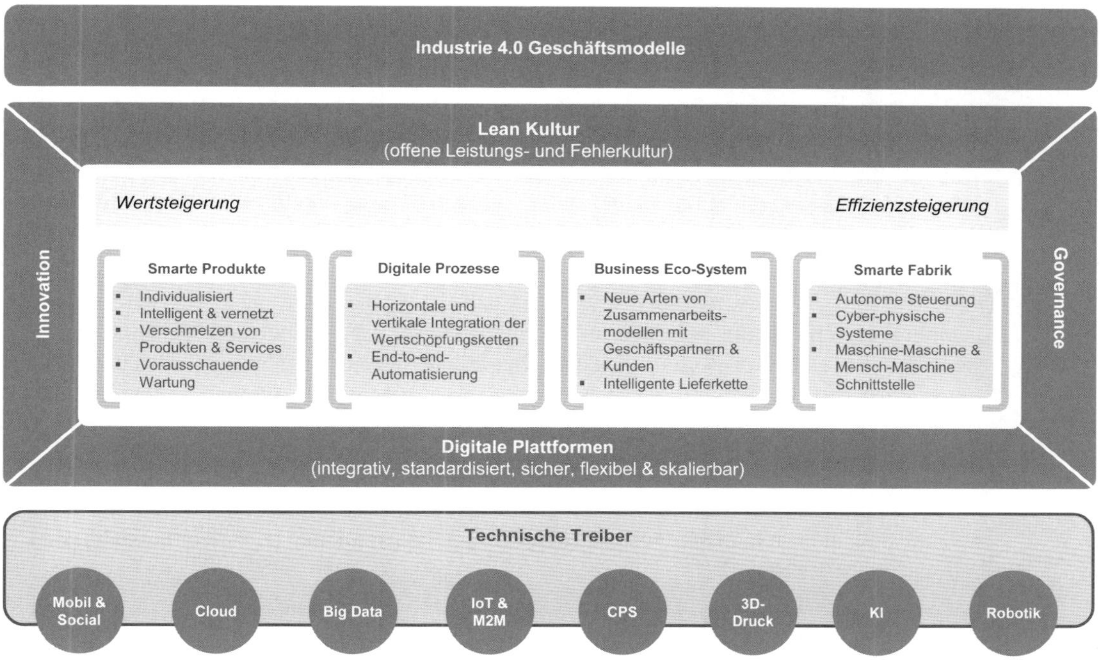

Bild 3.2 Wesentliche Aspekte von Industrie 4.0

werden der Weg des Produkts durch die smarte Fabrik geplant sowie passende Fertigungsschritte (Dienste) gefunden, gegebenenfalls angepasst und deren Ausführung angestoßen.

Machine-to-Machine-Kommunikation (M2M)

Über M2M (Machine-to-Machine) kommunizieren Geräte selbstständig und ohne menschliches Einwirken miteinander. Beispiele sind die vollautomatische Entladung eines Containerschiffs in einem Hafen oder das automatische Einparken von Autos in einer freien Lücke im Parkhaus. Hierzu werden oft Sensoren genutzt, die permanent Daten untereinander austauschen und damit eine zentrale Steuerung möglich machen.

Digitale Prozesse halten Einzug in der Produktion und in der Administration. Die Informations- und Kommunikationstechnologie verschmilzt mit den Produktionssystemen. Die horizontale und vertikale Integration der Wertschöpfungsketten in Echtzeit und die End-to-end-Automatisierung sind zentrale Elemente von Industrie 4.0 (siehe Bild 3.4).

Die Produktionssysteme werden vertikal mit den betriebswirtschaftlichen Prozessen innerhalb des Unternehmens vernetzt. Alle Akteure, egal ob Maschine oder Mensch, können über eine digitale Plattform zu jeder Zeit auf die vernetzten Daten zugreifen und diese verarbeiten. Dies setzt eine Standardisierung auf Applikations- und Dienstebenen sowie sichere, skalierbare Netzwerke mit hohen Bandbreiten voraus, um beispielweise Cloud-Dienste ausführen zu können.

Die horizontale Vernetzung entlang der Liefer- und Wertschöpfungskette umfasst die bereichsübergreifende Zusammenarbeit innerhalb des Unternehmens und in Wertschöpfungsnetzwerken, dem **Business Eco-System**. Hierdurch werden neue Zusammenarbeitsmodelle mit Geschäftspartnern und Kunden ermöglicht sowie die Zusammenarbeit und die Koordination übergreifend unterstützt. Intelligente sich selbst steuernde Lieferketten werden auf Basis eines standardisierten Informationsaustauschs über eine durchgehende Kommunikationsinfrastruktur in Echtzeit entlang allen Teilnehmern des Wertschöpfungsnetzwerks möglich. So wird durchgängig Transparenz geschaffen und flexibel auf Störungen reagiert. Eine globale Optimierung über das gesamte Wertschöpfungsnetzwerk wird unternehmensübergreifend möglich.

In einer **smarten Fabrik** („Smart Factory“) organisieren sich Maschinen und Logistiksysteme weitestgehend selbst. Die technische Basis bilden Cyber-Physical Systeme, die sich über das Internet der Dinge („IoT“) mit Maschine-Maschine- und Mensch-Maschine-Kommunikation verständigen. Das Netzwerk von kommunizierenden, intelligenten Objekten

- vernetzt Maschinen und Produkte im Fabriknetz,
- verknüpft Produkte und Maschine mit Informationen im Internet,
- ermöglicht die automatische Erfassung von Kontextinformationen (z. B. über Barcodeleser in Lagersystemen) und
- das situationsbezogene Anbieten von Services und Dienstleistungen.

Definition Cyber-Physical Systeme (CPS)

Cyber-Physical Systeme (CPS) sind mittels digitaler Netze untereinander vernetzte Systeme mit eingebetteter Software und Elektronik, die über Sensoren und Aktoren mit der Umgebung verbunden sind. Über die Sensoren werden Daten der Umgebung für die vernetzten Systeme verfügbar und über Aktoren können diese direkt auf Vorgänge der realen Welt einwirken. Sie erlauben ein kontextsensitives Verhalten, um z. B. die relative Lage zu anderen Komponenten zu erkennen. Lokale Problemlösungen werden durch Interaktion in einem sich selbst steuernden System zu einem optimierten Ganzen zusammengesetzt.

Die physikalische und die virtuelle Welt verschmelzen im „Cyberspace“. Ein hohes wirtschaftliches Potenzial wird eröffnet. Auf der Basis von Cyber-Physical-Systemen entstehen neuartige Funktionen in bestehenden Produkten, innovative Dienste und Produkte. Anwendungsbeispiele findet man bei Navigationssoftware, Verkehrssteuerungssystemen oder beim intelligenten Stromnetz. So werden über Einspeisungsdaten und Lastprofile Versorgungslücken und Überlastsituationen selbstständig durch das intelligente Stromnetz gemanagt oder Mobilfunkdaten genutzt, um Stauinformationen aus Bewegungsprofilen abzuleiten und so die Routenführung zu verbessern. Vernetzte Daten unterstützen und greifen steuernd in die Verkehrssteuerung im Zug- und auch im Flugverkehr ein. Straßenverkehr wird durch autonomes Fahren und die Koordination von Cyber-Physical Systemen sicherer und der Kohlenstoffdioxid-Ausstoß reduziert sich. Vernetzte Systeme bei Ärzten, Kliniken und Patienten ermöglichen Ferndiagnosen und die medizinische Versorgung zu Hause. Vorausschauende Wartung und mit Fernüberwachung selbstständig arbeitende Produktionssysteme werden möglich (siehe [Aca13]). ■

Cyber-Physical Systeme umfassen eingebettete Systeme, Produktions-, Logistik-, Engineering-, Koordinations- und Managementprozesse sowie Internetdienste, die mittels Sensoren unmittelbar physikalische Daten erfassen und über Aktoren auf physikalische Vorgänge einwirken. Die beteiligten Komponenten sind über digitale Netze miteinander verbunden und nutzen weltweit verfügbare Daten und Dienste und besitzen multimodale Mensch-Maschine-Schnittstellen. Cyber-Physical Systeme sind offene soziotechnische Systeme und ermöglichen eine Reihe von neuartigen Funktionen, Diensten und Eigenschaften (siehe [Aca13]).

Die horizontale und vertikale Vernetzung von der Produktentstehung, Marketing, Bestellung, Eingangslogistik über die Produktion, die Ausgangslogistik bis hin zum Service ist Voraussetzung für die smarte Fabrik mit bedarfsorientierter, effizienter Produktion z. B. kleiner Losgrößen. Die Prozesse von der Bestellung bis zur Lieferung können zwischen den beteiligten Partnern individualisiert werden. Autonome, sich selbst organisierende Systeme vom einfachen Signal hin zum direkten Internetzugang der Maschine oder Anlage kennzeichnen die smarte Fabrik. Die Datendurchgängigkeit vom Engineering über das Produktionssystem bis hin zum Wertschöpfungsnetzwerk sowie die Integration von Sensoren und Aktoren zur selbstständigen Datenermittlung, Analyse, Fehlererkennung und Nutzung in den Wertschöpfungsprozessen ermöglichen komplett neue Geschäftsmodelle. Zudem werden z. B. durch eine ressourcenoptimierte Produktion Kosten eingespart.

In einer smarten Fabrik sind die Produktionsstrukturen nicht von vorneherein konkret und fest vorgegeben. Die Produktionssysteme sind flexibel und rekonfigurierbar. Über Konfigurationsregeln werden diese bedarfsorientiert mit allen damit verbundenen Abhängigkeiten in Bezug auf Daten, Module, Algorithmen und die Kommunikation definiert. Standardisierung und Normierung sowie Modularisierung sind hier sehr wichtig.

Bild 3.3 zeigt die Flexibilisierung und Vernetzung der Zukunft. Die klassische Produktionshierarchie in Form einer zentralen Steuerung wird hin zur dezentralen Selbstorganisation aufgelöst.

Ausgangspunkt sind heute in vielen Unternehmen die verschiedenen Ebenen in der Produktion. Auf der Unternehmensleitebene unterstützen Enterprise-Ressource-Planning-Systeme

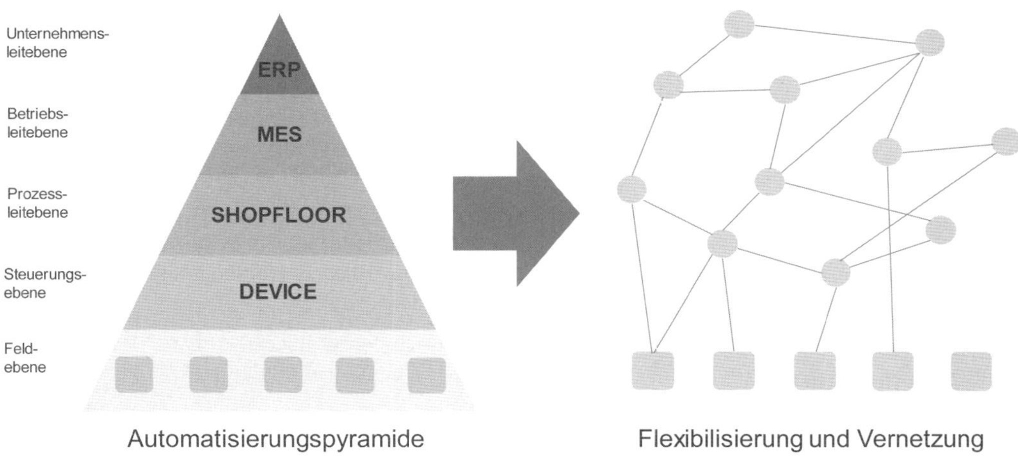

Bild 3.3 Flexibilisierung durch CPS-basierte Vernetzung

(ERP-Systeme) die Betriebsorganisation und die Auftragsabwicklung im Wertschöpfungsnetzwerk intern und extern mit Kunden und Lieferanten. Die Feinplanung und -steuerung der verfügbaren Ressourcen unter Berücksichtigung aller relevanten, auf Echtzeitinformationen basierenden Planungsparameter werden auf der Betriebsleitebene von Manufacturing-Execution-Systemen (MES) übernommen. Für Versorgungskonzepte wie Just-in-time oder Just-in-sequence sind stunden- oder sogar minutengenaue Auflösungen der Bedarfsdaten notwendig. Die zeitliche Genauigkeit „Tag“ von ERP-Systemen reicht hier nicht aus.

Die pro- und reaktive Produktionssteuerung bei gleichzeitiger Überwachung aktueller Produktionsaktivitäten ist Aufgabe der Shopfloor-Systeme auf der Prozessleitebene. Um den Anforderungen der fortschreitenden vierten industriellen Revolution gerecht zu werden, rücken Forderungen nach Online-Fähigkeit, Reduktion von Schnittstellen, integrativem Datenmanagement, Dezentralität und eine übergreifende Überwachung durch z. B. ein Cockpit in den Vordergrund. Die Umsetzung der Flexibilitätsanforderungen verlangt eine hohe Integration auf IT-Ebene und standardisierte, kompatible Maschinenschnittstellen bis hin zur Steuerungs- und Feldebene.

Mit dem Start der vierten industriellen Revolution wird aktuell heftig darüber diskutiert, ob sich diese Automatisierungspyramide in ein Netz aus gleichberechtigten Kommunikationsteilnehmern oder eine Wolke aus Sensoren, Aktoren, Maschinen und Apps auflöst. ERP- und MES-Systeme können hier gegebenenfalls verteilt werden.

Bereits in der IT bewährte Konzepte wie Cloud-Computing finden zunehmend Einzug in der Produktion, um die Vernetzung der IT-Systeme untereinander zu intensivieren, den Administrationsaufwand zu reduzieren, die Verfügbarkeit und Skalierbarkeit sicherzustellen und den weltweiten Zugriff von z. B. Werken und Standorten zu vereinfachen. Dabei stehen die Vorteile wie Skalierbarkeit und Verfügbarkeit den Bedenken in Bezug auf Datensicherheit gegenüber.

Die echtzeitfähige Anbindung des Shopfloors, also der Maschinen und Anlagen, sowie die Vernetzung der Automatisierungstechnik sind erfolgsentscheidend. Meldungen an Maschinen müssen in Echtzeit erfolgen und dürfen nicht durch z. B. eine Videokonferenz, die einen Großteil der verfügbaren Bandbreite belegt, behindert werden. Daher wird häufig das Shopfloor-Netzwerk von anderen Netzwerken getrennt und z. B. als „Edge-Cloud“ oder „Fog-Computing“ umgesetzt. In der Edge-Cloud können die echtzeitfähige IP-Kommunikation sowie Protokolle wie Feldbus genutzt werden. Über ein Edge-Gateway wird die Edge-Cloud mit der IT-Cloud verbunden. Auf dieser Basis können die Komponenten im Shopfloor in Echtzeit miteinander kommunizieren und gleichzeitig aus der IT-Cloud verwaltet werden.

Für Industrie 4.0 gibt es insbesondere drei Ausbaustufen:

1. **Information**

   Bereitstellung der richtigen Information, in der richtigen Form, zum richtigen Zeitpunkt, am richtigen Ort, für den richtigen Adressaten. Wichtig sind hierbei belastbare Informationen und eine durchgängige Datentransparenz über die verschiedenen Ebenen der Automatisierungspyramide nahezu in Echtzeit.

   Beispiele: Datenbrillen, Wertstrom-Visualisierung, elektronische Kanban

2. **Interaktion**

   Vernetzung und Interaktion von Menschen, Maschinen und Objekten untereinander und mit ihrer Umgebung für die Umsetzung von smarten Produkten und als Grundlage einer smarten Fabrik.

Es muss sorgfältig analysiert werden, an welchen Stellen digitale Hilfsmittel sinnvoll sind, um die Produktion zu steigern. So können Roboter im Takt des Mitarbeiters arbeiten. Technische Sensoren können Kollisionen und Unfälle verhindern. Roboter können Mitarbeiter bei z. B. körperlich anstrengenden Überkopf-Arbeiten entlasten.

Beispiele: Vorausschauende Wartung, Einsatz von Robotern z. B. im Leichtbau in der Automobilindustrie und Automatisierung von Teilen der horizontalen und vertikalen Wertschöpfungskette

3. **Intelligenz (Zukunftsvision)**

   Machine Learning (künstliche Intelligenz) und autonome, selbstständige Entscheidungsfindung und Handeln von Maschinen, Objekten und Menschen im virtuellen Netzwerk

   Beispiele: Autonomes Fahren oder selbststeuernde Produktionsanlagen

Jede dieser Ausbaustufe stellt Unternehmen vor Herausforderungen. Die Digitalisierung und die Nutzung der damit verbundenen Möglichkeiten können nur schrittweise erfolgen. Wesentlich sind eine klare Vision und Strategie. Ein belastbares Geschäftsmodell kann nur systematisch entwickelt und agil entstehen (siehe hierzu Abschnitte 5.2 und 5.8).

Mit zunehmendem Reifegrad der Industrie 4.0 nehmen die Sensorik und Aktorik im Produkt und in den Produktionsprozessen sowie der Grad der Selbstständigkeit der Systeme zu. Die Verfügbarkeit aller relevanten Informationen in Echtzeit über die horizontalen und vertikalen dynamischen und sich selbst organisierenden (z. B. aufgrund von Kosten, Verfügbarkeit oder Ressourcenverbrauch) unternehmensübergreifenden Wertschöpfungsnetzwerke auf der Basis von offenen Plattformen ist dafür erfolgsentscheidend. Dies ist ein Paradigmenwechsel.

Ausgehend davon müssen Sie die folgenden Fragen für sich beantworten:

- Welche Aspekte der Industrie 4.0 sind aktuell oder zukünftig relevant?
- Wie ist die aktuelle Ausgangslage? Welchen Industrie-4.0-Reifegrad hat das Unternehmen? Wie hoch ist die Durchgängigkeit des Engineerings über die gesamte Wertschöpfungskette? Analog bei der vertikalen Integration und Vernetzung der Produktionssysteme? Wie kann hier eine Datendurchgängigkeit und Vernetzung der Datenströme zwischen Maschinen und Objekten über das Business-Eco-System hinweg erreicht werden?
- Welche kurzfristigen Anforderungen bestehen? In welcher Zeit und mit welchen Kosten kann was umgesetzt werden? Ist dies unter Berücksichtigung des Kosten-Nutzen-Verhältnisses interessant? Wann amortisiert sich die erforderliche Investition?
- Gibt es einfachere Möglichkeiten, um das aktuelle Geschäftsmodelle durch digitale Ansätze zu optimieren? Ist eine horizontale Integration über Wertschöpfungsnetzwerke und Business-Eco-Systeme übergreifend möglich?

Industrie 4.0 verändert die Wertschöpfungskette in Produktion, Logistik und nachgelagerten Service- und Wartungsprozessen grundlegend. Die horizontale und vertikale Vernetzung verbindet das Internet der Dienste mit dem Internet der Dinge, wobei gleichzeitig die Grenzen zwischen physischen Produkten und Dienstleistungen verschwimmen. Produkte werden um Dienstleistungen wie die „Rundum-sorglos"-Pakete oder die vorausschauende Wartung ergänzt. Letztere liefern für den Kunden häufig mehr Nutzen als das eigentliche Produkt. Einen weiteren Nutzen stellen die Effizienzsteigerung und damit Kostenreduktion durch die sich immer mehr selbstorganisierende Produktion sowie die Entlastung von Routinetätigkeiten durch z. B. Roboter dar. Voraussetzung hierfür ist die digitale Vernetzung von Maschinen, Geräten, intelligenten Objekten und Menschen.

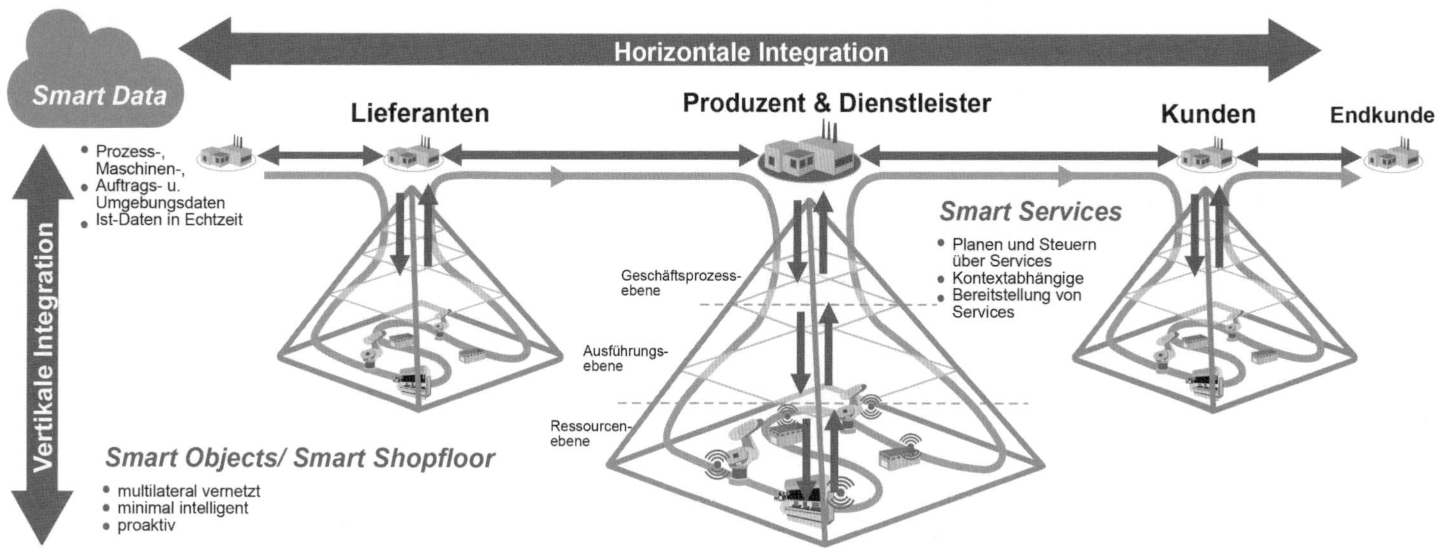

Bild 3.4 Horizontale und vertikale Integration (© FIR e. V. an der RWTH Aachen)

Industrie 4.0

Horizontale und vertikale Vernetzung vom Internet der Dienste und Daten mit dem Internet der Dinge.

Schauen wir uns die horizontale und vertikale Vernetzung der Wertschöpfungsketten etwas näher an (siehe Bild 3.4). Die **horizontale** Integration über Unternehmensgrenzen hinweg im Business-Eco-System erzeugt global verteilte Wertschöpfungsnetzwerke. Die horizontale Vernetzung entlang der Liefer- und Wertschöpfungskette umfasst die bereichsübergreifende Zusammenarbeit innerhalb des Unternehmens und unternehmensübergreifende Zusammenarbeit in Wertschöpfungsnetzwerken, dem **Business-Eco-System**. Hierdurch werden neue Arten von Zusammenarbeitsmodellen mit Geschäftspartnern und Kunden ermöglicht sowie die Zusammenarbeit und die Koordination übergreifend unterstützt. Intelligente, sich selbst steuernde Lieferketten werden auf Basis eines standardisierten Informationsaustauschs über eine durchgehende Kommunikationsinfrastruktur in Echtzeit entlang aller Teilnehmer des Wertschöpfungsnetzwerks möglich. So wird durchgängig Transparenz geschaffen und flexibel auf Störungen reagiert. Eine globale, unternehmensübergreifende Optimierung über das gesamte Wertschöpfungsnetzwerk wird möglich.

Zudem werden die Produktionssysteme **vertikal** mit den betriebswirtschaftlichen Prozessen innerhalb des Unternehmens vernetzt. Alle Akteure, egal ob Maschine oder Mensch, können über eine digitale Plattform jederzeit auf die vernetzten Daten zugreifen und diese verarbeiten. Dies setzt eine Standardisierung und Normierung auf Applikations- und Dienstebenen sowie sichere, skalierbare Netzwerke mit hohen Bandbreiten voraus, um beispielweise Cloud-Dienste ausführen zu können.

Die digitale Durchgängigkeit von Aktor- und Sensorsignalen über verschiedene Ebenen bis zur ERP-Ebene unterstützen die übergreifende Planung und Optimierung der End-to-end-Wertschöpfungskette bis hin zur Selbstorganisation der Produktionssysteme. Autonome, sich selbst organisierende Systeme, Cyber-Physical Systeme, Maschine-Maschine- und Mensch-Maschine-Kommunikation vom einfachen Signal hin zum direkten Internetzugang der Maschine oder Anlage kennzeichnen die smarte Fabrik mit flexiblen, rekonfigurierbaren Produktionssystemen. Die Integration von Sensoren und Aktoren zur selbstständigen Datenermittlung, Analyse, Fehlererkennung und Nutzung in den Wertschöpfungsprozessen ermöglicht komplett neue Geschäftsmodelle.

Hieraus ergeben sich viele Chancen, aber auch Risiken. Gerade die technischen Möglichkeiten eröffnen Potenziale:

- Einsatz von Assistenzsystemen z. B. in der Montage,
- Mensch-Roboter-Kommunikation und Zusammenarbeit z. B. für die Entlastung von Routinetätigkeiten oder aber für körperlich anstrengende Tätigkeiten,
- Integration von Sensoren und Aktoren z. B. für die Maschinen- oder Produktüberwachung und in der Mensch-Maschine-Schnittstelle,
- Datendurchgängigkeit von den Auftragsdaten bis zu den Sensordaten z. B. für die Individualisierung von Produkten,
- Automatisierung und „Maschinen“-Unterstützung zur Effizienzsteigerung auch bei kleinen Losgrößen,

- Internet der Dinge ermöglicht, die intelligenten Objekte zu orten, zu kontrollieren und zu steuern, z. B. in globalen Logistikketten, in der Gebäudeautomation oder aber im Verkehr,
- intelligente Produktion mit fortgeschrittener Robotik z. B. für Alltagsthemen, wie Rasenmähen oder Staubsaugen, aber auch in der Logistik und Produktion,
- 3D-Druck als Fertigungsverfahren, in dem individualisierte Produkte wie Schmuck oder High-Tech-Bauteile wie Turbinenschaufeln aus einem digitalen Modell Schicht für Schicht entstehen.

Industrie 4.0, siehe Abschnitt 3.1, eröffnet viele Potenziale. Um diese zu verwirklichen, gibt es eine Reihe von Erfolgsfaktoren und zu überwindende Hindernisse. Dies sind insbesondere:

- **Hardware der Cyber-Physical Systeme**
  Für Cyber-Physical Systeme werden einerseits hohe Leistungsanforderungen an Sensoren und Aktoren sowie Prozessoren und Speicher gestellt. Andererseits sind ein niedriger Energieverbrauch und eine geringstmögliche Selbstentladung essenziell, gerade bei Batteriebetrieb.
- **Embedded Security im Internet der Dinge**
  Es bestehen hohe Sicherheitsanforderungen für das Internet der Dinge, unabhängig vom Internet der Daten und Dienste, da diese z. T. nur sehr schwer abzusichern sind. Durch die Offenheit, gerade im Hinblick auf die horizontalen Wertschöpfungsnetzwerke, steigen die Gefahren im Kontext Informationssicherheit, Datenschutz, Schutz von Industrieanlagen und Kraftwerken vor Spionage und Sabotage immer weiter (Cyber-Security siehe Abschnitt 2.2).
- **Standardisierung insbesondere in der Integration**
  Nutzung von Referenzarchitekturen und Standards für die Kommunikation und den Datenaustausch mit Berücksichtigung der kompletten vertikalen und horizontalen Wertschöpfungskette.
- **Abgesicherter Rechtsrahmen**
  Schaffung eines abgesicherten Rechtsrahmens mit geklärten Haftungsfragen und z. B. erforderlichen Zertifizierungen.

3.2 Plattform Industrie 4.0

Die Plattform Industrie 4.0 wurde ursprünglich von den deutschen Branchenverbänden der Informationstechnologie (BITKOM), Elektronikindustrie (ZVEI) und des Maschinenbaus (VDMA) ins Leben gerufen. Heute arbeiten dort Vertreter aus Politik, Industrie, Gewerkschaften und der Wissenschaft zusammen an Handlungsempfehlungen für die Erarbeitung und Umsetzung von Industrie-4.0-Konzepten.

RAMI 4.0 führt die wesentlichen Elemente von Industrie 4.0 in einer 3D-Landkarte zusammen. Anhand dessen können Industrie-4.0-Technologien und Use-Cases eingeordnet werden (siehe [Pla16]).

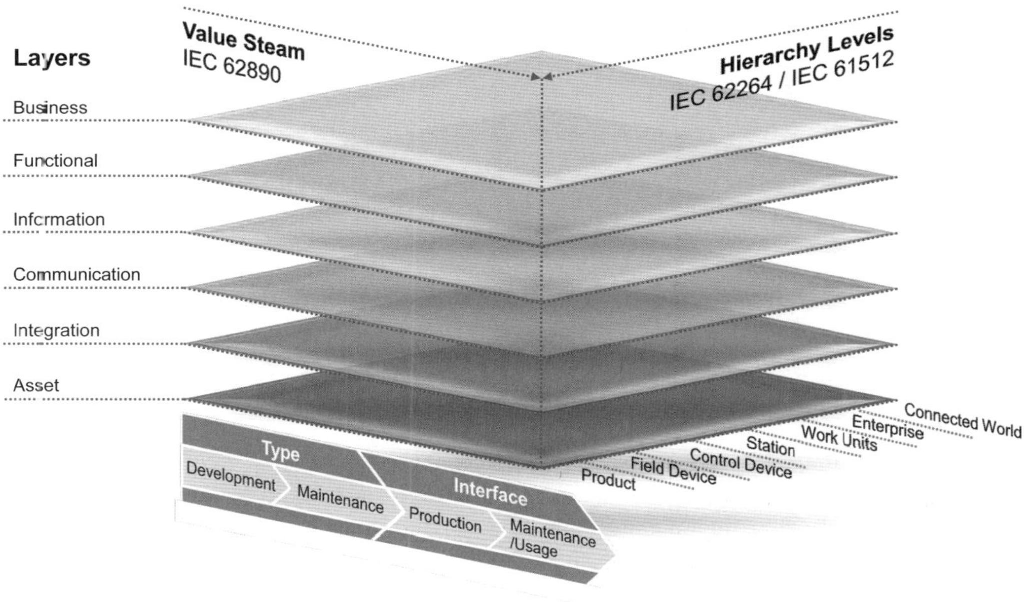

Bild 3.5 Referenzarchitekturmodell Industrie 4.0 (RAMI 4.0) [Quelle: Plattform Industrie 4.0]

Bei Industrie 4.0 stehen die Produktentwicklung und Produktion im Mittelpunkt. Über das Referenzarchitekturmodell Industrie 4.0, kurz RAMI 4.0, wird ein Ordnungsrahmen für die Beschreibung von Entwicklungsprozessen, Produktionslinien, Fertigungsmaschinen, Feldgeräten und die Produkte selbst geschaffen.

RAMI 4.0 besteht aus einem dreidimensionalen Koordinatensystem. Die Achse **„Hierarchy Levels“** gibt die Hierarchiestufe der internationalen Normenreihe IEC 62264 für die Integration der Unternehmens-IT und der Leitsysteme mit den unterschiedlichen Funktionalitäten innerhalb der Fabrik oder der Anlage an. Diese „Automatisierungspyramide“ wird ergänzt um das Produkt selbst und den Zugang in das Internet der Dinge und Dienste, auch „Connected World“ genannt.

Die **Achse „Life Cycle & Value Stream“** stellt den Lebenszyklus von Anlagen und Produkten dar. Grundlage hierfür ist die IEC 62890 zum Lifecycle-Management. Unterschieden wird zusätzlich zwischen Typ und Instanz. Aus einem „Typ“ in der Entwicklung und Prototypenfertigung wird eine „Instanz“ in der Fertigung.

Die Achse **„Layers“** benennt die sechs Schichten der IT-Abbildung. In den Schichten werden Geschäftsprozesse, Funktionen, Daten und Kommunikationsstrukturen einerseits als die digitale Welt und andererseits als die reale Welt des Internets der Dinge und deren Integration mit dem Internet der Daten und Dienste beschrieben. Daten können hier u. a. Entwicklungs-, Produktions- und Servicedaten sein.

In Bild 3.6 ist eine I4.0-Komponente abgebildet, die ein Produktionssystem, eine einzelne Maschine oder Station oder auch eine Baugruppe innerhalb einer Maschine repräsentieren kann. Die Verwaltungsschale ist Teil der digitalen Welt. Die Gegenstände sind Teil der realen Welt. Jede Komponente braucht ihre Verwaltungsschale, damit sie in Industrie 4.0 über eine

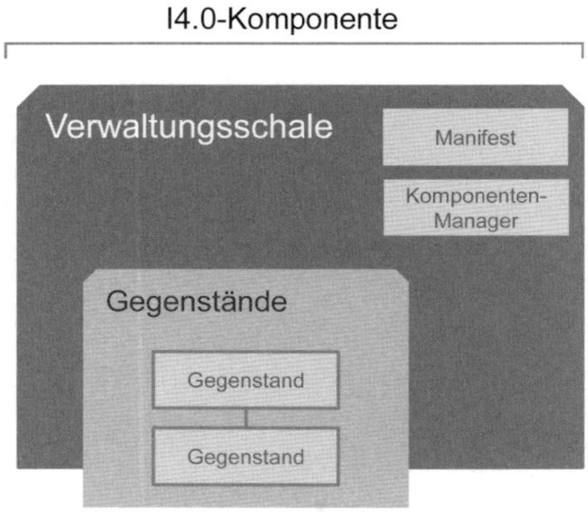

Bild 3.6
I4.0-Komponente
[Quelle: Plattform Industrie 4.0]

Industrie-4.0-konforme Kommunikation eingebunden werden kann. Die I4.0-Komponenten sammeln alle relevanten Daten über ihren kompletten Lebenszyklus hinweg in einem elektronischen, abgesicherten Container, ihrer Verwaltungsschale. Sie tragen diese mit sich und stellen sie dem Business-Eco-System zur Verfügung.

Die Verwaltungsschale beinhaltet eine Vielzahl an Daten und Informationen, die genutzt werden können, wie z. B. CAD-Daten. Das Manifest liefert die Metadaten der einzelnen Inhalte der virtuellen Repräsentation. Es enthält außerdem verpflichtende Angaben u. a. zur Security.

Der Komponenten-Manager stellt die Verbindung zu den IT-Services der I4.0-Komponente dar, auf die von außen zugegriffen werden kann. In Bild 3.7 ist die Einbindung der I4.0-Komponenten dargestellt. Oben ist der Lifecycle, wie ausgeführt, dargestellt. Seitlich ist die Dienste-Orchestrierung angedeutet (serviceorientierte Architektur).

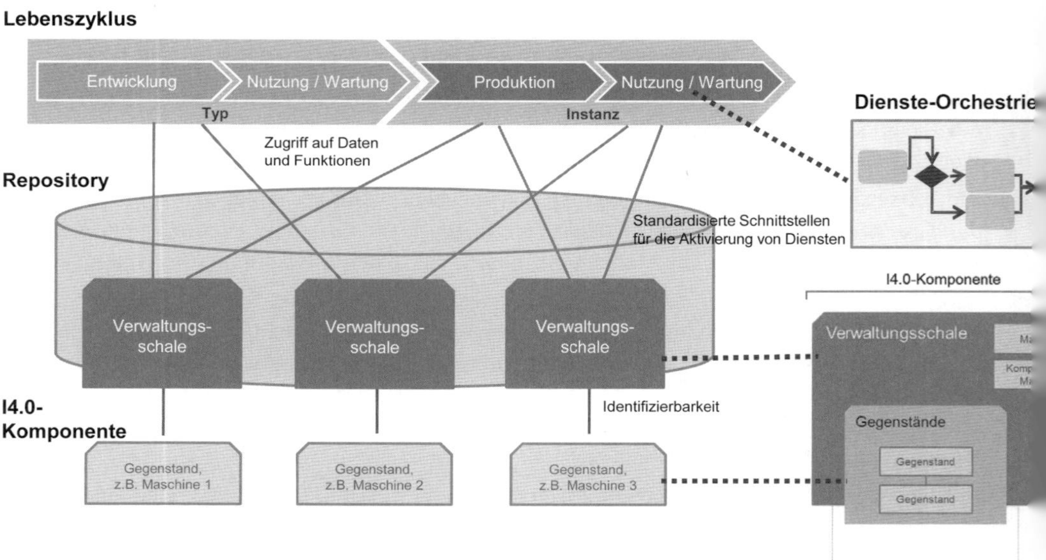

Bild 3.7 Einbindung der I4.0-Komponenten [Quelle: Plattform Industrie 4.0]

Mithilfe von RAMI 4.0 können hochflexible Industrie-4.0-Konzepte beschrieben und umgesetzt werden. Sicherlich gibt es hier noch eine Menge Forschungsbedarf und Bedarf für gesetzliche Regelungen und die Gestaltung weiterer Rahmenbedingungen. Themenfelder sind hier u. a. Normierung und Standardisierung, Sicherheit vernetzter Systeme (insbesondere für die Wertschöpfungsnetzwerke) und neue Formen der Arbeitsorganisation.

3.3 Industrie 4.0 Best-Practices

Industrie 4.0 basiert, wie bereits ausgeführt, auf dem Internet der Dinge im Zusammenspiel mit dem Internet der Dienste und Daten. Dies ermöglicht komplett neue und disruptive Geschäftsmodelle auch in produzierenden Unternehmen.

Von besonderer Bedeutung sind dabei digitale Plattformen mit ihren vorwiegend datenbasierten Mehrwertdienstleistungen. Die digitalen Plattformen brechen die klassischen Beziehungen zwischen Anbieter bzw. Hersteller und deren Kunden auf. Sie schieben sich dazwischen. Wesentliche Erfolgsfaktoren für Industrie 4.0 sind daher die Standardisierung und die Interoperabilität der Services des Anbieters bzw. Herstellers und der digitalen Plattformen, über welche die Kunden den Service nutzen und Produkte oder Dienstleistungen kaufen. Dies ist ein wesentlicher Aspekt des Referenzarchitekturmodells von Industrie 4.0 (RAMI 4.0 siehe Abschnitt 3.2).

Erfolgsfaktor Interoperabilität

Ein wesentlicher Erfolgsfaktor für Industrie 4.0 ist die Interoperabilität der Services des Anbieters bzw. Herstellers und der digitalen Plattformen, über welche die Kunden den Service nutzen und Produkte oder Dienstleistungen kaufen.

Weitere Erfolgsfaktoren sind das Datenmanagement und transparente und klar strukturierte Prozesse in einer einheitlichen Granularität als Grundlage für die Analyse von Verschwendungen und Optimierungspotenzialen sowie insbesondere für die Umsetzung der Automatisierung (siehe Abschnitt 5.1.3). Über ein übergreifendes Datenmanagement wird ein Single Point of Truth aller relevanten Daten für die Nutzung in der horizontalen und vertikalen Wertschöpfung geschaffen (siehe Abschnitt 5.5).

Reifegrad-Modell Industrie 4.0

Bei der Einführung der Industrie 4.0 muss jedes Unternehmen seinen individuellen Reifegrad bestimmen und entsprechend der jeweiligen Ausgangslage die Einführungsschritte ausprägen und diese in einem gesteuerten Veränderungsprozess operationalisieren sowie über einen kontinuierlichen Verbesserungsprozess (KVP) ständig optimieren. In Bild 3.8 finden Sie entsprechend der Aspekte der Industrie 4.0 die wesentlichen Dimensionen der Industrie-4.0-Reifegrad-Analyse.

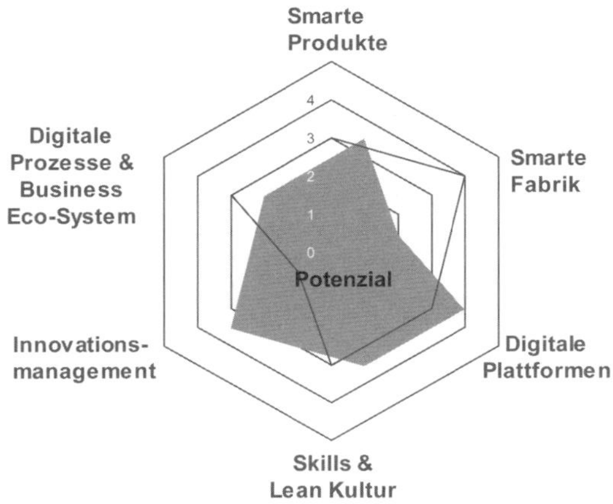

Bild 3.8
Wesentliche Dimensionen für die Industrie-4.0-Reifegrad-Analyse

Folgende Dimensionen werden hierbei betrachtet:

- **Smarte Produkte** sind intelligente und vernetzte Produkte, in denen z. B. Sensoren und Aktoren enthalten sind, über die sie selbstständig Daten erheben, analysieren, bewerten und mit anderen Produkten, Maschinen oder Menschen kommunizieren.
- Eine **smarte Fabrik** („Smart Factory") ist eine intelligente und sich selbst organisierende Fertigung. Die technische Basis bilden Cyber-Physical Systeme, die über das Internet der Dinge („IoT") mit Maschine-Maschine- und Mensch-Maschine-Kommunikation kommunizieren.
- **Digitale Prozesse** integrieren die horizontalen und vertikalen Wertschöpfungsketten in Echtzeit und ermöglichen die End-to-end-Automatisierung. Die horizontale Vernetzung entlang der Liefer- und Wertschöpfungskette umfasst die bereichsübergreifende Zusammenarbeit innerhalb des Unternehmens und unternehmensübergreifende Zusammenarbeit in Wertschöpfungsnetzwerken, dem **Business-Eco-System**.
- **Digitale Plattformen** sind ein Fundament, um über das Internet Interaktionen zwischen Nutzergruppen zu ermöglichen, sodass für diese Gruppen ökonomische Vorteile entstehen.

  Ganz entscheidend für den Erfolg von digitalen Plattformen ist die Standardisierung der Interaktion zwischen sehr vielen Akteuren. Dadurch können die Transaktionskosten im Vergleich zu klassischen Geschäftsbeziehungen deutlich gesenkt werden. Digitale Plattformen spielen insbesondere für die Optimierung und Automatisierung der horizontalen Wertschöpfungskette eine große Rolle.
- **Innovationsfähigkeit** oder auch **Innovations-Enabling** genannt, ist die digitale Fähigkeit, Kreativität der Mitarbeiter zu entfesseln. Wichtig ist hier u. a. Freiraum für Querdenken und unbewertete Ideenfindung zu schaffen (siehe Abschnitt 1.3.4). Dies ist die Basis für disruptive neue Geschäftsmodelle.
- **Skills und Lean Kultur** sind die Voraussetzungen für den gesteuerten Veränderungsprozess im Rahmen der digitalen Transformation. Das erfolgreiche Umsetzen von Industrie 4.0 erfordert zudem digitale Fähigkeiten. Siehe hierzu Abschnitt 2.2.8.

Jede Dimension wird separat analysiert und einem Reifegrad mit festgelegten Mindestanforderungen zugeordnet. Hierbei werden folgende Reifegrade unterschieden:

- **Stufe 1 – Anfänger Industrie 4.0**
  Anfänger Industrie 4.0 sind Neulinge, die sich gerade mit den Möglichkeiten und Chancen sowie Auswirkungen für ihr Unternehmen beschäftigen. Schwerpunkt in diesem Reifegrad ist die Schaffung der organisatorischen und strukturellen Voraussetzungen für die Einführung von Industrie 4.0 im Unternehmen. Mindestanforderungen für diese Stufe sind:
  - Industrie-4.0-Bewusstsein ist vorhanden.
  - Organisatorische Voraussetzungen wie Verantwortlichkeiten sind geschaffen.
  - IT-Infrastruktur mit Fokus auf zuverlässigen und sicheren Geschäftsbetrieb ist ertüchtigt.
  - Vertikale und horizontale Wertschöpfungsprozesse sind aufgenommen und bezüglich möglicher Verschwendungen (siehe Abschnitt 5.1.3) analysiert.
- **Stufe 2 – Datenverfügbarkeit**
  Alle Elemente der Produktion, wie z. B. Anlagen oder Produkte, sind entsprechend der Idee des „digitalen Schattens" modelliert und alle hieraus resultierenden Daten sind in einem „Single Source of Truth" enthalten und für alle Prozesse verfügbar. Mindestanforderungen für diese Stufe sind:
  - Alle relevanten Daten sind in Echtzeit vollständig und digital verarbeitbar in IT-Systemen hinterlegt und für alle Prozesse verfügbar.
  - Für die Datensammlung fällt kein nennenswerter Mehraufwand bei den Mitarbeitern an.
  - Daten werden möglichst automatisiert über Sensorik, Integrationen oder Softwarekomponenten bereitgestellt.
  - Die Daten liegen konsistent und widerspruchsfrei in einem IT-System und können durch standardisierte Schnittstellen von allen Prozessen genutzt werden. D. h. es gibt keine Insellösungen und redundanten Excel-Listen mehr, die für mehrere Prozess(schritt)e als Datenquellen relevant sind.

Definition Digitaler Schatten

Ein digitaler Schatten oder auch digitaler Twin genannt ist ein virtuelles Abbild von z. B. einer Anlage. Realer und digitaler Zwilling tauschen Statusdaten aus, die Sensoren permanent erfassen. Unternehmen können so Produktfehler in der Entwicklungsphase früher erkennen, nach Belieben testen, modifizieren und optimieren sowie ihre Anlagen und Bauteile selbst nach der Auslieferung kontrollieren. Das Digital-Twin-Konzept erlaubt Effizienzgewinne innerhalb der gesamten Produktionskette. Der kontinuierliche Fluss von Frühwarn-, Vorhersage- und Verhaltensdaten ermöglicht die fortlaufende Verfeinerung der Algorithmen, die hinter den Prozessen und Produkten stehen, und damit nicht zuletzt eine bessere Ausführungsplanung und längere Asset-Lebensdauer.

- **Stufe 3 – Datennutzung**
  Auf Basis der Datenverfügbarkeit werden durch Business Analytics (u. a. Big-Data-Methoden) Zusammenhänge und Abhängigkeiten zwischen Elementen identifiziert, neues Wissen gewonnen, Prognosen u. a. durch Einsatz von KI-Techniken erstellt und für die Planung und Steuerung (z. B. über einen intelligenten Fertigungsleitstand) in der jeweils erforderlichen Granularität zur Verfügung gestellt. Mindestanforderungen für diese Stufe sind:

  - Business-Analytics-Methoden (siehe Abschnitt 2.3.3) werden im Unternehmen auf der Basis des digitalen Abbilds für die Planung und Steuerung eingesetzt.
  - Fertigungsfeinplanung und Systeme für die vorausschauende Wartung (Predictive Maintenance) sind vorhanden.
  - Datenbasierte Services werden in Geschäftsmodelle eingebunden, wie z. B. für die vorausschauende Wartung.
  - Ein intelligenter Leitstand, basierend auf den analysierten und aggregierten Daten, ist vorhanden.
- **Stufe 4 – MMI und HMI**
  Durch die Interaktion der Cyber-Physical Systeme mit Mensch-Maschine- und Maschine-Maschine-Kommunikation werden dezentrale Entscheidungsprozesse z. B. im Kontext von mobilen Assistenzsystemen und interaktiver Robotik übernommen. Mindestanforderungen für diese Stufe sind:
  - Maschine-Maschine-Kommunikation wird genutzt.
  - Mensch-Maschine-Kommunikation über das Human Machine Interface (HMI) wird genutzt. Hier ist eine intuitive Darstellung der umfangreichen und komplexen Zusammenhänge wesentlich. So kann die Mensch-Maschine-Kommunikation (MMI) z. B. mithilfe von Gestik, Berührung, Sprache oder Blicken erfolgen. So können die Art der Bedienung individuell auf den Nutzer abgestimmt werden, sodass dessen kognitive Beanspruchung und Nutzererlebnis positiv sind.
  - Alle Wertschöpfungsketten sind horizontal und vertikal vernetzt.
- **Stufe 5 – Intelligente smarte Objekte**
  Dies ist der höchste Reifegrad mit sich selbstständig steuernden und optimierenden Produkten, Prozessen und/oder der gesamten Fabrik. Hier hat der Mensch nur noch überwachende Aufgaben. Mindestanforderung für diese Stufe sind:
  - Alle Wertschöpfungsketten sind horizontal und vertikal vernetzt und vollständig automatisiert.
  - Intelligente Werkstücke steuern den Fertigungsprozess.
  - KI und insbesondere Machine Learning werden massiv eingesetzt.
  - Roboter „beherrschen“ die Produktion.

Der Leitfaden Industrie 4.0 (siehe [VDM15]) enthält viele Best-Practices für die Konzeption und Einführung von Industrie 4.0. Zentrales Element des Leitfadens Industrie 4.0 ist der Werkzeugkasten Industrie 4.0, der sowohl zur Analyse als auch zur Gestaltung der unternehmensindividuellen Industrie 4.0 genutzt werden kann. Der Ordnungsrahmen kann sowohl zur Ideengenerierung als auch für die Einordnung der Ideen genutzt werden, um über disruptive oder evolutionäre Geschäftsmodelle, über smarte Produkte oder die smarte Produktion Mehrwert für den Kunden zu liefern. Dies schauen wir uns nun etwas näher an.

In Bild 3.9 finden Sie den Baukasten für smarte Produkte und in Bild 3.10 den für die smarte Produktion. Der Werkzeugkasten ist in sechs Anwendungsebenen und fünf technologische, aufeinander aufbauende Entwicklungsstufen strukturiert. Die höchste Stufe stellt die Vision Industrie 4.0 dar.

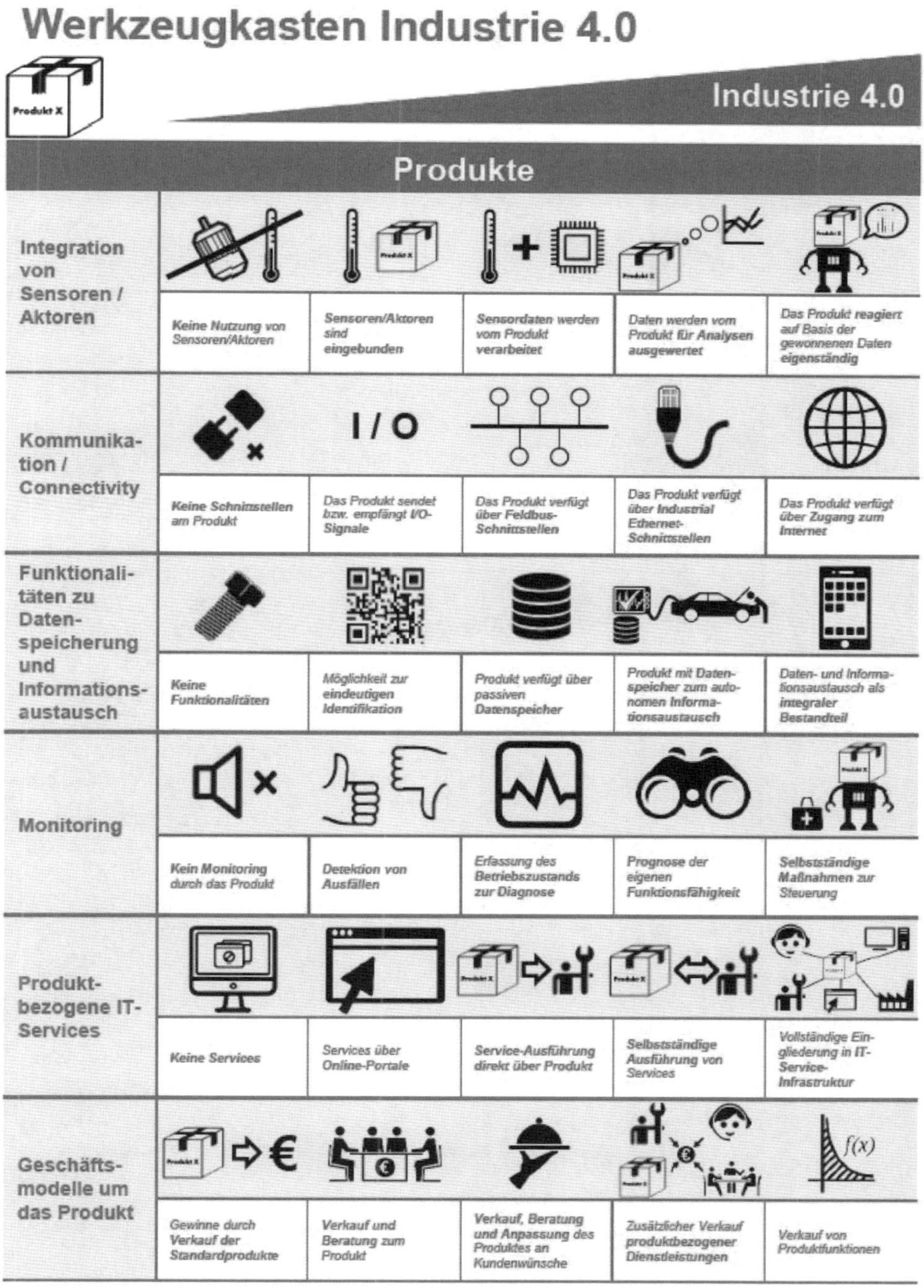

Bild 3.9 Werkzeugkasten Industrie-4.0-Produkte
[Quelle: VDMA, KIT Karlsruhe (wbk), TU Darmstadt (DiK): Leitfaden Industrie 4.0 – Orientierungshilfe zur Einführung in den Mittelstand, Frankfurt 2015]

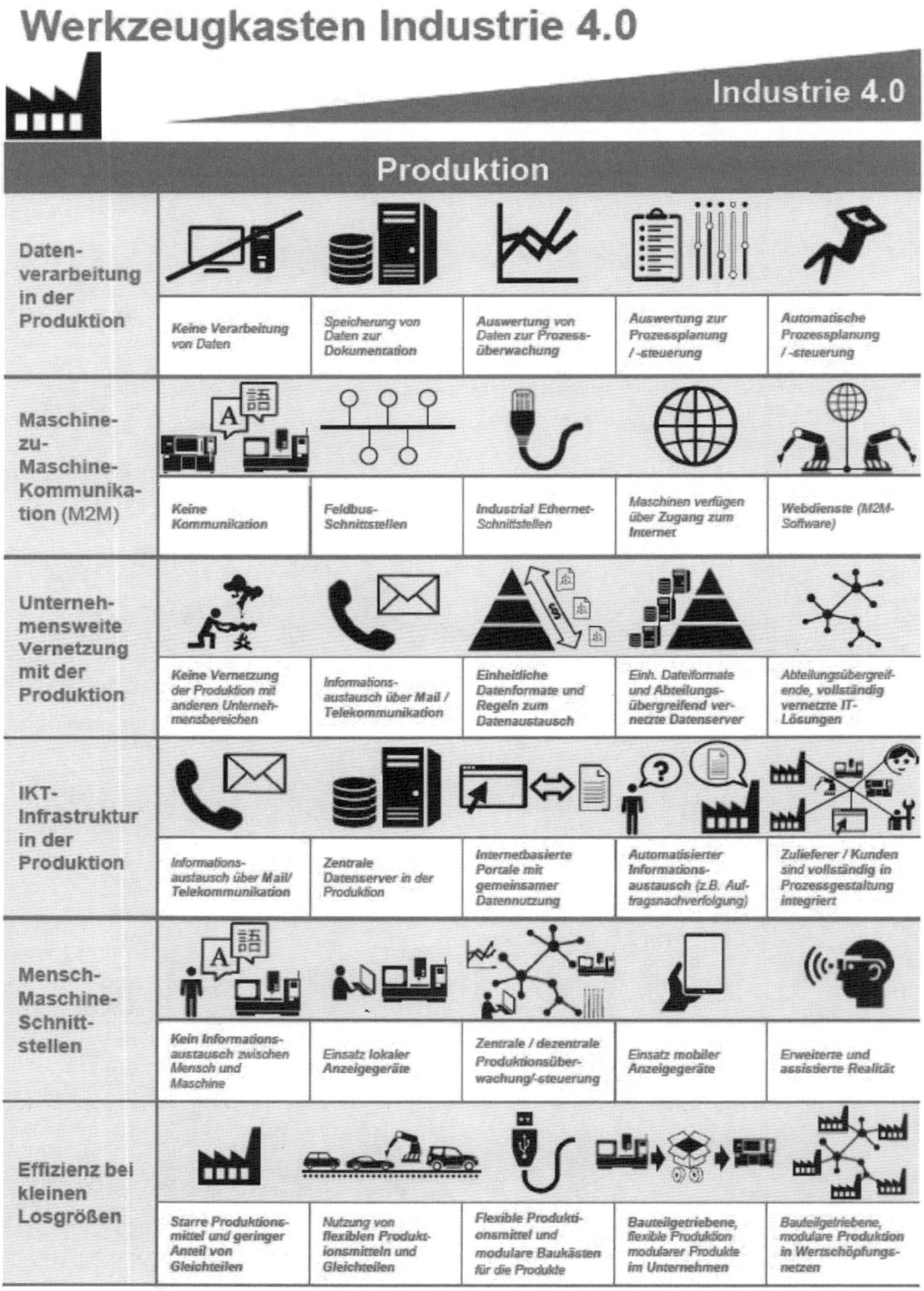

Bild 3.10 Werkzeugkasten Industrie-4.0-Produktion
[Quelle: VDMA, KIT Karlsruhe (wbk), TU Darmstadt (DiK): Leitfaden Industrie 4.0 – Orientierungshilfe zur Einführung in den Mittelstand, Frankfurt 2015]

Für weitere Informationen sei hier auf [VDM15] verwiesen.

Wertschöpfung wird hauptsächlich durch über Plattformen angebotene Dienste entstehen. Diensteanbieter, Plattformbetreiber und Kunden bilden Ökosysteme. Die Nutzer beziehungsweise Kunden gestalten die Wertschöpfung aktiv mit (Co-Creation). In Kapitel 5 finden Sie Best-Practices sowohl zum Vorgehen als auch einzelnen Lösungsmustern.

Industrie 4.0

Durch die horizontale und vertikale Vernetzung des Internets der Dienste und der Daten mit dem Internet der Dinge eröffnet Industrie 4.0 viele Potenziale:

- Rentable Individualisierung in Design, Konfiguration, Produktion und Service entsprechend der Kundenbedürfnisse auch bei Kleinstmengen (Losgröße 1).
- Effizienzsteigerung in der Produktion durch dynamische Engineering- und Produktionsprozesse, die auch kurzfristige Ausfälle selbstständig optimieren und den Materialfluss und die Lieferketten kontinuierlich optimieren. Zudem Ressourceneffizienz durch kontinuierliche und situationsabhängige Optimierung über das Wertschöpfungsnetzwerk hinweg.
- Durchgängige Transparenz in Echtzeit ermöglichen im Engineering eine frühzeitige Absicherung von Entwurfsentscheidungen und in der Produktion flexiblere Reaktionen auf Störungen und eine globale Optimierung über das gesamte Business-Eco-System hinweg.

Erfolgsfaktoren für Industrie 4.0 sind die Standardisierung und Interoperabilität der Interaktion (über z. B. Plattformen), transparente und klar strukturierte Prozesse in einer einheitlichen Granularität und ein durchgängiges Datenmanagement.

Die Entwicklung schreitet rasant voran. Sicherlich gibt es aber auch noch eine Menge Forschungsbedarf und Bedarf für gesetzliche Regelungen und der Gestaltung weiterer Rahmenbedingungen. Themenfelder sind hier u. a. Normung und Standardisierung, Sicherheit vernetzter Systeme (insbesondere für die Wertschöpfungsnetzwerke), Arbeitsorganisation und neue Formen der Arbeitsorganisation. ■

4 Leitfaden für die Digitalisierung

Es ist nicht genug zu wissen, man muss auch anwenden,
es ist nicht genug zu wollen, man muss auch tun.

Johann Wolfgang von Goethe (1749–1832)

Die digitale Transformation ist eine sehr komplexe Aufgabe. Im Folgenden finden Sie hierzu Best-Practices zum systematischen Vorgehen mit Schritt-für-Schritt-Anleitungen (siehe Bild 4.1). Die Anleitungen wurden aus den Erfahrungen vieler Digitalisierungsprojekte und den Erkenntnissen aus dem intensiven Austausch mit einer großen Zahl von Experten sowohl aus Anwenderunternehmen und Beratungshäusern als auch aus der Wissenschaft konsolidiert.

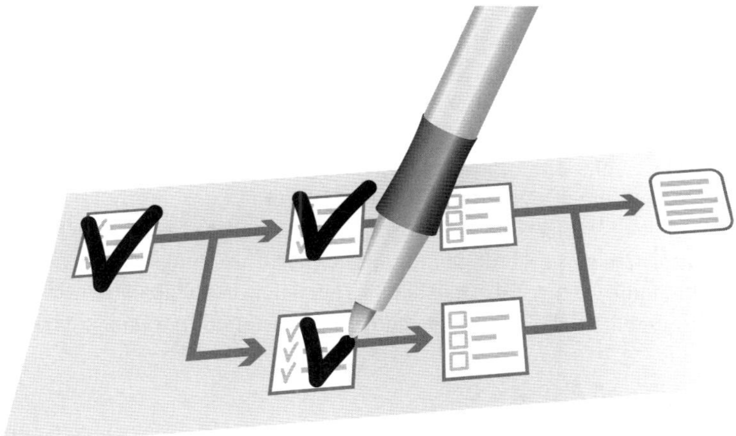

Bild 4.1 Schritt-für-Schritt-Anleitung

Die digitale Transformation stellt hohe Herausforderungen an jeden Einzelnen, die Unternehmen und die Gesellschaft. Neben den „hard facts“ müssen insbesondere auch Aspekte der Organisation 4.0 und Arbeit 4.0 bei der digitalen Transformation berücksichtigt werden. Dies beleuchten wir im Rahmen der Analyse der Erfolgsvoraussetzungen der digitalen Transformation.

Den eigentlichen Startpunkt des systematischen Vorgehens bei der digitalen Transformation bildet eine Reifegradbestimmung (siehe Abschnitt 4.2). Hier bewerten Sie, wie weit bereits digitale Strategien Einzug gehalten haben, Ihre Adaption der neuen Technologien (siehe Abschnitt 2.3) vorangeschritten ist und Ihre Organisation, IT-Landschaft und Mitarbeiter ertüchtigt sind. In Abhängigkeit von Ihrer Ausgangslage können Sie dann die ersten Schritte Ihrer digitalen Transformation gestalten und den Umbau Ihrer Geschäftsmodelle, Organisation und Prozesse vorantreiben. Den vollständigen Leitfaden für die digitale Transformation finden Sie in Abschnitt 4.3.

In diesem Kapitel finden Sie die Antworten auf folgende Fragen:

- Was sind die Erfolgsvoraussetzungen für eine erfolgreiche digitale Transformation?
- Welche Rolle spielen Organisation 4.0 und Arbeit 4.0?
- Wie kann die digitale Transformation systematisch durchgeführt werden?

4.1 Erfolgsvoraussetzungen für die digitale Transformation

Die Herausforderungen durch die Digitalisierung für Unternehmen und jeden Einzelnen steigen kontinuierlich. Hierzu zählen steigende Kunden- und Nutzeranforderungen, Dynamik der Märkte, Geschwindigkeit des technologischen Wandels, Bedrohung durch neue digitale Wettbewerber, Cyber-Security, Compliance- und Datenschutzanforderungen. Hierdurch entsteht einerseits ein Druck zur Effizienzsteigerung, um den Freiraum für Innovationen zu schaffen, und andererseits zum Innovations-Enabling für disruptive Geschäftsmodelle. Diese entstehen nur dann, wenn die Kreativität der Mitarbeiter mit u. a. Freiraum für Querdenken und unbewertete Ideenfindung entfesselt wird. Digitale Talente müssen entdeckt und gefördert werden. Die Kultur muss in Richtung einer offenen Lean Leistungskultur weiterentwickelt werden, die Agilität und Kreativität ermöglicht. Es gilt neben den digitalen Geschäftsmodellen, die Organisation und die Arbeitswelt der Zukunft zu gestalten („Organisation 4.0“).

Organisation 4.0 und Arbeit 4.0

Organisation 4.0 beschreibt prozessorientierte, digitalisierte und am Kunden ausgerichtete Ordnungsstrukturen. Funktionsorientierte, arbeitsteilige, hierarchische Organisationsstrukturen stehen der im Rahmen der Digitalisierung stattfindenden Vernetzung im Wege. Bei der Organisation 4.0 werden die starren Hierarchien aufgebrochen und das „Bewahrertum“ „abgeschafft“. Lebendige selbstorganisierende ergebnisorientierte Strukturen mit einer neuen Art der Führung („Digital Leadership“, siehe Abschnitt 5.1.2) entstehen. Die Transformation zur Organisation 4.0 geht einher mit der Kulturveränderung in Richtung einer offenen und Lean Leistungskultur (siehe Abschnitt 5.1.3) im Rahmen eines gesteuerten, schrittweisen Veränderungsprozesses.

Organisation 4.0 geht einher mit „**Arbeit 4.0**“, einer flexibleren und mobilen Arbeitsweise und entsprechenden Arbeitszeitmodellen. So müssen Mitarbeiter nicht mehr zwingend jeden

Tag ins Büro kommen. Sie können im Homeoffice, zu Hause oder von unterwegs arbeiten. Flexible Arbeitszeitmodelle mit z. B. Teilzeitarbeit, Auszeiten oder Zeitkonten werden zudem Alltag. Was früher eher eine Ausnahme war, wird immer mehr zur Erwartungshaltung für die raren digitalen Talente, für die die persönliche Freiheit eine immer größere Rolle spielt. Die neue Freiheit hat aber auch ihre Schattenseiten, da die Grenzen zwischen Arbeit und Freizeit verschwimmen. Klare Regelungen sind hier notwendig.

Die zunehmende Vernetzung und Business-Eco-Systeme verstärken den Wandel in der Arbeitswelt zusätzlich. Unternehmen arbeiten im Hintergrund zusammen. Für Kunden und auch für Mitarbeiter ist nicht immer ersichtlich, wo das eigene Unternehmen aufhört oder das andere anfängt. Fachkräfte werden z. T. auch nur temporär benötigt oder wollen sich nicht mehr an einzelne Unternehmen binden. Die Loyalität zu Unternehmen sinkt.

Die Arbeit der Zukunft verändert sich aber auch durch die digitalen Technologien und insbesondere die Automatisierung. Menschen und Maschinen sowie Maschinen und Maschinen arbeiten immer enger zusammen. So werden Roboter zu „Kollegen“ oder Maschinen ersetzen Menschen z. B. am Fließband. Menschen sind zwar immer noch in der Regel die Überwacher der Maschinen, aber auch dies verändert sich zunehmend.

Die Automatisierung verändert die Gesellschaft in den nächsten Jahren nachhaltig, da viele Routineaufgaben entfallen. Roboter oder Software, wie z. B. automatisierte Workflows, übernehmen die Aufgaben, die früher vom Menschen durchgeführt wurden. Beispiele hierfür sind die Schadenabwicklung in Versicherungen, Roboter in der Fertigung oder Bots in der Kundenkommunikation. Selbstlernende Systeme stoßen in neue Regionen vor. Der Wandel betrifft insbesondere gering qualifizierte Arbeitskräfte. Ob und wie für diese andere Aufgaben gefunden werden können, ist offen. Hier sind die Politik und die Gesellschaft als Ganzes gefordert.

Wichtig!

Arbeit 4.0, Organisation 4.0 und Lean Kultur sind wesentliche Faktoren für die erfolgreiche digitale Transformation.

Das ständige Lernen ist sowohl für jeden Einzelnen als auch für die Unternehmen („lernende Organisation“) überlebensnotwendig. Dies ist ebenso ein Bestandteil von Organisation 4.0 und Arbeit 4.0, an denen keiner vorbeikommt, wenn er nicht den Anschluss verlieren will. Die schrittweise Veränderung in Richtung Organisation 4.0, einhergehend mit Arbeit 4.0 und Lean Kultur, ist ein wesentlicher Erfolgsfaktor für eine erfolgreiche digitale Transformation.

Digitale Geschäftsmodelle und deren Operationalisierung als Erfolgsvoraussetzung

Disruptive Geschäftsmodelle und die evolutionäre Weiterentwicklung bestehender Geschäftsmodelle im Business-Eco-System sowie deren Operationalisierung sind eine wesentliche Erfolgsvoraussetzung für das Gelingen der digitalen Transformation und für das nachhaltige Überleben eines Unternehmens, wie in Kapitel 2 ausgeführt. Bedeutsam sind, wie in Bild 4.2 dargestellt, die digitale Strategie als Orientierung und Leitplanke sowie die kontinuierliche Weiterentwicklung und Operationalisierung des Geschäftsmodells.

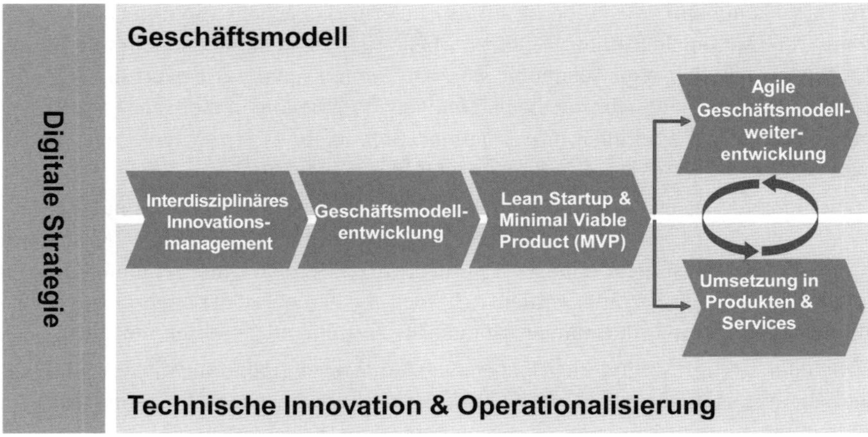

Bild 4.2 Digitale Transformation

Definition Innovationsmanagement

Innovationsmanagement ist die systematische Identifikation und Bewertung von Technologien und Ideen. Dies umfasst die Planung, Steuerung und Durchführung aller Aktivitäten für das Technologie-Scouting, Ideenfindung und Bewertung der Ideen im Hinblick auf die Reife und Umsetzbarkeit in wirtschaftlich erfolgreiche Produkte und Dienstleistungen für das Unternehmen. ■

Das Innovationsmanagement kümmert sich systematisch auf der Basis der Vorgaben und Leitplanken einer klaren digitalen Strategie um Ideen für neue disruptive Geschäftsmodelle oder aber die evolutionäre Weiterentwicklung der bestehenden Geschäftsmodelle. Dies ist die Basis, um „im Sturm des Wandels nicht weggeblasen zu werden“. Interdisziplinär ist hier entscheidend, da hierdurch die unterschiedlichen fachlichen, wirtschaftlichen und technischen Sichten und Möglichkeiten beleuchtet werden können. Durch Freiraum für die Kreativität und interdisziplinäres Zusammenarbeiten wird z. B. das Potenzial von technischen Innovationen überhaupt erst erkannt. Häufig findet Innovationsmanagement auch unternehmensübergreifend im Business-Eco-System statt.

Es gilt, nach außen neue Märkte zu erobern, bestehende Produkte und Dienstleistungen attraktiver für Kunden zu gestalten, sich vom Wettbewerb zu differenzieren, seine Produkte und Dienstleistungen in digitale Plattformen zu integrieren oder eigene digitale Plattformen aufzubauen. Nach innen muss durch Effizienzsteigerung, wie z. B. Automatisierung, der Freiraum für Innovation geschaffen werden.

Eine systematische Geschäftsmodellentwicklung, z. B. auf der Basis von Business Model Canvas (siehe Abschnitt 5.2.1), nutzt die Ideen aus dem Innovationsmanagement und adressiert alle Dimensionen des Geschäftsmodells.

Bei disruptiven Geschäftsmodellen zählt vor allem die Geschwindigkeit, verursacht durch die Innovationsgeschwindigkeit und den Wettbewerbsdruck. Um möglichst schnell herauszufinden, ob das neue Produkt, ein neuer Service oder ein neues Feature für Kunden tatsächlich relevant ist, werden „MVPs“ im Rahmen von „Lean Startup“ (Minimum Viable

Products, siehe Abschnitt 5.2.2) genutzt. Das Minimum Viable Product (MVP) ist eine Lösung mit minimalem Funktionsumfang, der einen Wert für den Kunden darstellt. Lean Startup ist eine Methode zum schnellen Feedback-Einholen und iterativen, kontinuierlichen Weiterentwicklungen des Produkts oder der Dienstleistung. Aufgrund des Feedbacks kann frühzeitig auf Fehlentwicklungen oder Veränderungen des Markts reagiert werden und das Produkt gegebenenfalls schnell und mit minimalen Investitionen angepasst werden. Die Methode hat das Ziel, Produkte schnell auf den Markt zu bringen, um sie anhand von Feedback schrittweise zu verbessern. Dies veränderte fundamental die Art und Weise, wie neue Produkte entwickelt wurden.

Wesentlich ist die agile Weiterentwicklung der dann bestehenden Geschäftsmodelle und der operativen Umsetzung in Produkten und Dienstleistungen. Nur so kann das Potenzial aus den disruptiven und evolutionär weiterentwickelten Geschäftsmodellen gehoben werden (siehe Innovator-Dilemma in Kapitel 2).

Hierzu ist ein systematisches Vorgehen essenziell. Nur so können die Herausforderungen der digitalen Transformation einhergehend mit steigender Komplexität der Systeme und Prozesse bewältigt werden. Startpunkt ist eine Reifegrad-Analyse.

4.2 Reifegrad-Analyse

Eine objektive Selbsteinschätzung des digitalen Reifegrads ist ein wesentlicher Erfolgsfaktor für die digitale Transformation. Nur so können die Fragen beantwortet werden: „Wo stehen wir?“ „Welche nächsten Schritte sind für uns möglich?“.

In diesem Abschnitt schauen wir uns zu Beginn an, was die Reife der Digitalisierung auszeichnet und welche digitalen Fähigkeiten erforderlich sind. Danach finden Sie unser digitales Reifegrad-Modell, das Sie zur Selbsteinschätzung verwenden können.

Auch vor dem Megatrend der Digitalisierung gab es sicherlich in den Unternehmen bereits eine grundlegende digitale Datenverarbeitung, um die Möglichkeiten der neuen Technologien zu nutzen. Hierzu zählen mobile Endgeräte, Internetzugang, eine Webseite und eine IT-Landschaft mit beispielsweise ERP-Software, Datenaustausch- und Analysemöglichkeiten in den verschiedenen Unternehmensfunktionen. Mit zunehmender Digitalisierung werden die Unternehmensfunktionen und einhergehend die Systeme zunehmend vernetzt. Immer mehr der in Abschnitt 2.2 beschriebenen Technologien, wie z. B. Business Analytics und Cloud-Computing, halten Einzug. Nicht jede der neuen Technologien ist aber für jedes Unternehmen gleichermaßen wichtig. Jedoch können Unternehmen ins Hintertreffen geraten, wenn wesentliche Technologien nicht genutzt oder grundlegende Systeme fehlen. Sie können die Potenziale nicht nutzen.

Entscheidend ist beim Ausbau der digitalen technischen Möglichkeiten die Vernetzung von Information, Systemen, Unternehmen und Menschen entlang der horizontalen und vertikalen Wertschöpfungskette. So entsteht durch die systematische Auswertung und Nutzung der großen Datenmengen und Kollaborationstools ein Informationsgewinn, der für die zielgruppenorientierte Kundenansprache und individualisierte Produkte und Dienstleistungen essenziell ist. Das Business-Eco-System eröffnet weitere Potenziale. Synergien können zwischen Unternehmen und Nutzern genutzt werden. Digitale Plattformen eröffnen durch ihren Netzwerkeffekt weitere Möglichkeiten.

Smarte, intelligente Objekte, Produkte und Maschinen stellen einerseits weitere Informationen über z. B. Sensoren bereit. Andererseits können sie selbstständig aufgrund der vorliegenden vernetzten Information im Internet der Dienste, Informationen und Objekte agieren (mit und ohne Zutun des Menschen). Sie schaffen die Voraussetzung für die nächste Stufe der industriellen Revolution und für weitere disruptive neue Geschäftsmodelle.

Um das Potenzial der Digitalisierung aber wirklich zu heben, sind digitale Fähigkeiten notwendig. Sowohl das gesamte Unternehmen als auch die einzelnen Mitarbeiter benötigen spezifische Kompetenzen. So benötigen Mitarbeiter einerseits fachliche Kompetenzen, wie z. B. im System-Engineering, Business-Analytics, Smart*, digitale Plattformen und Cyber-Security. Andererseits sind methodische und soziale Kompetenzen erforderlich. Wesentliche methodische Kompetenzen sind Change-Management, End-to-end-Prozessmanagement, Projektmanagement, Enterprise Architecture Management, Business-Analyse, Datenmanagement und vernetztes und experimentelles Denken. Zu den sozialen Kompetenzen zählen insbesondere die Selbstorganisation, Kommunikationsfähigkeit, Teamfähigkeit, Führungskompetenz, Kreativität und insbesondere die Lernfähigkeit und der Wille, sich ständig weiterzuentwickeln. Dies stellt hohe Anforderungen an jeden Einzelnen und an das Unternehmen. Eine Weiterentwicklung der digitalen Fähigkeiten ist aber essenziell, um den Anschluss nicht zu verlieren.

4.2.1 Digitale Fähigkeiten

Die wesentlichen erforderlichen digitalen Fähigkeiten sind in Bild 4.3 im Überblick und in Bild 4.4 detaillierter dargestellt. Diese sind gruppiert durch das Customer Experience Management, das Management der digitalen Transformation sowie das Business-Enabling:

Customer Experience Management

Customer Experience Management (Kundenerfahrungsmanagement) heißt, in der Lage zu sein, das Produkt- und Dienstleistungsspektrum konsequent auf die Bedürfnisse der potenziellen Kunden und relevanten Touchpoints auszurichten.

Customer Experience Management beinhaltet alle Analyse-, Planungs-, Durchführungs- und Steuerungsprozesse, um die Bedürfnisse der Kunden zu identifizieren und zu erfüllen. Über positive Kundenerlebnisse über die komplette Customer Journey wird eine emotionale Bindung zum Kunden aufgebaut. Ziel ist es hierbei, Kunden zu begeisterten Markenbotschaftern zu machen.

Wesentliche digitale Fähigkeiten sind hier:

- **Kundenwertorientierung**
  Alle Handlungen sind ausgerichtet am Kunden(mehr)wert und zielen darauf ab, Nutzen für den Kunden zu erzeugen, „das Richtige für den Kunden zu tun". Produkte und Dienstleistungen müssen zugeschnitten auf die Bedürfnisse des Kunden gestaltet und über die gewünschten Touchpoints und digitale Plattformen bereitgestellt werden. Wesentlich ist hierbei, zu verstehen, welche Bedürfnisse die Zielgruppen haben und wie diese befriedigt

und gegebenenfalls sogar übererfüllt werden können. Gewünschter Nebeneffekt ist eine hohe Kundenzufriedenheit und damit Kundenbindung und eine Differenzierung vom Wettbewerb durch kundenorientierte Produkte und Leistungen sowie geeignete Kontaktpunkte. Gepaart mit einem Ecosystem von Partnern, um neue Formen der Arbeitsteilung und Kooperationsmodelle zu ermöglichen, effizienten Prozessen und vor allen Dingen einer ausreichenden Transformationsgeschwindigkeit, kann mit einem Zeitvorsprung vor Wettbewerbern die Wettbewerbsposition immer weiter ausgebaut und die Anforderungen der Digitalisierung bewältigt werden.

- **Personalisierte Marktkommunikation**
  Das Marketing ist entscheidend, um die Bekanntheit der Marke zu erhöhen. Alle Marketingaktivitäten, wie z. B. Werbung, Homepage, Newsletter oder aber auch Pressearbeit müssen die Bedürfnisse der Zielgruppen berücksichtigen.
- **Datenmanagement**
  Das Datenmanagement umfasst das Planen, Gestalten, Überwachen und Steuern der Verwendung, Verteilung und Kommunikation von Informationen in Organisationen zur Erreichung strategischer Ziele. Das Datenmanagement adressiert hierbei alle organisatorischen, methodischen, konzeptionellen, technischen Maßnahmen und Verfahren, die auf einen nachhaltigen Unternehmenserfolg abzielen. Hierzu sind die richtigen Daten zum richtigen Zeitpunkt für die Geschäftsprozesse bereitzustellen, die optimale Nutzung der Daten zu gewährleisten und eine angemessene Datenqualität und Informationssicherheit sicherzustellen.

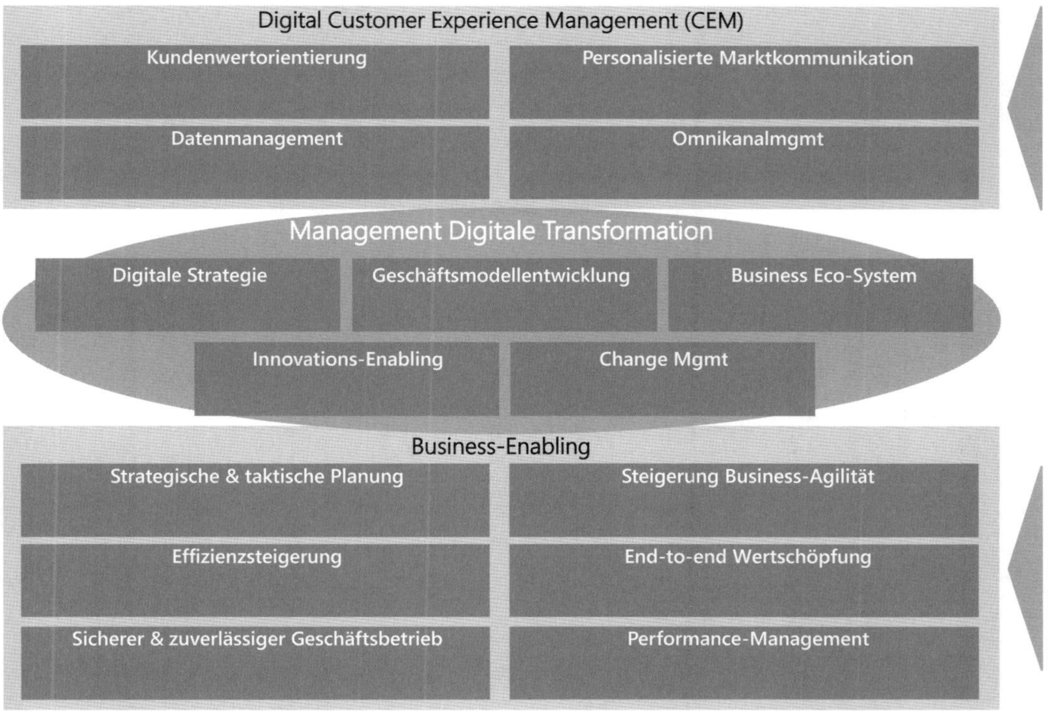

Bild 4.3 Digitale Fähigkeiten im Überblick

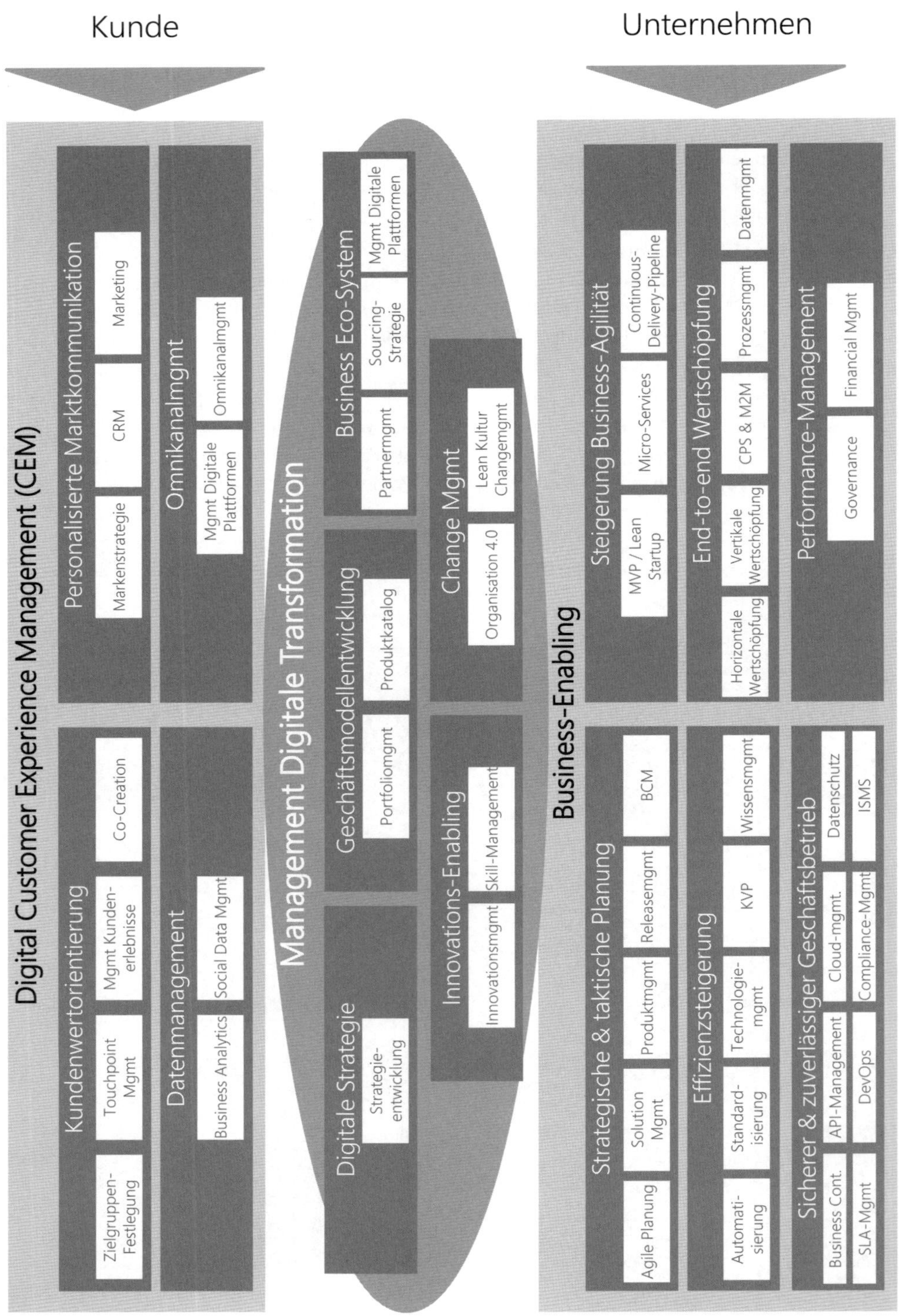

Bild 4.4 Digitale Fähigkeiten im Detail

Für einen nachhaltigen Unternehmenserfolg ist eine möglichst positive „Customer Experience“, die Summe der Erfahrungen eines Kunden mit dem Unternehmen, immanent wichtig. Zufriedene Kunden führen zu einer größeren Verbreitung der Produkte und Dienstleistungen des Unternehmens und sind entscheidend, um dauerhaft als Marke und Unternehmen erfolgreich zu sein.

- **Omnikanalfähigkeit**
  Omnikanalfähigkeit ist die Fähigkeit von Systemen, über verschiedene traditionelle und digitale Kanäle Services bereitzustellen und Daten auszutauschen. Der Kunde erwartet, dass sämtliche Produkte und Dienstleistungen sowie Informationen jederzeit über alle Kanäle, wie z. B. Homepage oder digitale Plattformen wie Vergleichsportale, verfügbar sind und er selbst entscheiden kann, wann und wie er mit dem Unternehmen in Kontakt tritt.

  Die traditionellen Vertriebskanäle mit einem hohen Beratungsanteil, wie z. B. Agenten oder Makler, bleiben hierbei auch in der Zukunft wichtig; während Kommunikationskanäle, wie Post, zunehmend von digitalen Kanälen, wie z. B. E-Mail oder digitalen Plattformen, verdrängt werden.

Management der digitalen Transformation

Management der digitalen Transformation beinhaltet alle Planungs- und Steuerungsprozesse für die Entwicklung der digitalen Strategie sowie deren schrittweise Umsetzung. Die Fähigkeit zur digitalen Transformation beschreibt das Vermögen, die digitale Transformation aktiv zu planen und zu operationalisieren.

Wesentliche digitale Fähigkeiten sind hier:

- **Digitale Strategieentwicklung**
  Die systematische Entwicklung einer umsetzbaren digitalen Strategie ist eine wichtige digitale Fähigkeit. Eine digitale Strategie gibt Vorgaben und Leitplanken für die digitale Transformation vor.
- **Geschäftsmodellentwicklung**
  Die Geschäftsmodell(weiter-)entwicklung muss systematisch und agil erfolgen.
- **Management-BusinessEco-System**
  Das Business-Eco-System muss aufgebaut und konsequent passend zur digitalen Strategie gemanagt werden.
- **Innovations-Enabling**
  Innovations-Enabling ist die digitale Fähigkeit, Kreativität der Mitarbeiter zu entfesseln. Wichtig ist hier u. a., Freiraum für Querdenken und unbewertete Ideenfindung zu schaffen.
- **Change-Management**
  Die digitale Transformation muss aktiv in einem gesteuerten Veränderungsprozess schrittweise vorangetrieben werden. Wesentlich sind hier Lean Thinking und Lean Organisation im Kontext von Organisation 4.0 und Arbeit 4.0.

  Lean ist eine Führungs- und Unternehmenskultur, um Kundenzufriedenheit, Wettbewerbsfähigkeit und Mitarbeitermotivation ganzheitlich und systematisch zu erreichen.

Business-Enabling

Business-Enabling beinhaltet alle Fähigkeiten, um das Unternehmen für die digitale Transformation zu ertüchtigen und vorzubereiten.

Wesentliche digitale Fähigkeiten sind hier:

- **Strategische und taktische Planung**
  Die Fähigkeit der angemessenen und kundenwertorientierten Planung ist essenziell, um ziel- und ergebnisorientiert agieren zu können. Dies beinhaltet die agile Planung (siehe Abschnitt 5.8) der Produkte und Dienstleistungen sowie deren erforderliche Prozesse und IT-Landschaft, das Solution Management (der Lösungsentwurf) für Projekte, das Produktmanagement, das Releasemanagement sowie das aktive Planen und Steuern der erforderlichen Fähigkeiten, das Business Capability Management (BCM).
- **Effizienzsteigerung**
  Effizienzsteigerung ist notwendig, um Freiraum für Innovationen zu schaffen und konkurrenzfähig gegenüber dem Wettbewerb zu werden oder zu bleiben. Unternehmen benötigen die Fähigkeit, Effizienzsteigerungen explizit zu planen und diese zu operationalisieren. Hierzu sind die Automatisierung von End-to-end Geschäftsprozessen, die Standardisierung insbesondere von Schnittstellen, das API-Management, das Technologiemanagement sowie ein explizites Wissensmanagement und ein kontinuierlicher Verbesserungsprozess essenziell. Siehe hierzu die Best-Practices in Kapitel 5.
- **Steigerung Business-Agilität**
  Business-Agilität ist die Fähigkeit, schnell auf veränderte Anforderungen oder Randbedingungen reagieren zu können. Timt-to-market ist wettbewerbsentscheidend. Wesentlich ist hierfür MVP und Lean Startup, Micro-Services und eine Continuous-Delivery-Pipeline (siehe Kapitel 5).
- **End-to-end Wertschöpfung**
  Die End-to-end Analyse-, Gestaltungs- und Operationalisierung-Fähigkeit der Wertschöpfungsketten sind essenziell, um z. B. das Automatisierungspotenzial zu heben. Wesentlich sind hierbei die Betrachtung der kompletten horizontalen und vertikalen Wertschöpfungskette, Cyber-physikalische Systeme (CPS), Maschine-zu-Maschine- und Maschine-zu-Mensch-Kommunikation sowie ein systematisches Prozess- und Datenmanagement (siehe Kapitel 5).
- **Sicherer und zuverlässiger Geschäftsbetrieb**
  Alle Fähigkeiten, um einen sichereren und zuverlässigen Geschäftsbetrieb zu gewährleisten, sind Grundvoraussetzungen für das Überleben eines Unternehmens. Hierzu zählen das Business Continuity Management, die Sicherstellung der Integration des Business-Eco-Systems über das API-Management, Setzen und Einhaltung von SLAs sowie das Cloud-Management, DevOps für agile Betriebsorganisationen sowie die systematische Erfüllung der Datenschutz-, Sicherheits- und Compliance-Anforderungen.
- **Performance-Management**
  Performance-Management umfasst das ganzheitliche Planen, Steuern und Kontrollieren aller im Unternehmen vorhandenen Leistungsprozesse, Systeme, Prozesse und Ergebnisse. Ziel ist es hierbei abzusichern, so dass die Leistung kontinuierlich und bei sich verändernden Wettbewerbsbedingungen erbracht werden kann, um die langfristige Wettbewerbsfähigkeit des Unternehmens sicherzustellen.

  Hierzu zählen die Steuerungsmechanismen in der Governance und insbesondere auch das Financial Management.

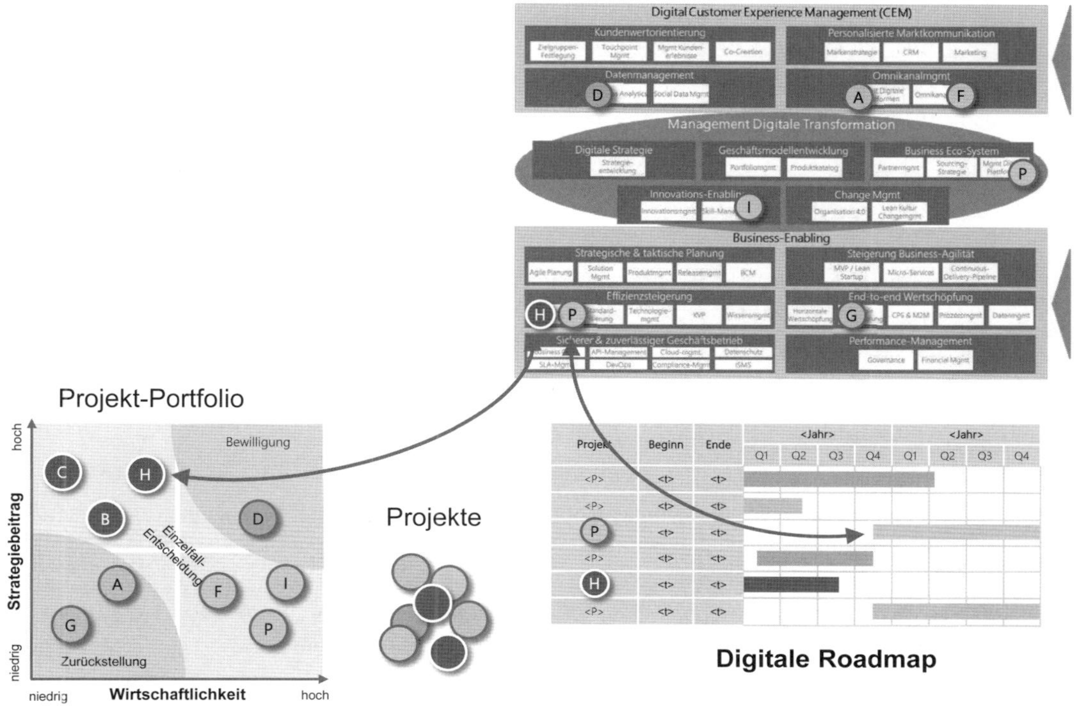

Bild 4.5 Ableitung von Maßnahmen aus dem Soll-Ist-Abgleich der digitalen Fähigkeiten

Jedes Unternehmen muss für sich entscheiden, welche digitalen Fähigkeiten für es in Zukunft erforderlich sind und muss diese im Unternehmen aufbauen. Wichtig ist insbesondere ein Ist-Soll-Abgleich, da daraus Maßnahmen abgeleitet werden können. Dies ist gleichzeitig ein wichtiger Input für die digitale Roadmap.

In Bild 4.5 finden Sie dies schematisch dargestellt. Durch den Ist-Soll-Abgleich werden mögliche Handlungsfelder aufgedeckt. Die Maßnahmen (als Projekte gekennzeichnet) müssen bezüglich ihres Beitrags für die digitale Strategie und nach der Wirtschaftlichkeit zusätzlich zu u. a. Risiko eingeschätzt werden.

Die Analyse der erforderlichen und vorhandenen digitalen Fähigkeiten ist ein wesentlicher Aspekt zur Festlegung des digitalen Reifegrads. Im Folgenden finden Sie unser Reifegrad-Modell für Ihre Selbsteinschätzung.

4.2.2 Reifegrad-Modell

Eine systematische Reifegrad-Analyse ist essenziell, um in der digitalen Transformation die richtigen Schritte zur richtigen Zeit durchzuführen.

Als Dimensionen für die Reifegrad-Analyse verwenden wir die Dimensionen der Digitalisierung (siehe Bild 2.1).

- **Digitale Strategie**
  Inwieweit gibt es bereits eine digitale Strategie und welche Aspekte deckt diese ab?
- **Produkte und Dienstleistungen**
  Inwieweit haben neue Technologien und disruptive Innovationen bei den Produkten und Dienstleistungen des Unternehmens Einzug gehalten?
- **Business-Eco-System**
  Gibt es bereits ein Business-Eco-System und wird dies aktiv weiterentwickelt?
- **Business Capabilities**
  Werden die erforderlichen und vorhandenen Fähigkeiten und Funktionalitäten, um die digitale Strategie umzusetzen sowie die Produkte und Dienstleistungen im Business-Eco-System bereitzustellen, aktiv analysiert und gemanagt? In welchem Grad?
- **Geschäftsprozesse und Organisation**
  Sind die Prozesse und die Organisation auf die digitale Strategie ausgerichtet? In welchem Grad?
- **Daten und technische Assets**
  Gibt es ein aktives Datenmanagement, Enterprise Architecture Management sowie eine Nutzung von Technologien wie Business-Analytics? In welchem Grad?
- **Skills und Kultur**
  Werden die digitalen Fähigkeiten analysiert und schrittweise weiterentwickelt? Gibt es einen gesteuerten Veränderungsprozess in Richtung Lean Kultur?

In Bild 4.6 finden Sie die Reifegrade im Überblick. Schätzen Sie anhand der Dimensionen der Digitalisierung Ihren Reifegrad ein.

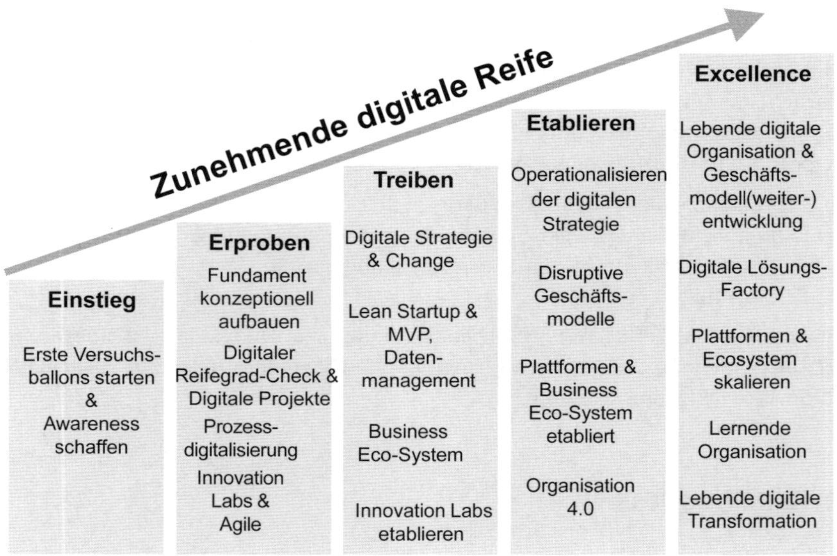

Bild 4.6 Reifegrade der Digitalisierung

Folgende Reifegrade werden unterschieden:

- **Einstieg** – erste Versuchsballons starten & Awareness schaffen
  Der Handlungsbedarf, sich mit der Digitalisierung aktiv zu beschäftigen, wird erkannt. Eine digitale Strategie gibt es in der Regel noch nicht. Erste Ressourcen sind aber dafür bereitgestellt; häufig aber nicht Full-time, d. h. diese haben auch noch andere Aufgaben. Erste Digitalisierungsprojekte werden ohne zentrale Koordinierung angestoßen. Erste Ideen für digitale Produkte und Dienstleistungen werden angegangen. In der Regel handelt es sich hierbei um eine evolutionäre Weiterentwicklung der Geschäftsmodelle mit Themenfeldern, wie z. B. Automatisierung, Vernetzung oder allgemein Effizienzsteigerung. Die erforderlichen Business Capabilities sind nicht immer definiert und das Business Capability Management ist noch nicht etabliert. Die Geschäftsprozesse und die Organisation sind häufig noch nicht vorbereitet. Datentransparenz muss noch etabliert werden und eine systematische Planung und Steuerung der Weiterentwicklung der IT-Landschaft findet noch nicht statt. Digitale Technologien, wie Mobile oder Kollaboration, können aber durchaus Anwendung finden. Digitale Fähigkeiten und eine Lean Kultur sind noch nicht stark ausgeprägt.
- **Erproben** – Fundament konzeptionell aufbauen
  Die Digitalisierung hat eine hohe Bedeutung. Strategische Analysen werden durchgeführt und daraus digitale Projekte abgeleitet, die einen hohen Stellenwert haben. Oft erfolgt ein digitaler Reifegrad-Check; eine durchgängige digitale Strategie fehlt aber häufig noch. Digitalisierung hält Einzug in immer mehr Produkte und Dienstleistungen; z. T. bereits auch erste disruptive Innovationen. Die Geschäftsprozesse werden digitalisiert. Erforderliche Business Capabilities werden abgeleitet. Innovationsmanagement wird aktiv vorangetrieben. Erste Versuche mit neuen Partnern und digitalen Plattformen werden unternommen. Die Prozesse und Organisation werden durch Schnellboote ergänzt, wie z. B. Innovation Labs. Die Bedeutung von Datenmanagement und Enterprise Architecture Management werden erkannt. Digitale Technologien und das Vorgehen für Omnikanalfähigkeit werden verprobt. Die digitalen Fähigkeiten werden immer mehr zur Anforderung bei der Mitarbeiterakquise. Agile hält Einzug in der Organisation; häufig noch parallel zu klassischen Vorgehensweisen.
- **Treiben** – digitale Strategie & Change
  Eine erste digitale Strategie ist festgelegt und die Umsetzung wird über ein gesteuertes Veränderungsmanagement vorangetrieben. Geschäftsmodelle werden integriert mit dem Innovationsmanagement entwickelt. Produkte und Dienstleistungen werden zunehmend horizontal und vertikal vernetzt und nutzen disruptive Innovationen. Lean Startup und MVP sind wesentlich für disruptive Geschäftsmodelle. Das Business-Eco-System wird immer weiter aufgebaut. Aus den erforderlichen Business Capabilities werden die Anforderungen an die Umsetzung abgeleitet. Automatisierbare Geschäftsprozesse werden automatisiert. Schnellboote werden fester Bestandteil der Organisation (intern oder extern). Datenmanagement und Enterprise Architecture Management werden aktiv vorangetrieben. Digitale Schlüsseltechnologien sind definiert. Business Analytics wird ausgebaut. Omnikanalfähigkeit wird für die gesamte IT-Landschaft angestrebt. Digitale Fähigkeiten werden immer mehr aufgebaut. Agile hat eine hohe Bedeutung.

- **Etablieren** – Operationalisieren der digitalen Strategie
  Die digitale Strategie ist fester Bestandteil der Unternehmensstrategie. Es gibt eine Roadmap für die digitale Transformation. Geschäftsmodelle werden systematisch und agil verzahnt mit dem Innovationsmanagement (weiter-)entwickelt. Die horizontalen und vertikalen Wertschöpfungsketten sind zunehmend vernetzt. Disruptive Geschäftsmodelle werden Alltag. Wesentliche digitale Plattformen sind integriert oder aber sogar eigene digitale Plattformen werden aufgebaut. Das Business-Eco-System ist passend zur digitalen Strategie und den Geschäftsmodellen aufgebaut. Die Organisation und die Prozesse werden immer weiter enablet. Das Datenmanagement und das Enterprise Architecture Management sowie das IT-Innovationsmanagement sind etabliert und verzahnt mit der Geschäftsmodellweiterentwicklung. Business Analytics ist insbesondere für die Verbesserung digitaler Kundenkommunikation aufgesetzt. Digitale Fähigkeiten sind vorhanden. Agile ist Alltag. Die Organisation 4.0 wird aktiv vorangetrieben.
- **Excellence** – lebende digitale Organisation & digitale Transformation
  Die digitale Strategie und Organisation 4.0 sind in großen Teilen umgesetzt und werden agil und systematisch weiterentwickelt. Die Wertschöpfungsketten sind horizontal und vertikal vernetzt. In einem kontinuierlichen Verbesserungsprozess wird zunehmend mehr Digital Excellence erreicht. Digitale Fähigkeiten sind vorhanden und etabliert. Digitale Plattformen und das Business-Eco-System sind etabliert und werden entsprechend der Anforderungen ausgebaut und skaliert. Die digitale Transformation wird systematisch und agil geplant und gesteuert. Entsprechend der Ziele sind messbare Ziele und KPIs definiert und diese werden aktiv verfolgt. Eine lernende Organisation entwickelt kontinuierlich das Unternehmen und dessen Geschäftsmodell aktiv weiter.

Rolle Chief Digital Officer in der Digitalen Transformation

Der Chief Digital Officer (kurz CDO, siehe Abschnitt 2.2.9) spielt in der digitalen Transformation insbesondere als „Change Agent“ in niedrigen Reifegraden eine wichtige Rolle. Er treibt die digitale Transformation aktiv voran. In höheren Reifegraden wandelt sich seine Rolle zunehmend zum Impulsgeber. In der höchsten Reifegrad-Stufe „Excellence“ macht sich der CDO zunehmend überflüssig. Jeder Mitarbeiter verfügt dann über alle erforderlichen digitalen Fähigkeiten. Es ist nicht mehr Aufgabe eines Einzelnen. ■

Die Reifegrad-Einschätzung ist einer der ersten Schritte der digitalen Transformation. Schauen wir uns das systematische Vorgehen bei der digitalen Transformation etwas näher an.

4.3 Leitfaden für die systematische digitale Transformation

In Bild 4.7 finden Sie das Vorgehen bei der digitalen Transformation im Überblick. Gehen Sie Schritt für Schritt vor. Die folgende Anleitung gibt Ihnen Hilfestellungen, systematisch und schrittweise die digitale Transformation anzugehen.

Voraussetzung für die digitale Transformation ist ein Treiber, der Chief Digital Officer (kurz CDO). Er ist Change Agent, Impulsgeber und Innovationsmotor, gerade in den ersten Reifegradstufen.

WARUM – WAS – WIE				
Digitale Stoßrichtung	**Geschäfts-modell**	**Digitale Roadmap**	**Agile Umsetzung**	**Controlling & Enabling**
▪ Vision & Mission mit u.a. Positionierung und Differenzierung ▪ Treiber identifizieren ▪ Business Capability Map inkl. digitale Fähigkeiten ▪ Reifegrad-Bestimmung & Handlungsfelder identifizieren ▪ Ziele & Messgrößen ▪ Strategische Stoßrichtungen & Leitplanken ▪ Strategien & Prinzipien	Ideenfindung, ganzheitliche und systematische Analyse & Festlegung evolutionäre & disruptive Geschäftsmodelle ▪ Kunden (Zielgruppen & Bedürfnisse) und deren Touchpoints ▪ Produkte & Dienstleistungen (und deren Kundenmehrwert) ▪ Business Eco-System ▪ Capabilities, Prozesse, IT-Landschaft, Kultur & Skills	Operationalisierung des Geschäftsmodells & der digitalen Strategie ▪ Soll-Ist-Abgleich ▪ Systematische Ableitung von Handlungsfeldern ▪ Digitale Lösungen für Handungsfelder (Nutzung von Lösungsmustern) Systematische Quick-win-basierte Lösungskonzeption und Planung Schritt-für-Schritt digitale Transfomations-Roadmap (mit MVP und Lean Startup)	Ganzheitliche agile Planung & Umsetzung der digitalen Transformation ▪ Menschen, Skills & Kultur ▪ Capabilities, Daten, Prozesse & Organisation ▪ Business Eco-System ▪ IT-Landschaft mit Omnikanalfähigkeit, Business-Agilität & digitalen Plattformen Gesteuerter agiler Veränderungs-prozess	▪ Marketing, Branding und externe Kommunikation ▪ Mitarbeiter-entwicklung & Skill-Management ▪ Kommunikation & Change Management für den Kulturwandel zu einer Lean Kultur ▪ Überprüfung Ziel-erreichung anhand der gesetzten Ziele und Messgrößen

Bild 4.7 Vorgehen bei der digitalen Transformation

Definition Chief Digital Officer (CDO)

Ein Chief Digital Officer verantwortet die Entwicklung der digitalen Strategie und neuer digitaler Geschäftsmodelle. Zudem treibt er die digitale Transformation auf allen Ebenen voran.

Hierzu muss er alle ökonomischen, technischen und strategischen Aspekte der Digitalisierungsvorhaben im Zusammenhang überblicken, Abhängigkeiten, Konflikte und Synergien erkennen und managen. Customer Experience Management ist ein Kern seiner Aufgaben, da die Bedürfnisse des Kunden bei der Gestaltung neuer digitaler Geschäftsmodelle im Vordergrund stehen. Er ist Innovationsmotor für die Entwicklung neuer digitaler Geschäftsmodelle und verantwortet deren Erfolgskontrolle und Optimierung. Zudem treibt er das Innovations-Enabling und arbeitet eng mit dem interdisziplinären Innovationsmanagement zusammen. Er treibt die digitale Transformation in einem gesteuerten Veränderungsprozess inklusive der Veränderung der Organisation zu einer digitalen Kultur.

Der CDO ist in der Regel Teil der Unternehmensführung oder aber im Stab der Unternehmensführung angesiedelt. Nur so hat er die notwendige Durchschlagskraft. In Abhängigkeit von Größe und Ausrichtung des Unternehmens sowie der Digitalisierungsaffinität der Unternehmensführung kann dies auch in Personalunion von z. B. dem CEO oder dem CIO erfolgen, wenn diese ausreichend Zeit für diese Aufgabe haben. Wichtig ist, dass Klarheit über den Verantwortungsbereich und die Schnittstellen zu anderen Bereichen geschaffen und alle Bereiche „mitgenommen“ werden. ■

Nachdem der Kümmerer und Treiber der digitalen Transformation festgelegt ist, kann schrittweise und agil der digitale Veränderungsprozess vorangetrieben werden. In jeder Stufe müssen die in Bild 4.7 dargestellten Schritte durchlaufen werden.

1. **Digitale Stoßrichtungen festlegen (oder weiterentwickeln) und kommunizieren**

   Die Definition und Kommunikation der strategischen Stoßrichtungen der digitalen Strategie sind unerlässlich, um alle Mitarbeiter, Führungskräfte und das gesamte Business-Eco-System in die gleiche Richtung mitzunehmen. Insbesondere werden eine Vision und Leitplanken für die Umsetzung vorgegeben.

2. **Geschäftsmodell(weiter-)entwicklung**

   Über einen gesteuerten Prozess zur Geschäftsmodellentwicklung, eingebettet in ein interdisziplinäres Innovationsmanagement, müssen kreative Ideen gefunden und bewertet werden. Auf dieser Basis werden die Geschäftsmodelle evolutionär oder/und disruptiv weiterentwickelt.

3. **Digitale Roadmap festlegen**

   Die digitale Roadmap ist die Operationalisierung der digitalen Strategie und des (weiterentwickelten) Geschäftsmodells. Auf Basis des Soll-Ist-Abgleichs werden Handlungsfelder abgeleitet und digitale Lösungen in einem kreativen und agilen Lösungsprozess identifiziert. Die Umsetzungsgeschwindigkeit ist hier häufig entscheidend. Daher werden Ansätze wie Lean Startup und MVP (siehe Abschnitt 5.2.2) verfolgt.

4. **Agile Umsetzung der digitalen Roadmap**

   In einem gesteuerten agilen Veränderungsprozess wird die Umsetzung der digitalen Roadmap ganzheitlich und agil geplant und durchgeführt. Menschen, Skills, Kultur, Capabilities, Daten, Prozesse, Organisation, Business-Eco-System und IT-Landschaft müssen „digital bewegt“ werden. So müssen z. B. operative Einheiten für Cloud-Dienste aufgebaut werden.

5. **Controlling der Umsetzung und Enabling der Organisation**

   Nach jedem Umsetzungsschritt muss einerseits die Zielerreichung überprüft und andererseits der Transformationsschritt nachhaltig verankert werden. Hierzu muss die Mitarbeiter- und Skill-Entwicklung vorangetrieben sowie über ein konsequentes Marketing und Branding das Markenprofil geschärft und die Bekanntheit der Marke vergrößert werden.

Schauen wir uns die Schritte etwas detaillierter an. Die Schritte „digitale Stoßrichtung", „Geschäftsmodellentwicklung" und „digitale Roadmap" sind wesentliche Bestandteile der digitalen Strategie.

Eine digitale Strategie gibt Orientierung und erstellt einen Handlungsrahmen für die digitale Transformation. Sie ist ein wesentlicher Bestandteil der Unternehmens- und IT-Strategie oder muss zumindest mit diesen harmonieren. Sie gibt Vision, Ziele und Leitplanken für die digitale Transformation vor und verbindet das Vorhandene mit dem notwendigen Neuen (siehe Abschnitt 1.3).

Auch wenn die Bestandteile der digitalen Strategie (siehe Bild 4.8) bei Unternehmen gleich sind, unterscheiden sich deren Inhalte erheblich. Initiiert wird die unternehmensspezifische Ausgestaltung der digitalen Strategie in der Regel von der Unternehmensführung. Verantwortlich für die Strategieentwicklung ist meistens der Chief Digital Officer. Er sorgt auch dafür, dass die digitale Strategie nach initialer Erstellung in regelmäßigen Zeitabständen an veränderte Rahmenbedingungen angepasst wird. Die Aktualisierung erfolgt häufig jährlich. Die Strategieentwicklung erstreckt sich im Allgemeinen über mehrere Monate. In einer Abfolge von Strategieworkshops mit einem interdisziplinären Team werden die einzelnen Aspekte der digitalen Strategie schrittweise entwickelt. Die Teilnehmer sind so auszuwählen und mental einzustimmen, dass sie als Team systematisch, kreativ und trotzdem diszipliniert die zu bearbeitenden Themen mit einer gemeinsamen Sprache und einem gleichen Strategieverständnis angehen.

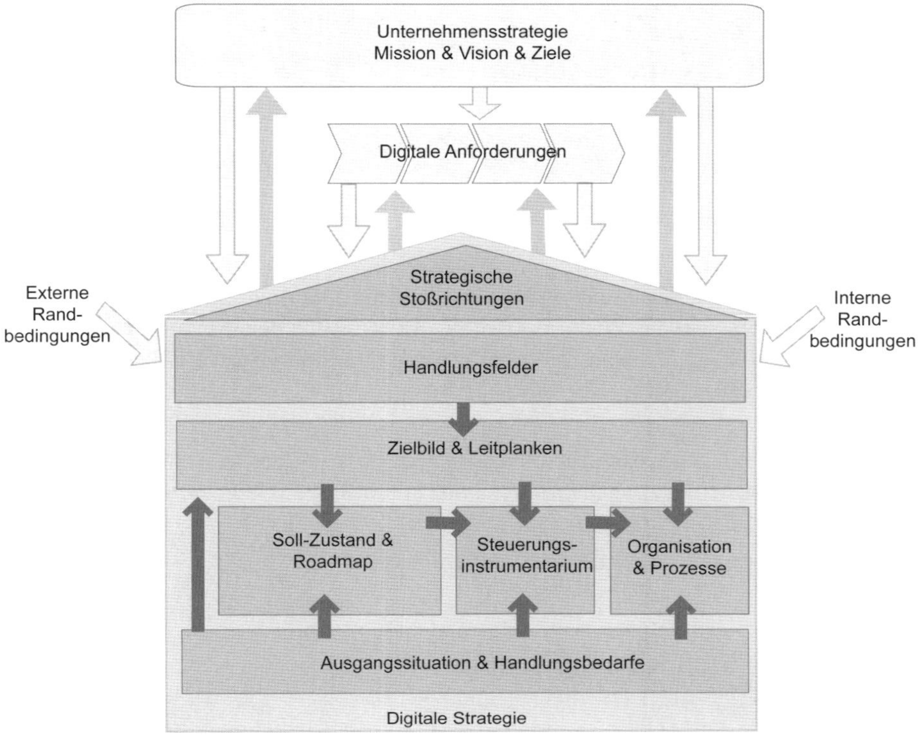

Bild 4.8 Bestandteile der digitalen Strategie

Sie müssen sowohl den Prozess der Strategieentwicklung als auch die beteiligten Personen entsprechend Ihrer Unternehmensorganisation und -kultur festlegen. Für alle Beteiligten müssen Sie festlegen, wer wann für welche Schritte hinzuzuziehen ist.

Wichtig!
Beteiligen Sie die Unternehmensführung und alle Verantwortlichen der Kernbereiche!

Sowohl bei der initialen Entwicklung als auch bei der Fortschreibung kann der folgende Leitfaden herangezogen werden. Er besteht im Wesentlichen aus der Analyse und der Gestaltung (siehe Bild 4.9).

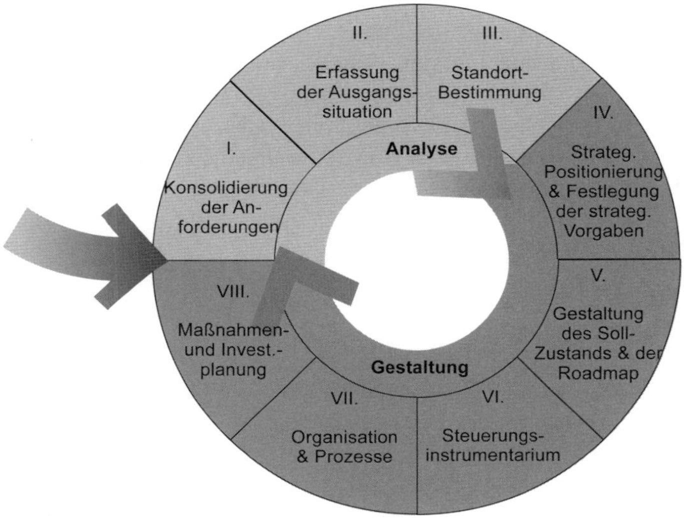

Bild 4.9
Prozess der IT-Strategieentwicklung

- **Analyse**
  Sammeln und konsolidieren Sie in der Analysephase die digitalen Anforderungen von Kunden, Teilnehmern des Business-Eco-Systems, Treibern der Digitalisierung und von unternehmensintern. Erfassen Sie den Ist-Zustand und führen Sie auf dieser Basis eine Standortbestimmung (siehe Abschnitt 4.2) durch.
- **Gestaltung**
  Legen Sie die strategischen Stoßrichtungen fest und formulieren Sie strategische Vorgaben (Ziele und insbesondere auch Prinzipien) und Planungsprämissen. Treffen Sie Vorkehrungen für deren Umsetzung.

Im Folgenden werden die Aktivitäten detailliert beschrieben.

4.3.1 Digitale Stoßrichtung festlegen

Durch die digitale Stoßrichtung werden eine Vision und Leitplanken für die Geschäftsmodellentwicklung und Umsetzung aufgestellt. Wesentlich ist hierbei auch die Kenntnis der aktuellen Ausgangslage über eine Reifegradbestimmung. Folgende Schritte sind für die Festlegung der digitalen Stoßrichtung notwendig.

I. Sammeln und konsolidieren Sie die digitalen Anforderungen

Holen Sie folgende Informationen für die Standortbestimmung ein und konsolidieren Sie diese:

- **Wesentliche Aspekte der Unternehmensstrategie**
  Erfragen und dokumentieren Sie die wesentlichen Aspekte der Unternehmensstrategie. Von besonderer Bedeutung sind hierbei die Unternehmensziele und die Geschäftstreiber. Diese bilden den Ausgangspunkt für die Ableitung Ihrer digitalen Strategie.

> **Wichtig!**
> Falls es keine niedergeschriebene Unternehmensstrategie gibt, schreiben Sie selbst Ihre Annahmen zur Unternehmensstrategie auf – insbesondere Geschäftstreiber und Unternehmensziele! So können Sie die Ableitung dokumentieren. Gleichzeitig stellt dies den Ausgangspunkt für die Abstimmung mit der Unternehmensführung dar. ■

- **Digitale Anforderungen**
  Ermitteln Sie die Bedürfnisse Ihrer Zielkunden bzw. Fachbereiche intern. Leiten Sie hieraus die benötigten Business Capabilities und digitalen Fähigkeiten (siehe Abschnitt 4.2.1) ab. Konkretisieren Sie die Anforderungen bis auf Feature-Ebene (siehe Abschnitt 5.7) in der Sprache des Kunden oder des internen Fachbereichs. Anforderungen können sowohl operativ als auch strategisch sein. Ein Beispiel hierfür ist ein „Rund um die Uhr"-Service für Kunden. Fragen Sie insbesondere nach „Pains", dem spürbaren Handlungsbedarf und dem Optimierungspotenzial. Nutzen Sie zudem Möglichkeiten wie Co-Creation (siehe Abschnitt 1.1).
- **Interne und externe Randbedingungen**
  Ermitteln Sie die externen Randbedingungen, wie z. B. digitale Treiber wie technische Innovationen oder Regulatorien, sowie gesetzliche Sicherheits- und Compliance-Anforderungen, die einen elektronischen Austausch vorschreiben. Weitere externe Treiber sind die Markt- und Wettbewerbssituation. Führen Sie zudem eine Trendanalyse durch, um z. B. technische Zukunftsszenarien vorausschauend zu erstellen.

  Bei der Analyse der internen Randbedingungen werden die Organisation sowie die Fähigkeiten, Kernkompetenzen und Ressourcen des Unternehmens und deren Leistungspotenzial ermittelt.

  Zu Methoden der Analyse interner und externer Randbedingungen sei auf einschlägige Literatur wie z. B. [Win03], [War02] oder [Ber03] verwiesen.

  Auf Basis der Ergebnisse können die Chancen und Risiken sowie Stärken und Schwächen ermittelt und über eine SWOT-Analyse bewertet werden.

> **Wichtig!**
> Stimmen Sie die digitalen Anforderungen mit der Unternehmensführung bzw. den jeweiligen Fachbereichen ab. ■

II. Erfassen Sie den Ist-Zustand für alle Dimensionen der Digitalisierung und dokumentieren Sie den bestehenden Handlungsbedarf

Erfassen Sie das aktuelle Dienstleistungs- und Produktportfolio, das bestehende Ökosystem, die vorhandenen Business Capabilities, die bestehende IT-Landschaft mit Aspekten, wie z. B. deren Grad der Standardisierung, sowie die aktuelle Skill-, Kultur- und Ressourcensituation (sowohl Mitarbeiter als auch Lieferanten) sowie organisatorische Randbedingungen. Nehmen Sie den bekannten Handlungsbedarf auf. Analysieren Sie den Ist-Zustand in Bezug auf die Umsetzung der ermittelten digitalen Anforderungen.

Für die Erfassung und Analyse der Ist-IT-Landschaft können Sie [Han16] Tipps entnehmen.

III. Führen Sie eine Reifegrad-Analyse durch (siehe 4.2)

- Ermitteln Sie den aktuellen digitalen Reifegrad.
- Analysieren Sie Ihre End-to-end-Wertschöpfungsketten. Bestimmen Sie den Reifegrad der Prozesse. Nutzen Sie hierzu standardisierte Modelle wie z. B. CMMI (siehe [Zin04], [Joh11] und [Foe08]).
- Dokumentieren Sie die Standortbestimmung im Strategiedokument.

IV. Legen Sie die strategische Positionierung und die strategischen Vorgaben (Vision, Ziel-Bild und Leitplanken) fest

Formulieren Sie Mission und Vision (siehe Abschnitt 1.3). Nutzen Sie, soweit vorhanden, die bestehende und überprüfen Sie, wo Veränderungen im Hinblick auf die Möglichkeiten der Digitalisierung bestehen.

Tipp:

- Je kürzer Sie eine Mission oder eine Vision formulieren, desto einprägsamer ist sie und desto leichter lässt sie sich in Ziele und Strategien umsetzen!
- In den Entwicklungs- und Formulierungsprozess müssen die jeweils Verantwortlichen von Anfang an einbezogen werden! Nur so erreichen Sie die notwendige Akzeptanz, die die Voraussetzung für die Umsetzung ist.

- Formulieren Sie strategische Stoßrichtungen und Prinzipien für die Partizipation an der digitalen Welt, z. B. Positionierung und Strategien in Richtung digitaler Plattformen, Effizienzsteigerung durch Automatisierung, digitale Veredelung oder Abschöpfung digitaler Abfallprodukte sowie Art und Weise des Enablings von disruptiven Innovationen.

  Prinzipien geben einen Rahmen und eine Orientierungshilfe für die Steuerung der digitalen Transformation vor. Sie sind wesentlicher Teil der digitalen Leitplanken. Die Prinzipien müssen klar und verständlich sein. Sie müssen artikuliert und festgeschrieben werden. In der Regel sollten Sie nur wenige ausgewählte Basisprinzipien verwenden, deren Umsetzung messbar und somit steuerbar ist. Ein Beispiel für Prinzipien finden Sie in Bild 4.10. Weitere Informationen hierzu enthält Abschnitt 5.3.
- Operationalisieren Sie die Prinzipien sowohl durch Ziele als auch durch die Verankerung in den Prozessen, indem Sie z. B. die Prinzipien in Form von Checklisten für Reviews von Projektanträgen oder in die Projektabwicklung integrieren.

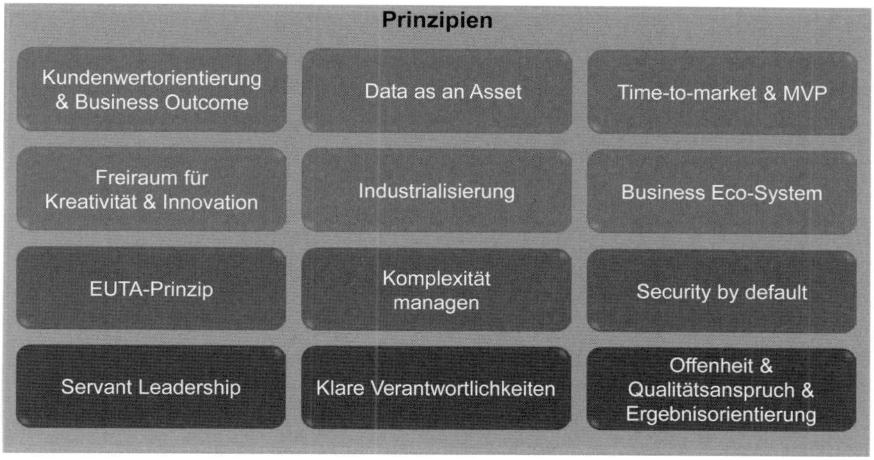

Bild 4.10 Beispiel für digitale Prinzipien

- Leiten Sie Ziele aus den digitalen Anforderungen ab. Brechen Sie die Ziele so weit herunter, dass die erforderlichen Maßnahmen bis hin zur Umsetzungsebene transparent werden. Durch die Verknüpfung mit den Unternehmenszielen und Bereichszielen, wie z. B. IT-Zielen, kann die Ableitung nachvollzogen werden. Hilfestellungen für die Ableitung der Ziele finden Sie in [Han14]. Legen Sie die Steuerungsziele und KPIs dazu fest.
- Identifizieren Sie die relevanten Steuerungsziele für alle digitalen Stoßrichtungen. Stellen Sie dabei auch sicher, dass die Aspekte Sicherheit, Compliance und Risikomanagement ausreichend berücksichtigt werden. Beispiele für abzudeckende Bereiche:
  - Planung und Überwachung der Einhaltung von Zielen sowie Früherkennung von Zielabweichungen und Veränderungen
  - Sicherstellung der Einhaltung strategischer Leitlinien und Festlegungen
  - IT-Eigenleistungs- und Sourcing-Steuerung
  - Steuerung des Projektportfolios
  - Kontrolle der Durchführung von Strategie- und Organisationsprojekten
  - Kontrolle der Wirksamkeit der Projekte
- Legen Sie für alle Steuerungsgrößen Indikatoren, überprüfbare Vorgabewerte inkl. Toleranzbereichen sowie eine Verknüpfung mit operativen Messgrößen fest (siehe [Han14]).

4.3.2 Geschäftsmodellentwicklung

Das Geschäftsmodell und die digitale Strategie müssen so gestaltet sein, dass sie die Wettbewerbsfähigkeit für die kommenden fünf bis zehn Jahre sichern. Hierzu müssen bestehende Geschäftsmodelle hinterfragt und innovative Ideen aus dem Innovationsmanagement für neue disruptive Geschäftsmodelle oder auch die evolutionäre Weiterentwicklung der bestehenden Geschäftsmodelle genutzt werden.

Im Rahmen der Geschäftsmodellentwicklung muss systematisch vorgegangen werden (Warum? Was? Wie?). Kernfragen sind hier:

- Wer sind unsere Zielkunden? Welche Bedürfnisse haben diese?
- Was bieten wir diesen an? Wie sieht unser Wertangebot und Nutzenversprechen aus? Welche Touchpoints bedienen wir?
- Wie stellen wir die Leistung her? Wie wird Wert für den Kunden und das Unternehmen erzielt? Wie kann das Business-Eco-System passgenau aufgebaut und ausgebaut werden?

Geschäftsmodelle entsprechen nicht immer dem „Erwarteten". Ein schönes Beispiel hierfür ist das Zitat von Henry Ford: „Wenn ich die Menschen gefragt hätte, was sie wollen, hätten sie gesagt, schnellere Pferde." Deshalb erfolgt die Geschäftsmodellentwicklung iterativ und Feedback-orientiert. Kernelemente sind die Konzeption, der Prototyp und der Test bzw. das Feedback. Der Prototyp ist hierbei die kostengünstige Realisierung des Geschäftsmodells. In frühen Phasen des Prototypings wird unnötiger Aufwand vermieden, da umfangreiche Anpassungen zu erwarten sind. Diese erfolgen aufgrund des Feedbacks, das von möglichst vielen Lead-Kunden eingeholt werden sollte.

Startpunkt bilden Innovationen.

V. Identifizieren Sie Innovationen mit Potenzial

Als wesentlicher Bestandteil des interdisziplinären Innovationsmanagements müssen Sie Innovationen mit Potenzial identifizieren. Dies ist die Grundlage für die eigentliche Geschäftsmodellentwicklung.

Folgende Schritte sind hierfür notwendig:

1. **Steigerung der Kollaboration und Vernetzung in der Organisation und im Business Eco-System (inklusive Kunden für Co-Creation)**

   Bereitstellung einerseits von Kollaborationsplattformen und vor allen Dingen interdisziplinären Innovationsforen, in die sich jeder Mitarbeiter einbringen kann. Hier gibt es unterschiedliche Ansätze, wie z. B. Innovation Labs oder aber auch Hackathons.

> **Hackathon**
>
> Ein Hackathon ist eine Veranstaltung, an der Entwickler von Software und Hardware teilnehmen, um gemeinsam nützliche, kreative oder unterhaltsame neue Produkte (prototypisch) zu erstellen.

2. **Ideenpool – unbewertetes Sammeln von Ideen**

   Systematisches Sammeln von Ideen in einem interdisziplinären Team mithilfe von Methoden (siehe Abschnitt 5.1), wie z. B. Design Thinking, Forschungskooperation wie Innovation Labs unter anderem mit Universitäten, Open Innovation oder andere Kreativitätsmethoden. Das interdisziplinäre Team sollte sowohl aus Technologieexperten als auch insbesondere aus fachlichen Experten, die die Kundenbedürfnisse sehr gut kennen, bestehen. Beispiele für Teilnehmer sind z. B. Vertreter vom Kundenservice, Partner, Integratoren, Anbieter von digitalen Plattformen oder auch Pilotkunden.

3. **Agiles Ideenmanagement**

   Alle Ideen müssen für alle Beteiligten transparent und idealerweise visualisiert abgelegt werden. Hier eignet sich neben dem Innovationsportfolio z. B. ein Ideen-Kanban mit „Idee", „Konzept", „Geschäftsmodell" und „Vorratsspeicher für ggf. eine neue Bewertung" sowie „Verworfen". Die Ideen müssen in einem Prozess (Routine) regelmäßig bewertet werden. Bewertungskriterien sind, neben der Einordnung in das Innovationsportfolio (Unterscheidung der Innovationstypen in Abhängigkeit vom Grad der Markt- und Technologieinnovation siehe Bild 1.7), z. B. die Erfüllung der Kundenbedürfnisse (Zielgruppenrelevanz), der Strategiebeitrag und Kosten/Nutzen sowie Risiken. Ideen, die gewisse unternehmensspezifische Kriterien erfüllen, finden dann Einzug in die Geschäftsmodellentwicklung und werden hierfür konzeptionell evaluiert.

4. **Konzeptionelle Evaluierung und Prototypen-Test**

   Aus den z. T. noch losen Ideen entstehen Produkt- und Dienstleistungsideen. Hier ist es essenziell, die Bedürfnisse des Kunden wirklich zu verstehen. Je tiefer das Verständnis ist, desto mehr liegt eine smarte Lösung auf der Hand. Häufig wird hierzu das Konzept in greifbare Prototypen oder Design-Entwürfe zur Evaluierung übersetzt.

   Hierbei kommen oft Techniken wie das Design Thinking (siehe Abschnitt 5.1.1.1) zur Anwendung. Wesentlich sind dabei folgende Kernfragen:

   - **Warum? – Kundenmehrwert**
     Welche Zielgruppe und welche Bedürfnisse werden adressiert? Was ist das Ziel? Welchen Mehrwert hat der Kunde oder Nutzer des Produkts oder der Dienstleistung? Wie sieht der Elevator-Pitch dazu aus?

     Eine Zielgruppe könnten Internetnutzer sein, die einen einfachen Vergleich von Restaurants in ihrer Umgebung durchführen können.

     Die Idee für ein Produkt oder eine Dienstleistung muss Begeisterung auslösen, praktikabel sein sowie selbsterklärend und intuitiv fassbar vorgestellt werden.
   - **Was? – Geschäftsmodell, einzelnes Produkt oder Dienstleistung**
     Was ist das positive Kundenerlebnis? Wie kann dieses nachhaltig verfestigt werden?
   - **Wie? – Strukturierung und Visualisierung der Lösung**
     Idealerweise visuelle Darstellung des geplanten Produkts oder der Dienstleistung, z. B. über Prototypen, als Grundlage für die Diskussion und die Vorstellungskraft zur Generierung von neuen Ideen.

     Hier werden auch die äußeren und inneren Einflüsse analysiert, die über (wirtschaftlichen) Erfolg oder Scheitern entscheiden.

> **Elevator-Pitch**
>
> Ein Elevator-Pitch ist eine „Aufzugspräsentation", mit der in der kurzen Zeit einer Fahrstuhlfahrt die Aufmerksamkeit des potenziellen Investors, Käufers oder Nutzers geweckt werden soll. Dabei müssen alle wesentlichen Informationen vermittelt und das dringende Verlangen erzeugt werden, einen Investor zu finden oder das Produkt oder die Dienstleistung an den Mann zu bringen. Dies wird häufig genutzt, wenn junge Unternehmer erfolgreichen Entrepreneuren ihre Ideen vorstellen.

Wesentlich sind die Grundregeln von AIDA (Attention - Interest - Desire - Action).

- Aufmerksamkeit erzeugen: Was ist der Mehrwert?
- Interesse wecken: Was ist unser Unique Selling Point (USP)? Relevanz und Praktikabilität? Was unterscheidet unser Produkt oder unsere Dienstleistung von anderen?
- Verlangen auslösen: Welcher persönliche Nutzen entsteht beim Käufer oder Nutzer? Welche Begeisterungsanforderungen (siehe Kano-Modell) werden geboten?
- Handlung provozieren (Appell, zuzugreifen): Wo können weitere Informationen über das Unternehmen, das Produkt oder die Dienstleistung bezogen werden? Welche einmalige Chance wird eröffnet?

Für den ersten Eindruck gibt es keine zweite Chance. Der Interessent muss in den Bann gezogen und veranlasst werden, sich eingehender mit dem Unternehmen, Produkt oder der Dienstleistung zu beschäftigen. Von daher ist eine Ansprache auf emotionaler Ebene wichtig. Rhetorische Fragen, Metaphern und das Sprechen in Bildern können hier helfen. Ergebnis sollte ein konkreter Termin für die Präsentation des Businessplans, des Produkts, der Dienstleistung oder sogar ein konkretes Angebot sein. ■

Kano-Modell

Herauskitzeln von Basis- und Begeisterungsanforderungen (Kano-Modell)

Häufig werden nur gewünschte Funktionalitäten (Leistungsanforderungen) explizit vom Anforderungssteller benannt. Basisanforderungen, wie z. B. Bremsen beim Fahrrad, führen bei Nichtvorhandensein zu Unzufriedenheit. Sie werden einfach erwartet, aber in der Regel nicht benannt, da als selbstverständlich angenommen. Nach Basisanforderungen muss daher in der Business-Analyse explizit nachgefragt werden. Ähnlich verhält es sich mit den Begeisterungsanforderungen, die ein „Leuchten in den Augen des Anforderungsstellers" auslösen. Der Anforderungssteller rechnet nicht mit der Umsetzung, freut sich aber umso mehr und verzeiht auch ggf. den einen oder anderen Fehler. Beispiele hierfür sind Sonderausstattungen im Auto oder aber automatisierte Berechnungen. ■

5. **Lean Startup mit MVP-(Minimum Viable Product)-Realisierung**

   Lean Startup ist eine Methode, bei dem ein Produkt schnell auf den Markt gebracht wird, um es anschließend anhand von Feedback schrittweise zu verbessern. MVP ist die Lösung mit dem minimalen Funktionsumfang, die Wert für den Kunden darstellt. Dieser Kern der Lösung wird häufig mit Lead-Usern (erfolgversprechendste Zielgruppe) verprobt.

   Aufgrund des Feedbacks können das Produkt weiterentwickelt und die Kinderkrankheiten ausgemerzt werden.

VI. Ableitung des oder der Geschäftsmodell(e) sowie des Ziel-Bilds und Roadmap zur Umsetzung

- Soll-Geschäftsmodell: Entwickeln Sie Ihre disruptiven und evolutionären Geschäftsmodelle in interdisziplinären Workshops. Betrachten Sie hierbei systematisch und ganzheitlich alle Dimensionen der Digitalisierung (siehe Abschnitt 2.1), wie die Kunden (Zielgruppen und ihre Bedürfnisse) und deren Touchpoints, Produkte und Dienstleistungen (und deren Kundenmehrwert), Business-Eco-System, Business Capabilities, Prozesse, IT-Landschaft, Daten, Kultur und Skills. Nutzen Sie hierbei Methoden aus Abschnitt 5.2, wie z. B. das Business Model Canvas.

  Leiten Sie die erforderlichen Business Capabilities und das Business-Eco-System ab sowie identifizieren Sie Handlungsfelder, wie z. B. noch nicht vorhandene Business Capabilities oder Touchpoints.

- Identifizieren Sie weitere Handlungsbedarfe und Optimierungspotenziale durch Analyse der Business Capabilities (siehe Abschnitt 5.2.7) sowie allen Dimensionen der Unternehmensarchitektur (siehe Abschnitt 5.6), wie z. B. das Business-Eco-System, im Ist-Soll-Abgleich sowie in Bezug auf die Umsetzung der digitalen Stoßrichtungen und der digitalen Fähigkeiten.

  In Bild 4.11 wird der Ableitungsprozess des Ziel-Bilds und der Roadmap zur Umsetzung im Überblick dargestellt. Die Business Capability Map (kurz einfach Capability Map) ist das fachliche Big Picture für die strategische Planung. In diesem werden sowohl die Handlungsfelder auch in Bezug auf Dimensionen, wie z. B. Touchpoints oder Business-Eco-System verortet. So können z. B. in der fachlichen Domäne (grobgranulare Capability) „Vertrieb" Touchpoints, wie z. B. das „Kundenportal" fehlen. Dies kann dann in der fachlichen Domäne „Vertrieb" als ein Handlungsfeld verortet werden. Weitere Informationen hierzu finden Sie in Abschnitt 5.6.

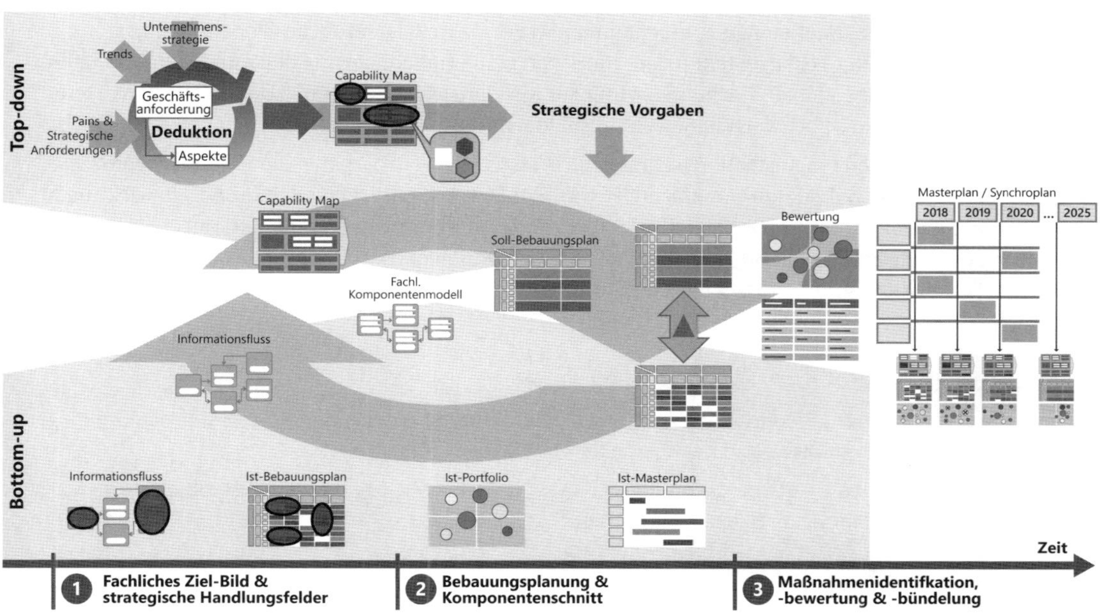

Bild 4.11 Ableitung des Ziel-Bilds und der Roadmap zur Umsetzung

Analysieren Sie auch die vorhandene und erforderliche IT-Unterstützung. Auch hier kann z. B. eine Unterstützung für die Omnikanalfähigkeit fehlen und dann dafür ein neuer technischer Baustein (wie z. B. Referenzarchitektur oder Plattform) erforderlich werden. Konkrete Hilfestellungen für die Analyse der IT-Landschaft finden Sie in Abschnitt 5.6.

Leiten Sie aus den Business Capabilities die erforderlichen technischen Capabilities ab.

- Gestalten Sie den Soll-Zustand für alle IT-Assets: Führen Sie hierzu eine Bebauungsplanung Ihrer Soll-IT-Landschaft und deren Roadmap zur Umsetzung durch (siehe Abschnitt 5.6). Identifizieren Sie zudem technische Lösungen, wie erforderliche Plattformen, die für die Umsetzung des Soll-Geschäftsmodells erforderlich sind.

  Nutzen Sie hierzu als fachlichen Bezugsrahmen die Business Capabilities (Level 1 und Level 2 sowie für Detailfragen auch Level 3). Siehe hierzu Abschnitt 5.2.7. Hilfestellungen für die Gestaltung der Soll-IT-Landschaft sowie der Roadmap zur Umsetzung finden Sie in [Han16].
- Legen Sie Sourcing- und Eigenleistungsschwerpunkte fest (siehe Sourcing-Strategie in Abschnitt 5.3.1) und analysieren Sie Ihr Business-Eco-System.

Dies bildet den wesentlichen Input für die Definition der digitalen Roadmap.

4.3.3 Digitale Roadmap entwickeln

Eine digitale Roadmap ist ein Plan zur Umsetzung der digitalen Strategie. Konkrete Maßnahmen mit klaren Zielen und Messgrößen werden entsprechend fachlicher Prioritäten und Terminvorgaben sowie Umsetzungsgesichtspunkten, wie z. B. Plattformstrategie, oder Kosten-Nutzen-Aspekten gebündelt. Hierbei werden auch Risiken explizit adressiert, indem z. B. Risikomaßnahmen mit aufgenommen werden. Ein Beispiel ist die Globalisierung von z. B. Vertriebs- und Service-Strukturen. Diese setzt eine Globalisierung der Kundenstammdaten, das heißt eine globale Harmonisierung der Kundenstrukturen und -daten, sowie konsistente und qualitativ hochwertige Bewegungsdaten voraus.

Eine digitale Transformation ist erst dann erfolgreich, wenn Organisation, Geschäftsprozesse, IT und Geschäftsdaten transformiert wurden. Dies hat natürlich auch große Auswirkungen auf das aktuelle Projektportfolio. Jedes Projekt im Kontext der Business-Transformation ist sorgfältig auf die entsprechende Konformität zu prüfen und ggf. zu stoppen oder zu verändern. Dies ist wesentlicher Bestandteil der Entwicklung der digitalen Roadmap.

Wichtig!

Sichern Sie Ihre Entscheidungen ab und führen Sie die digitale Transformation systematisch und nachhaltig durch. Wesentlich sind hierfür:

- Due Diligence: sorgfältige Analyse, Prüfung und Bewertung eines Objekts im Rahmen z. B. einer Akquisition.
- Planung der digitalen Transformation: Entwicklung eines realistischen Ziel-Bilds und einer Roadmap für die Umsetzung sowie regelmäßige Anpassungen der Planung entsprechend der Erfordernisse.

- Transparenter inhaltlicher Umsetzungsstatus: fundierte und zeitnahe Informationen zu Status und Fortschritt der Business-Transformation.
- Gesteuerter Veränderungsprozess (Change Management): Operationalisierung und schrittweise Verankerung in der Organisation.

Professionelles Management von Business-Transformations-Projekten: sichere, risikoarme und zuverlässige Abwicklung.

Die digitale Roadmap ist ein konkreter Fahrplan vom Ist zum Soll. Hierin werden die digitale Strategie und das Geschäftsmodell operationalisiert. Den Startpunkt bilden ein Soll-Ist-Abgleich und eine systematische Ableitung von Handlungsfeldern. Auf dieser Basis werden digitale Lösungen in einem kreativen und agilen Lösungsprozess identifiziert. Die Umsetzungsgeschwindigkeit ist hier häufig entscheidend. Daher werden Ansätze wie Lean Startup und MVP (siehe Abschnitt 5.2.2) verfolgt.

Wesentliche Schritte hierfür sind:

VII. Maßnahmenidentifikation und -bündelung

- Erstellen Sie einen Soll-Ist-Abgleich. Ermitteln Sie die Lücken und leiten Sie daraus Handlungsfelder ab.
- Für den ermittelten Handlungsbedarf müssen mögliche Maßnahmen identifiziert, bewertet und zu Umsetzungspaketen gebündelt werden. Wesentlich ist insbesondere die Kosten-Nutzen-Betrachtung. Nach der Identifikation müssen diese dann geordnet über das Projektportfoliomanagement eingesteuert werden. Die Planung der nächsten Umsetzungsstufe erfolgt ebenso agil in Iterationen. Ein Planungsszenario entsteht, wird analysiert, bewertet und gegebenenfalls modifiziert.

  Möglicherweise gibt es Planungsvarianten.[1] Spiegeln Sie die Planungsvarianten auf der Zeitachse. Bewerten Sie die Planungsvarianten bzgl. der Abdeckung der digitalen Anforderungen sowie der Abdeckung der strategischen Vorgaben sowie von Kosten, Umsetzungsdauer und -risiko. Neben den Risiken bei der Durchführung sollten Sie auch die Risiken bei einer Unterlassung berücksichtigen.

Wichtig!

Dokumentieren Sie Planungsvarianten sowie die Kriterien für die Entscheidungsfindung so, dass sie nachvollziehbar sind!

Benennen Sie hierzu die Unternehmensziele, die Geschäftsanforderungen und die Ableitung zur Planungsvariante.

Identifikation und Analyse von möglichen Maßnahmen. Beispiele für Maßnahmen sind Technologieprojekte, die in Innovation Labs durchgeführt werden, oder aber Optimierungs- und Organisationsmaßnahmen, um z. B. die Aufbau- oder Ablauforganisation sowie das Business-Eco-System zu ändern. Letzteres ist u. a. für die Optimierung der horizontalen und vertikalen Wertschöpfungsketten notwendig. Hier sind vor allem klare Verantwort-

[1] Eine Planungsvariante ist eine Bündelung von Handlungsoptionen.

lichkeiten wichtig; insbesondere „R“ (Responsible) und „A“ (Accountable) müssen für alle wesentlichen Bereiche festgelegt werden.

Zu den Maßnahmen zählen aber auch indirekte Maßnahmen, z. B. zum Know-how-Aufbau unter Berücksichtigung der Lernkurven und zur Ausrichtung der Firmenkultur bzw. zur Veränderung des Mindsets, und die Erstellung eines Kommunikationsplans[2] oder aber die Festlegung von Maßnahmen, die die Umsetzung sicherstellen, wie z. B. Zielvereinbarungen oder aber SLAs. Wichtig ist auch das Aufsetzen eines Change-Management-Prozesses, um die Veränderungen über einen gesteuerten Veränderungsprozess umzusetzen.

Die Veränderungen in der Ablauf- und Aufbauorganisation wiegen häufig schwer. Es muss sichergestellt werden, dass für alle Teilprozesse die Verantwortlichkeiten sowie die Input- und Output-Beziehungen klar geregelt sind. Siehe hierzu Abschnitt 5.6. So sind z. B. neue Planungs-, Durchführungs- oder Entscheidungsprozesse oder Gremien einzuführen. Dies erfolgt in drei Phasen: Konzeption, Pilotieren und Ausrollen (siehe Abschnitt 5.1.4).

- Die möglichen Maßnahmen zum Schließen der Lücke zwischen Ist und Soll müssen je Handlungsbedarf u. a. bezüglich ihrer Wirksamkeit, Dringlichkeit, Umsetzbarkeit, Dauer, Risiken, Nutzen und Kosten bewertet werden. Sie sollten für alle Maßnahmen zumindest einen groben Zeit-, Ressourcen- und Budgetbedarf angeben. Ermitteln Sie die erforderlichen Informationen in enger Zusammenarbeit mit den verschiedenen Schlüsselpersonen und (zukünftigen) Verantwortlichen. Streichen Sie nicht realistisch umsetzbare Maßnahmenoptionen und zerlegen Sie langfristige Maßnahmen in Teilmaßnahmen.
- Erstellen Sie eine strategische Projektportfolio-Grafik (siehe Bild 4.12) entsprechend der für Sie relevanten Kriterien im Projektportfoliomanagement.

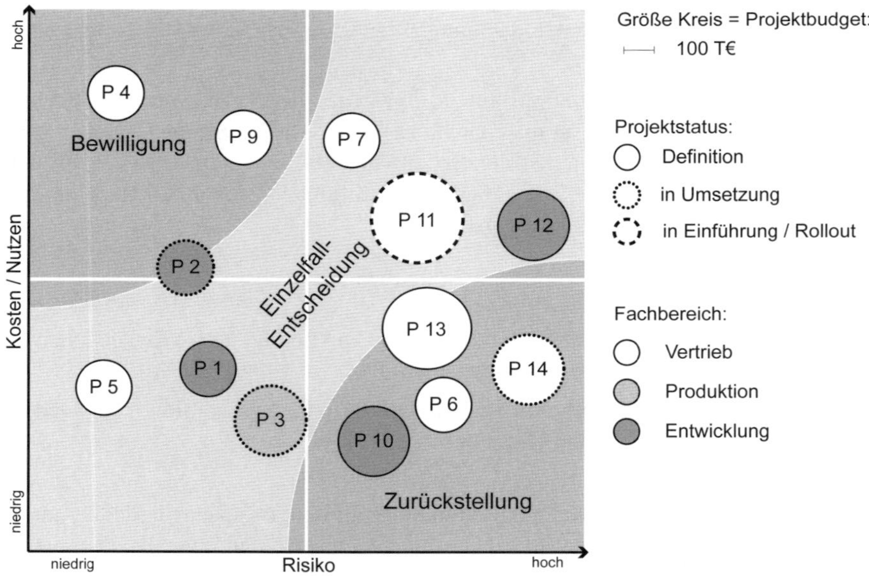

Bild 4.12 Projektportfolio-Grafik mit den Kriterien Kosten/Nutzen und Risiko

[2] Erstellung eines Kommunikationsplans inkl. Methode, Inhalte, Organisation der Kommunikation mit Zeitraster, Zielgruppen und zielgruppenspezifischen Inhalten sowie Verarbeitung des Feedbacks.

- Nehmen Sie zudem Risiken auf und identifizieren Sie Maßnahmen zur Reduktion oder Beseitigung der Risiken. Integrieren Sie diese in Ihren Katalog von möglichen Maßnahmen.
- Bestimmen Sie die fachliche Priorität und Dringlichkeit der Maßnahmen. Bestimmen Sie die inhaltlichen und zeitlichen Abhängigkeiten zwischen den Maßnahmen.

  Durch die Analyse der Maßnahmen im Hinblick auf Abhängigkeiten und Auswirkungen sowie Dringlichkeit werden Anhaltspunkte für die Bündelung der Maßnahmen beziehungsweise Maßnahmenbestandteile gegeben. Die Dringlichkeit der Maßnahmen leitet sich aus der Dringlichkeit des operativen und strategischen Handlungsbedarfs ab.

Wichtig!

Bei der Bewertung der Maßnahmen müssen Sie die Umsetzbarkeit, die Kosten und den Nutzen einschätzen. Hier sind Bewertungen von Business und IT notwendig. Diese Bewertungen können über eine pragmatische Meinungsbildung beschafft werden. Hier besteht aber ein erhebliches Umsetzungsrisiko, da die Tragweite aufgrund der Komplexität nicht wirklich überblickt werden kann. Häufig ist deshalb für die Einschätzung der Machbarkeit in Business und IT ein Prototyp oder ein grobes Lösungskonzept erforderlich. Hier müssen auch die verfügbaren Kompetenzen und Erfahrungen bewertet werden. Bei der Kostenbewertung müssen Umgehungslösungen und Umarbeitungen berücksichtigt werden. Der Aufwand für die Erstellung ist nicht unbeträchtlich.

Wägen Sie für sich zwischen der verbleibenden Unsicherheit und den Aufwänden für die Absicherung ab.

- Empfehlung abgeben, agile Projektvorschläge erstellen und Entscheidung einholen für das Ziel-Bild und die digitale Roadmap. Zeigen Sie nachvollziehbar, wie die Ziele, Geschäftsanforderungen und „Pains“ unter Berücksichtigung der gesetzten Leitplanken umgesetzt werden.

  Machen Sie, falls mehrere Planungsszenarien zur Auswahl stehen, eine Gegenüberstellung in Tabellenform oder als Portfolio. Dies ist ein wesentlicher Input für das Projektportfoliomanagement.
- Den strategischen Umbau und die Sicherstellung der Zielerreichung müssen Sie durch eine kontinuierliche agile Planung und Steuerung gewährleisten. Strategische und taktische Vorgaben müssen operationalisiert werden. Hierzu muss einerseits die Planung weiter heruntergebrochen werden und andererseits deren Umsetzung sichergestellt werden. Die agile Planung wird in Abschnitt 5.8 und die Sicherstellung der Umsetzung der agilen Planung im folgenden Abschnitt erläutert.

Wichtig!

Last but not least: Die Planung sollte nicht zum Selbstzweck werden. Wägen Sie immer Aufwand und Nutzen gegeneinander ab.

Legen Sie vorab ein Bewertungsschema für Soll-Szenarien fest, um sicherzustellen, dass Ihre Ziele auch wirklich erfüllt werden.

4.3.4 Agile Umsetzung

Die Umsetzung der digitalen Roadmap muss agil erfolgen, gerade bei disruptiven und größeren evolutionären Veränderungen. Agil geht davon aus, dass Veränderungen nicht die Ausnahme, sondern die Regel darstellen. Die sich über die Zeit verändernden Ziele und Anforderungen werden durch das „Moving Target“ (siehe Bild 4.13) gut visualisiert. Am Anfang eines Projekts sind die Ziele, Anforderungen und Randbedingungen oft nur vage oder nicht bekannt. Der Kunde weiß häufig nicht genau, wie das Ergebnis im Detail aussehen soll. Die wirklichen Ziele und Anforderungen müssen durch eine Business-Analyse erst ermittelt und hinterfragt werden. Konkret „anfassbare“ Ergebnisse, wie z. B. GUI-Prototypen oder Software-Releases, schaffen eine Grundlage für die Diskussion und Festlegung der Anforderungen. Dies sind einzelne Puzzlesteine vom Gesamtbild. Iteration für Iteration entstehen Inkremente, die das Puzzle schrittweise lösen.

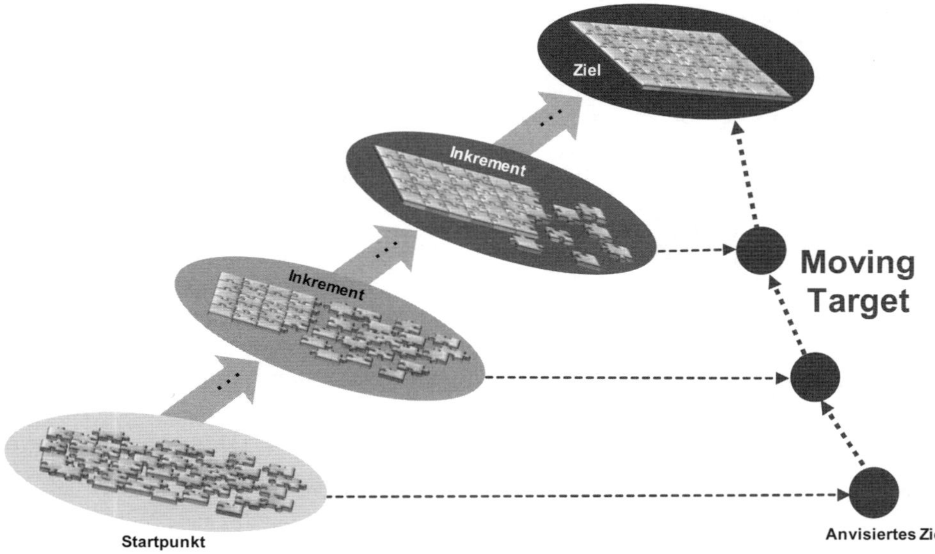

Bild 4.13 Moving Target

Ziele, Anforderungen und Randbedingungen ändern sich über die Zeit. Neue Ziele, Anforderungen oder Randbedingungen kommen hinzu, Anforderungen werden verstanden und Lösungen werden greifbar.

Hier gibt es sicherlich einen Unterschied zwischen den verschiedenen Anforderungs- und Lösungstypen. In Bild 4.14 wird im Bereich der unterschiedlichen Veränderungsgeschwindigkeiten zwischen „Systems of Innovation“, „Systems of Differentiation“ und „Systems of Record“ unterschieden. Für disruptive und auch für gravierende evolutionäre Veränderungen von Geschäftsmodellen sind agile Methoden essenziell. Für die Anforderungen zur Umsetzung eines zuverlässigen, sicheren und kostengünstigen Geschäftsbetriebs ist die agile Vorgehensweise mit Lean Startup und MVP nicht ganz so entscheidend. Weitere Informationen zu innovativen Organisationsformen finden Sie in Abschnitt 5.1.

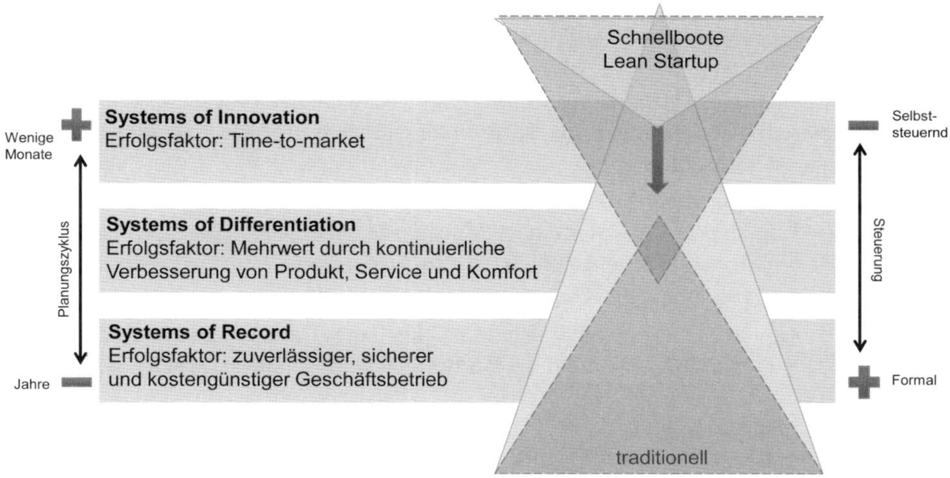

Bild 4.14 Systems of Innovation, Differentiation und Record (siehe [Gar10])

VIII. Agile Planung

Die digitale Roadmap muss weiter verfeinert werden, was durch eine agile Planung erfolgt.

Planung ist notwendig, um Entscheidern eine Orientierung durch Größenordnungen von Kosten und Zeitabschätzungen zu geben. Gerade im konventionellen Umfeld ist dies häufig eine Voraussetzung für die Beauftragung eines Projekts.

Agile Planung ist eine Königsdisziplin, da hier beim ohnehin schwierigen Planen die kontinuierlichen Veränderungen einbezogen werden müssen. Der Grat zwischen planlos und Planungsaufwandsgrab ist schmal.

Ergebnis der agilen Planung sind ein Produkt-Backlog und eine gedachte Linie im Backlog (siehe Bild 4.15), bis wohin die Anforderungen mit großer Sicherheit zum Liefertermin und mit dem vorgegebenen Budget (bzw. Team) bereitgestellt werden können.

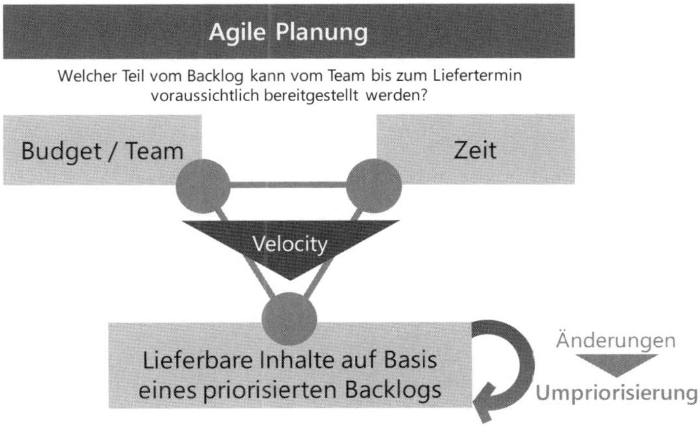

Bild 4.15 Agile Planung

Brechen Sie hierzu die Anforderungen in einheitlicher Granularität herunter. Nehmen Sie Detailanforderungen strukturiert auf, priorisieren und bewerten Sie grob die Anforderungen. Die Umsetzung erfolgt dann z. B. in Scrum über Sprints von festgelegter Dauer (z. B. drei Wochen), in denen entsprechend der Umsetzungsgeschwindigkeit („Velocity") die jeweils hoch priorisierten Anforderungen soweit heruntergebrochen werden, dass sie sich in die Iteration einpassen lassen.

Die Umsetzung erfolgt dann in einem gesteuerten agilen Veränderungsprozess. Hierbei müssen sowohl alle Aspekte, wie Menschen, Skills, Kultur, als auch die Daten, IT-Landschaft, Prozesse und Organisation sowie das Business-Eco-System ganzheitlich adressiert werden.

Was umzusetzen ist, wird aus der Ableitung aus der digitalen Strategie und dem Geschäftsmodell (siehe Kapitel 2 und Kapitel 5) ermittelt. Dies kann u. a. die Umsetzung der Omnikanalfähigkeit oder von flexiblen digitalen Plattformen sein. Beispiele hierfür finden Sie in Kapitel 5.

Für jeden Umsetzungsschritt ist das Leanisieren wichtig.

IX. Leanisieren

Leanisieren ist die Schlankheitskur für das Unternehmen. Die Entschlackung kann sowohl in einzelnen Geschäftsbereichen als auch übergreifend ansetzen. Prozesse, Organisation, Artefakte und auch das Planungs- und Steuerungsinstrumentarium werden auf den Kunden und konzentriert auf das Wertschöpfende ausgerichtet. Beim Leanisieren werden konkrete und aktuell umsetzbare Aspekte für eine Verschlankung ermittelt. Diese können dann über das Einsteuern in das Projektportfoliomanagement umgesetzt werden.

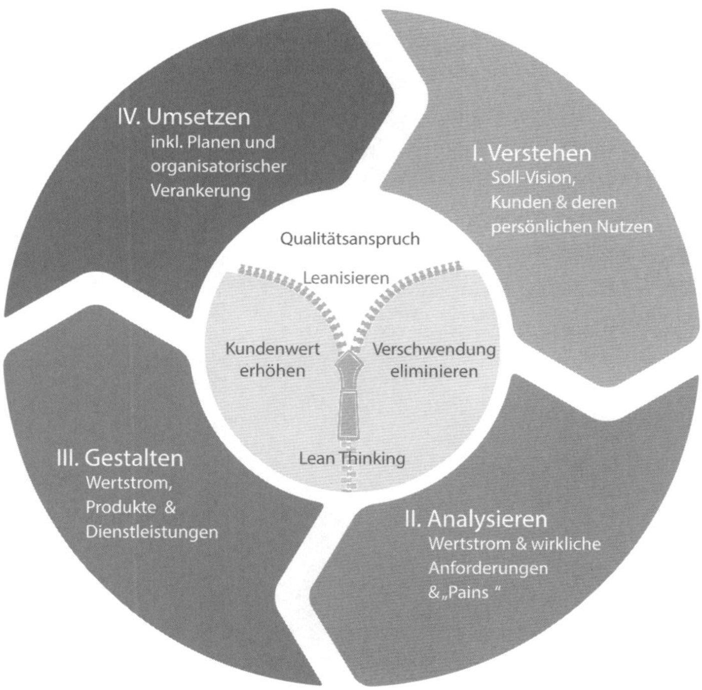

Bild 4.16
Leanisieren

Das Leanisieren (siehe Bild 4.16) ist keine einmalige Aktivität. Es muss als wesentliche Aktivität im gesteuerten Veränderungsprozess regelmäßig durchgeführt werden. Das Leanisieren sollte auch wesentlicher Bestandteil der digitalen Transformation und ebenso im Rahmen der Strategieentwicklung durchgeführt werden. So kann das Unternehmen schrittweise und nachhaltig verschlankt werden.

Im Folgenden finden Sie einerseits einen Leitfaden für das Leanisieren und andererseits Best-Practices für das IT-Management-Umfeld.

Leitfaden für das Leanisieren

Das Leanisieren erfolgt üblicherweise in den folgenden Schritten im Rahmen der Business-Analyse:

1. **Handlungsbedarf im Produkt- und Dienstleistungsspektrum erkennen**
   - **Kundenwert analysieren**
     Identifikation der Kunden (z. B. Fachbereich) und deren Erwartungshaltung (siehe Kano-Modell in [GPM03]) bezüglich der angebotenen Produkte und Dienstleistungen.

     Aufnahme von ggf. weiteren für den Kunden relevanten Produkten und Dienstleistungen oder Änderungsanforderungen an die bestehenden Produkte und Dienstleistungen.

     Ermittlung des Werts für den Kunden: „Was ist der Kunde bereit, dafür auszugeben?", „Welchen Nutzen hat der Kunde von was?"

     So ist es ein Unterschied, ob er das Produkt oder die Dienstleistung benötigt, um sein Tagesgeschäft überhaupt machen zu können, oder ob er einen zusätzlichen Nutzen davon hat.

     Wichtig ist hierbei auch eine Priorisierung.
   - **Abgleich Ist-Soll**
     Ermittlung von Handlungsbedarf und Optimierungspotenzial durch einen Ist-Soll-Abgleich. Wenn das Ist selbst noch nicht klar sein sollte, dann ist die erste Leanisierungsmaßnahme die Festlegung des Produkt- und Leistungsspektrums in Abstimmung mit Schlüsselkunden (oder Key-Usern). Das Leanisieren kann hier abgebrochen werden, da der wesentliche Handlungsbedarf identifiziert ist.

     Häufig liegt die Ist-Situation im Graubereich, d. h. einige Leistungen sind klar und andere weniger. Wichtig ist es hier, dass Sie entlang der Prioritäten der Kunden vorgehen. Falls der Klärungsaufwand für die Ist-Situation der am höchsten priorisierten Leistungen groß ist, gilt das oben Benannte analog.

     Ansonsten wird das Delta zwischen Ist und Soll aufgenommen. Soweit möglich und sinnvoll, werden bereits Ansatzpunkte und Vermutungen für die Behebung leichtgewichtig dokumentiert.

     Beispiel 1: Der Kunde (Vertriebsfachbereich) möchte gerne anstelle von Einzelleistungen einen integrierten und standardisierten Vertriebsarbeitsplatz mit Hardware, Softwarelösungen und Konnektivität mit den Kollaborationsplattformen des Unternehmens (E-Mail, Dokumentenmanagement und Wiki). Hierfür ist der Kunde bereit, einen Betrag zu bezahlen (bzw. einen Verrechnungspreis), der über der Summe der Einzelleistungen liegt.

     Der Kunde hat noch einige weitere Wünsche an das Produkt- und Dienstleistungsangebot. Der Vertriebsarbeitsplatz hat aber die höchste Priorität.

Hierzu gibt es noch kein Leistungsangebot von der IT. Daher muss die IT ein Leistungsangebot definieren und analysieren, ob sie die Kundenwünsche wirtschaftlich erfüllen kann und wie dies möglichst schlank erfolgt

Beispiel 2: Der wichtigste externe Kunde des Unternehmens nutzt SaaS-Leistungen. Die SLAs reichen ihm jedoch nicht aus. Er benötigt eine Rund-um-die-Uhr-Verfügbarkeit, ist jedoch nicht bereit, dafür mehr zu bezahlen, da Wettbewerber ein besseres Preis-Leistungs-Verhältnis anbieten. Falls hier nicht nachgezogen wird, wird der Kunde den bestehenden Vertrag kündigen.

Die IT muss hier eine Analyse starten, welche Leistungen für welchen Preis geliefert werden können.

2. **Handlungs- und Optimierungspotenzial in Prozessen ermitteln**

   Wertstromanalyse der Prozesse sowie Analyse im Hinblick auf das Fluss- und Pull-Prinzip. Aufdeckung von nicht wertschöpfenden Aktivitäten, unklaren Verantwortlichkeiten sowie Organisationsbrüchen und Untersuchungsbedarf für Durchlaufzeitoptimierungen der Prozesse.

   Nutzung der Methoden der Geschäftsprozessoptimierung (siehe Abschnitt 5.7). Wichtig ist insbesondere die Untersuchung des Daten- bzw. Informationsflusses. Unter anderem werden mithilfe des IAO-Diagramms (siehe Abschnitt 5.7) fehlende Verantwortlichkeiten und unklare Inputs bzw. Outputs für Aktivitäten oder Entscheidungen offenkundig. Dies sind wichtige Ansatzpunkte für das Leanisieren.

3. **Lösungen und mögliche Maßnahmen identifizieren, analysieren und bewerten**

   Mögliche Lösungen und fachliche Umsetzungspakete durch die Methoden des Demand Managements (siehe Abschnitt 5.7) ermitteln, analysieren und bewerten.

Das Leanisieren ist eine Demand-Management-Aktivität und auf das Verschlanken ausgerichtet. Ergebnis des Leanisierens sind Vorschläge für Leanisierungsmaßnahmen, die für die Umsetzung der digitalen Transformation in das Projektportfoliomanagement eingesteuert werden können.

Tipp

Die Schritte beim Leanisieren müssen möglichst leichtgewichtig erfolgen. Möglichst schnell sollten die wesentlichen Ansatzpunkte und mögliche Lösungen gefunden und angegangen werden. So reicht es in der Regel aus, bei internen Kunden mit Key-Usern oder bei externen Kunden mit ausgewählten, gewogenen Kunden zu sprechen.

Wenn die wesentlichen Ansatzpunkte identifiziert wurden, ist es nicht erforderlich, eine vollständige Ist-Soll-Analyse durchzuführen. Ganz im Gegenteil, es ist schädlich, hierfür unnötige Zeit und Kraft aufzuwenden. Durch ein systematisches Vorgehen schaffen Sie für sich die Sicherheit, dass Sie wirklich das Wesentliche angehen. Die wesentlichen Ansatzpunkte sind übrigens häufig offensichtlich, wie Sie in den obigen Beispielen sehen.

Planungen aufgrund von Annahmen sind unbedingt zu vermeiden, da der Aufwand sich nicht lohnt. Es kommt meistens eh anders, als man denkt („Moving Target“). ■

Best-Practices für das Leanisieren

Aus Erfahrungen von vielen Beratungsprojekten und dem Austausch mit Experten von Universitäten, Forschungseinrichtungen und Praktikern wurden eine Reihe von Best-Practices für das Leanisieren gesammelt und konsolidiert. Diese lassen sich gut unter die Überschriften „KISS“, „Agile“ und „Change“ einsortieren.

KISS („Keep it simple and smart“ oder „Mach es einfach und clever“)

Hier geht es um die Suche nach einer möglichst einfachen, aber passenden Lösung für die Kundenprobleme, reduziert auf den Kundenwert, das „Business-Outcome“. Insbesondere ein **systematisches Demand Management** spielt hier eine große Rolle. So ist z. B. eine Stakeholder-Analyse zur Identifikation der Beteiligten und deren Zielen durchzuführen. Es ist wichtig, erst einmal die Ziele und Wünsche der Stakeholder zu verstehen. Durch Hinterfragen und Weglassen des Unwichtigen mit geringem Nutzen (Nutzenorientierung) können Sie sich dann auf die wesentlichen Inhalte konzentrieren. Die Frage nach dem Nutzen und dem Business-Outcome ist dabei von zentraler Bedeutung.

Auf dieser Basis kann das **Produkt- und Dienstleistungsspektrum** entsprechend dem Kundenwert festgelegt und dann auch so standardisiert umgesetzt werden. Die Anforderungen im Detail werden über ein professionelles **Auftragsmanagement** entsprechend KISS gemanagt. Nachdem das „Was“ geklärt ist, kann anschließend das „Wie“ entsprechend KISS bearbeitet werden. Hierzu werden die Geschäftsprozesse über verschiedene **Methoden der Geschäftsprozessoptimierung** (siehe Abschnitt 5.10) und die **Lean-Methoden** (siehe Abschnitt 5.1.3) analysiert und verändert oder neu gestaltet.

Versuchen Sie dabei nichts Unmögliches. Wenn z. B. der Stellenwert Ihrer IT niedrig ist, haben Sie keine realistische Chance, kurzfristig mit in die Unternehmensplanung einbezogen zu werden. Überprüfen Sie alle Aufgabenbereiche, ob diese aufgrund der Randbedingungen überhaupt umsetzbar sind. Konzentrieren Sie sich auf das Umsetzbare. Suchen Sie die erfolgversprechendste Stelle und starten Sie dort. Untersuchen Sie insbesondere auch die administrativen Prozesse. Nutzen Sie zudem den Aha-Effekt mit einfachen Dingen. Wenn die späteren Nutzer erst einmal z. B. einen Prototyp sehen, gewinnen sie eine Vorstellung vom Ergebnis und gleichzeitig wächst das Vertrauen.

Essenziell ist auch, dass Sie explizit **alle wesentlichen Planungs-, Durchführungs- und Entscheidungsprozesse konkret und machbar** gestalten.

Häufig gibt es nur rudimentäre Beschreibungen und vor allem sind die Verantwortlichkeiten sowie der Informationsfluss oft unklar. So ist häufig nicht klar, wer den Input für Planungs- oder Entscheidungs- oder Durchführungsprozesse bringt und wer (Person oder Gremium) welche Entscheidungskompetenz hat. Dies führt dann z. B. zu langwierigen E-Mail-Abstimmungsketten, schlecht vorbereiteten Meetings oder im schlimmsten Fall zu unzufriedenen Kunden aufgrund falscher Ergebnisse, nicht eingehaltener Termine oder unzureichender Lieferqualität.

Der Input für einen Teilprozess stammt häufig aus einem anderen Prozess (Verzahnung der Prozesse). So liefert das Demand Management möglicherweise Projektanträge als Input für das Projektportfoliomanagement. Manchmal kommen Projektanträge aber auch direkt von Führungskräften und das Demand Management wird umgangen. Dies führt gegebenenfalls zu Mehraufwänden, da diese Projektanträge nicht optimal vorbereitet sind und entsprechend etliche Entscheidungsrunden gedreht werden müssen.

Für jeden Teilprozess der wesentlichen Planungs-, Durchführungs- und Entscheidungsprozesse müssen Sie sicherstellen, dass die Verantwortlichkeiten klar und die Input-Lieferung auch wirklich realistisch erbringbar sind. Wenn Sie keinen Verantwortlichen finden oder aber der Input nur mit einem nicht vertretbaren Aufwand lieferbar ist, dann müssen Sie überlegen, wie Sie den Teilprozess verändern oder ob Sie ggf. ganz darauf verzichten können. Neben den Verantwortlichkeiten pro Teilprozess müssen Sie im Wesentlichen die Verzahnung der Prozesse betrachten. Reduzieren Sie möglichst die Prozessabhängigkeiten, nur so können Sie über eine leichtgewichtige Governance die Prozesse überwachen.

Dies hört sich nach viel Aufwand an, das muss aber nicht so sein. Sie sollten sicherlich erst einmal ermitteln, welche Planungs-, Durchführungs- und Entscheidungsprozesse Sie für die Umsetzung Ihrer Ziele unter Berücksichtigung Ihrer Randbedingungen überhaupt benötigen. Für diese müssen Sie dann im ersten Schritt nur die wesentlichen Entscheidungsfelder und die Entscheidungspunkte, wie z. B. Inbetriebnahme oder Genehmigung eines Projektantrags, betrachten. Für diese Entscheidungspunkte müssen Sie klar die Verantwortlichkeiten und die erforderlichen und gleichzeitig realistisch beschaffbaren Informationen festlegen, was sicherlich auch Mühe kostet. Der Aufwand lohnt sich aber, da Sie so diese Entscheidungspunkte wirklich beherrschen und damit hohe Effektivitäts- und auch Effizienzgewinne erzielen. Häufig fällt dabei auf, dass z. B. ein Input wie eine Bewertung für einen Projektantrag überhaupt nicht realistisch geliefert werden kann. Dann müssen Sie den Prozess so umgestalten, dass Sie auch ohne diese Information fundiert eine Entscheidung treffen können. Im Beispiel könnte z. B. eine andere Bewertung, die aus einem Auftragsmanagementsystem gezogen werden kann, automatisiert verwendet werden. So lässt sich Aufwand einsparen und gleichzeitig die Verlässlichkeit erhöhen.

Wichtig!

1. **Seien Sie ehrlich:** Was kann von dem, was Sie definiert haben, wirklich mit vertretbarem Aufwand für eine Entscheidung oder Planung oder für die Durchführung als Input geliefert werden?
2. **Eliminieren Sie alle Prozessschritte**, die nicht machbar sind. Ersetzen oder verändern Sie diese so schlank wie immer möglich.
3. **Verzichten Sie auf alle Rollen und Organisationseinheiten**, die Sie nicht wirklich benötigen (siehe Abschnitt 4.2.2).

Im nächsten Schritt kann natürlich die Prozessanalyse vollständig auf niedrigem Level durchgeführt werden. Dies ist aber häufig gar nicht mehr erforderlich, da bereits über den ersten Schritt ein ausreichendes Leanisierungspotenzial entsteht.

Beschreiben Sie Umsetzungskonzepte in prägnanten Modellen und vermeiden Sie Papierberge und Formalien. Man glaubt sich mit Papierbergen abzusichern, doch der Anforderungssteller weiß häufig nicht wirklich, was er „beauftragt". Die wesentlichen Aussagen müssen klar, übersichtlich und prägnant in Business- oder/und IT-Modellen, zugeschnitten auf die Bedürfnisse der jeweiligen Beteiligten dokumentiert werden. Prägnante Modelle sind eine wesentliche Grundlage für Abstimmungen und Budget- oder Projektentscheidungen. Unnötiger Ballast muss abgeworfen werden, da komplexe und überladene Darstellungen regelrecht kontraproduktiv wirken. Mehrdeutige oder unklare Aussagen führen häufig zu völlig unbeabsichtigten Schlussfolgerungen, was letztendlich verheerende Fehlentscheidungen bewirken kann. Papierberge zu erstellen, kostet zudem eine Menge Geld und Zeit, ein Großteil ist häufig verschwendet und dient nur der Absicherungskultur. Mit Einfachheit geht in der Regel also auch Effizienz einher. Achten Sie generell auf angemessene Lösungen mit einem guten Kosten-Nutzen-Verhältnis. **Hinterfragen Sie immer den Nutzen und stellen Sie ihn den Kosten gegenüber.**

Agile

Veränderungen in Zielen, Randbedingungen und Anforderungen sind angemessen zu managen. Es gilt hier, Veränderungen mit direktem Nutzen pro Ausbaustufe schrittweise in überschaubaren Zeiträumen umzusetzen. Dabei sind explizit Feedback und Erkenntnisse aus dem kontinuierlichen Lernprozess und dem gesteuerten Veränderungsprozess zu berücksichtigen (siehe Change weiter unten). Dies schließt eine Offenheit für Veränderungen, wie z. B. neue Stakeholder und Fragestellungen, mit ein.

Beim agilen Vorgehen geht man davon aus, dass sich das Ziel und auch die Einzelanforderungen über die Zeit verändern („Moving Target"). Deshalb plant man immer nur das aktuell Überschaubare im Detail. Sicherlich benötigt man immer ein grobes Ziel-Bild und eine grobe Idee, wie man das Ziel erreichen kann („Roadmap für die Umsetzung"). Dies darf aber nur grob und mit geringem Aufwand erstellt werden, da es auch Veränderungen unterworfen ist (siehe Abschnitt 5.8).

Beim Start und gerade bei Business-Transformations-Projekten ist der erste Schritt von besonderer Bedeutung, da dieser für das Vermarkten im Unternehmen erfolgreich sein muss. Eine zweite Chance bekommt man selten. Deshalb ist es hier wichtig, sich auf das **Wesentliche und Machbare im nächsten Umsetzungsschritt** zu **beschränken**. Alle Schritte müssen **Nutzen aufweisen**. Nur wenn der Wert für einen Stakeholder den Aufwand übersteigt, überlebt das Eingeführte auf Dauer. Zudem wird durch die Konzentration auf das Wesentliche und Machbare ein „Levelling" der Auslastung (siehe [Mül11-02]) erreicht und so eine Überbeanspruchung des Umsetzungsteams vermieden.

Die **nutzenorientierte, schrittweise Umsetzung in überschaubaren Zeiträumen** erfordert neben der Konzentration auf das Wesentliche insbesondere eine hohe Ergebnisorientierung und Umsetzungsgeschwindigkeit. Ein Schlüssel hierfür ist ein angemessenes Management- und Leistungserbringungs-Instrumentarium. Best Practices zur Umsetzbarkeit in kurzer Zeit finden Sie in [Han14] und insbesondere im Kontext der taktischen und operativen Planung im Demand Management (siehe Abschnitt 5.7). Hier kommen u. a. Techniken wie die Identifikation und das Zerlegen von Features (siehe [Mül11-02]) zum Einsatz.

Ein wesentlicher Aspekt der Agilität ist die Etablierung von **expliziten Feedback-Prozessen**. Nur, wenn man den Kunden fragt, bekommt man auch eine Antwort und damit einen Hinweis für eine Verbesserung. Siehe hierzu [HGG12].

Change

Etablieren Sie einen schrittweisen, geplanten und gesteuerten Änderungsprozess, um die Organisation, die Prozesse und die Governance an die sich ständig ändernde Situation anzupassen.

Jeder überschaubare Änderungsschritt erfolgt in den Schritten Konzeption, Pilotieren und Ausrollen (siehe Kapitel 5). Durch explizite Feedbackprozesse und kontinuierliches Lernen wird das Beharrungsvermögen der Organisation berücksichtigt und diese schrittweise entsprechend ihren Möglichkeiten weiterentwickelt. Eine enge Zusammenarbeit und Kommunikation zwischen allen Beteiligten ist ebenso erfolgsentscheidend wie Mut zur Veränderung, um die Planung, Prozesse oder Organisation an veränderte Ziele und Rahmenbedingungen anzupassen.

Wesentlich sind hier eine schlanke Organisation, klare Rollen und Verantwortlichkeiten, Gremien, Prozesse und Regeln für alle Planungs-, Entscheidungs- und Durchführungsprozesse.

4.3.5 Controlling und Enabling

Nach jedem Umsetzungsschritt muss einerseits die Zielerreichung überprüft und andererseits der Transformationsschritt nachhaltig verankert werden. Hierzu muss die Mitarbeiter- und Skill-Entwicklung vorangetrieben werden sowie über ein konsequentes Marketing und Branding das Markenprofil geschärft und die Bekanntheit der Marke vergrößert werden.

Für alle digitalen Stoßrichtungen und für die Messung des Kundenwerts sowie des wirtschaftlichen Erfolgs müssen geeignete leichtgewichtige Kennzahlen definiert und nachhaltig gesteuert werden. Diese müssen auch den Umgang mit Risiken, wie z. B. rechtliche Unsicherheiten, adressieren.

Um die digitale Transformation nachhaltig zu enablen, müssen neben dem Skill-Aufbau und dem Kulturwandel insbesondere auch Hemmnisse beseitigt werden. So bestehen aktuell häufig noch Defizite bei Internetgeschwindigkeit, IT-Sicherheit und IT-Kompetenzen der Beschäftigten. Hier ist neben erhöhtem Unternehmensengagement auch politisches Handeln weiterhin gefragt.

Systematische digitale Transformation

Die digitale Transformation startet mit der Digitalisierungsstrategie und der Standortbestimmung als Ausgangspunkt für deren Operationalisierung. Die Umsetzung muss agil und feedback-orientiert mithilfe von Techniken wie Lean Startup und MVP erfolgen. Nur so kann mit der Unsicherheit bei diesen gravierenden Veränderungen umgegangen werden.

Der Leitfaden in diesem Kapitel gibt Ihnen Hilfestellungen für die digitale Transformation.

In Kapitel 5 finden Sie weitere Best-Practices und Detaillierungen zu dem Leitfaden aus diesem Kapitel.

5 Best-Practices

„Die Erfahrung ist zweifellos die beste Lehrmeisterin, aber das Lehrgeld ist sehr hoch.“

*Françoise Sagan (*1935)*

Eine erfolgreiche digitale Transformation drückt sich in einer gestiegenen Kundenzufriedenheit und -bindung, höheren Umsätzen, Erträgen und Unternehmenswerten sowie einer besseren Produktivität, Verfügbarkeit und positiverer Online-Resonanz aus. Die Umsetzung ist jedoch eine komplexe Aufgabe.

Wer die Digitalisierung erfolgreich meistern will, muss mit den veränderten Kundenbedürfnissen, schnell aufkommenden Wettbewerbern, immer vielfältigeren Mitarbeitererwartungen und den technischen Innovationen flexibel und schnell umgehen können. Um die digitale Transformation erfolgreich zu managen, müssen die Kundenbedürfnisse wirklich verstanden und entsprechende Lösungen gefunden werden.

Im Folgenden finden Sie Best-Practices, um sowohl das „Warum“ und „Was“ der Digitalisierung besser zu verstehen als auch Hilfsmittel für die Operationalisierung (das „Wie“, siehe Bild 5.1) der systematischen digitalen Transformation zu finden. Die Best-Practices wurden aus den Erfahrungen vieler Einführungsprojekte und den Erkenntnissen aus dem intensiven Austausch mit einer großen Zahl von Experten, sowohl aus Anwenderunternehmen und Beratungshäusern als auch aus der Wissenschaft, konsolidiert.

Den Startpunkt der folgenden Methodensammlung bildet das Fundament der digitalen Transformation, die digitale Kultur und Organisation. Anschließend folgen Methoden zur Geschäftsmodellentwicklung, zur Ableitung von strategischen Vorgaben, für das Customer Experience Management, das Datenmanagement, das Enterprise Architecture Management, das Demand Management, zum agilen Vorgehen und zur agilen Planung, zu tragfähigen und flexiblen Referenzarchitekturen sowie zur Effizienzsteigerung. Darüber setzen Sie letztendlich Ihre inhaltlichen Schwerpunkte für die digitale Transformation und die Roadmap zur Umsetzung.

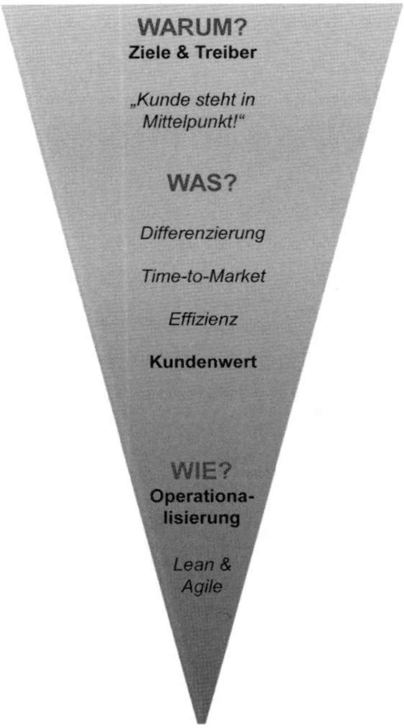

Bild 5.1
Warum – Was – Wie

In diesem Kapitel finden Sie die Antworten auf folgende Fragen:

- Was macht eine digitale Kultur aus?
- Wie sieht eine digitale Organisation 4.0 aus? Welche Anforderungen werden an Führungskräfte gestellt?
- Warum ist Lean Management im Unternehmen und auch in der IT ein Erfolgsfaktor?
- Welche Best-Practices gibt es für die Geschäftsmodellentwicklung und für die Operationalisierung von Geschäftsmodellen?
- Was ist Lean Startup und MVP?
- Wie können die erforderlichen Fähigkeiten identifiziert und deren Aufbau systematisch gemanagt werden?
- Welche strategischen Vorgaben sollten gesetzt werden? Wie sieht eine Sourcing-Strategie und eine Cloud-Strategie aus?
- Wie kann der Mehrwert aus Daten gehoben werden?
- Wie kann die IT-Landschaft systematisch an den digitalen Anforderungen ausgerichtet und weiterentwickelt werden?
- Welchen Beitrag sollte das Demand Management leisten?
- Welche Referenzarchitekturen sind für die Umsetzung der digitalen Anforderungen notwendig?
- Wie können die Effizienz im Geschäftsbetrieb verbessert und die Kosten reduziert werden?

5.1 Digitale Kultur und Organisation

Für eine erfolgreiche digitale Transformation muss eine Organisation gleichzeitig effizient und flexibel, „ambidextrisch“, sein. Ambidextrie („Beidhändigkeit“) kombiniert die Ausnutzung von Bestehendem („Exploitation“) und die Erkundung von Neuem („Exploration“). Ambidextrie ist eine perfekte Symbiose von vorhandenem und neuem Wissen und der Beherrschung der dafür erforderlichen unterschiedlichen Methoden im Umgang mit dem Wissen.

Neue Technologien und innovative Methoden müssen schnell zum Vorteil des Kunden und des Unternehmens genutzt werden, um sich vom Wettbewerb zu differenzieren. Nur so können attraktive neue Märkte, Kooperationspotenziale, digitale Abfallprodukte bestehender Prozesse und tragfähige Verwertungskonzepte für teure F&E-Projekte gefunden und die Bedrohungen der alten und auch der neuen Wettbewerber abgewehrt werden. Innovative, maßgeschneiderte Produkte und Time-to-market entscheiden über die Wettbewerbsfähigkeit des Unternehmens. Dies muss sowohl in der digitalen Strategie (siehe Abschnitt 1.3) als auch in der Organisation des Unternehmens verankert werden.

In Bild 5.2 sind die drei Geschwindigkeitsanforderungen dargestellt, die die digitale Organisation abdecken muss. Dies sind entsprechend Gartner (siehe [Gar10]):

- **„Systems of Innovation“**
  Bei disruptiven Innovationen zählt vor allen Dingen die Geschwindigkeit, verursacht durch die Innovationsgeschwindigkeit und den Wettbewerbsdruck. Disruptive Innovationen verändern die Spielregeln auf dem Markt und das Nutzungsverhalten gravierend. Aufgrund der Neuartigkeit gibt es einen hohen Grad an Unsicherheit, besonders im Hinblick auf den Wert für den Kunden. Um möglichst schnell herauszufinden, ob das neue Produkt, ein neuer Service oder ein neues Feature für Kunden tatsächlich relevant ist, werden „MVPs“ im Rahmen von „Lean Startup“ (Minimum Viable Products, siehe Abschnitt 5.2.2) genutzt. Ein Beispiel hierfür sind End-to-end-Mobilitätsleistungen.

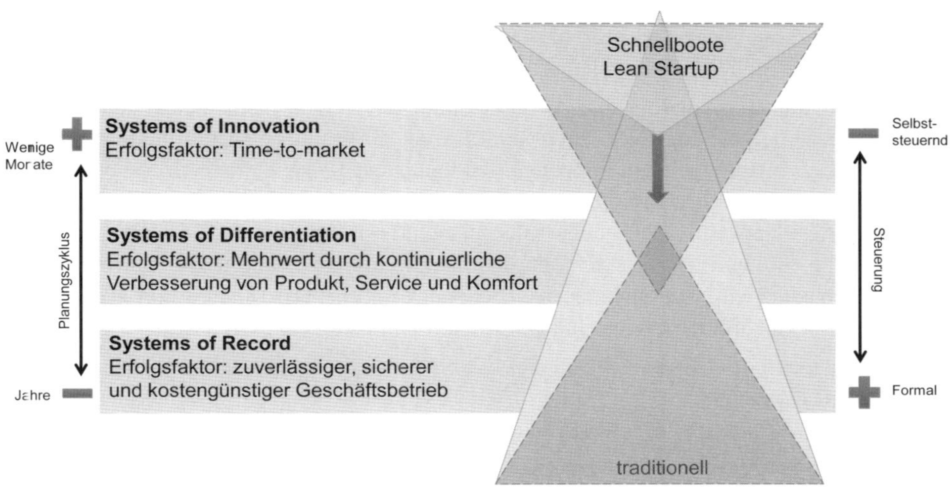

Bild 5.2 Bimodale Organisation und Lösungen

- **„Systems of Differentiation"**
  Durch die kontinuierliche Weiterentwicklung von bestehenden Produkten und Services wird Mehrwert für den Kunden geschaffen. Beispiele hierfür sind:
  - zusätzliche Features,
  - Komfort-Dienstleistungen, wie Rundum-sorglos-Wartungsservices,
  - Integration von Services in digitalen Plattformen,
  - Ausbau der Omnikanalfähigkeit, wie z. B. die Bereitstellung von Self-Service-Portalen,
  - besserer und Rund-um-die-Uhr-Service durch den Einsatz von Bots,
  - Schaffung von Mehrwert durch Nutzung von digitalen Technologien wie IoT, z. B. Vernetzung der klassischen Produkte über Sensoren und Schaffung einer Möglichkeit zur Steuerung über Apps, oder
  - Mehrwertdienste über die Cloud für Predictive Maintenance durch cloudbasierte Analyse von Betriebsdaten wie Laufzeit, Temperatur und Drehzahl seiner Maschinen beim Kunden.

  Hier gilt es auch schneller als der Wettbewerb zu sein. Die Geschwindigkeitsanforderung ist aber nicht so hoch wie bei den „Systems of Innovation".
- **„Systems of Record"**
  „Systems of Record" bezeichnen die unternehmensinternen geschäftskritischen Systeme, wie ERP-Systeme, Personalwesen, Finanzbuchhaltung und Schadenabwicklung in Versicherungen, in denen große Datenmengen anfallen und Transaktionen möglichst effizient durchgeführt werden. Die Geschäftsprozesse stehen in der Regel unter der vollständigen Kontrolle des Unternehmens. Ein zuverlässiger, sicherer und kostengünstiger Geschäftsbetrieb ist erfolgskritisch. Stabilität ist entscheidend.

  Die Geschwindigkeitsanforderungen für Veränderungen sind hier am geringsten.

Die Geschwindigkeitsanforderungen nehmen in Bild 5.2 von unten nach oben zu. Dies korreliert in der Regel auch mit dem Planungszyklus. Bei „Systems of Innovation" und zunehmend auch bei „Systems of Differentiation" findet man immer häufiger agile Planungs- und Entwicklungsprozesse (siehe Abschnitt 5.1.1). Umgekehrt nimmt die Agilität ab. Bei „Systems of Record" findet man in der Regel eher formale Prozesse.

Eine agile Organisation benötigt alle drei Geschwindigkeiten. Agile Schnellboote stellen häufig den Startpunkt parallel zur klassischen Organisation von etablierten Unternehmen dar, um die hohen Geschwindigkeitsanforderungen zu bedienen. Diese verschmelzen aber immer mehr mit der traditionellen Organisation (siehe Abschnitt 5.1.1.2), was hohe Anforderungen an die Organisation stellt. Insbesondere müssen mehr Freiraum, Zeit und Geld für Kreativität bereitgestellt werden. Dies lässt sich nur stemmen, wenn das etablierte Geschäft möglichst effizient betrieben wird. Hierzu müssen bestehende Produkte und Dienstleistungen auf ihre Möglichkeiten zur Effizienzsteigerung geprüft werden. Beispiele hierfür sind:

- Automatisierung der End-to-end-Prozesse und Beseitigung von Medienbrüchen sowie manuellen Tätigkeiten
- Standardisierung von technischen Plattformen und des IT-Betriebs
- Einsatz von Robotern und Bots, um Menschen zu entlasten oder zu ersetzen
- Digitalisierung der Kundeninteraktion durch z. B. Bots und KI/Machine Learning

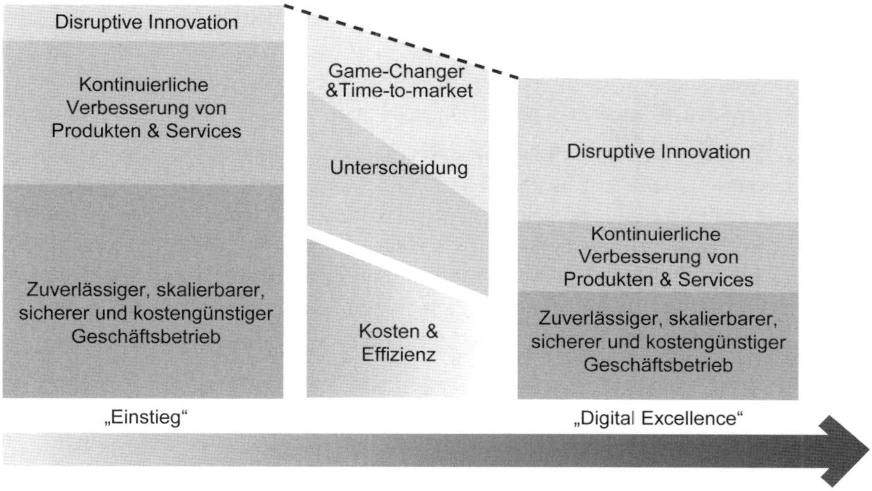

Bild 5.3 Freiraum für disruptive Innovationen schaffen

Hierdurch wird Freiraum für disruptive Innovationen geschaffen (siehe Bild 5.3).

Voraussetzung für eine erfolgreiche digitale Transformation ist ein gesteuerter Veränderungsprozess, hin zu einer digitalen Kultur, einer offenen Leistungs- und Innovationskultur. Eine offene Leistungskultur basiert auf Vertrauen, Respekt, Toleranz, Fairness, Partizipation und Integrität. Im Mittelpunkt steht der Mitarbeiter mit seiner Erfahrung, Lösungskompetenz und Prozessbeherrschung, da darauf die Lösungskompetenz und Prozessbeherrschung des gesamten Unternehmens fußt. Sie gibt Mitarbeitern Freiraum für Kreativität und stärkt so die Innovationskraft des Unternehmens. Zudem steigt die Mitarbeitermotivation.

Es bedarf klarer Verantwortung statt genauer Vorgaben. Wichtig ist insbesondere auch ein Verständnis für die Sinnhaftigkeit von Standards und Regeln und die Bereitschaft, diese ggf. zu verändern sowie auch eigene Fehler zu kommunizieren. In einem engen Austausch zwischen allen Beteiligten werden kollaborativ Ergebnisse erarbeitet. Dies vereinfacht die Zusammenarbeit und führt zu mehr Effizienz und Effektivität. Wesentlich sind hier eine offene Kommunikation, Feedback-Prozesse und auch Eigenverantwortung, Teamarbeit und Empowerment. **Eigenverantwortung und persönliche Verpflichtung zu Qualität** gepaart mit Lösungskompetenz und Fachwissen sind notwendig, um die wirklichen Anforderungen der Kunden und den Mehrwert für diese zu ermitteln. So können für die Kunden begeisternde Produkte oder Dienstleistungen wirtschaftlich bereitgestellt werden.

Innovations-Enabling ist eine zentrale digitale Fähigkeit. Hier geht es darum, die Kreativität der Mitarbeiter zu entfesseln. Wichtig sind hier u. a., Freiraum für Querdenken und unbewertete Ideenfindung zu schaffen. Dies schauen wir uns im nächsten Abschnitt etwas näher an.

5.1.1 Innovationsmanagement und Innovationskultur

„Wenn man etwas Neues machen will, ist man nicht sicher, ob es besser wird. Aber wenn etwas besser werden soll, muss man etwas Neues machen.“ G. C. Lichtenberg, 18. Jahrhundert

Die Grenzen zwischen Innovation und Verbesserung verschwinden. Verbessern ist die Optimierung oder Erweiterung von Bestehendem. Es ist somit auch die Umsetzung von etwas Neuem, allerdings mit einem niedrigerem Neuheitsgrad. Ambidextrie, die Symbiose von vorhandenem und neuem Wissen und das Beherrschen der dafür erforderlichen unterschiedlichen Methoden im Umgang mit dem Wissen, ist hier der Schlüssel. Im Rahmen eines kontinuierlichen Verbesserungsprozesses (KVP) und beim „Leanisieren“ (siehe Abschnitt 5.1.3) werden vorhandene Wertschöpfungsketten kontinuierlich im Hinblick auf Kundenwert und Effizienz optimiert.

Innovationen müssen dabei nicht immer revolutionär, sondern vielmehr smart sein. Sie müssen Mehrwert für den Kunden und mittelfristig auch für das Unternehmen liefern sowie differenzierend gegenüber dem Wettbewerb sein. Kernfragen sind hier:

- Was ist der Mehrwert für unsere Zielgruppen? Welche Bedürfnisse haben diese? Welche Ideen gibt es, um deren Bedürfnisse zu befriedigen? Welche Teilnehmer des Business-Eco-Systems können mit eingebunden werden? Können die Bedürfnisse nachhaltig befriedigt werden? Wirtschaftlich?
- Was ist mit den zur Verfügung stehenden Mitteln wie Technologien, digitalen Plattformen, Business-Eco-Systemen oder Prozessen möglich? Wo gibt es Optimierungspotenzial oder Nutzung von z. B. Technologien in anderen Bereichen?

Innovationsmanagement ist das systematische Finden, Bewerten, Verfolgen und Managen von Ideen und Innovationsprojekten. Innovationsmanagement auf der Basis einer Innovationskultur ist ein Erfolgsfaktor für die digitale Transformation. Trends wie Mobilitäts-Services anstelle von Kauf von Fahrzeugen und deren Auswirkung und Potenzial für das Unternehmen müssen erkannt und gemanagt werden. Vorhandene Potenziale, z. B. durch bereits eingesetzte IT-Technologien im Kontext von Business Analytics oder Social Media, müssen besser und eventuell in anderen Anwendungsfeldern genutzt, Kundenprobleme schnell gelöst und vor allen Dingen neue Ideen für disruptive Geschäftsmodelle („Game-Changing Innovationen“) in einem interdisziplinären Team entwickelt werden. Freiraum für Kreativität und Querdenken ist ein Schlüssel im interdisziplinären Analyse- und Gestaltungsprozess.

Neue Produkte und Dienstleistungen zur besseren Abdeckung der Kundenbedürfnisse oder aber **Prozessinnovationen** werden häufig erst in Verbindung mit neuen (vielleicht noch nicht vollständig ausgeschöpften) Technologien und dem Querdenken bereichsübergreifend möglich. Prozessinnovationen zur Erzeugung von Produkten und Erbringung von Dienstleistungen zielen z. B. durch Automatisierung auf Effizienzgewinne oder aber Qualitätssteigerung von Produkten ab.

Einhergehend mit Produkt- und Prozessinnovationen kann ein Markenimage (siehe Abschnitt 1.3.1) zur Kundenbindung und Differenzierung gegenüber von Wettbewerbern etabliert oder ausgebaut werden.

Innovationsmanagement ist ein systematischer Prozess von der Ideenfindung bis zur wirtschaftlichen Umsetzung einer Neuerung. Die wesentlichen Schritte im Innovationsmanagement finden Sie in Abschnitt 4.3.2.

Wesentlich ist hierbei:

- **Innovationsstrategie** festlegen und verfolgen.
- **Etablierung von Innovationsprozessen** für das Erkennen von relevanten Themen und Trends, die Initiierung und Durchführung von Innovationsprojekten bis hin zur Markteinführung der relevanten Innovationen sowie Verankerung dieser in der Organisation
- Implementierung eines leistungsfähigen **Innovationscontrollings**
- Schaffung einer **offenen, lernenden und querdenkenden Feedback-Kultur** als Basis für die Innovationsfähigkeit des Unternehmens

Folgende Fragen sind im Innovationsmanagement unter anderem relevant:

- Welche Quellen für Ideen nutzen wir? Interne Mitarbeiter? Business-Eco-System? Kunden (Co-Creation)? Wettbewerber (Coopetition)? Wie holen wir gezielt Impulse und Ideen von außen ein? Welche Methoden setzen wir hierzu ein (z. B. Open Innovation)?
- Wie managen wir Ideen? Berücksichtigen wir auch alte bereits archivierte Ideen? Wie werden Ideen strukturiert eingesammelt? Wie bewerten wir Ideen? Wer bewertet die Ideen, eine Einzelperson, ein interdisziplinäres Team oder in der Crowd? Wie läuft der Feedback-Prozess?
- Wer entscheidet über den Start oder die Fortführung von Innovationsprojekten?
- Welche Erwartungshaltung verbinden wir mit Ideen? Erwarten Manager für unausgereifte Ideen bereits in frühen Phasen konkrete wirtschaftliche Aussagen? In welchem Reifegrad der Idee erstellen wir einen Business Case?
- Wie behalten wir den Überblick über den aktuellen Status der Innovationsprojekte und deren Abhängigkeiten? Wie und wann wird deren Erfolg gemessen und bewertet? Wie sieht das Innovationscontrolling aus? Fließt hier eine Bewertung der Erfüllung des Kundenbedürfnisses mit ein?

Innovations-Enabling ist hier ein Schlüsselwort. Innovations-Enabling ist die digitale Fähigkeit, Kreativität der Mitarbeiter zu entfesseln. Wichtig ist hier u. a., Freiraum für Querdenken und unbewertete Ideenfindung zu schaffen. Hierzu müssen die Rahmenbedingungen und eine Innovationskultur aufgebaut werden. Andererseits müssen aber auch hier sicherlich Prozesse und Rollen im Innovationsmanagement festgelegt werden, nur so wird das Innovationsmanagement aktiv getrieben. Die Prozesse müssen hier sowohl die Ideenfindung, die Entwicklung und Bewertung der Ideen sowie das Management der Innovationsprojekte von der Konzeptentwicklung über den Business-Plan, Prototypen bis hin zur Umsetzung und Vermarktung über z. B. Lean-Startup-Methoden sowie dem Innovationscontrolling umfassen. Gleichzeitig muss mit Patenten und Schutzrechten umgegangen werden.

Im Innovationsmanagement gibt es unterschiedliche Methoden sowohl für die Ideenfindung als auch für die Ideenentwicklung und -bewertung. So kann der Ideenpool unterschiedlich, wie z. B. durch ein Ideenvorschlagswesen, gefüllt werden. Hierzu können interne oder externe Wissensquellen genutzt werden. So können Kundeninformationen aus Social Media ausgewertet werden.

Über ein Technologie-Scouting werden in der Regel systematisch neue technologische Entwicklungen beobachtet und deren Potenzial bewertet (siehe Bild 5.4). Diese fließen dann in die Innovationsweiterentwicklung über z. B. Design Thinking ein. Andere Techniken sind hier z. B. das Idealitätsprinzip, indem erstmal visionär von den Idealvorstellungen

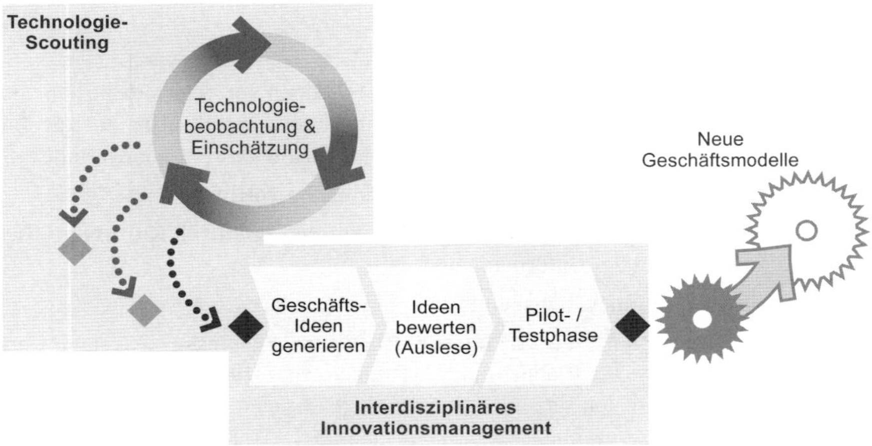

Bild 5.4 Innovationsmanagement

ausgegangen wird, die die potenziellen Kundengruppen des neuen Produkts oder der neuen Dienstleistung haben.

Technologie-Scouting

Technologie-Scouting ist ein systematisches Beobachten von neuen technologischen Entwicklungen und Bewerten deren Potenzials.

Das Technologie-Scouting leistet einen wesentlichen Beitrag, dass alle wesentlichen Trends und reife nutzbaren digitalen Technologien identifiziert werden. Viele digitale Technologien haben bereits im Hype-Cycle, siehe Bild 1.4, das Tal der Enttäuschung durchschritten und können in Produkten und Dienstleistungen genutzt werden. So eröffnen z. B. Social Media, Cloud-Computing, digitale Plattformen, Big Data/Data Analytics und KI/Machine Learning völlig neue Geschäftsmodelle.

Beim Technologie-Scouting kommt es insbesondere darauf an, alle wesentlichen Trends und Technologien zu berücksichtigen und eine Einschätzung über deren Reife, Zukunftsfähigkeit und Einsetzbarkeit für das Unternehmen zu liefern. Dies ist ein wesentlicher Input für das interdisziplinäre Innovationsmanagement sowie für das Technologiemanagement, um frühzeitig z. B. technische digitale Plattformen vorzubereiten (siehe Abschnitt 5.6).

Im Folgenden finden Sie weitere Informationen zum Design Thinking, Organisationsformen für Schnellboote sowie Kreativitäts- und Ideenfindungstechniken.

5.1.1.1 Design Thinking

Design Thinking ist ein systematischer Prozess zur Förderung kreativer Ideen und Lösung von Problemen. Im Gegensatz zu vielen anderen Innovationsmanagement-Methoden schafft Design Thinking von Anfang an konkrete Ergebnisse in Form z. B. von Prototypen, die iterativ entsprechend der Feedbacks weiterentwickelt werden können.

Das folgende Zitat beschreibt die Grundidee von Design Thinking sehr gut:

Wenn man mir eine Stunde Zeit geben würde, ein Problem zu lösen, von dem mein Leben abhängt, würde ich 40 Minuten dazu verwenden, es zu studieren, 15 Minuten dazu, Lösungsmöglichkeiten zu prüfen, und fünf Minuten, um es zu lösen." (Albert Einstein)

> **Design Thinking**
>
> Design Thinking ist ein systematischer Prozess zur Förderung kreativer Ideen und Lösung von Problemen. ■

Der Innovationsprozess im Design Thinking besteht aus sechs Phasen, die nicht sequenziell durchlaufen werden müssen. Jederzeit kann auch wieder an den Anfang gesprungen werden, falls z. B. festgestellt wird, dass die Problemdefinition anzupassen ist. Die ersten drei Phasen kümmern sich um die Problemanalyse und die letzten drei Phasen um die Ideenfindung.

- **Phase 1: Verstehen**
  Das Verstehen der wirklichen Kundenbedürfnisse bildet den Startpunkt. Durch offene und richtige Fragen (z. B. 5W-Technik) über z. B. Expertengespräche wird der Kern der Anforderungen herausgeschält und die Problemstellung anschließend eingehend analysiert sowie Annahmen getroffen. Dies erfolgt iterativ.

- **Phase 2: Beobachten**
  Wesentliche Frage ist hier: Sind die in Phase 1 getroffenen Annahmen korrekt? Haben die Kunden oder Nutzer das angenommene Problem oder ganz andere?

  Durch intensive Beobachtung der Kunden oder Nutzer, idealerweise in ihrem natürlichen Umfeld (siehe Gemba-Walk in Abschnitt 5.1.3), werden wichtige Einsichten gewonnen. Hierzu lässt man sich vom Nutzer zeigen, wie er bisher vorgegangen ist, und erklären, was sein Problem ist und warum bisher vorhandene Lösungen nicht ausreichend waren. Aufmerksam zuhörend und im Dialog ergründet man das Problem weiter.

- **Phase 3: Sichtweise definieren**
  Zum Abschluss der Problemanalyse werden die gesammelten Informationen, Beobachtungen und Einsichten strukturiert, gewichtet und verdichtet. Ziel ist es dabei, eine 360-Grad-Ansicht der Zielgruppe zu erhalten, die insbesondere auch die Zwischentöne und Emotionen beinhaltet. Man entwickelt sogenannte Schlussfolgerungen, die formuliert werden.

  Auch hier gibt es eine Vielzahl von Techniken, wie z. B. sich in die Rolle des Nutzers zu versetzen (Persona) oder die Empathy Map, die den Kunden ins Zentrum stellt und unterschiedliche Perspektiven betrachtet: Was sagt und tut der Kunde? Was denkt und fühlt er? Was hört und sieht er? Was tut ihm weh und wie könnten Verbesserungen erzeugt werden?

  Eine weitere verbreitete Technik ist die Customer Journey Map, die die Kundenreise mit den Erlebnissen entlang der Kunden-Kontaktpunkte betrachtet.

- **Phase 4: Ideen finden**
  Mit verschiedensten Kreativitätstechniken wird ein unbewerteter Ideenpool erzeugt. Beispiele für Techniken ist das Brainstorming oder die „APFEL"-Technik (siehe Abschnitt 5.1.1.5). Im zweiten Schritt werden die gesammelten Ideen zu Clustern sortiert und die geeignetsten Ideen-Cluster ausgewählt.

- **Phase 5: Prototyping**
  Prototypen sind haptisch, wie z. B. Bauklötze oder mit Kleber und Papier Gebasteltes. Sie müssen nicht perfekt sein, sondern lediglich verständlich, um die ausgewählten Ideen greifbar und erlebbar zu machen. Prototypen können während der Phase verworfen, geändert und optimiert werden. Es geht hier darum, möglichst früh aus Fehlern zu lernen und Erkenntnisse über die Realisierbarkeit zu gewinnen.
- **Phase 6: Testen**
  Das Testen der Prototypen erfolgt direkt mit der Zielgruppe, wobei das Feedback entscheidend ist. Was gefällt dem Nutzer besonders gut? Welche Wünsche haben sie und welche Fragen werden gestellt?

  Wenn ein Prototyp beim Nutzer durchfällt, wird dieser verworfen. Es werden solange neue Prototypen erstellt und getestet, bis die Kunden von einer Idee überzeugt sind.

Design Thinking hat sich inzwischen in der Praxis durchgesetzt. Ähnlich sieht es mit Innovation Labs aus, um die für disruptive Innovationen erforderliche Schnelligkeit zu erreichen.

5.1.1.2 Innovation Labs

Die Digitalisierung von klassischen Unternehmen geht häufig einher mit der Gründung eines „Innovation Labs" („Schnellboot"), um sich an die Digitalisierung abseits der als lähmend empfundenen Strukturen und Prozesse („schwerfälliger Tanker") heranzutasten. In den Labs sollen innovative wettbewerbsdifferenzierende Produkte entstehen oder aber neue Formen der Zusammenarbeit getestet werden.

Innovation Labs sind Testlabore, um später die Erfahrungen in das Gesamtunternehmen zu übertragen. Jedes Testlabor hat ein klar definiertes Problem zu lösen oder aber muss Antworten auf klar festgelegte Fragestellungen liefern. Das Lab muss sich der Hürden und Probleme annehmen, die die Gesamtorganisation ausbremsen und blockieren. Diese Hürden sind organisationsspezifisch. Wenn dies im Kleinen gelingt, müssen die Lösungen in die Gesamtorganisation überführt werden.

Leider scheitern diese Labs häufig aus unterschiedlichen Gründen:

- **Muster hierarchisch geprägter Organisationen finden nach wie vor Anwendung**, wie z. B. Verantwortlichkeiten in der klassischen Organisation oder komplexe Reporting-Linien in die Mutterorganisation.
- **Kommunikationsbarrieren zwischen Experten des „schwerfälligen Tankers" und der Innovation-Lab-"Schnellboote".** Dies hängt häufig mit dem Anspruch zusammen, anders zu sein als die Mutterorganisation. Im „schwerfälligen Tanker" gibt es aber sehr viele Experten, die das Geschäft und die IT-Landschaft sehr gut kennen und für „Operational Excellence" Sorge tragen.
- **Wirtschaftlichkeit und Operationalisierbarkeit wird nicht immer betrachtet.** In Kreativitätsworkshops, wie z. B. mit Design Thinking, entstehen Ideen und Prototypen. Nicht alle davon sind bahnbrechend. Fragen der erfolgreichen Skalierung sind aber für den nachhaltigen Erfolg entscheidend.
- **Innovation Labs als Leuchttürme ohne Change-Management-Aufgabe.** Innovation Labs sind häufig als Leuchttürme konzipiert, die nach außen und innen strahlen. Die systematische Vorbereitung und Transformation des Unternehmens auf die erforderlichen Veränderungen werden allerdings häufig außer Acht gelassen.

- **Leidensdruck ist noch nicht groß genug**, um wirklich tiefgreifende Veränderungen umzusetzen. Gerade bei Unternehmen mit einer sehr guten wirtschaftlichen Situation werden häufig die Zeichen für die erforderliche Veränderung nicht gesehen. Ein Beispiel hierfür sind die Verlage, die erst sehr spät auf die digitale Wirklichkeit aufgesprungen sind. Das operative Tagesgeschäft läuft wie gehabt. Dies führt zu überwiegend wirkungslosen Einzeldigitalisierungsmaßnahmen, anstatt zu einer systematischen und bahnbrechenden digitalen Transformation. Ein radikaler Umbau sieht anders aus.

Diese Hürden müssen überwunden werden. Hierfür ist eine Lean Kultur und Organisation (siehe Abschnitt 5.1.3) ein Erfolgsfaktor. Diese muss in einem schrittweise sehr anstrengenden gesteuerten Veränderungsprozess etabliert werden. Hier sind, wie bei jeder Veränderung, viele Widerstände zu überwinden. Wichtig ist hier, dass die Erkenntnisse aus dem Lab möglichst frühzeitig kommuniziert und mit möglichst vielen im Unternehmen geteilt werden. Nur so sind die Widerstände zu überwinden.

Eine Lean Kultur zeichnet sich durch Kundenwertorientierung sowie Offenheit, Ergebnisorientierung und Qualitätsanspruch aus. Führungskräfte und Mitarbeiter werden ermutigt, neue Wege zu gehen und die Zukunft des Unternehmens aktiv mitzugestalten. Dies setzt viel Vertrauen in die Leistungsfähigkeit und Integrität des Teams und die Gesamtorganisation sowie wenige formale Barrieren im Unternehmen voraus.

5.1.1.3 Open Innovation

Open Innovation steht für die Öffnung der Innovationsprozesse über die Unternehmensgrenzen hinweg, um das Innovationspotenzial von außen zu nutzen. Open Innovation Communities sind eine virtuelle Gruppe, die gemeinsam Ideen kreiert, Geschäftsideen diskutiert, festlegt und exemplarisch umsetzt. Der Schwerpunkt liegt aber in der frühen Phase der Ideengenerierung, -bewertung und Konzeptentwicklung.

Hier entsteht Synergiepotenzial für alle Beteiligten. Beteiligte können z. B. eine Community aus dem Kundenstamm des Unternehmens sein oder aus dem Business-Eco-System des Unternehmens stammen. Häufig sind es aber auch Plattform- oder Technologie-Anbieter. Ein Erfolgsfaktor für Open Innovation ist die offene Lean Kultur, in der die Mitarbeiter und Führungskräfte Externen nicht kritisch gegenüberstehen.

Open Innovation kann sowohl in einigen Phasen des Innovationsprozesses als auch übergreifend eingesetzt werden. So kann das Augenmerk auf den Input von Kunden und Anwendern gelegt werden, um den Kundenwert neuer Ideen wirklich zu verstehen.

Wesentliche Anwendungsbereiche sind:

- Innovations- oder Ideen-Wettbewerb.
- Lösungsentwicklung, in der z. B. mit Toolkits oder Workshops der Kreativität freien Lauf gelassen wird.
- Lead-User-Modell für eine Zielgruppe zur Informationssammlung zu Bedürfnissen und Lösungen der Zielgruppe und von kompatiblen Märkten (Nutzung von Schlüsselkunden für Co-Creation).
- Innovation-Marktplätze oder Suchplattformen.
- Cross-Industry Innovation, um Ähnlichkeiten und Unterschiede der Übertragung von Lösungen auf unterschiedliche Bereiche zu erforschen.

Open Innovation liegt im Trend. Viele Unternehmen öffnen verstärkt ihre Innovationsprozesse nach außen und nutzen gezielt das Wissen und die Kreativität externer Teilnehmer. Dies erhöht den Input und schafft Produkte und Dienstleistungen mit hoher Attraktivität und hohem Kundenwert, da systematisch alle relevanten Dimensionen adressiert werden. Wesentlich sind insbesondere die Wertschöpfungspartner, wie z. B. Schlüsselkunden. Open Innovation erfolgt in Formaten wie z. B. World Café oder Design Thinking. Hierin werden Ideen gesammelt und auf den Weg gebracht.

5.1.1.4 Netnography

Netnography ist eine Methode zur Analyse von Online-Kommunikation und Konsumentenverhalten. Sie basiert auf der Ethnographie, also der Beobachtung des Verhaltens von Gruppen und ihrer einzelnen Mitglieder. Ziel ist es hierbei, sowohl explizit formulierte als auch implizit vorhandene Bedürfnisse, Wünsche, Erfahrungen, Motivationen, Einstellungen und Wahrnehmungen zielfokussiert zu ergründen.

Durch die intelligente Nutzung von Social Media können Unternehmen ihre Wettbewerbsfähigkeit verbessern, da Social Media die Meinungsbildung unterstützt. Durch den Austausch von Erfahrungen, Wünschen, Bedürfnissen und Ansichten werden Kaufentscheidungen und Markenwahrnehmungen maßgeblich beeinflusst.

Die soziale, unbeeinflusste Interaktion in Online-Communities wird beobachtet und untersucht, um Informationen über Kundenbedürfnisse oder Trends sowie Produktideen zu gewinnen:

- **Neue Kunden und Partner**
  Über den vergleichsweise kostengünstigen Zugang zu den Online-Communities können mögliche Kunden, Lead-User und auch neue Teilnehmer des Business-Eco-Systems identifiziert und angesprochen werden.
- **Bedürfnisse der Zielgruppe**
  Aus den Interaktionsdaten in Social Media können Informationen zu Bedürfnissen der Zielgruppe oder auch Feedback zu Produkten und Dienstleistungen über Big-Data-Analysen gewonnen werden.
- **Vorschläge für Produktverbesserung**
  In Social Media stellen Nutzer zum Teil konkrete Verbesserungsvorschläge für Produkte und Dienstleistungen sowie auch Ideen für völlig neue, innovative Produkte vor. Diese können für das Ideenmanagement und die nachfolgende Geschäftsmodellentwicklung genutzt werden. Ein Beispiel ist ein Zubehörteil, das von vielen Nutzern eines Produkts nachgefragt wird.

Das Vorgehen bei Netnography kann man in die folgenden Schritte aufteilen:

1. **Zieldefinition**

   Ausgangspunkt bei der Netnography-Methode ist die Zieldefinition, die Festlegung des Untersuchungsschwerpunkts. Hierfür werden die zu stellenden Fragen formuliert. Beispiele sind:

   - Welche unserer Zielgruppen geben welches Feedback zu unserem Produkt oder unserer Marke?
   - Was bewegt unsere Zielgruppen, unsere Produkte und Dienstleistungen langfristig zu nutzen?

- Wo gibt es aktuell Probleme bei der Nutzung unserer Produkte oder Dienstleistungen? Gibt es Lösungsideen?
- Welche anderen Produkte werden in Kombination mit unseren Produkten eingesetzt? Oder alternativ?

2. **Festlegung relevanter Social-Media-Kanäle**

   Festlegung, welche Social-Media-Kanäle, wie Communities, Diskussionsforen, Blogs und Chats, analysiert werden. Häufig wird über eine Recherche eine Auflistung von möglichen Social-Media-Kanälen erstellt, um daraus die relevanten auszuwählen. Wesentlich ist hierbei, dass die Social-Media-Kanalliste kontinuierlich aktualisiert wird, da es viele Veränderungen gibt.

   Ein Beispiel sind Community-Plattformen über Transportlogistik, ergänzt um klassische Kanäle wie z. B. Facebook.

3. **Datensammlung**

   Die Datensammlung erfolgt über die Aufzeichnung der beobachteten Kommunikation mithilfe z. B. von heruntergeladenen Diskussionsverläufen aus Onlineforen und der Interaktion der beobachteten Zielgruppen. Hieraus können z. B. aus der Häufigkeit, Art und Güte der Beiträge einzelner Mitglieder Lead-User identifiziert werden, die z. B. für Open Innovation genutzt werden können.

4. **Datenanalyse**

   Analyse der Daten entsprechend der festgelegten Ziele unter Nutzung der Methoden der qualitativen Datenanalyse. Die bedeutsamsten Techniken zur Reduktion der gesammelten Materialien auf die wesentlichen Inhalte sind Paraphrasierung und Generalisierung auf ein Abstraktionsniveau sowie Reduktion von Redundanzen. Über Kontextanalyse und andere Techniken werden die Inhalte dann ergänzt. Weitere Informationen hierzu finden Sie in [May90].

   Die qualitative Datenanalyse von Netnography wird in der Regel ergänzt um quantitative Verfahren aus dem Social Mining. Über Text Mining, Web Structure und Web Using Mining sowie Frequenz-, Intensitäts- und Assoziationsanalysen können wesentliche Informationen gewonnen werden.

Die aus der Analyse gewonnenen Erkenntnisse können dann im Innovationsmanagement und in der Geschäftsmodellentwicklung genutzt werden.

5.1.1.5 Techniken im Innovationsmanagement

Neben dem Design Thinking und Open Innovation gibt es eine Vielzahl von Methoden im Innovationsmanagement, um Kreativität zu entfesseln. Dies sind in der Regel gruppendynamische Prozesse. Im Folgenden finden Sie eine Auswahl von Techniken:

Techniken für die Ideengenerierung

- **Brainstorming, das klassische Werkzeug für die Ideensammlung**
  Im Brainstorming gibt es klare Regeln. In einer ersten Phase darf jeder Brainstorming-Teilnehmer seine Ideen vorstellen. Nachfolgende Teilnehmer können sich von den Ideen anderer inspirieren lassen. Kritik, Fragen und Diskussion der anderen Teilnehmer sind nicht erlaubt.

Wenn das Brainstorming nicht genügend Ideen generiert, können über Gedankenspiele oder Szenarien gedankliche Hürden ausgeräumt werden. Beispiel: „Welche Ideen hätten Sie, wenn Geld keine Rolle spielt."

- **Kartenabfragen**
Jeder Teilnehmer notiert seine Ideen auf Karten und stellt diese dann der Gruppe vor. Für die Auswahl der besten Ideen, die weiterverfolgt werden sollen, kann die Wertung z. B. über Klebepunkte erfolgen.
- **Innovationswettbewerb** (Innovation Contest)
Zumeist webbasierter Aufruf an Zielgruppen oder an die breite Masse, innovative Produkt- oder Dienstleistungsideen oder Verbesserungsvorschläge für bestehende Produkte oder Dienstleistungen einzureichen. Die Vorschläge für einen festgelegten Kontext können innerhalb einer festgelegten Zeitspanne eingereicht werden und werden von einem Gremium bewertet. Kriterien für die Bewertung können z. B. Neuartigkeit, Kundenmehrwert und Machbarkeit sein.
- **Apfel-Methode**
In der Apfel-Methode sind verschiedene Kreativitätstechniken zusammengefasst: *A* steht für Assoziationen, *P* für Perspektivenwechsel, *F* für Fragetechniken (wie z. B. 5W-Fragen), *E* für Ebenenwechsel und *L* für Lotteriemethode. Die Übertragung von Ideen auf andere Bereiche führt ebenso wie die Zufallsinspirationen der Lotteriemethode zu neuen Ideen.
- **6-3-5-Methode**
Die 6-3-5-Methode ist eine Kreativitätstechnik zur schnellen Entwicklung neuer Ideen. Diese Methode ist auch sehr spontan und mit ungeübten Teilnehmern anwendbar. Innerhalb von kurzer Zeit entstehen mit 6-3-5 maximal 108 Ideen: 6 Teilnehmer mal 3 Ideen mal 5 Reihen.
  - *1. Schritt:* Jeder Teilnehmer erhält ein vorbereitetes Arbeitsblatt mit der Fragestellung und Feldern für die Ideen. Das Arbeitsblatt besteht aus sechs Zeilen zu je drei Spalten. Der Moderator legt eine Zeitspanne für die Weitergabe der Blätter fest. In Abhängigkeit vom Schwierigkeitsgrad sind dies in der Regel zwischen drei und fünf Minuten.
  - *2. Schritt:* Jeder der sechs Teilnehmer verfasst nun drei Ideen und trägt diese in die Felder der ersten Reihe ein und gibt das Arbeitsblatt nach Ablauf der festgelegten Zeitspanne im Uhrzeigersinn an seinen Nachbarn weiter.
  - *3. Schritt:* Jeder Teilnehmer soll nun versuchen, die bereits genannten Ideen weiterzuentwickeln. Seine drei neuen Ideen trägt er in der nächsten freien Reihe ein. Nach Ablauf der festgelegten Zeitspanne gibt er das Arbeitsblatt erneut im Uhrzeigersinn an seinen Nachbarn weiter. Dies erfolgt, bis alle Zeilen gefüllt sind.

Techniken für die Bewertung von Ideen sowie die Initiierung und Durchführung von Innovationsprojekten

- **Die 6-Denkhüte**
Diese von Edward de Bono 1986 vorgestellte Kreativitätstechnik ist eine Gruppendiskussion, in der die Mitglieder verschiedenfarbige Hüte aufsetzen, die verschiedene Denkmuster repräsentieren. Diese Hüte werden auf Anforderung des Moderators gewechselt. So wird kein Blickwinkel außer Acht gelassen.

Die Farben der Hüte stehen für:

- *Weiß:* Analytisches Denken, Konzentration auf Tatsachen und Fakten
- *Rot:* Emotionales Denken, Konzentration auf Gefühle und Empfindungen
- *Schwarz:* Kritisches Denken, Konzentration auf Probleme und Risiken
- *Gelb:* Optimistisches Denken, Konzentration auf Chancen und Vorteile
- *Grün:* Kreatives Denken, Konzentration auf neue und ungewöhnliche Ideen
- *Blau:* Ordnendes Denken, Konzentration auf Gruppieren und Strukturieren

- **Innovation Toolkits für Co-Creation oder Open Innovation**

  Co-Creation (siehe Abschnitt Open Innovation 5.1.1.3) ist eine neue Form der interaktiven Wertschöpfung zwischen Unternehmen und Kunden. Kunden gestalten die Produkte und Dienstleistungen aktiv mit und übernehmen teilweise sogar deren Entwicklung und Herstellung als wesentliche Bestandteile der Innovations- und Produktionsprozesse. Die Kunden gehören in der Regel einer hoch motivierten Community von freiwilligen und unbezahlten Nutzern an, die z. B. selbst Features dazu entwickeln und für die Community als Teil eines Produkts oder Plattform-Service bereitstellen. Neben der Entwicklung wird Co-Creation häufig für den Test von neuen Features eingesetzt. Ziel ist, dass komplexe Aufgaben durch die verteilten Fähigkeiten vieler gelöst werden können, indem einzelne Nutzer vorhandenes Wissen optimal anwenden.

  Toolkits ermöglichen Nutzern über zumeist internetbasierte Instrumente das Kreieren und Bewerten von Produktideen oder Konzepten und deren Transfer zum Unternehmen. Hier geht es sowohl um neue Ideen als auch die Bewertung von vorhandenen Produkten und Leistungen über eine Feedback-Funktionalität.

Lead-User

Lead-User sind innovative aufgeschlossene (mögliche) Schlüsselkunden, die Meinungsführer z. B. in sozialen Medien sind und Kaufentscheidungen anderer beeinflussen.

- **Lead-User-Methode**

  Durch den Einbezug von innovativen und aufgeschlossenen (möglichen) Schlüsselkunden aus der Zielgruppe in ein Innovationsvorhaben sollen Marktunsicherheiten und Risiken reduziert werden. Innovative Konzepte für Produkte und Dienstleistungen werden in direkter Zusammenarbeit mit den Lead-Usern gemeinsam entwickelt, um die Produkte und Dienstleistungen auf deren Bedürfnisse hin zuzuschneiden.

  Wesentlich ist hier sicherlich die Auswahl der richtigen Lead-User.

  Die Lead-User-Methode startet mit der Klärung der finanziellen, zeitlichen und organisatorischen Randbedingungen. Anschließend werden folgende Schritte durchgeführt:

  1. Kontextfestlegung: Produktbereiche für die Innovationsprojekte festlegen.

  2. Trendanalyse: Sammlung von Input aus dem Technologie-Scouting und Identifikation von möglichen Trends mithilfe von Sekundärliteratur, Experteninterviews, Studien, Vorhersagemodellen oder der Szenarioanalyse.

> **Trendanalyse**
>
> Trends sind sich langfristig abzeichnende Entwicklungen. Aufgabe der Trendanalyse ist es, Trends und deren Ursachen zu ergründen und zu quantifizieren sowie ein (grobes) Vorhersagemodell für relevante Märkte und das Unternehmen zu erstellen. Aus der Analyse der Chancen und Risiken sowie der Stärken und Schwächen (SWOT-Analyse) können Handlungsoptionen abgeleitet werden. ■

3. Identifikation der Lead-User: Identifikation von Schlüsselkunden aus der Zielgruppe, die die identifizierten Trends verkörpern und hier gegebenenfalls bereits Meinungsführer sind. Als Techniken eignen sich Screening oder Pyramiding. Beim Screening wird ein Fragebogen mit den klar festgelegten Eigenschaften der Lead-User genutzt. Aufgrund der Antworten der Befragten wird subjektiv eingeschätzt, ob sie sich für die Teilnahme am Innovationsprozess eignen.

Beim Pyramiding, einem Schneeballeffekt, werden beliebige Teilnehmer von sozialen Medien zu ihren Empfehlungen für mögliche Lead-User befragt.

4. Lead-User Workshops: Mithilfe von Kreativitätstechniken, wie z. B. World Café oder Design Thinking, werden halb- oder ganztägige Workshops durchgeführt, um gemeinsam mit dem Kunden innovative Konzepte für Produkte und Dienstleistungen zu entwickeln. Im Vorfeld der Workshops sollten erste Ideen gesammelt und vorbereitet werden. Diese können gut als Kristallisationspunkte verwendet werden, wenn die Ideen nicht sprudeln.

Startpunkt der Workshops ist ein Briefing durch die Organisatoren, in dem der Kontext vorgestellt wird. Die Ergebnisse der Trendanalyse sollten auch einfließen, idealerweise aber nicht am Anfang. Dies ist wichtiger Input für die Teilnehmer, kann aber auch die Richtung der Diskussion beeinflussen.

Wichtig ist hierbei, dass mehrere Runden durchgeführt werden, wobei sichergestellt ist, dass alle Teilnehmer alle Ideen der anderen mitbekommen. Die ersten Runden dienen eher der unbewerteten Ideenfindung und die späteren Runden der Lösungsfindung. Die möglichen Lösungen müssen nach vorgegebenen Kriterien, wie z. B. Marktpotenzial, Kundenwert, Kosten und Risiken, bewertet werden.

- **World Café**
  World Café wird in einer entspannten, kaffeehausähnlichen Atmosphäre durchgeführt. In mehreren Gesprächsrunden werden Wissen und Erfahrungen ausgetauscht und neue Ideen und Erkenntnisse entstehen.

  Die Teilnehmer finden sich in Gruppen um Tische mit World-Café-Tischdecken zusammen und diskutieren eine von dem gastgebenden Tisch-Moderator gestellte Frage. Soweit möglich, notieren die Teilnehmer oder der Moderator die wesentlichen Ideen und Gedankenstützen auf der Tischdecke. Nach etwa 20 bis 30 Minuten wechseln die Teilnehmer die Tische und finden sich in neuen Konstellationen zusammen. Ein Gastgeber bleibt am Tisch zurück und trägt die Ergebnisse der ersten Runde in die nächste spontan entstandene Runde. So befruchten sich die Teilnehmer gegenseitig mit neuen Ideen und Perspektiven. Am Ende des World Cafés werden die Ergebnisse aller Tische für alle Teilnehmer im Plenum ausgestellt. Die Teilnehmer besichtigen die Ergebnisse der Tische und stellen gegebenenfalls Rückfragen an den Gastgeber. So verbleibt ein Destillat der Erkenntnisse des gesammelten Wissens bei allen Teilnehmern.

Mithilfe von World Cafés kann einerseits ein zwangloser Austausch zu für die Teilnehmer interessanten Fragestellungen organisiert werden. Andererseits können mit dieser Methode auch Feedback zu Ideen und Konzepten eingeholt oder Erfahrungen kondensiert werden.

- **Syntegration**

  Die Syntegration ist eine Methode von Prof. Dr. Stafford Beer, um in einer großen Gruppe eine Fülle von Informationen und Wissen in kurzer Zeit auszutauschen und von allen akzeptierte Lösungen zu erarbeiten. In mehrtägigen Intensiv-Workshops wird das Wissen der Teilnehmer genutzt. In regelmäßigen Polyedern, z. B. einem Ikosaeder, wird jedes Thema einem Eckpunkt zugeordnet. Jeder Teilnehmer besetzt während der gesamten Syntegration eine Strebe aufgrund seiner fachlichen Stärken. Auf diese Art und Weise werden die maximal möglichen Beziehungen möglichst gut genutzt und die Informationsdistanz zwischen den einzelnen Teilnehmenden verkürzt. Das führt zur Integration von Wissen, Meinungen und Sichtweisen.

  Ausgangspunkt ist eine vom Organisator formulierte Eröffnungsfrage. Dann wird bestimmt, welche Teilnehmer aufgrund ihrer fachlichen Expertise zur Lösungsfindung notwendig sind. Die Teilnehmer können dann Themenschwerpunkte einbringen, die aus ihrer Sicht für den Lösungsentwurf für die Eröffnungsfrage notwendig sind. Die zwölf am höchsten priorisierten Themenschwerpunkte bilden die Ecken des Polyeders. Danach werden durch einen computergestützten Algorithmus die Struktur des Systems konfiguriert und optimiert und die Teilnehmer auf die Streben verteilt.

  In der zweiten Phase der Syntegration werden in drei Iterationen Gruppensitzungen durchgeführt. Darin wird jedes der zwölf Themen nach einem genau festgelegten Muster von den Teilnehmern einmal pro Tag bearbeitet. Jeder Teilnehmer ist Teammitglied in zwei Themen, Kritiker in zwei Themen und Beobachter in vier Themen. Für jede dieser Funktionen gibt es klare und einfache Anleitungen sowie methodische und zeitliche Spielregeln. Moderatoren und ein Unterstützerteam übernehmen sämtliche Protokollierungsarbeiten und leiten diese unmittelbar an die Gesamtgruppe weiter.

5.1.1.6 Trendanalyse

Die Trendanalyse ist eine Zukunftsbetrachtung und essenziell für die Vorbereitung der Geschäftsmodellentwicklung und der Entwicklung der digitalen Strategie. Trends sind sich langfristig abzeichnende Entwicklungen. Aufgabe der Trendanalyse ist es, Trends und deren Ursachen zu ergründen und zu quantifizieren sowie ein (grobes) Vorhersagemodell für relevante Märkte und das Unternehmen zu erstellen. Aus der Analyse der Chancen und Risiken sowie der Stärken und Schwächen (SWOT-Analyse) können Handlungsoptionen abgeleitet werden.

Input für die Trendanalyse sind unter anderem die Ergebnisse des Technologie-Scoutings (siehe Abschnitt 5.1.1). Daneben gibt es noch andere Informationsquellen, wie z. B. Fachmessen, Patentanmeldungen, Fachliteratur und das Internet. Darauf aufbauend können die Bedürfnisse der Zielgruppe und der Märkte von morgen abgeschätzt werden.

Alle gesammelten geschäftsbestimmenden Trends müssen erfasst und prägnant beschrieben und bewertet werden. Kriterien sind hierbei häufig die Eintrittswahrscheinlichkeit sowie die Auswirkungen für das Unternehmen (siehe Bild 5.5), insbesondere auf die zukünftige Geschäftsentwicklung.

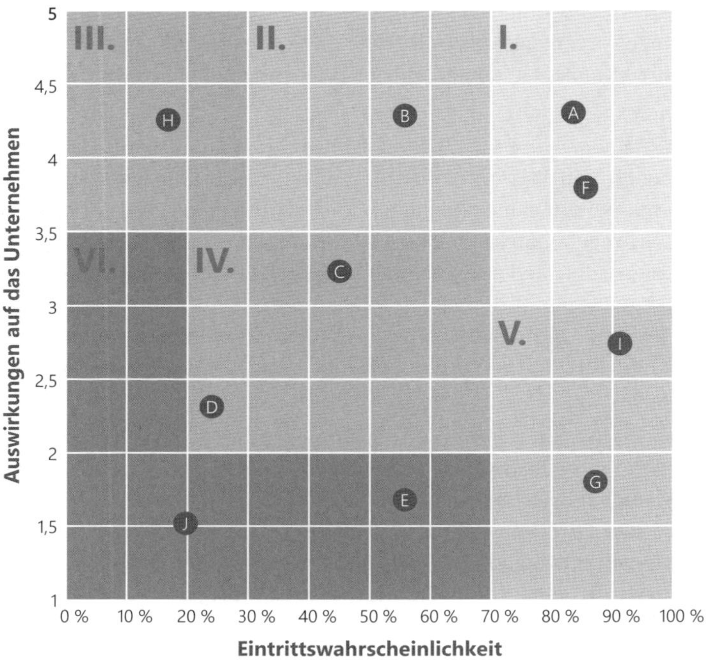

Bild 5.5 Trendportfolio (siehe [Gau09])

Im Trendportfolio von Gausemeier (siehe [Gau09]) werden folgende Normstrategien unterschieden:

- **Höchste Priorität: Trends sofort adressieren** (mit „I" gekennzeichnet)
  Diese Trends haben hohe Auswirkungen auf das Unternehmen. Daher müssen hierfür Voruntersuchungsprojekte gestartet werden, um die Chancen und Risiken im Detail zu ergründen. Hier gibt es Handlungsfelder, die mit Innovationsprojekten adressiert werden müssen.
- **Hohe Priorität: Trends proaktiv angehen** (mit „II" gekennzeichnet)
  Trends, die hier einsortiert wurden, haben ebenso hohe Auswirkungen auf das Unternehmen. Jedoch ist es nicht so sicher, dass diese wirklich eintreten. Von daher muss man sich intensiv mit diesen Trends befassen und Handlungsoptionen vorbereiten.
- **Mittlere Priorität: Vorbereitet sein** („wild cards" mit „III" gekennzeichnet)
  Die Wahrscheinlichkeit des Eintretens ist nicht hoch, jedoch wären die Auswirkungen auf das Unternehmen sehr hoch. Daher müssen „reaktive Eventualpläne" vorbereitet werden, um im unwahrscheinlichen Fall des Eintretens Chancen nutzen und Risiken abwehren zu können.
- **Mittlere Priorität: Trends beobachten** (mit „IV" und „V" gekennzeichnet)
  Dies sind Trends in einer Grauzone („IV") oder aber mit nur geringer Auswirkung auf das Unternehmen. Diese Trends müssen beobachtet und möglichst vorausschauend integriert werden, da deren Eintrittswahrscheinlichkeit hoch oder sogar sehr hoch ist. Dies muss alleine deshalb durchgeführt werden, weil sich die Einschätzung bezüglich der Auswirkungen auf das Unternehmen schnell ändern kann (gerade bei disruptiven Innovationen). Dann muss das Unternehmen „schnell sein".

- **Niedrige Priorität: Keine Ressourcen unnötig binden** (mit „VI" gekennzeichnet)
  Diese Trends haben weder eine relevante Auswirkung auf das Unternehmen noch eine relevante Eintrittswahrscheinlichkeit. Daher müssen sie nur ohne großen Aufwand beobachtet werden.

Die Prognose von Trends ist in gewissem Maße subjektiv und unsicher. Trends und deren zukünftiger Verlauf sind nicht sicher voraussagbar. Dies gilt auch für komplexe Prognosemodelle. Als relevant eingeschätzte Trends können sich schlagartig umkehren, da sich z. B. getroffene Annahmen ändern. Daher sind die Annahmen wesentlicher Teil der Beschreibung von Trends. Ebenso sollte hier immer die Quelle mit aufgenommen werden.

In der Trendanalyse gibt es eine ganze Reihe von Techniken, wie z. B.:

- Informationssammlung von Publikationsanalysen, Trendstudien sowie Ergebnissen von Beobachtungen und Expertenbefragungen
- Extrapolation von historischen oder aktuellen Entwicklungen in die Zukunft
- Trend-Scanning als thematisch ungerichtete, aktive Absuche des Umfelds nach neuen, bisher unbekannten Trends
- Trend-Monitoring als thematisch gerichtete, dauerhafte und vertiefte Beobachtung bereits identifizierter Entwicklungen, relevanter Einzelthemen oder vordefinierter thematischer Suchfelder
- Trendlandkarte zum Aufzeigen der gegenseitigen Wirkungszusammenhänge der Trends

Die Trendanalyse liefert einen wesentlichen Input für die Geschäftsmodellentwicklung (siehe Abschnitt 5.2). Im Folgenden wird auf Rahmenbedingungen für ein erfolgreiches Innovationsmanagement, die richtige Führungskultur und Lean Management eingegangen.

5.1.2 Digital Leadership

Digital Leadership umfasst alle Aufgaben und Werkzeuge für eine erfolgreiche Führung der digitalen Transformation, zugeschnitten auf die jeweiligen Ziele und Randbedingungen, insbesondere den digitalen Reifegrad (siehe Abschnitt 4.2). Wesentlich ist vor allem eine „partizipative Führung", um aus von „Widerstand" geprägten Mitarbeitern motivierte Verfechter der Digitalisierung zu machen. Widerstände sind normal, da durch die Innovationen massive Veränderungen mit Auswirkungen in allen Unternehmensbereichen entstehen. Viele Mitarbeiter haben Angst, dass sie selber abgeschafft werden. Veränderungen können daher nicht einfach verordnet werden.

Die Anforderungen an „Digital Leader" sind enorm. Ein Digital Leader muss ein Unternehmen in die digitale Transformation führen, d. h. den Wandel aktiv gestalten und dafür auch selbst offen sein sowie über Geduld und Fingerspitzengefühl verfügen. Sie müssen sich schnell auf veränderte Randbedingungen einstellen und partizipativ Lösungen entwickeln.

Häufig wird die separate Rolle eines Chief Digital Officer (kurz CDO) mit Entscheidungskompetenzen eingeführt, um der digitalen Transformation mehr Nachdruck zu verleihen.

Chief Digital Officer

Der **Chief Digital Officer** (CDO) verantwortet die Entwicklung der digitalen Strategie und neuer digitaler Geschäftsmodelle. Zudem treibt er die digitale Transformation auf allen Ebenen voran.

Ein Chief Digital Officer muss alle ökonomischen, technischen und strategischen Aspekte der Digitalisierungsvorhaben im Zusammenhang überblicken, Abhängigkeiten, Konflikte und Synergien erkennen und managen. Customer Experience Management ist ein Kern seiner Aufgaben, da die Bedürfnisse des Kunden im Vordergrund bei der Gestaltung neuer digitaler Geschäftsmodelle stehen. Er ist Innovationsmotor für die Entwicklung neuer digitaler Geschäftsmodelle und verantwortet deren Erfolgskontrolle und Optimierung. Zudem treibt er das Innovations-Enabling und arbeitet eng mit dem interdisziplinären Innovationsmanagement (siehe Abschnitt 5.1.1) zusammen. Er fördert die digitale Transformation in einem gesteuerten Veränderungsprozess inklusive der Veränderung der Organisation zu einer digitalen Kultur.

Der CDO ist in der Regel Teil der Unternehmensführung oder aber im Stab der Unternehmensführung angesiedelt. Nur so hat er die notwendige Durchschlagskraft. In Abhängigkeit von Größe und Ausrichtung des Unternehmens sowie der Digitalisierungsaffinität der Unternehmensführung kann dies auch in Personalunion von z. B. dem CEO oder dem CIO erfolgen, wenn diese ausreichend Zeit für die Aufgabe haben. Wichtig ist, dass Klarheit über den Verantwortungsbereich und die Schnittstellen zu anderen Bereichen geschaffen und alle Bereiche „mitgenommen" werden.

Der CDO ist nicht nur das Bindeglied zwischen allen Führungskräften auf der Geschäftsführungsebene, sondern auch der direkte Draht zur gesamten Organisation und den Mitarbeitern. Er erzeugt partizipativ eine digitale Vision für das gesamte Unternehmen, bricht bestehende Silos auf und bewirkt die notwendigen Veränderungen in der Organisation, um die digitale Transformation zu meistern. Hier muss häufig ein Spagat zwischen Autonomie und Vertrauen sowie Kontrolle und Führung gelebt werden. Einerseits ist es wichtig, den Mitarbeitern Freiraum für Innovation und Mitgestaltung zu geben. Andererseits müssen aber auch Führung und Kontrolle einen Platz haben, um Anarchie zu vermeiden und zu Ergebnissen zu kommen.

Ein Digital Leader benötigt folgende Kompetenzen:

- **Forschergeist:** Er muss in der Digitalisierung angekommen sein und sich mit neuen Technologien proaktiv beschäftigen und versuchen, deren Einfluss auf das Unternehmen zu verstehen. Neugierde und Begeisterungsfähigkeit liegen ihm im Blut.
- **Begeisterung für Digitalisierung:** Digital Leader brennen für die Digitalisierung. Enthusiasmus, Leidenschaft kennzeichnen sie. Sie besitzen die Fähigkeit, andere mitzureißen.
- **Agilität:** Er muss mit den Veränderungen von Rahmenbedingungen, Annahmen, technischen und organisatorischen Möglichkeiten schnell, flexibel und partizipativ umgehen. Offenheit und Flexibilität sind zentrale Eigenschaften eines CDO.

  Er muss in der Lage sein, das eigene Denken und Handeln permanent zu hinterfragen und gegebenenfalls anzupassen. Gleichzeitig muss er Sicherheit ausstrahlen und den Veränderungsprozess aktiv steuern. Er sollte keine „Fahne im Wind" sein.

- **End-to-end-Geschäftsverständnis:** Er muss über ein herausragendes Verständnis der horizontalen und vertikalen End-to-end-Wertschöpfungsketten verfügen. Alles, was digital möglich ist, wird digitalisiert. Daher muss er verstehen, wie Prozesse, Daten, Systeme über das Business-Eco-System ineinandergreifen, und deren Weiterentwicklung aktiv steuern. Insbesondere Datentransparenz und die Verwertung der Daten muss er im Blick haben (siehe Datenmanagement, Abschnitt 5.5).
- **Überzeugungskraft:** Digital Leader müssen alle Mitarbeiter und Führungskräfte bei der digitalen Transformation mitnehmen. Gerade beim schwierigen Veränderungsprozess und beim Abschied von liebgewonnenen Gewohnheiten muss der Digital Leader Brücken bauen und motivieren.
- **Mut und Ausdauer:** Die digitale Transformation, insbesondere der Kultur, ist eine langjährige Aufgabe, die nachhaltig verfolgt werden muss. Erkannte Unzulänglichkeiten müssen genauso über Bord geworfen werden wie Verschwendungspotenziale und nicht mehr Benötigtes.

  Dies ist nicht ganz einfach, da der Digital Leader vorab nie genau weiß, wohin die Reise im Detail führt. Er spielt in der digitalen Transformation insbesondere als „Change Agent" in niedrigen digitalen Reifegraden (siehe Abschnitt 4.2.2) eine wichtige Rolle. Er treibt die digitale Transformation aktiv voran. In höheren Reifegraden wandelt sich seine Rolle zunehmend zum Impulsgeber. In der höchsten Reifegrad-Stufe „Excellence" macht sich der CDO zunehmend überflüssig. Jeder Mitarbeiter verfügt dann über alle erforderlichen digitalen Fähigkeiten.

Die digitale Transformation ist umso schwieriger, da sich die Arbeit der Zukunft in Richtung einer flexiblen Arbeitsgestaltung sowohl von den Zeiten als auch vom Arbeitsort entwickelt. Teamarbeit ohne persönliche Präsenz wird erschwert, auch wenn durch entsprechende Vernetzung, Online-Konferenzen und Austauschmöglichkeiten einiges kompensiert werden kann. Ob es die persönliche Präsenz ersetzt, muss sich erst noch erweisen.

5.1.2.1 Servant Leadership (siehe [Han17])

Im Sinne von „Servant Leadership" sollte der Führungsstil des Digital Leader „dienend" sein.

> **Servant Leadership**
>
> Servant Leadership, die dienende Führung, ist eine Führungsphilosophie, basierend auf Ideen von Robert K. Greenleaf (siehe [Gre15]), in der Sozialkompetenz und Führung im Vordergrund stehen. Führungskräfte auf allen Ebenen, vom oberen über das mittlere Management bis hin zum Projektmanagement, sollen sich als dienende Führungskraft verstehen, im Gegensatz zur beherrschenden Führungskraft.

Die Aufgabe von Führungskräften ist es beim Servant Leadership, die Motivation und Kreativität der eigenen Mitarbeiter anzuregen, zu Höchstleistungen anzuregen und das Potenzial der Mitarbeiter wirklich zu nutzen. Kreativität, gerade z. B. in der Softwareentwicklung und im Dienstleistungsgeschäft, ist erfolgsentscheidend, um Lösungen in komplexen oder neuen Situationen zu finden. Hierzu muss die Führungskraft ein Umfeld für die Mitarbeiter schaffen, in dem sie Freiräume für eigenverantwortliches Arbeiten und die eigene Entfaltung haben. Als wesentliche Faktoren gelten hierbei Sicherheit und Respekt.

Wesentliche Charakterzüge einer dienenden Führungskraft sind:

- **Aktives Zuhören:** Um die Bedürfnisse und Probleme der Mitarbeiter zu verstehen und aktiv zu werden, wenn sich etwas anbahnt, muss die Führungskraft einen engen Kontakt zu den Mitarbeitern halten, mit ihnen sprechen und sie vor allem sprechen lassen. Sie ist ein disziplinierter Zuhörer.
- **Empathie:** Die Führungskraft muss Einfühlungsvermögen besitzen und sich in die Lage des Mitarbeiters versetzen können, um diesem zu helfen und ihm mit Rat und Tat zur Seite zu stehen.
- **Persönliche Integrität:** Übereinstimmung der persönlichen Werte mit dem tatsächlichen Handeln ist wichtig, wenn die Führungskraft als vertrauenswürdige Person angesehen werden will.
- **Grundbescheidenheit:** Die Führungskraft muss ihre Eitelkeit im Zaum halten. Sie ist nicht der lautstarke Macher, sondern der besonnene, leise Veränderer. Dies erfordert Selbstvertrauen.
- **Intelligenz:** Die Führungskraft muss einen scharfen Verstand haben, um die Situation ganzheitlich einschätzen und erforderliche Maßnahmen ableiten zu können.
- **Überzeugungskraft:** Die Führungskraft muss mitreißen und motivieren können und nicht von ihren Machtmitteln als Vorgesetzter übermäßig Gebrauch machen. Sie vermittelt Dinge in einer klaren Sprache.
- **Soziabilität:** Fähigkeit der Führungskraft, soziale Beziehungen aufzunehmen und zu pflegen.
- **Stratege:** Die Führungskraft muss eine Vision und Strategien entwickeln, vermarkten können und über Weitsicht verfügen.

Eine schöne Veranschaulichung ist die umgekehrte Pyramide in Bild 5.6. Die Manager dienen dem Mitarbeiter und diese den Kunden.

Servant Leadership erfordert eine Lean Kultur (siehe Abschnitt 5.1.3) und neue Organisationsformen wie Holacracy.

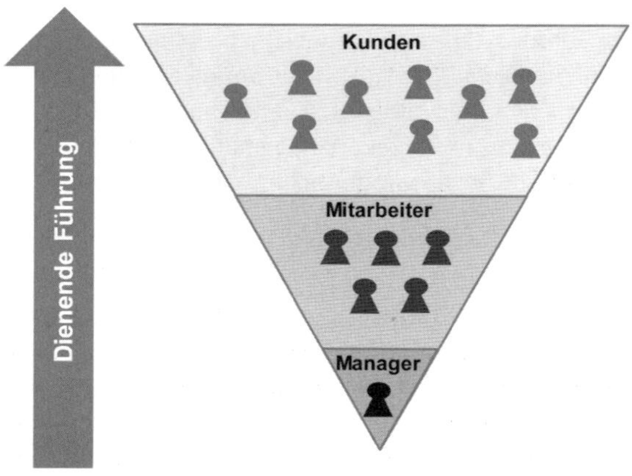

Bild 5.6
Servant Leadership

5.1.2.2 Holacracy (siehe [Han17])

Zunehmend wird die Frage gestellt, ob die klassische hierarchische Organisation in der Zukunft noch geeignet ist, um z. B. die digitale Transformation zu bewältigen. Ein Ansatz, der hierbei an Bedeutung gewinnt, ist Holacracy (siehe [Rob 16]). Holacracy verfolgt das Prinzip der lebendigen, selbstorganisierenden Struktur. Die Organisationsstruktur verändert sich hierbei kontinuierlich entsprechend der Erfordernisse der Organisation durch selbstorganisierende Teams. Auf eine traditionelle Management-Hierarchie wird gänzlich verzichtet.

Die kleinste organisatorische Einheit ist eine Verantwortlichkeit. Sie wird einer Rolle und diese wiederum einem Zirkel zugeordnet. Jede Rolle hat klar definierte Kompetenzen. Jeder Mitarbeiter kann mehrere Rollen ausfüllen. Die Rollen und deren Aufgaben werden vorab definiert und sind die Grundlage für die Ausgestaltung der Organisation.

Die Organisation wird in Kreise aufgeteilt. In Bild 5.7 finden Sie ein Beispiel mit einem Unternehmenskreis und den weiteren Kreisen A, B und C. Dem Unternehmenskreis ist ein Handlungsspielraum auf Unternehmensebene zugeordnet. Die Handlungsspielräume der Kreise A, B und C nehmen ab. A könnte z. B. den klassischen Vertrieb, B die Produktion und C den Einkauf repräsentieren. Die natürliche Hierarchie von Handlungsspielräumen wird „Holarchie" genannt.

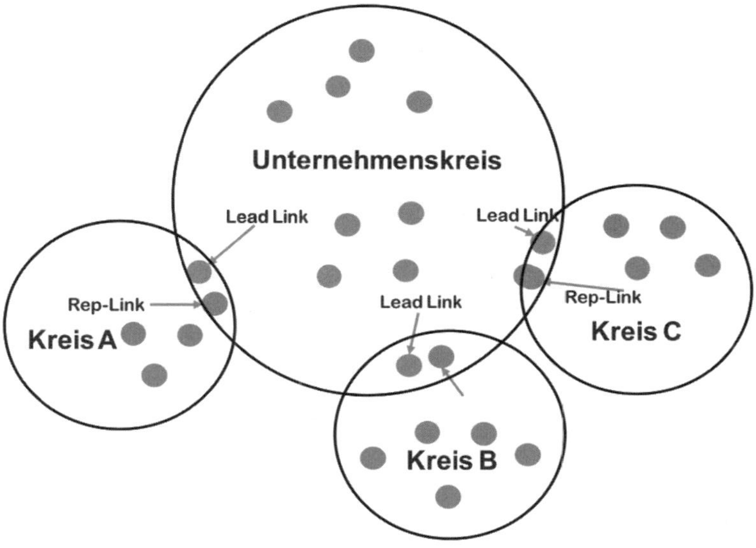

Bild 5.7 Beispiel einer Holacracy-Struktur

Die Kreise werden miteinander durch diejenigen Links verbunden, die beiden Kreisen zugehören: der „Lead-Link" und der „Rep-Link". Der „Lead-Link" transportiert die Aufträge und Prioritäten aus dem nächstübergeordneten Kreis. Der „Rep-Link", der in einem Kreis gewählt wird, transportiert die Botschaften seines Kreises in den übergeordneten.

Grundprinzipien aus der Soziokratie finden sich im Kern der Holacracy:

- Eine Organisation besteht aus „Kreisen". Die Kreise können auf gleicher Ebene unabhängig voneinander oder aber hierarchisch sein. Jeder Kreis hat einen Leiter.

- Jeder Kreis trifft innerhalb eines – ggf. vom übergeordneten Kreis festgelegten – Entscheidungsrahmens autonome Entscheidungen. Jeder Kreisangehörige kann schwerwiegende, auf die Sache bezogene Einwände einbringen.

  Hinweis: Dies ist eine Konsenskultur, in der erst alle voll damit einverstanden sein müssen und nach Kompromissen gesucht wird.
- Die Kreise vergeben Rollen autonom und transparent an alle Kreisangehörigen.
- Zwischen hierarchisch verbundenen Kreisen gibt es Verknüpfungen. Ein vom untergeordneten Kreis gewählter Delegierter (Rep-Link) ist im übergeordneten Kreis vertreten. Umgekehrt stellt ein Angehöriger des übergeordneten Kreises im untergeordneten Kreis die Beachtung des festgelegten Rahmens sicher (Lead-Link).

Weitere Kernelemente von Holacracy sind:

- Vorgabe von Spielregeln über die Geschäftsordnung für die Verteilung von Kompetenzen.
- Aktuelle Struktur der Organisation mit ihren Kreisen, Rollen und Kompetenzen.
- Übergeordnete Leitprinzipien als Orientierung und Eckwerte für jedes Handeln.
- Tägliches 15-minütiges Stand-up-Meeting zum Austausch und Synchronisieren im Team.
  - „Was wurde seit dem letzten Meeting gemacht?“
  - „Was ist bis zum nächsten Meeting geplant?“
  - „Welche Hindernisse sollten aus dem Weg geräumt werden?“
- Taktische Meetings für inhaltliche Steuerung und Entscheidungen, z. B. in Form von wöchentlichen, zeitlich begrenzten, Arbeitsmeetings, um Transparenz über den Arbeitsstand zu schaffen, das Team zu synchronisieren sowie Verbesserungsmaßnahmen zu erkennen und einzuleiten.
- Regelmäßige Steuerungsmeetings mit allen Kreismitgliedern, dem Kreisleiter sowie den Delegierten der Unterkreise. Diese Meetings dienen der Optimierung des Vorgehens sowie der Aktualisierung von Rollen, Kompetenzen und Regeln für die Zusammenarbeit. Hier werden ggf. auch Kreise geteilt, wenn eine Überlast-Situation eingetreten ist, oder aber entsprechend den Erfordernissen geändert.

Meetings werden generell straff moderiert, um Politik und Machtgerangel keinen Raum zu geben. Ausgangspunkt für die Einführung von Holacracy ist ein geklärtes Aufgaben- und Rollenmodell. Weitere Informationen zu Holacracy finden Sie in [Rob16].

Holacracy wird häufig in Schritten eingeführt. Ausgangspunkt ist in der Regel eine klassische Organisation, in der aus Hierarchieebenen Kreise werden. Die Hierarchie wird „umgedeutet“. Dies ist in Bild 5.8 dargestellt.

Die Koordination und Steuerung werden mit einem hohen Maß an Autonomie und Partizipation verbunden. Konkret werden hierzu, wie beschrieben, die Kreise verzahnt und die drei Arten von Meetings eingeführt und etabliert.

Wenn dieser erste Schritt gelungen ist, folgt der ungleich schwierigere nächste Schritt: Die Kreise müssen optimiert werden. Hierzu wird jeder Kreis dahingehend beleuchtet, welchem Zweck er dient. In der Folge kann es zu Erweiterung, Veränderung, Wegfallen oder Neugründung von Kreisen kommen. Hier muss dann mit den aufkeimenden Existenzängsten umgegangen werden. Für viele Mitarbeiter ist es schwierig, die mit der bisherigen Position verbundene Macht und Anerkennung zu verlieren. Die handelnden Menschen müssen den

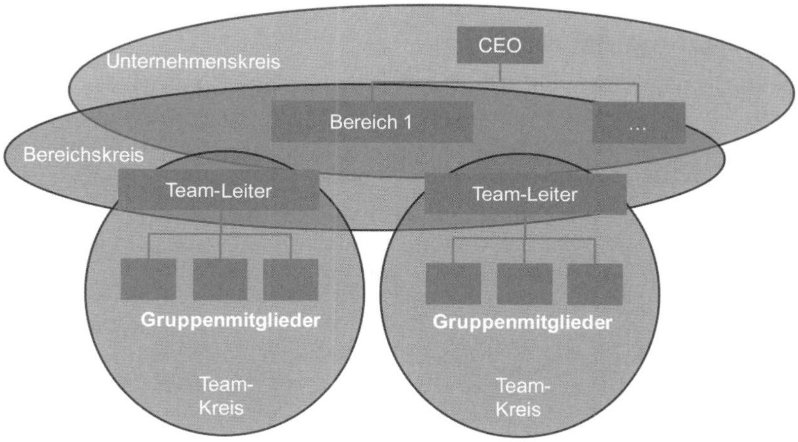

Bild 5.8 Holacracy auf der Basis einer klassischen, hierarchischen Organisation

Wandel verstehen und sich damit identifizieren. Nur so werden sie ihn aktiv mitgestalten und vor allem mittragen.

Holacracy wird kontrovers diskutiert. So wird von Kritikern z. B. in Frage gestellt, ob ein geklärtes Aufgaben- und Rollenmodell vorab erstellt werden kann. Schwerer wiegt aber die Frage, ob dies mit der menschlichen Natur vereinbar ist, wo Macht und Eitelkeit eine große Rolle spielen.

Unabhängig davon stellt Holacracy ein interessantes Denkmodell dar, das man sich näher anschauen sollte, wenn man sich mit agilen Organisationen beschäftigt.

Die Arbeit der Zukunft verändert sich. Die Tätigkeiten werden aufgrund ihrer Vernetzung sowohl in technologischer als auch organisatorischer Hinsicht anspruchsvoller und komplexer. Die Arbeitswelt und auch die geforderten Kompetenzen verändern sich. Kreativität, Flexibilität, kritisches und ganzheitlich systemisches Denken, gekoppelt mit Lösungskompetenz auch für komplexe Problemstellungen, Transfervermögen und Entscheidungsfähigkeit, werden in der Zukunft immer wichtiger. Ein „lebenslanges Lernen“ und „Leanisieren“ sind notwendig.

5.1.3 Lean (IT-)Management

Lean Management ist ein Führungs- und Organisationskonzept zur schlanken und kundenorientierten Gestaltung der Aufbau- und Ablauforganisation einer Organisation in einem kontinuierlichen Verbesserungsprozess. Lean Management ist mittlerweile ein anerkannter Managementansatz, der es ermöglicht, mit geringen Kosten eine hohe Qualität und Flexibilität auch bei großer Komplexität des Produktspektrums zu realisieren. Eine schlanke, kundenorientierte Organisation und Prozesse sind notwendig.

Der Lean-Gedanke ist eine ebenso einfache wie geniale Idee: Kundenwertschöpfende Prozesse werden priorisiert und Verschwendung wird, wo auch immer möglich, vermieden. „Werte schaffen ohne Verschwendung“ lautet das Motto. Auf der Basis einer offenen Leistungskultur, basierend auf Vertrauen, Respekt, Toleranz, Fairness, Partizipation und Integrität, werden mithilfe von Lean-Prinzipien und -Techniken Geschäftsprozesse und die Organisation kontinuierlich und nachhaltig weiterentwickelt.

Durch die konsequente Anwendung der Lean-Prinzipien und -Methoden werden die Organisation und ihre Prozesse in die Lage versetzt, sich schnell und effizient auf die immer größer werdenden Herausforderungen einzustellen. Das sichert langfristig die Existenz des Unternehmens und dessen Wirtschaftlichkeit.

Die Produkte und Dienstleistungen werden am Kundenwert ausgerichtet. Agil wird der Kundenwert immer weiter erhöht und Verschwendung eliminiert. Wir nennen dies „Leanisieren" – „maximize customer value while minimizing waste" (siehe Bild 5.9).

Bild 5.9 Leanisieren

Beim Leanisieren werden schnell und systematisch Ansatzpunkte für die Verschlankung und die Erhöhung des Kundenwertbeitrags identifiziert, zielführende und handhabbare nachhaltige Lösungen aufgezeigt und geeignete Quick-win-basierte Maßnahmen zur Umsetzung abgeleitet. Die kontinuierliche Verbesserung erfolgt in einem PDCA-Kreislauf. Die wesentlichen Handlungsfelder, um den Kundenwert zu steigern oder Verschwendungen zu reduzieren, müssen konsequent und systematisch angegangen werden. Sie müssen

- erkannt, analysiert und priorisiert sowie die Veränderung konzipiert (Plan),
- pilotiert und erprobt (Do),
- das Ergebnis und dessen Auswirkungen genau überprüft (Check) und
- neue Geschäftsprozesse, Systeme und/oder organisatorische und Governance-Veränderungen vollzogen werden (Act).

Manchmal sind es nur kleine Schritte, manchmal aber auch drastische Einschnitte. Die Veränderung muss geplant und gesteuert werden. Nur wenn der Nutzen im Management, in den Fachbereichen und in der IT-Organisation selbst erkannt wird, sind die Investitionen für die nächsten Schritte argumentierbar. Die hohe Kunst besteht darin, die richtigen Schwerpunkte zu setzen, die Organisation und Prozesse passend dazu festzulegen und die Rahmenbedingungen für das Team zu schaffen.

Leanisieren hat drei Stoßrichtungen:

- Kundenwert steigern und damit Kundenzufriedenheit erreichen und sich gegenüber dem Wettbewerb differenzieren („Das Richtige für den Kunden tun").
- Verschwendung eliminieren und durch Effizienzsteigerung Kosten einsparen und so die Basis für Profitabilität und Wettbewerbsfähigkeit legen.
- Offene Leistungskultur herbeiführen und so die Innovationskraft stärken und die Mitarbeiter motivieren.

Die kontinuierliche Verbesserung (siehe Bild 5.10) erfolgt in einem Kreislauf von Verstehen, Analysieren, Gestalten und Umsetzen. Die wesentlichen Handlungsfelder, in denen der Kundenwert gesteigert oder Verschwendungen reduziert werden können, müssen konsequent und systematisch angegangen werden. Dazu müssen Sie

- die Soll-Vision, den Kunden und dessen persönlichen Nutzen verstehen,
- kundenwertorientierte Produkte und Dienstleistungen gestalten,
- den Wertstrom aufnehmen und analysieren sowie die wirklichen Anforderungen und „Pains" aufdecken,
- den Wertstrom im Zusammenspiel mit dem Business-Eco-System gestalten,
- das Ergebnis und dessen Auswirkungen genau überprüfen („check") und
- die Umsetzung inklusive organisatorischer Verankerung planen und zum Leben bringen.

Bild 5.10 Leanisieren-Kreislauf

Beim Leanisieren wird schrittweise die Organisation als Ganzes oder aber einzelne Bereiche wertorientiert verschlankt. Wesentlich ist hierbei, die richtigen Schwerpunkte zu finden und zu setzen, die Organisation und Prozesse passend dazu festzulegen und die Rahmenbedingungen für die Operationalisierung zu schaffen.

Den Startpunkt bilden die Analyse der Ausgangslage und der Randbedingungen sowie die Aufnahme der Vision und des groben Zielbilds zur Orientierung.

In einer Abfolge von zwei halbtägigen Workshops kann dann das eigentliche Leanisieren erfolgen. Den Startpunkt bilden hier die Zielgruppenanalyse und die Kundenwertanalyse für den zu verschlankenden Kontext, wie z. B. das Customer Relationship Management (CRM). Dann werden die Prozesse und Tools analysiert und hierzu Techniken wie z. B. die Wertstromanalyse genutzt. Ziel ist es, Verschwendungen aufzudecken und Potenzial zu identifizieren. Die möglichen Handlungsfelder müssen dann in Bezug auf deren kurz- oder zumindest mittelfristige Umsetzbarkeit bewertet werden. Hier ist die organisatorische Verankerung erfolgsentscheidend. Auf dieser Basis können dann die konkreten Maßnahmen und Handlungsempfehlungen entwickelt werden.

Beim Leanisieren geht es insbesondere darum, Produkte und Dienstleistungen auf ihren Kundenwert auszurichten. Hierfür sind differenzierende Produkte und Komfort-Leistungen wesentlich, um gezielt und flexibel die Kundenwünsche zu erfüllen. Der Kunde steht im Mittelpunkt aller Aktivitäten und unternehmerischen Entscheidungen. Der Wert des Produkts oder der Leistung wird aus Sicht des Kunden definiert. Die Leistungen werden exakt auf die Bedürfnisse des Kunden abgestimmt.

Durch eine Kundenwertanalyse und ggf. begleitende Markt-, Kundenzufriedenheits-, Umfeld- und Potenzialanalysen (siehe [Han14]) können u. a. die folgenden Fragen beantwortet werden:

- Wer sind unsere (internen oder externen) Kunden und welche Ziele verfolgen sie?
- Welche Verantwortlichkeiten gibt es und welchen Einfluss haben sie?
- Was sind die wirklich wichtigen Anforderungen unserer Kunden? Wofür sind sie bereit, wie viel Geld auszugeben? Was sind Grunderwartungen und wie erreicht man Kundenzufriedenheit?
- Welchen Nutzen hat der Kunde wovon? Was ist der Wert von Produkten und Leistungen aus Sicht des Kunden?
- Können wir die Produkte oder Leistungen in der geforderten Qualität zu diesem Preis selbst oder durch Lieferanten liefern?
- Aus der Kundenwertanalyse resultieren Hinweise für das zukünftige Dienstleistungs- und Produktportfolio, zugeschnitten auf die Bedürfnisse der Kunden unter Berücksichtigung des Leistungsvermögens des Unternehmens.

Wesentlich ist die Konzentration auf die für die Kundenwertschöpfung wesentlichen Aktivitäten. Diese müssen in einer End-to-end-Betrachtung optimal aufeinander abgestimmt werden und jegliche Form von Verschwendung und Blindleistung muss vermieden werden. Beispiele für „Verschwendungen" sind schlecht vorbereitete oder geführte Meetings, unnötige Formalien, lange mehrstufige Genehmigungsverfahren, unklare Verantwortlichkeiten oder fehlende Entscheidungskompetenzen. Diese kosten viel Zeit und rauben die Motivation und die Energie der Schlüsselpersonen für Spitzenleistungen und für die Innovation. Unterschieden werden hierbei sieben Arten von Verschwendungen („TIMWOOD"):

- **Unnötiger Transport (T – Transportation):** überflüssiger Transport von Material oder anderen Artefakten bei z. B. stark fragmentierter Arbeit mit vielen Arbeitsschritten und Beteiligten.

  Beispiele hierfür sind Meetings und Vor-Ort-Tätigkeiten, Genehmigungsverfahren über mehrere Hierarchieebenen, verschiedene Freigaben oder Prüfungen oder die Aufteilung bei der Erstellung von Dokumentationen.

  Häufige Ursachen: Überproduktion, unklare Verantwortlichkeiten, fehlende Entscheidungskompetenzen oder Werkzeugunterstützung sowie aufwendige und unausgereifte Prozesse.

  Auswirkungen: Unterbrechungen im Arbeitsfluss, da Entscheidungen oder Input für die Weiterarbeit fehlen. Dies führt häufig zu Wartezeiten. Zudem sind Ressourcen für nicht wertschöpfende Tätigkeiten gebunden.

- **Zu hohe Bestände (I – Inventory):** Überschüsse für zukünftigen Bedarf generieren. Beispiele hierfür sind unfertige Arbeit, Notebooks und Drucker auf Lager, überfüllte Backlogs oder Posteingänge, zu frühes Erstellen von Arbeitspaketen, Puffer in Projektplänen oder überdimensionierte Serversysteme. Zu hohe Bestände entstehen oft durch Planungsfehler, unzureichendes Know-how bzw. mangelnde Kompetenzen von Mitarbeitern, Ausgleich von unzureichender Liefertreue durch Sicherheitsbestände oder durch den fehlenden Fluss in der Abarbeitung aufgrund falscher Aufgabenzuordnungen oder langer Rüstzeiten.

  Häufige Ursachen: Bestände verdecken Unzulänglichkeiten einer anderen Stelle. Auswirkungen: fehlende Auseinandersetzung mit den eigentlichen Problemen, Kapitalbindungskosten und Wertminderung durch Alterung sowie Verlängerung der Durchlaufzeiten.

- **Bewegung (M – Motion):** überflüssige Bewegung von Menschen, Material oder anderen Artefakten durch z. B. Springen zwischen Aufgaben, weite Wege zu Druckern, zentralen Ablagen, Büromittelausgaben oder Anwendern oder durch die häufige Übergabe der Entwicklungsarbeiten.

  Häufige Ursachen: ungünstige Arbeitsplatzergonomie oder unzureichende Planung sowie manuelle Tätigkeiten aufgrund unzureichender Werkzeugunterstützung.

  Auswirkungen: fehlende Effizienz und Qualitätseinbußen aufgrund von unnötigen Unterbrechungen im Arbeitsfluss.

- **Liegezeiten/Wartezeiten (W – Waiting):** Zeit, in der keine Wertschöpfung stattfindet. Beispiele hierfür sind inakzeptable Antwortzeiten oder Wiederanlaufzeiten, langsame Startzeiten von Rechnern oder Programmen, langsame Netzwerke, ungeplanter Ausfall von Systemen, Wartezeiten auf Projektergebnisse oder Berichte, Warten auf das Ergebnis eines anderen Prozesses (z. B. auf Hardware für die Installation) oder Warten auf eine Entscheidung.

  Häufige Ursachen: unzulängliche Infrastruktur, unzureichende Planung, Losgrößenoptimierung, Optimierung von wesentlichen Ressourcen zulasten von anderen (wie z. B. Vermeidung von Stillstandzeiten von Maschinen) oder aber die Berichtsgenerierung außerhalb der Bürozeiten.

  Auswirkungen: verlängerte Durchlaufzeiten und ggf. auch demotivierte Mitarbeiter aufgrund von Unterforderung.

- **Überproduktion (O – Overproduction):** Produktion ohne direkten Kundenauftrag und ohne Sicherheit, dass die Mehrproduktion umsatzwirksam wird.

Beispiele hierfür sind das Arbeiten ohne konkreten Kundenauftrag, Releasewechsel ohne Kundennutzen, nicht genutzte Funktionen in einer Anwendung, überflüssige Features oder eine unangemessene, zu komplexe Architektur.

Häufige Ursachen: optimale Losgröße in der Fertigung, um investitionsintensive Maschinen oder Anlagen oder menschliche Ressourcen möglichst optimal auszulasten.

Auswirkungen: hohe Bestände sowie lange Durchlaufzeiten und damit gebundene Ressourcen, die für die Fertigung tatsächlicher Kundenbedarfe eingesetzt werden könnten. Folge ist u. a. eine nicht zeitgerechte Ergebnislieferung (Time-to-Market).

- **Übererfüllung (O – Overengineering):** überflüssige, ungenutzte oder nicht angemessene Ressourcen. Dies kann Prozesse, Arbeit, Technologien oder Fähigkeiten betreffen. Beispiele hierfür sind Redundanzen (z. B. mehrere Technologien/Plattformen für den gleichen Einsatzzweck oder wiederholte Dateneingaben), unangemessene aufwendige Architekturen, falscher Technologieeinsatz, unnötige oder übertriebene Reports, Dokumentation ohne Nutzen, Suchzeiten, Entscheidung und Kontrolle nur durch das Management oder eine zu hohe Spezialisierung der Mitarbeiter.

  Häufige Ursachen: zu komplexe Prozesse oder Fertigungsverfahren, Überqualifikation, unangemessene oder unbekannte Vorgaben, fehlende Agilität („Das haben wir schon immer so gemacht"), Freude an der technischen Machbarkeit, gelebte Bürokratie, Formalien und fehlende Lösungsorientierung bzw. mangelnder Pragmatismus oder Machtkämpfe der verschiedenen Hierarchieebenen.

  Auswirkungen: Mehraufwände, unnötige Komplexität der Ergebnisse und Verlängerung der Durchlaufzeiten.

- **Fehlerbehebung und Korrektur (D – Defects):** fehlerhafte Ergebnisse oder Wiederholungs-/Korrekturbedarf von Prozessen durch z. B. fehlerhafte Programme oder Abbrüche, ungeplante Änderungsmaßnahmen oder mangelndes Qualitätsbewusstsein.

  Häufige Ursachen: fehlendes Know-how, unzureichende Werkzeugunterstützung, unpassende Arbeitseinstellung oder mangelndes Qualitätsbewusstsein.

  Auswirkungen: verzögerte Liefertermine und erhöhte Herstellungskosten.

Durch die Identifikation und Beseitigung von Verschwendungen werden Kosten reduziert. Dies schafft zudem den Freiraum, sich auf wertschöpfende Tätigkeiten zu konzentrieren. Verschwendungen werden insbesondere durch die Anwendung von Lean-Prinzipien und -Techniken, wie z. B. die Wertstromanalyse oder die End-to-end-Prozessanalyse, ermittelt. Die klassischen Lean-Prinzipien (siehe [Han14]) werden im Folgenden näher beschrieben.

Die Lean-Prinzipien sind:

- **Kundenorientierung**
  Der Wert eines Produkts oder einer Leistung wird aus Sicht des Kunden definiert. Die Produkte und Leistungen werden exakt auf die Bedürfnisse des Kunden abgestimmt, sodass er die richtigen Leistungen zur richtigen Zeit in der notwendigen Qualität und zum adäquaten Preis erhält. Qualität ist dabei neben Funktionalität und Usability ein wesentlicher Kundennutzen.
- **Nutzen-/Wertorientierung**
  Der Wertstrom wird identifiziert und Verschwendungen werden ermittelt und eliminiert. Die Wertstromanalyse ist hierfür das zentrale Instrument.

- **Flussprinzip**
  Den Wertstrom in der Produktion oder den Geschäftsprozessen durch die Vermeidung von Lastspitzen und -tälern optimieren. In der Produktion kann dies z. B. durch die Fertigung von kleinen Losen sowie durch die Vermeidung von Liegezeiten und Zwischenlagerung umgesetzt werden.
- **Pull-Prinzip**
  Leistungen werden nur nach Bedarf und zu dem Zeitpunkt erbracht, zu dem sie angefordert werden. Erst auf Kundenanfrage wird die Kapazität aktiv und bedarfsgerecht ausgelastet. Für die schnelle Reaktion ist in der Regel eine enge Verzahnung zwischen Geschäftsprozessen und ggf. die Zusammenarbeit mit Partnern erforderlich.
- **Null-Fehler-Prinzip**
  Streben nach Perfektion und ständiger Verbesserung (Kaizen). Verantwortliche gehen den Problemen vor Ort sofort auf den Grund und beseitigen diese an der Wurzel in einem kontinuierlichen Verbesserungsprozess.

  Beim Streben nach Perfektion wird jeder Fehler als Störung des Prozesses angesehen. Die Folge ist ein Effizienz- und Qualitätsgewinn durch weniger Fehlleistungen und ein frühes Reagieren auf Fehler (Reduktion der Fehlerkosten). Mit dem Erkennen und Beseitigen der Fehler geht zudem ein Lernprozess einher (lernende Organisation).

Wesentlich ist, zu ermitteln, wo man steht, welche Ziele angestrebt werden und welche Schritte auf dem langen Change-Prozess in die Wege zu leiten sind. Um Verschwendungen zu finden, müssen folgende Fragen beantwortet werden:

- Welchen Ballast gibt es in den Geschäftsprozessen oder der Organisation? Was ist wesentlich und wertschöpfend? Was ist unnötig oder überflüssig? Wie können die Durchlaufzeiten verringert werden? Wo gibt es Organisationsbrüche? Welche Formalien sind wirklich notwendig?
- **Nutzen durch Nutzung und klare Verantwortlichkeiten:**
  Gibt es für alle Ergebnisse auch Abnehmer? Wer nutzt welche Ergebnisse entlang welcher Prozesse wann und wie? Welcher Nutzen entsteht und wie ist das Aufwand-Nutzen-Verhältnis?

  Ist klar, woher der Input von Prozessen stammt? Wer liefert wann welchen Input für wen entlang welcher Prozesse und auf welche Art und Weise? Sind die Verantwortlichkeiten klar?

  Welcher Nutzen entsteht und wie ist das Aufwand-Nutzen-Verhältnis?

  Wie ist die Verzahnung der Prozesse mit den anderen Planungs-, Entscheidungs- und Durchführungsprozessen? Welche Abhängigkeiten bestehen?
- **Potenzial für Organisationsoptimierung:**
  Wie schlank ist die Organisation? Wie flach sind die Hierarchien?

  Zentralisierung/Dezentralisierung?

  Wie groß ist das Maß an Eigenverantwortung der Mitarbeiter? Welche Vorgaben und Kontrollen gibt es für was? Sind die Verantwortlichkeiten und Kompetenzen klar?

  Gibt es Teile, wo die lokalen Interessen der Verantwortlichen stärker wiegen als die Unternehmensinteressen?
- **„Null-Fehler-Prinzip“:**
  Wie ist die Offenheit für Fehler? Beim Null-Fehler-Prinzip sind Fehler grundsätzlich erlaubt. Durch Selbstreflektion und Abstellen der Fehlerursachen lernen die Beteiligten.

Gleichartige Fehler werden zukünftig vermieden. Voraussetzung ist jedoch eine offene Leistungskultur. Es ist wichtig, dass Fehler zu Tage treten dürfen und nicht verschwiegen oder vertuscht werden müssen, weil sie eine Offenbarung des Versagens sind. Wenn Versagens- oder Existenzängste mit Fehlern verbunden sind und Mitarbeiter im schlimmsten Fall befürchten müssen, als Schuldige geopfert zu werden, funktioniert dieses Prinzip nicht.

Welche Qualitätssicherungsprozesse gibt es zur nachhaltigen Verbesserung der Produkt-, Service- und Datenqualität? Gibt es ein praktiziertes Risikomanagement?

Durch eine kontinuierliche Verbesserung und Vernetzung der Organisation, der Prozesse und der Systeme, einhergehend mit einer Kulturveränderung in Richtung Lean Thinking, werden die Verschwendungen schrittweise beseitigt.

Lean Kultur

Eine Lean Kultur ist eine offene Leistungskultur, basierend auf Vertrauen, Respekt, Toleranz, Fairness, Partizipation und Integrität. Im Mittelpunkt steht der Mitarbeiter mit seiner praktischen Erfahrung und Lösungskompetenz, da darauf die Prozessbeherrschung fußt. Klare Verantwortung anstatt genauer Vorgaben. Wichtig ist insbesondere auch ein Verständnis für die Sinnhaftigkeit von Standards und Regeln und die Bereitschaft, diese ggf. zu verändern sowie auch eigene Fehler zu kommunizieren.

Eine offene Leistungskultur, ein Lean Thinking, ist die Voraussetzung für Lean Management. Sie gibt Mitarbeitern Freiraum für Kreativität und stärkt so die Innovationskraft des Unternehmens. Zudem steigt die Mitarbeitermotivation.

Die ständige Verbesserung bestimmt beim Lean Thinking das tägliche Denken. Ein aktives Feedbackmanagement und Lernprozesse sind neben überschaubaren, beherrschten Schritten die wesentlichen Säulen der kontinuierlichen Verbesserung. Überschaubare, beherrschte Schritte sind notwendig, um schnell zu Ergebnissen zu kommen, für die Feedback eingeholt werden kann, und dann auf diesem sicheren Terrain das Erreichte über den nächsten Schritt weiter auszubauen. So nimmt einerseits die Gesamtumsetzungsgeschwindigkeit durch die schnellen, sicheren Schritte zu und andererseits steigt die Motivation durch den ständigen Fortschritt. So können die Geschäftsprozesse und die Organisation entsprechend des Feedbacks und der Erfahrungen kontinuierlich und agil optimiert werden. Feedback wird explizit zu jedem Ergebnis und jeder Aktivität eingeholt. Jeder Mitarbeiter muss einen Beitrag zur ständigen Verbesserung zielgerichtet auf die Umsetzung der Unternehmensstrategie und der Geschäftsanforderungen leisten. Die Führungskräfte benötigen Fingerspitzengefühl und einen langen Atem, um die traditionellen Denk- und Arbeitsstrukturen und die Kultur nachhaltig zu verändern. Hier sind wir dann schon beim Lean Thinking. Die ständige Verbesserung muss das tägliche Denken bestimmen.

Eigenverantwortung und persönliche Verpflichtung zu Qualität, gepaart mit Lösungskompetenz und Fachwissen, sind notwendig, um die wirklichen Anforderungen der Kunden zu ermitteln und für die Kunden zufriedenstellende, angemessene Lösungen oder Produkte wirtschaftlich bereitzustellen. Over-Engineering wird so vermieden und Qualitätsmanagement wird so von jedem Mitarbeiter als „Standardaufgabe" durchgeführt. Eigenverantwortung schafft darüber hinaus Freiraum für Innovationen und steigert die Mitarbeitermotivation. Aus dem Spaß an der Arbeit resultiert Mehrleistung für das Unternehmen und für deren Kunden.

Wesentlich sind hier das gesteuerte Veränderungsmanagement und agile Methoden und Techniken (siehe [Han17]), um einerseits schrittweise die Kultur zu verändern und andererseits zuverlässig Quick-wins zu erzielen. Für weitere Informationen zu den Techniken sei auf [Han14] verwiesen.

Beispiele für Lean- und Agile-Leitplanken sind:

- *„Respect for People"*
  Menschen schaffen Werte. Behandle die Menschen mit Respekt, d. h. sorge insbesondere dafür, dass kein Mitarbeiter überlastet ist. Halte deine Verpflichtungen ein und unterstütze, wo immer du kannst. Vertraue deinem Kollegen, Mitarbeiter und Vorgesetzten.
- *„Beseitige Arbeitsstaus"*
  Nutze „Work in Progress Limitierung" und beseitige Behinderungen sowie dezentralisiere die Steuerung.
- *„Ständige Verbesserung"*
  Nutze Routinen, wie Retrospektiven und explizite Feedback-Prozesse. Passe die Techniken und Prozesse entsprechend der Erkenntnisse unmittelbar an.

Das Agile oder Lean Thinking hat besondere Bedeutung, da ohne diese Kulturänderung Veränderungen nur sehr schwer oder gar nicht herbeigeführt werden können. Das, was hinter dem Lean-Gedanken steht, haben viele Manager noch nicht verstanden. Sie verändern die Organisation ohne Mitsprachemöglichkeit der Mitarbeiter, erweitern Führungsspannen, kürzen Budgets per Rasenmäher-Methode oder übernehmen organisatorische Konzepte oder Methoden von anderen Unternehmen ohne Anpassung. Es fehlt häufig an Selbstreflektion und der Möglichkeit für Mitarbeiter, Kompetenzen und Verantwortung für Aufgaben zu übernehmen. Die Manager wollen überall mitreden und alles im Griff behalten. So wird das Potenzial einer lernenden und offenen Leistungskultur verschenkt.

Lean Thinking basiert aber auf einer offenen Leistungskultur mit Vertrauen, Respekt, Toleranz, Fairness, Partizipation und Integrität. Im Mittelpunkt steht der Mitarbeiter mit seiner praktischen Erfahrung, Lösungskompetenz und Prozessbeherrschung. Klare Verantwortung anstatt genauer Vorgaben. Wichtig ist insbesondere auch ein Verständnis für die Sinnhaftigkeit von Standards und Regeln und die Bereitschaft, diese ggf. zu verändern sowie auch eigene Fehler zu kommunizieren. Wesentlich sind hier eine offene Kommunikation und Feedback-Prozesse und auch Eigenverantwortung, Teamarbeit und Empowerment. So können für die Kunden zufriedenstellende, angemessene Lösungen oder Produkte wirtschaftlich bereitgestellt werden.

Bedeutsam ist neben der Kulturveränderung die Konzentration auf die für die Kunden-Wertschöpfung wesentlichen Aktivitäten, diese optimal aufeinander abzustimmen und jegliche Form von Verschwendung und Blindleistung zu vermeiden.

Lean-IT-Management

Lean-IT-Management ist letztendlich nichts anderes als die Übertragung der Lean-Prinzipien auf das IT-Management. Durch ein wirksames IT-Management wird die Veränderung im Unternehmen aktiv gestaltet und vorangetrieben. Der IT kommt sowohl in der Umsetzung als auch als Innovationsmotor eine Schlüsselrolle zu. Ohne adäquate IT-Unterstützung sind

Veränderungen an Organisation, Geschäftsprozessen oder Produkten nicht schnell genug und auch nicht zu marktgerechten Preisen realisierbar. IT-Innovationen sind häufig Grundlage für Businessinnovationen und daraus resultierende neue Geschäftsmodelle. So können mit genügend Zeitvorsprung gegenüber dem Wettbewerb neue, innovative Produkte hervorgebracht und neue Märkte erschlossen werden. Dies stellt hohe Anforderungen insbesondere auch an IT-Verantwortliche. Sie müssen trotz hoher Belastung die Armada verschiedener Endgeräte, Betriebsumgebungen und Anwendungen im Einklang mit Compliance- und Sicherheitsanforderungen in Schach halten, mit dem rasanten Tempo der Digitalisierung und technischer Innovationen Schritt halten und gleichzeitig einen zunehmenden Beitrag zur Wettbewerbsdifferenzierung und Businessagilität leisten.

IT-Verantwortliche brauchen Freiraum für die wichtigen Aufgaben. Sie müssen sich z. B. mit den für die Digitalisierung wichtigen Trends wie Social Media, Big Data, Machine Learning, Cloud-Computing und Mobility aktiv beschäftigen und Ideen für Business-Innovationen oder Lösungen für Business-Probleme einbringen. Die Zusammenarbeit mit dem Business entscheidet bei fortschreitender Digitalisierung über die Rolle der IT im Unternehmen. Wenn die IT zukünftig eine aktive Rolle in der Unternehmensweiterentwicklung einnehmen will, muss sie neben ihren Hausaufgaben einen sichtbaren Wert für das Unternehmen (interne und externe Kunden) liefern.

Das alles zu überblicken, ist ein schwieriges Unterfangen und erfordert ein maßgeschneidertes und handhabbares Instrumentarium für alle Planungs- und Steuerungsaufgaben (siehe Bild 5.11).

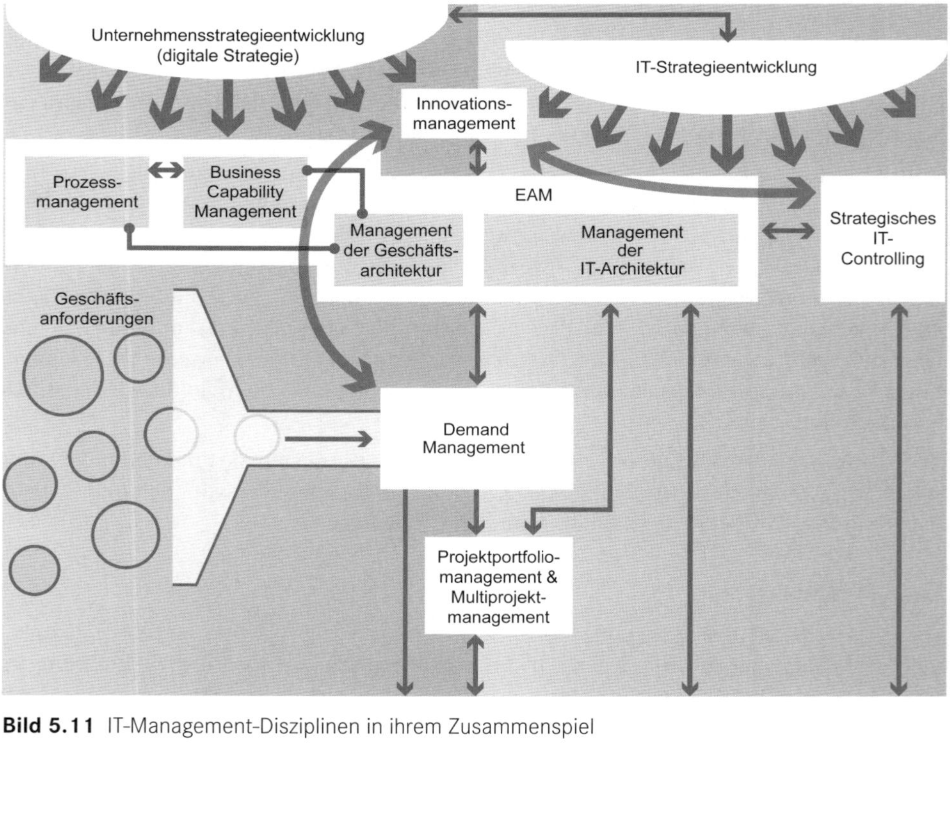

Bild 5.11 IT-Management-Disziplinen in ihrem Zusammenspiel

Die wesentlichen Disziplinen im Kontext des IT-Managements sind:

- **IT-Strategieentwicklung**
  Die Unternehmensstrategie gibt das Geschäftsmodell und die strategischen Vorgaben wie Vision, Ziele, Strategien und Prinzipien für die Steuerung des Unternehmens vor. Die IT-Strategie leitet sich von der Unternehmensstrategie ab, gibt den formalen und verbindlichen Rahmen für die verschiedenen Handlungsfelder der IT vor und stellt Planungsprämissen und Leitlinien für die Weiterentwicklung der IT für die nächsten Jahre auf.
- **Demand Management**
  Das Demand Management ist die Disziplin für das Management der strategischen und operativen Geschäftsanforderungen. Es geht darum, im Zusammenspiel zwischen Business und IT die Geschäftsanforderungen möglichst angemessen, kostengünstig und trotzdem tragfähig und zeitgerecht in den Geschäftsprozessen und in der IT-Unterstützung umzusetzen.

  Das Demand Management vermittelt und dolmetscht zwischen den Fach- und IT-Abteilungen (**Business-IT-Koordination**). Die wesentliche Tätigkeit im Demand Management ist die Business-Analyse, d. h. die Identifikation, Aufnahme, Bündelung, fachliche Planung, Bewertung und Steuerung der Umsetzung von Geschäftsanforderungen. Durch das Demand Management wird der Zufluss von neuen Geschäftsanforderungen in die Umsetzung gesteuert.

  Es unterstützt die Planung und Steuerung sowohl auf strategischer als auch auf taktischer und operativer Ebene. Auf strategischer Ebene wird die Budgetierung unterstützt (**fachliche Themenplanung**). Von besonderer Bedeutung ist die **fachliche Projektportfolio- und Roadmap-Planung**. Hier werden auf einer taktischen Ebene das Projektportfolio und die Roadmap zur Umsetzung für alle Produkte geplant und entsprechend der sich ändernden Anforderungen und Rahmenbedingungen angepasst (siehe [Han16]). So wird sichergestellt, dass mit angemessenem Aufwand die richtigen Dinge getan werden.

  Im Tagesgeschäft beherrscht das Demand Management das Anforderungschaos und sorgt so dafür, dass die wirklichen Anforderungen und Prioritäten mit angemessenem Aufwand verstanden, aufgenommen und deren Umsetzung forciert werden (**fachliche Projekt- und Iterationsplanung** und **fachliche Umsetzungssteuerung**). Siehe hierzu Abschnitt 5.7.
- **Innovationsmanagement**
  Über Grundlagenforschung und Technologieentwicklung sowie kreatives Brainstorming werden neue Business-Ideen entwickelt, bewertet und über z. B. eine Vorentwicklung erprobt, bevor sie in der Produkt- und Prozessentwicklung reifen. Das Innovationsmanagement sollte idealerweise in einem interdisziplinären Team und auf der Basis systematischer Innovationsmanagement-Prozesse erfolgen.

  Das Technologie-Scouting (siehe Abschnitt 5.1.1) ist ein wichtiger Teilbereich des übergreifenden Innovationsmanagements. Es liefert technische Trends und Technologien als Input für das übergreifende Innovationsmanagement, die auf ihren Einsatz im Business interdisziplinär bewertet werden können.

  Durch die kontinuierliche Markt- und Trendbeobachtung werden frühzeitig relevante, technologische Neuerungen und Trends identifiziert sowie hinsichtlich der technologischen Reife und des Potenzials für den Einsatz im Unternehmen sowie der damit verbundenen Risiken bewertet. Relevante Trends werden in die technische Standardisierung im Technologiemanagement geordnet eingesteuert. So werden die technischen Standards zukunftsorientiert weiterentwickelt (siehe Abschnitt 5.6).

- **Projektportfoliomanagement**
  Unter Projektportfoliomanagement wird die regelmäßige Planung, Priorisierung, übergreifende Überwachung und Steuerung aller Projekte eines Unternehmens oder einer Geschäftseinheit verstanden. Angesichts immer knapper werdender Budgets kommt der Auswahl der richtigen Projekte besondere Bedeutung zu. Die richtigen Projekte müssen zum richtigen Zeitpunkt im richtigen Umfeld mit den richtigen Ressourcen durchgeführt werden.

  Im Projektportfoliomanagement wird über die Umsetzung von Projektanträgen und damit letztendlich Geschäftsanforderungen entschieden. In der Unternehmensstrategieentwicklung und IT-Strategieentwicklung werden die Entscheidungsprozesse und die Bewertungsmaßstäbe für das Projektportfolio festgelegt. Das Enterprise Architecture Management liefert Strukturen und Plandaten und das Demand Management fachlichen Input (Projektanträge und fachliche Inhalte) für das Projektportfoliomanagement und das Multiprojektmanagement.

  Die administrativen Tätigkeiten im Projektportfoliomanagement übernimmt in der Regel eine Stabstelle des Projektportfoliomanagers, die entweder bei einem übergreifenden Projektportfoliomanagement in der Unternehmensführung oder Unternehmensorganisation aufgehängt ist oder beim CIO, wenn es sich auf die IT beschränkt. Weitere Informationen hierzu finden Sie in [Han14], [Rat08], [Sei11] und [Hir11].
- **Strategisches IT-Controlling**
  Beim strategischen IT-Controlling werden insbesondere Status und Fortschritt der Umsetzung der strategischen Vorgaben und Planungen transparent gemacht. Basis bilden die Zielvorgaben aus der Unternehmens- und IT-Strategie sowie aus den Entscheidungsprozessen, wie z. B. Projektportfoliomanagement, sowie die Soll-Zustände und Strukturen aus EAM. Es wird ein Soll-Ist-Vergleich durchgeführt und auf adäquate Steuerungsgrößen zurückgegriffen (siehe [Han14]), die mit operativen Messgrößen aus der Projektabwicklung und dem Betrieb in Beziehung gesetzt werden.
- **Projektabwicklung und Wartungsmaßnahmen**
  Projekte und Wartungsmaßnahmen sind das Vehikel, um die Strategie wirklich umzusetzen.

  Die Projektabwicklung beinhaltet die Durchführung des kompletten Projektablaufs vom Anfang bis zum Ende des Projekts, d. h. vom Zuschnitt beziehungsweise von der Konzeption bis zum Roll-out. Die Projekte werden in einer zu Projektbeginn festzulegenden Projektorganisation (insbesondere Steuerkreis, Projektleiter und Projektteam) gemäß ihrer Leistungs-, Termin- und Kostenziele analog zum unternehmensspezifischen Projektvorgehensmodell (z. B. Scrum in [Wol10] und [Glo11] oder V-Modell XT [Kuh11]) umgesetzt.

  Wesentliche Kernaktivitäten der Projektabwicklung sind das Anforderungsmanagement, der Softwarearchitekturentwurf, die Entwicklung, das Testen, das Qualitäts- und das Projektmanagement.

  Die Projektleitung übernimmt, wenn es sich nicht um ein reines IT-Projekt handelt, in der Regel ein Projektleiter aus dem Fachbereich oder gegebenenfalls auch aus der Unternehmensorganisation bei übergreifenden Projekten. Unternehmensspezifisch gibt es aber auch andere Lösungen, wie z. B. einen Pool von Projektleitern.
- **IT-Betrieb**
  Der IT-Betrieb stellt den zuverlässigen Geschäftsbetrieb sicher. Er wird häufig nach dem internationalen De-facto-Standard ITIL (IT Infrastructure Library, siehe [Joh11]) organisiert.

Die für den Betrieb notwendigen Prozesse, die Aufbauorganisation und die Werkzeuge orientieren sich dann an der durch ITIL empfohlenen Strukturierung und den ITIL-Best-Practices, wobei die ITIL-Implementierungen unternehmensspezifisch ausgeprägt sind.

Das Change-Management ist ein wesentliches Themengebiet aus ITIL. Ziel des Change-Managements ist es, Anpassungen an der IT-Infrastruktur kontrolliert, effizient und unter Minimierung von Risiken für den Betrieb durchzuführen. Für die Planung der fachlichen Inhalte ist das Demand Management essenziell.

Von besonderer Bedeutung im Kontext der Digitalisierung sind das Enterprise Architecture Management, das Demand Management, das Innovationsmanagement und das Datenmanagement (wesentlicher Bestandteil des Enterprise Architecture Managements). Auf diese Disziplinen wird in den folgenden Kapiteln vertieft eingegangen. Die anderen Disziplinen werden ausführlich in [Han14] beschrieben. Dort finden Sie auch Hilfestellungen für die Ableitung Ihres IT-Management-Instrumentariums.

Besonders auch für die IT ist ein schlankes und kundenorientiertes, systematisches Management Erfolgsvoraussetzung, um die IT-Komplexität zu beherrschen, wirksam zu planen und zu steuern sowie Partner oder sogar Enabler des Business zu werden.

Um Freiraum für Innovationen zu schaffen, ist eine kontinuierliche Effizienzsteigerung z. B. durch Automatisierung, Standardisierung und Virtualisierung unabdingbar. Zudem muss die IT für die Anforderungen der Digitalisierung gerüstet sein. Dies kann z. B. die Omnikanalfähigkeit, die sichere und skalierbare Vernetzung mit den Partnern oder aber die flexible Produktkonfiguration sein. Wesentlich ist hierbei eine End-to-end-Betrachtung der Wertschöpfungsketten und deren Optimierung.

Die veränderten Geschäftsmodelle setzen eine Anpassung der Organisation und eine Beherrschung der technologischen Möglichkeiten voraus. Die CIO-Schwerpunkte hängen dabei stark vom digitalen Reifegrad ab. In Bild 5.12 sind rechts die Anforderungen an die IT aus

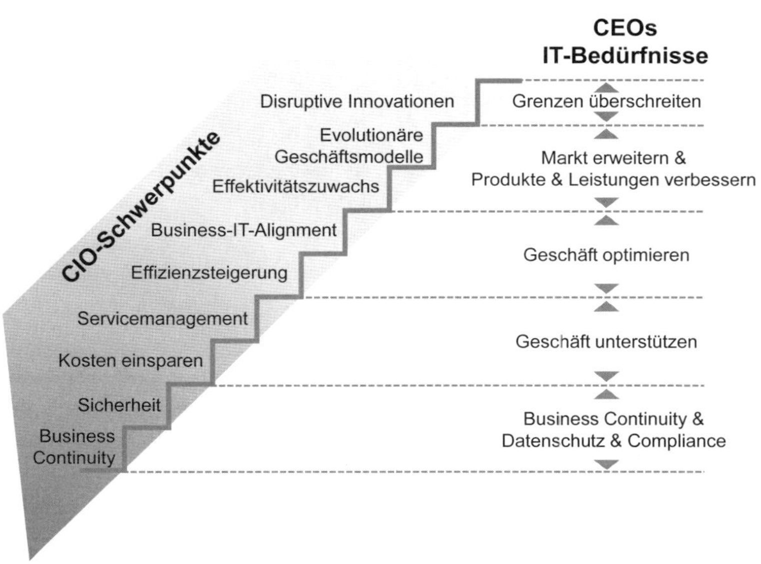

Bild 5.12 Ableitung von Schwerpunkten z. B. in der IT

Sicht der Unternehmensführung abgebildet. Links finden sich die Schwerpunkte eines CIO in Abhängigkeit vom digitalen Reifegrad.

Ausgangspunkt ist die Gewährleistung des Geschäftsbetriebs durch Sicherstellung der Business Continuity sowie Umsetzung der Datenschutz-, Informationssicherheits- und Compliance-Anforderungen. In Abhängigkeit vom Reifegrad liegt der Fokus entweder auf Kosteneinsparung, Servicemanagement und Effizienzsteigerung oder aber einer Optimierung des Geschäfts und des Business-IT-Alignments. Bei fortgeschrittenen Reifegraden geht der Fokus immer mehr in das Business und Innovations-Enablen. Die IT wird zum Innovationsmotor für die Digitalisierung.

Dies ist aber nicht über einen Schritt zu erreichen. Ein systematischer, gesteuerter Änderungsprozess ist notwendig.

Change-Management

Hartnäckigkeit, Konsequenz und Durchhaltevermögen sowie Abschied von zum Teil liebgewonnenen Gewohnheiten sind notwendig, um eine Lean Kultur im Unternehmen zu verankern. Unklare Zielsetzungen, nicht messbare Zielerreichung oder eine fehlende Gesamtsicht sowie die daraus resultierende Inseloptimierung, operative Hektik und fehlende Personalentwicklung sind häufige Fallstricke.

Die handelnden Menschen müssen den Wandel verstehen und sich damit identifizieren. Nur so werden sie ihn aktiv mitgestalten und – vor allem – mittragen. Die Einbeziehung aller Betroffenen und eine funktionierende Kommunikation sind also essenziell.

Digitalisierungsinitiativen starten häufig euphorisch. Relativ rasch sind erste theoretische Konzepte erstellt. Im Rahmen der Detaillierung und insbesondere der Beantwortung der Fragestellung „Wie operationalisiert man die Ideen und sichert die Profitabilität ab?“ wird ersichtlich, dass eine Menge Arbeit und vor allem Kommunikation erforderlich sind, um alle relevanten Stakeholder in der Unternehmensführung, in den Fachbereichen und den IT-Funktionen zu überzeugen.

Das Beharrungsvermögen der Organisation ist zu überwinden. Dies geht nur mit einem phasenorientierten Vorgehen, da erst Sicherheit über den Inhalt und die Art und Weise der Umsetzung erlangt werden muss, bevor sie in der Breite ausgerollt werden kann. Etablieren Sie einen schrittweisen, geplanten und gesteuerten Änderungsprozess, um die Organisation, die Prozesse und die Governance an die veränderte Situation anzupassen. Jeder Änderungsschritt erfolgt in den Schritten Konzeption, Pilotieren und Ausrollen.

Bei der **Konzeption** wird auf Basis der Ziele, Anforderungen und Randbedingungen der digitale Transformationsschritt inhaltlich gesamthaft gestaltet und das Konzept anhand repräsentativer Beispiele überprüft.

Das **Pilotieren** dient der Erprobung anhand eines realistischen, aber noch überschaubaren Ausschnitts des Unternehmens. Durch die konkrete Verwendung der Ergebnisse in Projekten, im Projektportfoliomanagement oder aber in der strategischen Planung oder Steuerung wird Veränderungs- und Erweiterungsbedarf deutlich. So kann z. B. das Demand Management erweitert oder abgespeckt werden. Nach der Erprobung zeigt sich die Tragfähigkeit Ihres Konzepts. Unzulänglichkeiten müssen auf den Prüfstand, um Ihre Ziele besser zu erreichen, wobei das Feedback wesentlich für die Optimierung ist. Auf dieser Basis kann dann der Transformationsschritt im Unternehmen ausgerollt werden.

Wichtig!

Bevor Sie das Instrumentarium oder Teile davon in Stein meißeln, erproben Sie es an repräsentativen Beispielen und pilotieren Sie es. Stellen Sie möglichst kurze Feedback-Schleifen sicher, um das Konzept gegebenenfalls zu justieren.

Halten Sie die administrativen und Governance-Aufwände bei der pilothaften Umsetzung so klein wie möglich. Erst wenn das Konzept sich bewährt hat, sollten Sie die entsprechende Organisation und Governance aufbauen, etablieren und vermarkten. ■

Die Verankerung in der Organisation erfolgt über das **Ausrollen** des Konzepts im Unternehmen.

Das „Patentrezept" für die Verankerung in der Organisation könnte man wie folgt zusammenfassen: schnell realisierbare Ziele vorgeben und dann die Breite und Tiefe entsprechend den Erfordernissen über die aktive Einbindung von Geschäftseinheiten sowie wichtiger Projekte und anschließender Integration in die Prozesse erhöhen, dabei neue Förderer finden und Signale durch sichtbare Erfolge setzen. Die Kommunikation ist hierbei ein Schlüsselerfolgsfaktor. Über einen formalen Kommunikationsplan und die Definition zentraler Schlüsselbotschaften muss sichergestellt sein, dass die relevanten Stakeholder ständig über den Wertbeitrag sowie über Fortschritte informiert werden und so kommunizieren, dass die Adressaten verstehen, worum es geht.

Festzulegen sind ferner die Kommunikationsmedien, derer sich alle bedienen, sowie ein Aktionsplan mit Zeitvorgaben und Zuständigkeiten. Um sicherzustellen, dass der Kommunikationsplan funktioniert, sollte ein Feedback-Prozess etabliert werden.

Wichtig!

Trotz methodischer Vorgehensweise sollte allen Beteiligten klar sein: Der Weg ist anstrengend und erfordert Veränderung. Veränderungen verursachen Angst und bedeuten für viele, Abschied zu nehmen von liebgewonnenen Gewohnheiten und bedrohen ggf. deren Interessen. Dies führt häufig zu Widerständen. Eine derartige Neuausrichtung verlangt Disziplin und Durchhaltewillen. Der Erfolg basiert im Wesentlichen darauf, dass die Menschen den Wandel verstehen, aktiv mitgestalten und vor allem mittragen wollen.

Es wird bei der Umsetzung reichlich „menscheln". Durchsetzung und Durchhalten sind häufig alles andere als einfach. Alle wichtigen Stakeholder stehen im Allgemeinen unter hohem Zeitdruck und haben daher weder Zeit noch Lust, zusätzlichen Aufwand ohne erkennbaren Nutzen zu leisten. Nur durch „erkannten" Nutzen und sicherlich auch den „sanften Druck" seitens des Managements und der Unternehmensführung kann die Unterstützung aller erforderlichen Stakeholder gewonnen und erhalten werden.

So können Sie schrittweise die Digitalisierung umsetzen und damit einen wichtigen Beitrag zur Zukunftsfähigkeit des Unternehmens leisten.

Erfahrene und kommunikationsstarke Hauptakteure in allen Disziplinen sind Voraussetzung für den Erfolg und einen gesteuerten Veränderungsprozess, in dem auf Basis der Erfahrungen und des Feedbacks Veränderungen vorgenommen werden.

Die digitale Transformation muss in kleinen, machbaren Schritten erfolgen, da erst Sponsoren gefunden, überzeugt und schrittweise der Nutzen gezeigt werden kann. Der weitere Ausbau geht einher mit einem Lern- und Veränderungsprozess im Unternehmen. ■

Durch explizite Feedbackprozesse und kontinuierliches Lernen wird das Beharrungsvermögen der Organisation berücksichtigt und diese schrittweise entsprechend ihren Möglichkeiten weiterentwickelt. Eine enge Zusammenarbeit und Kommunikation zwischen allen Beteiligten ist ebenso erfolgsentscheidend wie Mut zur Veränderung, um die Planung, Prozesse oder Organisation entsprechend veränderter Ziele und Rahmenbedingungen anzupassen.

Wesentlich sind hier eine schlanke Organisation, klare Rollen und Verantwortlichkeiten, Gremien, Prozesse und Regeln für alle Planungs-, Entscheidungs- und Durchführungsprozesse. Der explizite Veränderungsprozess mit Feedback- und Lernprozessen muss systematisch bei jeder Business-Transformation angewendet werden.

Hier gibt es eine Reihe von Best-Practices:

- **Jeder Einführungsschritt besteht aus drei Phasen: Konzeption, Pilotieren und dann Ausrollen.**
  Jeder Schritt der digitalen Transformation ist in der Regel mit der Veränderung der Organisation und Kultur des Unternehmens verbunden. Neue Kompetenzen sind in Business und IT aufzubauen. Das Beharrungsvermögen der Organisation ist zu überwinden. Dies geht nur mit einem phasenorientierten Vorgehen, da erst Sicherheit über den Inhalt und die Art und Weise der Umsetzung erlangt werden muss, bevor es in der Breite ausgerollt werden kann.
- **Pilotierung in bestehenden organisatorischen Strukturen, anstatt neue Strukturen zu schaffen.**
  Das Pilotieren ist letztendlich eine Erprobung, die Prüfung der Tragfähigkeit und Umsetzbarkeit des Konzepts „auf Herz und Nieren". Über das Feedback wird das Konzept in der Regel noch justiert, bevor es in der Breite ausgerollt werden kann. In dieser Phase werden zudem die erforderlichen Kompetenzen erst aufgebaut oder aber zumindest erweitert. D. h., die Ausführenden können häufig noch nicht sicher auftreten. Antworten auf einige Fragen fehlen noch und etliche Aspekte sind noch nicht berücksichtigt.

  Bevor Sie organisatorische Strukturen und Prozesse verändern, müssen Sie sicher sein, dass diese ausreichend „reif" sind. Dies ist in der Regel in der Pilotierungsphase noch nicht der Fall. Häufig fehlen Skills, an der einen oder anderen Stelle ist noch Überzeugungsarbeit zu leisten oder aber die Systemunterstützung ist nicht vorhanden. Eine zweite Chance für die Einführung haben Sie in der Regel nicht oder nur mit ungleich höherem Aufwand.

  Daher hat es sich bewährt, veränderte Rollen, Organisation und Prozesse im Konzept zwar zu beschreiben, aber vorhandene Hauptakteure in der bestehenden Organisation für die Ausübung der erforderlichen neuen Aktivitäten zu gewinnen. Das Pilotieren erfolgt in der Regel in einer Projektorganisation. So kann am Ende des Pilotprojekts in der Übergabe in die Linie das Ausrollen, das Verankern in der Organisation erfolgen.

Während der Pilotierung müssen Sie, unabhängig davon, ob in einer Projektorganisation oder in der Linie, sicherstellen, dass die Hauptakteure in den Disziplinen die Skills des geforderten Reifegrads erlangen. Nur so können die Aufgaben wirklich wahrgenommen und entsprechende Ergebnisse erzielt werden. Wenn die Skills noch nicht ausreichen, qualifizieren Sie Ihre Hauptakteure oder verstärken Sie sich in der Pilotierung. Trainieren Sie die Abläufe. Vorher sollten sie nach außen noch nicht so stark in Erscheinung treten.

- **Fassen Sie Rollen und Verantwortlichkeiten**, die inhaltlich eng verbunden sind, gleiche Skill-Anforderungen aufweisen und von Personen gleichzeitig zu leisten sind, **zusammen**.

Legen Sie die wirklich benötigten Rollen und Verantwortlichkeiten für alle relevanten Managementfunktionen klar fest und beschreiben Sie diese prägnant und kurz. Ansonsten haben die Hauptakteure damit zu kämpfen, dass es keine klare Rollenbeschreibung für ihr Aufgabengebiet gibt. Ist ihr Verantwortungs- und Entscheidungsbereich nicht klar geregelt, können sie ihre Aufgaben nicht zielführend wahrnehmen.

Was sind aber die wirklich benötigten Rollen?

Vielleicht kennen Sie das: Es wird eine neue Managementfunktion, wie z. B. das Enterprise Architecture Management, eingeführt. Als Erstes werden neue Rollen geschaffen, deren Verankerung in der Organisation aber unklar ist. Nach der Einführung stellt man fest, dass die Ergebnisse nicht wirklich genutzt werden. Dies hängt letztendlich aber an der nicht funktionierenden organisatorischen Verankerung (siehe Abschnitt 4.4).

Wichtig!

Nutzen entsteht durch Nutzung. Nur die Rollen und Verantwortlichkeiten erzeugen Nutzen, die Ergebnisse liefern, die genutzt werden. Der Nutzen, der Wert, muss von dem eingeschätzt werden, der den Nutzen hat.

Wirklich benötigt sind alle Dinge, die Nutzen stiften und für die der Nutzen den Aufwand deutlich überwiegt. Nutzen, der Wert für die Kunden, entsteht aber im Wesentlichen durch Nutzung. Nutzung ist letztendlich nichts anderes als die Bereitstellung von Ergebnissen, die als Input für Planungs-, Entscheidungs- oder Durchführungsprozesse wertvoll sind. Diese Ergebnisse werden von Stakeholdern in einer Rolle bereitgestellt.

D. h., durch die Analyse, was für die Planung, Entscheidung und Durchführung der Leistungsprozesse wirklich notwendig ist, bekommt man eine gute Vorstellung davon, was die verantwortlichen Rollen entlang welcher Prozesse und zu welchem Zeitpunkt bereitstellen müssen. Bei der Optimierung der Prozesse entsprechend KISS (siehe weiter vorn) werden u. a. Organisationsbrüche beseitigt und so bereits Tätigkeiten und damit häufig auch Rollen „zusammengefasst", was aber nicht ausreicht. Sie müssen explizit aus Sicht der jeweiligen Managementfunktion den Beitrag zum Erfolg feststellen und sich insbesondere ehrlich vor Augen halten, wer welche Entscheidungen in der Realität trifft oder die Planung oder die Steuerung durchführt. Diese Entscheider, Planer oder Macher müssen Sie überzeugen, dass die Ergebnisse der betrachteten Managementfunktion wirklich hilfreich sind und einen Wert für sie bereitstellen. Sie müssen die Ergebnisse wollen.

Aus der Sicht von Querschnittsdisziplinen wie das Enterprise Architecture Management muss man also überlegen, welchen Beitrag EAM zu den Planungs-, Entscheidungs- und Durchführungsprozessen wie und wann leisten kann. Insbesondere muss analysiert werden, wer der jeweilige Verantwortliche ist, dem geholfen werden kann. So können z. B. für den Projektportfoliomanager automatisiert ein EAM-Analyse-Ergebnis mit gewissen fachlichen Kennzahlen, wie Anzahl von Systemen in einem Bereich, geliefert oder aber Abweichungen von der Planung transparent gemacht werden. Der Projektportfoliomanager muss dieses Ergebnis aber wirklich wollen. Hier gibt es immer die „push"- oder die „pull"-Möglichkeit. Der Projektportfoliomanager kann eine Information anfordern oder aber sie wird ihm angeboten und er wird davon überzeugt, dass die Bewertungen des Projektportfolios für ihn wertvoll sind. Hier muss sicherlich auch das Entscheidungsgremium, in diesem Fall das Projektportfolio-Board, überzeugt werden, wofür Sie einen einflussreichen Sponsor brauchen.

Eine Zusammenlegung oder Zuordnung von verschiedenen Rollen und Verantwortlichkeiten zu einer Person vereinfacht das Ganze, da die Person dann natürlich alle Rollen vertritt und der gewünschte Nutzen erreicht wird. Bei Rollen und Verantwortlichkeiten, die inhaltlich eng verbunden sind, gleiche Skill-Anforderungen aufweisen und von Personen gleichzeitig zu leisten sind, ist dies häufig durchführbar.

Beispiele hierfür sind:

- Business-Analysten im Demand Management sind und sollten häufig die gleichen Personen sein, die in der Rolle Geschäftsarchitekt die Geschäftsarchitektur und als Prozessmanager oder Business Capability Manager das Geschäftsmodell gestalten. Diese raren Personen haben die notwendige Fach- und Methodenkompetenz für das Aufgabenfeld.
- Projektarchitekten und technische Unternehmensarchitekten haben ähnliche Skill-Anforderungen und zudem einen hohen inhaltlichen Überschneidungsbereich.

- **Reduzieren Sie organisatorische Barrieren**
  Jede Organisationseinheit – oder besser gesagt: deren Leiter – hat unterschiedliche Interessen. Wenn für einen End-to-end-Prozess viele verschiedene Organisationseinheiten zu involvieren sind, dann gibt es in der Regel entsprechende Hürden. Jede Organisationseinheit auf dem Weg ist wie eine „Wand", die es zu überbrücken gilt. So empfiehlt es sich z. B., dass die Demand Manager zwar fest einem Fachbereich zugeordnet, aber in der IT-Umsetzungseinheit, also in der Regel der Anwendungsentwicklung, beheimatet sind. So ist eine technische Nähe gegeben und Sie können mehr Einfluss auf die Umsetzung der Geschäftsanforderungen ausüben. Weitere Beispiele hierzu finden Sie in [Han14].
- **Verschlankung durch explizite Festlegung von Entscheidungsfeldern, -prozessen und -verantwortlichkeiten und Vereinfachung der Steuerung**
  Ermitteln Sie alle unternehmensspezifischen Entscheidungsfelder. Legen Sie für alle Entscheidungsfelder schlanke Gremien und Entscheidungsprozesse sowie die Rollen und Verantwortlichkeiten auf der Fach- und der IT-Seite mit ihren Entscheidungs-, Partizipations- und Durchführungsrechten und -pflichten verbindlich fest (siehe [Han14]).

  Achten Sie dabei auf eine machbare Ausprägung der aktuellen Entscheidungsprozesse (siehe KISS) und eine Verzahnung mit den anderen Entscheidungs- sowie insbesondere mit den Planungs- und Durchführungsprozessen. Die für die Entscheidungen relevanten Informationen müssen überhaupt und dann möglichst automatisiert und standardisiert bereitgestellt werden. Dies hängt stark von der Unternehmenskultur ab. Bei einer angstgeprägten Absicherungskultur ist der Aufwand für die Beschaffung von Informationen ungleich höher als bei einer offenen Leistungskultur.

Der manuelle Aufwand für die Beschaffung von entscheidungsrelevanten Informationen muss in einem vertretbaren Rahmen bleiben. Hierzu müssen diese konkret vorliegen und sie dürfen nicht erst mühsam beschafft werden müssen, indem z. B. neue Systeme aufzubauen sind. Dies kann sicherlich, wenn sinnvoll, in einem weiteren Schritt (oder Schritten) angestrebt werden. Für den aktuellen Ausbauschritt Ihres Steuerungsinstrumentariums dürfen Sie aber nur auf dem aufsetzen, was im Moment wirklich vorhanden ist. Dies gilt insbesondere im Fall der angstgeprägten Absicherungskultur. Die Beschaffung von zusätzlichen Informationen öffnet häufig ein „Fass ohne Boden".

Sicherlich werden Sie bei der Analyse in dem einen oder anderen Fall feststellen, dass ggf. einige Entscheidungsfelder aktuell nicht wirklich gut unterstützt werden. Ein Beispiel ist hier die Kostenreduktion im IT-Basisbetrieb, die in einem Fall über die Kosten pro Applikation gesteuert werden sollte. Eine solche Kennzahl war aber aktuell nicht ermittelbar, da die Kosten nicht immer den Applikationen eindeutig zuzuordnen waren. In diesem Fall hat man dann gröbere Einheiten, die fachlich noch sinnvoll und beschaffbar waren, als Übergangssteuerungsgröße gewählt, bis die Information durch die Veränderung der Verträge mit Dienstleistern und die kontinuierliche Bestandsaufnahme der relevanten Daten verfügbar wurde.

Wichtig für das Vereinfachen der Steuerung!

Lassen Sie möglichst nur eine Steuerungsgröße pro Wertstrom zu und nutzen Sie das visuelle Management, in dem der Status und Fortschritt direkt offensichtlich wird. ■

Durch die explizite KISS-Analyse der Entscheidungsprozesse und die Analyse der Verzahnung erhalten Sie Vorschläge für das Leanisieren Ihres Steuerungsinstrumentariums.

Zusammenfassung der Best-Practices für das Leanisieren

KISS

- **Versuchen Sie nichts Unmögliches.** Ermitteln Sie den Stellenwert Ihrer IT und weitere Randbedingungen und beschränken Sie sich auf das, was in dem jeweiligen oder nächsten Reifegrad überhaupt möglich ist.
- **Produkt- und Dienstleistungsspektrum entsprechend dem Kundenwert festlegen und bepreisen.** Standardisieren Sie die Ergebnisse und auch die Abläufe.
- **Systematisches Demand Management** (siehe Abschnitt 5.7), um die wirklichen Anforderungen mit einem Wert für den Kunden zu ermitteln und priorisiert einzusteuern. Konzentrieren Sie sich dabei auf offensichtliche Verschwendungen. Wesentliche Methoden sind, das Auftragsmanagement, Methoden der Geschäftsprozessoptimierung (GPO) die Wertstromanalyse (siehe [Han14]), leichtgewichtige End-to-end-Prozessanalyse zur Flussoptimierung, Aufdeckung und Beseitigung von Prozessabhängigkeiten und unklarer oder komplexer Verantwortlichkeitszuordnungen, Kundenauftragsoptimierung und Analyse der Machbarkeit von Prozessen (siehe [Han14]) sowie Lean-Methoden (siehe [Han14]),

wie u. a. 5W-Methode zur Ursachenanalyse, 5S-Methode zur Arbeitsplatzorganisation und SMED zur Rüstzeitreduktion.

- **Beschreiben Sie Umsetzungskonzepte in prägnanten Modellen und vermeiden Sie Papierberge und Formalien** (siehe [HGG12]). Hinterfragen Sie immer den Nutzen und stellen Sie ihn den Kosten gegenüber.

Agile

- **Beschränkung auf das Wesentliche und Machbare im nächsten Umsetzungsschritt**. Liefern Sie schnelle Quick-wins. Vermeiden Sie durch dieses „Levelling" der Auslastung (siehe [Mül11-02]) eine Überbeanspruchung des Umsetzungsteams.
  - Starten Sie an der erfolgversprechendsten Stelle.
  - Untersuchen Sie die administrativen Prozesse.
  - Nutzen Sie den Aha-Effekt mit einfachen Dingen.
- **Nutzenorientierung**: explizites Hinterfragen des Werts für den Kunden.
- **Umsetzbarkeit in überschaubarer Zeit in den Vordergrund stellen**. Anforderungen und fachliche Lösungen müssen so weit zerlegt werden, dass sie in Projekte oder Produktreleases bei der Projektportfolio- und Roadmap-Planung sowie in Iterationen bei der Projekt- und Iterationsplanung eingefügt werden können.
- **Etablieren von expliziten Feedback-Prozessen und Verankerung in allen wesentlichen Prozessen**.

Change

- **Jeder Einführungsschritt besteht aus den drei Phasen Konzeption, Pilotieren und Ausrollen**, um sicherzugehen, dass „niemand auf dem langen Veränderungsprozess verloren geht" und die Business-Transformation wirklich erfolgreich wird.
- **Pilotierung in bestehenden organisatorischen Strukturen, statt neue Strukturen zu schaffen**, bis die Organisation „reif" ist.
- **Fassen Sie Rollen und Verantwortlichkeiten**, die inhaltlich eng verbunden sind, gleiche Skill-Anforderungen aufweisen und von Personen gleichzeitig zu leisten sind, **zusammen**.

Verschlankung durch explizite Festlegung von Entscheidungsfeldern, -prozessen und -verantwortlichkeiten und Vereinfachung der Steuerung. Beschränkung auf das Machbare und Aufbau einer guten Werkzeugunterstützung mit insbesondere Automatisierungs- und Standardisierungsmöglichkeiten. ■

5.2 Geschäftsmodellentwicklung

Der fortschreitende Einsatz digitaler Technologien verändert bestehende Produkte, Wertschöpfungsketten und etablierte Geschäftsmodelle eines jeden Unternehmens und fordert radikale Innovationen. Innovative, maßgeschneiderte Produkte und Time-to-market entscheiden über die Wettbewerbsfähigkeit eines Unternehmens.

Renommierte Unternehmen in allen Branchen werden quasi über Nacht von neuen Wettbewerbern herausgefordert. So ist z. B. der Gebrauchtwagenmarkt über klassische Inserate irrelevant und durch Gebrauchtwagenplattformen abgelöst worden. Jeder kann sich einfach und schnell über den erzielbaren Preis für sein Wunschauto informieren. Über Vergleichsplattformen können auch Strom- oder Gasanbieter leicht verglichen werden. Diese Plattformen bieten zudem Services für einen einfachen und schnellen Wechsel. In anderen Branchen werden z. B. Dienstleistungen anstelle konkreter Produkte vertrieben, da nur noch über eine „Rundum-sorglos-Leistung" eine Differenzierung möglich ist.

In der Geschäftsmodellentwicklung werden die Geschäftsmodelle der Zukunft gestaltet. Hierin wird untersucht, was Kunden wollen, wie sie es wollen und wie Sie diese Bedürfnisse befriedigen können und damit gleichzeitig Geld verdienen.

Das Geschäftsmodell und die digitale Strategie sind so zu gestalten, dass sie die Wettbewerbsfähigkeit für die kommenden fünf bis zehn Jahre sichern. Hierzu müssen bestehende Geschäftsmodelle hinterfragt und innovative Ideen aus dem Innovationsmanagement für neue disruptive Geschäftsmodelle oder auch evolutionäre Weiterentwicklungen der bestehenden Geschäftsmodelle genutzt werden.

In der Geschäftsmodellentwicklung werden vor allem folgende Fragestellungen beantwortet:

- Welche Zielkunden werden adressiert? Welche Bedürfnisse haben diese?
- Was genau ist die Innovation der Geschäftsidee? Was macht die Geschäftsidee einzigartig?
- Warum soll der Kunde das Produkt oder die Dienstleistung kaufen?
- Welches Bedürfnis wird erfüllt? Wie und warum verbindet der Kunde mit dem Produkt oder der Dienstleistung ein positives Kundenerlebnis?
- Gibt es Wettbewerb? Wie differenziert sich das Produkt oder die Dienstleistung? Kann der Wettbewerb das Produkt oder die Dienstleistung einfach kopieren?
- Wie wird der Kunde auf das Produkt oder die Dienstleistung aufmerksam? Wie gelangt es zum Kunden oder Nutzer?
- Lässt sich mit dem Produkt Geld verdienen? Was sind die Kosten und erzielbaren Einnahmen?

Geschäftsmodelle verändern sich in Zeiten der zunehmenden Digitalisierung gravierend. Veränderungen können sowohl disruptiv oder evolutionär sein. Bei evolutionären Geschäftsmodellen können z. B. bestehende Geschäftsmodelle erweitert werden, indem Produkte und Dienstleistungen angereichert, Kombiprodukte auf der Basis von bestehenden Produkten angeboten, neue technische Möglichkeiten ausgenutzt oder Daten zur Verbesserung des Kundenerlebnisses verwendet werden. So kann z. B. der aktuelle Zustand eines Geräts in Echtzeit angezeigt und für eine vorausschauende Fernwartung genutzt werden.

Die Weiterentwicklung von bestehenden und die Entwicklung von disruptiven Geschäftsmodellen ist aufgrund der unterschiedlichen zu betrachtenden Dimensionen und deren Abhängigkeiten sehr komplex. So gibt es eine ganze Reihe von Stolpersteinen, z. B.:

- Nichtberücksichtigung von attraktiven Märkten, Kundengruppen und -segmente,
- Nichtrealisierung von Kooperationspotenzialen,
- fehlende Verwertung von digitalen Abfallprodukten bestehender Prozesse,
- fehlende Verwertungskonzepte für teure F&E-Projekte,
- unzureichende Analyse der Wettbewerbssituation,
- falsche Einschätzung von Ressourcenbedarfen,
- Bewahrung alter Geschäftsmodelle,
- kurzfristige Betrachtung oder Visionsmangel,
- Silo-Denken anstelle ganzheitliche und interdisziplinärer Sicht,
- fehlende Methoden für die Analyse und Weiterentwicklung von Geschäftsmodellen.

Geschäftsmodelle entsprechen nicht immer dem „Erwarteten“. Ein schönes Beispiel hierfür ist das Zitat von Henry Ford: „Wenn ich die Menschen gefragt hätte, was sie wollen, hätten sie gesagt, schnellere Pferde.“ Deshalb erfolgt die Geschäftsmodellentwicklung iterativ und feedback-orientiert. Kernelemente sind die Konzeption, der Prototyp und der Test bzw. das Feedback. Der Prototyp ist hierbei die kostengünstige Realisierung des Geschäftsmodells. In frühen Phasen des Prototypings wird unnötiger Aufwand vermieden, da umfangreiche Anpassungen zu erwarten sind. Diese erfolgen aufgrund des Feedbacks, das von möglichst vielen Lead-Kunden eingeholt werden sollte.

Im Folgenden finden Sie Best-Practices zur systematischen Geschäftsmodellentwicklung sowie zu deren Umsetzung. Diese sind essenziell, um Risiken von neuen Geschäftsmodellen abzusichern. Wichtig ist hierbei:

- aktives Vorantreiben der Geschäftsmodellentwicklung und systematisches Vorgehen,
- Kunde steht im Mittelpunkt, daraus leiten sich Produkte und Dienstleistungen ab,
- Business-Eco-System als Mittel zur Umsetzung,
- Lean Kultur als Voraussetzung für die erfolgreiche Transformation vorbereiten.

Bei der Geschäftsmodellentwicklung müssen sowohl neue Ideen einfließen als auch das bestehende Geschäftsmodell verbessert werden. Hierzu muss dieses mit seinen Bestandteilen und Zusammenhängen verstanden und in einem „Stresstest“ analysiert werden, um Optimierungspotenziale und Handlungsbedarfe aufzudecken. Für die Gestaltung neuer Geschäftsmodelle auf der Basis der Ideen und Optimierungsmöglichkeiten können unter anderem folgende Geschäftsmodellmuster angewendet werden.

Geschäftsmodellmuster

Für die Geschäftsmodellentwicklung können Geschäftsmodellmuster genutzt werden. Beispiele sind Multi-sided-Markets sowie Basisprodukt-Komplementärprodukt. Beim Geschäftsmodellmuster Basisprodukt-Komplementärprodukt wird das Basisprodukt kostenlos angeboten und ein teures Komplementärprodukt ist für den Hauptumsatz des Unternehmens verantwortlich. Über das Basisprodukt werden Kunden an das Unternehmen gebunden und über das Komplementärprodukt der notwendige Umsatz generiert. Das Komplementärprodukt subventioniert das Basisprodukt quer. Beispiele hierfür sind z. B. Kaffeemaschinen und Pads oder Drucker und Druckerpatronen. Zudem können Geschäftsmodellmuster kombiniert oder von einer Branche oder einem Bereich auf andere übertragen werden.

Multi-sided-Plattformen sind Geschäftsmodelle, basierend auf digitalen Plattformen und deren Netzwerkeffekt. Es werden Kontakte zwischen unterschiedlichen, voneinander abhängigen Gruppen, wie Käufer und Anbieter, hergestellt. Ein Beispiel sind Social-Media-Plattformen, die Verkäufern nur dann erfolgreich Werbeplätze anbieten, wenn viele Nutzer die internetbasierten Dienste verwenden.

Digitale Plattformen mit ihrem Netzwerkeffekt sind zudem wesentlich für viele disruptive und evolutionäre Geschäftsmodelle. Hierbei gibt es unterschiedliche Alternativen. So kann sich ein Unternehmen entweder als Plattformanbieter, als Diensteanbieter, als Daten-Provider oder/und als Plattformnutzer positionieren:

- **Plattformanbieter**
  Zentrale Fragen: Welchen Mehrwert muss ich für Plattformnutzer generieren? Welche Diensteanbieter können diesen Mehrwert für Nutzer liefern? Wie wird die Plattform interessant für Plattformnutzer und Diensteanbieter?
- **Diensteanbieter**
  Zentrale Fragen: Welchen Mehrwert kann ich für meine Zielgruppen über die Plattform generieren? Welche Plattformen bieten für meine Zielgruppen mit ihren relevanten Kontaktpunkten die besten Chancen?
- **Daten-Provider**
  Für welche Beteiligten des digitalen Plattform-Ökosystems kann ich Daten bereitstellen? Welchen Wert stellen diese für die Beteiligten dar?
- **Plattformnutzer**
  Welchen Plattformen muss ich mich anschließen, um für das Plattform-Ökosystem präsent zu sein? Welche APIs und Devices muss ich vorbereiten?

Weitere Geschäftsmodellmuster sind z. B. die Marktführerschaft, Cross-Selling, Direct-Selling, Emotionalisierung von Produkten, Komfortleistungen, Teileigentum, Franchising, Pay-per-Use, „Zahle, was es dir wert ist“ und Crowd-Sourcing:

- **Marktführerschaft**
  Marktführerschaft kann entweder durch Produktinnovation, Produktdifferenzierung, Kundenbindung und/oder Kostenführerschaft erreicht werden. Durch Produktneuheiten/Produktinnovationen kann das Unternehmen eine Vorreiterrolle einnehmen. Kunden können z. B. über Komfortleistungen oder aber über Verträge gebunden werden. Unschlagbare Preise unterstützen die Marktführerschaft, solange die Wirtschaftlichkeit des Unternehmens nicht darunter leidet.
- **Cross-Selling**
  Der Kunde wird direkt während des Kaufs eines Produkts zum Kauf von anderen Produkten motiviert, die unabhängig vom ursprünglichen Produkt sind. Ein bekanntes Beispiel ist Tchibo.
- **Crowd-Sourcing** bezeichnet eine kollaborative, interaktive Form der Leistungserbringung einer Menschenmenge von extrinsisch oder intrinsisch motivierten Freiwilligen unter Verwendung moderner Kommunikationstechnologien. Crowd-Sourcing ist eine Sourcing-Strategie, in der zumeist das Expertenwissen einer Menge von Internetnutzern genutzt wird.

Beim Crowd-Sourcing wird auf die verschiedenen Kompetenzen und Ideen der Crowd-Mitglieder zurückgegriffen. Anwendungsfälle finden sich in den verschiedensten Kontexten, vor allem aber im kreativen Umfeld. Ein allgemein bekanntes Beispiel ist Wikipedia.

- **Direct-Selling**
  Durch das Auslassen von Zwischenhändlern, wie z. B. Großhandel und Einzelhandel, können günstigere Preise für den Konsumenten und eine engere Kundenbindung erreicht werden.
- **Emotionalisierung von Produkten**
  Verkauf einer Marke und von Erlebnissen anstelle von Produkten und Dienstleistungen. Ein bekanntes Beispiel hierfür ist Red Bull, was für einen Lifestyle steht.
- **Komfortleistungen**
  Beispiele für Komfortprodukte sind „Rundum-sorglos-Pakete" oder Flatrates mit unlimitiertem Konsum zum Festpreis. Kunden sind bereit, für den Komfort mehr zu bezahlen.

  Häufig sind die Beträge im Vergleich zum Kauf und Unterhalt vergleichsweise gering. Die Anbieter profitieren durch regelmäßigen Umsatz. Der Kunde muss sich nicht kümmern und kann in der Regel zudem von ständigen Verbesserungen und Erweiterungen profitieren.
- **Teileigentum**
  Teilung von Eigentum mit anderen, z. B. in Bereichen wie Lieferwagen oder Ladengeschäften. Dadurch wird die Kapitalbindung reduziert sowie die Nutzung erhöht, insbesondere bei Dingen, die lange ungenutzt herumstehen.
- **Franchising**
  Ein Franchisegeber, welcher eine Marke und ein Produkt besitzt, vergibt Nutzungsrechte an den Franchisenehmer, in der Regel gegen eine Franchisegebühr.
- **Pay-per-Use**
  Durch die nutzungsabhängige Vergütung spricht man vor allem Kunden an, die eine hohe Flexibilität schätzen. Nur die genutzte Leistung wird abgerechnet. Ein Beispiel hierfür ist Car2Go. Nach einmaliger Anmeldung und einer kleinen Gebühr kann man die Autos von Car2Go in jeder Stadt benutzen. Man muss nur für jeden gefahrenen Kilometer bezahlen.
- **„Zahle, was es dir wert ist"**
  Der Kunden zahlt nur das, was es ihm wert ist.

Diese und weitere Geschäftsmodellmuster können in Kombination oder alleine angewandt werden.

Eine wichtige Methode für die Geschäftsmodellentwicklung ist das Business Model Canvas, das im Folgenden weiter ausgeführt wird. Die Methoden für das Innovationmanagement wurden bereits im letzten Abschnitt erläutert.

5.2.1 Business Model Canvas

Mithilfe des Business Model Canvas, originär von Alexander Osterwalder (siehe [Ost11] entwickelt, verschaffen Sie sich schnell einen Überblick über die wichtigsten Schlüsselfaktoren Ihres Geschäftsmodells. Gleichzeitig ist es ein Arbeits- und Analyse-Instrument, um ein Geschäftsmodell zu entwickeln oder zu analysieren. Die Erarbeitung erfolgt häufig in interdisziplinären Workshops. Hier werden auf einem großen Papierbogen (z. B. DIN A0) oder aber in Tools die neun Schlüsselfaktoren für ein Geschäftsmodell notiert. In Workshops werden Ideen für die Schlüsselfaktoren gesammelt und auf physischen oder elektronischen Klebezetteln notiert, diskutiert und gegebenenfalls verändert, bis ein stimmiges Modell gefunden ist.

Das Business Model Canvas ist neben einem Finanzplan ein wesentlicher Bestandteil eines Business-Plans, der alle wesentlichen Überlegungen beinhaltet, wie die Geschäftsidee erfolgreich umgesetzt werden kann. Die Geschäftsidee ist der Ausgangspunkt für die (Weiter-) Entwicklung des Geschäftsmodells eines Unternehmens.

Ein Business Model Canvas enthält neun Schlüsselfaktoren (siehe Bild 5.13):

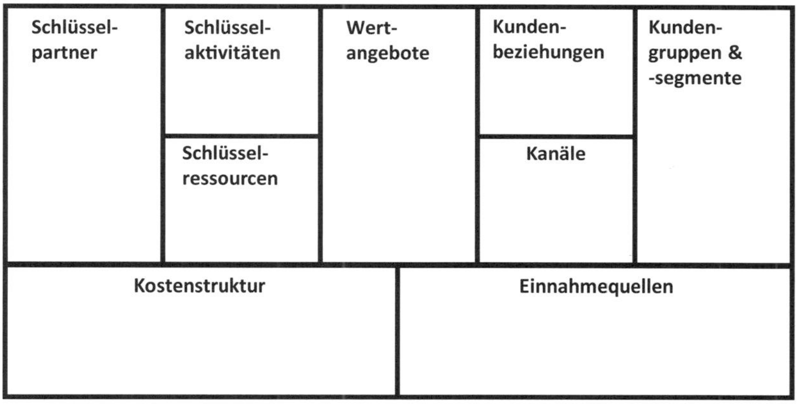

Bild 5.13 Business Model Canvas (siehe [Ost11])

- **Kundengruppen- und -segmente:** definiert die für das Unternehmen relevanten Kundengruppen und -segmente mit deren Bedürfnissen, Merkmalen, Besonderheiten, Verhaltensweisen, Finanzkraft und bevorzugten Kanälen.

  Kernfrage: Wer sind die wichtigsten Kunden für das Unternehmen, für die Wert generiert werden soll?

- **Kundenbeziehungen:** unterschiedliche Art der Beziehung zu den Kundengruppen und -segmenten, wie z. B. persönliche Bedienung, Self-Service, automatisierte Dienstleistungen, Communities, direkte Beteiligung des Kunden oder über Partner. Wesentlich ist dabei die Analyse, welche Beziehungsarten die verschiedenen Kundengruppen und -segmente bevorzugen, welche bereits vorhanden sind und wie diese kostengünstig einbezogen werden können. Die systematische Gestaltung und Pflege von Kundenbeziehungen über ein Customer Relationship Management ist essenziell. Hierzu ist ein systematisches Sammeln und Analysieren von Informationen über bereits bestehende und potenzielle Kunde wichtig. Nur so können Anhaltspunkte über Kundenzufriedenheit und Bedürfnisse von Kundensegmenten gewonnen werden.

  Kernfrage: Wie können die relevanten Kundengruppen und -segmente gewonnen und an das Unternehmen gebunden werden?

- **Kanäle:** Kundenberührungspunkte mit u. a. allen Vertriebs-, Distributions- und Kommunikationskanälen. Sie spielen eine essenzielle Rolle im Kundenerlebnis.

Kernfragen: Welche Berührungspunkte („Touchpoints") gibt es für Kunden entlang ihrer Customer Journey (siehe Abschnitt 5.4)? Über welche internen und externen Kanäle werden Kunden angesprochen, wie z. B. der Vertrieb, Internetverkauf über die Homepage, digitale Plattformen, eigene Filialen, Partnerfilialen, Großhandel, Außendienst oder Makler?

Wie wird Aufmerksamkeit des Kunden erlangt? Wie erfolgt der Vertrieb? Wie wird der Kunde nach dem Kauf unterstützt?

- **Wertangebote:** spezifischer Nutzen jedes Produkts bzw. jeder Leistung des Unternehmens für die relevanten Kundengruppen und -segmente. Dies kann z. B. eine Leistungsoptimierung eines bestehenden Produkts bzw. einer Dienstleistung, eine Arbeitserleichterung, eine hohe Liefergeschwindigkeit oder der „Coolness-Faktor" von Neuheiten sein. Hier geht es darum, zugeschnitten auf die festgelegten Kundengruppen und -segmente treffsichere maßgeschneiderte Produkte und Leistungen anzubieten, die deren Wünschen und Bedürfnissen entsprechen. Häufig heißt dies: einfacher, bequemer, individueller, cooler und günstiger.

  Kernfragen: Welcher Mehrwert wird für Kunden in den jeweiligen Kundengruppen und -segmenten geliefert? Welches Produkt und welche Dienstleistung erzeugt welchen Mehrwert?

- **Schlüsselaktivitäten:** erforderliche Aktivitäten für das Schaffen, Unterbreiten und Betreuen der Wertangebote sowie Aufbau und Aufrechterhaltung der Kundenbeziehungen für die relevanten Kundengruppen und -segmente. Dies schließt sowohl die Produkterstellung, Leistungserbringung sowie Marketing und Vertrieb mit ein.

  Kernfrage: Welche Handlungen sind notwendig, um das Geschäftsmodell zum Erfolg zu führen?

- **Schlüsselressourcen:** physische, finanzielle, intellektuelle, menschliche und künstliche (wie z. B. KI oder Roboter) Ressourcen für den erfolgreichen Aufbau und Betrieb des Geschäftsmodells. Hierzu können sowohl interne als auch externe Ressourcen von z. B. Schlüsselpartnern genutzt werden.

  Kernfrage: Welche Ressourcen sind unverzichtbar, um das Geschäftsmodell zu realisieren und wirtschaftlich zu betreiben?

- **Schlüsselpartner:** Netzwerk von Geschäftspartnern, strategische Allianzen, unterstützende Netzwerke, digitale Plattformen und interaktive Wertschöpfung mit dem Kunden (Co-Creation, siehe Abschnitt 1.1), die einen Beitrag zum Gelingen des Geschäftsmodells haben. Schlüsselpartner unterstützen dabei, Geschäftsmodelle zu optimieren, Risiken zu minimieren und/oder Zugang zu wesentlichen Ressourcen zu erhalten. Hier wird häufig zwischen strategischen Allianzen zwischen verschiedenen Unternehmen, zwischen Wettbewerbern (Coopetition) sowie Joint Ventures und Kunden-Anbieter-Beziehungen (Co-Creation) unterschieden.

  Kernfrage: Mit wem wird in welcher Form zusammengearbeitet, um die Schlüsselressourcen zu erhalten und die Schlüsselaktivitäten ausführen zu können?

- **Einnahmequellen:** Einnahmen für alle Wertangebote sowie prozentualer Beitrag jeder Einnahmequelle zum Gesamtumsatz. Mögliche Einnahmequellen resultieren aus dem Verkauf von Wirtschaftsgütern, Nutzungsgebühren, Mitgliedsbeiträgen, Abonnements, Leasing, Lizenzen, Wartungsgebühren, Mieten und Gebühren.

  Kernfrage: Für welche Wertangebote bezahlt der Kunde wie viel aktuell und für welche Wertangebote ist er bereit, zu zahlen.

- **Kostenstruktur:** alle fixen und variablen Kosten, die für den Betrieb des Geschäftsmodells mit den Schlüsselaktivitäten, Schlüsselressourcen und Schlüsselpartnern anfallen. Wenn die Kostenminimierung im Vordergrund steht, beeinflusst dies stark die Auswahl der Schlüsselpartner.

  Kernfragen: Welche Ausgaben sind notwendig, um das Wertangebot bereitzustellen? Ohne welche Ausgaben kann das Geschäftsmodell nicht funktionieren?

Die Geschäftsmodellentwicklung mithilfe des Business Model Canvas verläuft in nicht ganz trennscharfen und unternehmensspezifisch anpassbaren Phasen mit u. a. Mobilisieren, Verstehen und Gestalten in einem interdisziplinären Team aus unterschiedlichen Fachbereichen und Managementebenen. In der Phase „Mobilisieren" werden die Projektziele definiert, Rahmenbedingungen ermittelt und das Projektteam zusammengestellt. Recherchen, Interviews von Experten und Analysen von Inhaus- als auch externen Materialien, z. B. vom Wettbewerb, kennzeichnen die Phase „Verstehen". In der „Gestalten"-Phase werden viele der im vorhergehenden Abschnitt vorgestellten Kreativitätstechniken in Workshops angewandt. Wesentlich sind auch hier unbewertete Ideensammlungen als erster Schritt vor deren ganzheitlicher Analyse und Bewertung auf Basis eines tiefgreifenden Verständnisses des Kunden und dessen Bedürfnissen.

Weitere Informationen zum Business Model Canvas finden Sie in [Ost11].

5.2.2 MVP und Lean Startup

Bei disruptiven Geschäftsmodellen („Systems of innovation") zählt vor allen Dingen die Geschwindigkeit, verursacht durch die Innovationsgeschwindigkeit und den Wettbewerbsdruck. Um möglichst schnell herauszufinden, ob das neue Produkt, ein neuer Service oder ein neues Feature für Kunden tatsächlich relevant ist, werden „MVPs" im Rahmen von „Lean Startup" genutzt.

Das Minimum Viable Product (MVP) ist die Lösung mit dem minimalen Funktionsumfang, der einen Wert für den Kunden darstellt. MVP hilft, den Kundennutzen systematisch aufzudecken. Das MVP ist der schnellstmögliche Weg, ein Produkt zur Marktreife zu führen. Hierzu muss es möglichst einfach sein, dass es schnell entwickelt und bereitgestellt werden kann. Andererseits muss es aber hinreichend Funktionen bereitstellen und reif sein, um den Nutzern einen Eindruck vom zukünftigen Produkt und dessen Vorteilen zu vermitteln. Das minimale Produkt muss so konzipiert sein, dass es einen Mehrwert für die zukünftigen Nutzer liefert. Es muss „nützlich" („viable") sein. Der größte Hebel, um schnell auszuliefern, besteht darin, sich auf die wesentlichen Anforderungen zu fokussieren und die unwesentlichen zu verschieben (oder letztendlich dann aufzugeben).

Lean Startup ist eine Methode (siehe Bild 5.1), die aus dem schnellen Lernen über Feedback der Schlüsselkunden und der iterativen kontinuierlichen Weiterentwicklung des Produkts oder der Dienstleistung besteht. Aufgrund des Feedbacks ist es möglich, frühzeitig auf Fehlentwicklungen zu reagieren, gegebenenfalls schnell und mit minimalen Investitionen Anpassungen am Produkt vorzunehmen und flexibel auf Veränderungen des Markts zu reagieren. Die Methode hat das Ziel, Produkte zeitnah auf den Markt zu bringen, um sie anhand von Feedback schrittweise zu verbessern. Dies verändert fundamental die Art und Weise, wie neue Produkte entwickelt werden. Produkte und Leistungen, die der Kunde nicht will, werden vermieden. Marktlücken werden mit möglichst wenig Entwicklungsaufwand getestet. Feedback zu Kundenwünschen wird genutzt, um den Kapitaleinsatz wirksam zu steuern. Dies ist in Anbetracht von begrenzten Budgets und Ressourcen erfolgsentscheidend.

Projekte „sterben“ nicht mehr in Schönheit, sondern arbeiten orientiert am „Business Outcome“. Durch gezieltes Testen der erfolgsentscheidenden Hypothesen der Produktidee kann schnell entschieden werden, ob die Produktidee überhaupt Anklang findet und welche Anpassungen erforderlich sind, um sich am Markt zu positionieren. Durch validiertes Lernen ist es möglich, fundierte Entscheidungen schnell zu treffen und gegebenenfalls Veränderungen vorzunehmen, anstelle Unsummen für eventuell falsche Vermutungen auszugeben. So kann mit dem geringstmöglichen Aufwand die größtmögliche Anzahl an validierten Erkenntnissen über die Kundenwünsche und die Art der Kundenbindung gewonnen werden.

Bild 5.14 zeigt die Methode „Lean Startup“ im Überblick. Anstatt eine möglichst exakte Planung im Vorfeld abzugeben, erstellen wir eine Hypothese über die elementaren Faktoren für den Erfolg des Produkts. Es geht dabei darum, den Nutzen des Produkts für unsere Kunden durch schrittweise Erweiterung bzw. Veränderung des Softwareprodukts zu verbessern. Am ausgelieferten Softwareprodukt testen wir die Hypothesen gezielt. Wir messen, wie die Kunden darauf reagieren, und leiten aus dem Feedback ab, wie wir die Software erweitern und optimieren können. Ziel ist es, über das Feedback die tatsächlichen Wünsche und Bedürfnisse unserer Kunden zu identifizieren.

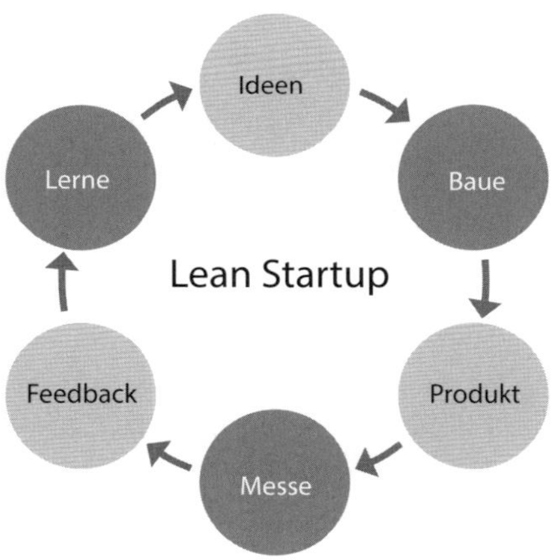

Bild 5.14
Lean Startup

Hierzu nutzen wir möglichst kurze Zyklen. D. h., wir müssen den Nutzen in möglichst kleine Einheiten – das Minimum Viable Product – zerteilen. Dies muss nur so umfangreich sein, dass wir damit unsere Hypothese überprüfen können. Essenziell ist dabei, dass wir in diesen kurzen Zyklen die Software bereitstellen können. Wesentlich sind hierfür Continuous Delivery und DevOps (siehe [Han17]).

Für die Ermittlung des MVP sind folgende Schritte wichtig:

- **Auswahl der Pilotanwender bzw. Kunden(gruppe)**
  Entscheidend ist die Auswahl der Kunden(gruppe) bzw. im Unternehmen der Pilotanwender, die „Early Adopters“. Diese sollten offen, leicht erreichbar und ansprechbar sein sowie insbesondere einen repräsentativen Querschnitt der zukünftigen Anwender bilden. Häufig sind dies auch Schlüsselkunden, siehe Lead-User-Methode in Abschnitt 5.1.1.5.

- **Festlegung der User-Stories des MVP**
  Über z. B. Story Mapping wird das zukünftige Produkt gesamthaft erfasst. Durch die Priorisierung der Details und die Frage „Auf was kann nicht verzichtet werden?“ lässt sich der minimale Kern ermitteln.

  Story Maps bilden zu jedem Zeitpunkt das gesamte zu entwickelnde Produkt ab. Anhand einer Story Map können die Inhalte des MVP, die Inhalte der ersten Lieferung, diskutiert werden. Für die nächste Iteration müssen die User-Stories so feingranular sein, dass sie leicht innerhalb des Sprints umsetzbar sind. So sind sie auch fassbarer und damit schätzbar. In der Sprint-Planung werden User-Stories in Aufgaben (Tasks) heruntergebrochen.
- **Festlegung der Akzeptanzkriterien und der Art der Ermittlung**
  Neben Akzeptanzkriterien sind auch nichtfunktionale Anforderungen, wie z. B. Usability, und Kosten-Nutzen-Abwägungen wichtig. Wenn möglich, sollte das Nutzerverhalten automatisch protokolliert und analysiert werden oder aber mit Testpersonen ein Interview durchgeführt werden.

  Akzeptanzkriterien sind Bedingungen für die Abnahme einer User-Story. Erst, wenn alle Kriterien erfüllt sind, ist die User-Story fertig. Sie bilden das Bindeglied zwischen User-Stories und Testfällen. In Akzeptanzkriterien werden sowohl Vorbedingung, auszuführende Testschritte, erwartetes Ergebnis, Nachbedingung als auch verwendete Testdaten dokumentiert. Akzeptanzkriterien sind wesentlicher Bestandteil der Definition-of-Done.

Nachdem das Feedback z. B. im Rahmen eines Sprint-Reviews eingeholt wurde, geht es darum, die vorhandenen Features zu verbessern. Wichtig sind hier neben Funktionalitäten vor allen Dingen Usability und Effizienzsteigerungen, wie z. B. die Automatisierung von sich wiederholenden Abläufen.

Definition-of-Done (DoD)

Eine Definition-of-Done - kurz DoD - ist eine mit den Umsetzungsverantwortlichen getroffene Vereinbarung zu Kriterien, die erfüllt werden müssen, damit eine Geschäftsanforderung als vollständig und korrekt umgesetzt gilt. Die DoD ist häufig in Form einer Checkliste gehalten. Beispiele für Bestandteile einer DoD sind „Implementierung inklusive Unit-Tests ist im Versionierungssystem eingespielt“, „Code-Review wurde durchgeführt“, „Benutzerdokumentation ist angepasst“ oder „Integrationstest ist erfolgreich abgeschlossen“.

Die DoD kann je nach Detailebene von Geschäftsanforderungen spezifisch geprägt sein.

Die Lean-Startup-Methode fokussiert den Umgang mit Unsicherheit über Kundenbedürfnisse und Kundenwert, gerade in frühen Phasen des Technologie-Adoptions- und Produktlebenszyklus (siehe Bild 5.15).

Die zentrale Nutzen-Hypothese wird im „Sprint Zero“, dem MVP, dem Minimalumfang mit maximalem Nutzen sowie Fokussierung auf wenige Features, verifiziert. Erfolgsentscheidend sind der schnelle Zugang (Time-to-Market) und das Feedback vom Markt. In vielen kleinen Schritten mit klar fokussierten Quick-wins nähert man sich dem Ziel. Jeder Zyklus besteht aus dem Erstellen und Überprüfen der getroffenen Hypothesen, bis am Ende ein kundenwertvalidiertes Produkt (oder ein Rahmen davon) bereitstehen.

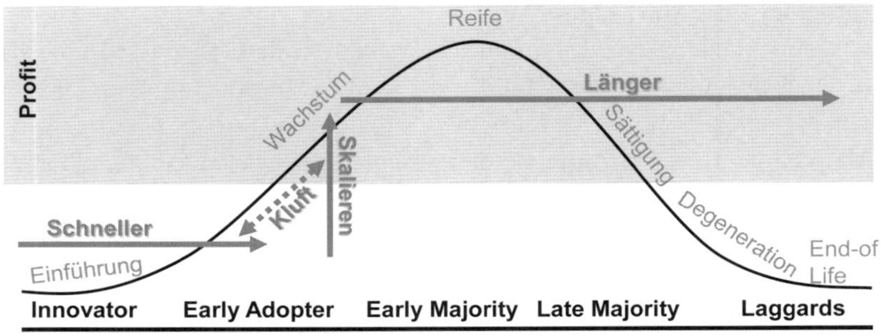

Bild 5.15 Technologie-Adoptions- und Produktlebenszyklus

Beim MVP nutzt man das Pareto-Prinzip, die Fokussierung auf die wichtigsten 80 % der Features mit 20 % des Budgets, bis man in der Wachstumsphase in die Profit-Zone kommt und skalieren muss (siehe Bild 5.15 und Abschnitt 5.8.2).

Features können u. a. gut aus dem Business Capability Management abgeleitet werden (siehe hierzu der nächste Abschnitt).

5.2.3 Business Capability Management

Business Capability Management ist ein systematischer Ansatz zur Identifikation der aktuell oder zukünftig für das Unternehmen relevanten Fähigkeiten und zur schnellen Anpassung des Geschäftsmodells und der Geschäftsprozesse sowie deren IT-Unterstützung an veränderte Marktanforderungen und Wettbewerbsbedingungen.

Weitere Ziele des Business Capability Management sind:

- **Gemeinsame Sprachbasis und fachlicher Ordnungsrahmen** für die Kommunikation sowie Planung und Steuerung der digitalen Transformation

  Wesentlich sind abgestimmte fachliche Fähigkeiten und ein fachliches Big Picture als Grundlage für die Verortung von Anforderungen, Handlungsfeldern und Umsetzungsmaßnahmen.
- **Vorgabe eines fachlichen Zielbilds als Vision**
  Festlegung des zukünftig angestrebten Leistungsvermögens und der Fähigkeiten als Orientierung für den Soll-Ist-Vergleich und die Roadmap-Planung.
- **Unterstützung der Geschäftsmodellentwicklung sowie Business- und Investitionsplanung**
  Umzusetzende Inhalte durch die erforderlichen Capabilities (häufiger und feingranularer) greifbar machen und fachliche Fokussierung durch Festlegung der geplanten oder erforderlichen Capabilities.
- **Nachvollziehbare Ableitung der Anforderungen an die IT** (Business-IT-Alignment)
  Identifikation und Aufzeigen von fachlichen Handlungsfeldern und Ableitung der technischen Capabilities für deren Umsetzung.
- **Strategische IT-Planung**
  Ordnungsrahmen für die Bebauungsplanung der Applikationslandschaft sowie Voraussetzung für die Komponentisierung der IT-Landschaft.

- **Taktische Planung im Demand Management (Roadmap-Gestaltung)**
  Nutzung der Business Capability Map zum Einsortieren der Feature-Requests (siehe Bild 5.24 und Bild 5.25) und Festlegung der Release-Schwerpunkte.
- **Planung und Steuerung der digitalen Transformation**
  Fachliches Big Picture und Heatmaps als Basis für die Planung und Steuerung.

Das Business Capability Management liefert ein Instrumentarium, um das aktuelle Geschäft besser zu verstehen und zu optimieren sowie das zukünftige Geschäft und dessen IT-Umsetzung schneller und in hoher Qualität mit Zeitvorsprung vor dem Wettbewerb zu gestalten.

In der betriebswirtschaftlichen Managementforschung wird Capability häufig mit Fähigkeit beziehungsweise Kompetenz gleichgesetzt. Hier gibt es ressourcen- (Resource Based View) und marktorientierte (Market Based View) Erklärungsansätze (siehe [Mar07] oder [Mol10]). Nach dem ressourcenorientierten Ansatz hat jedes Unternehmen vorhandene und potenzielle Ressourcen und Kompetenzen, die einzigartig sind. Diese müssen bestimmt werden, um das Unternehmen vom Wettbewerb zu differenzieren und den passenden Markt festzulegen. Beim marktorientierten Ansatz wird der Markt auf Basis seiner Vorteile ohne direkte Berücksichtigung der Stärken und Schwächen des Unternehmens ausgewählt und das Unternehmen und dessen Kompetenzen werden entsprechend ausgerichtet. Häufig findet man auch Mischformen (siehe [Ost03]). Diese beiden Ansätze, marktorientiert versus ressourcenorientiert, werden auch bei der Ableitung der Anforderungen an das strategische Prozessmanagement aus der Unternehmensstrategie diskutiert (siehe [HLo12]). Hier wurde die Annahme getroffen, dass die Behauptung eines Unternehmens am Markt wesentlich von den Geschäftsprozessen des Unternehmens abhängt. Im Business Capability Management werden nun die Bausteine der Geschäftsprozesse in den Vordergrund gestellt.

In IT-nahen Definitionen, wie zum Beispiel in [Kel09] oder [Bit11], wird Capability mit Geschäftsfähigkeit gleichgesetzt. Der Begriff Geschäftsfunktion wird häufig gleichwertig mit Geschäftsfähigkeit genutzt, da die funktionale Betrachtung im Fokus steht. Wesentliches Ziel beim IT-nahen Business Capability Management ist es, das Wissen um die Geschäftsfunktionen und deren Beziehungen zu IT-Strukturen zu nutzen, um Konsolidierungs- und Synergiepotenziale in der IT-Unterstützung des Geschäfts zu heben.

Forrester (siehe [Cam09]) definiert Business Capabilities IT-nah:

> *„A business capability defines the organization's capacity to successfully perform a unique business activity. Capabilities are the building blocks of the business, represent stable business functions, are unique and independent from each other, are abstracted from the organizational model, capture the business interests."*

In diesem Buch verwenden wir eine sehr IT-nahe Definition für Business Capabilities und Business Capability Management. Im Kontext des Enterprise Architecture Management wird fachliche Funktion synonym mit Business Capability benutzt, da die Unterscheidung auf dem Abstraktionsniveau der taktischen Planungsebene unerheblich ist.

Business Capability und Business Capability Management

Business Capabilities sind (Geschäfts-)Fähigkeiten, die eine Organisation, eine Person oder ein System besitzt und auf die sich das Unternehmen stützt, um seine Geschäftsziele zu erreichen. Geschäftsfähigkeiten werden von Menschen oder

Systemen in Prozessen unter Nutzung von Technologien und weiteren Ressourcen mit Leben gefüllt, um so das fachliche Leistungsvermögen des Unternehmens bereitzustellen.

Die Fähigkeiten werden im Wesentlichen durch Geschäftsfunktionen beschrieben, die durch Ressourcen- oder Technologieanforderungen konkretisiert werden können. Es wird in der Regel zwischen wettbewerbsdifferenzierenden und unterstützenden Geschäftsfunktionen unterschieden.

Business Capability Management ist ein systematischer Ansatz zur Identifikation der aktuell oder zukünftig für das Unternehmen relevanten Fähigkeiten (Business Capabilities) und zur schnellen Anpassung des Geschäftsmodells und der Geschäftsprozesse sowie deren IT-Unterstützung an veränderte Marktanforderungen und Wettbewerbsbedingungen.

Die Kernfunktionen des Unternehmens werden ermittelt, strukturiert und in einer Business Capability Map (siehe Bild 5.17) dokumentiert. Eine Business Capability Map beschreibt die Elemente für das aktuelle und zukünftige Geschäft. Sie gibt einerseits ein Raster, eine fachliche Strukturierung, und andererseits eine fachliche Sprache, die Business Capabilities, vor. Business Capabilities sind das Ergebnis aus der Identifikation der erforderlichen und vorhandenen Geschäftsfähigkeiten im Rahmen der Geschäftsmodell- und Strategieentwicklung. Zudem stellen Business Capabilities eine stabile Basis für die businessorientierte Planung und Steuerung der Weiterentwicklung der IT-Landschaft dar (siehe Bild 4.36).

Wichtig!

Business Capabilities schaffen eine stabile fachliche Sprache. Sie beschreiben das „Was" und nicht das „Wie" des Geschäfts. Sie fassen die wesentlichen funktionalen Einheiten Ihres aktuellen oder zukünftigen Geschäftsmodells zusammen (siehe Bild 5.16).

Die fachlichen Domänen und Business Capabilities werden analysiert und „beplant". Handlungsbedarf und Optimierungspotenzial werden ermittelt und die Ergebnisse werden in einer Heat Map einfach und anschaulich visualisiert. Projekte lassen sich anhand der Business Capabilities klassifizieren und bewerten. So werden die Business- und die Investitionsplanung unterstützt und Entscheidungen abgesichert.

Die Business- und Investitionsplanung sind wesentliche Bestandteile der strategischen Unternehmensplanung (siehe [Pax10]). Bei Unternehmensneugründungen und Business-Transformationen, wie z. B. Merger & Akquisitionen, werden in der Regel Business-Pläne neu erstellt oder ein bestehender Business-Plan wird an die aktuellen Ziele und Randbedingungen angepasst. Im Business-Plan werden typischerweise alle betriebswirtschaftlichen und finanziellen Aspekte des Geschäftsmodells sowie die Unternehmensziele und die Strategien und Maßnahmen zur Umsetzung beschrieben. Wesentlich ist hierbei insbesondere auch die Analyse der benötigten und vorhandenen Business Capabilities des Unternehmens.

Business Capability Maps geben eine fachliche Strukturierung vor und liefern gleichzeitig ein prägnantes und kompaktes fachliches Gesamtbild des Unternehmens. Anhand dessen kön-

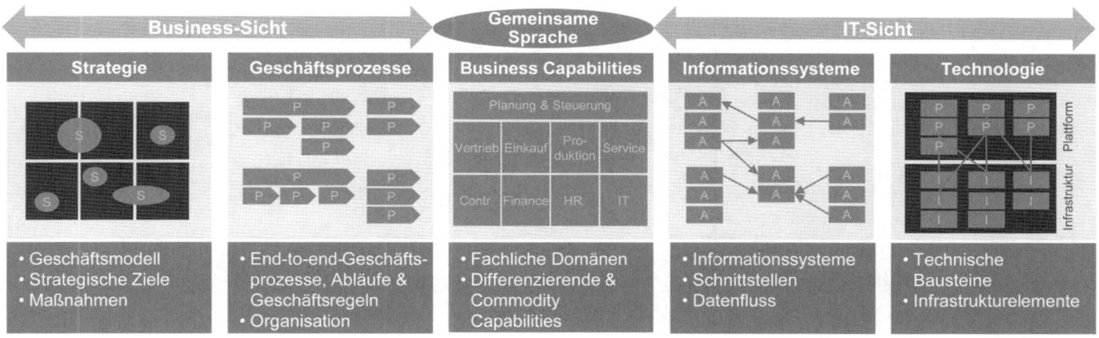

Bild 5.16 Business Capabilities der „Rosetta Stone" für das Business-IT-Alignment

nen wesentliche Inhalte des Geschäftsmodells und der Unternehmensstrategie übersichtlich und überzeugend präsentiert werden. Business Capabilities sind geeignet, um strategische Entwicklungen zu diskutieren.

Die fokussierte Heat-Map-Darstellung erleichtert strategische Entscheidungen des Topmanagements über eine zukünftige Ausrichtung und Priorisierung signifikant. Es wird schnell ein optischer Eindruck vermittelt. Auf einen Blick wird aufgezeigt, welche fachlichen Domänen oder Business Capabilities geschäftskritisch sind und an welchen Stellen wie stark investiert werden sollte. Mittels Hervorhebung von Kriterien wie zum Beispiel Geschäftskritikalität, Wettbewerbsdifferenzierung und Eigenleistungsfähigkeit wird ersichtlich, welche Fähigkeiten vom Unternehmen selbst erbracht oder zugekauft werden sollten. Sourcing-Entscheidungen werden abgesichert und das Anforderungsprofil für die Dienstleister lässt sich gut beschreiben. Bei diesen Entscheidungen unterstützt auch das strategische Prozessmanagement, das die Durchgängigkeit der Geschäftsprozesse sicherstellen muss und Informationen zu den Kernprozessen bereitstellen kann. Die Business Capabilities geben ein statisches Bild des Unternehmens wieder und sagen noch nichts über den Ablauf und die Sequenz von eingesetzten Business Capabilities aus. Letzteres erfolgt erst durch die Geschäfts- und Detailprozesse, die die Business Capabilities orchestrieren und in eine sinnvolle Abfolge bringen.

In Bild 5.17 finden Sie eine beispielhafte Ausprägung einer Business Capability Map, einer Heat Map, in der die Geschäftskritikalität und der Status im Lebenszyklus der Business Capabilities durch Grautöne unterschieden werden.

In einer Heat Map werden die Business Capabilities gegebenenfalls anhand unterschiedlicher Kriterien bewertet. So können z. B. die aktuell vorhandenen oder/und die zukünftig benötigten Business Capabilities dargestellt werden. Durch die Hervorhebung des Status im Lebenszyklus in Bild 5.17 wird sichtbar, welche Business Capabilities erst einzuführen oder abzulösen sind. Dieser Handlungsbedarf muss dann durch konkrete Maßnahmen aufgelöst werden.

Weitere häufig verwendete Kriterien für die Analyse und Darstellung in einer Heat Map sind:

- Wettbewerbsdifferenzierung oder Strategie- und Wertbeitrag (zum Beispiel hoch, mittel und niedrig),
- Verantwortlichkeiten (zum Beispiel die verschiedenen Teilunternehmen),
- Schutzbedarf (zum Beispiel hoch, mittel und niedrig),
- Sourcing (zum Beispiel Eigen- oder Fremdleistung).

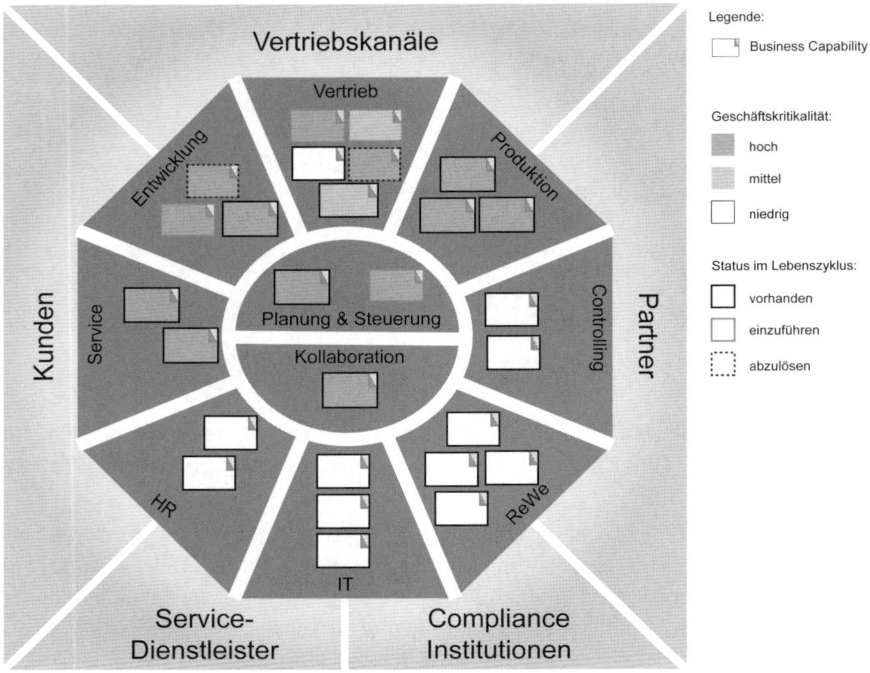

Bild 5.17 Beispiel einer Business Capability Map

Weitere Kriterien finden Sie in Abschnitt 5.8. Hilfestellungen zur Ermittlung der Kennzahlen finden Sie in [Küt11].

Eine Business Capability Map gibt aber auch ein Zielbild vor. Es werden alle Business Capabilities aufgeführt, die für das zukünftige Geschäftsmodell erforderlich sind. Business-Transformationen und Projekte lassen sich anhand der zukünftigen Business Capability Map klassifizieren und bewerten.

Wichtig!

Die zukünftige Business Capability Map beschreibt die zukünftigen Fähigkeiten der neuen Organisation. Auf dieser Basis werden die Geschäftsprozesse und die Organisation neu gestaltet. Business Capability Management schafft ein inhaltliches Fundament für Entscheidungen im Kontext von Business-Transformationen oder strategischen Veränderungen des Geschäftsmodells.

Jedes Projekt muss einen Beitrag für die Verwirklichung der zukünftigen Business Capability Map leisten. Nur so bekommen Sie die Planung auch wirklich umgesetzt.

Durch Heat Maps kann der Fortschritt der Umsetzung in Entscheidungsgremien aufgezeigt und damit gesteuert werden. So werden die Business- und die Investitionsplanung unterstützt und die Umsetzung des zukünftigen Geschäftsmodells abgesichert.

Die zukünftige Business Capability Map dient auch als fachlicher Bezugsrahmen für die IT-Umsetzung. Insbesondere für Business-Planer, Prozessmanager und Unternehmensarchitekten ist ein prägnantes und gleichzeitig kompaktes fachliches Gesamtbild des Unternehmens notwendig, um Synergie- und IT-Konsolidierungspotenziale aufzuzeigen und die stringente Umsetzung der zukünftigen Business Capabilities zu forcieren. Die IT-Strukturen, wie zum Beispiel Informationssysteme, werden den Kernfunktionen zugeordnet. Abdeckungslücken, funktionale Redundanzen und Abhängigkeiten werden transparent. Siehe hierzu das Beispiel einer Business-Transformation in Bild 5.17.

Business Capabilities sind im Vergleich zu Geschäftsprozessen (siehe [HLo12]) eine umsetzungsunabhängige Beschreibung des Geschäfts. Sie stellen „stabile" fachliche Strukturen dar, da sie beschreiben, was zu tun ist und nicht, wie etwas zu tun ist (siehe [Dom11]) und [Mic07]). Beispiele für Business Capabilities sind „Produktmanagement" oder „Auftragsfeinplanung".

Neue oder veränderte Geschäftsanforderungen haben, solange sich das Geschäftsmodell nicht ändert, keine Auswirkungen auf die Business Capabilities. Lediglich die Abläufe, die Werkzeuge und die Organisation, mit denen sie umgesetzt werden, gilt es zu verändern. Wenn sich das Geschäftsmodell zum Beispiel im Rahmen von Fusionen oder großen Umstrukturierungen ändert, sind die vom Unternehmen abzudeckenden Business Capabilities ebenfalls anzupassen. Jedoch kann mithilfe der neuen oder veränderten Business Capabilities das neue Geschäftsmodell schnell, zuverlässig und flexibel gestaltet werden. Wesentlicher Grund hierfür ist das durch das Business Capability Management vorgegebene prägnante und gleichzeitig kompakte fachliche Gesamtbild des Unternehmens. Anhand dessen können wesentliche Inhalte des Geschäftsmodells und der Unternehmensstrategie übersichtlich und überzeugend präsentiert und strategische Entwicklungen diskutiert werden.

Service und Business-Service

Ein **Service** (Dienst) ist eine klar abgegrenzte Funktionalität, die ein Servicegeber einem Servicenehmer über eine oder mehrere Schnittstellen bereitstellt. Jedem Service liegt ein Vertrag zugrunde. Der Vertrag beschreibt einerseits die bereitgestellte Funktionalität und andererseits nichtfunktionale Eigenschaften (QoS – Quality of Service), wie z. B. Sicherheitslevel oder Performance.

Ein **Business-Service** ist ein fachlich orientierter Service, der im Business sichtbar und in der Sprache der Anwender beschrieben ist. Er stellt fachliche Funktionalität für die Nutzung in Geschäftsprozessen bereit und setzt damit eine für das Unternehmen notwendige Geschäftsfähigkeit (Business Capability) um.

Business-Services werden zu Geschäftsprozessen orchestriert und füllen Geschäftsfähigkeiten mit Leben. Beispiele für Business-Services sind die Bereitstellung von Produktdaten eines Autos für Kunden oder aber die Erfassung eines Versicherungsantrags.

Business-Services verbergen die technischen Details der Implementierung vor dem Business. Sie werden auf fachlicher Ebene entsprechend der Unternehmensstrategie und Geschäftsanforderungen gestaltet und von der IT als definierter, wiederverwendbarer Katalog zur Nutzung in Geschäftsprozessen zur Verfügung gestellt.

Business Capabilities werden einer fachlichen Domäne zugeordnet und können in Teil-Capabilities, die über Business-Services bereitgestellt werden, strukturiert werden. So entsteht eine Hierarchie mit prinzipiell beliebig vielen Hierarchiestufen. Für das strategische Business Capability Management werden in der Regel lediglich drei Ebenen von Business Capabilities genutzt, wie im Beispiel in Bild 5.18 dargestellt. Die oberste Ebene bilden die fachlichen Domänen, die übergreifend für die Strukturierung von allen fachlichen Strukturen wie z. B. Geschäftsprozessen verwendet werden können. Zur fachlichen Strukturierung (fachliche Domänen) können sowohl Geschäftsprozesse, Produkte und Geschäftsobjekte als auch andere fachliche Dimensionen, wie z. B. Geschäftspartner oder Vertriebskanäle, herangezogen werden.

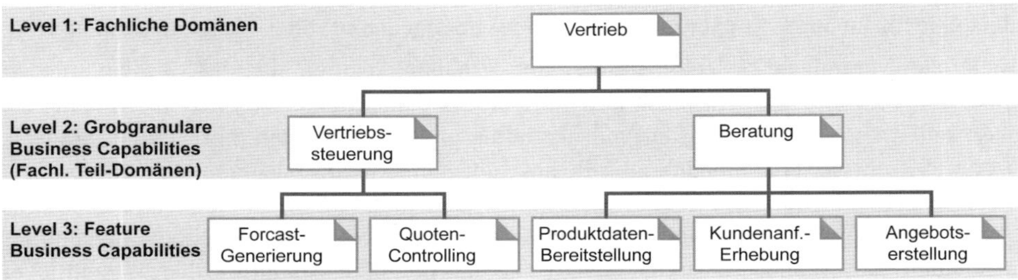

Bild 5.18 Beispiel einer Hierarchie von Business Capabilities (Ausschnitt)

In der zweiten Ebene finden sich die grobgranularen Business Capabilities, die in der Regel top-down aus der Unternehmensstrategie abgeleitet werden (siehe [Han14]). Darunter finden sich die Feature Business Capabilities, kurz Features. Features sind funktionale oder nicht-funktionale Eigenschaften (fachliche Funktionen) eines oder mehrerer Systeme oder Produkte, die für den Anwender einen unmittelbaren Wert darstellen. Sie werden vom Anwender als eine in sich geschlossene Einheit (ein sinnvolles Ganzes) wahrgenommen. Bei (Software-) Produkten wird häufig während der Bestimmung der Features hinterfragt, ob dieses Feature für den Käufer kaufentscheidend ist.

Die grobgranularen Business Capabilities werden vorwiegend für die Optimierung des aktuellen und die Gestaltung des zukünftigen Geschäfts genutzt. Feingranulare Business Capabilities (Features und Teil-Features) dienen im Wesentlichen als Vorgabe für die Umsetzung von Business-Services (IT-Funktionalitäten). Diese entsprechen häufig der Granularitätsebene 4 (Level 4).

Hinweis

Microsoft Services Business Architecture (siehe [Mic07]), kurz MSBA oder Motion genannt, ist die bekannteste Methode im Kontext des Business Capability Management. In der Methode Motion von Microsoft wird die oberste Ebene „Foundation Capability“, die nächste „Capability Groups“ und die dritte Ebene „Business Capabilities“ genannt. Weitere Informationen über MSBA finden Sie später in diesem Abschnitt.

Business Capabilities können durch Attribute genauer beschrieben werden. Neben der Kurz- und Langbeschreibung, dem Einsatzzweck und der Zuordnung zu einer fachlichen Domäne findet man häufig die folgenden Attribute:

- *Kategorie:* zum Beispiel Kern- oder unterstützende Capabilities
- *Owner:* fachlicher Verantwortlicher
- *Priorität:* Priorisierung von Capabilities und den damit verbundenen Projekten anhand von Geschäftszielen, Treibern und/oder Risiken; zum Beispiel entsprechend mit niedrig, mittel oder hoch klassifiziert
- *Strategische Klassifikationen:* Strategie- und Wertbeitrag, Wettbewerbsdifferenzierung, Veränderungsdynamik, Geschäftskritikalität und SOX-Relevanz; zum Beispiel entsprechend mit niedrig, mittel oder hoch klassifiziert
- *Compliance-Relevanz und -Status:* zum Beispiel Compliance-Relevanz: ja/nein; Compliance-Status: nicht umgesetzt/aufgesetzt/vollständig umgesetzt oder niedrig, mittel oder hoch klassifiziert
- *Komplexität:* fachliche Komplexität oder Grad der Abhängigkeiten; zum Beispiel entsprechend mit niedrig, mittel oder hoch klassifiziert
- *Qualität der IT-Unterstützung:* zum Beispiel entsprechend mit niedrig, mittel oder hoch klassifiziert.
- *SLA-Erfüllung:* SLA-Erfüllungsgrad (zum Beispiel über einen Prozentsatz klassifiziert) oder SLA-Anforderungen und Verweise zu SLA-Dokumenten (zum Beispiel entsprechend der Verfügbarkeit, Performance oder Ausfallzeiten und Infos zu Verträgen klassifiziert)
- *Version:* zum Beispiel V 1.1 der Capability-"Auftragsverwaltung"
- *Status im Lebenszyklus:* zum Beispiel entsprechend mit vorhanden, einzuführen, abzulösen klassifiziert
- *Schutzbedarfsklassifikation:* zum Beispiel entsprechend mit niedrig, mittel oder hoch klassifiziert
- *Sourcing:* zum Beispiel entsprechend als Eigen- oder Fremdleistung klassifiziert

Die Attributausprägungen können entweder über pragmatische Meinungsbildung oder aber über eine Kennzahlenermittlung für die Business Capabilities festgelegt werden. Hilfestellungen für die Kennzahlenermittlung finden Sie in [Küt11].

Business Capabilities werden häufig in einer sogenannten Business Capability Map, oder auch funktionales Referenzmodell (siehe Abschnitt 6.6) genannt, dargestellt. Eine Business Capability Map ist letztendlich die grafische Anordnung von fachlichen Domänen sowie den ihnen zugeordneten Business Capabilities. In der Regel beschränkt man sich hierbei auf die grobgranularen Business Capabilities, um ein fachliches Big Picture zu erhalten.

Ein Ausschnitt einer Capability Map ist in Bild 5.19 dargestellt. Durch farbliche Markierungen („heat map") wird auf einen Blick ein visueller Eindruck vermittelt. Im Beispiel werden die Geschäftskritikalität über den Grauton und der Status im Lebenszyklus über den Kantentyp hervorgehoben.

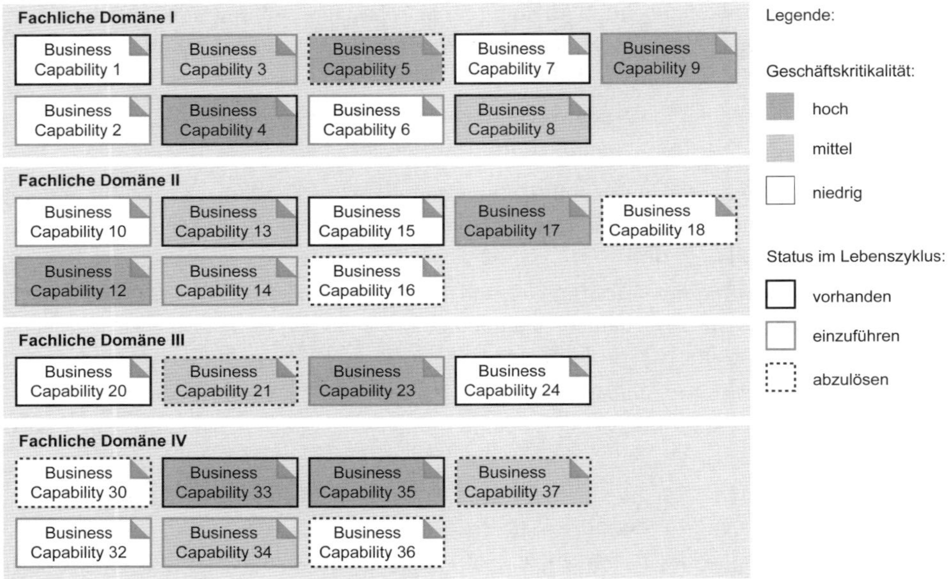

Bild 5.19 Ausschnitt aus einer Capability Map (Heat Map)

MSBA, der bekannteste Ansatz im Business Capability Management

Die Microsoft Services Business Architecture (siehe [Mic07]), kurz MSBA, ist eine in der Praxis bewährte und patentierte Methode für die Identifikation von Business Capabilities. MSBA stützt sich auf eine modellhafte Abbildung des Unternehmens, einer Business Capability Map (siehe Bild 5.20) und einer integrierten Werkzeugunterstützung.

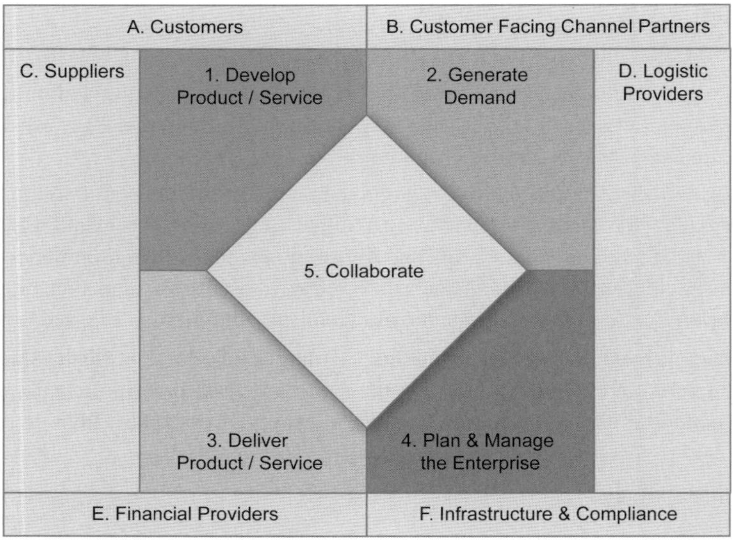

Bild 5.20 Fachliche Domänen der Capability Map der Microsoft Services Business Architecture (siehe [Mic07])

Die Capability Map der MSBA beinhaltet im Grundmodell fünf fachliche Domänen:

- Produkt- oder Service-Entwicklung („Develop Product/Service“)
- Nachfrageerzeugung („Generate Demand“)
- Auftragsabwicklung („Deliver Product/Service“)
- Management und Planung des Unternehmens („Plan & Manage the Enterprise“)
- Kollaboration („Collaborate“)

Um die fachlichen Domänen sind weitere Domänen gruppiert, die das Umfeld des Unternehmens mitbestimmen. Dies sind die Domänen Kunden, Vertriebskanäle, Lieferanten, Logistikpartner, Finanzdienstleister und Infrastruktur- und Compliance-Aspekte. Diese Domänen enthalten eigene Business Capabilities, mit denen interagiert werden muss, die aber nicht mehr unter der Kontrolle des eigenen Unternehmens stehen.

Jeder fachlichen Domäne der Capability Map ist eine modellhafte Sammlung von Business Capabilities zugeordnet. Die Business Capabilities sind in bis zu fünf Ebenen in Teil-Capabilities strukturiert. So ist das Cluster „Nachfrageerzeugung“ in die Business Capabilities „Partner Relationship Management“, „Marketing“ und „Vertrieb“ aufgeteilt. Das „Marketing“ ist weiter in „Marketing Management“ und „Business Intelligence“ aufgeteilt. Durch das sogenannte „go-in“ (eine Ebene nach unten), „go-up“ („Vater“), „go-out“ („nach außen“ zu den Zielrichtungen) und „go-down“ (Detaillierung) kann zwischen den Ebenen oder dem Cluster entsprechend der jeweiligen Fragestellung gewechselt werden.

Jede Business Capability wird unter anderem durch die Attribute Zweck, Owner, Sourcing, Service-Level-Beschreibung sowie ihre Zugehörigkeit zur fachlichen Domäne beschrieben.

MSBA liefert mit seiner Methode einen systematischen Ansatz für die Ermittlung und Strukturierung der Business Capabilities im Unternehmen. In vier Phasen werden die Business Capabilities identifiziert:

- *„Establish Project Context“* (Ergebnis: „Go/NoGo“-Entscheidung)
  Ermittlung und Festlegung der Ziele, Randbedingungen und Geschäftsanforderungen
- *„Capture Business Architecture“* (Ergebnis: erste Iteration des funktionalen Referenzmodells)
  Erstellung eines Grobentwurfs für das funktionale Referenzmodell als Grundlage für die Diskussionen mit allen wesentlichen Stakeholdern
- *„Complete as-is Business Architecture“* (Ergebnis: funktionales Referenzmodell)
  Vervollständigung des funktionalen Referenzmodells und inhaltliche Abstimmung mit allen Schlüsselpersonen
- *„Recommend next Steps“* (Ergebnis: vollständige Dokumentation inklusive Empfehlungen für die Umsetzung)
  Analyse des funktionalen Referenzmodells im Rahmen der Erstellung der vollständigen Dokumentation und Ableitung von Handlungsempfehlungen für die Umsetzung

Bezüglich weiterer Details sei auf [Mic07] verwiesen.

5.2.3.1 Best-Practices Business Capability Management

Business Capability Management hat, wie oben bereits ausgeführt, unterschiedliche Ziele. Im Folgenden finden Sie die Best-Practices hierzu kompakt zusammengefasst:

- **Gemeinsame Sprachbasis und fachlicher Ordnungsrahmen** für die Kommunikation sowie Planung und Steuerung der digitalen Transformation.
  Wesentlich sind hier abgestimmte fachliche Fähigkeiten und ein fachliches Big Picture als Grundlage für die Verortung von Anforderungen, Handlungsfeldern und Umsetzungsmaßnahmen.

  Best-Practice: Festlegung *eines* fachlichen, unternehmensübergreifenden Big Pictures (oder gegebenenfalls pro Unternehmensbereich, falls diese autonom tätig sind), welches sowohl für das Prozessmanagement als auch für das Business Capability Management verwendet wird. Dieses beinhaltet die Business Capabilities Level 1 und Level 2 (siehe Bild 5.19).

  Diese Level bleiben nach initialer Festlegung in der Regel relativ stabil. Lediglich bei disruptiven Innovationen verändert sich diese Struktur (siehe Zielbild-Gestaltung in Abschnitt 5.6, Enterprise Architecture Management).

  Einen Leitfaden für die Gestaltung Ihrer Business Capability Map finden Sie in Abschnitt 5.2.3.2.

Empfehlungen für Ihre Business Capabilities

- Anzahl Business Capabilities Level 1: 7 ± 2 (Orientierung)
- Anzahl Business Capabilities Level 2: 40 ± 20 (Orientierung)
- Gleiche Granularitäten auf allen Ebenen: Nutzen Sie hierzu Größenabschätzungen, siehe Abschnitte 5.1.1 und 5.7.
- Möglichst schnell Stabilität der Business Capabilities auf Level 1 und 2 anstreben, da diese den fachlichen Ordnungsrahmen bilden
- Ordnen Sie die Business Capabilities Level 1 und Level 2 End-to-end-orientiert an, wie z. B. Marketing & Sales, Inbound Logistics, Operations, Outbound Logistics und Service oder aber entsprechend der Kernprozesse:
  - Kundenzugang & -bindung (Marktforschung, Kundenanfrage bis Klärung der Anfrage)
  - Innovationsprozess/PEP (Idee bis Produkt)
  - Absatzprozess/KOVP (Angebot, Vertrag, Rechnungserstellung bis Zahlungseingang),
  - Leistungserstellungsprozess (Produktion bis Lieferung)
- Business Capabilities ab Level 3 sollten wie Produkt-Features benannt werden. Sie werden u. a. für die Erkennung von fachlichen Redundanzen genutzt.

Operationalisierbarkeit der Business Capability Map

Die Ableitung der Business Capabilities sowie insbesondere die Abstimmung der Strukturen (fachlichen Domänen) erfordert viel Fingerspitzengefühl. Gerade, wenn bereits Strukturen etabliert sind, wie z. B. über Prozesslandkarten, muss ein Kompromiss gefunden werden, mit dem alle Seiten „leben“ können. Dieser Kompromiss muss sich insbesondere gut operationalisieren lassen. Nur so wird die

Business Capability Map zukünftig als Grundlage für alle Planungs- und Entscheidungsprozesse herangezogen. Wesentlich ist hierfür, dass klare Verantwortlichkeiten und Kompetenzen, idealerweise passend zur Organisation, den fachlichen (Teil-)Domänen zuordenbar sind.

Trick hierzu: Erstellen Sie Teil-Domänen, worin aktuell keine klare organisatorische Zuordnung möglich ist, selbst wenn Sie dann drei Ebenen von Domänen erhalten sollten. Nur so bekommen Sie es nachhaltig zum „Fliegen". Diese Teil-Domänen können Sie zu einem späteren Zeitpunkt wieder aufräumen. ■

- **Vorgabe eines fachlichen Zielbilds als Vision**
  Festlegung des zukünftig angestrebten Leistungsvermögens und der Fähigkeiten als Orientierung für den Soll-Ist-Vergleich und die Roadmap-Planung

  Best-Practice: Aus der digitalen Strategie, den strategischen Geschäftsanforderungen und den „Pains" werden die Anforderungen an das Business und die erforderlichen Business Capabilities abgeleitet. Eine Heatmap (siehe Bild 5.19), in der die zukünftig erforderlichen und die vorhandenen sowie gegebenenfalls die abzulösenden Business Capabilities unterschiedlich hervorgehoben werden, visualisiert das Ergebnis.

  Eine Capability Map ist wesentlicher Bestandteil eines fachlichen Zielbilds. Ergänzend können hierzu andere fachliche Dimensionen z. B. in einem Bebauungsplan oder einer Cluster-Grafik (siehe Abschnitt 5.6) hervorgehoben dargestellt werden.

- **Unterstützung der Geschäftsmodellentwicklung sowie Business- und Investitionsplanung**
  Umzusetzende Inhalte durch die erforderlichen Capabilities (häufiger feingranularer) greifbar machen und fachliche Fokussierung durch Festlegung der geplanten oder erforderlichen Capabilities

  Best-Practice: Bei der Geschäftsmodellentwicklung werden alle digitalen Dimensionen (siehe Abschnitt 2.1) betrachtet. Wichtig sind häufig Analysen über die unterschiedlichen Dimensionen hinweg, wie z. B.:

  - Zuordnung zwischen Produkten bzw. der Produkt-Roadmap und den Features, Business Capabilities Level 3 oder 4, sowie einer Übersicht der abgedeckten Capabilities über z. B. Einfärbung einer Business Capability Map
  - Zuordnung zwischen Produkten und Zielgruppen sowie deren genutzten oder geforderten Business Capabilities (Features) über eine Heatmap
  - Zuordnung zwischen Produkten, Zielgruppen (Kunden), deren Touchpoints sowie darüber genutzte oder geforderte Business Capabilities (Features) (Beispiel siehe Bild 5.21)
  - Zuordnung zwischen Business Capabilities und dem Business-Eco-System (z. B. Geschäftspartner) sowie gegebenenfalls zusätzlich für einzelne Produkte über die Einfärbung einer Business Capability Map

Die meisten Fragestellungen im Kontext der Geschäftsmodellentwicklung tangieren Business Capabilities. Die Fähigkeiten, die die Organisation oder das Business-Eco-System besitzen müssen, sind wesentlich für die Operationalisierung des Geschäftsmodells.

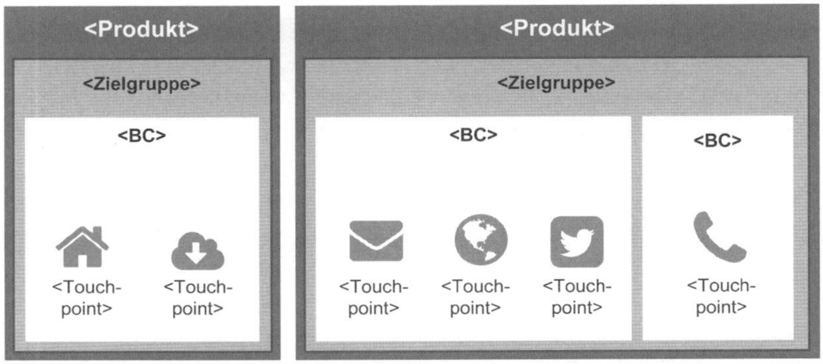

Bild 5.21 Skizze Cluster-Grafik am Beispiel einer fachlichen Architektur

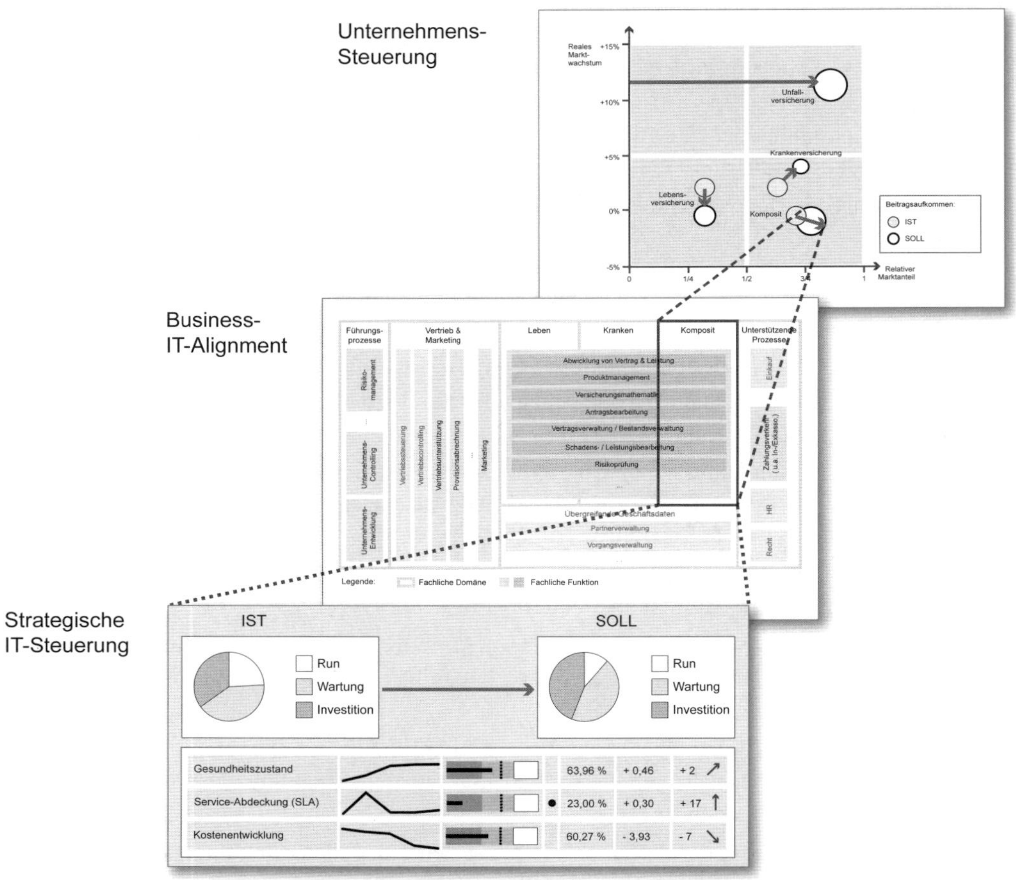

Bild 5.22 Ableitung der Anforderungen an die IT

- **Nachvollziehbare Ableitung der Anforderungen an die IT** (Business-IT-Alignment)
  Identifikation und Aufzeigen von fachlichen Handlungsfeldern und Ableitung von technischen Capabilities für deren Umsetzung.

  Best-Practice: Systematische Ableitung der Anforderungen an die IT aus der digitalen Strategie, den strategischen Geschäftsanforderungen und den Pains unter Nutzung aller digitalen Dimensionen (siehe Abschnitt 2.1). Das Vorgehen ist im Detail in [Han15] inklusive eines Leitfadens beschrieben. In Bild 5.22 finden Sie die Ableitung von Zielen und Vorgaben angedeutet.

  Die zu Handlungsfeldern zusammengefassten Anforderungen an die IT werden in der Regel in der Business Capability Map visualisiert (siehe Bild 5.23).

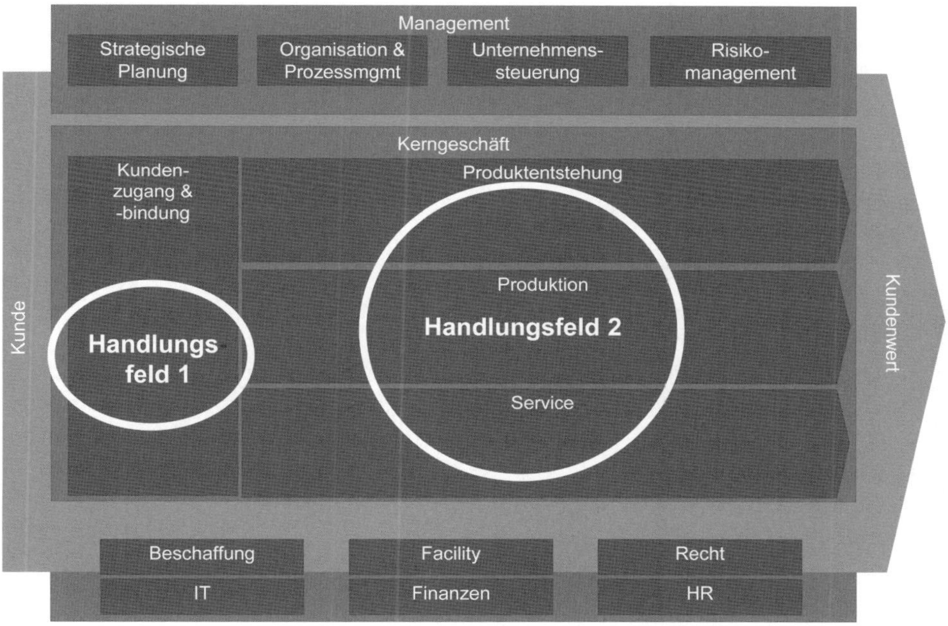

Bild 5.23 Hervorhebung von Handlungsfelder in einer Business Capability Map

- **Strategische IT-Planung**
  Ordnungsrahmen für die Bebauungsplanung der Applikationslandschaft sowie Voraussetzung für die Komponentisierung der IT-Landschaft.

  Best-Practice: Business Capabilities geben einen Ordnungsrahmen für die Zuordnung der Applikationen vor, die die entsprechenden IT-Funktionalitäten bereitstellen. Die Zuordnung kann entweder über Cluster-, Abhängigkeits- oder Bebauungsplan-Grafiken visualisiert werden (siehe Abschnitt 5.6).

  Die zukünftigen Business Capabilities sind die fachliche Vorgabe für die Weiterentwicklung der Applikationslandschaft. Insofern bilden sie die ideale fachliche Soll-Struktur der IT-Landschaft. Im Hinblick auf die Flexibilisierung der IT-Landschaft muss diese entsprechend der zukünftigen Business Capabilities (Level 3 bzw. 4) komponentisiert, das heißt serviceorientiert, gestaltet werden. Auf dieser Basis können mithilfe einer Integrationsarchitektur neue Abläufe einfach durch Zusammensetzen und Orchestrieren der Business-Services konfiguriert werden. Die IT kann so schneller auf sich verändernde Anforderungen reagieren. Die Orchestrierung der Business-Services, also deren Abfolge und Wechselwirkungen, wird durch die Geschäftsprozesse vorgegeben. Lassen sich die einzelnen Business-Services einfach miteinander verknüpfen, dann lassen sich auch Änderungen in den Prozessabläufen, unter der Annahme des Einsatzes derselben Services, schnell und ohne Programmieraufwand umsetzen. So sieht zumindest das Zielszenario aus, um Business-Veränderungen schnell umsetzen zu können. Für die Vorbereitung der IT bedarf es aber in der Regel eines langen Atems sowie tragfähiger Anwendungsarchitekturen (siehe Abschnitt 5.6.4) als Zielvorgabe und Leitplanken für die Weiterentwicklung der Applikationslandschaft.

- **Taktische Planung im Demand Management (Roadmap-Gestaltung)**
  Nutzung der Business Capability Map zum Einsortieren der Feature-Requests (siehe Bild 5.24 und Bild 5.25).

  Best-Practice: Die Business Capabilities sollten in einem Zielzustand den Granularitäten der Anforderungen (Investitionsthema, Epic, Feature, Realisierungsanforderung/User-Story siehe Abschnitt 5.7) entsprechen. Beim Aufnehmen können die Feature-Requests zumindest einfach in die Business Capability Map einsortiert werden. So wird ersichtlich, in welchen Capabilities wie viele und welche Feature-Requests bestehen. So können Schwerpunkte für IT-Produkt-Roadmaps und die Releaseplanung identifiziert werden.

  Umgekehrt können die Feature-Requests für die Verfeinerung oder Optimierung der Business Capabilities Level ≥ 3 genutzt werden.

  In Bild 5.25 finden Sie die Ergebnisse der verschiedenen Disziplinen Strategieentwicklung, Business Capability Management, Demand Management, Projektportfoliomanagement (PPM) und Releasemanagement (Change Advisory Board, kurz CAB) im Zusammenhang dargestellt.

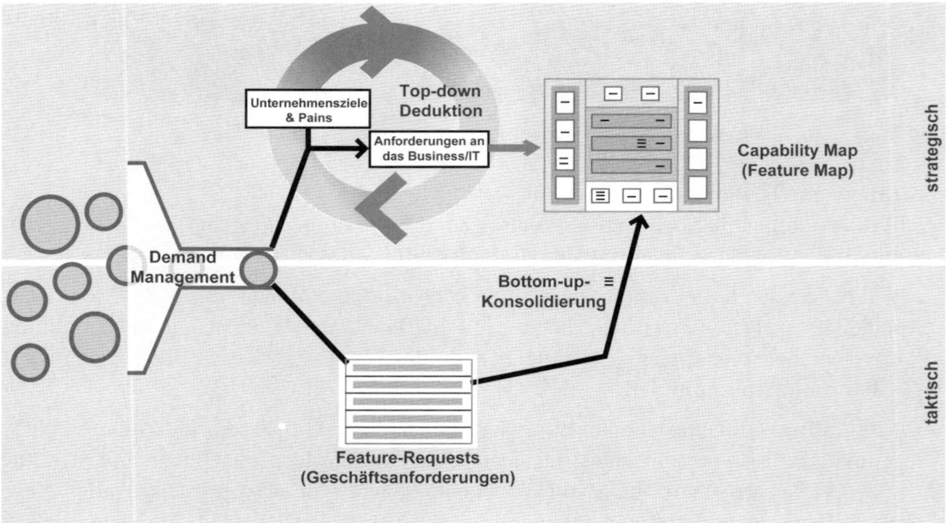

Bild 5.24 Inhaltliche Planung

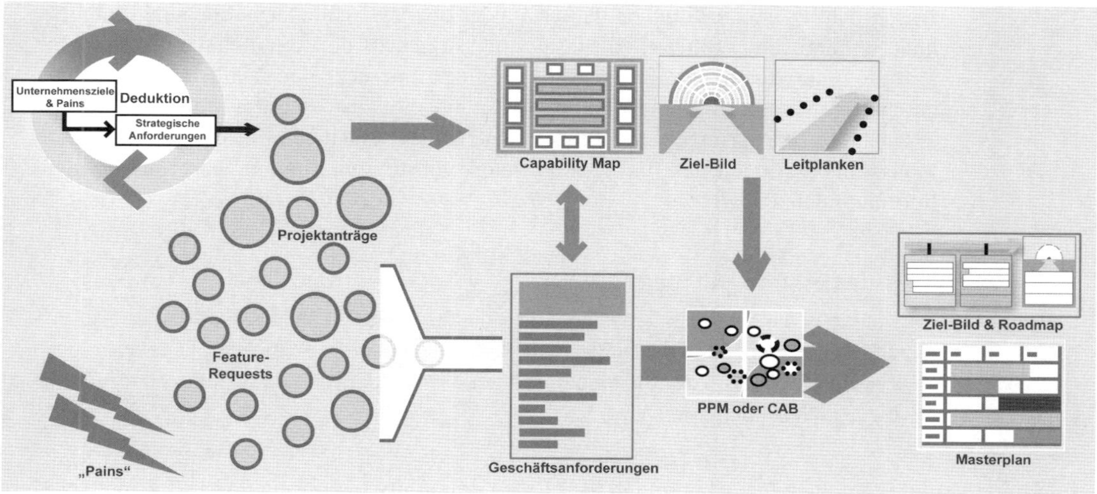

Bild 5.25 Zusammenspiel zwischen den unterschiedlichen Disziplinen

- **Planung und Steuerung der digitalen Transformation**
  Fachliches Big Picture und Heatmaps als Basis für die Planung und Steuerung.

  Best-Practice: Nutzung der Business Capability Map als Big Picture und Heatmap sowie des kompletten Analyse-Instrumentariums des Enterprise Architecture Management (siehe Abschnitt 5.6), um Transparenz über den Status und Fortschritt der Business-Transformation herzustellen.

  Die digitale Transformation ändert das Geschäftsmodell und die Organisation des Unternehmens (oder Teile davon) gravierend. Die Unternehmenskultur muss hier gleichzeitig mit der Organisation und den Prozessen über einen gesteuerten Veränderungsprozess weiterentwickelt werden. Für die Bewältigung dieser Herausforderungen gibt es unterschiedliche Erfolgsfaktoren:

  - **Gestaltung des Sollbilds und der Roadmap zur Umsetzung,** sowohl fachlich als auch technisch als Grundlage für die Umsetzungsplanung und die Abschätzung der Aufwände und Bewertung der Risiken. Für das fachliche Zielbild wird, wie bereits ausgeführt, in der Regel eine Business Capability Map genutzt. Die Business Capability Map unterstützt aber auch bei der Ableitung der erforderlichen technischen Capabilities sowie bei der Roadmap-Gestaltung.
  - **Absicherung von Entscheidungen vor und während der digitalen Transformation** durch eine systematische Analyse und Planung der Transformation und einen transparenten inhaltlichen Umsetzungsstatus.

    Wenn aufgrund großer Komplexität oder Tragweite die Entscheidungsvorbereitung nicht im Rahmen des Tagesgeschäfts des Demand und Enterprise Architecture Management oder von Linienaufgaben erfolgen kann oder soll, wird in der Regel ein separates Analyseprojekt aufgesetzt.
  - **Sichere, risikoarme und zuverlässige Abwicklung** durch ein professionelles (Multi-) Projekt- und Change-Management.

Wesentlich für Entscheidungen im Verlauf der Business-Transformation sind fundierte und zeitnahe Informationen zu Status und Fortschritt der digitalen Transformation. Mithilfe einer Heatmap kann auch hier Transparenz über den fachlichen Fortschritt geschaffen werden. Weitere Ergebnisse zum Beispiel aus der Unternehmensstrategieentwicklung, dem strategischen Prozessmanagement und dem Enterprise Architecture Management runden das Bild ab und liefern die für Entscheidungen erforderlichen Informationen.

Nutzen durch Nutzung

Nur wenn die Business Capabilities und die Business Capability Map wirklich genutzt werden, kann der aufgeführte Nutzen gehoben werden. Hierbei ist der persönliche Nutzen der Stakeholder für die Erreichung von deren Zielen oder für die tägliche Arbeit entscheidend. ■

Details zu den Best-Practices finden Sie in der Community-Plattform zu Lean Technology & Innovationmanagement (www.leanITM.com). Hilfestellungen für die Ableitung Ihrer Capability Map finden Sie im nächsten Abschnitt.

5.2.3.2 Leitfaden für die Gestaltung Ihrer Business Capability Map

Eine Business Capability Map ist ein fachliches Domänenmodell. Es beschreibt die vorhandenen oder benötigten Funktionalitäten. Den Ausgangspunkt bildet die Identifikation der Business Capabilities bzw. der fachlichen Funktionen. Eine scharfe Unterscheidung ist in der Praxis nicht notwendig, da es darum geht, die maßgeblichen fachlichen Strukturen im Unternehmen zu identifizieren. Methodisch „sauber" müssen natürlich erst die Fähigkeiten und dann die Funktionen, häufig auch Services genannt, zur Umsetzung identifiziert werden. Der Aufwand und vor allen Dingen der Zeitbedarf zur „sauberen" Ableitung sind aber aufgrund des enormen Abstimmungsaufwands in der Regel im engen Terminplan kaum möglich.

Empfehlung

Wenn Sie noch keine abgestimmten fachlichen Strukturen haben, sollten Sie Rohentwürfe Ihrer Business Capability Map erstellen und in die Kommunikation einsteigen. Der Nutzen wird für Fachbereiche und Business Manager schnell sichtbar und Sie finden Sponsoren für die Erstellung Ihrer Business Capability Map. ■

Die Identifikation der Business Capabilities kann entweder top-down oder bottom-up erfolgen (siehe [Dom11]). Der Top-down-Ansatz wird häufig als „strategisch" und der Bottom-up-Ansatz als „opportunistisch" bezeichnet.

- **Top-down-Ansatz**
  Beim Top-down-Ansatz werden ausgehend von Ihrer Unternehmensstrategie und Ihren strategischen Geschäftsanforderungen die Geschäftsfunktionen ermittelt, die für die aktuelle und/oder zukünftige Umsetzung Ihres Geschäftsmodells erforderlich sind. Es wird ein fachlicher Ordnungsrahmen für die Optimierung des aktuellen und die Gestaltung des zukünftigen Geschäfts vorgegeben.

- **Bottom-up-Ansatz**
  Der Bottom-up-Ansatz ist in der Regel projekt- und lösungsgetrieben. Entsprechend der Projektanforderungen werden die erforderlichen Business-Services ermittelt und bereitgestellt. Bottom-up festgelegte Business Capabilities sind in der Regel feingranular. Zudem orientieren sie sich oft an den bestehenden Lösungen. Der Investitionsschutz für Altanwendungen steht häufig im Mittelpunkt des Bottom-up-Ansatzes. Die durch die vorhandene Systemlandschaft bereitgestellten Funktionalitäten und Schnittstellen bilden den Ausgangspunkt für die Festlegung von feingranularen Business Capabilities (Level > 2). Aus den feingranularen Business Capabilities müssen dann grobgranulare Business Capabilities bestimmt werden.

Empfehlung

Wir empfehlen eine **hybride und gleichzeitig agile Vorgehensweise** (siehe Bild 5.26), um die Vorteile von beiden Ansätzen zu vereinen. Übergeordnete Vorgaben und Strukturen für die fachlichen Domänen (Business Capabilities Level 1 und 2) werden top-down aus der Strategie und des Geschäftsmodells abgeleitet und auf Basis des Inputs/Feedbacks der Schlüsselpersonen oder projektgetrieben, d. h. bottom-up, mit Leben gefüllt bzw. justiert.

Beim initialen Top-down-Ableiten der Business Capabilities Level 1 und Level 2 werden exemplarische Business Capabilities für die Level > 2 als eine Grundlage für die Kommunikation mit dem Business erstellt. Dies ist notwendig, da die Business Capabilities auf Level 1 und 2 noch sehr grob sind und Missverständnisse ohne ein zumindest exemplarisches Ausfüllen des Ordnungsrahmens begünstigen. Diese feingranularen Business Capabilities verdeutlichen die übergeordnete Struktur. Feingranulare Business Capabilities unterstützen den Realitätscheck des fachlichen Ordnungsrahmens.

Durch einen regelmäßigen Abgleich der Top-down-Vorgaben mit den Erkenntnissen aus den Projekten wird der fachliche und technische Bauplan schrittweise justiert und damit immer „realitätsnäher“. So lässt sich die Angemessenheit der Business Capabilities für die Umsetzung der Geschäftsanforderungen sicherstellen.

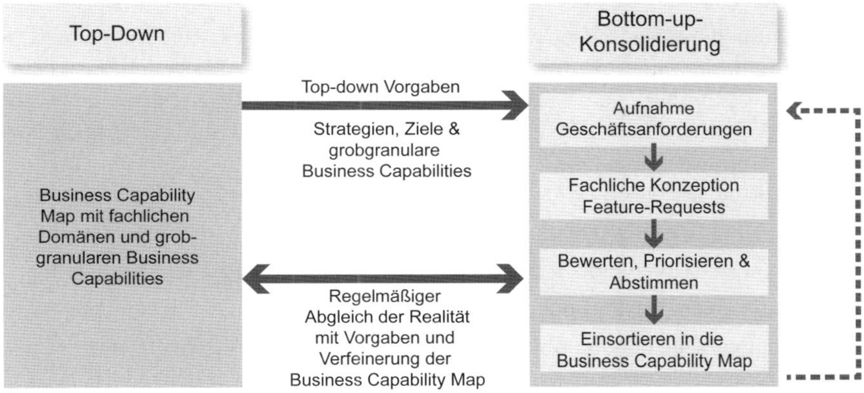

Bild 5.26 Hybride agile Entwicklungsstrategie

Im Folgenden finden Sie ein bewährtes Vorgehen für die Identifikation von Business Capabilities.

Vorgehen zur Identifikation Ihrer Business Capabilities

Ausgehend von der Unternehmensstrategie und strategischen Geschäftsanforderungen werden die für das aktuelle und zukünftige Geschäft notwendigen Business Capabilities in einem iterativen Prozess identifiziert.

> **Empfehlung**
>
> Der Aufwand für die initiale Identifikation der Business Capabilities ist aufgrund der notwendigen Abstimmungen in der Regel beträchtlich. Daher sollten Sie iterativ vorgehen. Sobald Sie einen ersten groben, aber hinreichend „runden" Entwurf haben, sollten Sie diesen mit den Schlüsselpersonen in Ihrem Unternehmen abstimmen. Starten Sie dabei mit den fachlichen Domänen und den grobgranularen Business Capabilities. Aufgrund des Feedbacks können Sie dann die Qualität kontinuierlich erhöhen und letztendlich die Business Capability Map (funktionales Referenzmodell) zur Entscheidung vorlegen. ■

Eine Business Capability Map wird in der Regel innerhalb eines (internen) (Teil-)Projekts im Kontext der Business-Planung oder aber der Unternehmensstrategieentwicklung erstellt. Initiiert wird dies häufig von Stabsstellen in der Unternehmensstrategie, im strategischen Prozessmanagement oder aber im Enterprise Architecture Management. Die resultierende Business Capability Map wird in der Unternehmensführung beziehungsweise durch die Führung der Geschäftseinheiten freigegeben. Diese werden im Folgenden als Auftraggeber bezeichnet.

Folgende Schritte für die Erstellung einer Business Capability Map haben sich bewährt. Wenn die Ergebnisse eines Schritts bereits vorliegen, kann dieser einfach übersprungen werden.

I. Business-Kontext ermitteln

1. **Strategische Vorgaben, Geschäftstreiber und Randbedingungen ermitteln**

   Ermitteln Sie die wesentlichen strategischen Vorgaben aus der Unternehmensstrategie sowie die internen und externen Randbedingungen, wie zum Beispiel gesetzliche und Compliance-Anforderungen. Wesentlich sind insbesondere strategische Grundausrichtungen bezüglich Ihrer Innovationsgeschwindigkeit, Ihres Produkt- und Leistungsspektrums, der Kundengruppen, -ansprache und -bindung sowie Ihrer Leistungserbringung und Sourcing-Strategie. Beispiele hierfür sind:

   - Produkt- und Leistungsspektrum: Premium-Strategie oder Kostenführerschaft;
   - Innovationsgeschwindigkeit: „Early-Majority"-Adopter-Kategorie (vgl. [Rog95]);
   - Kundengruppen: Privatkunden im Markt Europa;
   - Kundenansprache und -bindung: Self-Service-Portale und Direktvertrieb;
   - Leistungserbringung und Sourcing-Strategie: Konzentration auf das Kerngeschäft, Outsourcing der Commodity.

Sammeln Sie zudem die aktuellen Geschäftsanforderungen, den aktuellen Handlungsbedarf und die Randbedingungen durch Gespräche mit den fachlichen Schlüsselpersonen.

Leiten Sie aus den strategischen Vorgaben und Geschäftsanforderungen Ihre Geschäftstreiber ab und dokumentieren Sie diese.

Stimmen Sie sich auch hier mit dem strategischen Prozessmanagement ab, da Geschäftsprozesse Business Capabilities orchestrieren. Anforderungen an die künftige Gestaltung der Geschäftsprozesse sind auch für die Gestaltung der Business Capabilities relevant.

Empfehlung

Falls es keine niedergeschriebene Unternehmensstrategie gibt, sollten Sie Ihre Annahmen über die Unternehmensstrategie aufschreiben – insbesondere die Unternehmensziele und die strategische Grundausrichtung. So verschaffen Sie sich einen Ausgangspunkt für die Abstimmung mit der Unternehmensführung sowie für die Ableitung der für Sie notwendigen Business Capabilities.

2. **Aktuelles oder zukünftiges Geschäftsmodell im Detail verstehen und beschreiben**

   Bestimmen Sie Ihre Kunden, Vertriebskanäle und Produkte. Detailfragen hierzu sind unter anderem:

   - Welche Kundengruppen sind für das Unternehmen in welchen Märkten relevant? Welche gibt es aktuell? Welche werden zukünftig angestrebt?
   - Welche Kundengruppen nutzen welche Produkte oder Dienstleistungen über welche Vertriebskanäle? Warum?
   - Was differenziert Ihr Unternehmen gegenüber dem Wettbewerb? Eher Individualisierung oder Kostenführerschaft?
   - Was ist das Kundenbedürfnis?
   - Welche Wettbewerber sind mit welchen Konkurrenzprodukten zu welchen Kosten und Leistungen wie erfolgreich?
   - Wie wichtig ist Zeitvorsprung/Agilität gegenüber dem Wettbewerb?

   Ermitteln Sie die Geschäftspartner, Kommunikationsdienstleister und Institutionen, mit denen Sie zusammenarbeiten. Beschreiben Sie die Art und den Kontext der Zusammenarbeit (siehe hierzu auch die Ergebnistypen Geschäftsmodell, Operational Model und funktionales Referenzmodell, siehe [HLo12]).

   Analysieren Sie Ihre Ressourcen. Bestimmen Sie die Art und Skills der Ressourcen. Dokumentieren Sie Ihre Organisationsstrukturen, wie zum Beispiel Standorte, Werke und logische Nutzergruppen. Dies setzt häufig Randbedingungen für die Ableitung Ihrer Capabilities.

3. **Stimmen Sie den ermittelten Business-Kontext mit Ihrem Auftraggeber und mit Schlüsselpersonen ab**

   Gegebenenfalls können Sie die Abstimmung auch erst zusammen mit dem ersten Entwurf Ihrer Capability Map durchführen.

II. Fachliche Domänen als Grundgerüst Ihrer Capability Map festlegen.

1. **Sammeln Sie Vorschläge für fachliche Domänen**

   Nutzen Sie als Ausgangspunkt für die Festlegung Ihrer fachlichen Domänen entweder Ihre Prozesslandkarte (siehe Abschnitt 3.5) oder aber Branchenreferenzmodelle, soweit vorhanden. Beispiele für Branchenreferenzmodelle sind die VAA im Versicherungsumfeld (siehe [Ges01]), die eTOM in der Telekommunikation (siehe [Ber03-01] und [Joh11]) oder Standardmodelle, wie zum Beispiel die MSBA (siehe [Mic07]).

> **Wichtig!**
> Durch die fachlichen Domänen wird eine Strukturierung für die Geschäftsarchitektur vorgegeben. Diese Strukturierung wird häufig auf organisatorische Zuständigkeiten übertragen. So lassen sich die Bebauungselemente eines Clusters auch auf verschiedene fachliche Bebauungsplaner aufteilen. Der fachliche Bebauungsplaner kann sich dann auf die Fachlichkeit seines Bebauungsclusters konzentrieren. ■

In Bild 5.27 finden Sie eine bewährte wertschöpfungskettenbasierte Domänenstruktur als Ausgangspunkt für die Ableitung Ihrer Business Capability Map.

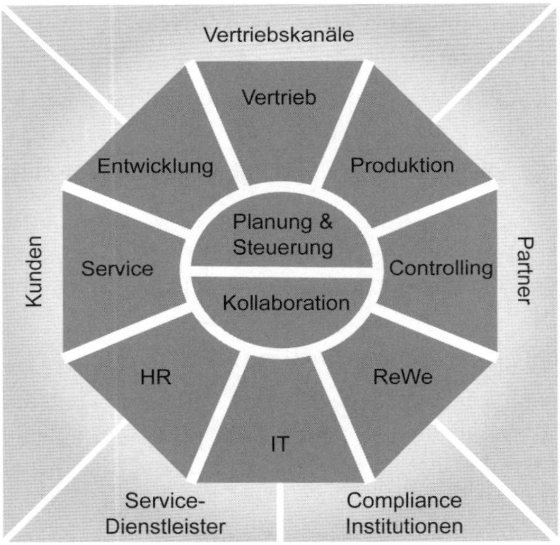

Bild 5.27
Referenzdomänenstruktur für eine Business Capability Map

Ergänzend zu Wertschöpfungsketten werden häufig Produkte und Geschäftsobjekte als fachliche Domänen genutzt. Beispiele für Produkte im Bankenumfeld sind „Wertpapier" und „Geld & Devisen". „Partnerverwaltung" ist ein Beispiel für eine geschäftsobjektorientierte fachliche Domäne. Falls eine weitere Strukturierung erforderlich ist, werden häufig Kundengruppen, Vertriebskanäle oder Standorte genutzt.

2. **Erstellen Sie einen Vorschlag für die fachliche Domänenstruktur**

   Wählen Sie aus den Domänenkandidaten die für Sie passenden aus. Die fachlichen Domänen sollten hierbei überwiegend aus einer „Kategorie" stammen. Häufig werden

Wertschöpfungsketten gegebenenfalls angereichert mit fachlichen Dimensionen, wie zum Beispiel Geschäftsobjekten oder Vertriebskanälen, die „quer" zu den Wertschöpfungsketten und Geschäftsprozessen liegen.

Oft werden entweder die Kerngeschäftsprozesse oder die Produkte als Hauptstrukturierungskriterium verwendet. Im Banken- und Versicherungsumfeld wird typischerweise eine produktorientierte und im produzierenden Gewerbe eher eine prozessorientierte oder funktionale Strukturierung verwendet. Es können aber ebenso die anderen Bestandteile der fachlichen Bebauung herangezogen werden.

In Bild 5.28 finden Sie einen Ausschnitt eines funktionalen Referenzmodells aus dem Versicherungsumfeld. Letzteres ist produktorientiert strukturiert. Die Produkte „Leben", „Kranken" und „Komposit" beinhalten jeweils die gleichen fachlichen Funktionen, daher wird dies in der Abbildung überlagert dargestellt.

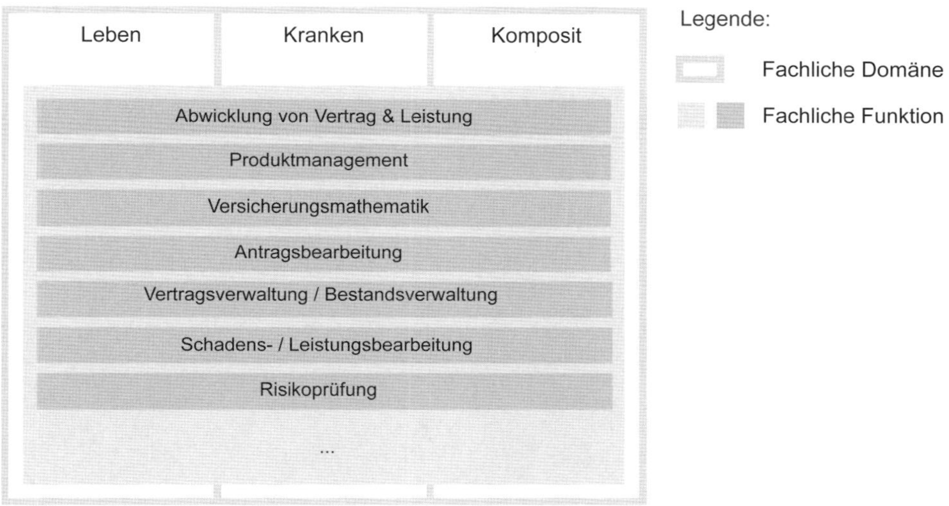

Bild 5.28 Ausschnitt eines funktionalen Referenzmodells im Versicherungsumfeld

Auf der Hauptstrukturierungs- oder Unterstrukturierungsebene finden Sie also überwiegend Geschäftsprozesse, Produkte, fachliche Funktionen, Geschäftsobjekte oder Geschäftseinheiten, wie z. B. Nutzergruppen, Standorte oder Werke.

Übergreifend benötigte Elemente, wie z. B. Geschäftsobjekte oder übergreifende Funktionen, werden häufig zusammen mit Geschäftsprozessen und Produkten in der Hauptstrukturierung verwendet. Beispiele für Geschäftsobjekte als Hauptstrukturierungselemente sind z. B. die Partnerverwaltung oder das Kontaktmanagement. Beispiele für übergreifende Funktionen sind unterstützende Prozesse oder fachliche Funktionen, wie z. B. das Personalwesen oder Führungsprozesse beispielsweise des Einkaufs. Beispiele hierfür finden Sie in den folgenden Bildern.

Bild 5.29 verwendet für die Hauptstrukturierung neben den Produkten die übergreifenden Geschäftsdatenprozesse, unter anderem die Partnerverwaltung und die übergreifenden Funktionen in Vertrieb & Marketing sowie die Führungs- und unterstützenden Prozesse, wie z. B. Risikomanagement oder Personalwesen.

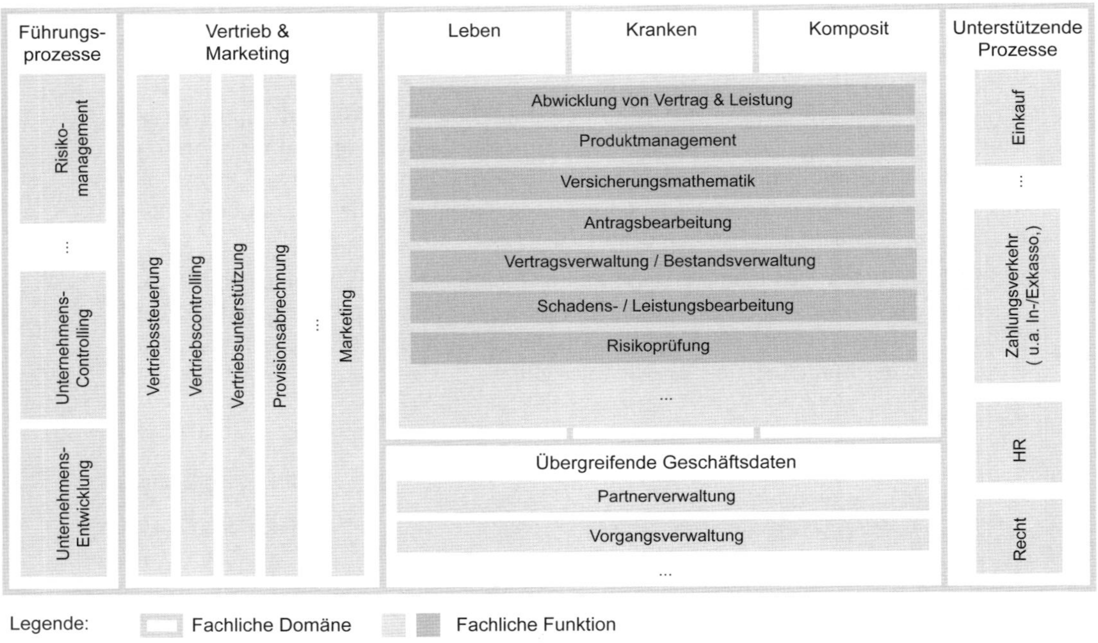

Bild 5.29 Beispiel-Referenzmodell aus der Versicherungsbranche

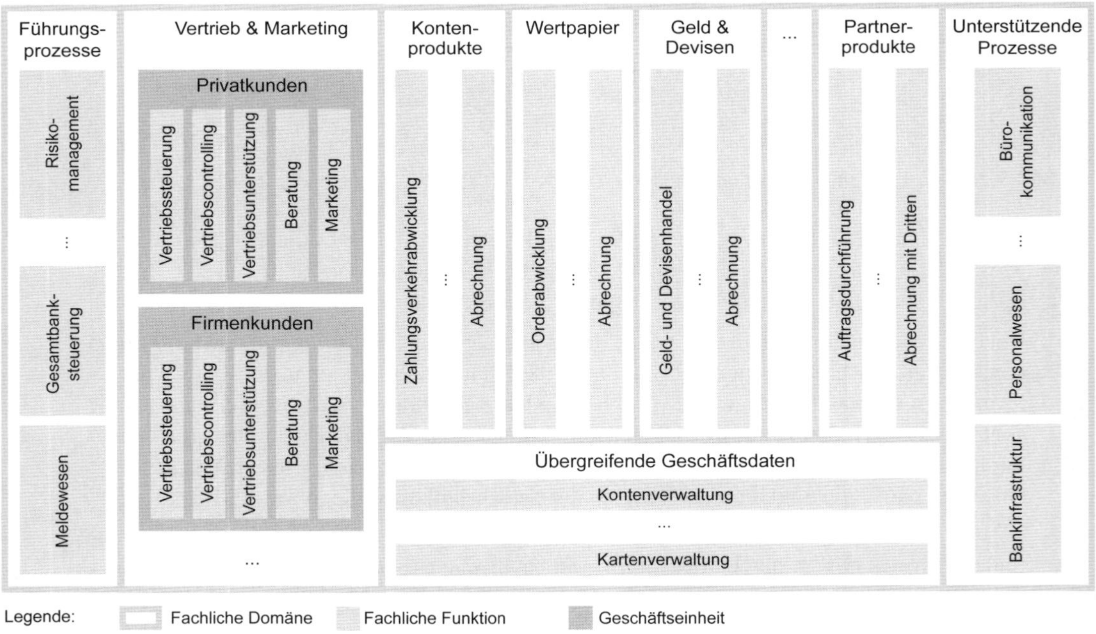

Bild 5.30 Beispiel-Referenzmodell aus der Bankenbranche

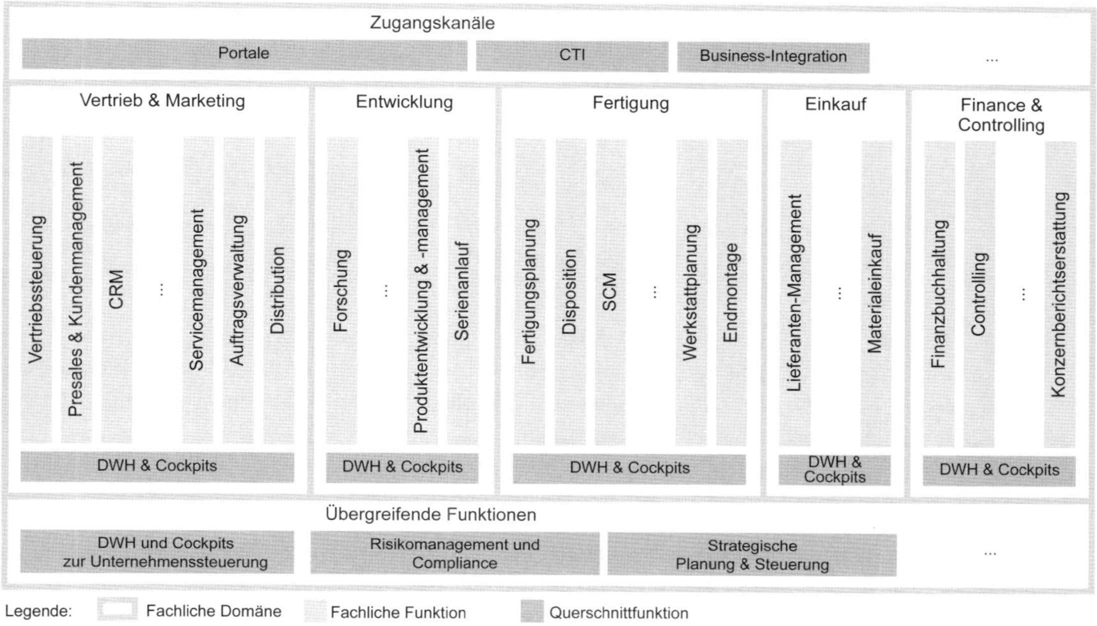

Bild 5.31 Beispiel-Referenzmodell aus der Automotive-Branche

Das in Bild 5.30 gezeigte Beispiel-Referenzmodell aus dem Bankenumfeld ist analog aufgebaut.

In Bild 5.31 wird ein Beispiel-Referenzmodell aus der Automotive-Branche dargestellt. Dies ist im Wesentlichen entsprechend den Kerngeschäftsprozessen auf Ebene der Wertschöpfungsketten strukturiert. Weitere anschauliche Beispiele finden Sie z. B. auch in [Die06].

Für die weitere Detaillierung können zusätzliche Aspekte dieser fachlichen Bebauungselemente mit herangezogen werden, z. B. Kundengruppen (Beispiel: Privatkunden, Firmenkunden, vermögende Privatkunden und Institutionen), Zugangskanäle (Beispiel: Self Service, Call Center, Außendienst und Filialen), Standorte oder Werke. Die daraus entstehenden Kategorien lassen sich gegebenenfalls nach zusätzlichen Kriterien weiter detaillieren. So können z. B. Kontoprodukte entsprechend den Zugangskanälen aus obiger Abbildung weiter detailliert werden in Kontoprodukte/Self-Service, Kontoprodukte/Call-Center, Kontoprodukte/Außendienst oder Kontoprodukte/Filiale. Gegebenenfalls lassen sich diese Aspekte auch für die Hauptstrukturierung verwenden.

In Bild 5.30 werden die Vertriebs- und Marketingaktivitäten entsprechend den relevanten Kundengruppen strukturiert. Diese Strukturierung entspricht im Allgemeinen auch der organisatorischen Struktur.

Wichtig!

Achten Sie darauf, dass die fachlichen Domänen überschneidungsfrei sind. Nur so können Business Capabilities eindeutig einsortiert werden.

Beschreiben Sie die Inhalte der fachlichen Domänen. Durch die Detaillierung und das Niederschreiben bekommen Sie ein Gefühl dafür, ob die Granularität der Domänen einheitlich ist. Fassen Sie fachliche Domänen zusammen oder spalten Sie diese auf, um eine möglichst einheitliche Granularität zu erzielen.

> **Wichtig!**
> Stellen Sie eine einheitliche Granularität der fachlichen Domänen sicher, um ein Ungleichgewicht zwischen den fachlichen Domänen zu vermeiden. ■

Analysieren Sie die verbleibenden Domänenkandidaten bezüglich der Verantwortlichkeiten. Für jede fachliche Domäne sollte es idealerweise nur einen Verantwortlichen geben. Dieser ist, wenn Wertschöpfungsketten als fachliche Domänen verwendet werden, in der Regel der „Process Owner“ (siehe Abschnitt 4.2.2).

> **Wichtig!**
> Die inhaltliche Erarbeitung und Abstimmung der Business Capability Map erfolgt in der Regel pro fachliche Domäne. Wenn es mehr als einen Verantwortlichen für eine fachliche Domäne gibt, erhöht sich der Abstimmungsaufwand enorm. ■

3. **Ordnen Sie die fachlichen Domänen grafisch zu einer ersten Version der Capability Map bzw. des funktionalen Referenzmodells an**

   Primär muss die Anordnung sinnvoll in Bezug auf die Steuerung der relevanten Fragestellungen des Unternehmens sein. Sie muss aber auch ästhetischen Ansprüchen genügen (siehe Bild 5.27).

4. **Stimmen Sie die Domänenstruktur sowie die erste Version der Capability Map mit Ihrem Auftraggeber und mit Schlüsselpersonen ab**

   Die Domänenstruktur bildet das Grundgerüst für Ihre Business Capability Map. Daher ist es wichtig, dass der Auftraggeber und Schlüsselpersonen aus dem Umfeld der fachlichen Domänen diese Strukturierung unterstützen. Dies sind mögliche Sponsoren für das Business Capability Management. Wählen Sie Schlüsselpersonen mit großem Einfluss und Interesse am Business Capability Management aus. Im Falle von Konflikten muss der Auftraggeber eine Entscheidung treffen.

III. Gestalten Sie Ihre grobe Capability Map in Iterationen

Gehen Sie iterativ bei der Gestaltung Ihrer Capability Map vor. Erstellen Sie Vorschläge pro fachliche Domäne und stimmen Sie diese in kurzen Feedbackzyklen mit den jeweiligen fachlichen Schlüsselpersonen und den Verantwortlichen für die Domänen ab. Zwei bis maximal drei Iterationen haben sich bewährt. In einer ersten Iteration sollten Sie für jede Domäne Vorschläge für die grobgranularen Business Capabilities aus dem Business-Kontext und aus Gesprächen mit den Schlüsselpersonen ableiten. In den weiteren Iterationen geht es dann ums „Schleifen“, um die Akzeptanz der Schlüsselpersonen und des Managements zu erhalten.

Folgende Schritte sind dafür notwendig:

1. **Ermitteln Sie Kandidaten der grobgranularen Business Capabilities für jede fachliche Domäne**

   Sammeln Sie mögliche Geschäftsfunktionen, die für die aktuelle und/oder zukünftige Umsetzung Ihres Geschäftsmodells erforderlich sind. Leiten Sie die Geschäftsfunktionen aus den strategischen Vorgaben, Geschäftstreibern, dem Geschäftsmodell und den Geschäftsprozessen nachvollziehbar ab.

   Mögliche Kandidaten für Geschäftsfunktionen finden Sie, wenn Sie die Zusammenarbeit mit Kunden, Partnern, Service-Dienstleistern und Compliance-Institutionen über die gegebenenfalls unterschiedlichen Kommunikationskanäle sowie die interne Leistungserbringung anhand der Wertschöpfungsketten analysieren. Produktkataloge und Leistungsbeschreibungen sowie interne Funktionsbeschreibungen sind hier wichtige Inputquellen.

   Hieraus ergibt sich schnell eine erste Liste mit Fähigkeiten wie zum Beispiel Kundenbeziehungsmanagement, Auftragsabwicklung oder Produktentwicklung. Im Rahmen der Abstimmungen mit den verschiedenen Stakeholdern wird die Liste immer länger und detaillierter.

   Nutzen Sie Best-Practices wie zum Beispiel Standardreferenzmodelle oder die MSBA. Achten Sie hierbei auf eine möglichst einheitliche Granularität.

> **Empfehlung**
>
> Durch die Auswahl von Business Capabilities aus Standardmodellen können Sie schnell einen Bootstrap bei der Festlegung Ihrer Business Capabilities erzielen. Die so ermittelten Business Capabilities können Sie dann in Abstimmung mit allen relevanten Stakeholdern an Ihre Unternehmensbedürfnisse anpassen. ■

2. **Legen Sie Ihre Business-Capabilities-Kandidaten pro fachliche Domäne fest**

   Fassen Sie Business Capabilities zusammen oder spalten Sie diese auf, um eine möglichst einheitliche Granularität zu erzielen.

> **Wichtig!**
>
> Achten Sie auf eine einheitliche Granularität der Business Capabilities, da diese die fachlichen Bezugspunkte für die Steuerung der Geschäftsentwicklung, für Business-Transformationen und für die strategische Gestaltung der IT-Landschaft bilden. ■

   Ordnen Sie die Kandidaten den fachlichen Domänen zu. Pro fachliche Domäne sollte es mindestens fünf und nicht mehr als zehn grobgranulare Business Capabilities geben. So vermeiden Sie ein Ungleichgewicht zwischen den fachlichen Domänen.

   Analysieren Sie die Business-Capability-Kandidaten pro fachliche Domäne in Bezug auf die Relevanz für das aktuelle und das zukünftige Geschäft sowie entsprechend weiteren strategischen Kriterien. Methoden für die strategische Analyse, wie zum Beispiel ABC-, Kernkompetenz- oder Portfolioanalyse, finden Sie in [Ker08].

Diskutieren Sie die Auswahl mit Ihrem Auftraggeber sowie den Schlüsselpersonen und den Verantwortlichen der fachlichen Domäne. Die Entscheidung über die Business Capabilities einer fachlichen Domäne sollte von dem fachlichen Domänenverantwortlichen getroffen werden.

Erstellen Sie eine erste Version Ihrer Business Capability Map (Schwerpunkt auf Inhalt und nicht auf Darstellung).

Sie können für die Identifikation der Business Capabilities auch die Geschäftsprozesse, insbesondere in der Darstellung als Swimlane-Diagramm, nutzen. Die Bahnen entsprechen den Organisationseinheiten und liefern ein erstes Indiz für die Owner der Business Capability und damit auch in erster Näherung für den Domänenverantwortlichen. Jeder dieser Bahnen sind im Swimlane-Diagramm nun die wesentlichen Bestandteile eines Geschäftsprozesses zugeordnet. Wenn diese für die Identifikation einer Business Capability noch nicht ausreichen, dann sollten Sie eine Ebene tiefer gehen und die Prozessdiagramme selbst betrachten (meistens wird es sich dabei um den Ergebnistyp ereignisgesteuerter Prozessketten handeln). Damit haben Sie sofort eine Zuordnung der Business Capability auch zu einem Geschäftsprozess. Eine genaue Beschreibung der Swimlane-Diagramme finden Sie in Download-Anhang 13.

3. **Analysieren Sie Ihre Business-Capability-Kandidaten**

   Machen Sie einen Quercheck Ihrer Business-Capability-Kandidaten, indem Sie diese nach den für Sie relevanten Kriterien analysieren. Durch die Analyse erhalten Sie ein noch tieferes Verständnis und Unstimmigkeiten fallen schnell auf.

   Kriterien für die Analyse sind zum Beispiel Einsatzzweck, Wettbewerbsdifferenzierung, fachliche Verantwortlichkeit und Sourcing-Modell. Wesentlich ist auch, dass Sie zwischen aktuell vorhandenen und zukünftig erforderlichen Geschäftsaktivitäten unterscheiden. Die Analyseergebnisse können Sie mithilfe einer Heat Map (siehe Abschnitt 3.5.4) oder mit Portfolio-Grafiken (siehe Download-Anhang 13) veranschaulichen. Die Heat Maps und Portfolios erleichtern den Abstimmungsprozess. Über die Zuordnung von Prozessschritten, Informationssystemen und Geschäftseinheiten zu Capabilities werden zudem Redundanzen und Synergiepotenziale sichtbar.

   Stimmen Sie die Analyseergebnisse mit den fachlichen Domänenverantwortlichen ab und verändern Sie gegebenenfalls Ihren Vorschlag der Business Capability Map (Schwerpunkt auf Inhalte und nicht auf der Darstellung).

4. **Erstellen Sie die grobe Business Capability Map als Big Picture**

   Entwerfen Sie Ihre Business Capability Map bzw. Ihr funktionales Referenzmodell grafisch. Ordnen Sie die Domänen entsprechend des Grundmodells aus Bild 5.27 oder einer für Sie adäquaten Darstellung an. Erstellen Sie eine Sicht nur mit den fachlichen Domänen und eine Sicht mit den Business Capabilities. Die jeweilige Grunddarstellung muss dabei gleich sein, um eine entsprechende Wiedererkennung zu erreichen. Aufgrund der Anzahl der Business Capabilities pro Domäne werden hierbei gewisse Rahmenbedingungen vorgegeben.

   Erstellen Sie zudem Heat Maps entsprechend der für Sie relevanten Kriterien in der Big-Picture-Darstellung.

5. **Stimmen Sie die Business Capability Map mit Ihrem Auftraggeber und den Domänenverantwortlichen ab**

   Holen Sie die Freigabe von den jeweiligen Domänenverantwortlichen (bei Wertschöpfungsketten sind dies in der Regel die Prozess-Owner) und dem Auftraggeber für die Business Capability Map bzw. des funktionalen Referenzmodells. Im Rahmen der finalen Abstimmung findet eine Feinjustierung der Business Capabilities statt. Granularitäten werden angepasst und an Begrifflichkeiten wird geschliffen, um das Gesamtmodell auszubalancieren.

> **Empfehlung**
>
> Machen Sie eine finale Abstimmungsrunde mit den Domänenverantwortlichen und abschließend noch mit dem Auftraggeber. Holen Sie sich dann die Freigabe in einem offiziellen Meeting des dafür zuständigen Steuerkreises ab (siehe Abschnitt 4.2.3), veröffentlichen Sie das Ergebnis und etablieren Sie ein Änderungsmanagement (siehe Abschnitt 4.2.4). ■

IV. Optional: Erstellen Sie Ihre detaillierte Business Capability Map

Eine detaillierte Business Capability Map beinhaltet zusätzlich zu fachlichen Domänen und grobgranularen Business Capabilities auch noch feingranulare Business Capabilities, auch Business-Services genannt.

Nutzen Sie die Hilfestellungen zur Identifikation der grobgranularen Business Capabilities, um Ihre Business-Services zu ermitteln. Hier helfen Ihnen auch die detaillierten Prozessbeschreibungen aus dem operativen Prozessmanagement (siehe [HLo12]).

> **Empfehlung**
>
> Verwenden Sie nicht zu viel Zeit darauf, Business-Services in allen Details auszuarbeiten. Top-down vorgegebene Business-Services dienen lediglich der Orientierung und als Kandidaten für die endgültige Festlegung im Rahmen der IT-Umsetzung der Business-Services im Kontext von Projekten oder aber im operativen Prozessmanagement (siehe [All05]).
>
> Wichtig ist hier, dass Sie ein Änderungsmanagement etablieren, damit Feedbacks und Änderungen koordiniert eingesteuert werden können. Siehe hierzu Abschnitt 4.2.4. ■

V. Optional: Erstellen Sie ein fachliches Komponentenmodell

Ermitteln Sie die Abhängigkeiten zwischen Business Capabilities und stellen Sie die Abhängigkeiten mithilfe eines fachlichen Komponentenmodells dar (siehe Download-Anhang 13). Hilfestellungen hierfür finden Sie in [Ker08] und im Download-Anhang 11.

Empfehlung

Beim Einstieg ins Business Capability Management sollten Sie lediglich eine grobgranulare Business Capability Map erstellen, das heißt grobgranulare Business Capabilities, die in fachliche Domänen geclustert sind. Alleine die Abstimmung der grobgranularen Business Capability Map erfordert einen großen Aufwand, Überzeugungskraft und Durchhaltevermögen.

Stellen Sie eine hohe Qualität bei den fachlichen Domänen und grobgranularen Business Capabilities sicher. Klare und prägnante Bezeichnungen für Business Capabilities sind ebenso wichtig wie eine einheitliche Granularität.

Holen Sie sich Schritt für Schritt das Commitment von allen Entscheidern und Schlüsselpersonen in den betrachteten fachlichen Domänen für die grobgranulare Business Capability Map. Dies ist die Voraussetzung für die Nutzung.

Wichtig ist insbesondere aber auch die grafische Repräsentation – das Big Picture. Dieses sollte zukünftig in den Büros der Schlüsselpersonen und Domänenverantwortlichen hängen und in allen wichtigen Entscheidungsunterlagen als Basis für die Darstellung von Analyseergebnissen für die Geschäftsentwicklung oder aber auch für deren IT-Umsetzung genutzt werden. Erst, wenn Sie das erreicht haben, haben Sie das Business Capability Management im Unternehmen verankert.

Dies geht in der Regel, wie schon ausgeführt, mit der Einführung des strategischen Prozessmanagements einher. Die Strukturierung des Big Picture folgt in der Regel entlang der Wertschöpfungsketten. Stellen Sie sicher, dass ein Mapping der Business Capabilities auf die Geschäftsprozesse erfolgt und dass die Geschäftsprozesse die benutzten Business Capabilities eindeutig benennen. Nur so können Sie den Nutzen für die Geschäftsentwicklung wirklich heben, da die Konzepte konsistent ineinandergreifen. ■

5.3 Strategische Vorgaben

Ziel der strategischen Planung ist es, das Unternehmen an den Unternehmenszielen und geschäftlichen Erfordernissen auszurichten und auf den ständigen Wandel des Unternehmens und seines Marktumfelds vorzubereiten. Sie schafft ein ganzheitliches Verständnis vom Geschäftsmodell, den Zielen und der strategischen Positionierung und Differenzierung. Die strategische Planung gibt eine Vision und ein Zielbild als Orientierung vor und setzt Leitplanken für Entscheidungen und die Umsetzung, deren Einhaltung über die strategische, taktische und operative Steuerung sichergestellt werden muss. Die eigentliche Umsetzung der strategischen Planung erfolgt im Rahmen von Projekten oder Wartungsmaßnahmen.

Wichtig!

Eine Vision ist die langfristig ausgerichtete Zielsetzung, an der sich sämtliche Aktivitäten orientieren. Sie dient als Leitgedanke für alle Beteiligten. In der Vision ist die aktuelle Ausgangslage berücksichtigt, damit ist sie prinzipiell umsetzbar. Eine Vision kann für ein gesamtes Unternehmen, für einzelne Produkte eines Unternehmens oder für fachliche Domänen gelten.

Die Vision kann wie eine Pressemeldung oder ein Produkt-Flyer aufbereitet sein, wodurch sich das Zielbild effektiv (intern und/oder extern) bewerben und verkaufen lässt. Ein griffiges Leitmotiv (wie „einfach und effektiv") hilft, die Vision in den Köpfen der Beteiligten zu verankern. Die Vision wird über fachliche Inhalte, die Themenbereiche und Features, konkretisiert. ■

Das **Zielbild** ist letztendlich der angestrebte Zustand in circa drei bis fünf Jahren.[1] Es setzt zudem grobe Eckwerte und Planungsprämissen für die Umsetzung, die Roadmap. Das Zielbild beinhaltet Zielvorgaben und den taktischen „Plan" bezüglich aller Geschäftsfelder.

- In der **strategischen Planung** werden eine Vision und ein Zielbild sowie Leitplanken für die Umsetzung entwickelt und vorgegeben.
- Dieses Zielbild wird in der **taktischen Planung** detaillierter. Es wird für einen überschaubaren Zeitraum die Roadmap für die Umsetzung und konkrete Umsetzungspakete gestaltet.
- Die Umsetzungspakete, z. B. Projekte oder Iterationen, werden in der **operativen Planung** im Detail geplant.

Die **Leitplanken** sind in Bild 5.32 als „Begrenzer" für Projekte und Wartungsmaßnahmen, die taktische Planung, gepunktet dargestellt. Auf der fachlichen Seite handelt es sich bei den Leitplanken um Vorgaben aus der Unternehmensstrategie sowie z. B. die fachlichen und organisatorischen Randbedingungen. Auf der IT-Seite sind die Leitplanken im Wesentlichen Prinzipien (z. B. „Make-or-Buy"-Präferenzen), Strategien (z. B. eine Sourcing-Strategie) und technische Vorgaben (z. B. technische Standards oder Betriebsmodelle). Die Leitplanken geben den Rahmen für die Planung und Umsetzung der Geschäftsanforderungen insbesondere in Projekten und Wartungsmaßnahmen vor. Die Einhaltung der Leitplanken muss über eine angemessene Governance sichergestellt werden (siehe [Han14]). Hier kann z. B. mittels Reviews zu wichtigen Meilensteinen die Einhaltung der strategischen, fachlichen und technischen Vorgaben überprüft werden. Über klare Regeln muss festgelegt werden, was wie zu tun ist. Insbesondere muss klar aufgezeigt werden, wie bei Verstößen verfahren wird.

Die Leitplanken schränken die Freiheitsgrade für Projekte und Wartungsmaßnahmen ein. Neben den genannten sind hier insbesondere auch Budget-Vorgaben mit aufzuführen, die eine wesentliche Rahmenvorgabe für die taktische Planung darstellen.

Die Unternehmensstrategie wird ebenso wie die IT-Strategie in der Regel jährlich oder auch nach Bedarf, z. B. bei großen Vorhaben, angepasst. Die Unternehmensstrategie und die Geschäftsfeldstrategien, wie die IT-Strategie, sind wesentliche Ergebnisdokumente der strategischen Planung. Sie müssen in allgemein verständlicher Sprache verfasst sein und einen nachvollziehbaren Bezug zu den Unternehmenszielen aufweisen. Weitere Informationen zum Zielbild, zu den Leitplanken und einem Template für IT-Strategiedokumente finden Sie in [Han16].

[1] In der Regel jedoch nicht über zehn Jahre.

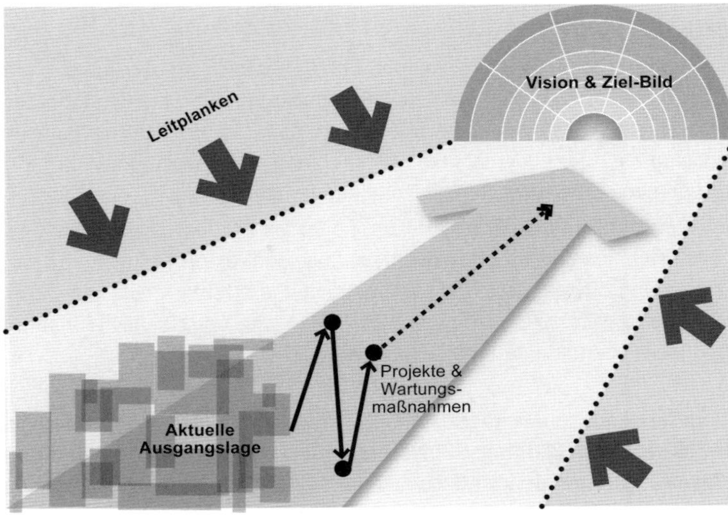

Bild 5.32 Vom Ist zum Soll

Ohne gemeinsame Strategie arbeiten alle Beteiligten in unterschiedliche Richtungen. Viel Energie und Kraft verpufft, da die Arbeiten nicht aufeinander abgestimmt sind. Siehe hierzu auch das Zitat von Julian Scharnau: „Eine Planung ohne Strategie ist wie ein Brunnen ohne Wasser." Durch eine gemeinsame Vision, ein Zielbild und Leitplanken können die Kräfte gebündelt werden und so gemeinsam an der Umsetzung des Zielbilds mit gleichen Planungsprämissen gearbeitet werden.

Die digitale Strategie ist ein wesentlicher Bestandteil der Unternehmens- und IT-Strategie oder muss zumindest mit diesen harmonieren (siehe Kapitel 1). Die Cloud- und die Sourcing-Strategie sind wesentliche Aspekte. Diese betrachten wir im Folgenden etwas detaillierter.

Wesentlich sind hier Prinzipien. Prinzipien sind voneinander unabhängige Grundsätze, die einen Entscheidungskorridor vorgeben. In Bild 5.33 finden Sie ein Beispiel für digitale Prinzipien.

Prinzipien werden durch ihren Namen, eine Kurzbeschreibung des Prinzips selbst, die Voraussetzungen für die Anwendung, den Anwendungskontext und Anwendungshinweise dokumentiert (siehe Tabelle 5.1).

In Tabelle 5.2 finden Sie ein Beispiel für ein verbreitetes Prinzip im Kontext des Datenmanagements.

Die weiteren Prinzipien von Bild 5.33 werden im Folgenden grob erläutert und es wird ein Beispiel für einen Anwendungshinweis gegeben:

- **Kundenwertorientierung und Business Outcome – der Kunde und dessen Bedürfnisse sowie Business Outcome stehen im Mittelpunkt**
  Kundenwertorientierung ist erfolgsentscheidend. Gleichzeitig muss das Unternehmen effizient die Produkte und Leistungen bereitstellen. Business Outcome ist hierzu ein Schlagwort.

  Anwendungshinweis: Entlang der Geschäftsmodellentwicklung und jeder Entscheidung müssen der Kundenwert und der Business Outcome hinterfragt werden.

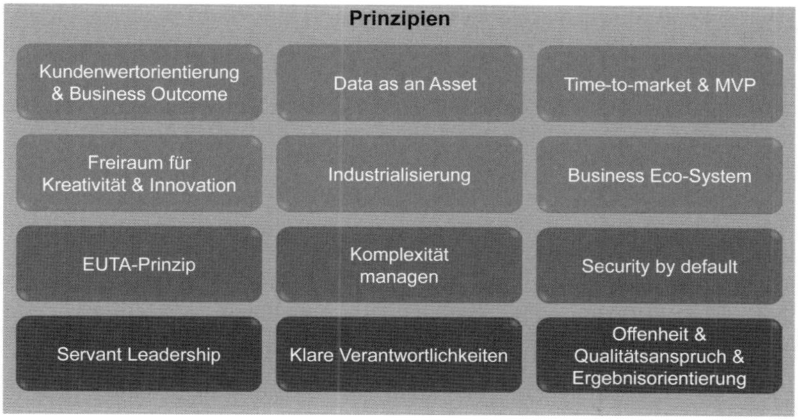

Bild 5.33 Beispiel für digitale Prinzipien

Tabelle 5.1 Template zur Beschreibung von Prinzipien

Prinzip <Name des Prinzips>	
Beschreibung	<Beschreibung des Prinzips>
Begründung	<Erläuterungen zum Prinzip, d. h. „Warum dieses Prinzip?“>
Voraussetzungen	<Voraussetzungen für die Anwendung>
Anwendungskontext	<Ausschluss oder Einschluss von Anwendungsfeldern, z. B. Einschränkung auf organisatorische Bereiche>
Anwendungshinweise	<Besondere Hinweise zur Anwendung, wie z. B. notwendige Folgeaktivitäten>

Tabelle 5.2 Beispiel-Prinzip „Data as an Asset“

Prinzip Data as an Asset	
Kernsatz	Data as an Asset – Daten sind das Öl des 21. Jahrhunderts
Beschreibung	Mehrwert aus Daten heben, indem einerseits Datentransparenz über Datenherkunft und -verwendung hergestellt wird und andererseits durch Anreicherung und Business Analytics ein Nutzen für z. B. Marketing oder andere Bereiche generiert werden kann.
Begründung	Fehlende Datentransparenz und Nutzung von verfügbaren Daten führt zu einem Wettbewerbsnachteil.
Voraussetzungen	Alle Datenquellen, wie z. B. operative strukturierte Datenbestände, Data Lakes, soziale Daten, Daten aus dem Business-Eco-System, stehen auswertbar zu Verfügung.
Anwendungskontext	Keine Einschränkungen
Anwendungshinweise	Bei allen Projekten müssen die Datenlandkarte gepflegt, Datenschutz- und Informationssicherheitsanforderungen sowie Datenqualitätsanforderungen festgelegt werden.

- **Time-to-market & MVP – schnelles Feedback herbeiführen**
  Bei neuen Ideen zählt vor allen Dingen die Geschwindigkeit. Um möglichst schnell herauszufinden, ob das neue Produkt, ein neuer Service oder ein neues Feature für Kunden tatsächlich relevant ist, werden „MVPs" im Rahmen von „Lean Startup" genutzt (siehe Abschnitt 5.2.2).

  Anwendungshinweis: Insbesondere bei der Planung muss ein schnelles Feedback einbezogen werden.

- **Freiraum für Kreativität und Innovation schaffen**
  Mitarbeiter benötigen Freiraum für Kreativität. Nur so wird die Innovationskraft des Unternehmens gestärkt. Zudem steigt die Mitarbeitermotivation.

  Anwendungshinweis: Jede Führungskraft hat dies als Vorgabe.

- **Industrialisierung durch kontinuierliche Verbesserung der bestehenden Prozesse und Systeme**
  Bestehende Prozesse und Systeme gilt es kontinuierlich zu optimieren und, wo auch immer möglich, zu automatisieren.

  Anwendungshinweis: In jedem Projekt muss das Optimierungs- und Effizienzsteigerungspotenzial analysiert werden.

- **Business-Eco-System als wesentlicher Enabler für die digitale Transformation**
  Das Business-Eco-System besteht unter anderem aus Geschäftspartnern, Netzwerken und digitalen Plattformen sowie Marktpartnern inklusive der Kooperation mit dem Wettbewerb (Coopetition) und der Einbindung des Kunden (Co-Creation), um Kundenmehrwert zu generieren und den Geschäftsbetrieb zu optimieren.

  Anwendungshinweis: Bevor Möglichkeiten aufgrund fehlender fachlicher oder technischer Fähigkeiten verworfen werden, muss das Business-Eco-System diesbezüglich geprüft werden.

- **EUTA-Prinzip – Kundenmehrwert durch „einfach – ubiquitär – transparent – attraktiv" („EUTA")**
  - **Einfach:** Der schnelle und einfache Zugang zu Informationen und Wissen ist ein entscheidender Faktor geworden, sowohl für die Wirtschaft als auch für jeden Einzelnen. Komplexe Benutzerschnittstellen und unverständliche Bedienerführung „schrecken" Kunden ab. Beispiele sind Self-Service-Funktionen oder die Integration in digitale Plattformen.
  - **Ubiquitär:** Informationen sind ubiquitär, d. h. von nahezu überall und zu jeder Zeit abrufbar. Über jeden Kanal, wie z. B. Smartphone, und von überall, d. h. u. a. Präsenz in sozialen Netzwerken und digitalen Plattformen, kann Geschäft angebahnt und abgewickelt werden.
  - **Transparent:** Leistungsumfang und Preise müssen transparent und vergleichbar und somit einschätzbar sein. Dies ist essenziell, um Vertrauen zu schaffen. Klar strukturierte Webseiten sowie Funktionalitäten und Leistungen sind neben fokussierten digitalen Plattformen, wie z. B. Bewertungsportalen oder Onlinehandelsplattformen mit guten Suchmöglichkeiten, Voraussetzung für die Kundenbindung.
  - **Attraktiv:** Das Produkt oder die Leistung sowie der Zugangskanal, wie z. B. eine digitale Plattform, muss entweder einen Coolness-Faktor („gewitzt") und/oder einen hohen Nutzen für den Kunden aufweisen. Mehrwerte entstehen durch maßgeschneiderte Produkte

und Leistungen, Umsetzung der Kernanforderungen durch adäquate Funktionalitäten oder aber durch Komfortfunktionen oder Services, wie z. B. Rundum-sorglos-Pakete oder Mehrwertberatungsleistungen.

Anwendungshinweis: Bei jeder Entwurfsentscheidung ist die Einhaltung der EUTA-Anforderungen zu überprüfen.

- **Komplexität managen – Transparenz schaffen und Standardisierung**
  Mit jedem neuen Produkt, Dienstleistung, Touchpoint, Geschäftspartner, System oder Technologie steigt die Komplexität. Die Komplexität kann z. B. durch Vorgaben mittels Standardisierung und Lifecycle-Management oder aber durch Homogenisierung und digitale und Integrationsplattformen reduziert werden. Durch Enterprise Architecture Management lässt sich die Komplexität transparent machen (siehe Abschnitt 5.6).

  Anwendungshinweis: Reduzierung der Komplexität, überall wo es möglich ist. Z. B. sollte bei Einführung einer neuen Applikation eine andere abgeschaltet werden.

- **Sicherheit bei allen Entwurfsentscheidungen berücksichtigen**
  Schutzbedarfsanforderungen sowie Bedrohungen aus dem Kontext Cyber-Security müssen aktiv gemanagt werden.

  Anwendungshinweis: Bei Entwurfsentscheidungen muss die Erfüllung der Schutzbedarfsanforderungen explizit überprüft werden.

- **Servant Leadership – Hemmnisse aus dem Weg schaffen**
  Servant Leadership, die dienende Führung, ist eine Führungsphilosophie, die auf Ideen von Robert K. Greenleaf (siehe [Gre15]) basiert und in welcher Sozialkompetenz und Führung im Vordergrund stehen (siehe Abschnitt 5.1.2.1). Führungskräfte müssen die Art der Führung ändern.

  Anwendungshinweis: Jede Führungskraft muss versuchen, den Mitarbeitern alle Erfolgshemmnisse aus dem Weg zu räumen.

- **Klare Verantwortlichkeiten – Accountable und Responsible**
  Klare Verantwortlichkeiten sind notwendig für die Umsetzung einer Governance. Von besonderer Bedeutung sind hierbei die Verantwortlichkeiten „Accountable" und „Responsible".

  Anwendungshinweis: Stellen Sie immer die Frage, ob Rollen und Verantwortlichkeiten und insbesondere „Accountable" und „Responsible" klar definiert sind.

- **Offenheit, Qualitätsanspruch und Ergebnisorientierung**
  Jeder Mitarbeiter und jede Führungskraft müssen aufgeschlossen bezüglich Feedback und anderen Ideen und Meinungen sein, einen hohen Qualitätsanspruch an sich selbst stellen und sich darauf konzentrieren, Ziele zu erreichen.

  Anwendungshinweis: Jeder Mitarbeiter und jede Führungskraft müssen aktiv Feedbacks einholen und den Qualitätsanspruch leben. Verschwendungen, d. h. z. B. Tätigkeiten ohne klares Ziel, müssen hinterfragt werden.

Leiten Sie die für Sie sinnvollen Prinzipien aus der digitalen Strategie sowie Ihren Geschäftsanforderungen und Pains unter Berücksichtigung Ihrer individuellen Randbedingungen ab. Beispiele für Prinzipien können Sie auch aus TOGAF 9.1 (siehe [TOG09]) entnehmen.

5.3.1 Sourcing-Strategie

Durch eine Sourcing-Strategie wird die klassische „make-or-buy"-Fragestellung beantwortet: Welche Leistungen kann bzw. soll ein Unternehmen selbst erbringen und welche soll es einkaufen?

Durch eine adäquate Sourcing-Strategie sollen folgende Ziele erreicht werden:

- Performance- und Effizienzsteigerung sowie eine nachhaltige Kostenoptimierung.
- Steigerung der Innovationskraft: Nutzung von Innovationen und Best-Practices durch Einbezug von Experten und Marktführern.
- Flexibilisierung: Flexible „on demand"-Nutzung von Ressourcen oder Services, um interne Engpässe auszugleichen. Beispiel hierfür ist Cloud-Computing (siehe Abschnitt 5.3.2).
- Risikominimierung: Operative Risiken werden durch SLAs mit Service-Providern und Backup-Strategien reduziert. Zudem wird häufig auch eine bessere Kontrolle erreicht.

Die Entscheidung, wann Standardsoftware und wann Eigenentwicklungen der Vorzug gegeben wird, sollten Sie in Abhängigkeit von Kriterien wie Wettbewerbsdifferenzierung und Eigenleistungsfähigkeit sowie Ihrer Sourcing-Strategie treffen. Eine häufig verbreitete Aussage in diesem Kontext ist: „Standardisierung, wo möglich; Varianz, wo nötig."

Beim Sourcing ist das Leistungspotenzial der IT zu ermitteln und Lieferanten müssen sorgfältig ausgewählt und gemanagt werden. Sie müssen zwischen dem strategischen und dem nichtstrategischen Teil der IT unterscheiden. Der nichtstrategische Teil kann als „Commodity" zugekauft werden. Die frei gewordenen Ressourcen und das Kapital können somit in strategische Aufgaben investiert werden. Der strategische Teil differenziert das Unternehmen vom Wettbewerber.

Die IT kann den Fremdbezug von Leistungen nutzen, um ihre Fertigungstiefe zu variieren, auf Nachfrageschwankungen flexibel zu reagieren, Qualitäts- und Preisvorteile einzukaufen und auf spezielle, selten gebrauchte Skills zuzugreifen. Durch eine partnerschaftliche Vernetzung mit den Lieferanten und ihre Einbeziehung in den Innovationsprozess lässt sich der Wertbeitrag der IT steigern. Der Lieferant bringt dann zusätzliche Kompetenzen und Ideen „ohne Mehrkosten" mit ein.

Je nach strategischen und operativen Kriterien sollten Sie nach strategischen Kriterien entscheiden, welche Leistungen ausgelagert werden können. Fachliche Kernkompetenzen und strategische Aufgabenbereiche verbleiben im Allgemeinen im Unternehmen. Bei den restlichen Aufgabenbereichen ist der Vergleich insbesondere der Transaktionskosten der internen und externen Leistungserbringung eine wesentliche Entscheidungsgrundlage. Hier müssen sowohl die eigentlichen Transaktionskosten als auch die Koordinations- und Controlling-Aufwände mitberücksichtigt werden.

Beim Outsourcing werden externe Ressourcen genutzt und IT-Prozesse zu einem externen Anbieter verlagert. Ziel ist es, Kosten insbesondere durch Skalenvorteile zu reduzieren. Typische Beispiele hierfür sind der Dokumentendruck, das Rechnungswesen, das Gebäude- und Flottenmanagement, der Rechenzentrumsbetrieb von IT-Systemen, z. B. SAP, das Billing, Customer-Care-Funktionen und die Auskunft.

Durch die Standardisierung von IT-Prozessen, z. B. durch CobiT und ITIL (siehe [Joh11] und [itS08]), wird eine Möglichkeit zum Vergleich verschiedener Outsourcing-Anbieter geschaffen.

Insourcing bezeichnet die Eigenerstellung von bisher extern eingekauften Produkten bzw. Leistungen. Es erfolgt eine Ausweitung der Wertschöpfungskette auf die bisher extern eingekauften Leistungen. So können Kosten gesenkt, insbesondere aber neue Geschäftsfelder eröffnet werden.

Im Rahmen des Offshoring werden häufig IT-Leistungen in Niedriglohnländer wie Indien (Offshore) oder Rumänien (Nearshore) verlagert, um die Personalkosten durch das Lohnkostengefälle zu senken. Das Einsparpotenzial muss unternehmensspezifisch eingeschätzt werden. Häufig wird auch die Organisationsform eines Offshore-Entwicklungszentrums gewählt. IT-Funktionen werden in Niedriglohnländer verlagert und externe Ressourcen in einem eigenen Unternehmen oder Joint Venture gebündelt.

Nach der Identifikation der potenziellen Insourcing-, Outsourcing- und Offshoring-Bereiche müssen Stärken und Schwächen sowie Chancen und Risiken analysiert und abgewogen werden. Es müssen insbesondere die Kernkompetenzen, Ressourcen, Kosten und Risiken betrachtet werden.

Basis der Festlegung der Sourcing-Strategie ist die Analyse und Bewertung des Leistungspotenzials der IT. Alle operativen und strategischen IT-Management-Funktionen und alle IT-Assets müssen betrachtet und mögliche Insourcing-, Outsourcing- oder Offshoring-Bereiche identifiziert werden. Eine mögliche Vorgehensweise zur Einschätzung des Leistungspotenzials finden Sie in Abschnitt 4.2.

Durch eine adäquate Sourcing-Strategie wird die Kostenstruktur verbessert, das operative Risiko reduziert, eine höhere Flexibilität und bessere Steuerbarkeit erreicht (siehe [Bal08] und [Keu08]). Outsourcing, Offshoring und Insourcing müssen jedoch sorgfältig geplant werden, um einen zuverlässigen operativen Basisbetrieb kontinuierlich zu gewährleisten. Die Risiken wie die Abhängigkeit vom Outsourcing-Anbieter oder aber das Risiko des Kompetenzverlusts sind ebenso wie das Vertrags- und das Qualitätsrisiko durch geeignete Maßnahmen so weit wie möglich zu reduzieren.

Auf der Basis der festgelegten Kerneigenleistungen sowie der festgelegten Sourcing-Strategie lässt sich das Lieferantenmanagement wirkungsvoll durchführen, d. h. das Lieferantenportfolio entwickeln und steuern. Als zentrale Entscheidungskriterien für externe Dienstleister kommen immer häufiger Eigenschaften wie Zuverlässigkeit, Vertragsflexibilität oder aber die Risikoübernahme und Managementkompetenzen zum Zuge. Für die Auswahl von Partnern gibt es eine Vielzahl von Entscheidungshilfen, z. B. Kostenvergleichsmodelle oder Scoring-Modelle. Diese beschreiben wir hier nicht weiter und verweisen auf die entsprechende Literatur (siehe [Bal08] und [Keu08]).

Die IT muss sich hierfür ihrer Kernkompetenzen bewusst sein und diese konsequent an den Business-Zielen orientiert ausbauen. Die Führung der internen und externen Dienstleister wird mit zunehmender Auslagerung immer mehr zu einer Schlüsselaufgabe der IT.

In Bild 5.34 finden Sie ein Beispiel für eine Sourcing-Strategie. In diesem Portfolio werden die Inhouse-IT-Leistungen entsprechend dem aktuellen Leistungspotenzial und ihrem Geschäftswert (Strategie- und Wertbeitrag) klassifiziert. Die Positionierung innerhalb des Portfolios gibt Aufschluss über die Sourcing-Empfehlung.

Die Verlagerung von Services in die Cloud stellt ebenso einen wichtigen Aspekt beim Sourcing dar. Dies schauen wir uns im nächsten Abschnitt näher an.

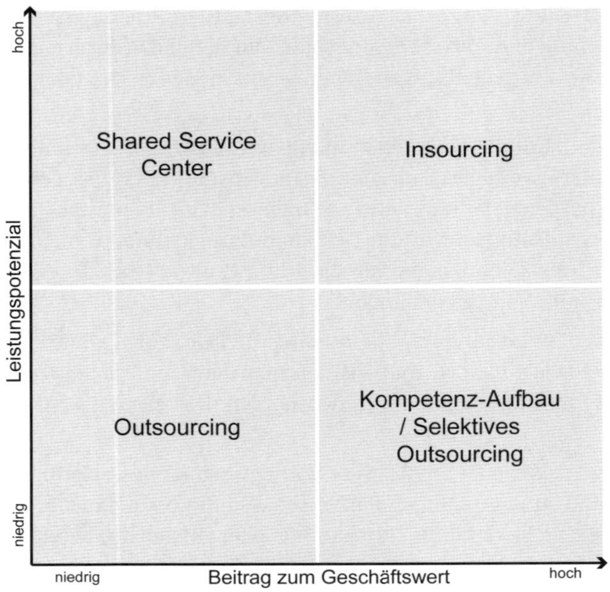

Bild 5.34
Portfolio-Grafik einer Sourcing-Strategie

Das Wesentliche zur Sourcing-Strategie auf einen Blick:

- Ermitteln Sie Ihr Leistungspotenzial und Ihre Kerneigenleistungsfähigkeit.

  Legen Sie Ihr künftiges Leistungspotenzial und Ihre Fertigungstiefe in Ihrer IT-Strategie fest.

- Legen Sie Ihre Sourcing-Strategie im Rahmen der IT-Strategieentwicklung fest.

Tendenziell gilt:

Kernkompetenzen sollten im Unternehmen verbleiben. Hierzu zählen unter anderem das Demand Management und das Enterprise Architecture Management.

Ressourcen sollten nur dann im Unternehmen verbleiben, wenn sie „bleibende" Werte schaffen. Durch die Zuordnung des Geschäftswerts zu den verschiedenen IT-Leistungen und deren Zuordnung zu den Ressourcen kann z. B. eine Entscheidungsgrundlage geschaffen werden. Daneben muss die Angebotssituation analysiert werden.
Wenn im Markt überhaupt kein Anbieter für die Leistung zur Verfügung steht, ist der Aufwand der Analyse umsonst.

5.3.2 Cloud-Strategie

Cloud-Computing bezeichnet die Bereitstellung von IT-Infrastruktur, wie z. B. Speicherplatz oder Rechenleistung, Entwicklungsplattformen für webbasierte Anwendungen oder Anwendungsservices über das Internet. Cloud-Services sind in vielen Unternehmen ein fester Bestandteil der IT-Unterstützung geworden. Viele wesentliche Applikationen können bald nur noch über die Cloud bezogen werden. So setzen z. B. IT-Hersteller wie SAP oder Microsoft mit SAP S/4HANA oder Office 365 auf die Cloud. Umso wichtiger ist eine Cloud-Strategie als integraler Bestandteil der IT-Strategie für jedes Unternehmen, die Leitplanken für die wesentlichen Detailentscheidungen im Cloud-Computing vorgibt. Die Zeit des Abwartens ist vorbei. Häufig gibt es bereits eine Strategie für Anwendungen und Infrastruktur, aber noch keine Cloud-Strategie. So bleiben wichtige Fragen offen, wie z. B.: „Wie kann echter Mehrwert für Unternehmen durch Cloud-Lösungen geschaffen werden?“.

Für eine Cloud-Strategie müssen folgende Fragen beantwortet werden:

- **Kundenwert:** Welche Anforderungen stellen Endbenutzer? Welche Services müssen für welche Plattformen, wie z. B. Mobile Devices, bereitgestellt werden?
- **SaaS, PaaS und/oder IaaS** (siehe Bild 5.35): Wo ist es sinnvoll, **Software-as-a-Service (SaaS)** zu nutzen? Gibt es Kundengruppen oder Unternehmensbereiche, in denen der einfache Zugang und die Schnelligkeit über SaaS-Lösungen besonders wichtig sind? Werden Lizenz- oder Wartungsgebühren durch Migration zu SaaS reduziert?

  Soll eine Plattform für Entwickler von Webanwendungen (**Platform-as-a-Service, kurz PaaS**) in der Cloud bereitgestellt werden, die mit geringem administrativen Aufwand ohne Anschaffung der darunterliegenden Hardware und Software z. B. als Entwicklungs- oder Laufzeitumgebung(en) genutzt werden kann? Welche Services wie Versionierung, Monitoring oder Kommunikation zwischen Anwendungen sind erforderlich?

  Wie und wo wollen wir **Infrastructure-as-a-Service (IaaS)** nutzen (z. B. Speicher und virtuelle Server in der Cloud)? Welche Skalierungsanforderungen bestehen? Wo und wann kann es zu Lastspitzen kommen, die durch skalierbare Cloud-Lösungen abgefangen werden können? Welche Systemmanagement-Services werden bereitgestellt?
- **Datenschutz, Sicherheit und Skalierung:** Welche Datenschutz- und IT-Sicherheitsanforderungen bestehen für welche Services und welche Daten?

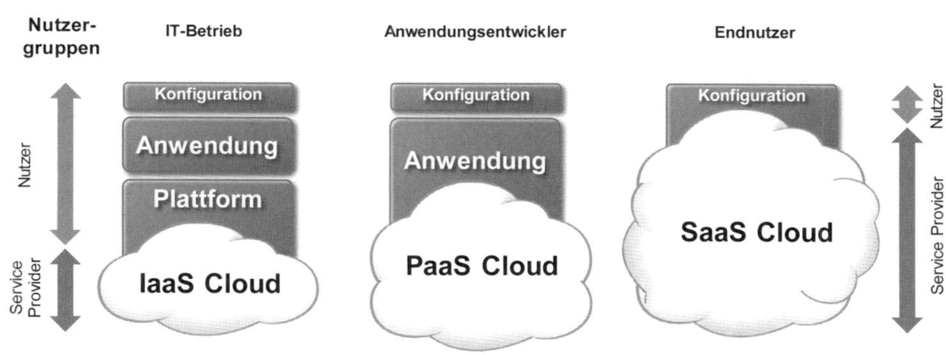

Bild 5.35 IaaS, PaaS und/oder SaaS

- **Cloud-Modelle:** Welche zukünftigen Nutzungsmuster werden erwartet? Welche Cloud-Modelle entsprechen dem zu erwartenden Nutzungsmuster? SaaS, PaaS oder IaaS?
- **Plattformen und Anbieter:** Welche Plattformen und Cloud-Dienstleister passen für das Unternehmen? Liefern diese die erforderlichen Services und erfüllen sie die gesetzten Sicherheitsanforderungen? Passen die SLAs, die Umsetzung der Compliance-Anforderungen und die Serviceleistungen? Wie sieht es mit Preis-Leistung aus?

  Beispiele für Plattform-as-a-Service-Anbieter sind Google App Engine, Microsoft Azure und IBMs SmartCloud PaaS. Ein Beispiel für SaaS-Anbieter ist SalesForce.com.

Es gibt zwei grundlegende Cloud-Modelle, die Private-Cloud und die Public-Cloud. In der Private-Cloud behält die interne IT die Kontrolle, während die Public-Cloud vom jeweiligen Anbieter verwaltet wird. Darüber hinaus gibt es auch noch andere Varianten. Im Folgenden finden Sie eine Übersicht über die gängigen Cloud-Modelle, aus denen Sie sich die passenden, entsprechend des erwarteten Nutzungsmusters, auswählen müssen.

- **Private-Cloud**
  Private-Clouds werden insbesondere aus Gründen des Datenschutzes und der IT-Sicherheit sowie aus Kostengründen verwendet. Eine Private-Cloud ist ein On-Premises Data Center, basierend auf Cloud-Technologie. Unternehmen betreiben ihre IT-Dienste selbst und stellen Endnutzern Cloud-typische Services zur Verfügung, wie z. B. eine skalierbare IT-Infrastruktur mit webbasierten Anwendungen.

  Von vielen Unternehmen wird zunehmend hierbei eine Managed Private-Cloud bevorzugt. Unternehmen erhalten dabei eine dedizierte Infrastruktur in einer Public-Cloud-Umgebung, die für das Unternehmen bereitgestellt wird. Voraussetzung ist, dass die Anbindung zur Public-Cloud durch VPNs und direkte Ethernet-Links performant, skalierbar und sicher ist. Dann vereinen Managed Private-Clouds die Sicherheit einer Private-Cloud mit der Skalierbarkeit einer Public-Cloud.

  Diese Voraussetzungen sind leider noch immer nicht für viele vorwiegend mittelständische und kleine Unternehmen zuverlässig und zu vertretbaren Kosten gegeben, da der Breitbandausbau in einigen Regionen nicht schnell genug voranschreitet. Dann sind Unternehmen gezwungen, eine redundante Anbindung mit entsprechend höheren Kosten aufzubauen.
- **Public-Cloud**
  Eine Public-Cloud ist ein Angebot eines Dienstleisters, der seine Dienste über das Internet zugänglich macht. Beispiele für Public-Cloud-Angebote sind Microsoft Office 365 und SAP Business by Design.

  Einen Spezialfall stellen sogenannte Community-Clouds dar, die von mehreren Unternehmen z. B. im Kontext eines Projekts genutzt werden.
- **Hybrid-Cloud**
  Eine Hybrid-Cloud ist eine Kombination von Private- und Public-Clouds. Es wird eine Verbindung zwischen Private- mit Public-Cloud-Diensten hergestellt. Bestimmte Services laufen bei öffentlichen Anbietern über das Internet, während datenschutzkritische Services und Daten im Unternehmen betrieben und verarbeitet werden. Die Herausforderung liegt hier in der Klassifikation und Trennung der datenschutzkritischen und unkritischen Geschäftsprozesse sowie deren zuverlässige und sichere Integration. Voraussetzung ist eine Datenschutzklassifikation der im Unternehmen vorhandenen und verarbeiteten Daten.

- **Multi-Cloud** und Hybrid Multi-Cloud
  In der Regel wird mehr als eine Public-Cloud genutzt, wie z. B. die von Microsoft und die von SAP, um die Dienste unterschiedlicher Anbieter nutzen zu können. Werden mehrere Public-Clouds mit einer Private-Cloud verwendet, wird dies auch als Hybrid Multi-Cloud bezeichnet.

  Das Management von Multi-Clouds wird hierbei eine Herausforderung. Hier greifen Cloud Management Plattformen (CMPs) und Cloud Service Broker (CSBs). Damit können mehrere Clouds wie eine einzige Cloud verwaltet werden. Der Nachteil ist jedoch, dass man nur einen Teil der Services aus jeder Cloud nutzen kann.

Hybrid und Multi-Cloud-Szenarien werden hierbei zum präferierten Betriebsmodell. Kostenkontrolle sowie zuverlässiges und sicheres Management der hyperkonvergenten Infrastrukturen mit Multi-Cloud- und On-Premise-Software auf der Basis von Container-Techniken sind zentrale Themen. Cloud-Management-Software wird zum integralen Bestandteil von Systemmanagement-Plattformen.

Entscheidend für die Auswahl sind die angebotenen Cloud-Services. Cloud-Computing wird sich in den nächsten Jahren noch weiterentwickeln und neue Gebrauchsmuster werden entstehen. Stellen Sie sich auf Veränderungen ein.

In Deutschland gibt es noch viele Vorbehalte, geschäftskritische Daten in die Cloud zu verlagern. Hauptgründe dafür sind einerseits Kontrollverlust und andererseits Sicherheitsbedenken. Daten, „das Öl oder Gold des 21. Jahrhunderts", aus der Hand zu geben, erfordert insbesondere Vertrauen in die Cloud-Anbieter. Seriöse Cloud-Anbieter liefern entsprechende Nachweise für die Umsetzung der Datenschutz- und Informationssicherheitsanforderungen sowie über Performance und Skalierungsmöglichkeiten. Die Entscheidung der Verlagerung in die Cloud ist aber eine Risikoabwägung, die jedes Unternehmen treffen muss.

Wenn Daten in die Cloud verlagert werden, ist eine sichere und hochperformante Anbindung an die On-Premise-Infrastruktur unabdingbar. Auch hier müssen das Unternehmen und der Cloud-Anbieter darauf achten, dass die unternehmensspezifischen Sicherheitsrichtlinien und die Datenschutz-, Informationssicherheits- und Compliance-Anforderungen eingehalten werden. Häufig werden z. B. Cloud Access Security Broker (kurz CASB) als Wächter zwischen der On-Premise- und der Cloud-Infrastruktur eingesetzt. Daneben sollte in der Regel für den Zugriff auf Cloud-Anwendungen, ebenso wie auf Anwendungen in digitalen Plattformen, eine Multi-Faktor-Authentifizierung genutzt werden. Eine Multi-Faktor-Authentifizierung bezieht bei jedem einzelnen Anmeldevorgang weitere Daten aus dem Kontext mit ein, wie etwa die Session-ID, die IP-Adresse, die Art des Systems, das verwendete Gerät, die Anzahl erfolgreicher Anmeldungen oder den Standort des Nutzers, um eine Einstufung der Vertrauenswürdigkeit vorzunehmen. Wesentlich ist hierbei, dass alle Passcodes in Echtzeit zum Zeitpunkt der Anmeldung generiert werden und jegliche Kommunikation über eine AES-256-Bit-Verschlüsselung erfolgt. Häufig erhält man hier auch eine SMS oder ein Token auf ein Mobilgerät.

Konsolidierung als erster Schritt in Richtung Cloud-Computing

Für die Verlagerung von Services zum Service-Provider oder aber auch für den Aufbau von Private-Clouds müssen Sie die IT-Landschaft in der Regel vorbereiten. Typische Themen sind hierbei:

- **Virtualisierung**
  Virtualisierung sind Software- und Hardware-Techniken, die eine Abstraktionsschicht zwischen dem Nutzer (oder Anwendungen oder Schnittstellen) einerseits und physischen Hardware-, Netzwerk- oder Softwarekomponenten bilden. Virtualisierung ermöglicht die Abstraktion von Hardware, Software und Netzen. Virtuelle (nicht physische) Geräte und Dienste emulieren Hardware, Betriebssysteme, Datenspeicher oder Netzwerkressourcen. Sie erlauben es, Computerressourcen transparent zusammenzufassen oder aufzuteilen oder ein Betriebssystem innerhalb eines anderen auszuführen.

  Es gibt drei Bereiche in der IT, in denen Virtualisierung hauptsächlich zum Einsatz kommt. Das sind Netzwerk-, Storage- und Server-Virtualisierung.

  - Bei der **Netzwerk-Virtualisierung** kombiniert man in einem Netzwerk verfügbare Ressourcen, indem man die verfügbare Bandbreite in Kanäle in einzeln zu verwaltende Sektionen aufteilt. Jeder Kanal ist vom anderen unabhängig und kann einem speziellen Server oder einem Gerät in Echtzeit zugewiesen werden. Hierdurch wird die tatsächliche Komplexität des Netzwerks verringert.
  - Die **Storage-Virtualisierung** ist das virtuelle Zusammenfassen von im Netzwerk verteilten physischen Storage-Geräten zu einem einzigen, zentral administrierbaren virtuellen Storage. Storage Area Networks (SAN) nutzen in der Regel Storage-Virtualisierung.
  - **Server-Virtualisierung** ist das virtuelle Bereitstellen oder Zusammenfassen von Server-Ressourcen mit deren Prozessoren, Arbeitsspeicher und Speicher. Die Nutzung wird vereinfacht und die Auslastung wird erhöht. Mehrere virtuelle Server können sich die Ressourcen eines physischen Hosts teilen. Die Ressourcen können bei Skalierungsanforderungen einfach erweitert werden.

  Virtualisierung wird häufig in den Data Centern der Unternehmen verwendet. Virtualisierung vereinfacht die Nutzung, erhöht die Auslastung der Ressourcen und ermöglicht eine transparente Skalierung, in der je nach Bedarf Ressourcen zugewiesen werden können. Zudem müssen in modernen Pay-per-Use-Szenarien die Kunden nur die Computingressourcen bezahlen, die sie wirklich benötigen. Der Aufwand für die Administration steigt jedoch bei der Virtualisierung.

- **Server-Konsolidierung**
  Bei der Server-Konsolidierung wird eine zentrale „Farm“ von virtuellen Servern aufgebaut, die den Wildwuchs an verteilten spezifischen Servern eindämmt. Hierdurch können Kosten eingespart und Administrationsaufwände reduziert werden.

  Cloud-Computing bietet einen ähnlichen Vorteil: Wenig ausgelastete und hinsichtlich Support anspruchsvolle Rechner vor Ort werden von einem gehosteten Dienst abgelöst. Mit der Server-Konsolidierung über Cloud-Dienste können Unternehmen also viele anwendungsspezifische Server ersetzen. Vor diesem Hintergrund kommt es darauf an, die richtige der beiden Strategien zu wählen.

- **IaaS-Cloud-Computing**
  Hierdurch wird zwar die Komplexität der Software und Plattformen nicht reduziert, die Administrationskosten und Infrastrukturkosten (weniger Hardware sowie Raum- und Energiebedarf für das Rechenzentrum) verringern sich aber erheblich. Vorab werden neben der Analyse und Kosten-Nutzen-Abschätzung in der Regel die physikalischen Hardwareressourcen virtualisiert.

- **PaaS-Cloud-Computing und Plattform-Konsolidierung**
  Zur Vorbereitung für die Nutzung von Plattformen als Service sollten diese für den jeweiligen Einsatzbereich standardisiert werden. PaaS bietet für die Entwickler eine ganze Reihe von Tools und Diensten, die ihnen das Leben vereinfachen. Dies sind u. a. Software Development Kits (SDK) für Mobilgeräte, die unterschiedliche Endgeräte unterstützen, sowie für soziale Netzwerke und mehrsprachige Entwicklung einhergehend mit einer leistungsstarken Entwicklungsumgebung und Clouddatenbank.
- **Betrieb von Anwendungen durch die Nutzung von SaaS**
  Die Verlagerung der IT-Betriebsleistungen in die Cloud erfolgt durch Nutzung von SaaS für Cloud-fähige Anwendungen, wodurch häufig erhebliche Kosten eingespart werden können. So ist z. B. die Nutzung von Salesforce.com für CRM häufig erheblich günstiger als interne Betriebsleistungen mit eigenen konsolidierten CRM-Servern in einer virtualisierten Rechner-Farm. Hier muss jedoch sorgfältig analysiert werden, ob die Anwendungen Cloud-fähig sind.

In Abhängigkeit von den Anforderungen und Randbedingungen müssen die geeigneten Maßnahmen ausgewählt werden. Wesentlich ist auch eine Kosten-Nutzen-Betrachtung. Um die Kosten für eine Verlagerung von Services in die Cloud abzuschätzen, müssen Sie Ihre IT-Infrastruktur und die Anwendungen kennen. Ressourcenhungrige Anwendungen sollten gegebenenfalls nicht mit anderen Anwendungen auf einem gemeinsamen Server laufen. Sie könnten z. B. einen eigenen, aber zentralisiert administrierbaren Server erhalten.

Anwendungen sollten auf ihre Eignung für die Cloud hin geprüft und es sollte ein passendes Cloud-Modell inklusive Anbieter ausgewählt werden. Folgende Fragen stellen sich dabei:

- Wie sieht der Ressourcenbedarf der Anwendung aus? Passt dieser zum Preismodell des Cloud-Dienstes?

  Anwendungen, die auf große Datenbestände zugreifen, werden hohe Storage-Gebühren verursachen, Anwendungen, die rund um die Uhr laufen, hohe Nutzungsgebühren. Achten Sie auf eine geringe Ressourcennutzung, besonders bei Storage.
- Ist es im Cloud-Modell möglich, denselben Cloud-Anbieter für alle Ihrer Anwendungen zu nutzen? Die Zusammenarbeit mit mehreren Anbietern ist teuer und aufwändig. Zudem steigt die technische Komplexität, da die Anbieter z. T. unterschiedliche Plattformen und Standards nutzen. Besonders schwierig wird es, wenn Sie einige Anwendungen noch im eigenen Rechenzentrum betreiben. Finden Sie einen Anbieter, der für die meisten Cloud-fähigen Anwendungen den besten Kompromiss aus Leistung, Kosten und Support-Aufwand bietet.

  Hier müssen auch Lizenzen, Wartung, Installation und technischer Support berücksichtigt werden. Ebenso müssen Sie eingesparte Ressourcen einbeziehen.
- Wie viel kann von Hardware, Betriebssystem, Middleware und Anwendungssoftware vom Cloud-Anbieter übernommen werden? Das übergreifende Systemmanagement und der Support der Endnutzer sollten in Ihren Händen verbleiben.
- Wie behalten Sie die Kontrolle und können die Compliance-, Datenschutz- und Sicherheitsanforderungen sicherstellen? Wie schnell können Sie auf einen anderen Cloud-Anbieter wechseln, falls Sie nicht mehr mit dem Cloud-Anbieter zufrieden sind oder aber dieser nicht mehr leistungsfähig ist? Welche SLAs sind notwendig und sinnvoll? Wie sollten die Verträge aussehen? Wie kann der Cloud-Anbieter die Einhaltung der Compliance-, Sicherheits- und Datenschutzanforderungen nachweisen?

Typische Entscheidungskriterien sind:

- *Total Cost of Ownership (TCO) sowie Return on Investment (ROI)*
  Die Kosten für das Gesamtsystem, bestehend aus Hardware, System- und Anwendungssoftware sowie IT-Betrieb, müssen über einen Zeitraum von einigen Jahren betrachtet und betriebswirtschaftlich bewertet werden.
- *Skalierbarkeit, Performance und Administrierbarkeit*
  Basierend auf Normal- und Grenzlastprofilen muss eine Analyse erfolgen. Steigende und sich ändernde Anforderungen müssen zudem umgesetzt werden, wie Capacity on Demand. Das Gesamtsystem muss mit einem vertretbaren Aufwand administriert und überwacht werden können.
- *Verfügbarkeit und Ausfallsicherheit*
  Das Gesamtsystem aus Hardware, System- und Anwendungssoftware sowie IT-Betrieb muss (24 × 7 × 52) verfügbar und ausfallsicher sein. Dies ist gerade in einer globalisierten Welt unerlässlich.
- *Sicherheit und Datenschutz*
  Das Gesamtsystem aus Hardware, System- und Anwendungssoftware sowie IT-Betrieb muss alle Informationssicherheits- und Datenschutzanforderungen erfüllen.
- *Zukunftssicherheit und Tragfähigkeit*
  Alle Komponenten müssen technisch tragfähig, gewartet, betreibbar und zukunftsfähig sein. Über ein explizites Technologiemanagement muss dies gemanagt werden (siehe Abschnitt 5.6.3).

Hinweis

Datenübertragung und Speicherung in der Cloud stellen erhebliche Anforderungen an die Kommunikationsinfrastruktur. Von daher ist eine Analyse wichtig. Ansonsten können ggf. Projekte ausgebremst werden.

Die für die Cloud geeignetsten Anwendungen zeichnen sich durch begrenzte Datenübertragung aus.

Für Kunden liefert Cloud-Computing folgende Vorteile:

- Bereitstellung bzw. Nutzung von überwiegend standardisierten IT-Leistungen über das Internet,
- weltweiter Zugriff auf Dienste und Daten,
- Skalierbarkeit von Diensten,
- Reduzierung von Lizenz-, Hardware- und Rechenzentrumskosten,
- Einsparung bei Betriebsorganisation und Nutzung professioneller Services ohne eigenen Know-how-Aufbau,
- Abrechnung nach tatsächlichem Verbrauch („pay as you go“).

Es ist damit zu rechnen, dass der Zugang zum Internet und somit zu Cloud-Plattformen in nicht allzu ferner Zukunft komplett kostenfrei zur Verfügung gestellt wird. Es wird somit für ISPs (Internet Service Provider) attraktiv und notwendig, sich neue Geschäftsfelder durch Servicebündel in Ergänzung zu den bisherigen Diensten zu erschließen. Neue digitale Services erschließen hier Potenzial. Viele ISPs bieten inzwischen eigene Cloud-Lösungen an.

5.4 Customer Experience Management

Customer Experience Management ist der Weg zum begeisterten Kunden und zielt darauf ab, den Kunden zu verstehen und mit begeisterten Kundenerlebnissen entlang der Customer Journey übersättigte Märkte zu erobern. Es beinhaltet alle Analyse-, Planungs-, Durchführungs- und Steuerungsprozesse, um die Bedürfnisse der Kunden zu identifizieren und zu erfüllen. Durch positive Kundenerlebnisse über die komplette Customer Journey wird eine emotionale Bindung zum Kunden aufgebaut. Positive Kundenerlebnisse haben natürlich auch eine direkte Wirkung auf Nutzungsintensität und Kaufbereitschaft.

Ziel ist es hierbei, Kunden zu begeisterten Markenbotschaftern zu machen (zufrieden – loyal – begeistert), die aktiv Werbung für die Produkte und Dienstleistungen des Unternehmens über Empfehlung und Mund-zu-Mund-Propaganda machen. Denn nur Kunden, die von einem Unternehmen und dessen Produkten und Dienstleistungen schwärmen, werden Sie aktiv weiterempfehlen. Dies sichert Wettbewerbsvorteile und nachhaltig die Existenz Ihres Unternehmens. Wenn die Kundenerlebnisse über die Kundenerwartung hinausgehen, können diese zum Alleinstellungsmerkmal eines Unternehmens werden.

Customer Experience Management erfordert eine ganzheitliche Strategie. Hierzu wird jede Interaktion zwischen einem Kunden und dem Unternehmen gemonitort, analysiert und soweit möglich begleitet und organisiert. Für die Analyse sind vor allen Dingen die Messung und Überwachung der Kundenzufriedenheit und Kundenbindung essenziell, um die Lücke zwischen den nicht im Detail bekannten Bedürfnissen und Erlebnissen des Kunden zu schließen. Kundenzufriedenheitswerte werden häufig über Umfragen online oder persönlich über klassische oder digitale Kanäle ermittelt. Die Analyse der Kundenbindung ist nicht ganz einfach, da alle Markenkontaktpunkte präzise abgebildet und der Wirkungsnachweis der Maßnahmen erbracht werden müssen. Hier werden häufig neue Befragungsansätze, wie z. B. Life Experience Tracking, genutzt. Diese messen die Markenkontaktpunkte unmittelbar, indem sie Kunden z. B. auf dem Smartphone kontinuierlich begleiten. Wesentlich sind aber auch andere Kontaktpunkte, wie z. B. mit dem Beschwerdemanagement.

Wie können positive Kundenerlebnisse geschaffen werden?

Ein absolutes Muss für positive Kundenerlebnisse sind:

- **Perspektive des Kunden einnehmen**
  Der Kunde und dessen Bedürfnisse müssen im Mittelpunkt stehen. Alle Kundenkontakte über alle Kanäle müssen aus dem Blickwinkel des Kunden heraus betrachtet werden:

  „Was würde sich der Kunde wünschen?“ Wie können wir den Kunden begeistern (siehe Kano-Modell Begeisterungsanforderungen in [Han17])?

- **Absichern, dass Kundenbedürfnisse verstanden wurden**
  Dem Kunden oder Interessenten aktiv zuhören und gegebenenfalls Lösungen anbieten. Häufig bekommt man jedoch das Kundenfeedback nur sehr indirekt. Hier können Sie z. B. Testkäufer engagieren, die einen ungetrübten Blick auf die angebotenen Kundenerlebnisse werfen. Ein anderer Ansatz ist die Lead-User-Methode (siehe Abschnitt 5.1.1).

- **Herauskitzeln von Basis- und Begeisterungsanforderungen (Kano-Modell, siehe [Han17])**
  Häufig werden nur gewünschte Funktionalitäten explizit vom Kunden benannt. Viele Anforderungen, wie Basisanforderungen und Begeisterungsanforderungen, kommen ohne Nachfrage nicht zur Sprache.

  Basisanforderungen, wie z. B. Bremsen beim Fahrrad, führen bei Nichtvorhandensein zu Unzufriedenheit. Sie werden einfach erwartet, aber in der Regel nicht benannt, da als selbstverständlich angenommen. Basisanforderungen müssen daher beim Kunden explizit erfragt werden. Ähnlich verhält es sich mit den Begeisterungsanforderungen, die ein „Leuchten in den Augen des Anforderungsstellers" auslösen. Der Anforderungssteller rechnet nicht mit der Umsetzung, freut sich aber umso mehr und verzeiht auch gegebenenfalls das eine oder andere fehlende Feature und kleine Fehler. Beispiele hierfür sind Sonderausstattungen im Auto oder Rundum-sorglos-Leistungen. So können Sie die Erwartungen der Kunden übertreffen. Dies führt zu einer Steigerung von Kundenzufriedenheit sowie Kundenloyalität.
- **Alle Kundenerlebnisse über alle Kontaktpunkte ganzheitlich betrachten**
  Ein einzelnes positives Kundenerlebnis, zum Beispiel beim Kauf eines Produkts, wird durch unfreundliches Verhalten beim Service überschattet. In Summe bleibt kein uneingeschränkt positives Kundenerlebnis zurück.

  Kundenorientierung muss Teil der Unternehmenskultur, der Lean Kultur werden (siehe Abschnitt 5.1.3).

Nutzen des Customer Experience Management (CEM)

- Erhöhung Kundenloyalität und Kundenzufriedenheit, da Kundenbedürfnisse befriedigt werden
- Langfristige und nachhaltige Kundenbindung
- Reduktion von Reklamationen und Beschwerden
- Kunde als Markenbotschafter
- Kunde als Vertrieb (aktive Empfehlung durch den Kunden)
- Positiver Netzwerkeffekt durch z. B. positive Kundenbewertungen auf digitalen Plattformen
- Abhebung von Wettbewerbern
- Höhere Zahlungsbereitschaft des Kunden

Höherer Umsatz

Wie können Sie das Customer Experience Management aufbauen?

Auch hier ist ein agiles, schrittweises Vorgehen gefragt. In jeder Iteration sind folgende Schritte notwendig:

1. **Identifikation und Priorisierung der Kundenerlebnisse aus Sicht der Zielkunden**

   Zunächst muss sichergestellt werden, dass alle Zielkunden und deren Touchpoints identifiziert wurden. Dies erfolgt in der Regel im Kontext der digitalen Strategieentwicklung (siehe Abschnitt 1.3) beziehungsweise der Geschäftsmodellentwicklung (siehe

Abschnitt 5.2). Häufig wurden aber einige Kontaktpunkte, wie z. B. Beiträge und Rezensionen auf diversen Portalen und in den sozialen Netzwerken, noch nicht vollständig berücksichtigt.

Alleine aus diesen Ergebnissen kann bereits ein Ist- und Soll-Abgleich erfolgen, aus dem sich erste mögliche Anforderungskandidaten ableiten lassen (z. B. neue Kanäle).

Nehmen Sie nun die Perspektive des Kunden ein und ergründen Sie seine Bedürfnisse und den Match zu Ihren Produkten und Dienstleistungen. Nehmen Sie seine Erlebnisse mit allen Ihren Produkten und Dienstleistungen wahr und notieren Sie diese. Wo werden seine Erwartungen getroffen, wo reagiert er begeistert oder aber nicht. Bilden Sie auch den Saldo.

Hier können Sie zudem Methoden nutzen, um z. B. Präferenzen von Kunden zu identifizieren. Beispiele sind direkte Umfragen im Kundenkreis, Feedback-Bögen, Testkäufer, die Lead-User-Methode sowie die Emotionskurve.

Die Emotionskurve zeigt, welche Emotionen an welchen Kontaktpunkten der Customer Journey beim Kunden ausgelöst werden. Da Emotionen ab einer gewissen Intensität das Verhalten modifizieren, müssen die Zusammenhänge zwischen den dominanten Emotionen und dem Kundenverhalten verstanden werden. So kann der Grad der Zufriedenheit (von vollkommen unzufrieden bis begeistert) ermittelt werden. Die Customer Journey muss so gestaltet sein, dass negative Emotionen minimiert und die Begeisterung maximiert werden. Dies ist essenziell, da der Kunde sich an die letzten Kundenerlebnisse und die damit empfundenen Gefühle stark erinnert. Dies ist der Ankerwert für seine Zufriedenheit mit dem Unternehmen. Daher sollte die Emotionskurve niemals fallen. Der Kunde bewertet zurückliegende Erlebnisse positiver, wenn sein letztes Gefühl begeisternd war.

Nur begeisternde Erlebnisse zu schaffen, ist jedoch nicht zielführend. Kunden müssen einzelne Ereignisse als hervorstechend empfinden, um sie als etwas Besonderes wahrzunehmen. Auf diese Erlebnisse und Kontaktpunkte sollte sich das Unternehmen konzentrieren. Dies liefert eine Priorisierung der positiven Kundenerlebnisse.

2. **Identifikation von Handlungsfeldern und Maßnahmenplanung**

   Analysieren Sie das Veränderungspotenzial, um die priorisierten positiven Kundenerlebnisse zu erreichen. Umgekehrt müssen aber auch die Vermeidungsmöglichkeiten der negativen Erlebnisse analysiert werden.

   Für die Lösungsfindung und Maßnahmenplanung können Methoden aus dem Enterprise Architecture Management (siehe Abschnitt 5.6) und Demand Management (siehe Abschnitt 5.7) eingesetzt werden. Wesentlich ist das Potenzial (siehe voriger Punkt) der Kundenerlebnisse. Legen Sie zudem Kennzahlen und Indikatoren für die Erfolgskontrolle fest.

3. **Umsetzung und Erfolgskontrolle**

   Integrieren Sie die Maßnahmenplanung in die Investitionsplanung und steuern Sie die Umsetzung. Holen Sie mittels Lean Startup und MVP (siehe Abschnitt 5.2.2) ein schnelles Feedback von Schlüsselkunden ein.

   Nutzen Sie die Kennzahlen und Indikatoren für die Erfolgskontrolle.

   Beispiele für Indikatoren sind die Newsletterabbestellungen, Neukundenquote, Reklamationsquote, Kundenzufriedenheitsindex oder der Net Promoter Score (Wahrscheinlichkeit für eine Weiterempfehlung).

Customer Experience Management hilft „das Richtige zu tun“ und dies möglichst schnell zu erkennen. Dies wird gerade in der schnelllebigen Zeit der Digitalisierung immer wichtiger. Ziel ist es, eine Marke mit positiven Werten zu verknüpfen. Die Mitarbeiter des Unternehmens entscheiden auch hier letztendlich, ob dies gelingt. Nur, wenn sie den Kunden überzeugen und begeistern, springt der Funke über. Kompetenz und Leidenschaft sind gefragt.

Gamification ist in diesem Kontext ein interessanter Ansatz, mit dem Ziel, beim Nutzer eine Verhaltensänderung durch Motivation zu bewirken. Hierzu werden bei der Gamification spieltypische Elemente und Vorgänge in einen spielfremden Zusammenhang übertragen und der Spieltrieb des Anwenders ausgenutzt. Bei eher langweiligen und eintönigen Tätigkeiten, wie z. B. der Teilnahme bei einer Survey, werden die Anwender durch Gamification-Elemente motiviert, die Aufgabe fertigzustellen. Beispiele sind hierfür eine Fortschrittsanzeige, über Rückmeldungen, Belohnungssysteme, Auszeichnungen, Ranglisten oder weitere visuelle Elemente.

Beispiele in der Praxis sind Gewinncodes auf Flaschenverschlüssen oder Verpackungen, Bonusstempelkarten (zehnmal gestempelt und ein Kaffee ist frei), kostenlose Sammelbildchen in Schokoriegeln oder Treue- und Bonuskarten von Bekleidungs- oder Elektronikshops. Der Kunde wird bei verschiedenen Aktionen belohnt, wie z. B. „Prime-Day“ bei Amazon oder Rabatte zum Geburtstag.

Wichtige Beispiele für Gamification sind:

- **Fortschrittsanzeige** durch z. B. Prozentangabe oder visuelle Elemente: Zu jedem Zeitpunkt lässt sich klar erkennen, wie weit man im Prozess vorangeschritten ist. Hierdurch wird die Motivation erhöht, die Arbeit zu Ende zu führen.
- **Belohnungssysteme** durch z. B. ein Punktesystem und High Scores: rasche Rückmeldung an den Benutzer, wenn sich sein Ranking verändert.
- **Feedback und Anerkennung:** Erfolgsanreiz für Nutzer durch einen ständigen Aufgabenstrom, eine niedrige Einstiegsschwelle und einen langsam steigenden Schwierigkeitsgrad mit kontinuierlichem Feedback setzen. Wichtig ist hier die Kopplung zwischen Aufgabenschwierigkeit und Kompetenzniveau, um die Motivation der Nutzer konstant hoch zu halten.
- **Teamaufgaben und Missionen:** Förderung der Zusammenarbeit im Team durch z. B. Aufgaben, bei denen Teammitglieder gemeinsam Punkte sammeln und auf ein Ziel hinarbeiten.

5.5 Datenmanagement

Daten sind der Rohstoff des 21. Jahrhunderts und die Grundlage für die horizontale und vertikale Vernetzung sowie für Business-Analytics und Machine Learning. Digitale Unternehmen sind datengetrieben und datengesteuert. Es geht insbesondere darum, Mehrwert aus Daten zu ziehen. Daten können die klassischen Transaktionsdaten, aber auch Daten von Sensoren, technischen Log-Dateien bis hin zu Social Media umfassen. Schnell und flexibel Nutzen aus diesen Daten zu ziehen, ist ein Wettbewerbsfaktor im digitalen Verdrängungswettbewerb.

Prinzip „Data as an Asset“

Die Steuerung der digitalen Transformation hängt wesentlich von der Qualität und Konsistenz der zugrunde liegenden Daten ab sowie davon, wie schnell und flexibel die benötigten Informationen bereitgestellt werden können.

Unzureichendes Datenmanagement ist ein Risiko, z. B. für die Umsetzung der Anforderungen des Datenschutzes und der Informationssicherheit sowie für den zuverlässigen Geschäftsbetrieb. Eine mangelhafte Datenqualität und Datentransparenz verursachen zudem hohe Kosten und lassen manche strategische Chance verstreichen. Daten, insbesondere Stammdaten, sind die Grundlage für die Planung, Steuerung und Ausführung der Geschäftsprozesse. Für die Digitalisierung sind sie erfolgsbestimmend. Aus den großen Datenmengen, z. B. im Social-Media-Kontext, müssen die wesentlichen Informationen für die Geschäftsmodellweiterentwicklung abgleitet werden. Ansonsten besteht die Gefahr, dass geschäftskritische Informationen zu Kunden- oder Wettbewerberverhalten sowie Material- und Informationsflüssen übersehen werden. Hieraus kann erheblicher wirtschaftlicher Schaden entstehen, da z. B. Cross-Selling-Potenzial nicht erkannt wird. Informationsinseln sind ein Handlungsbedarf und ein Quell für Inkonsistenzen und manuellen Bereinigungsbedarf. Das nachträgliche Bereinigen von Daten ist im Vergleich zu qualitätssichernden Maßnahmen um den Faktor 5–10 teurer.

Datenmanagement umfasst das Planen, Gestalten, Überwachen und Steuern der Verwendung, Verteilung und Kommunikation von Informationen in Organisationen zur Erreichung strategischer Ziele.

Datenmanagement

Das Datenmanagement umfasst die Menge aller organisatorischen, fachlichen, methodischen und technischen Konzepte und Verfahren mit dem Ziel,

- die Daten für einen zuverlässigen Geschäftsbetrieb bereitzustellen,
- die optimale Nutzung von Daten zu gewährleisten und
- eine angemessene Datenqualität, Datenschutz und Informationssicherheit zu gewährleisten.

Jeder Stelle im Unternehmen müssen alle relevanten Informationen zum richtigen Zeitpunkt, am richtigen Ort und in der für den Verwendungszweck erforderlichen Qualität zur Verfügung stehen.

Über das Datenmanagement werden die Datenqualität, die Datenverfügbarkeit und die Datennutzung gesteigert, um Mehrwert aus Daten zu heben. Insbesondere wird folgender Nutzen generiert:

- **Grundlage für eine erfolgreiche digitale Transformation**
  360°-Sicht auf den Kunden und das Unternehmen bereitstellen, um Mehrwert für Vertriebs- und Marketingaktionen zu liefern, maßgeschneiderte Produkte und Services mit Kundenwert zu gestalten und den Geschäftsbetrieb abzusichern und zu optimieren sowie die Auswirkungen von Veränderungen transparent zu machen.

- **Umsetzung der Cloud-Strategie**
  Datenmanagement ist Voraussetzung für die sichere und datenschutzkonforme Umsetzung der Cloud-Strategie. Mithilfe des Datenmanagements kann die Fragestellung „Welche Daten liegen in welcher Cloud?" beantwortet werden.
- **Planungs- und Entscheidungsunterstützung durch Business-Analytics**
  Beliebige Daten schnell und einfach verknüpfen und für Analysen nutzbar machen, um alle relevanten Informationen zum richtigen Zeitpunkt, am richtigen Ort und in der für den Verwendungszweck erforderlichen Qualität zur Verfügung zu stellen. Vertrauenswürdige, konsistente und vollständige Daten und nachvollziehbare Kennzahlen bilden die Grundlage für fundierte Entscheidungsvorlagen.
- **Prozesseffizienz**
  Datentransparenz ist wesentlich für die Erkennung und Beseitigung von Datenredundanzen sowie für die End-to-end-Optimierung und Automatisierung der Geschäftsprozesse. Durch Beseitigung von Redundanzen verringert sich der Aufwand für die manuelle Pflege sowie die Bereinigung inkonsistent gepflegter Daten. Die Datenqualität und Prozesseffizienz steigen, da unnötige Aufgaben für z. B. manuelle Datenbereinigung entfallen.
- **Kosteneinsparung**
  Kosteneinsparung durch Beseitigung von Datenredundanzen, Harmonisierung der Geschäftsprozesse und Automatisierung der Geschäftsprozesse entlang der horizontalen und vertikalen Wertschöpfungsketten.
- **Business Continuity**
  Eine hohe Datenqualität garantiert Unternehmen den reibungslosen Ablauf der Geschäftsprozesse und ist die Basis für einen zuverlässigen Geschäftsbetrieb.
- **Risikominimierung**
  Datentransparenz ist wesentlich für die Risikominimierung im Hinblick auf die Nichterfüllung von Datenschutz- und Informationssicherheitsanforderungen (u. a. Vertraulichkeit, Verfügbarkeit, Integrität, Authentizität). So können Vertragsverletzungen und Haftungsschäden reduziert werden. Die neue EU-Datenschutzgrundverordnung (EU-DSGVO) setzt im Jahr 2018 europaweit hohe Anforderungen. Datenmanagement ist die Voraussetzung für eine erfolgreiche Umsetzung.

Für die erfolgreiche digitale Transformation müssen Unternehmen schnell entscheiden und agil umsetzen, um mit einem Zeitvorsprung vor dem Wettbewerb neue Produkte und Dienstleistungen auf den Markt zu bringen. Das Datenmanagement wird hier zunehmend zum Erfolgsfaktor, um neue Produkte und Dienstleistungen maßgeschneidert auf die Kundenanforderungen und das Leistungsvermögen des Unternehmens zu konzipieren und bereitzustellen. Die Fähigkeit, aus den vorhandenen Daten Mehrwert zu ziehen, ist entscheidend. Massendaten aus Messdaten, Kommunikationsdaten, Echtzeitdaten von Sensoren aus dem Internet of Things (IoT), Analyse- und Monitoring-Daten, operativen IT-Systemen, Datawarehouse-Lösungen oder anderen Quellen, wie das Internet und Daten von Geschäftspartnern stehen zur Verfügung. Aus den Daten müssen die richtigen Rückschlüsse gezogen, Innovationen gestartet und gleichzeitig die Wertschöpfungskette optimiert werden. Erkenntnisse und Entscheidungen, die sich aus Informationen und den hierzu genutzten Daten erzeugen lassen, stellen einen Wettbewerbsvorteil dar. So ist die Analyse des Kundennutzungsverhaltens maßgeblich für die Weiterentwicklung neuer Produkte.

Immer mehr Unternehmen haben zwar die Bedeutung des Datenmanagements erkannt. Es besteht aber eine große Diskrepanz zwischen Anspruch und Wirklichkeit. Nicht immer ist die Datenverwendung, wie z. B. Masterschaften, und der Informationsfluss zwischen Applikationen klar. Durch Datenredundanzen und Inkonsistenzen entstehen hohe Aufwände z. B. für Datenkonsolidierung. Zudem bilden sich Informationssicherheitsrisiken. Gerade in der schnelllebigen Zeit der Digitalisierung mit permanenten Produktinnovationen und gleichzeitig „einfachen" Cloud-Lösungen entstehen in kürzester Zeit weitere Insellösungen, die im Nachhinein in die zentralen Systeme integriert und aktiv gemanagt werden müssen.

So steigen die Komplexität der IT-Landschaft und auch das Risiko im Kontext von Cyber-Security. Ein Beispiel sind Services in der Cloud, die einfach und auch vom Fachbereich ohne Mitwirkung und lästige Abstimmung mit der IT genutzt werden können. Nicht selten werden dabei unternehmenskritische Daten veröffentlicht, ohne dass die Auswirkungen transparent sind. Oder aber es werden Insellösungen aufgebaut, die nachträglich von der IT mit großem Aufwand mit anderen Systemen zu integrieren sind, da die Lösungen nicht ohne Daten aus anderen Systemen arbeitsfähig sind. Eine Cloud-Strategie fehlt häufig und so stellt eine hybride IT-Umgebung mit Cloud und On-Premise die Unternehmen vor ganz neue Herausforderungen.

Wie können Sie die Herausforderungen des Datenmanagements bewältigen? Schauen wir uns hierzu das Datenmanagement und Best-Practices etwas näher an.

5.5.1 Herausforderung 360°-Sicht auf Kunden und das Unternehmen

Für einen nachhaltigen Unternehmenserfolg ist eine möglichst positive „Customer Experience", die Summe der Erfahrungen eines Kunden mit dem Unternehmen, immanent wichtig. Zufriedene Kunden führen zu einer größeren Verbreitung der Produkte und Dienstleistungen des Unternehmens und sind entscheidend, um dauerhaft als Marke und Unternehmen erfolgreich zu sein.

Hierzu muss das Unternehmen seine Kunden, deren Bedürfnisse und deren Feedback zu Produkten und Dienstleistungen des Unternehmens kennen. Daten aus den unterschiedlichsten Quellen müssen analysiert werden und als Input für die Weiterentwicklung des Geschäftsmodells genutzt werden. Beispiele sind hierbei das Klickverhalten auf Internetseiten, die Analyse aller Daten zu einem Kunden von Akquise- bis Beschwerdeinformationen oder direkte Feedbacks zu Produkten, die z. B. über Lean-Startup-Techniken schnell dem Kunden zur Verfügung gestellt werden.

Diese 360°-Sicht auf den Kunden muss neben innovativen Ideen in die Gestaltung neuer Produkte und Dienstleistungen einfließen, um den Kunden Mehrwert zu liefern. Gleichzeitig muss aber das Business Outcome ganzheitlich betrachtet werden. Dies schließt Effizienz und damit wirtschaftliche Aspekte ebenso wie die Gewährleistung eines sicheren und zuverlässigen Geschäftsbetriebs sowie eine nachhaltige Daten- und Servicequalität mit ein (siehe Bild 5.36).

Für die Umsetzung sind angemessene Methoden und Technologien und eine schlanke handhabbare Daten-Governance erfolgsentscheidend.

Von besonderer Bedeutung sind eine klare Datenstrategie und Prinzipien als Leitplanken und Orientierungshilfen für Projekte und den laufenden Geschäftsbetrieb. Beispiele hierfür sind

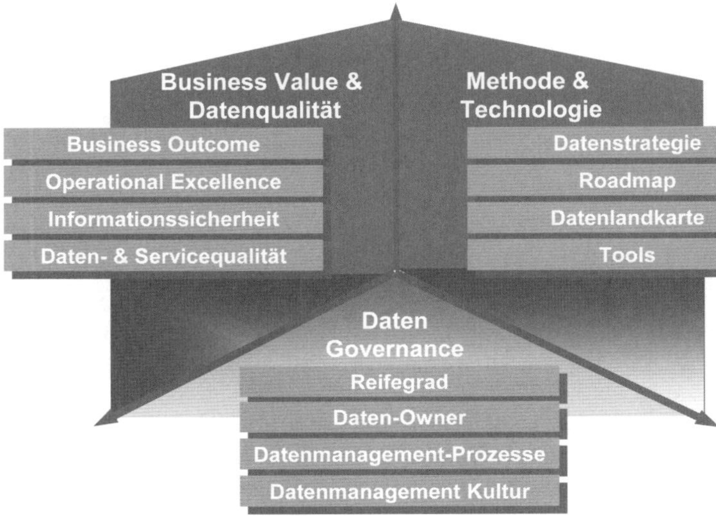

Bild 5.36 Aspekte des Datenmanagements

„Data as an asset", „Klare Verantwortlichkeit für Kennzahlen sowie Stamm- und Bewegungsdaten" oder die fachliche Clusterung von DWHs. Jeder Mitarbeiter muss sich angesprochen und zuständig fühlen.

Tool-Standards für alle Bereiche des Datenmanagements, wie z. B. Reporting, DWH, ETL und Big Data, geben gepaart mit Referenzarchitekturen weitere Leitplanken vor und helfen, die Komplexität und Kosten zu reduzieren sowie die Qualität durch professionalisierte Teams zu erhöhen.

Für die Planung und Steuerung des Datenmanagements ist eine Übersicht essenziell, die z. B. über ein fachliches Objektmodell (siehe [HGG15]) und grobgranulare Kerngeschäftsobjekte erzeugt werden kann. Zudem ist Transparenz über die Datenverwendung in Applikationen und in Geschäftsprozessen wichtig, um Abhängigkeiten und Auswirkungen von Veränderungen zu erfassen.

5.5.2 Datenlandkarte

Datentransparenz bildet die Grundlage, um Mehrwert aus den Daten zu heben. Hierzu müssen insbesondere die richtigen Granularitäten gewählt werden, damit das Datenmanagement handelbar wird. Deshalb wird hier unterschieden zwischen folgenden Granularitäten:

- **Kerngeschäftsobjekte (kurz KGO)** sind fachliche Gruppierungen (Zusammenfassungen) von Geschäftsobjekten. Häufig werden diese top-down aus Kernanforderungen und der Strategie abgeleitet. Beispiele: „Kunde" oder „Auftrag".

  Die Anzahl der Kerngeschäftsobjekte im Unternehmen ist sehr beschränkt. Normalerweise sind dies deutlich weniger als 30. Für alle Kerngeschäftsobjekte gibt es klar festgelegte Beschreibungen.

- **Geschäftsobjekte (kurz GO)** sind konsolidierte, fachlich abgestimmte Begriffe.
  Ein Geschäftsobjekt ist ein abgestimmter, fachlicher Begriff für abstrakte oder konkrete Objekte, die in engem Zusammenhang mit der Geschäftstätigkeit des Unternehmens stehen. Beispiele: „Interessent" oder „Fertigungsauftrag".

  Die Anzahl der Geschäftsobjekte sollte deutlich kleiner als 100 sein.
- **Informationsobjekte (kurz IO)** sind applikationsspezifische Daten.
  Informationsobjekte werden von Applikationen auf unterschiedliche Art (z. B. CRUD, C-CREATE, R-READ, U-UPDATE, D-DELETE) genutzt oder über Schnittstellen ausgetauscht. Sie konkretisieren die Daten für einen spezifischen Kontext. Beispiel: „SystemA_Kundendetaildaten".

  Die Anzahl der Informationsobjekte kann sehr groß werden. Zudem können unterschiedliche IO mit eigentlich gleicher Semantik vorhanden sein, da die Konsolidierung auf dieser Ebene schwierig ist.

In Bild 5.37 finden Sie alle wesentlichen Bestandteile, um Datentransparenz herzustellen. Dies sind insbesondere:

- **Glossar:** klar definierte Semantik für alle Geschäftsobjekte.
- **Fachliches Objektmodell:** Beschreibung der Abhängigkeiten und Beziehungen zwischen den Geschäftsobjekten.
- **Dokumentation der Verwendung von Informationen durch CRUD-Matrizen** (C-CREATE, R-READ, U-UPDATE, D-DELETE) sowohl für Geschäftsprozesse (kurz GP) und Business Capabilities (kurz BC) als auch für Applikationen. Bei Systemen ist zudem die Angabe der Masterschaft für die Erkennung von Redundanzen und Optimierungspotenzial wichtig.
- **Dokumentation der Verteilung von Informationen** mithilfe klar definierter APIs (Application Programming Interface) sowie des Informationsflusses zwischen Systemen.

Für weitere Informationen zu den Modellen sei auf [HGG15] verwiesen.

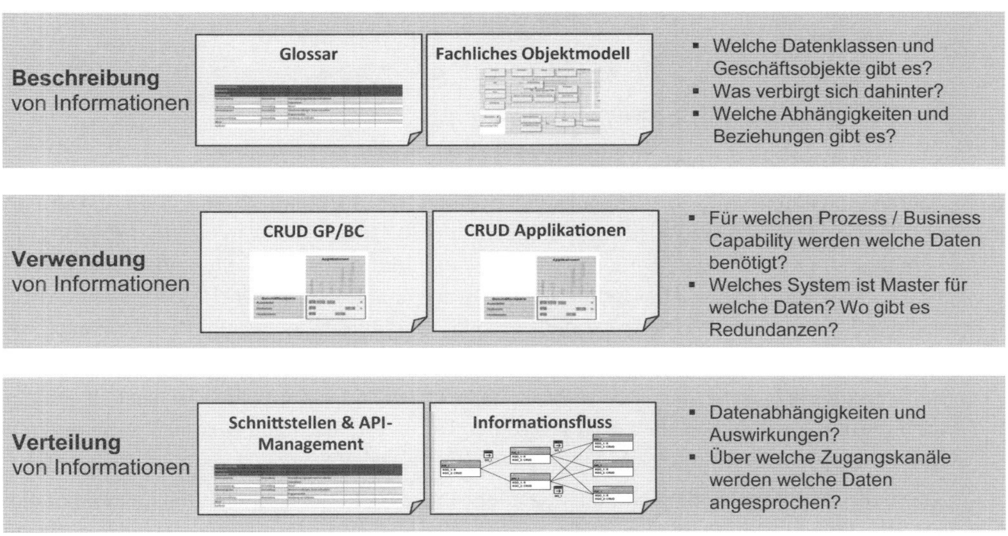

Bild 5.37 Elemente einer Datenlandkarte

5.5.3 Datenmanagement-Reifegradmodell

Um Datenmanagement in der Organisation zu verankern, ist eine adäquate handhabbare Daten-Governance unabdingbar. Ausgangspunkt hierfür ist eine realistische Einschätzung der aktuellen Ausgangslage. Hierfür ist eine Reifegrad-Analyse durchzuführen. In Bild 5.38 sind die betrachteten Dimensionen des Datenmanagement-Reifegradmodells abgebildet.

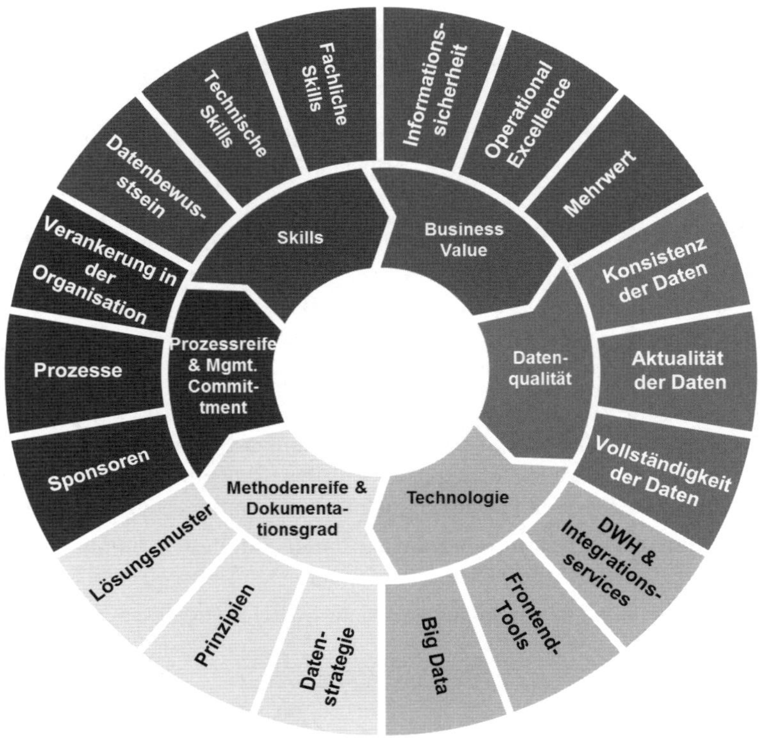

Bild 5.38 Dimensionen des Datenmanagement-Reifegradmodells

Eine realistische Einschätzung des Reifegrads ist essenziell, um adäquate Rollen und Datenmanagement-Prozesse festzulegen. In Bild 5.39 und Bild 5.40 finden Sie die Stufen des Reifegradmodells sowie Hilfestellungen für die Selbsteinschätzung des Reifegrads. Eine Reifegradstufe ist erreicht, wenn alle Aspekte der vorhergehenden Reifegradstufe abgehakt sind. Schrittweise kann so der Reifegrad erhöht werden. In einem Schritt kann maximal die nächste Reifegradstufe erreicht werden. Mit jeder Reifegradstufe nimmt der Mehrwert aus Daten zu.

Der Ist-Reifegrad wird in der Regel über ein Assessment der Ausgangslage festgestellt. Zudem wird der angestrebte Soll-Reifegrad festgelegt. Durch einen Ist-Soll-Abgleich können dann Handlungsfelder bestimmt und Maßnahmen dafür abgeleitet werden.

Durch die Verankerung der Datenmanagement-Prozesse in der Organisation bekommen Sie das Datenmanagement, gepaart mit einem gesteuerten Veränderungsprozess Ihrer Kultur in Richtung einer offenen Leistungs- und Fehlerkultur, zum Fliegen.

	Initial - „Informations-inseln“	Ansatzweise - „Problemlöser“	Fortgeschritten - „Effizienz-steigerung“	Durchgängig - „Strategie-partner“	Nachhaltig - „Business-Innovator“
Business-Value	Problemfälle mit z.T. manuellen Lösungen	Geschäftsbetrieb sichergestellt	Effizienzgewinne & Informationssicherheit & bereichsübergreifende Synergien	Operational Excellence & Entscheidungs-sicherheit	Mehrwert aus Daten, wie z.B. Kunden-Informationsservices oder Verkauf von Informationen
Datenqualität	Redundanzen, Inkonsistenzen & z.T. fehlende Aktualität	Lokale Datenqualitäts-lösungen	Definiertes semantisches Modell & Redundanzen teilweise beseitigt	Etabliertes konsistentes semantisches Modell	Semantisches Modell ist Grundlage für alle Informationsservices & Information Excellence
Technologie	Fehlende Standards	Technologie-Festlegung für Projekte	Technische Vorgaben/ BI-Referenzarchitektur für DWH, ETL, Front-End-Tools und Big Data	Datenmanagement Referenzarchitektur festgelegt und projekthaft umgesetzt	Datenmanagement Referenzarchitektur etabliert
Methodenreife & Dokumentations-grad	Problem-bewusstsein nicht vorhanden	erste Probleme erkannt; noch keine Datenstrategie	Datenstrategie & erste Prinzipien & Lösungsansätze	Prinzipien & Lösungsmuster vorhanden – teilweise umgesetzt	Agile Anpassung der Methoden entsprechend der Erfordernisse
Prozessreife & Management-Committment	kein Sponsor & keine definierten Prozesse	Erste Sponsoren & Projekthafte Umsetzung (Projektfokus)	Sponsor aus dem Management, Daten Stewards & Datenmanagement-Prozesse	Management-Committment & Integration in Prozesse erfolgt	Aktive Förderung durch Management & Integration in Prozesse etabliert
Skills	Kein explizites Skill-Management für Datenmanagement	Datenqualitäts-bewusstsein & erforderliches Know-how für Projekte	BI-Team mit Expertise in BI-Referenzarchitektur	Fachliche Lösungs-Skills für die Datenmanagement Referenzarchitektur	Lernende Organisation & explizites Innovations-management

Bild 5.39 Maturity Level des Reifegradmodells

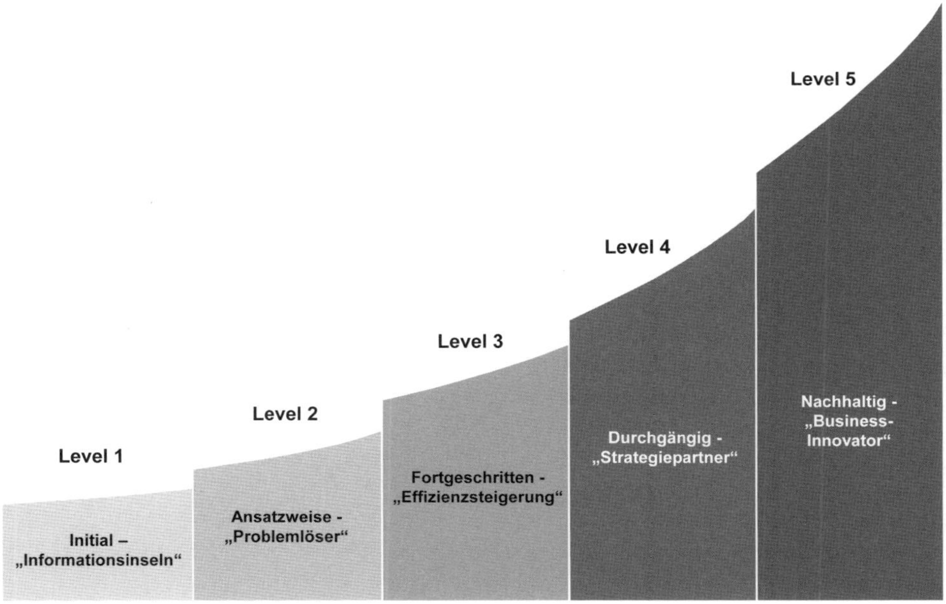

Bild 5.40 Stufen im Reifegradmodell

5.5.4 Datenmanagement-Ebenen

Datenmanagement ist ein wesentliches Instrument für die nachhaltige Steigerung des Unternehmenserfolgs, da nur so die relevanten Informationen zum richtigen Zeitpunkt für Entscheidungen, Planungen und den Geschäftsbetrieb zur Verfügung stehen.

Für alle Ebenen des Datenmanagements (siehe Bild 5.41) müssen Methoden und Technologien bereitgestellt werden:

- **Ebene Quellsysteme** (OLTP-Systeme)
  Essenziell: Festlegung der Verwendung und Masterschaften (führende Systeme) für Geschäftsobjekte (Datenlandkarte)
- **Datenversorgung**
  Essenziell: sichere und qualitativ hochwertige Datenlogistik mit ETL- und Qualitätsservices inklusive der Anreicherung von Daten und Master- und Meta-Datenmanagement
- **Business-Intelligence-Datenhaltung**
  Essenziell: definiertes semantisches Modell mit u. a. zeitlicher/historischer Betrachtung sowie transparenter Herleitung von KPIs und BI-Referenzarchitektur
- **Informationsservices**
  Essenziell: 360°-Sicht und maßgeschneiderte, auf die individuellen Bedürfnisse zugeschnittene Sichten bereitstellen. Hierzu werden aufbereitete Daten auf der Basis eines definierten semantischen Modells und Endbenutzer-Werkzeuge und -Tools für Reporting, Dashboards, Decision Support, interactive Analysis, OLAP Analysis & Data Exploration sowie Big Data Tools genutzt.

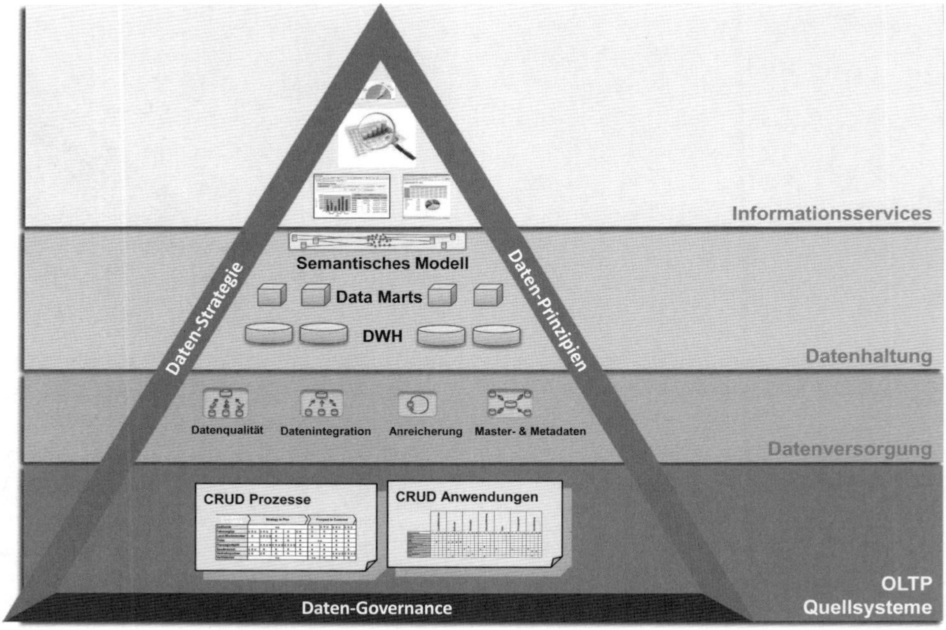

Bild 5.41 Datenmanagement-Ebenen

So liefert Datenmanagement sowohl Transparenz im Geschäftsbetrieb als auch tiefe Einblicke in die für Entscheidungen relevanten Fragestellungen. Wichtig sind hierbei:

- einfache und flexible sowie für Endanwender geeignete Aufbereitungsmöglichkeiten von Analyseergebnissen,
- einfacher Zugriff auf traditionelle und neuartige Datenquellen aus dem Unternehmen oder von Geschäftspartnern sowie Daten in Echtzeit, während der Kunde mit dem Unternehmen interagiert,
- Unterstützung der Data Analytiker (häufig Data Scientists genannt) durch fortgeschrittene Analysemethoden z. B. im Big-Data-Umfeld oder Prognoseverfahren,
- Big oder Smart Data, um z. B. auf den Kunden oder Produkte bezogene Daten zu identifizieren, zu interpretieren und zu nutzen,
- hohe Datenqualität in den Quellsystemen und hierfür systematische Methoden für die Datenbereinigung und Qualitätssteigerung, die Datenbereinigung beginnt dabei mit dem Verstehen der Daten,
- Übergreifendes semantisches Modell für Konsistenz und Transparenz zur Beantwortung von Fragen, wie:
  - „Woher stammen die Daten?“,
  - „Welche Qualität haben sie?“,
  - „Was für Daten wurden genutzt und wo sonst wurden sie noch verwendet?“,
  - „Wie wurden die Daten transformiert?“,
  - „Welche Berichte oder Informationsservices nutzen diese Daten?“

So können z. B. Marketing- und Werbekampagnen perfekt auf die Zielgruppe zugeschnitten und damit ein besseres „Business Outcome“ geliefert oder teure Entwicklungen in die falsche Richtung vermieden werden. „Saubere“ Daten sind die Erfolgsgrundlage.

Transparenz über die Datenverwendung ist wiederum die Voraussetzung für das Aufräumen. Diese Transparenz ist daher häufig ein erster Schritt bei der Einführung des Datenmanagements.

5.5.5 Vorgehen für die Einführung und Verankerung vom Datenmanagement

In Bild 5.42 finden Sie ein systematisches Vorgehen für die Einführung und Verankerung vom Datenmanagement.

Alleine die Erstellung der Datenlandkarte mit fachlichem Objektmodell sowie CRUD-Tabellen für das Aufzeigen der Datenverwendung sowie Informationsflüssen ist nicht ganz einfach. Die historisch gewachsene IT-Landschaft muss erst im Zusammenspiel mit fachlichen und technischen Strukturen verstanden werden. So muss es z. B. einen „Single Point of Truth“ für Applikationen und Geschäftsprozesse geben. Dies wird häufig über das Enterprise Architecture Management (siehe Abschnitt 5.6) aufgebaut.

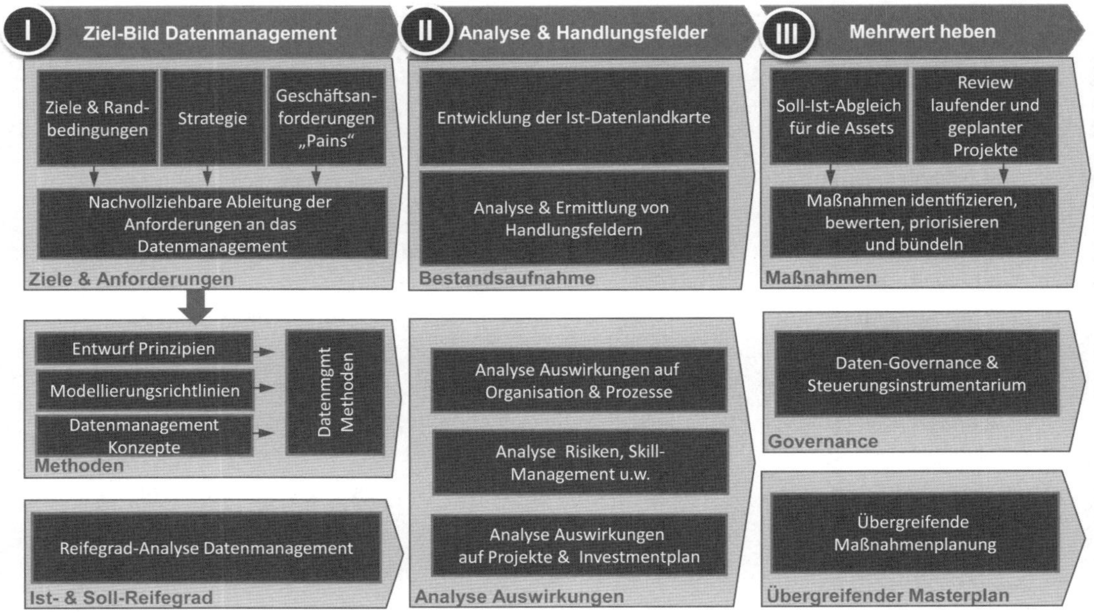

Bild 5.42 Vorgehen für die Einführung und Verankerung eines Datenmanagements

Erfolgsfaktor Datenmanagement

Daten sind der Rohstoff des 21. Jahrhunderts. Durch die digitale Fähigkeit des Datenmanagements wird der Wert gehoben. Hierzu muss der Business Outcome klar identifiziert werden, um die „Customer Experience“ und damit nachhaltig den Unternehmenserfolg zu steigern. Grundvoraussetzung sind angemessene Methoden und Technologien und eine schlanke handhabbare Daten-Governance.

Angesichts der fundamentalen Veränderungen in der digitalen Transformation kommt es darauf an, das eigene Unternehmen rechtzeitig für die Anforderungen von morgen fit zu machen. Ein systematisches Datenmanagement ist hierfür ein Erfolgsfaktor. ■

5.5.6 Organisatorische Verankerung des Datenmanagements

Das Datenmanagement kommt erst zum Fliegen, wenn es in der Organisation verankert ist. Wesentlich sind hierzu die in Bild 5.43 dargestellten Elemente:

- Die **Datenstrategie** gibt eine Vision und Leitplanken, wie z. B. Prinzipien, vor. Zudem beinhaltet diese eine Roadmap, um Daten in Mehrwert zu verwandeln.
- Die **Informationsarchitektur** beschreibt sowohl die Ist- als auch die Soll-Datenlandkarte, wie in Abschnitt 5.5 beschrieben. Durch Musterarchitekturen und Musterlösungen werden Standards sowie Leitlinien für die Umsetzung gesetzt.

- Durch die **Data-Governance** werden die Datenqualität sowie die Datennutzung und -verwertung sichergestellt. Hierzu müssen sowohl die Administration, Konsolidierung und Verteilung sowie Aspekte der Informationssicherheit und des Datenschutzes adressiert werden. Wesentlicher Bestandteil der Data Governance sind Rollen mit klar festgelegten Aufgaben, Verantwortlichkeiten und Kompetenzen sowie Datenmanagement-Prozesse und Gremien.

Bild 5.43 Wesentliche Elemente im Datenmanagement

Data Governance in der Praxis

Idealerweise werden viele der Datenmanagement-Aufgaben in vorhandene Prozesse, wie z. B. im Prozessmanagement, Business Capability Management oder Demand Management, integriert, d. h., bestehende Rollen und Gremien übernehmen Durchführungs- bzw. Steuerungsaufgaben. Wenn z. B. ein Prozess-Board bereits etabliert ist, eignet sich dieses als übergreifendes Gremium für das Datenmanagement.

Wichtig sind beim Datenmanagement-Gremium Durchsetzungskraft und fachliche Expertise für die Planung und Überwachung des Datenmanagements. ■

Wesentlich sind insbesondere folgende Rollen und Verantwortlichkeiten (siehe Bild 5.44):

- **Informationsarchitekt** ist übergreifend verantwortlich („Responsible“) für die aktuelle und zukünftige Informationsarchitektur. Er konsolidiert übergreifend die Informationsbebauung und entwickelt Methoden und Verfahren für das Stammdatenmanagement und Datenmanagement inklusive der Steuerung der Datenqualität. Der Informationsarchitekt hat einerseits kontinuierliche Konsolidierungs-, Planungs- und Steuerungsaufgaben. Andererseits liefert er Informationsservices für z. B. die Geschäftsmodellentwicklung und digitale Strategieentwicklung. Außerdem erstellt er z. B. Referenzdatenmodelle gemeinsam mit dem Data Scientist für Business Analytics. Er ist der Kopf des virtuellen Teams der Daten-Owner. Informationsarchitekten sind in der Regel zentral im Enterprise Architecture Management (siehe Abschnitt 5.6) angesiedelt.
- **Data Steward**

  Data Stewards sind die Treiber der Datenqualität. Sie sensibilisieren für eine Datenkultur und Datenqualität. Sie führen z. B. Schulungen diesbezüglich durch und zeigen die Auswirkungen von fehlender Datenqualität auf. Sie stellen für Kerngeschäftsobjekte, wie z. B. Kundendaten, die Datenqualität (hinreichende Vollständigkeit, Aktualität, Konsistenz und Güte) über die Forcierung von Datenqualitätsmaßnahmen und ein Qualitätsmonitoring mittels unternehmensindividuell festzulegenden Metriken sicher. Sie gewährleisten, dass Information korrekt, konsistent und durchgängig im ganzen Unternehmen verarbeitet und genutzt wird.

  Dies ist essenziell für z. B. zielgenaue Marketingaktivitäten. Sie arbeiten eng mit dem Fachbereich zusammen und unterstützen beim Einführen und Managen eines Datenglossars für alle wesentlichen Stamm- und Bewegungsdaten sowie beim Data Profiling, auch als „Daten-Archäologie“ bekannt. Von besonderer Bedeutung sind alle Daten, um die 360-Grad-Sicht auf Kunden herzustellen. Dies ist die Basis, um ein Produkt- und Dienstleistungsspektrum für optimale Kundenerlebnisse agil und nachhaltig bereitzustellen.

  Data Stewards arbeiten eng mit dem Datenschutzbeauftragten zusammen, um sicherzustellen, dass die Datensicherheitsanforderungen ebenso wie die Compliance-Anforderungen umgesetzt werden. Sie unterstützen zudem bei der Entscheidungsfindung und bei der Analyse der Abhängigkeiten für z. B. „Daten in der Cloud“.

  Data Stewards sollten gute Business-Analysten (siehe Abschnitt 5.7) sein, über fachliche Domänenexpertise und Kommunikations- und Vermittlungsgeschick verfügen. Zudem sollten sie mit dem Unternehmen verzahnt sein, insbesondere sollten sie die informellen Informationskanäle gut kennen.

  Die Rolle ist in der Regel in einem „virtuellen“ Kompetenzzentrum (siehe Bild 5.46), dem Informations- oder Datenmanagement, angesiedelt. Organisatorisch ist die Rolle zumeist im Fachbereich oder bei übergreifenden Daten beim CDO angesiedelt. Die Zuordnung zum CDO ist essenziell, wenn einerseits eine übergreifende fachliche Sicht notwendig ist und andererseits, wenn sowohl Einfluss als auch Budget für die erfolgreiche Verankerung des Datenmanagements erforderlich ist. Dies hängt u. a. damit zusammen, dass Fachbereiche, in denen Daten mit schlechter Qualität entstehen, diese häufig nicht selbst nutzen und daher kein Interesse haben, in Datenqualität zu investieren. Andere Fachabteilungen sind die Leidtragenden. Hier sind sanfter Druck und Überzeugen notwendig.

  Für die Zuordnung zum Fachbereich spricht jedoch, dass die Geschäftsprozesse von dort gestaltet und durchgeführt werden. Die Maßnahmen für die Datenqualitätsverbesserung und die Datenverwertung müssen in den bestehenden Prozessen eingebettet werden. Ein Beispiel ist die Adressdatenbereinigung im Kontext der Marketingprozesse.

Die Rolle wird häufig mit der des Geschäftsarchitekten übergreifend oder für eine Domäne (Domain Business Architects) zusammengefasst, da die Daten eng mit den anderen wesentlichen fachlichen Strukturen, wie Geschäftsprozessen, Business Capabilities und Produkten, zusammenspielen. Weitere Informationen hierzu finden Sie im Kontext vom Enterprise Architecture Management in Abschnitt 5.6.

Data Stewards definieren Grundsätze für Daten und treiben die Datenqualität. Sie kümmern sich in der Regel um Kerngeschäftsobjekte oder Geschäftsobjekte in einem fachlichen Bereich, einer Domäne wie z. B. einem Kernprozess oder Business Capability (Level 2).

- **Data Owner** sind die eigentlich „Datenbesitzer" („Accountable"). Sie sind zumeist Entscheider aus dem Fachbereich (dezentral und für einige Geschäftsobjekte, ggf. übergreifend). Der Data Steward arbeitet dem Data Owner zu.

  Die Aufgaben des Data Owners umfassen:

  - Semantik und Verwendungszweck des (Kern-)Geschäftsobjekts festlegen („entscheiden"),
  - Definition des Qualitätsanspruchs (z. B. Vollständigkeit, Aktualität, Konsistenz und Güte) für die Qualitätsplanung und -überwachung,
  - Festlegung der Schutzbedarfsanforderungen, insbesondere Vertraulichkeit, sowie Zugriffsrechte.

Idealerweise sollten, wie in Bild 5.44 dargestellt, vorhandene Gremien im Kontext der Geschäftsarchitektur, wie z. B. Prozess-Boards, genutzt werden, wenn diese bereits etabliert sind.

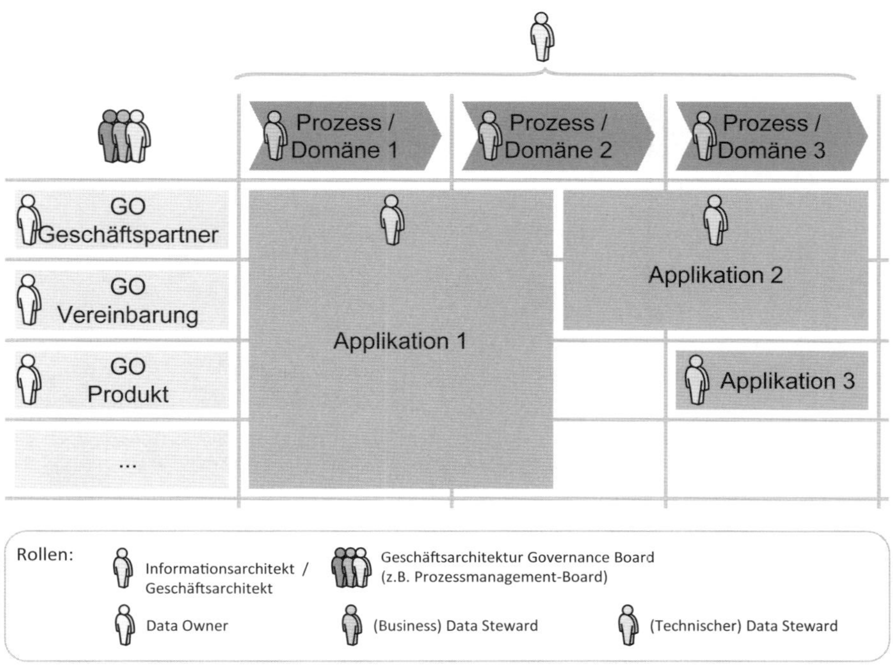

Bild 5.44 Rollen im Datenmanagement

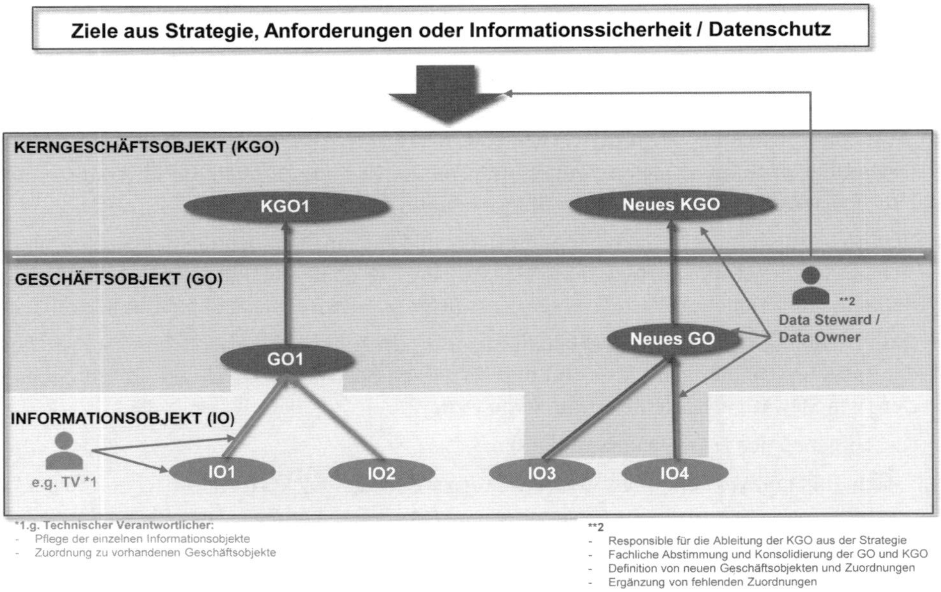

Bild 5.45 Rollen und Verantwortlichkeiten

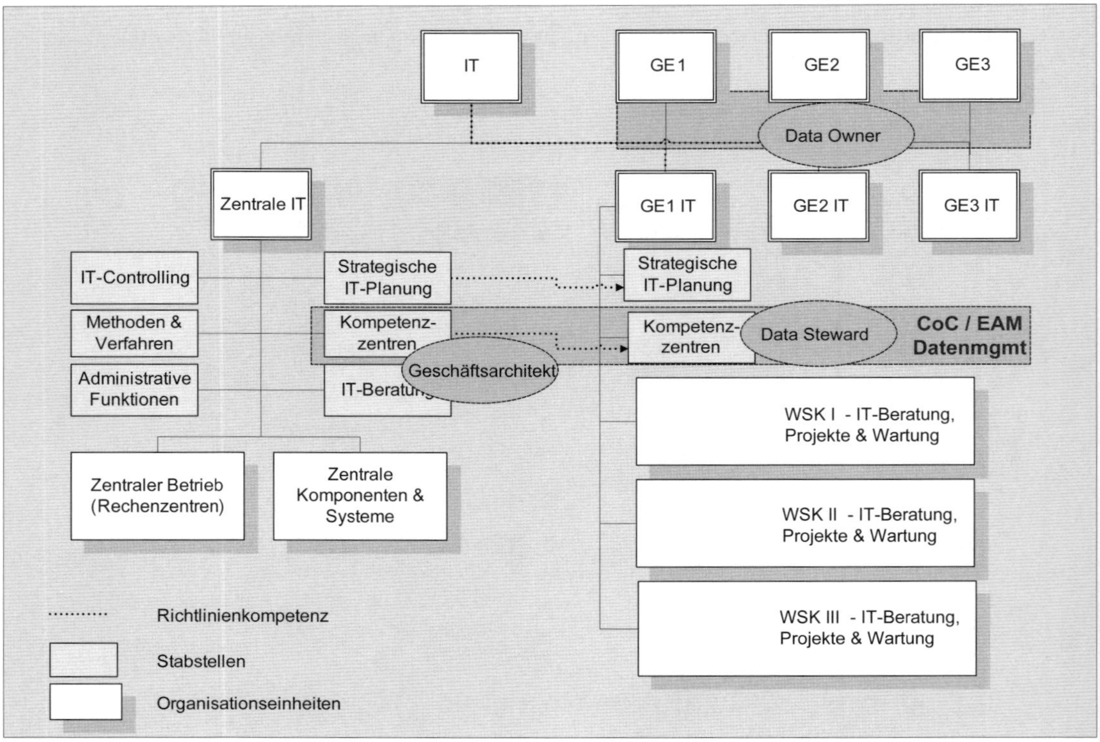

Bild 5.46 Rollen im Datenmanagement – Beispiel-Organigramm

In Bild 5.45 finden Sie die typischen Aufgaben anhand der unterschiedlichen Granularitäten von Datenobjekten dargestellt. Der Data Steward (oder übergreifend der Informations- oder Geschäftsarchitekt) leitet top-down aus der Strategie, den Geschäftsanforderungen sowie aus Anforderungen aus Informationssicherheit und Datenschutz erforderliche Datenklassen oder Geschäftsobjekte ab.

Bottom-up werden durch technische Verantwortliche Informationsobjekte gesammelt und die Datenlandkarte gefüllt. Dem Data Steward obliegt dann die Zuordnung zu den Geschäftsobjekten bzw. Kerngeschäftsobjekten. Der Data Owner verantwortet die Daten in seinem Kontext, d. h., er entscheidet hier im Zweifelsfall.

In Bild 5.46 wird eine dezentrale Organisation mit Kompetenzzentren für u. a. Enterprise Architecture Management und Datenmanagement dargestellt. Hier finden Sie eine mögliche Verortung der Data Stewards und Data Owners.

Neben den Data Stewards gibt es insbesondere auch die Rolle des Data Scientist. Diese schauen wir uns nachfolgend etwas näher an.

Der **Data Scientist**, oder auch Datenanalyst genannt, gibt Antworten auf die analytischen Fragestellungen auf Grundlage der zur Verfügung stehenden Daten im Data Lake unter Nutzung von Data-Science-Methoden. Ausgehend von der fachlichen Fragestellung generiert er Ideen für mögliche Zusammenhänge, Abhängigkeiten oder Auswirkungen.

Die strukturierte Analyse und Auswertung der riesigen und immer weiter explodierenden Datenmengen ist die Hauptaufgabe des Data Scientist. Mithilfe der Data-Science-Methoden lässt sich neues, häufig unerwartetes Wissen aus dem Data Lake erschließen. Hierzu nutzt der Data Scientist Analysemethoden, die häufig auf Big-Data-Technologien wie Hadoop aufbauen. Er erstellt prädiktive Modelle, mit welchen auf die Zukunft bezogene Antworten aus Eingangsvariablen abgeleitet werden können. Zudem nutzt er Methoden aus der Statistik für z. B. die Analyse von Zusammenhängen.

Das Anforderungsprofil ist sehr anspruchsvoll. So werden gute Kenntnisse in Statistik, maschinellem Lernen, Business Analytics sowie in einschlägigen Programmiersprachen vorausgesetzt und im Idealfall ergänzt mit Branchenkenntnis, analytischem Denkvermögen, Business-Analyse-, Kommunikations- und Teamfähigkeit.

Er arbeitet eng mit dem CDO zusammen, da er wesentlichen Input für die (Weiter-)Entwicklung der digitalen Geschäftsmodelle liefert.

Data Scientists managen den „Data Lake". Sie verknüpfen Daten und machen beliebige Daten schnell und einfach für Analysen nutzbar. Während beim klassischen Data Warehouse eine hohe (Prozess-)Effizienz für interaktive Analysen und Berichte im Vordergrund steht und die Informationen relativ passgenau für den Benutzer aufbereitet sind, ermöglicht ein Data Lake vor allem das einfache Entdecken neuer Zusammenhänge in nicht aufbereiteten Daten.

Eine wesentliche Aufgabe ist auch das Data Profiling, die „Daten-Archäologie", zur statistischen Analyse und Bewertung der jeweiligen Datenqualität. Dabei geht es vor allem um Konsistenz, Eindeutigkeit und Logik der Daten.

Das Datenmanagement wird zunehmend eine eigenständige Disziplin, ist aber eng mit dem Enterprise Architecture Management verbunden.

5.6 Enterprise Architecture Management

Enterprise Architecture Management ist ein wesentlicher Enabler der digitalen Transformation. Es schafft eine ganzheitliche Sicht auf das Geschäft und die IT in ihrem Zusammenspiel. Dies ist die Grundlage, um vorausschauend agieren und zeitgerecht fundierte Entscheidungen treffen zu können.

Enterprise Architecture Management liefert Ihnen ein wirkungsvolles Instrumentarium, um

- auf einen Blick die aktuelle Ausgangslage zu erfassen,
- fundierte Entscheidungen zeitnah zu treffen,
- die Zukunft zielgerichtet kunden- und businessorientiert zu gestalten (den richtigen Weg zu finden) und
- sicherzustellen, dass die Soll-Vision auch wie geplant umgesetzt wird.

Enterprise Architecture Management

Enterprise Architecture Management (EAM) ist ein systematischer und ganzheitlicher Ansatz für das Verstehen, Kommunizieren, Gestalten und Planen der fachlichen und technischen Strukturen im Unternehmen. Es hilft dabei, die Komplexität der IT-Landschaft zu beherrschen und die IT-Landschaft strategisch und businessorientiert weiterzuentwickeln.

Siehe hierzu das folgende Zitat von der Gartner Group [Gar08]:

„Enterprise architecture management is the process of translating business vision and strategy into effective enterprise change by creating, communicating and improving key principles and models that describe the enterprise's future state and enable its evolution."

EAM liefert einerseits das **Struktur-Backbone** für das Unternehmen (die Unternehmensarchitektur), in dem alle fachlichen und technischen Strukturen gesammelt und in Beziehung gebracht werden. Andererseits bietet EAM ein **Analyse- und Planungsinstrumentarium**, um auf der Basis der Unternehmensarchitektur die zukünftige IT-Landschaft und Geschäftsarchitektur zielgerichtet zu planen und weiterzuentwickeln. EAM schafft damit Transparenz über die IT-Landschaft im Zusammenspiel mit der Geschäftsarchitektur, fördert das Business-IT-Alignment und unterstützt die strategische und taktische Planung und Steuerung der IT.

EAM ist ein wesentlicher Bestandteil des IT-Managements und beinhaltet alle Prozesse für die Dokumentation, Analyse, Qualitätssicherung, Planung und Steuerung der Weiterentwicklung der IT-Landschaft und der Geschäftsarchitektur. Es stellt Hilfsmittel bereit, um die Komplexität der IT-Landschaft zu beherrschen und die IT-Landschaft zielgerichtet businessorientiert weiterzuentwickeln.

Transparenz über die IT-Landschaft ist die Voraussetzung für die Beherrschung der IT-Komplexität. EAM stellt diese Transparenz her. In der EAM-Datenbasis[2] werden die

[2] In der Regel werden die EAM-Strukturen in einer Datenbasis gesammelt. Bei kleinen Datenmengen, z. B. im Projektkontext, können diese aber auch in einer andersgearteten EAM-Dokumentation z. B. direkt in Form von Visualisierungen in PowerPoint dokumentiert und analysiert werden.

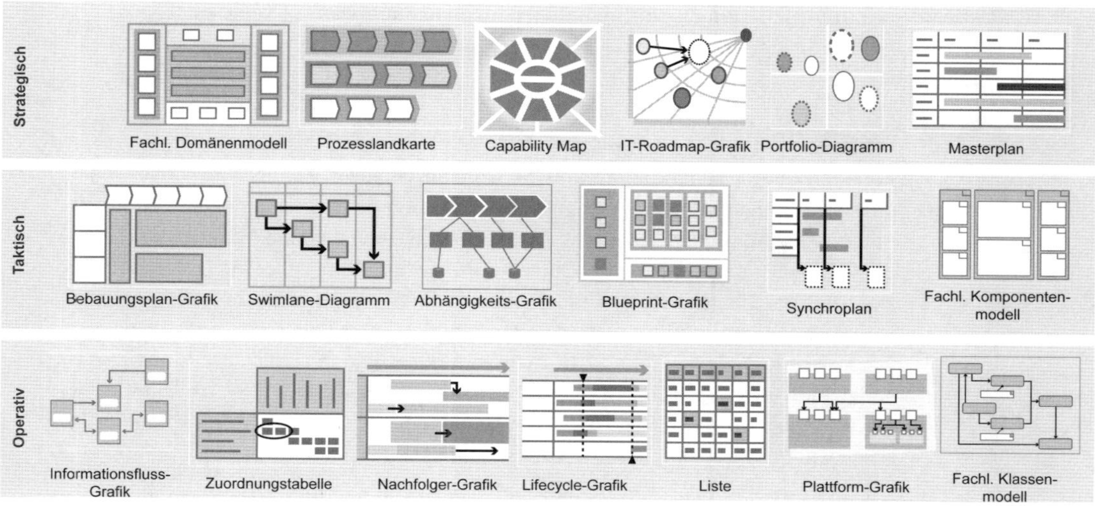

Bild 5.47 Typische EAM-Visualisierungen im Überblick

wesentlichen fachlichen Strukturen, wie z. B. Geschäftsprozesse und Business Capabilities, und die IT-Strukturen, wie z. B. Informationssysteme in ihrem Zusammenspiel, abgelegt. Über die Analyse der EAM-Datenbasis und anschauliche Ergebnisvisualisierungen (siehe Bild 5.47) können viele Fragestellungen beantwortet werden.

Beispiele für Fragestellungen sind:

- Welche Zielkunden nutzen welche Produkte über welche Touchpoints?
- Welche aktuellen oder zukünftigen Business Capabilities sind für das Unternehmen relevant? Welche Geschäftsprozesse decken welche Business Capabilities ab?
- Welcher Partner aus dem Business-Eco-System stellt welche Business Capabilities bereit?
- Welche Geschäftsprozesse sind vom Ausfall eines Systems betroffen?
- Wer ist verantwortlich für welche Geschäftsprozesse oder Informationssysteme?
- Welche Informationssysteme unterstützen welche Geschäftsprozesse bzw. Business Capabilities?
- Welche Abhängigkeiten bestehen zwischen Informationssystemen?
- Wie sind Informationssysteme oder Schnittstellen technisch realisiert? Sind diese omnikanalfähig? Unterstützen diese die Cloud-Strategie?
- Welche Informationssysteme werden wann durch welche ersetzt oder abgeschaltet?
- Wie hat sich die Komplexität der IT-Landschaft im letzten Jahr entwickelt?

Durch die systematische und überschaubare Darstellung der Geschäftsarchitektur und der IT-Landschaft in ihrem Zusammenspiel werden Zusammenhänge, Abhängigkeiten und Auswirkungen sichtbar und letztendlich häufig erst verstanden („Glauben durch Wissen ersetzen“). Das Überblickswissen ist allgemein zugänglich (keine „Kopfmonopole“).

Die IT-Komplexität wird z. B. durch Visualisierung der Informationssysteme und deren Schnittstellen in einer Informationsflussgrafik offensichtlich. Hierdurch werden Zusammenhänge und Abhängigkeiten sichtbar und letztendlich häufig erst verstanden.

Für weitere Informationen zu den Visualisierungen sei auf [Han16] verwiesen.

Wichtig!

IT-Komplexität resultiert aus der Vielzahl und Heterogenität von Elementen, deren Abhängigkeiten, Redundanzen und Inkonsistenzen sowie der Veränderungsdynamik. Bereits bei mittelständischen Unternehmen oder aber ab einer größeren Anzahl von z. B. Geschäftsprozessen und IT-Systemen sind die Abhängigkeiten in der IT-Landschaft und vor allen Dingen die Geschäftsunterstützung nicht immer klar. Dies verschärft sich mit jeder Änderung. Mit jedem neuen Geschäftsprozess, jedem neuen Informationssystem, jeder neuen Schnittstelle oder Technologie wächst die Komplexität. Die Gefahr von redundanten und inkonsistenten Daten steigt. Die Auswirkungen von Änderungen werden unvorhersehbar, da Änderungen nur selten an einzelnen Informationssystemen vorgenommen werden können. Die Entwicklungs-, Wartungs- und Betriebskosten steigen.

Transparenz über die IT-Landschaft und die Geschäftsunterstützung ist die Voraussetzung, um über geeignete Konsolidierungsmaßnahmen die Komplexität in den Griff zu bekommen. EAM schafft diese Transparenz und damit das inhaltliche Fundament für die Konsolidierung der IT-Unterstützung durch z. B. Standardisierung, Homogenisierung, Vereinfachung, Beseitigung von Redundanzen, Abhängigkeiten und organisatorischen Maßnahmen.

Häufig reicht für die Beantwortung von Fragestellungen aber auch eine einfache Aufstellung, wie z. B. eine Liste der Informationssysteme und deren Verantwortlichkeiten. Für Steuerungsaufgaben sind hingegen Dashboards mit z. B. Torten-, Balken- oder Spider-Diagrammen geeignet. Hier werden häufig der Status, der Fortschritt und die Prognose von Steuerungsaspekten betrachtet. Hierfür ist eine zeitliche Betrachtung erforderlich. So werden Trends leichter erkannt und damit die Möglichkeit für ein rechtzeitiges Agieren geschaffen.

Die relevanten Aspekte, auf die der Betrachter ein Hauptaugenmerk legen soll, können durch Kennzeichnungen, wie z. B. Farbe oder Linientypen, hervorgehoben werden. So lassen sich Handlungsbedarf und Optimierungspotenzial beziehungsweise Ansatzpunkte für Tiefenbohrungen deutlich sichtbar machen.

Bei farbigen Hervorhebungen spricht man häufig von „Heat Map". Ein verbreitetes Beispiel für eine Heat Map findet man im Business Capability Management, wo die für die Umsetzung der digitalen Strategie erforderlichen und die vorhandenen Business Capabilities unterschieden werden (siehe Abschnitt 5.2.3).

Zugeschnitten auf die individuellen Fragestellungen, wie z. B. Berichtspflichten, muss EAM Ihnen zeitnah die relevanten Informationen als Input für fundierte Entscheidungen möglichst aufwandsarm bereitstellen (siehe Bild 5.48). Der Nutzen muss deutlich größer sein als der Aufwand, damit die EAM-Ergebnisse auch wirklich verwendet werden. Nur so kann EAM nachhaltig in der Organisation verankert werden. Siehe hierzu EA-Governance in [Han16].

EAM ist aber auch der Schlüssel für das **Business-Alignment der IT**. Dies wird durch abgestimmte Begriffe, die Verknüpfung von Business- und IT-Strukturen und eine businessorientierte Steuerung der IT erreicht.

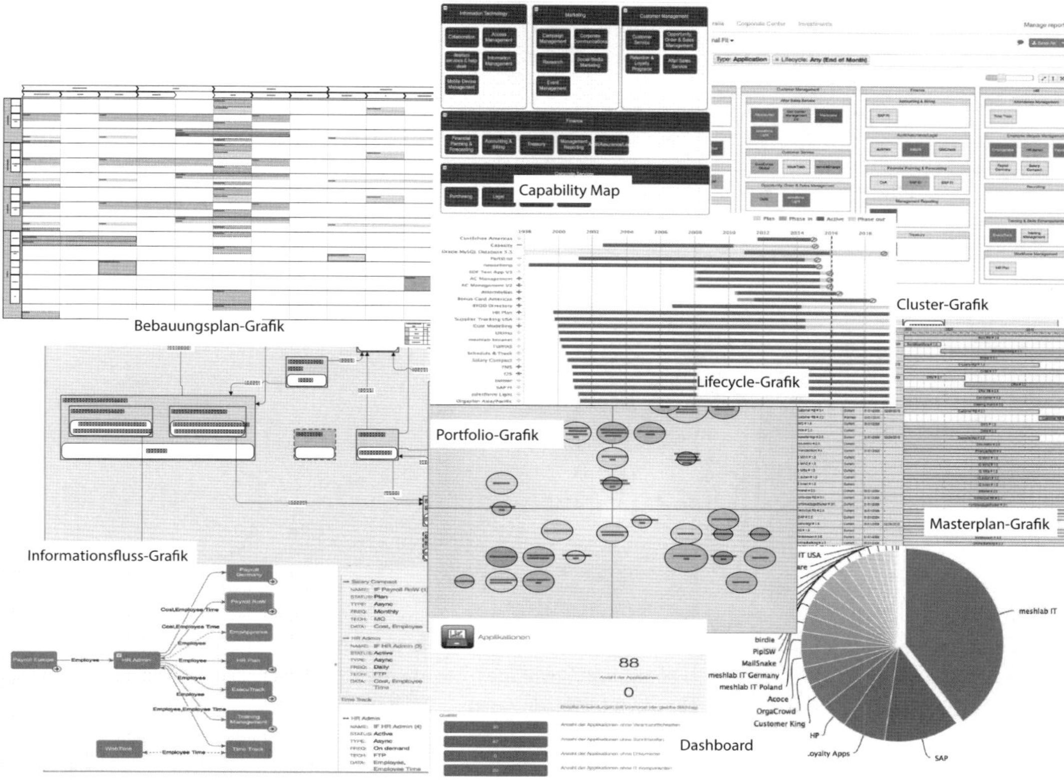

Bild 5.48 Typische EAM-Visualisierungen

Abgestimmte Begriffe bilden eine gemeinsame Sprache für Geschäftsprozesse, Business Capabilities und Geschäftsobjekte und eine gute Kommunikationsgrundlage für die unterschiedlichen Beteiligten in Business und IT. Dies ist letztendlich das gemeinsame Glossar, das im Idealfall unternehmensübergreifend vorgegeben wird. Die Semantik von Begriffen wie „Vertriebsprozess" oder „Kundenauftrag" wird festgelegt. Durch ein gemeinsames Verständnis werden Missverständnisse vermieden. Dies alleine ist schon ein großer Wert. Häufig gibt es in Unternehmen noch keine abgestimmten Listen von z. B. Geschäftsprozessen oder Informationssystemen.

Über die abgestimmten fachlichen Strukturen kann zudem der Bezug zu IT-Strukturen hergestellt werden. So lassen sich Abhängigkeiten und Auswirkungen analysieren und auch darstellen. Die Fragestellung „Welche Informationssysteme unterstützen welche Geschäftsprozesse?" kann beantwortet werden. Auf dieser Basis lässt sich die Geschäftsunterstützung kontinuierlich optimieren und an den Zielen und Erfordernissen des Unternehmens ausrichten. Die Unternehmensarchitektur liefert das inhaltliche Fundament für die Weiterentwicklung des Geschäfts.

Das EAM-Analyseinstrumentarium beinhaltet Hilfsmittel, um Handlungsbedarf und Optimierungspotenzial zu identifizieren. So können z. B. Redundanzen einfach in der Geschäftsunterstützung über einen Bebauungsplan (siehe [Han16]) aufgezeigt werden.

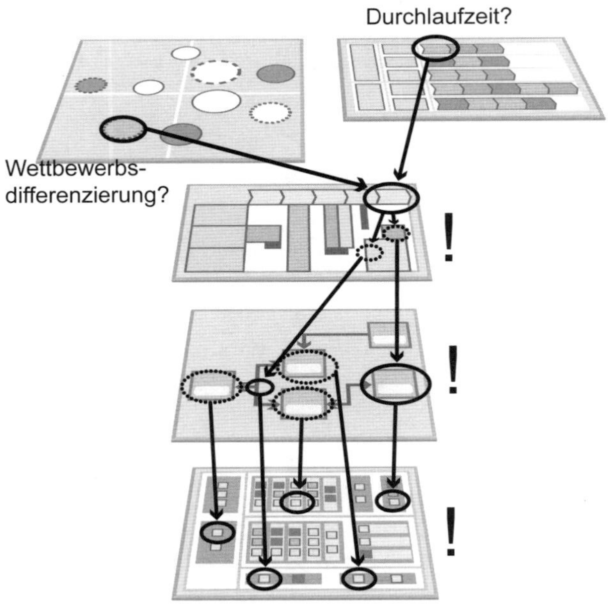

Bild 5.49
Beispiel Business-Alignment der IT

In Bild 5.49 finden Sie ein Beispiel für eine Analyse der Geschäftsunterstützung. Ein Handlungsbedarf („Pain") bei einem Geschäftsprozess mit zu langen Durchlaufzeiten und gleichzeitig niedriger Wettbewerbsdifferenzierung ist der Ausgangspunkt für die Analyse. Die für den Geschäftsprozess genutzten Informationssysteme und deren Abhängigkeiten sowie technischen Bausteine werden ermittelt. Auf dieser Basis können Anhaltspunkte für die Reduzierung der Durchlaufzeiten identifiziert werden.

EAM unterstützt insbesondere auch die **Planung und Steuerung der IT**. EAM stellt ein Planungsinstrumentarium bereit und liefert Ihnen zeitnah und zielgruppengerecht fundierte Vorschläge für die Soll- oder Plan-Bebauung der IT-Landschaft sowie Aussagen zu Auswirkungen und Machbarkeit von Business- und IT-Ideen als Input für fundierte Planungsentscheidungen. Auf dieser Grundlage können Sie die zukünftige IT-Landschaft im Zusammenspiel mit der Geschäftsarchitektur aktiv gestalten und die Weiterentwicklung steuern. Dies ist in Bild 5.32 dargestellt.

Das **Zielbild** ist letztendlich der angestrebte Zustand in circa drei bis fünf Jahren.[3] Es setzt grobe Eckwerte und Planungsprämissen für die Umsetzung, die Roadmap. Die Vision und das Zielbild werden aus der Unternehmensstrategie und den strategischen Geschäftsanforderungen abgeleitet. Das Zielbild beinhaltet einen fachlichen und einen technischen Anteil. Der fachliche Anteil ist in der Regel über ein fachliches Domänenmodell, gefüllt mit Business Capabilities und Business-Strategien, ausgeprägt. Die für die Umsetzung des zukünftigen Geschäftsmodells erforderlichen Business Capabilities und Business-Strategien sind hier von besonderer Bedeutung. Technisch wird das Zielbild mit groben Vorgaben für fachliche Domänen zu Technologien oder Systemen, wie z. B. SAP oder Microsoft, oder/und anzuwendende Prinzipien, wie z. B. „Make", angereichert.

[3] In der Regel jedoch nicht über zehn Jahre.

Die **Leitplanken** sind in Bild 2.4 als „Begrenzer" für Projekte und Wartungsmaßnahmen gepunktet dargestellt. Die Leitplanken schränken die Freiheitsgrade für Projekte und Wartungsmaßnahmen ein. Neben fachlichen und organisatorischen Randbedingungen setzen insbesondere Prinzipien, Strategien und technische Vorgaben Rahmenbedingungen für die Umsetzung. Beispiele hierfür sind „Best-of-Breed" und Strategien, wie z. B. eine „Ablösungsstrategie", sowie technische Standards, wie z. B. Oracle als Datenbanksystem.

Die Umsetzung des Zielbilds und die Einhaltung der Leitplanken müssen über eine angemessene IT-Governance sichergestellt werden (siehe [Han16]). Hier kann z. B. über Bewertungskriterien im Projektportfoliomanagement oder aber bei Projekten mittels Reviews zu wichtigen Meilensteinen die Einhaltung der technischen Vorgaben überprüft werden. Über klare Regeln muss festgelegt werden, was wie zu tun ist. Insbesondere muss klar aufgezeigt werden, wie bei Verstößen verfahren wird.

Die Vision, das Zielbild und die Leitplanken werden im Rahmen der digitalen Strategieentwicklung (siehe Abschnitt 2.1) in der Regel jährlich oder auch nach Bedarf, z. B. bei großen Vorhaben, angepasst.

Mithilfe des EAM-Planungsinstrumentariums können die zukünftige Soll-IT-Landschaft und die IT-Roadmap zur Umsetzung gestaltet werden. Ausgehend von den strategischen Vorgaben und aktuellen Handlungsbedarfen („Pains") werden Planungsszenarien erstellt und analysiert. Analyse- und Gestaltungshilfsmittel unterstützen den kreativen Planungsprozess. Die Ableitung und Analyse von Lösungsideen und deren Bündelung zu Planungsszenarien werden erleichtert. Schnell und fundiert gelangen Sie zu Ihrer Soll-Landschaft und IT-Roadmap. Best-Practices hierzu finden Sie im folgenden Abschnitt und in [Han16].

EAM liefert in einer hohen Ausbaustufe wertvollen Input zur strategischen IT-Steuerung. Projekte können auf ihre Konformität zum Soll-Zustand und zu technischen Standards bewertet werden. Dies sind neben Komplexitätssteuerungsgrößen wichtige Kriterien für die Bewertung und Priorisierung von Projekten im Projektportfoliomanagement, um das Portfolio strategisch auszurichten. Durch einen Plan-Ist-Abgleich können der Status und der Fortschritt der Umsetzung der Zielvorgaben sichtbar gemacht werden.

Die Unternehmensarchitektur gibt zudem über ihre Strukturen und Beziehungen ein Denkmodell für die strategische IT-Steuerung vor. Die verschiedenen Bebauungselemente, wie z. B. Geschäftsprozesse oder Informationssysteme, sind wichtige Steuerungsobjekte im strategischen IT-Controlling. Die Verknüpfungen zwischen den Bebauungselementen können zudem in der strategischen IT-Steuerung genutzt werden. So kann z. B. über die Zuordnung von Informationssystemen zu Geschäftsprozessen der Grad der Business-Unterstützung aufgezeigt werden.

Um dies zu verdeutlichen, finden Sie in Bild 5.50 das Zusammenspiel zwischen der fachlichen sowie der strategischen und operativen IT-Planungs- und Steuerungsebene dargestellt. In der fachlichen Planung wird z. B. eine Prozesslandkarte oder aber eine Business Capability Map erstellt.

Die fachlichen Elemente werden in der strategischen IT-Planung beplant. Es werden sowohl Rahmenvorgaben als auch eine Vision und ein Zielbild für die Umsetzung für eine bestmögliche Unterstützung der fachlichen Elemente entwickelt. Im Bild 5.50 ist das Zielbild in Form einer Bebauungsplangrafik dargestellt. Die Verbindung zwischen der fachlichen und der strategischen IT-Ebene wird über die Beziehung der IT-Elemente zu den fachlichen Elementen, in diesem Fall den Prozessen, hergestellt. Im Rahmen der strategischen IT-Planung wird die „ideale" Geschäftsunterstützung gestaltet.

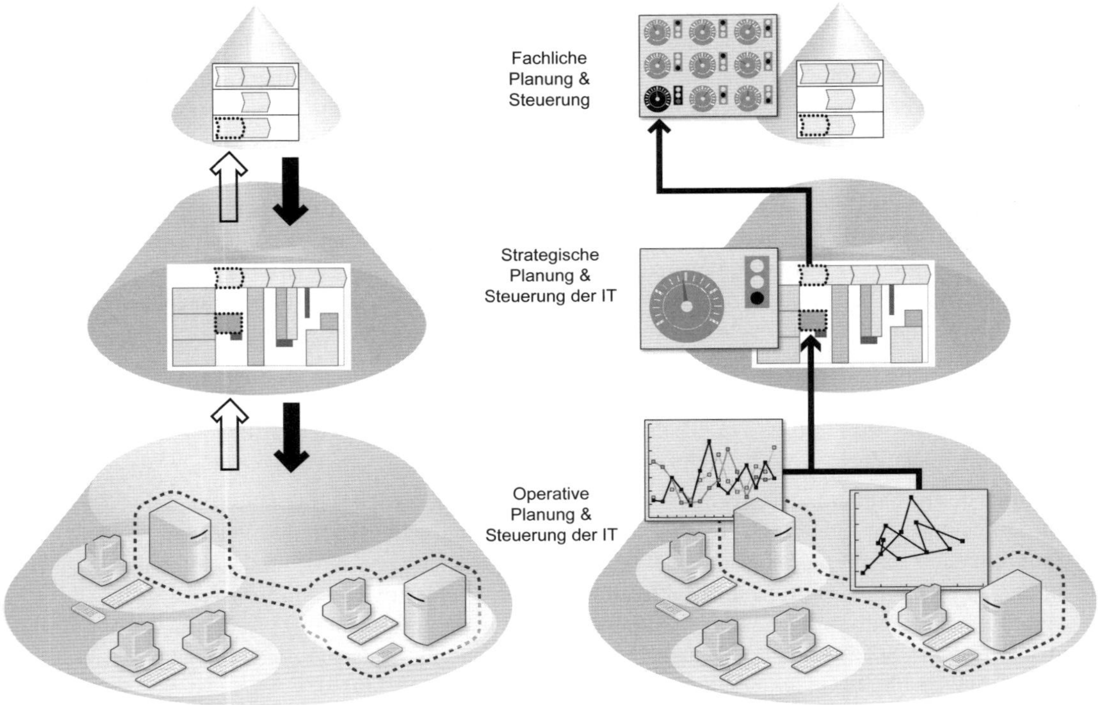

Bild 5.50 Fachliche Planung und IT-Planung im Zusammenspiel

In der strategischen IT-Planungsebene wird die IT-Landschaft im Überblick lang- und mittelfristig geplant. Zur operativen IT-Planungsebene gibt es dann eine Verfeinerungsbeziehung, die in Bild 5.50 über die Detaillierung von Informationssystemen in die Infrastrukturelemente angedeutet ist.

Über die Verbindungen zwischen den Ebenen können Sie businessorientierte Vorgaben an die IT weitergeben. So lassen sich z. B. die mit den Geschäftsprozessen verbundenen Ziele als Vorgaben an die unterstützenden Informationssysteme verwenden.

Wichtig!

Ein gut entwickeltes EAM ermöglicht es Ihnen, rasch und effektiv auf die Herausforderungen des sich immer schneller verändernden Markts und Technologieumfelds zu reagieren. Es liefert dann wertvollen Input für die digitale Strategieentwicklung, die IT-Strategieentwicklung, das Demand Management, das Prozessmanagement und das Business Capability Management. Entsprechend der organisatorischen Verankerung kann EAM darüber in unterschiedlichem Ausmaß Empfehlungen und Entscheidungsgrundlagen für die Lösungskonzeption von Projekten und die Gestaltung des Projektportfolios einbringen und deren Steuerung aktiv unterstützen.

5.6.1 Best-Practice-Unternehmensarchitektur

Eine **Unternehmensarchitektur** (Enterprise Architecture) schafft eine ganzheitliche Sicht auf das Geschäft und die IT in ihrem Zusammenspiel. Sie führt die verstreuten Informationen aus den fachlichen und technischen Bereichen und dem Unternehmenskontext zu einem Ganzen zusammen und beschreibt die Vernetzung zwischen den Informationen. Auf dieser Basis kann das vielfältige Informationsbedürfnis der verschiedenen Stakeholder-Gruppen befriedigt und fundierter Input für Entscheidungen und die strategische Planung und Steuerung der IT und die Weiterentwicklung des Geschäfts bereitgestellt werden.

Die aus TOGAF und Best-Practices abgeleitete Best-Practice-Unternehmensarchitektur (siehe Bild 5.51 und [Han16]) ist das Fundament, das „Denkmodell" von Best-Practice-EAM. Sie beinhaltet alle wesentlichen fachlichen und IT-Strukturen und deren Verknüpfung, die als Basis für fundierte IT-Entscheidungen und für das strategische Management der IT-Landschaft erforderlich sind. Sie besteht aus den Teilarchitekturen Geschäfts-, Informationssystem-, Technische und Betriebsinfrastrukturarchitektur. Die Geschäftsarchitektur beinhaltet alle fachlichen Strukturen, wie z. B. Geschäftsprozesse oder fachliche Funktionen. Die anderen Teilarchitekturen beschreiben die IT-Strukturen aus verschiedenen Blickwinkeln.

Durch die Verknüpfung der Bebauungselemente mit dem Unternehmenskontext wird die Unterstützung von Zielen, Geschäftsanforderungen und des Servicekatalogs ebenso erkennbar wie die Abhängigkeiten und Auswirkungen von Projekten.

Jede Teilarchitektur macht strukturelle Vorgaben für deren Befüllung, Bebauung genannt. So werden in der Geschäftsarchitektur Vorgaben für die fachliche Bebauung gemacht. Es wird festgelegt, wie z. B. ein Geschäftsprozess zu beschreiben ist und wie viele Geschäftsprozessebenen (siehe [All05]) überhaupt zu berücksichtigen sind.

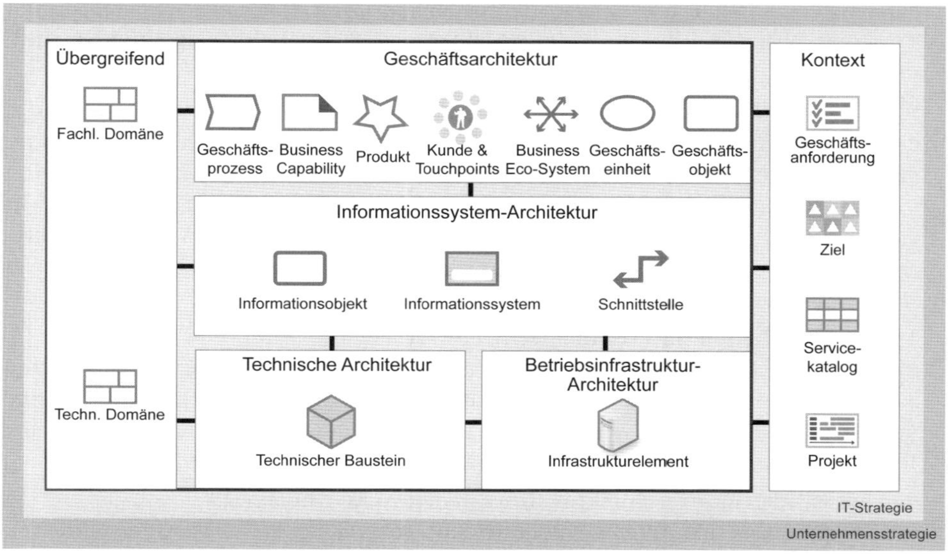

Bild 5.51 Best-Practice-Unternehmensarchitektur

Folgende Teilarchitekturen und deren Bebauungen werden unterschieden:

- **Geschäftsarchitektur (Business Architecture)**
  Die Geschäftsarchitektur beschreibt die wesentlichen fachlichen Einheiten eines Unternehmens, die maßgeblich das Geschäft bestimmen. Die wesentlichen Elemente der Geschäftsarchitektur sind Geschäftsprozesse, Business Capabilities, Produkte, Kunden und Touchpoints, Business-Eco-System, Geschäftseinheiten und Geschäftsobjekte. Mittels fachlicher Einteilungen, fachliche Domänen genannt, kann die fachliche Bebauung strukturiert werden.

> **Wichtig!**
> Die Bebauungselemente der Geschäftsarchitektur werden auch „Geschäftsdimensionen" genannt. In der Regel findet man fünf oder weniger verschiedene Geschäftsdimensionen im Unternehmen.

  Über das Management der Geschäftsarchitektur wird sichergestellt, dass alle Elemente der Geschäftsarchitektur in hinreichender Aktualität und Datenqualität in der geforderten Granularität vorliegen, um auf dieser Basis die Fragestellungen der Stakeholder beantworten zu können. Alle relevanten Informationen werden vom Geschäftsarchitekt (siehe [Han16]), von den verschiedenen Disziplinen, wie dem Prozessmanagement, dem Business Capability Management, der Organisationsentwicklung oder der Unternehmensstrategieentwicklung eingesammelt, zusammengeführt, qualitätsgesichert, abgestimmt und veröffentlicht.

- **Informationssystemarchitektur (Application Architecture)**
  Die Informationssystemarchitektur (IS-Architektur) gibt Beschreibungsmittel für die Dokumentation der IS-Landschaft des Unternehmens vor, d. h. für die Informationssysteme, deren Daten und Schnittstellen bzw. Informationsfluss. Die Informationssystembebauung kann auch über fachliche oder technische Domänen oder nach anderen Kriterien strukturiert werden.

  Die Informationssystemarchitektur ist das Bindeglied zwischen der Geschäftsarchitektur und der technischen sowie der Betriebsinfrastrukturarchitektur. Durch die Verknüpfung mit den Elementen der Geschäftsarchitektur wird die IT-Unterstützung für das Business transparent. Die technische Realisierung der Informationssysteme und Schnittstellen wird durch die Zuordnung von Elementen aus der technischen Bebauung dokumentiert. Durch die Zuordnung der Infrastrukturelemente zu den Informationssystemen und Schnittstellen wird nachvollziehbar, auf welcher Betriebsinfrastruktur diese „laufen".

- **Technische Architektur (Technology Architecture)**
  In der technischen Architektur werden die unternehmensspezifischen technischen Bausteine für die Realisierung von Informationssystemen, Schnittstellen und Betriebsinfrastrukturbestandteilen hinterlegt. Technische Standards werden im Rahmen des Technologiemanagements gestaltet.

- **Betriebsinfrastrukturarchitektur (Infrastructure Architecture)**
  Die Betriebsinfrastrukturarchitektur beschreibt grobgranular die angebotenen Infrastruktur-Services (siehe [Tog09]) und die Infrastruktureinheiten, auf denen Informationssysteme und Schnittstellen betrieben werden. Hierdurch wird eine Verbindung zu den Betriebsinfrastrukturen im operativen IT-Management hergestellt (siehe [itS08] und [Joh11]).

Die Bebauungselemente der verschiedenen Teilarchitekturen können innerhalb der Teilarchitektur und auch mit Elementen anderer Teilarchitekturen in Beziehung stehen. Die Verbindung zwischen den Teilarchitekturen ist durch Linien zwischen den Teilarchitekturen angedeutet. So können z. B. Abhängigkeiten zwischen Informationssystemen und Geschäftsprozessen und Infrastrukturelementen beschrieben werden. Darüber kann die Fragestellung „Welche Geschäftsprozesse sind von dem Ausfall des Servers X betroffen?" beantwortet werden.

5.6.2 Digitales Zielbild und Roadmap zur Umsetzung gestalten

Die Operationalisierung der digitalen Strategie durch ein Zielbild, schnelle belastbare Entscheidungen, tragfähige Lösungsarchitekturen und Beherrschung der IT-Komplexität sind Erfolgsfaktoren für die digitale Transformation. Die fortschreitende Durchdringung digitaler Technologien verändert bestehende Produkte, Wertschöpfungsketten und etablierte Geschäftsmodelle eines jeden Unternehmens und erfordert eine enge Verzahnung von Business und IT. Für Time-to-market in Kombination mit maßgeschneiderten Produkten und Dienstleistungen müssen die IT beherrscht und schnell angemessene Lösungen gefunden werden.

Das fachliche Zielbild wird einerseits durch die zukünftige Capability Map und andererseits durch die Zielkunden, das Produkt- und Dienstleistungsportfolio, die Kundenkontaktpunkte sowie das Business-Eco-System und die Organisation 4.0 bestimmt. Die Abhängigkeiten, Handlungsfelder und Auswirkungen von Veränderungen müssen Sie ganzheitlich über alle diese fachlichen Dimensionen analysieren, planen und steuern.

So adressieren z. B. einige Produkte nur einige Zielkunden und dies über festgelegte Kundenkontaktpunkte. Hier leistet Enterprise Architecture Management einen wesentlichen Beitrag.

In Bild 5.52 finden Sie das Vorgehen zur Ableitung des Zielbilds und der Roadmap zur Umsetzung im Überblick. Ausgangspunkt ist die Analyse der digitalen Strategie (siehe Abschnitt 1.1 und 4.3.1), der Trends, wie z. B. Mobility, IoT, Machine Learning oder Big Data, und der strategischen Anforderungen beziehungsweise aktuell bestehender Pains. Die resultierenden Geschäftsanforderungen werden entlang der digitalen Dimensionen (siehe Abschnitt 2.1) systematisch analysiert und zu den Anforderungen an das Business bzw. die IT abgeleitet sowie deren Priorität (Wichtigkeit und Dringlichkeit) festgelegt. So werden z. B. Schwächen in der personalisierten Marktkommunikation (unzureichende oder fehlende Business Capabilities) sowie weitere aufzubauende Fähigkeiten aufgedeckt. Diese werden zu Handlungsfeldern in der Business Capability Map geclustert. Kriterien hierfür sind u. a. die fachliche beziehungsweise technische Nähe, das Umsetzungsrisiko sowie Dringlichkeit.

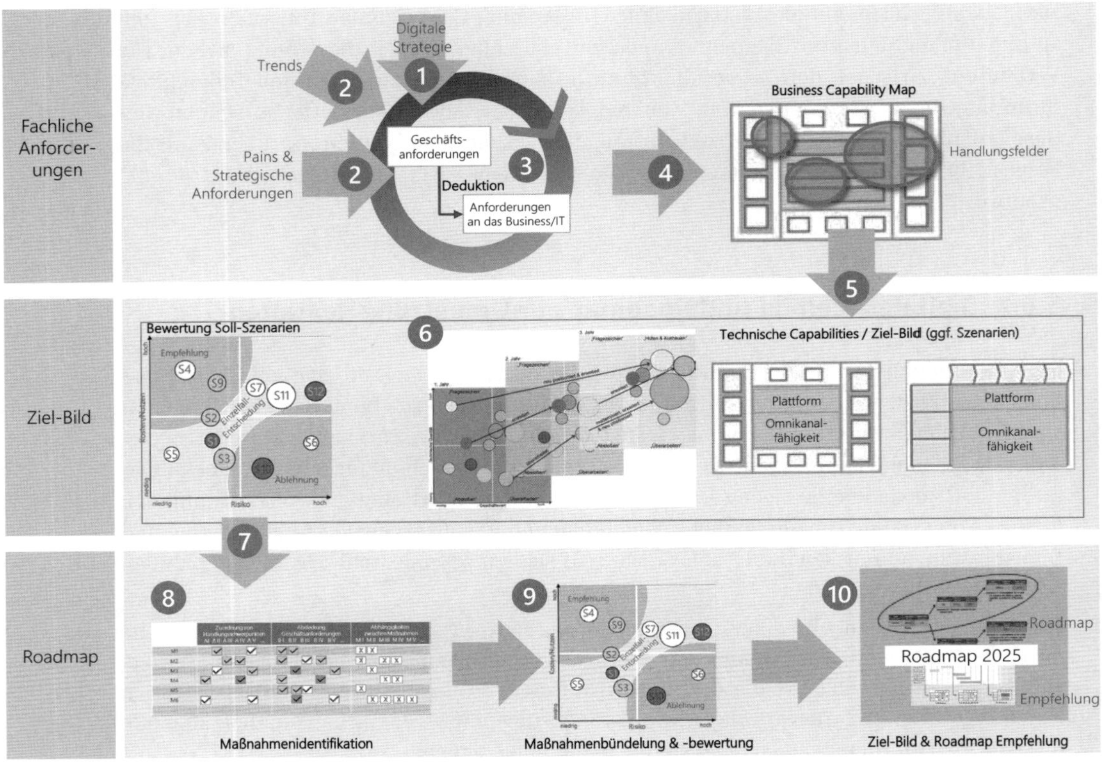

Bild 5.52 Ableitung von Zielbild und Roadmap zur Umsetzung

Für alle Handlungsfelder werden einerseits die technischen Capabilities (wie z. B. Omnikanalfähigkeit) und mögliche Soll-Szenarien in einem kreativen Gestaltungsprozess systematisch (siehe [Han16]) gestaltet und bewertet. Über einen Soll-Ist-Abgleich werden Handlungsschwerpunkte identifiziert, zu denen Maßnahmen für die Umsetzung identifiziert, gebündelt und bewertet werden. So entstehen das Zielbild und die Roadmap für die Umsetzung. Dieses Vorgehen kann sowohl für Programme als auch für übergreifende Zielbilder angewandt werden. Lediglich der Detaillierungsgrad unterscheidet sich hier. In Bild 5.53 finden Sie das Vorgehen mit den wesentlichen Punkten. Bezüglich Details sei auf [Han16] verwiesen.

Mögliche Ergebnisse der Zielbild-Gestaltung sind in Bild 5.54 dargestellt. Das Zielbild beinhaltet sowohl eine fachliche als auch eine technische Dimension. Business Capabilities sind in der Regel die Grundlage für das fachliche Zielbild. Die technische Dimension besteht in der Regel aus der Informationssystem-Architektur und der technischen Architektur. Letztere ist insbesondere im Soll durch technische Capabilities und Prinzipien, Plattformen und Referenzarchitekturen bestimmt (siehe [Han16]).

Für die Zielbild-Gestaltung werden digitale Plattformen, API-Management und Omnikanalfähigkeit immer wichtiger. Dies ist wesentlicher Bestandteil des Technologiemanagements.

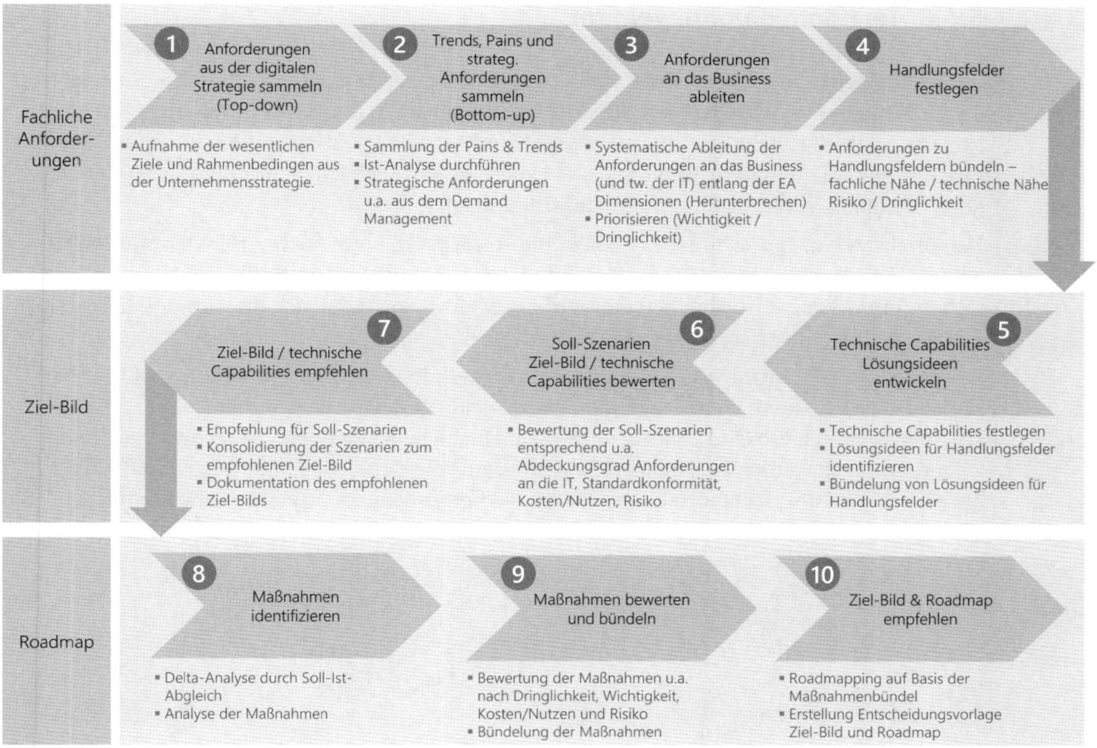

Bild 5.53 Vorgehen zur Zielbild-Ableitung

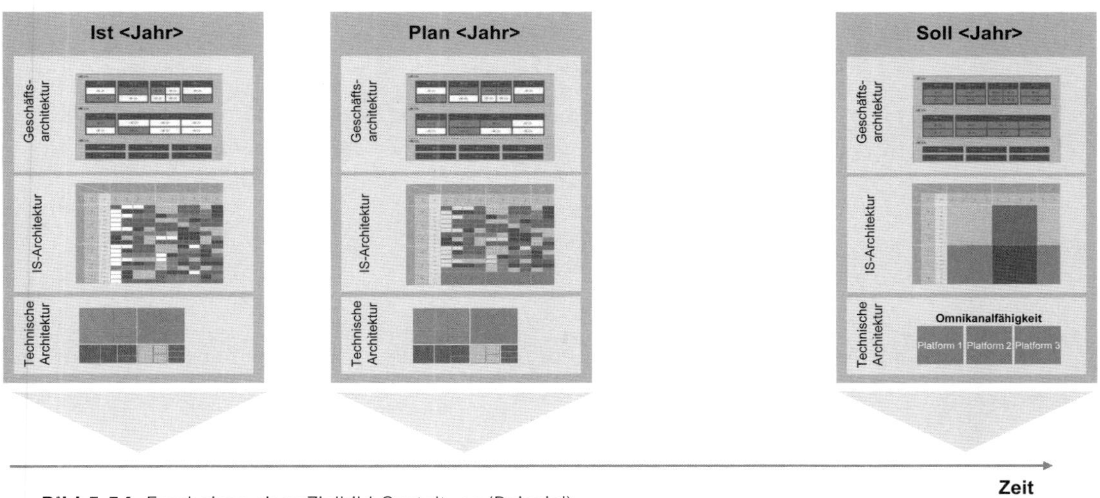

Bild 5.54 Ergebnisse einer Zielbild-Gestaltung (Beispiel)

5.6.3 Technologiemanagement

Im Technologiemanagement werden die technischen Standards, der technische Blueprint, des Unternehmens festgelegt, kontinuierlich weiterentwickelt und die Verbauung gesteuert. Neue technologische Entwicklungen aus dem Technologie-Scouting werden im Hinblick auf ihre Einsetzbarkeit und Auswirkungen im Unternehmen beobachtet, evaluiert, bewertet und gegebenenfalls in den technischen Blueprint aufgenommen.

Der Lebenszyklus der technischen Bausteine sowie deren Nutzung in Projekten werden gesteuert. Technische Bausteine und deren Releases, die nicht mehr zukunftsfähig sind oder sich im Einsatz nicht bewährt haben, werden abgelöst. So lassen sich die Zukunftsfähigkeit und Tragfähigkeit von technischen Standards sicherstellen.

Der technische Blueprint setzt Rahmenvorgaben (Leitplanken) für die Weiterentwicklung der IT-Landschaft. So kann die häufig blumenkohlförmig gewachsene heterogene IT-Landschaft schrittweise durch Projekte und Wartungsmaßnahmen in die Richtung der technischen Vision weiterentwickelt werden (siehe Bild 5.55). Durch angemessene, tragfähige und zukunftsfähige Standards wird die IT auf absehbare Business-Änderungen vorausschauend vorbereitet.

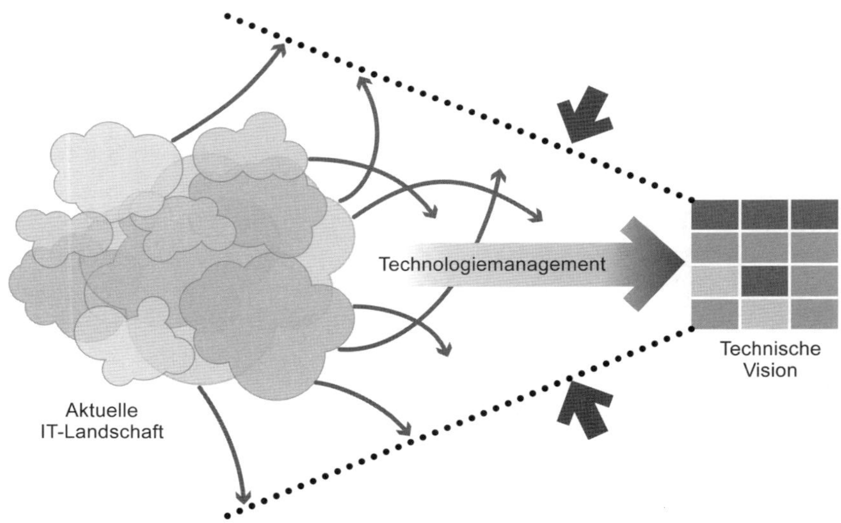

Bild 5.55 Technologiemanagement

In Abhängigkeit von der strategischen Positionierung der IT im Gesamtunternehmen gibt es unterschiedliche Motive für die technische Standardisierung:

- **Kostenreduktion im IT-Basisbetrieb**
  Nachhaltige Kostenreduktion durch Nutzung von Skaleneffekten, einer zentralen Verhandlungsmacht im Einkauf und der Know-how-Bündelung erzielen
- **Beherrschung und/oder Reduktion der IT-Komplexität**
  IT-Komplexität durch Steigerung der technischen Qualität beherrschen (wiederholte Verwendung von bewährten technischen Bausteinen)

- **Optimierung des Tagesgeschäfts**
  Standardisierung von Methoden und Verfahren z. B. für die Administration und den Betrieb von Anwendungen oder aber auch im fachlichen Kontext
- **IT strategisch ausrichten**
  Tragfähige und zukunftssichere technische Standards vorgeben
- **Beitrag zur Weiterentwicklung des Geschäfts**
  Festlegung von Standards, die Flexibilität fördern und Änderungen schneller durchführen lassen

Das Technologie-Scouting (siehe Bild 5.56) leistet einen wesentlichen Beitrag zur Identifizierung von wesentlichen Trends sowie reifen und nutzbaren digitalen Technologien. Viele digitale Technologien haben bereits im Hype-Cycle (siehe Bild 1.4) das Tal der Enttäuschung durchschritten und können in Produkten und Dienstleistungen genutzt werden. So eröffnen z. B. Social Media, Cloud-Computing, digitale Plattformen, Big Data/Data Analytics und KI/Machine Learning völlig neue Geschäftsmodelle.

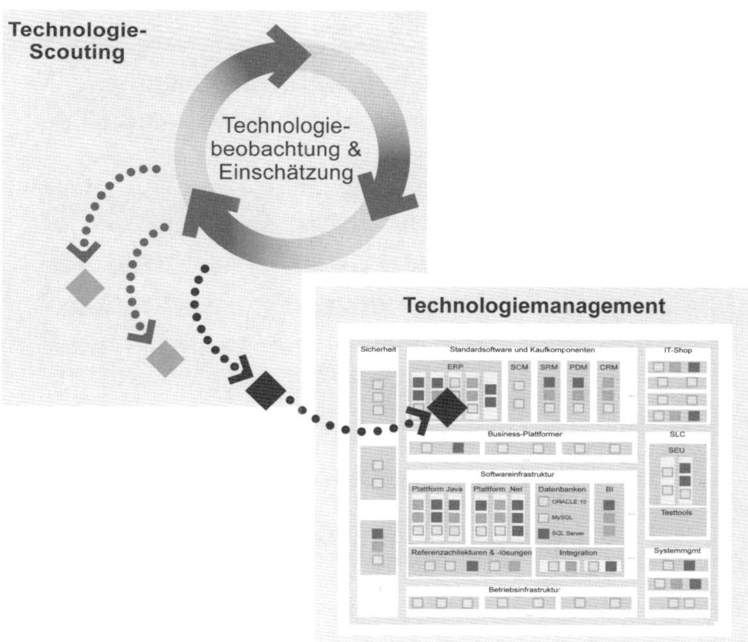

Bild 5.56 Technologie-Scouting

Beim Technologie-Scouting kommt es insbesondere darauf an, alle wichtigen Trends und Technologien zu berücksichtigen und eine Einschätzung über deren Reife, Zukunftsfähigkeit und Einsetzbarkeit für das Unternehmen zu liefern. Dies ist ein wesentlicher Input für das Technologiemanagement sowie für das interdisziplinäre Innovationsmanagement.

Die Zukunftsfähigkeit von technischen Standards ist ein wesentlicher Aspekt bei der Weiterentwicklung des technischen Blueprints. Durch die frühzeitige, vorausschauende und kontinuierliche Beobachtung und richtige Einschätzung von technologischen Entwicklungen sowie des Lebenszyklus der verwendeten technischen Standards kann die Zukunftsfähigkeit abgesichert werden. So können z. B. technische digitale Plattformen oder die Omnikanalfähigkeit vorbereitet werden. So lassen sich auch der rasche technologische Wandel und die zunehmend kürzeren Lebenszyklen von IT-Produkten bewältigen.

Für jeden Standardisierungsbedarf, z. B. für Datenbanken, wird im technischen Blueprint, auch technisches Referenzmodell (TRM) genannt, eine Schublade, eine technische Domäne, vorgesehen. „Der Griff in die richtige Schublade" erleichtert das Auffinden der zum Problemkontext passenden technischen Bausteine.

Grafisch wird das technische Referenzmodell durch sogenannte „Cluster-Grafiken" visualisiert (siehe [Han16]). In Bild 5.57 finden Sie ein Beispiel für einen unternehmensspezifischen Ordnungsrahmen.

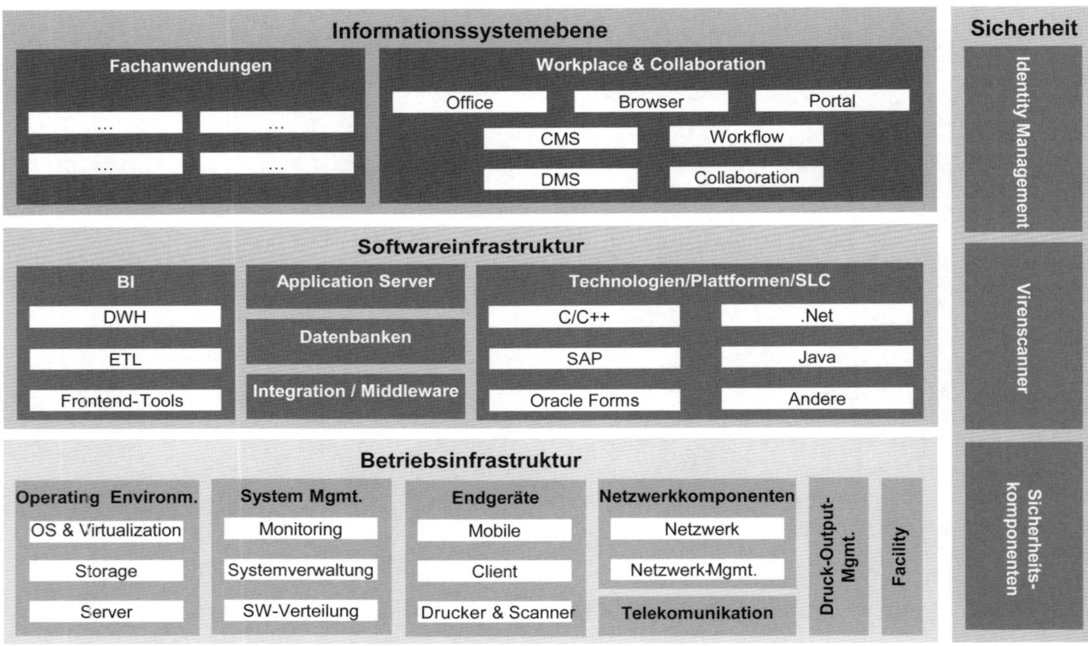

Bild 5.57 Beispiel eines technischen Referenzmodells

Das Technologiemanagement setzt letztendlich die für die Umsetzung der digitalen Strategie erforderlichen technischen Capabilities des Zielbilds um. In einem Top-down-Ableitungsprozess, siehe voriger Abschnitt, werden die erforderlichen Lösungsbausteine, wie z. B. Integrationsplattform oder digitale Community-Plattform, sowie übergeordnete Architekturprinzipien, wie „EUTA" festgelegt. Im Rahmen von Projekten können diese Lösungsbausteine dann mit Leben gefüllt werden. Die Entscheidung, welche Lösungsbausteine im Rahmen welches Projekts umgesetzt werden (Einsteuern in Projekte), erfolgt in der Regel im Projektportfoliomanagement (kurz PPM). Die Entscheidungen werden im Demand Management vorbereitet, wo EAM idealerweise eingebunden ist (siehe Bild 5.58).

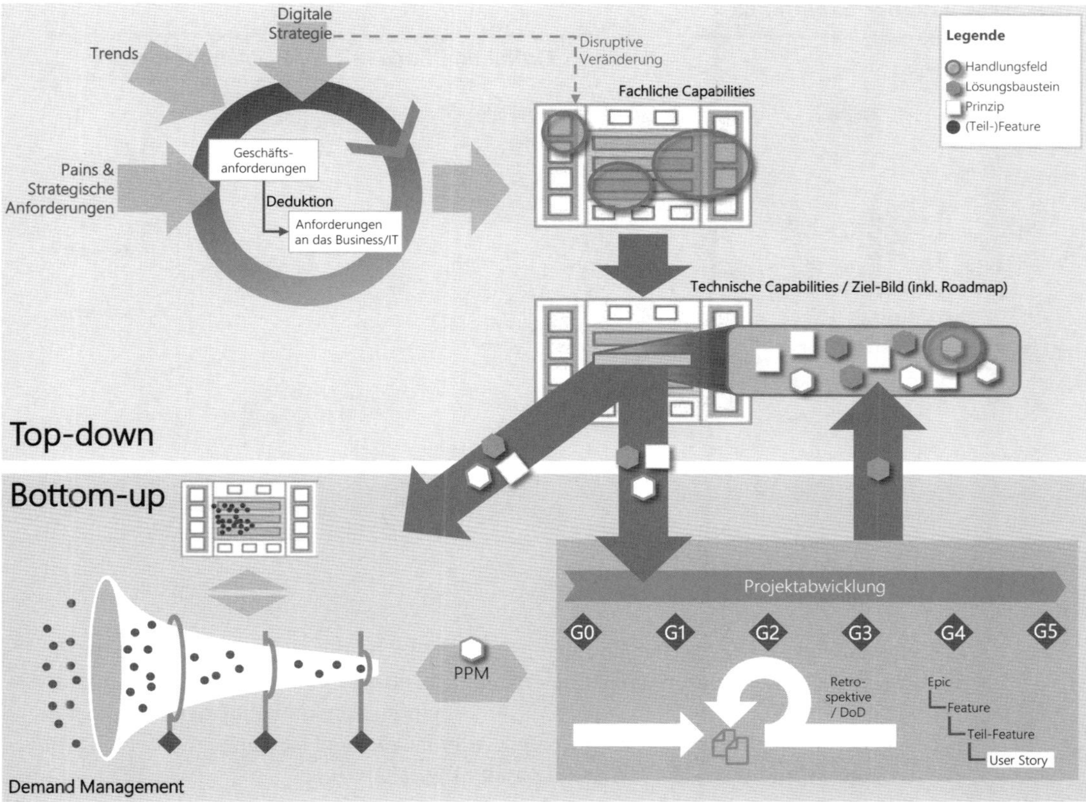

Bild 5.58 Umsetzung technischer Capabilities über Projekte

Wesentliche Bestandteile des Technologiemanagements sind Standardisierung, Lifecycle-Management und API-Management:

- **Standardisierung** kann auch auf Ebene von Applikationen, Schnittstellen und technischen Bausteinen erfolgen. Auf der Ebene von Applikationen werden Redundanzen in der Unterstützung von Business Capabilities, Produkten oder Geschäftsprozessen beseitigt. Das API-Management übernimmt die Standardisierung von Schnittstellen. In der technischen Standardisierung wird die technische Bebauung, wie z. B. Datenbanken, homogenisiert.
- Im **Lifecycle-Management (kurz LCM)** wird der Lebenszyklus eines IT-Systems von der Idee oder Einführung bis zum Ablösen geplant. Das Lifecycle-Management spielt eng mit Bebauungsplanung beziehungsweise dem Informationssystem-Portfoliomanagement (kurz IS-Portfoliomanagement) zusammen und ist ein wesentlicher Bestandteil der Standardisierung und Homogenisierung.
- **API-Management** (siehe Bild 5.59) ist das aktive Management von Services und insbesondere deren APIs (Application Programming Interface) über den kompletten Lebenszyklus der Services hinweg. Dies beinhaltet die Steuerung, Optimierung, Standardisierung und Veröffentlichung von Services über APIs in einer sicheren und skalierbaren Umgebung.

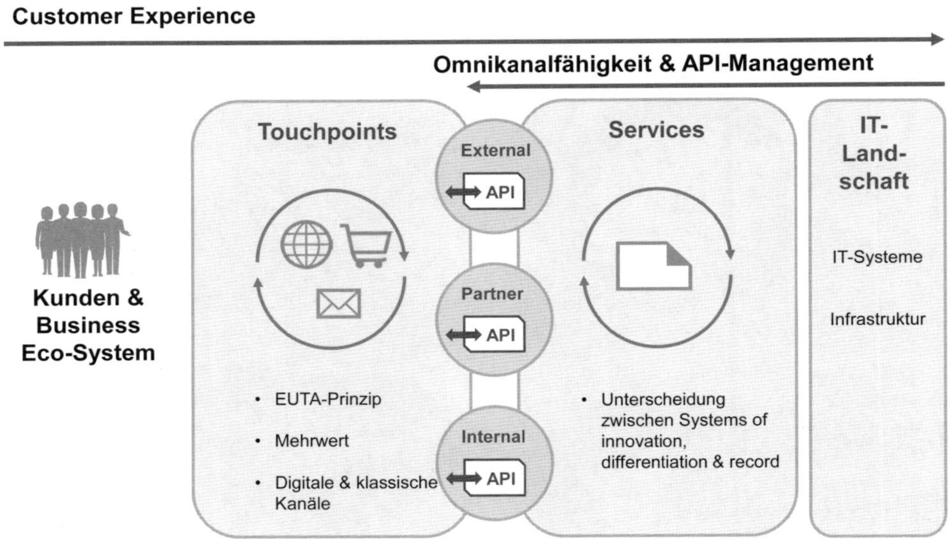

Bild 5.59 API-Management

Sie automatisieren, überwachen und steuern die API-Verbindungen und gewährleisten die Konsistenz zwischen mehreren API-Implementierungen und Versionen. Zudem unterstützen sie das Performance-Management und Informationssicherheitsmanagement, indem z. B. Sicherheitsrichtlinien integriert werden. API-Management ist eine Voraussetzung für die horizontale und vertikale Vernetzung in der Digitalisierung.

API-Management ist eine technische Fähigkeit und Grundlage für die horizontale und vertikale Vernetzung der zunehmend digitalen Welt.

In der technischen Soll-Bebauung werden vorwiegend **Plattformen** und **Referenzarchitekturen** verbaut. In einer Plattform werden in der Regel technisch eng zusammenhängende technische Bausteine und Infrastrukturelemente (logische oder operativ über Technologie-Stacks) zusammengefasst, die für die Entwicklung, die Wartung oder den Betrieb eines oder mehrerer Informationssysteme erforderlich sind. Schauen wir uns Referenzarchitekturen etwas näher an.

5.6.4 Tragfähige und flexible Referenzarchitekturen

Referenzarchitekturen (oder auch Musterarchitekturen) sind eine musterhafte Beschreibung der Architektur eines (Teil-)Informationssystems einer Kategorie von Informationssystemen, z. B. für webbasierte Anwendungen. In einer Referenzarchitektur werden technische Bausteine des Standardisierungskatalogs „verbaut" und die Regeln für das Zusammenwirken der Bausteine festgelegt.

Tragfähige und flexible Referenzarchitekturen geben Orientierung und gleichzeitig Leitplanken für die konkrete Gestaltung von Lösungen. Erforderliche Referenzarchitekturen

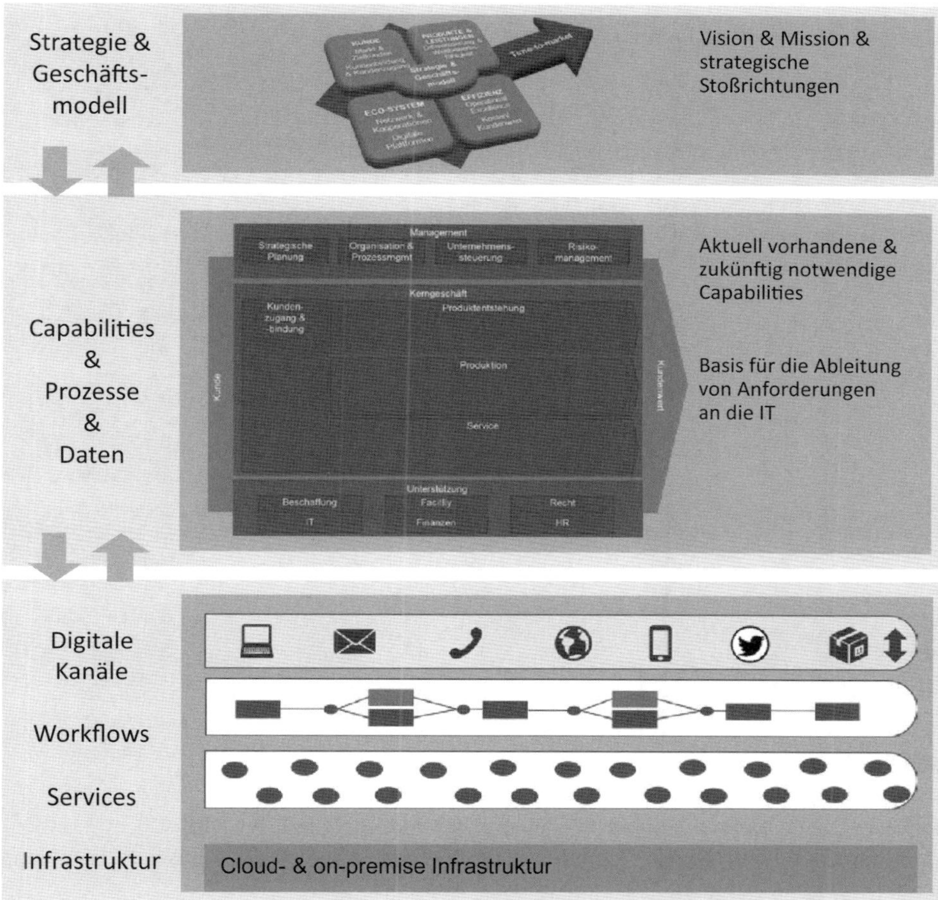

Bild 5.60 Ableitung der technischen Anforderungen

werden, wie in Abschnitt 5.6.2 ausgeführt, aus der Strategie und dem Geschäftsmodell über Handlungsfelder in den Business Capabilities über technische Capabilities identifiziert und über Projekte mit Leben gefüllt. In Bild 5.60 wird dies mit der Andeutung einer Referenzarchitektur in der letzten Ebene skizziert.

Entsprechend der fachlichen Vorgaben und erforderlichen technischen Capabilities wird eine Referenzarchitektur auf der Basis von Standards und Best-Practices entworfen (siehe [Sta09]) und, soweit möglich, durch Leitlinien und gegebenenfalls Technologie-Stacks und Plattformen flankiert. Die verantwortlichen Lösungsarchitekten unterstützen in der Regel die ersten Pilotprojekte und schärfen im Rahmen dessen die Referenzarchitektur sowie Technologie-Stacks und Plattformen.

In Bild 5.61 finden Sie ein Beispiel einer Referenzarchitektur mit verschiedenen Ebenen sowie unterschiedlichen Anforderungen oder technischen Capabilities der Ebenen, wie z. B. Omnikanalfähigkeit oder Entkopplung.

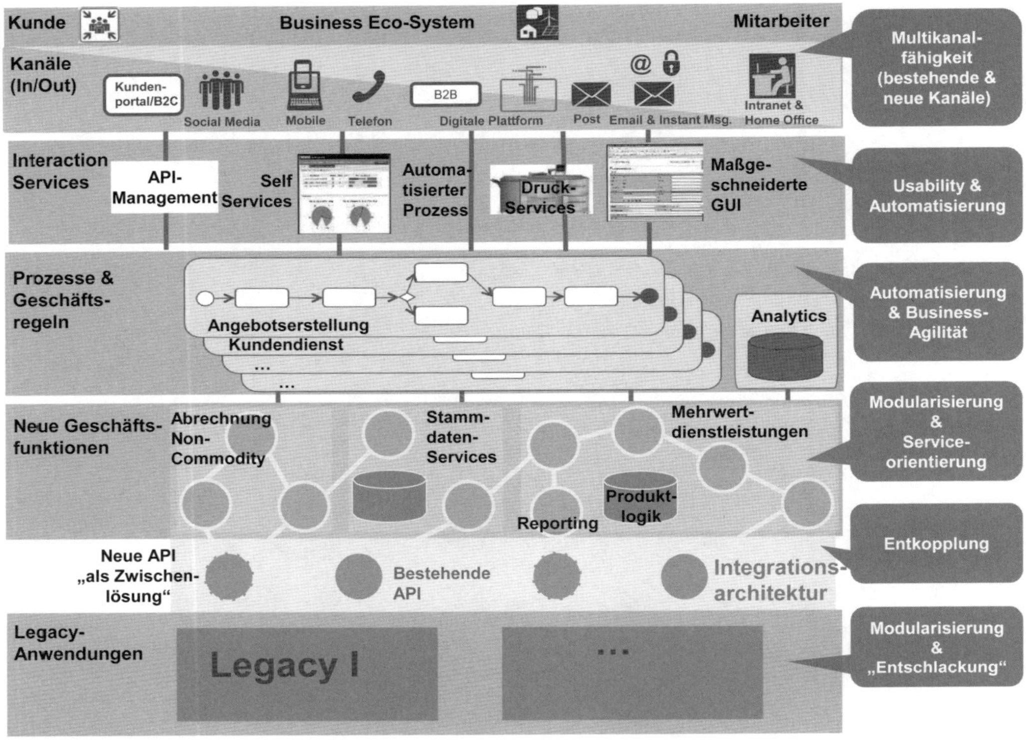

Bild 5.61 Beispiel einer Referenzarchitektur

Typische Elemente einer modernen Referenzarchitektur sind die Berücksichtigung der Omnikanalfähigkeit, digitale Plattformen, API-Management, Integrationsarchitektur und Microservices und Container-Technologie wie „Docker“.

Um flexibel und schnell auf neue Anforderungen reagieren zu können, müssen Änderungen möglichst lokal an wenigen Stellen durchgeführt werden können. Änderungen an Geschäftsregeln oder Workflows sollten einfach modelliert oder konfiguriert werden können. Eine modulare IT-Landschaft mit einer Integrationsarchitektur ist hierzu erforderlich. Monolithen werden zerschlagen und durch eigenständige, überwiegend fachlich definierte Microservices ersetzt. So entstehen Landschaften mit einer Vielzahl von kleinen, sich schnell ändernden Services, die alle konfiguriert, integriert und überwacht werden wollen.

Die IT-Landschaft muss so in Komponenten zerlegt werden, dass fachlich zusammengehörige Funktionalitäten und Daten in einer Komponente angesiedelt sind. Die Komponenten sind untereinander lose über z. B. eine Regel-, Workflow-Engine oder einen Enterprise Service Bus gekoppelt.

Eine Integrationsarchitektur liefert unternehmensspezifische Vorgaben für die serviceorientierte Umsetzung von Geschäftsanforderungen. Hierzu zählen Technologie-, Softwarearchitektur- und Infrastrukturaspekte für Entwicklung, Betrieb und Governance der involvierten Einzelsysteme und deren Zusammenspiel (End-to-end).

Beispiele hierfür sind Architekturvorgaben für die lose Kopplung von Komponenten über einen ESB (Enterprise Service Bus) oder aber die Herauslösung der Geschäftsregeln und Ablaufsteuerung aus dem Programmcode und die Hinterlegung dieser in einer Rules Engine und einem BPMS (Business Process Management System). Änderungen an Geschäftsregeln (zum Beispiel veränderte Preisberechnung) und Abläufen (zum Beispiel Änderung des Genehmigungsverfahrens) ziehen keine Auswirkungen an den funktionalen Modulen nach sich. Funktionale Module, wie zum Beispiel Provisionsabrechnung, können einfach ersetzt werden. Die Änderung erfolgt lokal, schnell und kostengünstig, da nur reduzierte Integrations- und Testaufwände anfallen.

Die Komponenten, die Microservices, sollten sich an den Business Capabilities des Unternehmens ausrichten. Beispiele für Services sind „Vertriebscontrolling.Statistikgenerierung" oder „Provisionsabrechnung.Jahresberechnung".

Gewachsene IT-Landschaften mit vielen funktionalen und Datenredundanzen, vielen und komplexen spezifischen Schnittstellen, heterogenen Technologien sowie vielen Inkompatibilitäten und Abhängigkeiten müssen „aufgeräumt" („SOA-fiziert") werden, um Änderungen schnell, kostengünstig und risikoarm durchzuführen und in Betrieb zu nehmen. So werden die erforderliche Flexibilität (Anpassungsfähigkeit) erzielt und darüber hinaus die Wartungs- und Betriebsaufwände und damit die IT-Kosten nachhaltig gesenkt.

Serviceorientierte Architekturen (SOA) versprechen Agilität in der Veränderung des Geschäftsmodells, indem Business-Services zu Geschäftsprozessen flexibel orchestriert und damit einfach und kostengünstig an veränderte Geschäftsanforderungen oder Randbedingungen angepasst werden können. Sie zielen auf die Komponentisierung der IT-Landschaft in fachliche Komponenten und eine flexible Kopplung der Komponenten ab.

SOA (serviceorientierte Architektur) hat eine fachliche und eine technische Dimension:

- Business Capability (oder Geschäftsfähigkeit genannt) als inhaltliche Implementierungs-, Strukturierungs- und Granularitätsvorgabe für Business-Services,
- technische Umsetzung mittels einer für das Unternehmen standardisierten Integrationsarchitektur (u. a. lose Kopplung und Kontrakte) mit Integrationstechnologien, wie z. B. Web Services, Workflow und Rule Engines oder Enterprise Service Bus.

Das Business Capability Management (siehe Abschnitt 5.2.3) leistet hierzu einen wesentlichen Beitrag. Die Business Capabilities geben fachliche Bezugspunkte für die Planung und Steuerung der IT-Umsetzung vor. Das Anwendungsportfolio wird in Bezug auf die aktuellen und zukünftigen Geschäftsfähigkeiten optimiert. Hierbei wird die Soll-IS-Landschaft entsprechend der zukünftigen Business Capability Map komponentisiert, d. h. serviceorientiert, gestaltet. Auf dieser Basis können mithilfe einer Integrationsarchitektur neue Abläufe einfach durch Zusammensetzen und Orchestrieren der Business-Services konfiguriert werden. Die IT kann so schneller auf sich verändernde Anforderungen reagieren. Die Orchestrierung der Business-Services, also deren Abfolge und Wechselwirkungen, wird durch die Geschäftsprozesse vorgegeben. Lassen sich die einzelnen Business-Services einfach miteinander verknüpfen, dann lassen sich auch Änderungen in den Prozessabläufen, unter der Annahme des Einsatzes derselben Services, schnell und ohne Programmieraufwand umsetzen.

Referenzarchitekturen und Plattformen enablen die Operationalisierung der Digitalisierung.

5.6.5 EAM im Zusammenspiel mit den anderen Disziplinen

Die Informationen und Visualisierungen aus EAM sind unabdingbar für wirksame Planungs-, Entscheidungs- und Durchführungsprozesse. Der wirkliche Nutzen entsteht nur im Zusammenspiel mit den anderen Disziplinen. So nutzt es wenig, wenn transparent ist, dass ein Projekt nicht konform zur Planung ist, wenn die Strategiekonformität nicht als Kriterium in Investitionsentscheidungen eingeht. Die Soll-Bebauungspläne und Standards können nur umgesetzt werden, wenn sie insbesondere über das Projektportfoliomanagement durchgesetzt werden.

In Bild 5.11 finden Sie ein Beispiel eines Instrumentariums. Die verschiedenen Disziplinen werden ausführlich in [Han14] und [Han16] beschrieben. Dort finden Sie auch Hilfestellungen für die Ableitung Ihres Instrumentariums.

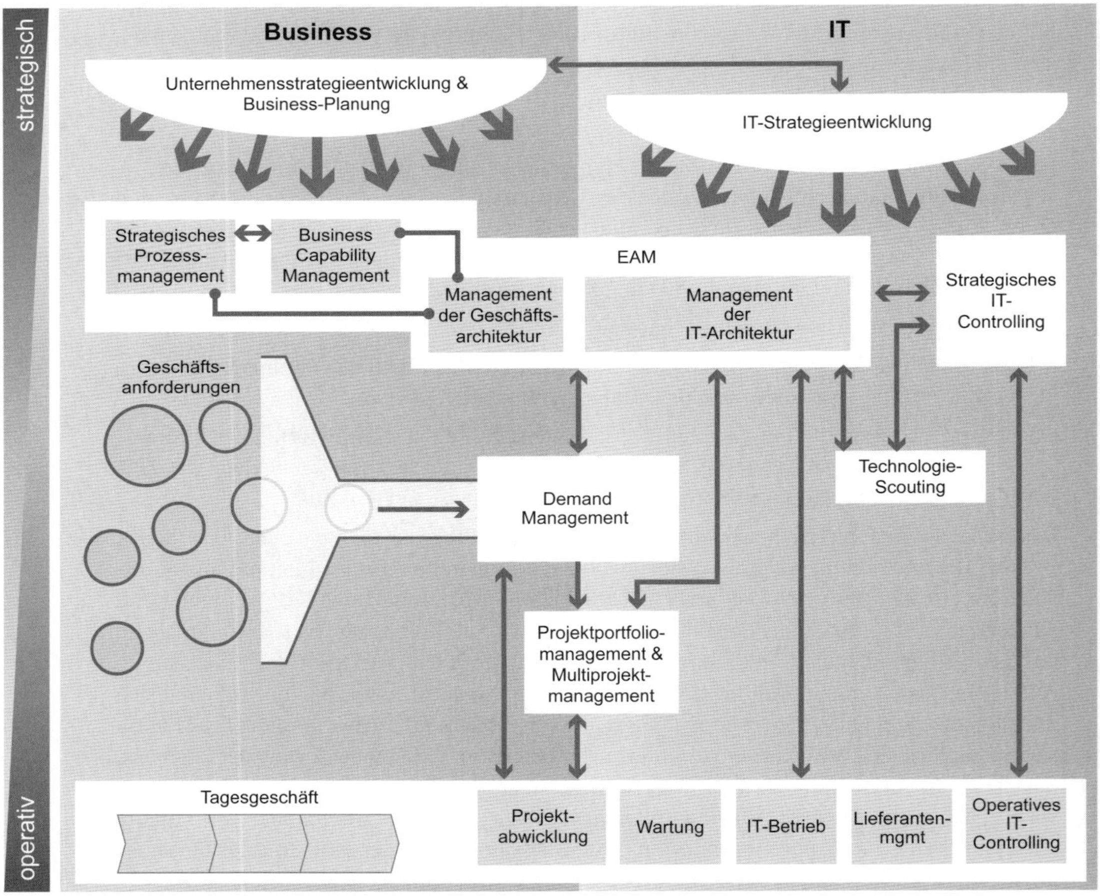

Bild 5.62 IT-Management-Disziplinen in ihrem Zusammenspiel

EAM spielt mit den anderen Management-Disziplinen auf vielfältige Art und Weise zusammen. Wesentliche Aspekte sind dabei:

- **Strategieentwicklung in Business und IT**
  Die Unternehmensstrategie gibt das Geschäftsmodell und die strategischen Vorgaben wie Vision, Ziele, Strategien und Prinzipien für die Steuerung des Unternehmens vor. Die IT-Strategie leitet sich von der Unternehmensstrategie ab und setzt Vorgaben für die Planung und Steuerung der IT.

  Beitrag von EAM:
  Die Vision und das grobe Zielbild aus der Unternehmens- und IT-Strategie werden durch EAM konkretisiert. Ein Soll-Bild und eine Roadmap zur Umsetzung entstehen. Die Rahmenvorgaben, wie z. B. Prinzipien, Strategien, technische Vorgaben und Randbedingungen, sind von EAM im Rahmen der Bebauungsplanung (siehe [Han16]) einzuhalten.
- **Demand Management**
  Das Demand Management ist die Disziplin für das Management der strategischen und operativen Geschäftsanforderungen. Es geht darum, im Zusammenspiel zwischen Business und IT die Geschäftsanforderungen möglichst angemessen, kostengünstig und trotzdem tragfähig und zeitgerecht in den Geschäftsprozessen und in der IT-Unterstützung umzusetzen.

  Beitrag von EAM:
  EAM stellt für die Analyse der Abhängigkeiten und Auswirkungen Hilfsmittel, wie z. B. Bebauungspläne, Informationsflussgrafiken und Synchropläne (siehe [Han16]), bereit. Das Demand Management kann sich des Analyse- und Gestaltungsinstrumentariums von EAM bedienen.
- **Technologie-Scouting**
  Durch die kontinuierliche Markt- und Trendbeobachtung werden frühzeitig relevante, technologische Neuerungen und Trends identifiziert sowie hinsichtlich der technologischen Reife und des Potenzials für den Einsatz im Unternehmen sowie der damit verbundenen Risiken bewertet. Relevante Trends werden in die technische Standardisierung im Technologiemanagement geordnet eingesteuert. So werden die technischen Standards zukunftsorientiert weiterentwickelt.

  Beitrag von EAM:
  EAM kann im Rahmen des Innovationsmanagements genutzt werden, um mögliche Lösungen zu gestalten sowie die Abhängigkeiten und Auswirkungen von Business-Ideen zu analysieren. Die im IT-Innovationsmanagement identifizierten neuen technologischen Standards müssen über das Technologiemanagement in EAM eingesteuert werden.
- **Projektportfoliomanagement**
  Unter Projektportfoliomanagement werden die regelmäßige Planung, Priorisierung, übergreifende Überwachung und Steuerung aller Projekte eines Unternehmens oder einer Geschäftseinheit verstanden.

  Beitrag von EAM:
  Das Enterprise Architecture Management liefert folgenden Input für das Projektportfoliomanagement:
  - Vorschläge für die Soll-Bebauung und die Roadmap zur Umsetzung für Projektanträge,
  - Prüfung der Konformität von Projekten zur Soll-Bebauung, der IT-Roadmap und den technischen Standards,

  - Bereitstellung von Informationen für die Bewertung und Priorisierung von Projekten, bezogen auf das gesamte oder einen Ausschnitt des Projektportfolios,
  - zeitnahe, fundierte Aussagen über Machbarkeit und Auswirkungen von Business- und IT-Ideen, z. B. über „what if"-Analysen
  - Aufzeigen von Konfliktpotenzialen zwischen Projekten.
- **Strategisches IT-Controlling**
  Beim strategischen IT-Controlling werden insbesondere Status und Fortschritt der Umsetzung der strategischen Vorgaben und Planungen transparent gemacht. Hierzu werden die Zielzustände und Strukturen aus EAM genutzt. Es wird ein Soll-Ist-Vergleich durchgeführt und auf adäquate Steuerungsgrößen zurückgegriffen (siehe Abschnitt 5.8), die mit operativen Messgrößen aus der Projektabwicklung und dem Betrieb in Beziehung gesetzt werden.

  Umgekehrt nutzt EAM strategische Steuerungsgrößen aus dem strategischen IT-Controlling, um die Weiterentwicklung der IT-Landschaft wirksam zu steuern.

  In Abschnitt 5.8 finden Sie, zugeordnet zu den Herausforderungen von CIOs, häufig verwendete Kennzahlen.
- **Projektabwicklung und Wartungsmaßnahmen**
  Projekte und Wartungsmaßnahmen sind das Vehikel, um das Zielbild wirklich umzusetzen. Das Enterprise Architecture Management unterstützt dabei in vielfältiger Weise:
  - EAM liefert einen wichtigen Input bereits für die Projekt- und Maßnahmendefinition. Die Projekt- und Maßnahmeninhalte und die Abgrenzung können durch die vorliegende Dokumentation der Ist-, Plan- und Soll-Bebauung schärfer gefasst werden. Anhaltspunkte für Tiefenbohrungen lassen sich zudem aufzeigen. Dies verkürzt die Definition und das Aufsetzen von Projekten erheblich.
  - Durch zeitgerechte und fundierte Analysen, entsprechend den Fragestellungen aus dem Projektkontext, kann EAM einen wesentlichen Input insbesondere in der Konzeptionsphase des Projekts oder der Maßnahme liefern.
  - Im EAM werden die Inhalte und Zeitpunkte der Umsetzung aller Projekte vom Projektportfoliomanagement übernommen und in Beziehung zu den fachlichen und technischen Strukturen in der EAM-Datenbasis gebracht. Die betroffenen Applikationen, Capabilities und Geschäftsprozesse sind damit zugeordnet. So können Konfliktpotenziale aufgedeckt und ein wichtiger Beitrag zur Projektsynchronisation geleistet werden.

Wichtig!

EAM ist, wie in Bild 5.62 dargestellt, die „Spinne im Netz" des strategischen IT-Managements. Die Informationen und Visualisierungen aus EAM sind unabdingbar für wirksame Planungs-, Entscheidungs- und Durchführungsprozesse. Durch die Integration kann EAM Einfluss nehmen. Dabei sind insbesondere die fachliche Planung, wie z. B. das Demand Management, und Prozesse wichtig, in denen Investitionsentscheidungen getroffen werden.

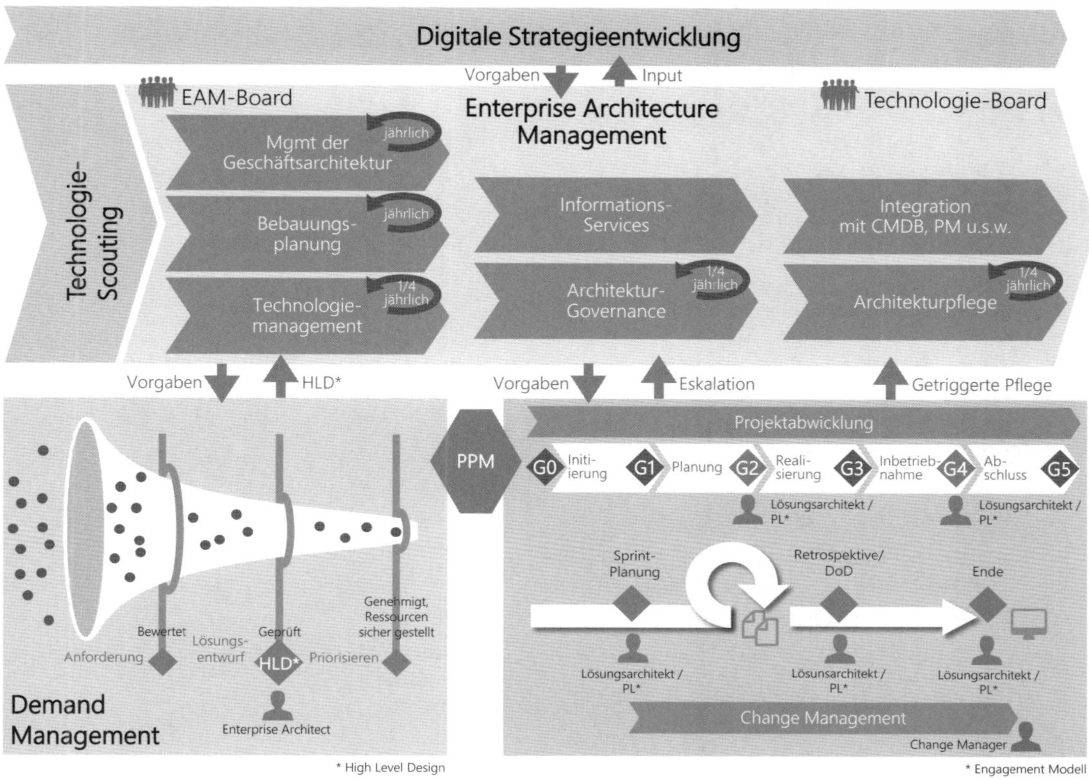

Bild 5.63 Integration von EAM in die Prozesse

Um eine hinreichend aktuelle und qualitativ hochwertige EAM-Datenbasis zu erhalten, müssen die EAM-Pflegeprozesse in die Planungs-, Durchführungs- und Entscheidungsprozesse integriert werden. Insbesondere die Integration in die Projektabwicklung und Wartungsmaßnahmen ist entscheidend. Über die Mitarbeit in den Projekten und/oder Quality Gates müssen die Informationen über die Veränderung der IT-Landschaft gesammelt und in die EAM-Datenbasis eingepflegt werden. Dies kann sowohl in klassischen als auch in agilen Projekten erfolgen (siehe Bild 5.63). Bei agilen Projekten sind z. B. die Sprint-Planung, die Retrospektive und das Definition-of-Done (DoD) wichtige Integrationspunkte. Details zur EA-Governance finden Sie in [Han16].

In Bild 5.64 finden Sie ein Beispiel für eine vollständige Sicht mit allen Schnittstellen zwischen den Prozessen. Diese sind in der Regel unternehmensspezifisch auszugestalten.

Weitere Informationen zum Enterprise Architecture Management finden Sie in [Han16].

Die Pflege der EAM-Datenbasis verursacht eine Menge Aufwand. insbesondere bei den Schlüsselpersonen mit dem fachlichen und technischen Überblickswissen. Wann lohnt sich EAM?

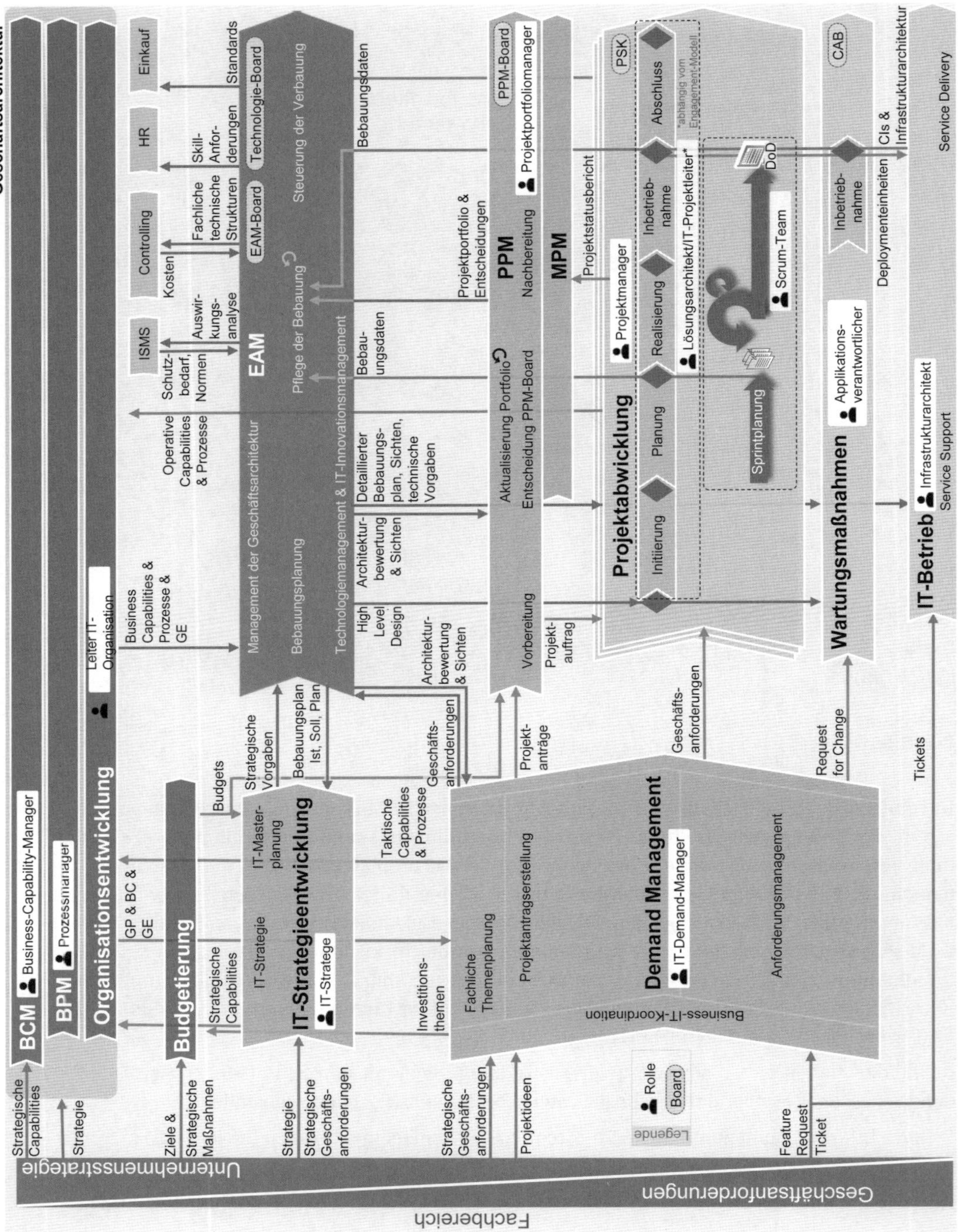

Bild 5.64 Integration von EAM in die Organisation

5.6.6 Lean EAM

Die Antwort ist erst einmal sehr einfach: EAM lohnt sich, wenn die Summe des persönlichen Nutzens den dafür erforderlichen Aufwand deutlich übersteigt. Wir nennen diesen Ziel-Zustand „Lean EAM“. Nur ein Kosten-Nutzen-optimiertes EAM-Instrumentarium kommt letztendlich zum Fliegen.

Der Weg dahin ist nicht ganz einfach. Wesentliche Erfolgsfaktoren dafür sind:

- **Lean-Prinzip der Kundenwertorientierung:** persönlichen Nutzen für die Stakeholder für deren tägliche Arbeit und zur Erreichung ihrer persönlichen Ziele erzeugen.

  Alles, was hierzu keinen Beitrag liefert, ist „Verschwendung“ und kann aussortiert werden. Häufige Beispiele sind Datensammlungen ohne Abnehmer.

- **Nutzen durch Nutzung:** Dies hört sich auch erst einmal banal an, ist es aber nicht. Leider findet man häufig in Unternehmen Datensammlungen ohne Abnehmer. Hierfür gibt es unterschiedliche Ursachen. So kann es sein, dass der bisherige Abnehmer kein Interesse mehr daran hat. Eine andere weitverbreitete Ursache ist die fehlende Konzentration auf das Wesentliche, die „Sammelwut“: „Es könnte ja jemand mal brauchen.“

  Erst durch die wirkliche Nutzung bei der täglichen Arbeit oder zur Erreichung deren Ziele entsteht persönlicher Nutzen.

- **Kein Ballast und Konzentration auf das Wesentliche:** alles weglassen, was nicht zielführend und kein ausreichendes Kosten-Nutzen-Verhältnis hat. Dies bezieht sich sowohl auf inhaltliche Strukturen als auch auf Prozesse und die Organisation.

  Die Kosten-Nutzen-Betrachtung ist sicher nicht einfach. Eine grobe Analyse ist aber erfolgsentscheidend. Siehe hierzu Abschnitt 3.3.2.

- **Hinreichend qualitativ hochwertige und aktuelle EAM-Datenbasis:** Nur, wenn Qualität und Aktualität passen, werden die EAM-Ergebnisse wirklich auf Dauer genutzt. Allerdings sind im Allgemeinen die Datenlieferanten Schlüsselpersonen im Unternehmen, wie z. B. Business-Analysten oder Lösungsarchitekten. Sie stehen häufig unter hohem Zeitdruck und haben daher weder Zeit noch Lust, zusätzlichen Aufwand ohne erkennbaren Nutzen zu leisten. Nur durch „erkannten“ Nutzen, möglichst wenig Aufwand und sicherlich auch den „sanften Druck“ seitens des IT-Managements und der Unternehmensführung kann die Unterstützung aller erforderlichen Stakeholder gewonnen und erhalten werden. Auch hierzu gibt es Best-Practices, siehe Abschnitt 5.8.

- **Fokus auf Fehler ausmerzen und Probleme lösen**
  Engpässe oder Fehler, wie z. B. unzureichende Datenqualität für die Erstellung einer Entscheidungsvorlage, sind vorrangig zu beheben. Nicht beseitigte Engpässe und Fehler senken die Akzeptanz für EAM erheblich. Der Nutzen kann nicht gehoben werden.

  Die Engpässe und Fehler lassen sich aber durchaus unterschiedlich beheben. Einerseits könnte die Datenqualität nachhaltig durch entsprechende Pflege- und Qualitätssicherungsprozesse verbessert werden. Andererseits könnte die Entscheidungsvorlage oder der Bericht so weit geändert werden, dass er nur auf Daten hoher Qualität beruht.

- **Stufenweiser nutzenorientierter Ausbau von EAM:** Die Einführung und der Ausbau des Enterprise Architecture Management können nur in kleinen überschaubaren Stufen mit sichtbarem Quick-win erfolgen. Nur wenn der Nutzen erkannt wird, gibt es gute Argumente für Investitionen in den weiteren Ausbau. Die ständige Verbesserung muss das tägliche

Denken bestimmen („Lean Thinking“). So können Fehler abgestellt, Ergebnisse optimiert und auf diese Weise der Nutzen erhöht werden.

Nachdem der Bootstrap geschafft ist, sollte EAM nutzenorientiert ausgebaut werden. Entscheidend ist hierbei der persönliche Nutzen der Stakeholder bei der Erreichung ihrer individuellen Ziele und bei der Bewältigung ihrer täglichen Arbeit. So kann EAM stufenweise entsprechend des individuellen Mehrwerts der Stakeholder erweitert werden. Welche Stakeholder in welcher Ausbaustufe einbezogen werden, muss über eine Stakeholder-Analyse (Interesse und Einfluss an EAM, siehe [Han14]) ermittelt werden. Nur, wie finden Sie den Mehrwert für die Stakeholder?

Um diese Frage zu beantworten, müssen wir die Perspektive der Nutzer einnehmen. Schauen wir uns einige Nutzergruppen näher an. In Bild 5.65 finden Sie skizzenhaft einerseits in der Mitte des Struktur-Backbone EAM und außen verschiedene Aufgabenbereiche und deren Sichten.

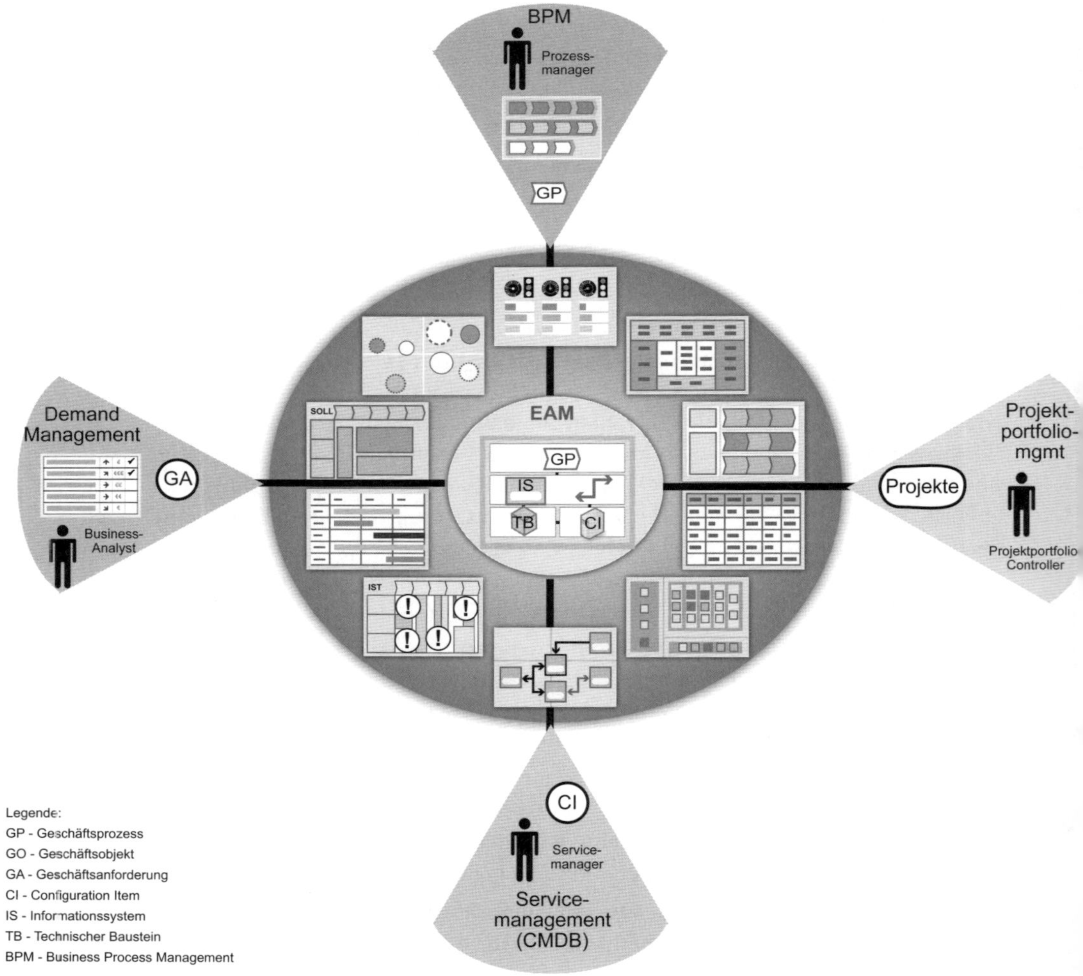

Bild 5.65 Lean EAM – nutzenorientierte integrierte persönliche Sichten

In der Mitte ist der Struktur-Backbone angedeutet, die relevanten fachlichen und technischen Strukturen des Unternehmens. Der Struktur-Backbone ist umgeben von den Visualisierungen, die häufig in einer EAM-Sicht genutzt werden. Nutzer dieser Sicht sind neben Unternehmensarchitekten z. B. IT-Verantwortliche oder Verantwortliche für Informationssicherheit oder Compliance, die eine auf ihre Bedürfnisse zugeschnittene Teilsicht bereitgestellt bekommen.

Nun schauen wir uns zwei Beispiele der in Bild 5.65 dargestellten Aufgabenbereiche und Sichten näher an:

- **BPM (Business Process Management)**
  BPM ist häufig in einer Stabsabteilung im Organisationsbereich angesiedelt. Die Prozessmanager dokumentieren die Geschäftsprozesse, optimieren diese und entwickeln sie gegebenenfalls strategisch weiter. Für die Aufgaben benutzen sie typischerweise ein BPM-Werkzeug.

  Für die Prozessmanager sind sicherlich gewisse Informationen aus dem EAM hilfreich, wie z. B. die Antwort auf die Fragen „Welche Anwendungen unterstützen welche Geschäftsprozesse?“ oder „Welche Anwendungen gibt es?“. Diese Ergebnisse möchten sie möglichst einfach und idealerweise in ihrer Werkzeugumgebung erhalten.

  EAM wird in der Praxis von Prozessmanagern häufig argwöhnisch betrachtet, da dort die Geschäftsprozessinformationen vielleicht auch, aber in einer anderen Granularität und ggf. unterschiedlich oder nicht konsistent gegenüber dem BPM-Werkzeug, abgelegt sind. So ist z. B. die Verknüpfung zwischen den Aktivitäten des Geschäftsprozesses und den Anwendungen im BPM-Werkzeug abgebildet, wobei die Anwendungsnamen ggf. von denen im EAM variieren. Im EAM existiert ggf. auch eine Zuordnung zwischen den Geschäftsprozessen und den Anwendungen auf einer gröberen Granularität, wobei auch die Geschäftsprozesse nicht immer deckungsgleich mit denen im BPM-Werkzeug sind. Zudem stellt sich die Frage der Verantwortlichkeiten, gerade für die Beziehungen zwischen Elementen, wie z. B. zwischen Aktivitäten und Anwendungen.

  Nicht selten findet man in Organisationen noch mehr als zwei Versionen der Geschäftsprozesse, z. B. in Compliance- oder aber auch in IT-Servicemanagement-Dokumentationen. Dies verschärft die Situation noch weiter.

- **Demand Management**
  Die Business-Analysten auf Fachbereichs- oder IT-Seite oder im Projekt stehen vor der Herausforderung, das „Anforderungschaos“ zu beherrschen und zudem sicherzustellen, dass mit angemessenem Aufwand die richtigen Dinge getan werden.

  Für die Business-Analysten sind auch gewisse Analyseergebnisse aus dem EAM für Kontext- und Auswirkungsanalysen und in einer hohen Ausbaustufe auch für die fachliche Planung hilfreich. Für die Business-Analyse z. B. im Rahmen von Projekten wird aber häufig eine detailliertere Analyse erforderlich. Ein nahtloser Übergang ins Detail im Business-Analyse-Instrumentarium ist für die Business-Analysten notwendig. Die separaten, sehr grobgranularen Informationen aus dem EAM bilden höchstens einen Einstiegspunkt.

  EAM-Strukturdaten, wie die Liste der Geschäftsprozesse oder Anwendungen, und ein fachliches Domänenmodell sind hingegen für die Business-Analysten durchaus interessant. Hierdurch können die inhaltliche Bewertung und Priorisierung unterstützt werden. Diese Informationen müssen hierfür aber in der Werkzeugumgebung des Business-Analysten einfach zugänglich sein.

Alle möglichen EAM-Nutzer haben entsprechend ihrer Aufgabengebiete unterschiedliche Anliegen. Außer für Unternehmensarchitekten und strategische IT-Planer ist EAM in der Regel jedoch nicht das primäre Werkzeug. Das Interesse an „reinrassigen", über ein EAM-Werkzeug bereitgestellten, Ergebnissen ist dann häufig nicht so groß. Bedeutender sind eine möglichst optimale aufgabenorientierte Sicht und Werkzeugunterstützung für die verschiedenen Nutzer. Der Struktur-Backbone, d. h. insbesondere die Verknüpfung der unterschiedlichen fachlichen und technischen Informationen, hat für die Nutzer dann einen hohen Wert, wenn kaum Aufwand für die Bereitstellung anfällt und die Daten hinreichend qualitativ hochwertig und aktuell sind. Hierfür muss EAM sehr integrativ sein, alle Daten müssen möglichst automatisch bei Veränderungen in die jeweilige Werkzeugumgebung „transportiert" werden, ohne dass umfangreiche Pflege- oder Qualitätssicherungsaktionen anfallen. Die verbleibenden Aufwände für Korrekturen von z. B. Lücken oder Inkonsistenzen in Zuordnungen sollten durch Routinepflegeprozesse bewältigt und weitestgehend vom eigentlichen Nutzer ferngehalten werden. Diese administrativen Prozesse müssen aber klar bezüglich Verantwortlichkeiten, Aktualitätsanforderungen und den erforderlichen fachlichen Freigaben festgelegt sein.

Erfolgskritisch ist also eine möglichst optimale Unterstützung der verschiedenen Stakeholder bei der Bewältigung ihrer Aufgaben beziehungsweise Erreichung ihrer Ziele durch individuelle Sichten, die integriert den EAM-Struktur-Backbone sowie Analyse- oder Planungs-Features von EAM nutzen. Die verschiedenen Sichten und EAM sollten mit klaren Daten- und Prozessverantwortlichkeiten möglichst lose entsprechend der „Taktrate" der Prozesse in den Aufgabenbereichen gekoppelt sein. So werden z. B. neue Prozessmodelle erst nach einem entsprechenden Freigabeprozess veröffentlicht oder die IT-Strategieentwicklung erfolgt nur einmal im Jahr. Zuordnungen zwischen den Sichten, wie z. B. zwischen Prozessen und Anwendungen, müssen entsprechend der Aktualisierungserfordernisse der nutzenden Aufgabenbereiche durch Automatismen oder leichtgewichtige administrative Prozesse bereitgestellt werden.

Lean EAM lässt sich zusammenfassend durch nutzenorientierte integrierte persönliche Sichten bei gleichzeitig aufwandsarmer, qualitativ hochwertiger Datenpflege beschreiben. Die nutzenorientierten integrierten Sichten sind in Bild 5.65 dargestellt. Wichtig ist es, die Perspektive der Stakeholder einzunehmen und wirklich zu versuchen, deren Aufgaben, Randbedingungen und Ziele zu verstehen und dafür adäquate Lösungen bereitzustellen. Dies ist eine Erfolgsvoraussetzung für die erfolgreiche digitale Transformation.

5.7 Demand Management

Durch Demand Management können Sie Veränderungen wirkungsvoll managen. Veränderungen im Unternehmen werden in hohem Maße über Projekte getrieben. Die Herausforderung ist dabei, das Richtige richtig umzusetzen. Es gilt zu verstehen, was der Kunde wirklich benötigt, und dies adäquat, tragfähig und zeitgerecht umzusetzen. Entscheidend ist insbesondere das Zusammenspiel zwischen Business und IT. Die richtige inhaltliche Fokussierung, um die Anforderungen leichtgewichtig und schnell umzusetzen, ist der größte Hebel für Business-Agilität und für Kosteneinsparungen.

Demand Management

Demand Management ist die Schnittstellenfunktion zwischen Business und IT für das Management der strategischen und operativen Geschäftsanforderungen. Es geht darum, im Zusammenspiel zwischen Business und IT die Geschäftsanforderungen möglichst angemessen, kostengünstig und trotzdem tragfähig und zeitgerecht in den Geschäftsprozessen und durch die IT umzusetzen.

Das Demand Management führt in vielen Unternehmen häufig noch ein Schattendasein und darf oder kann nur sehr eingeschränkt den Unternehmenswandel aktiv mitgestalten. Eine richtig aufgestellte Demand-IT liefert aber wesentliche Stellhebel für die Umsetzung von Geschäftsmodell und Business-Transformationen. Sie unterstützt damit die Steigerung des Wertbeitrags der IT. Sie liefert eine funktionierende Business-IT-Koordination, beherrscht die Flut der strategischen, taktischen und operativen Anforderungen und identifiziert dabei die wirklichen Anforderungen. Sie stellt mit angemessenem Aufwand sicher, dass die richtigen Dinge getan werden.

Organisatorisch ist das Demand Management häufig zwischen dem Business und der IT aufgeteilt (siehe Bild 5.66), um der Schnittstellenfunktion gerecht zu werden. In der Business-Organisation findet man häufig nur Schlüsselpersonen als „Ansprechpartner" für den jeweiligen Fachbereich, z. B. „IT-Koordinator" genannt.

Häufig werden die IT-Anteile mit Demand-IT bezeichnet, wenn die Demand- und Supply-IT-Funktion organisatorisch getrennt sind. Bei einer ausgelagerten Supply-IT findet man die Demand-IT in der Regel im Stammunternehmen. In der Demand-IT sind idealerweise neben Strategen, Unternehmensarchitekten, Lösungsarchitekten und Projektmanagern insbesondere auch Business-Analysten mit einer starken Businessorientierung, methodischem Know-how und gleichzeitigem IT-Sachverstand beheimatet. Die Business-Analysten haben in der Regel zumindest einen fachlichen Schwerpunkt und betreuen dementsprechend einen oder mehrere Fachbereiche, in denen sie die direkten Ansprechpartner sind. In Bild 5.66 werden diese als Kundenverantwortliche bezeichnet. Zudem gibt es übergreifende Aufgaben für die kontinuierliche Weiterentwicklung der Methoden und Verfahren und die übergreifende Konsolidierung.

In den Fachbereichen kann es auch Business-Analysten oder aber Schlüsselpersonen („Key-User") als die zentralen fachlichen Ansprechpartner für die Demand-IT geben. Diese werden häufig IT-Koordinatoren oder IT-Beauftragte genannt. Sie sind einem Fachbereich (z. B. Vertrieb) klar zugeordnet und dem Fachbereichsverantwortlichen disziplinarisch unterstellt.

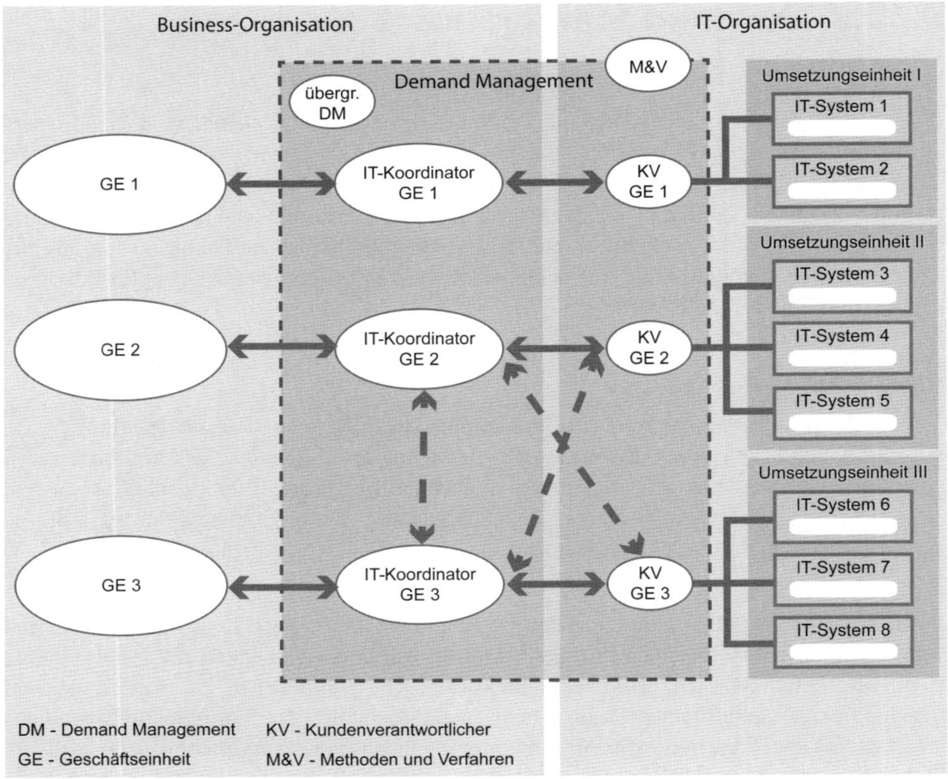

Bild 5.66 Demand Management als Schnittstellenfunktion zwischen Business und IT

Diese Zuordnung bringt den Vorteil mit sich, dass der IT-Koordinator schon organisatorisch eng mit dem Fachbereich verdrahtet und von diesem akzeptiert ist. Er hat also das Mandat, die Interessen des Fachbereichs zu vertreten. Gelegentlich gibt es zudem übergreifende Stabstellen im Business für fachbereichsübergreifende Konsolidierungsaufgaben. Dies ist in Bild 5.66 mit übergreifendem Demand Management gekennzeichnet.

Die Umsetzungseinheiten (IT-Supply) in der IT, die Anwendungsentwicklung, sind außer bei Querschnittsthemen, wie z. B. „Vorgangsbearbeitung", idealisiert im Gegensatz zum IT-Betrieb entsprechend der Business-Organisation aufgestellt. So ist der Kundenverantwortliche aus der Demand-IT der zentrale Ansprechpartner für fachliche Klärungen innerhalb der zugeordneten Umsetzungseinheit.

Eine unabhängige Demand-IT hat Vorteile bei der übergreifenden Optimierung. Synergien und strategische Ziele können einfacher umgesetzt werden. Es muss aber ein enger Draht nicht nur zu den Fachbereichen, sondern auch zu den IT-Umsetzungseinheiten aufgebaut und gehalten werden, um einen inhaltlichen Austausch über technische Umsetzungsmöglichkeiten und deren Auswirkungen im Rahmen der fachlichen Lösungskonzeption zu ermöglichen. Die fehlende Umsetzungsnähe muss überwunden werden. Wesentlich für den Erfolg ist hier die organisatorische Verankerung in den Planungs-, Entscheidungs- und

Durchführungsprozessen. Ohne diese kann die Demand-IT sowohl auf Fachbereichsseite als auch auf Supply-IT-Seite kaum Einfluss nehmen. Sie werden unter Umständen sowohl von den Fachbereichen als auch der IT außen vorgelassen und nur dann einbezogen, wenn dies formal gefordert ist. Darauf gehen wir später noch näher ein.

5.7.1 Aufgaben einer Demand-IT

Die Herausforderungen für eine Demand-IT sind enorm. Sie muss sowohl die Geschäftsstrategie, die Prozesse, die Organisation und technischen Standards und Vorgaben verstehen, die Geschäftsanforderungen systematisch managen, adäquate und mit angemessenem Aufwand umsetzbare fachliche Lösungen gestalten, mit allen handelnden Personen abstimmen und deren Umsetzung (und ggf. Veränderung) steuern. Sie muss sicherstellen, dass die wirklichen Geschäftsanforderungen erkannt und auch entsprechend der Geschäftserfordernisse umgesetzt werden.

Demand-IT ist aber nicht gleich Demand-IT. Abhängig von den Randbedingungen und Zielen kann eine Demand-IT unterschiedliche Aufgabenbereiche übernehmen. Unternehmensspezifisch muss entschieden werden, welche Aufgabenbereiche relevant sind, und diese müssen dann so ausgestaltet und organisatorisch verankert werden, dass sie auch wirklich leben.

Die wichtigsten Aufgabenbereiche des Demand Management und des Enterprise Architecture Management sind in Bild 5.67 dargestellt. Bezüglich des Enterprise Architecture Management sei auf das vorige Kapitel verwiesen. Die wesentlichen Aufgaben im Kontext Demand Management in einer Demand-IT sind:

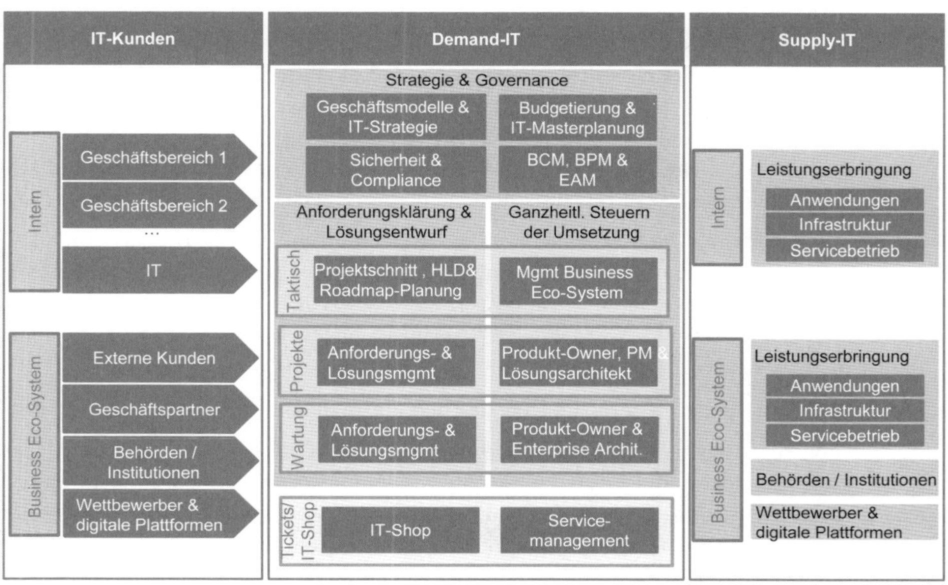

Bild 5.67 Aufgaben einer Demand-IT aus der Perspektive von Demand Management und Enterprise Architecture Management

- **Strategie und Governance**
  In einem hohen Reifegrad des Demand Management können Business-Analysten bei der fachlichen Gestaltung und Planung auf strategischer Ebene unterstützen. Geschäftsmodelle werden mitgestaltet. Es werden grobgranular Eckwerte und Orientierungshilfen für einen langfristigen Planungszeitraum gesetzt, wie bereits ausgeführt. Dies sind insbesondere die Vision, das grobe Zielbild und die Leitplanken.

  Strategische Geschäftsanforderungen werden hierzu im Rahmen der Unternehmensstrategie- und IT-Strategieentwicklung oder bei der Budgetierung und IT-Masterplanung ermittelt und daraus werden die erforderlichen Business Capabilities in enger Zusammenarbeit mit dem Enterprise Architecture Management abgeleitet. Eine Business Capability Map oder eine Prozesslandkarte wird (weiter-)entwickelt und so wird ein fachlicher Bezugsrahmen für die Planung und Steuerung der Business-Transformation vorgegeben.

  Über die Budgetierung werden mittels der Investitionsbudgets die Eckwerte für die Umsetzung der Geschäftsmodelle gesetzt. Business-Analysten machen Vorschläge für Investitionsthemen, bewerten diese, schätzen sie monetär im Zusammenspiel mit Lösungsarchitekten ab und stimmen hierzu Budgetpositionen mit den Fachstellen ab.

  Übergreifend müssen zudem Anforderungen aus der Informationssicherheit und Compliance sowohl auf strategischer, taktischer als auch auf operativer Ebene einbezogen werden.

- **Anforderungsklärung und Lösungsentwurf – Schwerpunkt im Demand Management Business-IT-Koordination & Business-Analyse**
  Die Demand-IT hat eine Beratungsfunktion für die Fachabteilungen und ist ein Vermittler und Dolmetscher zwischen den Fach- und IT-Abteilungen. Die Business-Analysten „übersetzen" die fachlichen Begriffe und Geschäftsanforderungen in die Sprache der IT. Sie sind der Ansprechpartner für fachliche Rückfragen aus der IT. Sie haben einen Überblick über die fachlichen Zusammenhänge in ihrer fachlichen Domäne und kennen die Schlüsselpersonen in Business und IT. Sie sorgen dafür, dass die Fachbereiche die richtigen und angemessenen Lösungen für die Umsetzung ihrer Geschäftsanforderungen erhalten. Sie gleichen die Geschäftsanforderungen der Fachabteilungen mit den Möglichkeiten der IT ab. Falls sie Fragen nicht unmittelbar selbst beantworten können, stellen sie den Kontakt zu den Schlüsselpersonen im Business her und dolmetschen.

  Sie betreiben Business-Analyse, eine Tätigkeit zur Identifikation von Geschäftsanforderungen sowie Ableitung und Herbeiführung von fachlichen Lösungen, die Unternehmen helfen, ihre Ziele zu erreichen. Eine Lösung besteht oft in der Bereitstellung von IT-Komponenten, kann aber auch Prozessverbesserungen oder organisatorische Änderungen umfassen.

  Dies erfolgt vorwiegend auf der taktischen und operativen Planungsebene (siehe Bild 5.68).

  Auf der taktischen Ebene wird dafür gesorgt, dass die wirklich wichtigen und strategisch in der Investitionsplanung beabsichtigten Dinge auch umgesetzt werden. Projektanträge und Umsetzungs-Roadmaps werden gemeinsam mit dem Fachbereich erstellt. Durch eine Planung in einer groben, aber doch inhaltlich fundierten Granularität wird mit überschaubarem Aufwand der inhaltliche Rahmen für die Projekt- und Iterationsplanung geschaffen. Die Verknüpfung zwischen Artefakten auf den verschiedenen Ebenen ist zudem eine wesentliche Grundlage für die Steuerung der Umsetzung.

Das Zielbild und die Investitionsthemen werden beim Projektschnitt und bei der Roadmap-Planung weiter detailliert. In Bild 5.68 sind typische Ergebnisse wie eine Produkt-Roadmap oder ein grobgranulares Backlog auf der taktischen Planungsebene dargestellt.

Die Ergebnisse der taktischen Planung werden wiederum in der operativen Planungsebene verfeinert. In der Projekt- und Iterationsplanung werden die im Rahmen des Projektschnitts und der Roadmap-Planung festgelegten Initiativen zumindest für die ersten Projektphasen oder Inkremente detaillierter geplant. Ergebnis des Anforderungsmanagements ist eine Liste von Realisierungsanforderungen für das nächste Inkrement oder die nächste Iteration des Produkts oder Projekts. Inkremente sind hierbei die Ergebnisse von Projekten oder aber die Inhalte von Produkt-Releases.

Zudem muss die Demand-IT die Kontrolle über die IT-Produkte, wie z. B. Office oder Apps, haben. Dies kann auf unterschiedliche Art und Weise erfolgen. Häufig werden installierbare lizenzierte und kostenfreie IT-Produkte über einen IT-Shop den Anwendern zur Installation angeboten.

Das systematische Management der Geschäftsanforderungen schafft die Basis für die inhaltliche Planung und Steuerung auf allen Ebenen. Wesentlich sind hier die strukturierte Aufnahme der Geschäftsanforderungen in der jeweils erforderlichen Granularität, die Verknüpfung dieser zwischen den Granularitäten und mit dem O-Ton Kunde sowie mit den Umsetzungspaketen. Grob granulare Anforderungen werden, wenn diese im Kontext der taktischen Planung gesammelt werden, direkt auf die Granularität von Features in Abstimmung mit dem Anforderungssteller heruntergebrochen. Feingranulare Anforderungen werden entweder Features einer vorhandenen Capability Map (Bottom-up-Konsolidierung) zugeordnet oder aber, wenn nicht vorhanden, zu Features zusammengefasst. Auf diese Art und Weise liegen die Geschäftsanforderungen für die jeweilige Planungsebene in der erforderlichen Granularität vor.

Die fachliche Anforderungsklärung (Demand Management) und der Lösungsentwurf (Enterprise Architecture Management) sind eng verzahnt, nur so können zeitgerecht disruptive und gleichzeitig skalierbare Lösungen bereitgestellt werden.

- **Ganzheitliches Steuern der Umsetzung**
  Die Demand-IT muss sicherstellen, dass die Geschäftsanforderungen wirklich umgesetzt werden. Dies geht nicht ohne Einfluss auf die Investitionsentscheidungen im Projektportfoliomanagement, in der Projektsteuerung sowie in der Wartung und dem Betrieb. Das Demand Management muss mit den Planungs- und Entscheidungsprozessen verzahnt und in der Organisation verankert werden.

  Nach der Freigabe von Projektanträgen, Wartungsmaßnahmen und Tickets muss die Demand-IT die bestimmungsgemäße Umsetzung vorantreiben und Veränderungsanforderungen geregelt in die Umsetzung einsteuern. Dies ist nur möglich, wenn das Demand Management in die Abwicklungsprozesse, insbesondere die Projektdurchführung, integriert ist. So kann der Business-Analyst aus der Demand-IT durch fachliche Prüfung und Abnahme sicherstellen, dass die Geschäftsanforderungen wirklich entsprechend der Vorstellungen des Fachbereichs umgesetzt werden. Im agilen Umfeld übernimmt der Business-Analyst z. B. die Rolle des Produkt-Owners (oder ist dessen Sparringspartner).

  Die Umsetzung erfolgt gegebenenfalls über das Business-Eco-System. Diese und die Verträge sowie die Services mit diesen müssen gemanagt werden.

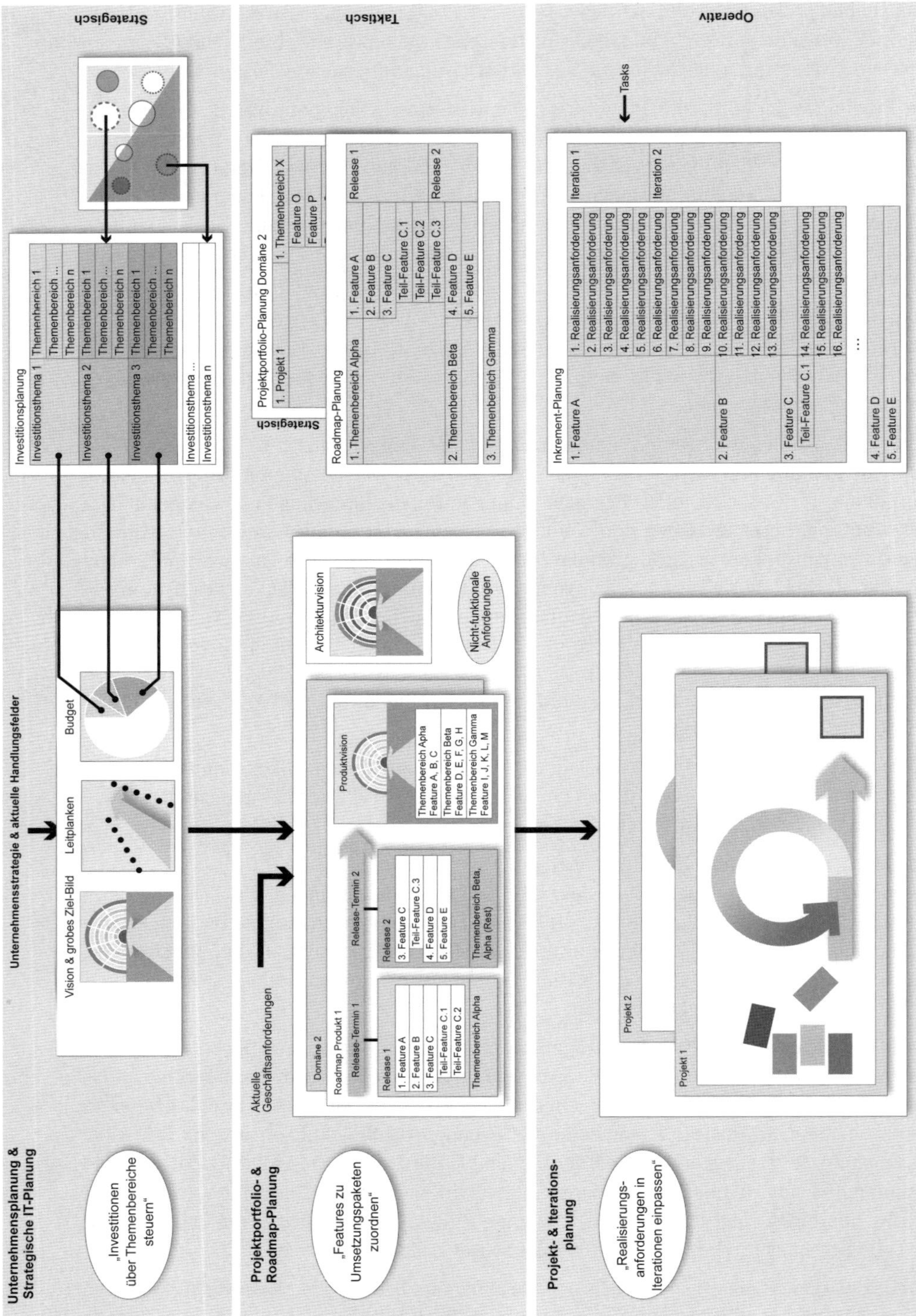

Bild 5.68 Planungsebenen (siehe [HGG15])

Für eine wirksame Planung und Steuerung ist insbesondere die Verbindung zwischen den Planungsebenen (siehe Bild 5.68) wesentlich. Darüber wird einerseits sichergestellt, dass die strategischen und taktischen Planungen auch in die operative Planung einfließen. Andererseits wird hierdurch eine Grundlage für die Steuerung der Umsetzung – auch bei veränderten Geschäftsanforderungen – geschaffen. Voraussetzung dafür ist aber neben dem systematischen Management der Geschäftsanforderungen einerseits eine leichtgewichtige und fundierte fachliche Planung (Budgetierung) und andererseits ein passender Projektschnitt sowie eine angemessene Roadmap- und fachliche Projekt- und Iterationsplanung. Dies sind wichtige Erfolgsfaktoren.

5.7.2 Wesentliche Erfolgsfaktoren für ein schlagkräftiges Demand Management

Um den Unternehmenswandel aktiv mitzugestalten, muss die Demand-IT richtig aufgestellt und in der Organisation verankert sein. Die organisatorischen Voraussetzungen für ein funktionierendes Demand Management sind im Wesentlichen:

- Management-Commitment, d. h. Sponsor mit Einfluss und Interesse am Demand Management, der den notwendigen Rückhalt gibt,
- Business-Analysten mit klar definierter Rolle, Verantwortlichkeiten, Kompetenzen und adäquaten Skills,
- Einfluss auf Entscheidungen und Planungen über die Integration der Demand-Management-Prozesse und der handelnden Personen in die Planungs-, Entscheidungs- und Durchführungsprozesse, wie u. a. das Projektportfoliomanagement oder die Projektabwicklung.

In Abhängigkeit von der organisatorischen Zuordnung ist die Einflussnahme einfacher oder schwieriger. Wenn das Demand Management Teil der IT-Organisation ist, besteht eine größere Umsetzungsnähe, aber eine Ferne zum Business. Umgekehrt verhält es sich, wenn die Demand-IT Teil der Business-Organisation ist. Unterschiedliche Organisationen sind wie Mauern, die überwunden werden müssen. Über definierte Rollen und klare Verantwortlichkeiten mit Kompetenzen in den wichtigen Planungs-, Entscheidungs- und Durchführungsprozessen kann aber dennoch Einfluss genommen werden. Diese organisatorische Verankerung ist sicherlich alles andere als einfach. Aber nur dann, wenn auch „formal" der Business-Analyst oder Leiter aus der Demand-IT eine klare Verantwortlichkeit in z. B. Projektportfoliomanagement oder der Produktdurchführung hat, kann das Demand Management dem Schattendasein entfliehen. Sicherlich müssen die definierten Prozesse auch gelebt werden. Dies muss das Management über sein Commitment im Rahmen der Governance sicherstellen.

Dies alleine reicht aber nicht aus. Das Demand Management muss auch zeitgerecht die passenden Ergebnisse liefern. Hierzu sind sicherlich die Skills der Business-Analysten wichtig. Business-Analysten benötigen für ihre Aufgaben neben fundiertem Fachwissen in einer fachlichen Domäne, einem soliden IT-Background und Modellierungsexpertise viel Kommunikations- und Organisationsgeschick sowie ausgeprägte soziale Fähigkeiten. Business-Analysten müssen zuhören und vermitteln können, über umfangreiche analytische Kenntnisse sowie über Branchenwissen verfügen (siehe [HGG15]).

Darüber hinaus muss die Arbeit leistbar sein. Nicht alle Projekte können gleich bedient werden. In Abhängigkeit von einer Projektkategorisierung kann es ggf. „A"-Projekte mit einer stärkeren Beteiligung oder Mitarbeit, „B"-Projekte, die nur gereviewt werden, oder nur lose beobachtete „C"-Projekte geben. Dies wird häufig mit „Engagement Model" bezeichnet, ein wesentlicher Aspekt in der Verankerung in den Durchführungsprozessen.

Darüber hinaus ist ein handhabbares Demand-Management-Instrumentarium wichtig. Der Nutzen kommt nur dann zum Tragen, wenn der Analyse- und Planungsprozess im Demand Management schlank und handhabbar bleibt und somit der Nutzen die Kosten deutlich übersteigt. Diese Ausprägung wird folgend Lean Demand Management genannt. Wesentlich sind hierbei insbesondere:

- **Leichtgewichtige, aber fachlich fundierte Budgetierung**
  Identifikation und Priorisierung der aus strategischer und „Pain"-Sicht wesentlichen Handlungsschwerpunkte auf einer strategischen Planungsebene.

  In der Investitionsplanung (auch Budgetierung genannt) werden die Budgets für die nähere Zukunft (in der Regel ein Jahr) initial festgelegt und rollierend an die jeweiligen Geschäftsanforderungen und Randbedingungen angepasst. Der Business-Analyst nimmt die Investitionsthemen und Themenbereiche auf, entwickelt und bewertet Lösungsszenarien und schätzt die erforderlichen Budgets in Zusammenarbeit mit den Umsetzungsverantwortlichen ab. Die Investitionsthemen und Themenbereiche resultieren aus strategischen Geschäftsanforderungen und aktuellen Handlungsbedarfen. Wenn die strategischen Geschäftsanforderungen noch nicht klar benannt sind, müssen sie aus der Unternehmensstrategie und IT-Strategie abgeleitet werden. Aktuelle Handlungsbedarfe sind einerseits die „Pains" und die prioren aktuellen operativen Geschäftsanforderungen. Die „Pains" müssen eingesammelt und die prioren aktuellen gesammelten Geschäftsanforderungen müssen konsolidiert und zu Handlungsschwerpunkten, den Investitionsthemen und Themenbereichen, zusammengefasst werden.

  Durch die Budgetierung werden die vorhandenen Investitionsmittel für eine Planungsperiode auf Investitionsthemen verteilt. Das Gesamtbudget wird in der Regel von der Unternehmensführung für eine Planungsperiode (im Allgemeinen ein Kalenderjahr) beschränkt. D. h., lediglich die prioren Themenbereiche, für die das Gesamtbudget reicht, werden weiter beplant. Hier spielt die relative Bewertung der Investitionsthemen zueinander eine wichtige Rolle. Diese erfolgt z. B. nach Kriterien wie Wert- und Strategiebeitrag, Kosten und Umsetzungsrisiko (siehe auch [Han14]).

- **Mit angemessenem Aufwand sicherstellen, dass die richtigen Dinge getan werden**
  Fachlich fundierter Projektschnitt, Roadmap- und fachliche Projekt- und Iterationsplanung, zeitgerecht und mit vertretbarem Aufwand, sowie fachliche Steuerung der Umsetzung.

  Mit angemessenem Aufwand sicherstellen, dass die richtigen Dinge getan werden, ist nicht einfach und muss sowohl auf taktischer als auch auf operativer Ebene erfolgen. Sowohl der fachlich fundierte Projektschnitt oder die Roadmap- sowie eine fachliche Projekt- und Iterationsplanung müssen zeitgerecht und mit vertretbarem Aufwand erfolgen. In der taktischen Planungsebene, der fachlichen Projektportfolio- und Roadmap-Planung (siehe [Han14]), wird dafür gesorgt, dass die wirklich wichtigen und strategisch in der Investitionsplanung beabsichtigten Dinge auch umgesetzt werden. Durch eine Planung in einer groben, aber doch inhaltlich fundierten Granularität wird mit überschaubarem Aufwand ein inhaltlicher Rahmen für die Projekt- und Iterationsplanung aufgestellt.

Durch die Verknüpfung zwischen Artefakten auf den verschiedenen Ebenen wird die Grundlage für die Steuerung der Umsetzung geschaffen.

Dies ist die Königsdisziplin im Demand Management, da sie die Beherrschung des Anforderungschaos voraussetzt und aufbauend darauf die taktische Planung systematisch durchgeführt werden muss. Hierzu werden mit vertretbarem Aufwand die relevanten Themenbereiche und Features identifiziert und abgestimmt. Die strategischen Geschäftsanforderungen werden weiter heruntergebrochen und aus den gesammelten Realisierungsanforderungen und Pains werden über eine Bottom-up-Konsolidierung Themenbereiche, Features und in einigen Fällen sogar Teil-Features identifiziert. Diese werden dann zu taktischen Umsetzungseinheiten gebündelt, analysiert und bewertet. Hierauf setzt die eigentliche taktische Umsetzungsplanung auf. Ergebnisse sind Projektanträge, das aus fachlicher Sicht sinnvolle Projektportfolio und/oder (Produkt-)Roadmaps für die Umsetzung der taktischen Umsetzungspakete. Die Projektanträge werden ins Projektportfoliomanagement und die Produkt-Roadmap ins Produktmanagement eingesteuert. Nur so wird erreicht, dass das Beabsichtigte auch wirklich umgesetzt wird.

- **Beherrschung der Flut von Geschäftsanforderungen**
  Systematisches und handhabbares Management der Geschäftsanforderungen als Grundlage für die fachliche Planung und Steuerung.

  Die Dokumentation und die Planung von Geschäftsanforderungen ufern häufig in riesige Papierberge und Modelle aus, die mit großem Zeitaufwand erstellt und für den eigentlichen Planungsprozess nur bedingt nutzbar sind. Dies hat in der Regel zwei Ursachen:

  - Der Anforderungssteller formuliert Anforderungen („O-Ton Kunde“[4]) in unterschiedlicher Granularität und Konkretisierung, wie bereits oben ausgeführt. Die Anforderungen sind nicht direkt Lösungseinheiten zuordenbar. So fällt es schwer, diese Anforderung in eine Struktur in das Demand-Management-Werkzeug oder aber in das Fachkonzept einzufügen. Die Anforderung müsste ggf. zerlegt oder mehrfach zugeordnet werden.
  - Bei der Dokumentation der Anforderung wird diese nicht in einer einheitlichen Granularität beschrieben. Grob und fein granulare Anforderungen werden durchmischt als Input für die strategische, taktische und operative Planung und Steuerung verwendet. Für die strategische Planung müssen Anforderungen ggf. zusammengefasst und für die operative Planung zerlegt werden. Zum Planungszeitpunkt fehlt aber häufig der fachliche Input für das Vergröbern oder Zerlegen oder aber dieser Input muss mit großem Aufwand nachgeholt werden, da die Vergröberung oder Detaillierung nicht bereits bei der Anforderungserhebung fachlich geklärt wurde.

Für das Beherrschen der Flut der Geschäftsanforderungen ist es aber wichtig, einerseits die Anforderungen im „O-Ton Kunde“ aufzunehmen und andererseits in eine einheitliche Granularität strukturiert herunterzubrechen. Der „O-Ton Kunde“ ist die Grundlage für die Abstimmung mit dem Anforderungssteller. Durch die Zuordnung von strukturiert und in einheitlicher Granularität heruntergebrochenen Geschäftsanforderungen können die Planung und Steuerung der Umsetzung vereinfacht und insbesondere auch für den Anforderungssteller transparent gemacht werden.

Bewährt hat sich hierbei eine Strukturierung in Investitionsthemen, Themenbereiche, Features und Realisierungsanforderungen.

---

[4] Wörtliche Formulierung der Anforderung des Anforderungsstellers

- **Investitionsthemen** beschreiben Maßnahmen zur Umsetzung der Ziele eines Unternehmens oder einer Geschäftseinheit. Sie werden im Rahmen der Budgetierung ermittelt, bewertet und mit Budget versehen. Die Budget-Zuordnung erfolgt in der Regel für eine Planungsperiode (z. B. ein Jahr) und kann im Rahmen einer rollierenden Planung, z. B. je Quartal, angepasst werden.

  Investitionsthemen werden häufig durch Schlagworte benannt, wie z. B. „Einführung CRM (Customer Relationship Management)“ oder „Partnerintegration des Unternehmens Energy Verde“.

- **Themenbereiche (Epics)** beschreiben die konkreten Kundenbedürfnisse auf höchster Ebene. Sie füllen die Investitionsthemen mit Inhalten, sodass diese grob abgeschätzt und priorisiert werden können. Jeder Themenbereich kann jeweils unabhängig bewertet und priorisiert werden. Die Umsetzung eines Themenbereichs erfolgt über Projekte oder Wartungsmaßnahmen in einem oder mehreren Releases eines oder mehrerer IT-Systeme. Der Inhalt eines Themenbereichs wird in der Regel in wenigen Sätzen oder Aufzählungspunkten beschrieben. Die verfolgten Ziele müssen dabei klar hervorgehen.

  Beispiele für Themenbereiche für das Investitionsthema „CRM“ sind „Geschäftspartnermanagement“, „Call-Center-Unterstützung“ und „Servicesteuerung“. Im agilen Umfeld wird häufig der Begriff „Epic“ in diesem Kontext verwendet (siehe [Lef11]).

- **Features** sind Funktionalitäten eines oder mehrerer Systeme oder Produkte, die für den Anwender einen unmittelbaren Wert darstellen. Sie werden vom Anwender als ein sinnvolles Ganzes wahrgenommen. Bei (Software-)Produkten wird häufig bei der Bestimmung der Features hinterfragt, wie weit sie für den Käufer kaufentscheidend sind.

  Ein Feature wird über ein Projekt oder eine Wartungsmaßnahme eines Release in einem oder mehreren miteinander verbundenen IT-Systemen umgesetzt. Für die Priorisierung und Umsetzungsplanung werden Features häufig in Teil-Features zerlegt, wenn eines von ihnen nicht in einer Iteration umgesetzt werden kann.

  Beispiele für Features des Themenbereichs „Geschäftspartnermanagement“ sind „Geschäftspartner-Stammdatenverwaltung“, „Geschäftspartner-Segmentierung“ und „Marketingaktions-Schnittstelle“. Teil-Features der „Geschäftspartner-Stammdatenverwaltung“ sind „Geschäftspartner-Stammdatenpflege“, „Beziehungsgeflechtpflege“ und „Kündigungsbearbeitung“.

  Ein Feature wird immer in einem Release, ggf. über mehrere Iterationen, umgesetzt. Der Umsetzungsaufwand für ein Feature sollte unter 100 Personentagen (PT) liegen. Liegt der Umsetzungsaufwand deutlich über 100 PT, muss für die Release-Planung eine weitere Detaillierung auf Teil-Features erfolgen.

- Eine **Realisierungsanforderung** ist eine Aussage über eine Eigenschaft oder eine Leistung, die ein IT-System aus Sicht des Systemnutzers erbringen muss. Sie beschreibt nicht, wie diese Leistung zu erbringen ist. Realisierungsanforderungen werden im Rahmen des Anforderungsmanagements in Projekten oder Wartungsmaßnahmen ermittelt. Eine Realisierungsanforderung bezieht sich immer auf ein System oder Produkt.

  Eine Realisierungsanforderung wird über ein Projekt oder eine Wartungsmaßnahme in einer Iteration umgesetzt. Im agilen Umfeld wird häufig stattdessen die Einheit einer **User Story** (siehe [Lef11]) verwendet.

Realisierungsanforderungen werden immer in einer Iteration umgesetzt. Der Umsetzungsaufwand sollte daher maximal 10 PT erfordern. Damit der Business-Analyst den Umsetzungsfortschritt in Projekten bzw. Wartungsmaßnahmen beurteilen kann, muss jede Realisierungsanforderung einem (Teil-)Feature zugeordnet sein.

Investitionsthemen sind die gröbsten Einheiten, Realisierungsanforderungen sind am detailliertesten. Investitionsthemen sind in der Regel rein problemorientiert und drücken die Bedürfnisse der Stakeholder ohne konkreten Lösungsansatz aus („Problembereich"). Durch die prägnante Beschreibung und Konzentration auf die für die strategische bzw. taktische Planungsebene relevanten Informationen kann passend zu dieser Planungs- und Steuerungsebene leichtgewichtig mit verhältnismäßig wenig Aufwand eine inhaltlich fundierte Planung erstellt werden.

Die Detaillierung erfolgt im Rahmen der fachlichen Planung. Mit zunehmender Detailtiefe gehen immer mehr Umsetzungsaspekte mit ein und wir befinden uns im „Lösungsbereich". Wir nähern uns immer mehr von der strategischen und taktischen Ebene der operativen Ebene an. Damit nehmen die Detaillierung und auch der Aufwand für die Dokumentation zu. Für die Projekt- und Iterationsplanung ist dieser höhere Detaillierungsgrad aber erforderlich und der Dokumentationsaufwand angemessen. Für die strategische (Unternehmensplanung) und taktische Planungsebene (Projektportfolio- und Roadmap-Planung) wird eine gröbere Granularität benötigt, da hier frühzeitig und mit verhältnismäßig geringem Aufwand sichergestellt werden muss, dass das Richtige getan wird. Eine leichtgewichtige strategische und taktische Planung mit Bodenhaftung ist notwendig. So können Fehlinvestitionen vermieden und die relevanten Geschäftsanforderungen schnell und angemessen umgesetzt werden. Nun schauen wir uns die Planungsebenen etwas detaillierter und im Zusammenspiel insbesondere in Bezug auf ihre Handhabbarkeit an.

Die Toolunterstützung für das systematische Management der Geschäftsanforderungen ist zudem sehr wichtig, da nur so die Flut der Anforderungen beherrscht werden kann. Eine gute Toolunterstützung liefert u. a. auch maßgeschneiderte Sichten für die verschiedenen beteiligten Rollen und reduziert für diese die Komplexität in der Nutzung bzw. die Komplexität wird verborgen.

Systematisches und handhabbares Management der Geschäftsanforderungen ist die Grundlage für die fachliche Planung und Steuerung (Business-IT-Koordination/Aufgabenmanagement). Hier können viele Fehler gemacht werden. So ist die richtige Granularität, zugeschnitten auf die Erfordernisse der verschiedenen Planungsebenen, erfolgsentscheidend. Auf einer strategischen Ebene reicht eine grobe Granularität und auf der taktischen Planungsebene eine mittlere Granularität (Epic und Feature). Auf der operativen Projektebene ist eine feine Granularität erforderlich, um die Anforderungen in die Inkremente oder Iterationen des Projekts einzupassen.

Ein typischer Fehler, eine Verschwendung, ist die Businessanalyse „auf Halde". Es werden mehr Anforderungen gesammelt, als in absehbarer Zeit abgearbeitet werden können. Oft fehlt eine übergeordnete Priorisierung von Anforderungen sowohl bei Projekten als auch bei Wartungsmaßnahmen. Auch das Nichtangehen von Fehlern ist oft die Wurzel eines Problems.

Über die Anwendung von Lean-Techniken, wie z. B. die nutzenorientierte End-to-end-Prozessanalyse (siehe Abschnitt 5.1.1), werden einige Optimierungspotenziale offensichtlich. Nachdem Sie die Prozesse auf taktischer Ebene, ggf. in Swimlanes, aufgenommen haben, müssen Sie die folgenden Fragen beantworten:

- Wer liefert wann warum und wie welchen Input entlang welchen Prozesses?
- Wer nutzt wann warum und wie welchen Output entlang welchen Prozesses?

Die vereinfachte Darstellung in Bild 5.69 zeigt eine heile Welt. Alle Rollen und Inhalte sind gefüllt, was in der Praxis anders ist. Ein Beispiel: Wenn z. B. der Bebauungsplan im Demand Management vom Business-Analysten nicht verwendet wird und die fachliche Konzeption ohne diesen Input erstellt wird, ist die EAM-Bebauungsplanung nutzlos, solange sie keine anderen Abnehmer hat.

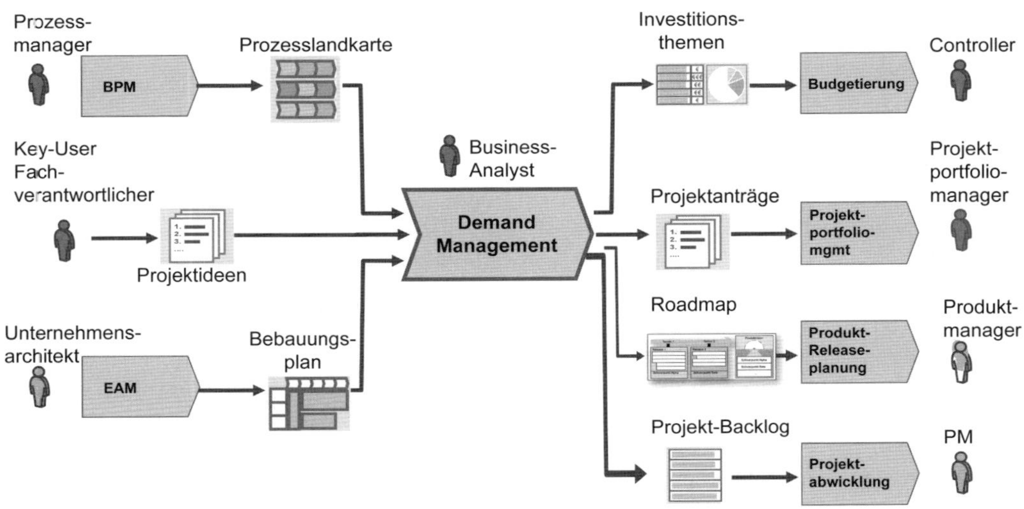

Bild 5.69 Demand Management im Zusammenspiel

Hier muss man ehrlich sein. Nur wenn die beiden oben aufgeführten Fragen vollständig beantwortet werden können, „lebt" eine Prozessschnittstelle auf Dauer. Sie ist in der Organisation verankert. Allein durch diese Analyse werden viele Missstände aufgedeckt und gleichzeitig Ideen für die Verbesserung generiert.

5.7.3 Effizienzsteigerung und End-to-end-Geschäftsprozessoptimierung

Um disruptive Innovationen stemmen zu können, muss der bestehende Geschäftsbetrieb effizient durchgeführt werden können. Hierzu müssen die Prozesse leanisiert werden, wie bereits in Abschnitt 5.1.3 ausgeführt.

Beim Leanisieren werden schnell und systematisch Ansatzpunkte für die Verschlankung und die Erhöhung des Kundenwertbeitrags identifiziert, zielführende und handhabbare nachhaltige Lösungen aufgezeigt und geeignete Quick-win-basierte Maßnahmen zur Umsetzung abgeleitet. Die kontinuierliche Verbesserung erfolgt in einem PDCA-Kreislauf. Die wesentlichen Handlungsfelder, um den Kundenwert zu steigern oder Verschwendungen zu reduzieren, müssen konsequent und systematisch angegangen werden. Wesentlich ist hier die Vereinfachung von Strukturen und Prozessen. Ein wichtiges Instrument ist hierfür die

Wertstromanalyse sowie klassische Business-Analyse und Architekturanalysen aus dem Enterprise Architecture Management. Durch die Wertstromanalyse können z. B. Potenziale zur Verkürzung der Liefer- und Durchlaufzeiten aufgedeckt werden. Ausgangspunkt bildet die Definition des Werts der Leistung aus Kundensicht. Der Waren- und Informationsfluss wird im Ist-Zustand vollständig erfasst, Durchlaufzeiten werden kalkuliert und der Wertstrom wird analysiert. Mögliche Blindleistungen bzw. Verschwendungen werden aufgedeckt und in der Sollkonzeption wird versucht, sie zu beseitigen.

Wichtig

Die Business-Analyse im Demand Management und die Analyse im Enterprise Architecture Management bieten zusammen ein mächtiges Instrumentarium, um Potenziale zur Effizienzsteigerung zu heben.

Anhaltspunkte für Handlungsbedarf und Optimierungspotenzial können durch die Analyse der Geschäftsarchitektur im Zusammenspiel mit der IT-Landschaft anhand strategischer Fragestellungen oder Fragestellungen aus Projektkontexten aufgedeckt werden (siehe Abschnitt 5.6). So können die Geschäftsentwicklung und das Produktmanagement sowie das Prozessmanagement unterstützt werden (siehe [All05], [Ahl06], [Rei09] und [Ses07]).

Darüber hinaus können aus IT-Sicht Optimierungsvorschläge abgeleitet werden. So wird einerseits Standardisierungspotenzial aufgedeckt und andererseits werden technische Innovationen eingebracht.

Wesentliche Aspekte für die Optimierung des Geschäfts sind:

- Klare Verantwortlichkeiten
- Beseitigung von Redundanzen und Inkonsistenzen
- Stammdatenmanagement
- Wertstromanalyse
- Geschäftsprozessoptimierung
- Beseitigung von organisatorischen, Medien- und Systembrüchen
- Erhöhung des Standardisierungsgrads von fachlichen Funktionen und Geschäftsprozessen sowie deren Homogenisierung
- Zentralisierung oder Outtasking von Commodity Geschäftsprozessen
- Schaffung von Business-Möglichkeiten durch IT-Innovationen

Dies schauen wir uns etwas näher an.

Klare Verantwortlichkeiten, z. B. für Geschäftsprozesse und Capabilities

Durch Überblicksdarstellungen wie z. B. Prozesslandkarte, Swimlane-Diagramme, funktionales Referenzmodell, Produktlandkarte oder Geschäftsobjekt-Cluster-Grafik kann die Verantwortlichkeitszuordnung transparent gemacht werden. Unklare Verantwortlichkeiten und Organisationsbrüche sind unmittelbar ablesbar. In Bild 5.70 finden Sie eine Swimlane-Darstellung (siehe [HLo12] und [HGG15]), in der die Teilprozesse entsprechend der Verantwortlichkeiten eingeordnet werden.

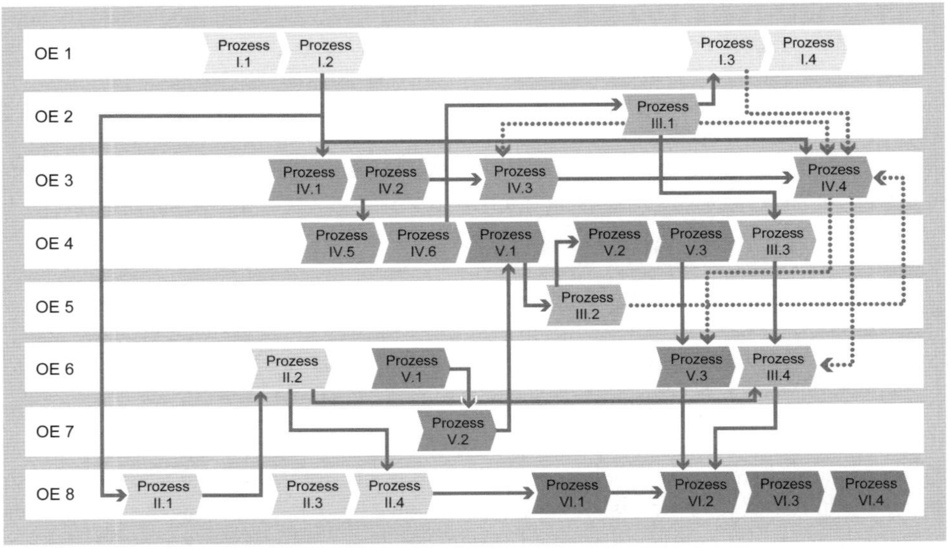

Bild 5.70 Analyse von Verantwortlichkeiten und Organisationsbrüchen

In Bild 5.71 finden Sie ein Beispiel zur Darstellung von Verantwortlichkeiten in einer Prozesslandkarte. Die organisatorischen Brüche innerhalb einer Prozesskette lassen sich über den Farbwechsel leicht erkennen.

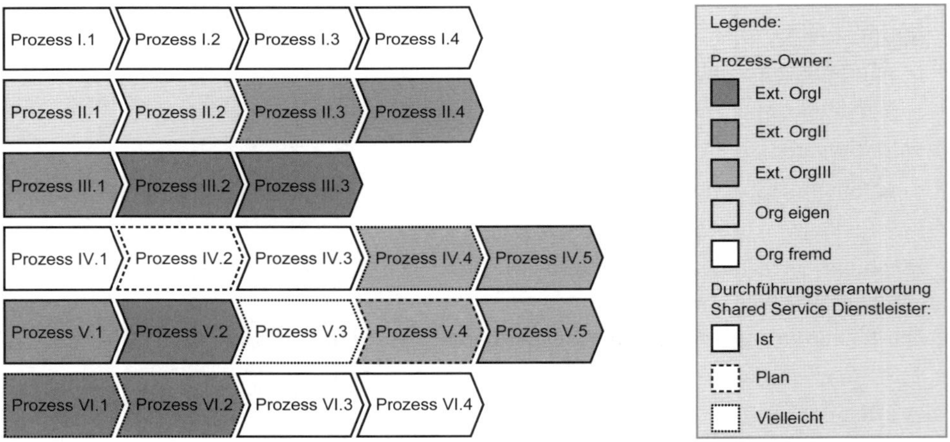

Bild 5.71 Darstellung von Verantwortlichkeiten in einer Prozesslandkarte

Empfehlung

Durch eine Prozesslandkarte oder ein Swimlane-Diagramm lassen sich die Verantwortlichkeiten für die End-to-end-Geschäftsprozesse gut erkennen. Für einen End-to-end-Geschäftsprozess, eine Zeile in der Prozesslandkarte, sollte ein Verantwortlicher benannt werden. Nur so lässt sich eine übergreifende Optimierung erreichen.

Durch eine Vereinheitlichung der Modellierung der Zuständigkeiten wird Transparenz geschaffen und in der Regel ein hohes Optimierungspotenzial offenkundig. Die Festlegung von klaren Zuständigkeiten führt häufig zu einer Verringerung von Schnittstellen, schnelleren Durchlaufzeiten und letztendlich einer geringeren Fehlerquote. ■

Ergänzend zu Prozesslandkarten werden bei der Analyse der Geschäftsarchitektur häufig auch weitere Informationen, wie z. B. Portfoliografiken oder Tabellen, verwendet, um Zusatzaspekte bei der Analyse einzubringen. So sind z. B. die Wettbewerbsdifferenzierung und die Prozesskomplexität als Informationen für die Optimierung der Verantwortungszuordnungen wichtig. Weitere Beispiele hierzu finden Sie in [Hlo12].

Beseitigung von Redundanzen und Inkonsistenzen

Bei fachlichen Redundanzen wird im Wesentlichen zwischen Daten-, organisatorischen und funktionalen Redundanzen unterschieden (siehe Analysemuster in Abschnitt 5.3). Datenredundanzen treten insbesondere dann auf, wenn Geschäftsobjekte verschiedenen Geschäftsprozessen oder fachlichen Funktionen zugeordnet sind. Daraus können auch Inkonsistenzen entstehen. Eine weitere Quelle für Inkonsistenzen sind Zyklen im Informationsfluss zwischen Prozessen. Funktionale Redundanzen treten auf, wenn fachliche Funktionen verschiedenen Geschäftsprozessen zugeordnet werden. Organisatorische Redundanzen hängen häufig mit mehrdeutigen Verantwortungszuordnungen zusammen, wenn z. B. mehrere Organisationseinheiten den gleichen Geschäftsbereich verantworten oder durchführen.

Mithilfe von Zuordnungstabellen können in einfacher Form Anhaltspunkte für Redundanzen und Inkonsistenzen bei fachlichen Zuordnungen gefunden werden. In Bild 5.72 finden Sie eine Zuordnungstabelle, die die Zuordnung zwischen Geschäftsobjekten und Geschäftsprozessen darstellt. Das Geschäftsobjekt „Fertigungsauftrag" ist den Geschäftsprozessen „Disposition" und „Fertigungssteuerung" zugeordnet. Dies ist eine mögliche Redundanz. Im Rahmen einer Detailanalyse muss überprüft werden, ob Handlungsbedarf besteht oder nicht.

Zyklen im Informationsfluss im Prozessablauf lassen sich anhand erweiterter Cluster-Grafiken erkennen. Bezüglich weiterer Details sei auf die Beschreibung von Zyklen im Informationsfluss in den Analysemustern in Abschnitt 5.3 verwiesen.

Geschäftsobjekte		Geschäftsprozesse: GP1 Disposition	GP2 Fertigungs-steuerung	GP3 Werkstatt-terminplanung	GP4 Ressourcen-einsatzplanung	…
Kundenauftrag	GO1	R				
Fertigungsauftrag	GO2	CUD	CUD	R		
Werkstattauftrag	GO3			CUD	R	
Lagerort	GO4	R	R	R		
Wareneingangsbeleg	GO5			R		
Lagerarbeiter	GO6				R	
…	…					

CUD Anlegen (Create), Verändern (Update) und Löschen (Delete)
R Lesen (Read)

Bild 5.72
Beispiel einer Zuordnungstabelle mit einer möglichen Datenredundanz

Stammdatenmanagement

Das Ziel des Stammdatenmanagements ist die Konsolidierung der Stammdaten wie z. B. Kundendaten. Insbesondere Redundanzen und Inkonsistenzen werden beseitigt, z. B. Kunde „Maier, Daniel" und Kunde „Daniel Maier" mit gleichen Adressdaten. Durch die Reduktion und Konsolidierung von Stammdaten können erhebliche Kosten eingespart werden (siehe [Krc05] und [Hei09]). Imageschäden wegen falscher oder unvollständiger Aussagen, umfangreiche Datenklärungen, Doppelerfassungen und komplexe Schnittstellen können vermieden oder reduziert werden. Stammdatenmanagement ist eine wichtige Voraussetzung für effiziente Geschäftsprozesse. Es entfallen viele Pflege- und Konsistenzsicherungsaktivitäten.

EAM unterstützt bei der Identifikation von Datenredundanzen und deren Auflösung. Datenredundanzen treten insbesondere dann auf, wenn es keine klare Datenhoheit gibt oder mehrere Informationssysteme die gleichen Informationsobjekte, wie z. B. Kunde A und Kunde B, verändern. Eine Redundanz liegt auch vor, wenn verschiedene Informationssysteme einem Informationssystem die gleichen Daten liefern. Daraus können auch Inkonsistenzen entstehen. Eine weitere Quelle für Inkonsistenzen sind Zyklen im Informationsfluss zwischen Informationssystemen.

In Bild 5.73 finden Sie ein Beispiel für die Analyse in Hinblick auf Datenredundanzen mithilfe einer Zuordnungstabelle. Potenzieller Handlungsbedarf tritt insbesondere in den Situationen auf, wenn die gleichen Geschäftsobjekte in verschiedenen Informationssystemen verändert werden. Wenn verschiedene Releases eines Informationssystems, z. B. bei ACTAC, gleichzeitig in Produktion sind, kann auch dort ein Handlungsbedarf bestehen.

In Bild 5.74 finden Sie ein weiteres Beispiel für die Analyse im Hinblick auf Datenredundanzen. Ein potenzieller Handlungsbedarf liegt vor, da „Kundenaufträge" sowohl von IS3 als auch von IS1 an IS5 geliefert werden.

Für die Gestaltung der Soll-Bebauung werden unterschiedliche Lösungsideen wie z. B. „Stammdaten-Hub" oder „Klare Masterschaft und Synchronisierung" gesammelt und analysiert. Ein Beispiel für den „Stammdaten-Hub" finden Sie beim Einsatzszenario „Gestaltung von Zielbild und IT-Roadmap".

Geschäftsobjekte		IS 1 ACTAC R2.2	IS 2 ACTAC R2.3	IS 3 FIS R3.3	IS 4 CON R4.2	IS 5 CON 4.3	IS 6 TUY R1.0	IS 7 Publisher R2.0	...
Kundenauftrag	GO1	R							
Fertigungsauftrag	GO2	CUD	CUD	R	CUD	R	R		
Werkstattauftrag	GO3			CUD			R	R	
Lagerort	GO4	R	R	R		CUD	CUD		
Wareneingangsbeleg	GO5			R	R		R		
Lagerarbeiter	GO6							R	
...	...								

(Spaltenüberschrift: Informationssystem-Releases)

CUD Anlegen (**C**reate), Verändern (**U**pdate) und Löschen (**D**elete)
R Lesen (**R**ead)

Bild 5.73 Beispiel einer Analyse von Datenredundanzen in einer Zuordnungstabelle

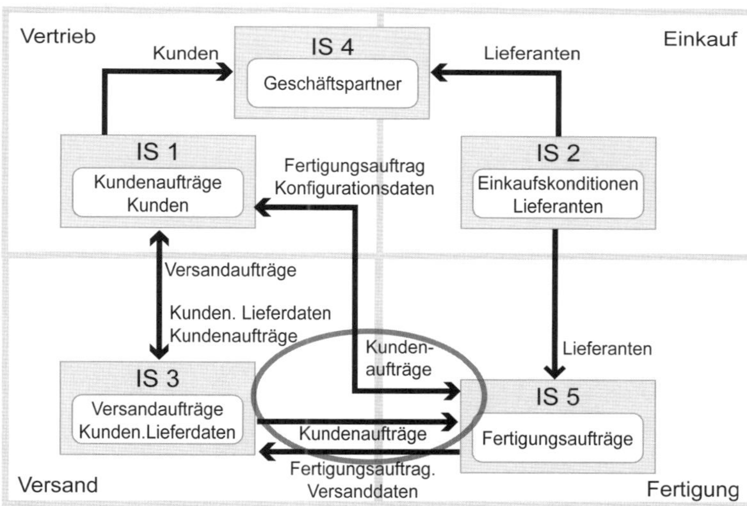

Bild 5.74 Beispiel einer Analyse von Datenredundanzen in einer Cluster-Informationsflussgrafik

Wertstromanalyse

Durch die Betrachtung des Material- und Informationsflusses werden mögliche Verschwendungen sichtbar gemacht. Liefer- und Durchlaufzeiten werden verkürzt.

Der Ist-Zustand wird hierzu systematisch mit allen relevanten Kenngrößen erfasst. Die Wertstromdarstellung dient der übersichtlichen Visualisierung der gesamten Produktion einschließlich Material- und Informationsfluss. Mithilfe der bewährten zehn Gestaltungsrichtlinien des Wertstromdesigns kann ein optimierter Soll-Zustand für eine Produktion zielgerichtet entwickelt werden. So können Durchlaufzeiten radikal verkürzt und die Produktionssteuerung wesentlich transparenter gestaltet werden. Weitere Informationen hierzu finden Sie in [Mül11-2].

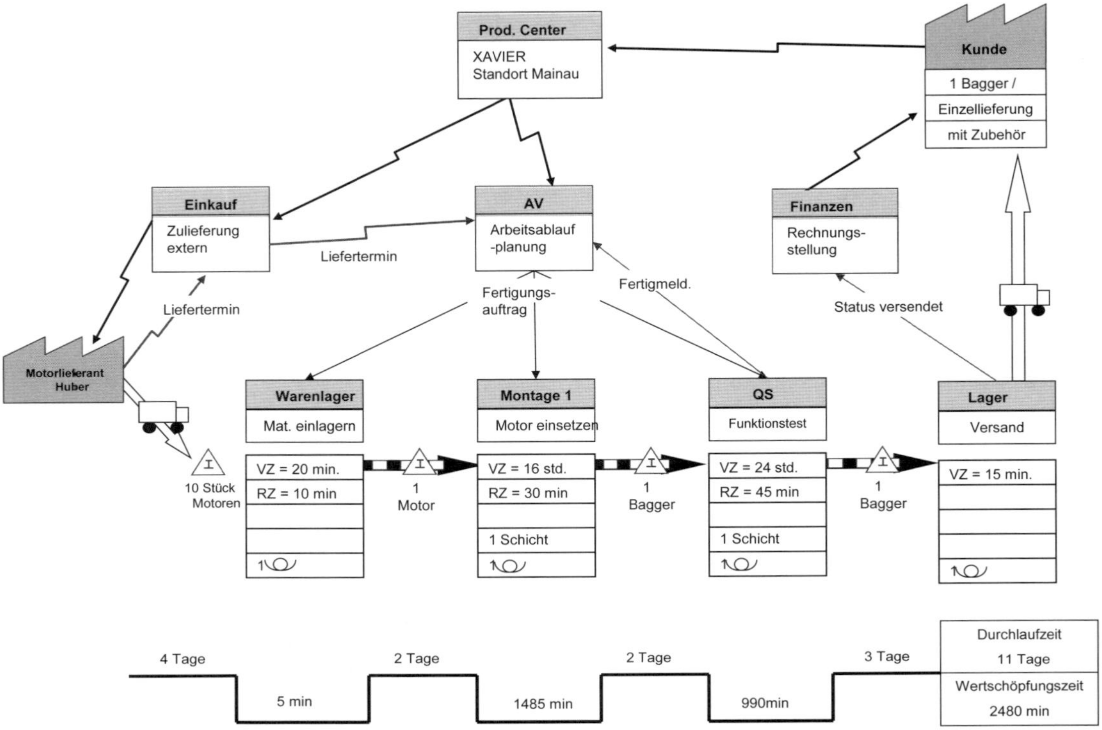

Bild 5.75 Beispiel einer Wertstromanalyse

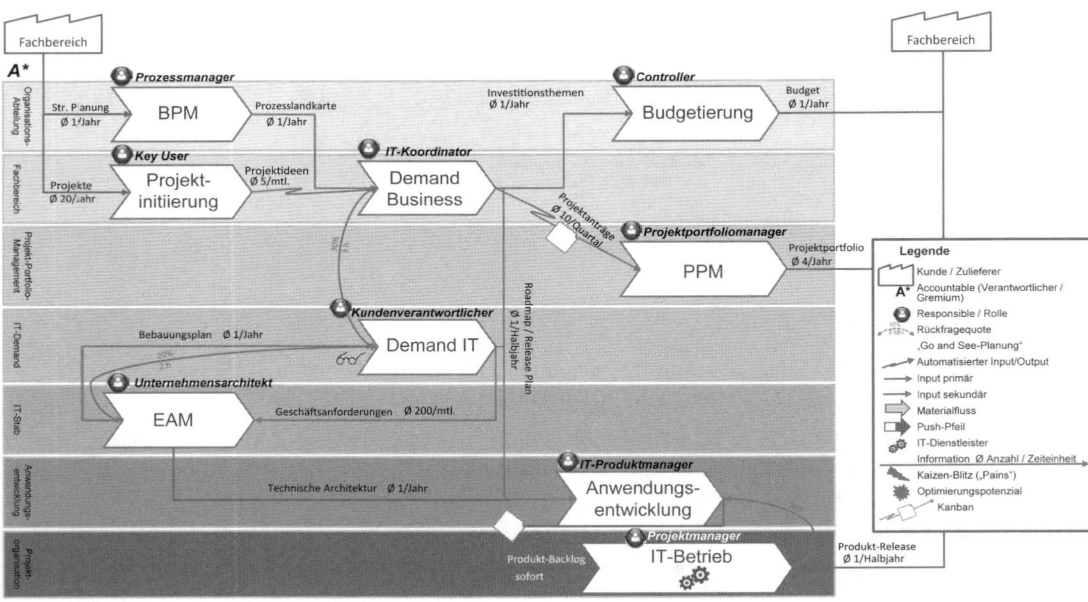

Bild 5.76 Beispiel einer kombinierten End-to-end- und Wertstromanalyse

Durch die Kombination von Wertstromanalyse und End-to-end-Prozessanalyse erreicht man eine ganzheitliche Betrachtung. Folgende Fragestellungen können u. a. beantwortet werden und so ein echter Input für die Weiterentwicklung des Geschäfts und auch der administrativen Prozesse geleistet werden:

- Wer liefert wann und wie welchen Input entlang welches Prozesses?
- Wer nutzt wann und wie welchen Output entlang welches Prozesses?
- Wer ist verantwortlich (RACI)?
- Wo gibt es Handlungsbedarf und Optimierungspotenzial?

Ein vereinfachtes Beispiel finden Sie in Bild 5.75 und Bild 5.76.

Geschäftsprozessoptimierung (GPO), wie z. B. die Automatisierung und Beschleunigung von Abläufen

EAM kann durch Überblickssichten Anhaltspunkte für Automatisierungsmöglichkeiten identifizieren. Beispiele hierfür sind Prozessportfolios (siehe Bild 5.77), eine Swimlane-Darstellung (siehe Bild 5.70) oder die Analyse des Informationsflusses der einem Prozess zugeordneten Informationssysteme und Schnittstellen. Für eine eingehende Analyse muss aber in der Regel der Prozess im Detail betrachtet werden. Dies erfolgt im operativen Prozessmanagement (siehe [Ahl06] und [Rei09]). Ein wesentliches Hilfsmittel hierfür sind Prozessablaufdiagramme (siehe Abschnitt 5.2.3 in [HGG15]).

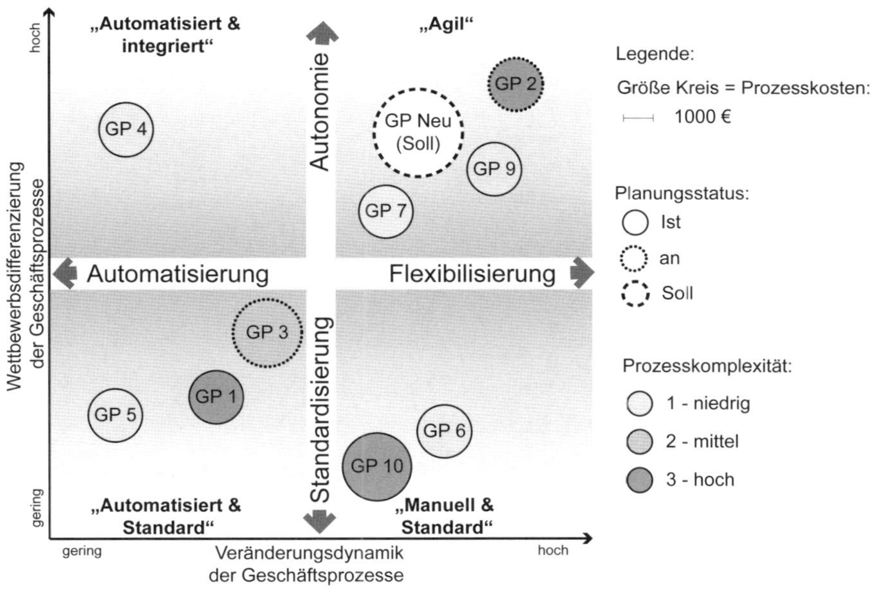

Bild 5.77 Beispiel eines Prozess-Portfolios

Beseitigung von organisatorischen, Medien- und Systembrüchen

Für die Erkennung von organisatorischen Brüchen werden häufig Swimlane-Darstellungen verwendet (siehe Bild 5.70). Anhaltspunkte für Systembrüche können durch die Analyse der Geschäftsprozessunterstützung in einer Bebauungsplangrafik gewonnen werden. Immer dann, wenn für einen Geschäftsprozess unterschiedliche Systeme genutzt werden, die ggf. zudem nicht über Schnittstellen verbunden sind, könnte ein Systembruch vorliegen. Eine Detailanalyse ist an dieser Stelle erforderlich. Siehe hierzu [HLo12].

Erhöhung des Standardisierungsgrads von fachlichen Funktionen und Geschäftsprozessen sowie deren Homogenisierung

Nach der Festlegung von Standards für fachliche Funktionen oder Geschäftsprozesse kann der Standardisierungsgrad anhand farblicher Markierungen in einer Prozesslandkarte oder einem funktionalen Referenzmodell dargestellt werden. Bei fachlichen Funktionen oder Geschäftsprozessen lässt sich der Standardisierungsgrad z. B. anhand der Standardisierung der zugeordneten Teilfunktionen ermitteln. Häufig wird jedoch lediglich zwischen „Standard" und „kein Standard" unterschieden (siehe Bild 5.78). So wird Handlungsbedarf sichtbar und kann dem Management gut vermittelt werden.

Neben dem Standardisierungsgrad werden Geschäftsprozesse im strategischen Prozessmanagement (siehe [HLo12]) häufig bzgl. ihrer Wettbewerbsdifferenzierung, ihres Strategie- und Wertbeitrags, ihrer Veränderungsdynamik, Prozessqualität, Prozesstransparenz, des IT-Unterstützungsgrads, der Prozessbedeutung, Prozessrisiken und Prozesskomplexität analysiert und klassifiziert (siehe Abschnitt 2.4.1).

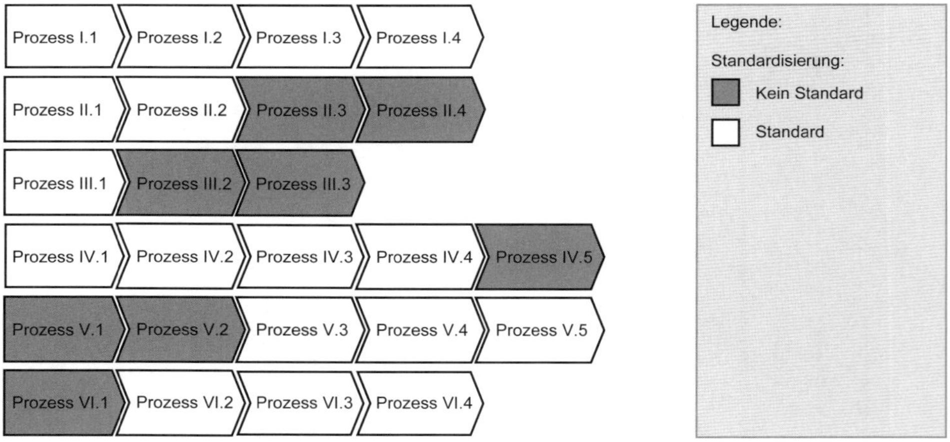

Bild 5.78 Beispiel einer Prozesslandkarte mit Standardisierungsgrad

Zentralisierung oder Outtasking von Commodity-Geschäftsprozessen

Anhand von Prozessportfolios (siehe Bild 5.77) können Kandidaten für Zentralisierung oder Outtasking gefunden werden. Die Bewertung erfolgt anhand unternehmensspezifischer Kriterien. Für die Identifikation von Commodity-Geschäftsprozessen werden die Geschäftsprozesse in der Regel entsprechend ihrer Wettbewerbsdifferenzierung und/oder Geschäftskritikalität klassifiziert.

Verschlankung von Geschäftsprozessen durch die Beseitigung von Ausnahmefällen sowie standardisierte Behandlung derselben

Laut Aberdeen Group [Abd00] können drei Viertel der geschäftlichen Transaktionen an irgendeinem Punkt Ausnahmen von der Regel erfordern. Die Reduzierung dieser Ausnahmen bietet ein gewaltiges Einsparpotenzial.

Anhand einer fachlichen Bebauungsplangrafik (siehe Abschnitt 2.4.3) können funktionale Redundanzen und Ausnahmefälle aufgedeckt werden. In der Regel ist im Anschluss eine Detailanalyse im operativen Prozessmanagement erforderlich.

Schaffung von Business-Möglichkeiten durch IT-Innovationen wie z. B. Kollaborationsplattformen für eine bessere Einbindung von Partnern und Lieferanten

Durch ein mit dem Business integriertes IT-Innovationsmanagement und Business-Alignment der IT kann eine businessorientierte Innovation erfolgen. EAM unterstützt hier durch die Analysemöglichkeiten auf der EAM-Datenbasis.

> **Wichtig!**
> EAM liefert lediglich Anhaltspunkte für eine Optimierung. Häufig erfordert es eine Tiefenbohrung, eine detaillierte Analyse, um die Relevanz und Umsetzbarkeit zu überprüfen. Diese detaillierte Analyse ist Teil der „Business-Analyse" im Demand Management.

5.8 Agiles Vorgehen und Agile Planung

Agiles Vorgehen und agile Planung sind gerade bei disruptiven Innovationen erfolgsentscheidend, da sie ein schnelles Feedback für die Weiterentwicklung des Produkts oder der Dienstleistung entsprechend der Kundenbedürfnisse ermöglichen. Das Vorgehen und die Methoden werden in [Han17] im Detail beschrieben.

Agilität geht davon aus, dass Veränderungen nicht die Ausnahme, sondern die Regel darstellen. Die sich über die Zeit verändernden Ziele und Anforderungen werden durch das „Moving Target" (siehe Bild 5.79) gut visualisiert. Am Anfang der digitalen Transformation oder eines Projekts sind die Ziele, Anforderungen und Randbedingungen oft nur vage oder nicht bekannt. Der Kunde weiß häufig nicht genau, wie das Ergebnis im Detail aussehen soll. Die wirklichen Ziele und Anforderungen müssen durch Business-Analyse erst ermittelt und hinterfragt werden. Konkret „anfassbare" Ergebnisse, wie z. B. GUI-Prototypen oder Software-Releases, schaffen eine Grundlage für die Diskussion und Festlegung der Anforderungen. Dies sind einzelne Puzzlesteine vom Gesamtbild. Iteration für Iteration entstehen Inkremente, die das Puzzle schrittweise komplettieren.

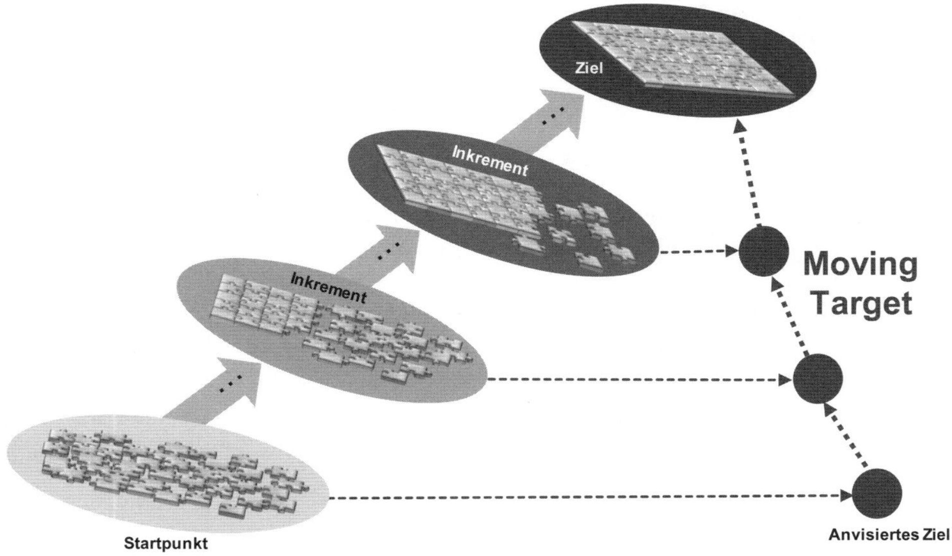

Bild 5.79 „Moving Target"

Ziele, Anforderungen und Randbedingungen ändern sich über die Zeit. Neue Ziele, Anforderungen oder Randbedingungen kommen hinzu, Anforderungen werden verstanden und Lösungen werden greifbar.

Agilität ist aber nicht nur ein Thema bei Softwareentwicklungsprojekten, sondern im ganzen Unternehmen. Nicht nur Anforderungen ändern sich, sondern gerade im Zuge der fortschreitenden Digitalisierung verändern sich rasant die Geschäftsmodelle mit veränderten Kundengruppen, verschiedenen Kommunikationskanälen, das Ökosystem der Partner, technische Möglichkeiten, wie z. B. Big Data oder IoT, und ganz grundsätzlich die Arbeitswelt.

Nur durch ein schnelles Einstellen auf Veränderungen und vorausschauendes Agieren bleibt ein Unternehmen auf Dauer wettbewerbsfähig, gepaart mit der Kompetenz in der Digitalisierung ebenso wie im Demand Management und der Softwareentwicklung sowie anderen Anwendungsbereichen. Die Kompetenz umfasst das Wissen, die Vorstellungskraft und das Urteilsvermögen über weitere Entwicklungen und deren Umsetzung im jeweiligen Kontext.

Agile Werte wie Selbstverpflichtung, Mut, Fokus, Offenheit und Respekt bilden zusammen mit dem agilen Manifest von 2001 die Eckpfeiler für das agile Vorgehen. Zu den Unterzeichnern zählen neben Scrum-Größen wie Mike Beedle, Ken Schwaber und Jeff Sutherland andere wichtige Wegbereiter wie Kent Beck, Ron Jeffries, Ward Cunningham und James Grenning (XP[5]), Alistair Cockburn (Crystal), Arie van Bennekum (DSDM[6]), Martin Fowler (Clean Code und Refactoring), Jon Kern (FDD[7]), Brian Marick (Agile Testing), Dave Thomas und Andrew Hunt (Pragmatic Programmer), Jim Highsmith (Adaptive Software Development), Robert C. Martin und Dave Thomas (Ruby on Rails) sowie Steve Mellor.

[5] XP – eXtreme Programming
[6] DSDM – Dynamic Systems Development Method
[7] FDD – Feature Driven Development

Manifest für Agile Softwareentwicklung

Wir erschließen bessere Wege, Software zu entwickeln, indem wir es selbst tun und anderen dabei helfen. Durch diese Tätigkeit haben wir diese Werte zu schätzen gelernt:

- Individuen und Interaktionen mehr als Prozesse und Werkzeuge
- Funktionierende Software mehr als umfassende Dokumentation
- Zusammenarbeit mit dem Kunden mehr als Vertragsverhandlung
- Reagieren auf Veränderung mehr als das Befolgen eines Plans

Das heißt, obwohl wir die Werte auf der rechten Seite wichtig finden, schätzen wir die Werte auf der linken Seite höher ein. Siehe www.agilemanifesto.org.

5.8.1 Agile Planung

Planung ist notwendig, um Entscheidern durch Kosten- und Zeitgrößenabschätzungen eine Orientierung als Grundlage für eine Entscheidung zu geben. Die Planungsunsicherheit ist umso größer, je weiter in die Zukunft geplant wird. Planungstechniken unterstützen insbesondere den Umgang mit der Unsicherheit. Die Granularitäten müssen hierbei den Erfordernissen der Planungsebene entsprechen (siehe Abschnitt 5.7.2). Für eine Releaseplanung reicht in der Regel eine Grobschätzung und damit auch eine gröbere Granularität der Anforderungen.

Agile Planung ist eine Königsdisziplin, da beim ohnehin schwierigen Planen die kontinuierlichen Veränderungen einbezogen werden müssen. In der agilen Planung wird entsprechend den Erfordernissen des Planungshorizonts in einer passenden Granularität zeitgerecht eine belastbare Aufwandsschätzung erstellt. Schauen wir uns Planung im Allgemeinen und die agile Planung etwas genauer an.

Bei Projekten werden in der Planung, ausgehend von den Anforderungen des Kunden („O-Ton Kunde"), die fachliche Lösung und deren Umsetzung in Geschäftsprozessen und IT gestaltet. Ergebnis ist z. B. ein Sollkonzept oder Pflichtenheft sowie ein Umsetzungsplan mit allen erforderlichen, bewerteten Maßnahmen.

In der klassischen Planung (Wasserfall-Planung) erfolgt dies detailliert für alle Anforderungen, da die Stakeholder eine zuverlässige Prognose und Planungssicherheit erwarten. Das Ergebnis muss häufig „festpreisfähig" sein. Sowohl Inhalte als auch Kosten und Zeit werden im Festpreis festgeschrieben. Die Wasserfall-Planung geht (siehe Bild 5.80 links) von feststehenden Anforderungen (Ergebnisse einer Analyse-Phase) aus und ermittelt hierzu die Kosten und Zeit der Umsetzung über eine detaillierte Konzeptionsphase.

Beim Wasserfall-Ansatz wird der Umfang der gesamten Lösung vorab festgelegt und genau definiert. Dies ist aber für komplexe Projekte in der Regel nicht zielführend. Budgets und Zeitbedarf werden häufig überschritten. Anforderungen ändern sich erheblich über die Projektlaufzeit, was zu aufwändigen Change-Request-Verfahren (CR) und insbesondere zu allgemeiner Unzufriedenheit führt.

Eine Wasserfall-Planung erzeugt beim Kunden die scheinbare Sicherheit, dass die erhaltene Leistung genau dem Geplanten entspricht: „Man weiß, was man für sein Geld bekommt."

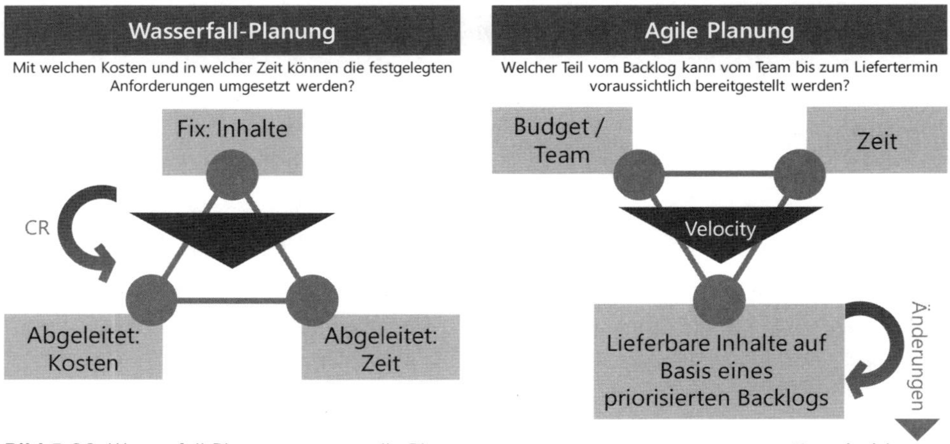

Bild 5.80 Wasserfall-Planung versus agile Planung

Die Illusion des perfekten Plans kommt häufig von einem Wunsch nach Planungssicherheit. Leider gibt es häufig dann ein unsanftes Erwachen, wenn die Erwartungshaltung doch nicht erfüllt wurde. Mit jeder Verzögerung oder weiterer inhaltlicher Unzufriedenheit stellt sich dann Misstrauen ein, das die Zusammenarbeit zwischen Auftragnehmer und Auftraggeber zunehmend erschwert.

Dies hängt u. a. damit zusammen, dass sich Anforderungen über die Zeit ändern. Man muss erst die wirklichen Anforderungen identifizieren und herausfinden, welche Ziele sich dahinter verbergen, um eine passende Lösung liefern zu können.

Außerdem ist es, mit zunehmenden Umsetzungszeiten umso wahrscheinlicher, dass neue Anforderungen ergänzt werden. Mit dem Verstehen von Anforderungen und dem Erkenntnisgewinn über z. B. mögliche Lösungen verändern sich die ursprünglichen Anforderungen zudem.

Änderungen führen zu einer Planänderung. Häufig ist sogar eine Neuplanung erforderlich, da die Auswirkungen der Änderungen gesamthaft berücksichtigt und analysiert werden müssen.

Beim klassischen Wasserfall-Vorgehen müssen Änderungen über Change Requests eingesteuert werden. Dies kann insbesondere bei Festpreisprojekten sehr aufwändig und bürokratisch werden.

Wie sieht dies im agilen Umfeld aus?

Im agilen Umfeld versucht man, mit der Unberechenbarkeit und Komplexität umzugehen, anstatt zu versuchen, sie zu beherrschen. Die agile Planung macht daher eine Vorhersage, wie viel das Team voraussichtlich schaffen wird.

Grundprinzipien der agilen Planung

Umgang mit Unsicherheit:

- Je näher die Umsetzung, desto genauer der Plan!
- Nur so viel planen, wie nötig!
- Randbedingungen und Annahmen nachvollziehbar dokumentieren!

- „Good enough"-Aufwandsschätzung
- Vergleichende abstrakte Abschätzung über Feature- und Story-Points
- Priorisierung der Anforderungen durch agiles Verhandeln
  „Was muss unbedingt geliefert werden?"
  „Was kann verschoben werden?"
- Die Illusion der Planungssicherheit enttarnen
- Eine Planung basiert auf einem Erkenntnisstand. Dieser verändert sich im Verlauf der Zeit.
- Planen Sie mit Veränderungen und überprüfen Sie Ihre Annahmen und Anforderungen kontinuierlich. Veränderungen in der Planung sind keine Fehler, sondern eine bessere Ein- und Abschätzung des jeweiligen Kenntnisstands.
- Voraussetzung hierfür ist eine vertrauensbasierte, lernende Fehlerkultur, in der Fehleinschätzungen und Fehler offen kommuniziert werden können.

Merkregeln für die agile Planung

- Detaillieren Sie Geschäftsanforderungen in den einzelnen Planungsebenen jeweils nur so weit, dass Sie ausreichend Informationen haben, um den jeweils „nächsten Schritt" gehen zu können.
- Ein Plan ist eine auf dem aktuellen Kenntnisstand und unter bestimmten Annahmen nach bestem Wissen getroffene Aussage zu einer möglichen Entwicklung in der Zukunft. Es gibt keine Garantie, dass ein Plan zu 100 % „erfüllt" wird. Nutzen Sie z. B. Burn-down-Charts, um Abweichungen zu erkennen. Wenn es Abweichungen gibt, suchen Sie die Ursachen dafür. Passen Sie die Planung aufgrund der neu gewonnenen Erkenntnisse in enger Abstimmung mit Ihren Stakeholdern hinsichtlich Inhalten, Terminen und Kosten an.
- Planänderungen sind eher die Regel als die Ausnahme. Etablieren Sie Abstimmungs- und Entscheidungsprozesse, in denen festgelegt wird, wie bei Planänderungen vorzugehen ist.

Agile Ansätze gehen davon aus, dass eine genaue Planung in komplexen Projekten vorab nicht sinnvoll möglich ist. Komplexität und Veränderungen lassen es nicht zu, im Voraus genaue, belastbare Prognosen abzugeben. Eine detaillierte Planung ist aufwändig und zeitintensiv. Aufwand und Nutzen stehen in der Regel in keinem Verhältnis, da sich Ziele, Anforderungen und Randbedingungen sowie auch Lösungsideen im Zeitverlauf ändern. Aber auch hier wollen die Auftraggeber einen Grad von Sicherheit darüber, was sie am Ende eines Projekts für ihr Geld bekommen. Fragen, wie „Bis wann können Sie dies umsetzen und was kostet es?", müssen beantwortet werden.

Die Art und Weise der Planung unterscheidet sich bei der agilen Vorgehensweise erheblich von der Wasserfall-Planung. In der agilen Planung wird entsprechend den Erfordernissen des Planungshorizonts in einer passenden Granularität zeitgerecht eine belastbare Aufwandsschätzung („good enough") erstellt. In der agilen Planung wird gerade so viel geplant, wie nötig, um eine fundierte Antwort schnellstmöglich abzugeben. Je näher die Umsetzung, desto genauer ist der Plan. Was heißt dies konkret (siehe Bild 5.85)?

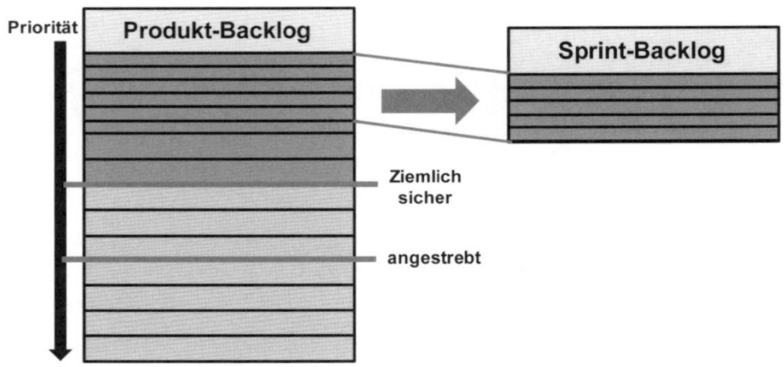

Bild 5.81 Backlog-Planung (siehe [Han17])

Ergebnis der agilen Planung ist ein Produkt-Backlog und eine gedachte Linie im Backlog (siehe Bild 5.81), bis wohin die Anforderungen mit großer Sicherheit zum Liefertermin und mit dem vorgegebenen Budget (bzw. Team) bereitgestellt werden können. Hierzu müssen die Anforderungen in einheitlicher Granularität strukturiert aufgenommen und dann priorisiert und grob bewertet werden. Die Umsetzung erfolgt z. B. in Scrum (siehe [Glo11]) über Sprints von festgelegter Dauer (z. B. drei Wochen), in denen entsprechend der Umsetzungsgeschwindigkeit („Velocity") die jeweils hoch priorisierten Anforderungen soweit heruntergebrochen werden, dass sie sich in die Iteration einpassen lassen.

Im Produkt-Backlog sind alle umzusetzenden Produkt-Features sowie die für den nächsten Sprint umzusetzenden User-Stories beinhaltet. Zu jedem Feature gibt es in der Regel mehrere User-Stories.

In Bild 5.81 wird dies schematisch mit der gedachten Linie „ziemlich sicher" im Produkt-Backlog dargestellt. Ab und zu findet man eine zweite Linie, die „angestrebte" Linie. Darunter finden sich die weiteren Anforderungen mit niedriger Priorität. Die prioren Anforderungen werden in der agilen Planung soweit heruntergebrochen, bis eine Bewertung möglich wird. Die Anforderungen für den nächsten Sprint und gegebenenfalls einige Füllanforderungen werden bei Scrum im Rahmen der Sprint-Planung bis zur Granularität der User-Stories im Sprint-Backlog für die „Abarbeitung" im nächsten Sprint bereitgestellt.

Bei agilen Projekten werden neue oder veränderte Anforderungen entsprechend ihrer Priorität einfach im Backlog einsortiert. Bestehende Anforderungen können dann gegebenenfalls an Priorität verlieren. Die Erwartung von Änderungen ist Kernbestandteil beim agilen Vorgehen.

Die agile Planung unterscheidet sich auch im Detaillierungsgrad von der Wasserfall-Planung. In der Wasserfall-Planung werden alle Anforderungen heruntergebrochen. In der agilen Planung werden nur die Anforderungen detailliert, die absehbar umgesetzt werden. Auch die wahrscheinlich umgesetzten Anforderungen werden nur soweit detailliert, dass eine belastbare Aufwandsschätzung durchgeführt werden kann. Dies ist eines der Prinzipien bei der agilen Planung.

Es gibt eine ganze Reihe von Prinzipien und Techniken der agilen Planung, wie z. B. Planning Poker (siehe [Han17]) oder Schätz-Techniken mit Komplexitätspunkten anstelle konkreter Aufwandszahlen und deren Mapping auf Story Points, die hier Anwendung finden. Über die Abschätzung der Umsetzungsgeschwindigkeit (siehe [Han17]) können die Komplexitätspunkte in Aufwand umgerechnet werden.

Wichtig ist hier insbesondere die relative Schätzung über Story Points anstelle von konkreten Aufwandswerten. Relative Größenordnungen lassen sich einfacher abschätzen. Die Story Points sind eine Einheit, welche die Größe einer User-Story beschreiben.

Für die Priorisierung ist eine „High value-to-cost ratio" und eine „Risk-first"-Bewertung der Anforderungen wichtig. Hierzu ist häufig agiles Verhandeln notwendig (siehe Bild 5.82). So werden die wirklichen Prioritäten ermittelt. Über Fragen wie „Was muss unbedingt geliefert werden?" und „Was kann verschoben werden?" kristallisieren sich Prioritäten heraus.

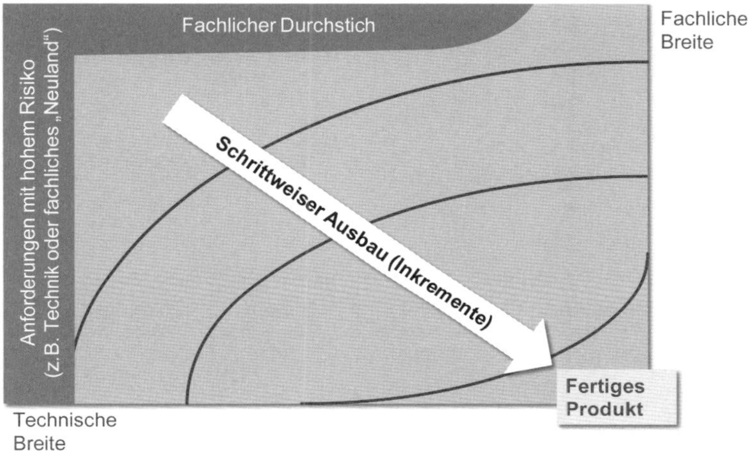

Bild 5.82 Risikofokussierter Ansatz (siehe [Han17])

Wesentlich beim agilen Planen ist aber auch, gerade so viel zu planen, wie nötig ist. Anforderungen, die erst weit in der Zukunft liegen, müssen nicht detailliert geplant werden, da sie sich vor ihrer Umsetzung häufig nochmals verändern. Nicht jede Kleinigkeit muss zu Beginn des Projekts definiert sein. So sind keine umfangreichen Pflichtenhefte notwendig, die bei komplexeren Projekten Monate in Anspruch nehmen.

Was ist aber nötig?

Nötig sind alle zum Planungszeitraum bekannten und zielführenden Informationen. Hier gibt es drei wesentliche Aspekte. Einerseits ist eine gemeinsame – fachliche und technische – Vision der zukünftigen Lösung notwendig und andererseits ist eine möglichst vollständige grobe fachliche Sicht auf das zukünftige Produkt sowie für die nächste Iteration der detaillierten Anforderungen unabdingbar. Nur so kann eine grobe Roadmap (Releaseplanung) für das zukünftige Produkt abgeleitet werden. Schauen wir uns dies etwas näher an:

- **High-level-Design** (HLD) als gemeinsame Vision des zukünftigen Produkts und grobe, vollständige Sicht auf das zukünftige Produkt

  Ein High-level-Design ist ein Lösungsentwurf auf konzeptioneller und logischer Ebene als fundierte, mit angemessenem Aufwand erstellbare Grundlage für eine Abschätzung. Dieser Entwurf beinhaltet fachliche und technische Modelle, wie z. B. das fachliche Komponentenmodell. Ein fachliches Komponentenmodell gliedert einzelne Produkt-Features in fachlich zusammenhängende Bereiche, die Komponenten. In Bild 5.83 finden Sie ein Beispiel eines fachlichen Komponentenmodells.

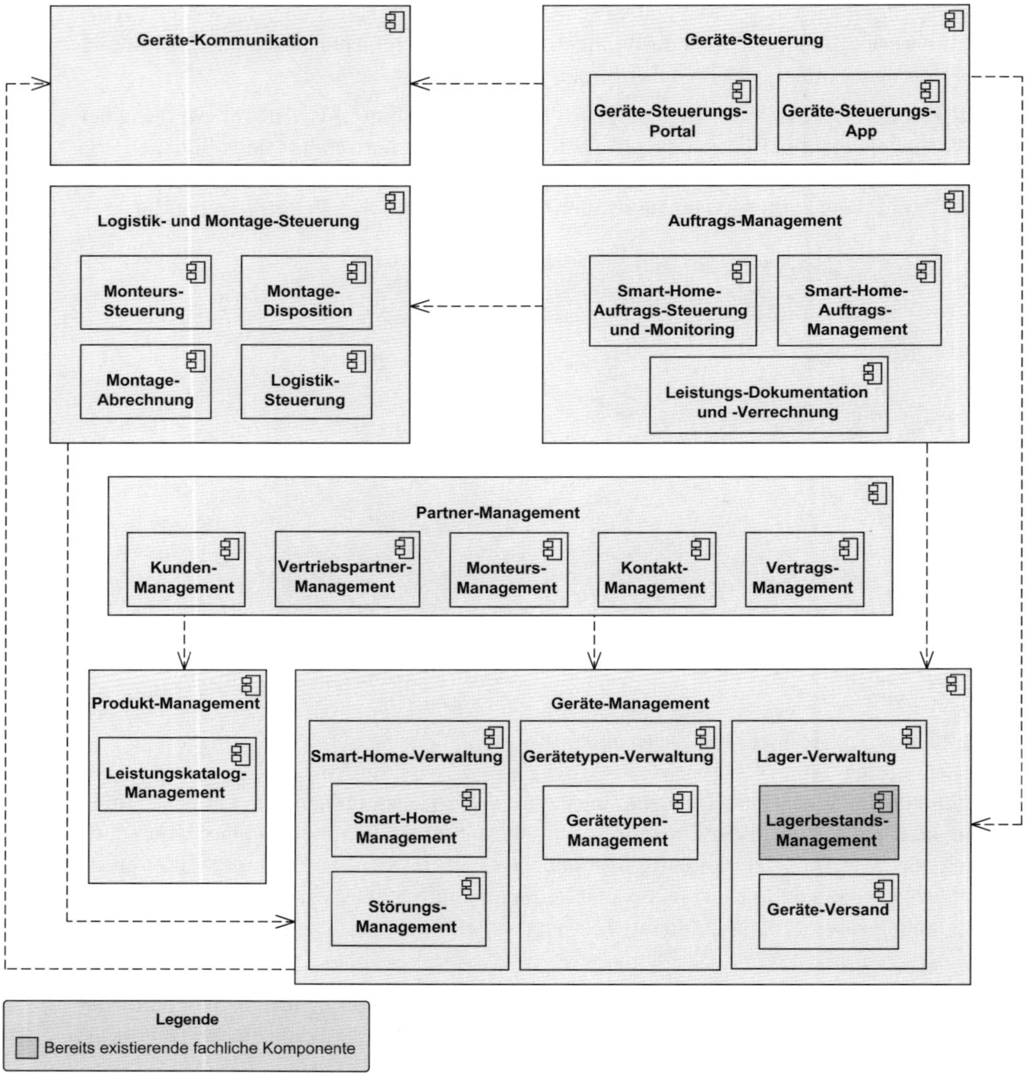

Bild 5.83 Fachliches Komponentenmodell (siehe [HGG15])

Fachliche Komponenten (häufig Granularität Epics oder Features, siehe Abschnitt 5.7.2) können dann auf technische Komponenten über z. B. eine technische Referenzarchitektur (siehe Abschnitt 5.6.4) gemappt werden. Ergänzend zu Komponentenmodellen werden häufig auch Geschäftsprozessmodelle mit Teilprozessen genutzt. So kann dann leicht eine Abbildung auf Use-Cases vorgenommen werden.

Das High-level-Design erzeugt eine vollständige, aber grobe, fachliche Sicht. Die Strukturierung in Komponenten spiegelt sich im systematischen Backlog-Management (siehe [Han17]) wieder. Die Granularitäten entsprechen den Erfordernissen der taktischen Planungsebene.

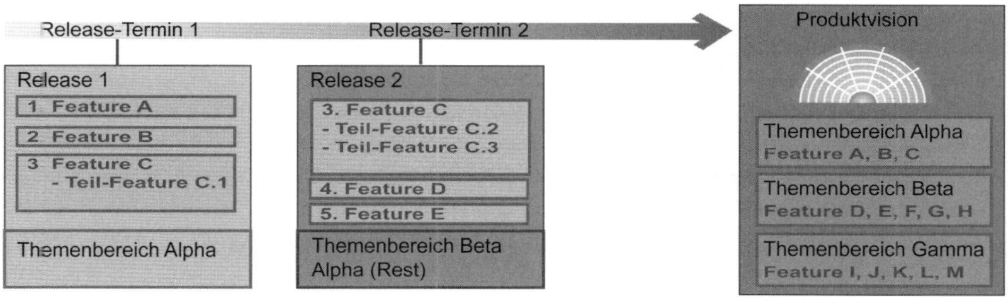

Bild 5.84 Beispiel eines Releaseplans (siehe [HGG15])

- **Grobe Roadmap-Planung** (Releaseplanung) als Orientierung und zum Management der Erwartungshaltung der Kunden.

  Häufig gibt es insbesondere bei Produkten einen übergeordneten Releaseplan, z. B. für Quartale oder Halbjahre. Über einen Releaseplan (siehe Bild 5.84) wird für den Kunden transparent gemacht, wann was geliefert wird. Ein Releaseplan ist eine Produkt-Roadmap mit einer Abfolge von Releases und dem Ziel, schrittweise die (Produkt-)Vision umzusetzen. In Abhängigkeit von Dringlichkeit, Relevanz und Größenordnung sowie unternehmensspezifischen Kriterien werden die verschiedenen Geschäftsanforderungen zu Releases (taktische Umsetzungspakete) gebündelt. Der Releaseplan muss bei veränderten Anforderungen und Randbedingungen angepasst werden.

  Je weiter man in die Zukunft schaut, desto gröber ist die Planung der Releases. Das zeitlich nächste Release wird in der Regel auf Ebene von User-Stories geplant. (Teil-)Features werden auf die Ebene von User-Stories in der Iterationsplanung heruntergebrochen. Für Folge-Releases sind oft nur Features oder Epics zu grob definierten oder Releasekalender-Terminen mit klar definierten Schwerpunktthemen zusammengefasst. Die Umsetzung eines Epic kann sich dabei über mehrere Releases erstrecken.

Empfehlungen bei der Releaseplanung (siehe [HGG15])

- Feste Releasezyklen (z. B. alle drei Monate oder alle sechs Monate), um den Anwendern regelmäßig Inkremente zu liefern. Hier ist es wichtig, einen Kompromiss zwischen einer möglichst kurz getakteten Auslieferung neuer Features und dem Aufwand für Auslieferung und Inbetriebnahme zu finden. Der Aufwand für die Auslieferung und Inbetriebnahme der Inkremente muss in einem vernünftigen Verhältnis zu den Vorteilen stehen, die durch kurz getaktete Releasezyklen erreicht werden. Hierbei sind Aufwände beispielsweise für Integration, fachliche Tests, Anwenderdokumentation und -schulung zu berücksichtigen. Bei verschiedenen Unternehmen, aber auch bei verschiedenen Produkten innerhalb eines Unternehmens, kann das durchaus unterschiedlich ausgestaltet sein.
- Feste interne Releasezyklen (z. B. monatlich oder alle zwei Monate), um frühzeitig Feedback über die Funktionalität und Usability von internen oder von Alpha- und Beta-Testern zu erhalten.

- Einplanung von mindestens einer „Härtungs"-Iteration im Release, um Unsicherheiten in der Planung abzufedern und ausreichend Zeit für qualitätsverbessernde Maßnahmen zu schaffen.
- Einbezug des Entwicklungsteams bei der Releaseplanung. Das Team schätzt den Aufwand für die Umsetzung der Features selber und bestimmt, welche priorisierten Features es in einem Release umsetzen kann.
- Regelmäßige fest eingeplante und standardisierte Termine für Releaseplanung, Reviews und Qualitätssicherung. Hierdurch kann sichergestellt werden, dass geplante Aktivitäten hinsichtlich Termin und Inhalt wie vorgesehen durchgeführt werden.
- Globale Meilensteine als Synchronisationspunkte für verschiedene Teams und zur Fortschrittsüberwachung.
- Sorgfältige Definition von „DONE" mit Abnahmebedingungen für Features, um wirklich lauffähige Software zu erhalten, welche die eingeplanten Features umsetzt.
- Kontinuierliche Systemintegration und automatisiertes Testen, um sicherzustellen, dass die umgesetzten Software-Komponenten auch wirklich zusammenpassen, in die Systemlandschaft integriert werden können und die geforderten Einsatzszenarien unterstützen.

Klare Festlegung der Definition-of-Done

Für Abschätzungen ist sehr wichtig, dass ein klares Bild bei allen Beteiligten über die Fertigstellungskriterien bestehen. Um Missverständnisse zu vermeiden, muss vorab klar definiert werden, was unter „fertig" verstanden wird. Dies nennt man „Definition-of-Done (kurz DoD)".

Ohne eine Definition-of-Done ist nicht klar, ob eine User-Story fertig ist oder eben nicht. Häufig hört man dann Aussagen wie „zu 90 % fertig" und dies über eine lange Zeit.

Die Fertigstellungskriterien schaffen die Grundlage für die Bewertung der ordnungsgemäßen Umsetzung. Hier gehen u. a. Wünsche des Produkt-Owners z. B. in Richtung nichtfunktionaler Anforderungen wie Performance oder Skalierbarkeit ein.

Es stellt sich häufig die Frage, wer über die Fertigstellungskriterien entscheidet. Dies ist bei der agilen Entwicklung das Entwicklungsteam. Es erstellt eine Liste von Fertigstellungskriterien.

Beispiele für Fertigstellungskriterien einer Definition-of-Done sind:

- Der Code ist im Versionierungssystem eingecheckt.
- Die Dokumentation vom Code und die Release-Dokumentation sind aktualisiert.
- Es wurde ein Code Review durchgeführt oder der Code wurde über Pair Programming entwickelt.
- Coding-Guidelines und Standards wurden eingehalten und automatisch über einen Checker überprüft.
- Es wurden alle Unit Tests fehlerfrei durchgeführt.
- Testüberdeckung ist 90 %.

- Es sind keine kritischen Fehler offen.
- Erforderliche Refactorings sind durchgeführt.
- Integrationstests wurden fehlerfrei durchgeführt.
- Alle Akzeptanzkriterien werden erfüllt.

Eine klare Definition-of-Done hilft, sich vor Schnellschüssen, z. B. ohne Qualitätssicherung oder Test, zu schützen. Wenn das Refactoring und eine gewisse Testabdeckung zur DoD dazugehört, dann ist ein Feature ohne dieses eben noch nicht fertig. Auch wenn es bereits „vorführbar“ ist. So wird die Entwicklung verlässlicher und die Codequalität steigt. ■

- Planung entsprechend der Erfordernisse der Planungsebene – je näher die Umsetzung, desto genauer der Plan:
  - *Strategische* Planungsebene: Investitionsthemen als Basis für die Budgetierung oder die Erstellung des Projektportfolios im Rahmen der strategischen Planung.

    Beispiel für einen Backlog-Eintrag: Außendienstanbindung.
  - *Taktische* Planungsebene: Produkt-Backlog mit den Anforderungen für die Weiterentwicklung des Produkts.

    Beispiel für einen Backlog-Eintrag: Auftragsabwicklung im Kontext der Außendienstanbindung sowie Teile davon, wie z. B. Kundenauftrag neu anlegen im Kontext der Außendienstanbindung Auftragsabwicklung.
  - *Operative* Planungsebene: Sprint-Backlog mit den Anforderungen, die im Sprint umgesetzt werden sollen.

    Beispiel für einen Backlog-Eintrag: Kundenauswahl bei Neuanlage Kundenauftrag oder als User-Story: „Als Außendienstmitarbeiter möchte ich eine Übersicht über alle Kunden erhalten, sodass ich einen auswählen kann, um für diesen einen Auftrag zu erfassen.“

Auf allen Ebenen kann agil geplant werden (siehe Bild 5.85). In der taktischen Planungsebene wird dafür gesorgt, dass die wirklich wichtigen und strategisch in der Investitionsplanung beabsichtigten Dinge auch umgesetzt werden. Durch eine Planung in einer groben, aber doch inhaltlich fundierten Granularität (Themenbereich, Feature und ggf. Teil-Feature) wird mit überschaubarem Aufwand ein inhaltlicher Rahmen für die Projekt- und Iterationsplanung geschaffen. Durch die Verknüpfung zwischen Artefakten auf den verschiedenen Ebenen wird die Grundlage für die Steuerung der Umsetzung geschaffen. Hierzu werden mit vertretbarem Aufwand die relevanten Themenbereiche und Features identifiziert und abgestimmt. Die strategischen Geschäftsanforderungen werden weiter heruntergebrochen und aus den gesammelten Detailanforderungen und Pains werden über eine Bottom-up-Konsolidierung Themenbereiche, Features und in einigen Fällen sogar Teil-Features identifiziert. Diese werden dann zu taktischen Umsetzungspaketen gebündelt, analysiert und bewertet. Hierauf folgt die eigentliche taktische Umsetzungsplanung. Ergebnisse sind Projektanträge, das aus fachlicher Sicht sinnvolle Projektportfolio und/oder (Produkt-)Roadmaps für die Umsetzung der taktischen Umsetzungspakete. Die Projektanträge werden ins Projektportfoliomanagement und die Produkt-Roadmap ins Produktmanagement eingesteuert. Nur so wird erreicht, dass das, was beabsichtigt wird, auch wirklich erfolgt.

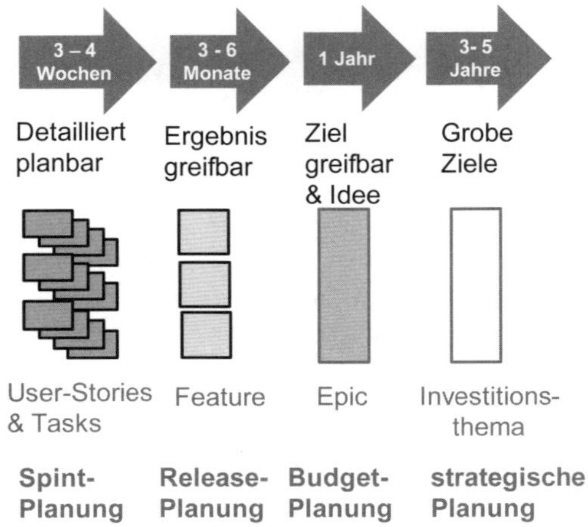

Bild 5.85
Planungshorizonte

Neben den aus den Zielen abgeleiteten strategischen Geschäftsanforderungen sind die gesammelten Geschäftsanforderungen die Basis für die taktische Planung. Aus den strategischen Geschäftsanforderungen wird top-down z. B. eine Capability Map mit den (Teil-) Feature-Kandidaten erstellt. Die gesammelten Anforderungen haben die unterschiedlichsten Granularitäten, von der Tendenz her sind sie aber eher feingranular. Diese Anforderungen müssen den top-down ermittelten (Teil-)Feature-Kandidaten in der Bottom-up-Konsolidierung zugeordnet werden. Auf diesem Weg erhält man ähnliche Granularitäten. Themenbereiche und (Teil-)Features werden durch die Zusammenfassung und/oder das Splitten von Realisierungsanforderungen ermittelt. Die so identifizierten mittelgranularen Geschäftsanforderungen füllen die top-down ermittelten Themenbereiche und (Teil-)Features mit Leben und justieren diese, d. h., sie passen diese an die durch Kundenwünsche geforderte Realität an. Falls es keine passenden gibt, muss die Feature-Map entsprechend modifiziert werden.

Natürlich können sich im Rahmen der Umsetzung Veränderungen ergeben. Diese müssen dann aber auf grober Ebene auch wieder in die taktische Planung einfließen. So können Veränderungen auf taktischem Level adäquat – mit überschaubarem Aufwand – gemanagt werden.

Die Detaillierung auf operativer Ebene in User-Stories erfolgt in enger Abstimmung mit dem agilen Entwicklungsteam im Backlog-Grooming oder aber in der Sprint-Planung (siehe [Han17]). Auf dieser Granularitätsebene ist die Planung konkret genug, um eine Orientierung für die konkrete Umsetzung für das Entwicklungsteam zu geben. Hierzu werden in der agilen Planung die Features, die absehbar im nächsten Sprint umgesetzt werden sollen, in User-Stories heruntergebrochen. Jede User-Story ist so zu formulieren, dass sie innerhalb von ein bis zwei Wochen umsetzbar ist. So lassen sich User-Stories in ihrer Komplexität schnell schätzen (siehe Bild 5.86).

Eine zentrale Voraussetzung für eine erfolgreiche agile Planung ist ein systematisches Backlog-Management mit einheitlichen Granularitäten. Um die richtigen Granularitäten zu finden, ist es wichtig, grobe Aufwandschätzungen schnell vorzunehmen. Nur so hat man ein Gefühl für Granularitäten. Eine vergleichende „good enough"-Aufwandsschätzung reicht hierbei völlig aus.

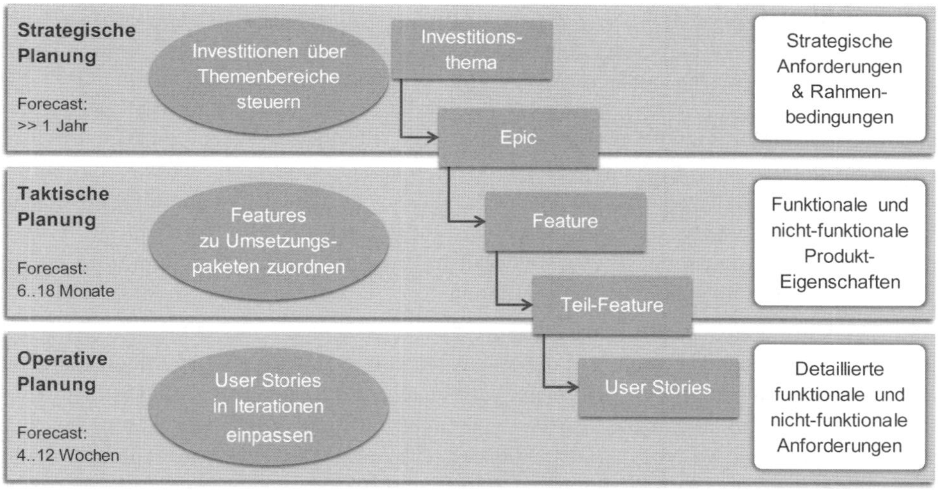

Bild 5.86 Planungsebenen und Granularitäten

Im Unterschied zur Wasserfall-Planung schätzt man bei der agilen Planung die Komplexität und nicht den Aufwand der umzusetzenden Features beziehungsweise User-Stories ab. Hierzu nutzt man Story Points für die Abschätzung der Komplexität von User-Stories. Ein Story Point ist eine relative Maßeinheit zur Abschätzung des Aufwands für die Umsetzung der Anforderung.

Story Points werden durch das Vergleichen der Komplexität von User-Stories im „Planning Poker" vergeben. Wenn man die Velocity des Teams je Iteration grob kennt, kann man eine Aussage darüber treffen, in welcher Iteration ein Feature voraussichtlich geliefert werden kann. Wenn die Größenordnung von Story Points pro Iteration noch nicht bekannt ist, können auch hier Erfahrungswerte als Indikator genutzt werden.

Eine vergleichende Schätzung ist leichter als eine klassische Aufwandsabschätzung, da sich Menschen mit der Schätzung absoluter Dinge schwertun. Es fällt viel leichter, Dinge in Relation zueinander zu setzen und zu erkennen, was größer und was kleiner ist.

Zudem ist die Komplexität objektiver einschätzbar. Sie bleibt im Gegensatz zum Aufwand im Projektverlauf gleich und unabhängig vom Umsetzer. Die Aufwände verringern sich dagegen z. B. für ähnliche Aufgaben aufgrund des Erfahrungsgewinns, wenn sie von den gleichen Personen umgesetzt werden.

Beim agilen Planen muss mit der Unsicherheit umgegangen werden. Hier muss die Erwartungshaltung der Auftraggeber und Entscheider gemanagt werden. So benötigt z. B. der Manager für die Festlegung von Budgets oder der Einkauf für die Beauftragung von Dienstleistern eine Grundlage. Eine Wasserfall-Planung liefert hier, wie schon ausgeführt, wegen des möglichen Wandels der Anforderungen über die Zeit nur eine Scheinsicherheit. Wie kommt man aus diesem Dilemma heraus? Auch hier gibt es eine Reihe von Best-Practices (siehe [Han17]). Eine davon ist der agile Festpreis.

5.8.2 Agiler Festpreis

Agilität und Festpreis hört sich erst einmal wie ein Widerspruch an. Zum einen enthält der Begriff das Wort „agil“ und damit wird von veränderlichen Anforderungen ausgegangen. Zum anderen enthält der Begriff das Wort „Festpreis“, der für einen vertraglich klar definierten Funktionsumfang, Zeitrahmen und Budgets steht. Durch einen Festpreis wird der Funktionsumfang vorab soweit festgelegt, dass eine vertraglich nachvollziehbare Grundlage für z. B. die Bezahlung eines Dienstleisters geschaffen wird. Auf Änderungen kann nur durch Nachverhandlung und Change Requests reagiert werden. Man hat sich auf einen Funktionsumfang geeinigt und muss diesen vertraglich einhalten.

Natürlich kann man sich hier fragen, warum man überhaupt einen Festpreis braucht. Agiles Vorgehen hat sich ja bewährt. In der Praxis werden jedoch gerade bei großen Projekten Budgets nur selten vergeben, wenn im Vorfeld nicht der Umfang definiert und für die Entscheider greifbar ist. Festpreise geben (oder spiegeln vor?) eine gewisse Planungssicherheit, sodass u. a. die Kosten nicht explodieren können. Insbesondere, wenn die Umsetzung durch einen externen Dienstleister erbracht werden soll, sind „absichernde“ Verträge an der Tagesordnung, die es ermöglichen, das Risiko mit dem Dienstleister zu teilen oder aber es komplett auf ihn zu übertragen.

Der Wunsch des Kunden nach Planungssicherheit führt bei klassischen Festpreisverträgen dazu, dass am Ende beide Partner verlieren. Der Dienstleister schlägt in der Regel hohe Risikozuschläge auf die abgeschätzte Summe, um sich seinerseits abzusichern. Zwar muss der Dienstleister die Funktionalität für den definierten Preis abliefern, doch ist die Auslegung, was die Funktionalität wirklich bedeutet, zum Zeitpunkt des Vertragsabschlusses noch nicht wirklich klar. Im schlimmsten Fall muss dies durch ein Gericht geklärt werden.

Hinzu kommen Veränderungen. Veränderte Funktionalitäten müssen über aufwändige Change-Request-Verfahren vertraglich nachgezogen werden. Häufig werden bei starren Verträgen die ursprünglich festgeschriebenen Anforderungen anstelle der veränderten wirklichen Anforderungen herangezogen. Dies führt bis zu unbrauchbaren Systemen.

Was ist nun ein agiler Festpreis?

Der agile Festpreis schafft eine vertragliche Grundlage und ein Verfahren für die Änderung von Anforderungen im Projektverlauf. Neue Anforderungen tauchen auf, die Priorisierung von Anforderungen ändert sich oder der Inhalt bereits geplanter Anforderungen wird angepasst. Darüber hinaus kann sich die Umsetzung von Anforderungen verzögern. Ursachen hierfür können sein, dass der Umsetzungsaufwand für Features oder Realisierungsanforderungen zu gering eingeschätzt wurde, dass bestimmte Skills im Projektteam fehlen oder dass technische Risiken falsch eingeschätzt wurden.

Mit diesen Veränderungen muss auch vertraglich umgegangen werden, wenn die Umsetzung eines oder mehrerer Releases unternehmensextern oder -intern beauftragt wurde. Ein Weg ist sicherlich das Change-Request-Verfahren. Dieses kostet aber sowohl auf Auftraggeber- als auch auf Auftragnehmerseite viel Aufwand und bringt zudem häufig nicht den gewünschten Effekt. Beide Seiten versuchen, ihr finanzielles Risiko zu begrenzen, und letztendlich wird nicht das umgesetzt, was der Auftraggeber wirklich braucht. Daher wird zunehmend anstelle dessen bereits bei Vertragsabschluss ein agiler Festpreis vereinbart.

Ein agiler Festpreis ist ein verbindlicher Gesamtpreis für eine gegebene Menge von Anforderungen mit inhaltlichem Spielraum. Der Auftraggeber erhält realisierte Anforderungen im Gesamtwert des Gesamtpreises und kann die Inhalte im Projektverlauf ändern. Hierzu werden ein für den Auftraggeber transparentes Verfahren für die Aufwandsschätzung bei neuen oder veränderten Geschäftsanforderungen sowie das Verfahren für den Austausch von Anforderungen im Lieferumfang vereinbart. So hat der Auftraggeber Planungssicherheit und zugleich Anforderungsflexibilität. Lästige und aufwändige Change-Request-Verfahren werden eingespart.

Der zeitliche Verlauf bei einem agilen Festpreis-Projekt ist in Bild 5.87 plakativ dargestellt. Zum Beauftragungszeitpunkt sind eine Reihe von Features und deren Aufteilung auf die Inkremente zwischen Auftraggeber und Auftragnehmer festgelegt. Auch der Gesamtpreis (Festpreis) ist fixiert. Mit der Planung jedes Inkrements (gegebenenfalls auch jeder Iteration) wird die initiale Planung verändert und ursprünglich eingeplante Features werden durch gegebenenfalls neue oder veränderte Features ersetzt, sofern dies in den Festpreisumfang passt.

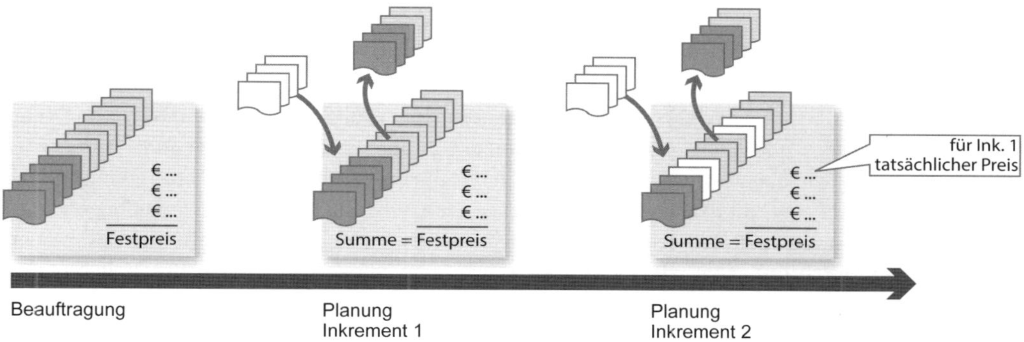

Bild 5.87 Agiler Festpreis

Der agile Festpreis kommt im Kontext der agilen Projektabwicklung zum Tragen. Ausgangspunkt ist ein Backlog, eine priorisierte und eine nach einem festgelegten Aufwandsschätzverfahren bewertete Anforderungsliste von Features. Wenn im Projektverlauf neue Anforderungen hinzukommen oder sich vorhandene inhaltlich oder in der Priorität verändern, wird nach dem festgelegten Schätzverfahren die neue Situation bewertet und die Planung (und damit die Beauftragung) entsprechend der neuen Prioritäten verändert und dokumentiert. So werden aufwändige CRs und gleichzeitig unvorhersehbare Risiken auf beiden Seiten vermieden.

Für den agilen Festpreis ist ein gut gepflegter Produkt-Backlog Voraussetzung. Die Anforderungen müssen einerseits hinreichend genau beschrieben sein und andererseits aber auch ausreichend Gestaltungsspielraum im Projektverlauf lassen. Für agile Festpreise genügen häufig von der Granularität her „Features" oder „Teil-Features", um den Leistungsumfang vor dem Projektstart zu definieren. Mehr ist in der Regel auch inhaltlich nicht möglich.

So ist es z. B. bei einem neu aufzubauenden Portal für Lieferdienste initial wichtig, dass unterschiedliche benannte Bezahlmodelle wie Paypal, Barzahlung oder Banküberweisung möglich sind. Wie diese im Detail umgesetzt werden, muss vor Projektstart nicht exakt beschrieben werden. Wichtig ist aber, dass weitere Bezahlmodelle hinzukommen können. Diese Flexibilitätspunkte (ebenso wie andere nichtfunktionale Eigenschaften) müssen als Anforderung klar benannt werden, da davon die Architektur des zukünftigen Systems maßgeblich beeinflusst wird.

Der Produkt-Backlog wird, wenn vorab noch nicht vorhanden, für den agilen Festpreis top-down als „fachlicher Bauplan" heruntergebrochen. Ausgangspunkt sind die strategischen Ziele und Themenbereiche. Soweit vorhanden, sollten hierfür Branchen-Referenzmodelle verwendet werden.

Auf der Basis des gepflegten Produkt-Backlogs kann die Schätzung der prioren Anforderungen erfolgen, die voraussichtlich im agilen Festpreisprojekt umgesetzt werden sollen. Hierzu müssen die Projektdauer und die Anzahl der Iterationen definiert und ein Releaseplan erstellt werden. In der Releaseplanung werden (Teil-)Features in Inkrementen mit definierten Releaseterminen zusammengefasst. In Abhängigkeit von der vorab festzulegenden Iterationsdauer und der Anzahl der geplanten Releases erfolgt die Bündelung der (Teil-)Features durch Analyse und Bewertung.

Je weiter man in die Zukunft schaut, desto gröber ist die Planung der Releases. Das zeitlich nächste Release wird in der Regel auf Ebene von Teil-Features geplant. Für Folgereleases sind oft nur Features oder Themenbereiche angegeben. Der Releaseplan wird im agilen Festpreis als Orientierung dokumentiert. Er verändert sich gegebenenfalls im Projektverlauf mit den sich verändernden Anforderungen und Rahmenbedingungen.

Die Schätzung der Anforderungen für den Releaseplan erfolgt in der Regel durch eine Expertenschätzung und Analogieverfahren der umzusetzenden Features durch Feature Points. Hier werden die gleichen Schätztechniken wie in der Sprint-Planung (siehe [Han17]) eingesetzt, nur eben auf einer taktischen Ebene. Ziel ist es, frühzeitig und mit verhältnismäßig geringem Aufwand sicherzustellen, dass das Richtige getan wird und Fehlinvestitionen vermieden werden. Die Granularität „(Teil-)Features" reicht hier völlig aus. Erst in der Iterationsplanung werden die Features dann weiter heruntergebrochen und operationalisiert.

Für die Schätzung ist sehr viel Erfahrung notwendig und Experten müssen hinzugezogen werden. Wenn die Risiken trotzdem unüberschaubar bleiben, müssen ggf. Durchstiche erstellt werden, um Komplexitätsgrößenordnungen zuordnen zu können. Dies muss offen zwischen Auftraggeber und Umsetzungspartner (intern und extern) angesprochen werden.

In klassischen Festpreisprojekten werden häufig umfangreiche Risikozuschläge gemacht. Dies sollte beim agilen Festpreis weitestgehend vermieden werden, da diese „Absicherungsstrategie" die Vorteile der agilen Festpreisplanung zunichtemacht. Vorteil der agilen Festpreisplanung sind die feingranularen Feature-Festpreise, in denen sich die Risiken in der Regel aufheben.

Wichtig ist eine Priorisierung der Anforderungen. Hier gehen häufig als Bewertungsdimensionen, neben dem grobgeschätzten Aufwand, der Nutzen, der Wert- und Strategiebeitrag und das Risiko sowie die Machbarkeit mit ein.

Sicherlich gibt es in der Regel auch bei der agilen Festpreisplanung Risikozuschläge für Gewährleistung und andere Risiken. Diese sollten aber idealerweise offen zwischen den Vertragspartner angesprochen werden.

Der agile Festpreis hat Vertragscharakter. So müssen unter anderem die Mitwirkungspflichten des Auftraggebers und die Abgrenzungen abgestimmt und festgeschrieben werden. Wesentlich sind auch die Rahmenbedingungen. Rahmenbedingungen können strategischer, organisatorischer, fachlicher oder technischer Natur sein. Beispiele sind Unternehmens- oder persönliche Ziele sowie Prinzipien wie „Einfache Installation" und „Schwerpunkt auf Usability" oder aber eine Verpflichtung zu festen Releaseterminen. Diese setzen Leitplanken für die Umsetzung und sind gleichzeitig ein Versprechen für die Nutzer.

Planänderungen sind eher die Regel als die Ausnahme. Daher werden in agilen Festpreisprojekten Abstimmungs- und Entscheidungsprozesse im Vertrag festgelegt, die mögliche Planänderungen regeln. Von besonderer Bedeutung sind transparente Verfahren für die Schätzung und für den Austausch der Anforderungen.

Die Abwicklung von agilen Festpreisprojekten setzt eine agile Kultur voraus. Dies keimt häufiger bei technischen Einheiten als beim Einkauf oder bei der Rechtsabteilung auf. Daher wird oft beim agilen Festpreis das Vertragswerk „juristisch sauber" durch Einkauf und Rechtsabteilung geregelt. Der agile Festpreisinhalt und die Verfahren sollten aber mit dem Fachbereich so gestaltet werden, dass eine partnerschaftliche und vertrauensvolle Zusammenarbeit möglich ist. Eine Lean Kultur (siehe Abschnitt 5.1.3) ist Voraussetzung für erfolgreiche agile Festpreisprojekte.

Agiles Vorgehen ist neben den anderen Best-Practices in diesem Kapitel ein Erfolgsfaktor für die digitale Transformation.

Zusammenfassung und Ausblick

Die Digitalisierung ist kein Trend oder eine Modeerscheinung, sondern verändert die Unternehmen und die Gesellschaft von innen heraus und hat großen Einfluss auf Geschäftsmodelle. Digitale Fähigkeiten werden zum Wettbewerbsfaktor. Um auch in der Zukunft wettbewerbsfähig zu sein, müssen klassische Denkmuster verlassen werden und interdisziplinär und unternehmensübergreifend technische Innovationen in Business-Innovationen verwandelt werden. Kreativitätsmethoden und Methoden für die Geschäftsmodellentwicklung und -operationalisierung machen hier den Unterschied. Klare strategische Vorgaben, ein explizites Customer Experience Management sowie das Instrumentarium des Datenmanagements, Enterprise Architecture Management und Demand Management geben ein Instrumentarium an die Hand.

Mithilfe der in diesem Kapitel aufgeführten Best-Practices und Schritt-für-Schritt-Anleitungen können Sie Ihre digitale Transformation ein Stück weit systematischer und agiler angehen.

Glossar

3D-Druck	Beim 3D-Druck werden automatisch-maschinell dreidimensionale Gegenstände aus flüssigen, festen oder pulverförmigen Materialien schichtweise erzeugt.
Agiler Festpreis	Verbindlicher Gesamtpreis für eine gegebene Menge von Anforderungen mit inhaltlichem Spielraum. Der Auftraggeber erhält realisierte Anforderungen im Gesamtwert des Gesamtpreises und kann die Inhalte im Projektverlauf ändern. Hierzu wird ein für den Auftraggeber transparentes Verfahren für die Aufwandsschätzung bei neuen oder veränderten Geschäftsanforderungen sowie ein Verfahren für den Austausch von Anforderungen im Lieferumfang vereinbart. So hat der Auftraggeber Planungssicherheit und zugleich Anforderungsflexibilität. Lästige und aufwendige Change-Request-Verfahren werden eingespart.
Agilität	Die Fähigkeit eines Unternehmens, sich schnell auf alle Arten von Veränderungen einzustellen und das Geschäftsmodell anzupassen.
Ampel	Spezifische Ausprägung für einen Indikator. Eine Ampel visualisiert Kennzahlenwerte durch Farben. In der Praxis verwendet man häufig entweder zweifarbige („rot" – „grün") oder dreifarbige Ampeln („rot" – „gelb" – „grün").
Anforderungsliste	Das zentrale Instrument für die fachliche Planung und Steuerung im Demand Management. Auf Basis der priorisierten und bewerteten funktionalen und nichtfunktionalen Anforderungen werden die fachlichen Inhalte von Projektanträgen und der Roadmap für die Weiterentwicklung gestaltet.
Anforderungs-management	Eine wesentliche Kernaktivität in Vorgehensmodellen für die effiziente und effektive Entwicklung von IT-Systemen. Es umfasst die Anforderungserhebung, -dokumentation und -validierung sowie das Management der Anforderungen und deren Änderungen und der Maßnahmen zur Umsetzung.
Anwendungs-entwicklung	Prozesse oder Organisation zur Planung, Weiterentwicklung und Wartung von Informationssystemen.
Anwendungsfeld	Fachlich zusammenhängender Bereich, wie z. B. die Geschäftsprozesse einer Wertschöpfungskette oder aber die fachlichen Funktionen eines funktionalen Clusters.

API-Management	Das aktive Management von Services und insbesondere deren APIs (Application Programming Interface) über den kompletten Lebenszyklus der Services hinweg. Dies beinhaltet die Steuerung, Optimierung, Standardisierung und Veröffentlichung von Services über APIs in einer sicheren und skalierbaren Umgebung. Sie automatisieren, überwachen und steuern die API-Verbindungen und gewährleisten die Konsistenz zwischen mehreren API-Implementierungen und Versionen. Zudem unterstützen sie das Performance-Management und Informationssicherheitsmangement, indem z. B. Sicherheitsrichtlinien integriert werden.
Areal	Bezeichnet eine zusammenhängende Fläche, z. B. in einer Portfolio-Grafik. Allen Elementen, die in demselben Areal liegen, können dieselben Aussagen zugeordnet werden.
Augmented Reality	Die visuell durch Computer erweiterte Wahrnehmung der Realität. Ein typisches Beispiel ist das Einblenden der Abseitslinien und der Torentfernung als zusätzliche Informationen bei einer Fußball-Übertragung. Für Augmented Reality werden technische Hilfsmittel, wie z. B. eine Kamera für die Aufnahme, Sensoren und geeignete Visualisierungsmöglichkeiten, benötigt.
Balanced Scorecard (BSC)	Ziel- und kennzahlenbasierte Managementmethode, welche sowohl die Vision und Strategie eines Unternehmens als auch relevante interne und externe Aspekte sowie deren Wechselwirkungen betrachtet. Ein Unternehmen wird parallel über mehrere Perspektiven und diesen zugeordnete Kennzahlen gesteuert. Typische Perspektiven einer BSC sind Finanz-, Kunden-, Prozess- und Mitarbeiterperspektive (siehe [Blo06]).
Baseline	Geschäftsanforderungen entwickeln sich über die Zeit weiter, ändern sich und werden detaillierter. Eine Geschäftsanforderung kann also über die Zeit in unterschiedlichen Versionen vorliegen. Für die Budgetierung und Planung muss bekannt sein, welche Menge von Geschäftsanforderungen zu einem bestimmten Zeitpunkt gültig ist bzw. war. Die Baseline bildet eine Klammer um eine Menge von Geschäftsanforderungen mit der zu einem bestimmten Zeitpunkt gültigen Version der jeweiligen Geschäftsanforderung. *Beispiel:* Die Baseline „Release 2012.3 - Planungsstand 2011.12“ fasst alle Geschäftsanforderungen zusammen, die nach Planungsstand 2011.12 für das Release 2012.3 geplant und damit in der Jahresplanung berücksichtigt sind.
Basis-Infrastruktur	Setzt sich aus IT-Produkten zusammen, die unverändert vom Markt bezogen werden können. Zur Basis-Infrastruktur zählen z. B. PCs und PC-Arbeitsplatzsoftware, wie z. B. Office- oder Kommunikationsplattformen und Server-Infrastruktur-Komponenten.

Bebauung	Instanziierung einer Unternehmensarchitektur, d. h., sie beinhaltet alle Ausprägungen der jeweiligen Gesamt- oder Teilarchitektur, wie z. B. der fachlichen, der IS-, der technischen und der Betriebsinfrastrukturarchitektur. Eine Bebauung füllt die durch die Architektur vorgegebenen Strukturen.
Bebauungsplan	Manifestiert die bestehende und die geplante Bebauung im Business und in der IT. Häufig wird hierfür eine Bebauungsplangrafik genutzt, sie ist daher neben der Portfoliografik das wichtigste Instrument für die Umsetzung der Business- und IT-Ziele. Der Bebauungsplan stellt die Verbindung innerhalb und zwischen Business- und IT-Strukturen her.
Bebauungsplaner	Sind verantwortlich für die Dokumentation, die Qualitätssicherung und Analyse sowie die strategische Planung und Steuerung, gegebenenfalls für einen Ausschnitt der aktuellen und der zukünftigen Gesamtbebauung. Sie managen den jeweiligen Ausschnitt im Überblick. Die aus verschiedenen Quellen stammenden Detaildaten, die in unterschiedlicher Qualität, Aktualität, Vollständigkeit und Granularität vorliegen, müssen von den Bebauungsplanern eingefordert, qualitätsgesichert und konsolidiert werden. Aufbauend auf dieser hochwertigen Datenbasis liefert der Bebauungsplaner Antworten für die verschiedenen Fragestellungen der Nutznießer und gestaltet die zukünftige Bebauung. *Synonym:* Unternehmensarchitekt
Bebauungsplangrafik	Dient zur Einordnung von Bebauungselementen eines Elementtyps in einen zweidimensionalen Bezugsrahmen wie z. B. Zuordnung von Informationssystemen zu Geschäftsprozessen und Geschäftseinheiten.
Bebauungsplanung	Im Rahmen der Bebauungsplanung werden ausgehend von den strategischen und operativen Geschäftsanforderungen und Rahmenbedingungen die Soll-Bebauung und die IT-Roadmap zur Umsetzung gesamthaft oder in Ausschnitten gestaltet.
Benchmark	Vergleich von im Allgemeinen standardisierten Kennzahlen zwischen verschiedenen Unternehmen oder Organisationen. Die Vergleichbarkeit der Kennzahlen muss sichergestellt sein. Hierbei werden häufig die Vergleichszahlen von den leistungsfähigsten Organisationen als Best Practice angesehen und als Maßstab verwendet (siehe [Min05] und [Ker08]).
Best Practices	Stellen Wissen, Methoden und Standards zu Praktiken dar, die sich bei einer Vielzahl von Organisationen und Unternehmen in der Vergangenheit als wertvoll erwiesen haben (siehe [Ebe08]).
Bimodale IT	Die Kombination der traditionellen Entwicklungs- und Betriebsorganisation der IT mit experimentellen agilen Schnellbooten für digitale Transformationsprojekte mit hoher Priorität und Time-to-market-Anforderungen.

Blockchain	Eine verteilte, öffentliche Datenbank, die als Grundlage digitaler Währungen, wie Bitcoins, dient. Im Finanzsektor spricht man auch von der “Distributed Ledger Technology”.
Blueprint	Legt die Standards für HW-, NW- und SW-Infrastruktur sowie auf Anwendungsebene (wie z. B. SAPx) und fachlicher Ebene (wie z. B. EDIFACT) fest. Der Blueprint sollte in der Informationssystem- und Betriebsinfrastruktur-Bebauung „verbaut“ werden.
Budgetierung	Bezeichnet den betriebswirtschaftlichen Planungsprozess, mit dem Ziel, ein Budget zu erstellen. Die Budgetierung beinhaltet alle Aktivitäten im Rahmen der Aufstellung, Verabschiedung, Durchsetzung und Anpassung und Kontrolle von Budgets. Sie ist Teil des Gesamtplanungsprozesses einer Organisation sowie ein wichtiges Controlling- und Steuerungsinstrument (siehe www.wikipedia.org).
Business-Alignment der IT	Darunter wird die Ausrichtung der IT am Geschäft verstanden.
Business-Analyse	Eine Tätigkeit zur Identifikation von Geschäftsanforderungen sowie Ableitung und Herbeiführung von fachlichen Lösungen, die Unternehmen helfen, ihre Ziele zu erreichen. Eine Lösung besteht oft in der Bereitstellung von IT-Komponenten, kann aber auch Prozessverbesserungen oder organisatorische Änderungen umfassen.
Business-Analyst	Die Hauptakteure im Demand Management. Sie nehmen Geschäftsanforderungen auf, strukturieren, klassifizieren, analysieren und bewerten sowie gestalten und planen die Umsetzungspakete, wie z. B. Projektanträge oder Wartungsmaßnahmen. Business-Analysten fungieren als Brücke zwischen den Fachbereichen und der IT. Sie managen die Geschäftsanforderungen der Fachbereiche und übersetzen die Anforderungen in die jeweilige „Sprache“. Zudem stellen sie sicher, dass die Geschäftsanforderungen wirklich umgesetzt werden.
Business Analytics	Erweitert Business Intelligence (BI) um den Blick in die Zukunft und die Ermittlung von Zusammenhängen und Mustern in großen Datenbeständen (Big Data). Business Analytics gibt Antworten auf die Fragen nach den Gründen, Auswirkungen, Wechselwirkungen oder Folgen von Ereignissen. Zudem ist es möglich, Szenarien durchzuspielen und Handlungsalternativen aufzuzeigen: Was geschieht, wenn wir an dieser oder jener Stellschraube drehen?
Business Capability	Business Capabilities sind (Geschäfts-)Fähigkeiten, die eine Organisation, eine Person oder ein System besitzt und auf die sich das Unternehmen stützt, um seine Geschäftsziele zu erreichen. Geschäftsfähigkeiten werden von Menschen oder Systemen in Prozessen unter Nutzung von Technologien und weiteren Ressourcen mit Leben gefüllt, um so das fachliche Leistungsvermögen des Unternehmens bereitzustellen.

	Die Fähigkeiten werden im Wesentlichen durch Geschäftsfunktionen beschrieben, die durch Ressourcen- oder Technologieanforderungen konkretisiert werden können. Es wird in der Regel zwischen wettbewerbsdifferenzierenden und unterstützenden Geschäftsfunktionen unterschieden. *Synonym:* Fachliche Funktion
Business Capability Management	Ein systematischer Ansatz zur Identifikation der aktuell oder zukünftig für das Unternehmen relevanten Fähigkeiten (Business Capabilities) und zur schnellen Anpassung des Geschäftsmodells und der Geschäftsprozesse sowie deren IT-Unterstützung an veränderte Marktanforderungen und Wettbewerbsbedingungen.
Business Capability Map	Beschreibt die aktuellen oder zukünftig benötigten Fähigkeiten des Unternehmens. Auf dieser Basis werden die Geschäftsprozesse und die Organisation schrittweise weiterentwickelt oder neu gestaltet. Business Capability Management schafft ein inhaltliches Fundament für Entscheidungen im Kontext von Business-Transformationen oder strategischen Veränderungen des Geschäftsmodells.
Business Continuity Management (BCM)	Ein systematisches Notfall- und Krisenmanagement zur Bewältigung von denkbaren Situationen, die zum Stillstand kritischer Prozesse führen und damit das Überleben des Unternehmens bedrohen können. Diese Prozesse sowie die möglichen Risiken, denen sie ausgesetzt sind, gilt es zu ermitteln. Die maximal tolerierbaren Ausfallzeiten der kritischen Geschäftsprozesse sind zu definieren. Für alle Risiken müssen die möglichen Auswirkungen (z. B. finanziell oder aber immateriell, wie z. B. den Ruf des Unternehmens betreffend) und die Eintrittswahrscheinlichkeit benannt und Maßnahmen vorgegeben werden, die im Falle des Eintritts der verschiedenen Risiken durchzuführen sind.
Business Intelligence (BI)	Zielt darauf ab, Fragen zur aktuellen wirtschaftlichen Situation zu beantworten. Hierzu werden Unternehmensdaten systematisch gesammelt, ausgewertet und visualisiert. Kennzahlen, gegebenenfalls aggregiert in Dashboards und Auswertungen zum Monats- oder Quartalsende, unterstützen in Kombination mit Soll-Ist-Vergleichen das Management bei der Entscheidungsfindung.
Business-IT	Beinhaltet alle Serviceleistungen zur Unterstützung des Geschäftsbetriebs, z. B. IT-Beratung oder Anwendungsentwicklung, zugeschnitten auf die Geschäftsprozesse.
Business-IT-Koordination	Eine Beratungsfunktion für die Fachabteilungen sowie eine Vermittler- und Dolmetscherfunktion zwischen den Fach- und IT-Abteilungen.
Business-Plan	Das unternehmerische Gesamtkonzept für ein geplantes Geschäftsvorhaben und mündet nach der Verwirklichung in der Unternehmensstrategie beziehungsweise dem Geschäftsmodell des Unternehmens. Der Business-Plan beschreibt das wirtschaftliche Umfeld, die Ziele, die benötigten finanziellen Mittel und die vorgesehenen Schritte zur Umsetzung.

Business-Planung	Umfasst alle Tätigkeiten zur Erstellung eines Business-Plans.
Business-Service	Ein fachlich orientierter Service, der im Business sichtbar und in der Sprache der Anwender beschrieben ist. Er stellt fachliche Funktionalität (fachliche Funktion) für die Nutzung in Geschäftsprozessen bereit und setzt damit eine für das Unternehmen notwendige Geschäftsfähigkeit (Business Capability) um. Business-Services werden zu Geschäftsprozessen orchestriert und füllen Geschäftsfähigkeiten (Business Capabilities) mit Leben. Beispiele für Business-Services sind die Bereitstellung von Produktdaten eines Autos für Kunden oder aber die Erfassung eines Versicherungsantrags. *Synonym:* Geschäftsfunktion
Business-Transformation	Business-Transformationen verändern das Geschäftsmodell und/oder die Organisation des Unternehmens gravierend. Beispiele für Business-Transformationen sind Merger & Acquisitions, Outsourcing, neue Kooperationsmodelle und gravierende Umstrukturierungen.
Change Management	Ein ganzheitlicher Ansatz, der Veränderungen im Unternehmen vorbereitet, begleitet und nachhaltig einführt.
Change Request (CR)	Änderungswunsch, der eingeht, nachdem der Umfang der umzusetzenden Anforderungen verbindlich festgelegt wurde. Ein CR kann den Umfang der umzusetzenden Anforderungen erweitern, verändern oder reduzieren. Die Auswirkungen des CR sind zu bewerten, bevor über die Annahme entschieden wird.
Chatbots	Smarte Programme, die automatisiert mit Nutzern in natürlicher Sprache kommunizieren können. Sie werden auch virtuelle persönliche Assistenten genannt. Chatbots übernehmen zunehmend die Kundenkommunikation und nutzen hierfür künstliche Intelligenz. Beispiele sind Siri und Alexa. Sie können eine für den Menschen natürlich klingende Antwort geben. Es gibt Chatbots, die auf strukturierten Fragen und Antworten basieren, und Chatbots auf Basis von maschinellem Lernen. Die für Nutzer sichtbare Oberfläche unterscheidet sich hierbei kaum. *Synonym:* Bots
Chief Digital Officer (CDO)	Verantwortet die Entwicklung der digitalen Strategie und neuer digitaler Geschäftsmodelle sowie treibt die digitale Transformation auf allen Ebenen voran.
Chief Information Officer (CIO)	Die Rolle des CIO wird unternehmensspezifisch unterschiedlich definiert. Das Aufgabengebiet und der Verantwortungsbereich differieren. Zu den Hauptaufgaben eines CIO gehören im Allgemeinen die Ausrichtung der IT auf die Unternehmensstrategie sowie der Aufbau und Betrieb geeigneter IT-Landschaften. In vielen Unternehmen ist der CIO direkt dem CEO (Chief Executive Officer) unterstellt. In wenigen Unternehmen ist er Mitglied der Geschäftsführung (siehe [KüM07]).

Cloud-Computing	Bezeichnet die Bereitstellung von IT-Infrastruktur, wie z. B. Speicherplatz oder Rechenleistung, Entwicklungsplattformen für webbasierte Anwendungen oder Anwendungsservices über das Internet.
Cluster-Analyse	Wird eingesetzt, um fachlich eng zusammengehörige Funktionen, Geschäftsprozesse, Geschäftsobjekte und Geschäftseinheiten sowie Informationssysteme, Betriebsinfrastruktureinheiten und Projekte zu identifizieren. Dies ist eine Form der Abhängigkeitsanalyse.
CMMI (Capability Maturity Model Integration)	Qualitätsmanagementmodell für die System- und Softwareentwicklung und verwandte Bereiche und Nachfolger des bekannten CMM (Capability Maturity Model). Es wurde vom Verteidigungsministerium der USA entwickelt, um die Qualität von Software-Zulieferern standardisiert beurteilen zu können.
CobiT (Control Objectives for Information and Related Topics)	Referenzmodell für IT-Governance, das eine Menge von Kontrollzielen für die IT-Prozesse definiert. Die aktuelle Version ist CobiT 5.
Cockpit	Steuerungsinstrument für einen Manager. Es bietet eine strukturierte und kompakte Darstellung aller wesentlichen Informationen zu den Steuerungsobjekten. Diese werden üblicherweise grafisch visualisiert.
Co-Creation	Eine neue Form der interaktiven Wertschöpfung zwischen Unternehmen und Kunden. Kunden gestalten die Produkte und Dienstleistungen aktiv mit und übernehmen teilweise sogar deren Entwicklung und Herstellung als wesentlichen Bestandteil der Innovations- und Produktionsprozesse.
Commercial-off-the-Shelf-Produkt (COTS)	COTS-Produkte sind relativ kostengünstige IT-Massen-Kaufprodukte, die ohne Veränderung einfach nur genutzt werden. Beispiele hierfür sind Betriebssysteme und Programme für Textverarbeitung, Präsentation und E-Mails.
Commodity	Ursprünglich die englische Bezeichnung für Güter, die direkt aus der Natur gewonnen werden, sich gut lagern lassen und in ihrer Qualität leicht vergleichbar sind. Für die Beschaffungsentscheidung ist in der Regel nur ihr Preis relevant, sodass sie gängigerweise auf Börsen (Commodity Exchanges) gehandelt werden. In der IT werden damit Produkte oder Dienstleistungen bezeichnet, die von einer Vielzahl von Anbietern in vergleichbarer Qualität erbracht werden können, was einen Anbieterwechsel relativ leicht macht. Beispiel: Betrieb von Rechenzentren (siehe [KüM07]).
Compliance	Bezeichnung für die Einhaltung gesetzlicher und aufsichtsrechtlicher Regelwerke oder auch freiwilliger Kodizes verstanden. Beispiele sind Basel II, GDBdU, KonTraG oder Sarbanes-Oxley Act (SOX) (siehe [KüM07]). Darunter werden alle Aktivitäten zusammengefasst, die erforderlich sind, um gesetzliche, vertragliche und sonstige Auflagen sicher zu erfüllen. Zu diesen Auflagen gehören im IT-Management-Umfeld hauptsächlich Sicherheitsanforderungen, wie z. B. Informationssicherheit, Verfügbarkeit, Aufbewahrungsvorgaben und Datenschutz.

Configuration Management Database (CMDB)	In einer CMDB werden alle Informationen über die Configuration Items der IT-Infrastruktur (Informationssysteme, Clients, Netzwerk, Server, Speicher) und deren Beziehung zueinander zur Unterstützung der Servicemanagement-Prozesse bereitgestellt.
Controlling	Teilbereich des Managements. Er umfasst alle Tätigkeiten und Hilfsmittel, um sowohl die Planung als auch die Entscheidungsvorbereitung kontinuierlich zu unterstützen (siehe [KüM07]).
Corporate Innovationsmanagement	Die systematische Planung, Steuerung und Kontrolle von Innovationen in Organisationen. Im Unterschied zu Kreativität, die sich mit der Entwicklung von Ideen beschäftigt, ist Innovationsmanagement auch auf die Verwertung von Ideen bzw. deren Umsetzung in wirtschaftlich erfolgreiche Produkte bzw. Dienstleistungen ausgerichtet (siehe www.wikipedia.org).
Crowd-Funding	Eine Methode zur Geldbeschaffung. Kapitalgeber sind eine Vielzahl von Personen, in der Regel Internetnutzer. Menschen mit Ideen ohne ausreichend Geldmittel können das Internet nutzen, um sich das notwendige Geld zu beschaffen. *Synonym:* Schwarmfinanzierung
Crowd-Sourcing	Eine kollaborative, interaktive Form der Leistungserbringung einer Gruppe von extrinsisch oder intrinsisch motivierten Freiwilligen unter Verwendung moderner Kommunikationstechnologien. Crowdsourcing ist eine Sourcing-Strategie. *Synonym:* Weisheit der Vielen oder Schwarmintelligenz
Customer Experience Management (CEM)	Beinhaltet alle Analyse-, Planungs-, Durchführungs- und Steuerungsprozesse, um die Bedürfnisse der Kunden zu identifizieren und zu erfüllen. Über positive Kundenerlebnisse wird eine emotionale Bindung zum Kunden aufgebaut. Ziel ist es hierbei, Kunden zu begeisterten Markenbotschaftern zu machen (zufrieden - loyal - begeistert), die aktiv Werbung für die Produkte und Dienstleistungen des Unternehmens über Empfehlungen und Mund-zu-Mund-Propaganda machen.
Cyber-Physical Systeme (CPS)	Mittels digitaler Netze untereinander vernetzte Systeme mit eingebetteter Software und Elektronik, die über Sensoren und Aktoren mit der Umgebung verbunden sind. Über die Sensoren werden Daten der Umgebung für die vernetzten Systeme verfügbar, und über Aktoren können diese direkt auf Vorgänge der realen Welt einwirken. Sie erlauben ein kontextsensitives Verhalten, wie z. B. die relative Lage zu anderen Komponenten zu erkennen. Lokale Problemlösungen werden durch Interaktion in einem sich selbst steuernden System zu einem optimierten Ganzen zusammengesetzt. [Quelle: „Umsetzungsempfehlungen für das Zukunftsprojekt Industrie 4.0“, Forschungsunion, acatech 2013}]

Data Governance	Im Rahmen der „Data Governance" werden durch organisatorische Richtlinien und Standards eine hohe Datenqualität und die Compliance bzgl. z. B. externer Vorgaben sichergestellt. Hierzu werden Qualitätsmetriken, Prozesse, Rollen und Verantwortlichkeiten definiert.
Data Lake	Eine Datenhaltung mit einer großen Menge an Rohdaten in ihrem ursprünglichen Format, um beliebige Daten schnell und einfach für Analysen nutzbar zu machen und zu verknüpfen. Es geht hier primär um das Entdecken neuer Zusammenhänge in einem nicht aufbereiteten Datenbereich. Häufig ist vorab unklar, ob und welcher Nutzen aus den Daten generiert werden kann. Ein Data Lake besteht im Allgemeinen aus einem Rohdatenbereich und einem aufbereiteten, integrierten und qualitätsgesicherten Datenbereich. Im Rohdatenbereich steht das Entdecken neuer Zusammenhänge in nicht aufbereiteten Daten im Gegensatz zum klassischen Data Warehouse im Vordergrund. Das Data Warehouse zielt dagegen auf eine hohe Effizienz für interaktive Analysen und Berichte ab. Die Informationen sind passgenau für den Benutzer aufbereitet. Die Kombination aus dem Data-Science-orientierten Vorgehen und vorwiegenden Self-Service-Analysen auf die aufbereiteten Daten hat sich in der Praxis bewährt.
Daten-Cluster	Eine Menge von Geschäftsobjekten, die fachlich eng zusammengehören. Geschäftsobjekte sollten zu Daten-Clustern zusammengefasst werden, wenn eine der folgenden Bedingungen erfüllt ist: ▪ Eine Menge von Geschäftsobjekten, die mehrfach in dieser Zusammenstellung in einem Geschäftsprozess, einem Produkt oder einer fachlichen Funktion verwendet werden. ▪ Eine Menge von Geschäftsobjekten, die mehrfach in dieser Zusammenstellung einer Geschäftseinheit zugeordnet sind oder deren Mehrzahl in Verantwortung von Geschäftseinheiten eines Organisations-Clusters liegen. ▪ Eine Menge von Geschäftsobjekten, die mehrfach in dieser Zusammenstellung in der IS-Bebauung auftreten, d. h. entweder Informationssystemen zugeordnet sind oder über Schnittstellen ausgetauscht werden.
Datenmanagement	Umfasst das Planen, Gestalten, Überwachen und Steuern der Verwendung, Verteilung und Kommunikation von Informationen in Organisationen zur Erreichung strategischer Ziele. Das Datenmanagement adressiert hierbei alle organisatorischen, methodischen, konzeptionellen, technischen Maßnahmen und Verfahren, die auf einen nachhaltigen Unternehmenserfolg abzielen.

	Hierzu sind ▪ die richtigen Daten zum richtigen Zeitpunkt für die Geschäftsprozesse bereitzustellen, ▪ die optimale Nutzung der Daten zu gewährleisten und ▪ eine angemessene Datenqualität und Informationssicherheit sicherzustellen. Für einen nachhaltigen Unternehmenserfolg ist eine möglichst positive „Customer Experience", die Summe der Erfahrungen eines Kunden mit dem Unternehmen, immanent wichtig. Zufriedene Kunden führen zu einer größeren Verbreitung der Produkte und Dienstleistungen des Unternehmens und sind erfolgsentscheidend, um dauerhaft als Marke und Unternehmen erfolgreich zu sein.
Data Profiling	Die statistische Analyse und Bewertung der Datenqualität eines Datensatzes. Es ist auch als Daten-Archäologie bekannt.
Data Scientist	Gibt Antworten auf die analytischen Fragestellungen durch Auswertung der zur Verfügung stehenden Daten im Data Lake unter Nutzung von Data-Science-Methoden.
Data Steward	Der Kümmerer der Datenqualität.
Datenschutz	Der Schutz personenbezogener Daten bei deren Erhebung, Verarbeitung und Nutzung.
Deep Learning	Nutzt neuronale Netze für Prognosen und Entscheidungsunterstützung für z. B. Gesichts-, Sprach- und Objekterkennung. Auf Basis vorhandener Informationen und des neuronalen Netzes kann das System das Erlernte immer wieder mit neuen Inhalten verknüpfen und so seine Lerntiefe erhöhen. Die Maschine ist in der Lage, Prognosen oder Entscheidungen zu treffen und diese zu hinterfragen.
Definition-of-Done (DoD)	Mit dem Umsetzungsverantwortlichen getroffene Vereinbarung zu Kriterien, die erfüllt werden müssen, damit eine Geschäftsanforderung als vollständig und korrekt umgesetzt gilt. Die DoD ist häufig in Form einer Checkliste gehalten. Beispiele für Bestandteile einer DoD sind „Implementierung inklusive Unit-Tests ist im Versionierungssystem eingespielt", „Code-Review wurde durchgeführt", „Benutzerdokumentation ist angepasst" oder „Integrationstest ist erfolgreich abgeschlossen". Die DoD kann je Detaillierungsebene von Geschäftsanforderungen spezifisch ausgeprägt sein.
Demand Management	Die Schnittstellenfunktion zwischen Business und IT für das Management der strategischen und operativen Geschäftsanforderungen. Es geht darum, im Zusammenspiel zwischen Business und IT die Geschäftsanforderungen möglichst angemessen, kostengünstig und trotzdem tragfähig und zeitgerecht in den Geschäftsprozessen und durch IT umzusetzen.

DevOps	DevOps ist ein zusammengesetztes Wort aus „Development", der Anwendungsentwicklung, und „Operation", dem IT-Betrieb. DevOps ist ein Ansatzpunkt zur Verbesserung der Zusammenarbeit zwischen Anwendungsentwicklung und IT-Betrieb durch gemeinsame Anreize, Prinzipien, Prozesse und Werkzeuge. Hierbei soll sowohl die Qualität der Produkte als auch die Geschwindigkeit und Zuverlässigkeit der Inbetriebnahme verbessert werden. Time-to-Market und Releasezyklen sollen verkürzt und der Aufwand und die Kosten für die Inbetriebnahme und den Betrieb sollen reduziert werden. Betriebsstörungen sollen schnell beseitigt werden.
Dienstleistungs- und Produktportfolio	Die Gesamtheit aller IT-Dienstleistungen und IT-Produkte in einem Unternehmen, die für die IT-Kunden bereitgestellt werden. *Beispiel:* Applikationsbetrieb oder aber Infrastrukturbereitstellung oder aber Unterstützungsleistungen für die Geschäftsprozessmodellierung.
Digitaler Schatten (digitaler Twin)	Ein virtuelles Abbild von z. B. einer Anlage. Realer und digitaler Zwilling tauschen Statusdaten aus, die Sensoren permanent erfassen. Unternehmen können so Produktfehler in der Entwicklungsphase früher erkennen, nach Belieben testen, modifizieren und optimieren sowie ihre Anlagen und Bauteile selbst nach der Auslieferung kontrollieren. Das Digital-Twin-Konzept erlaubt Effizienzgewinne innerhalb der gesamten Produktionskette. Der kontinuierliche Fluss von Frühwarn-, Vorhersage- und Verhaltensdaten ermöglicht die fortlaufende Verfeinerung der Algorithmen, die hinter den Prozessen und Produkten stehen, und damit nicht zuletzt eine bessere Ausführungsplanung und längere Asset-Lebensdauer.
Digital Leadership	Digital Leadership umfasst alle Aufgaben und Werkzeuge für eine erfolgreiche Führung der digitalen Transformation.
Digitalisierung	Bezeichnet den Wandel zu neuartigen, häufig disruptiven Geschäftsmodellen mittels Informations- und Kommunikationstechnik. Analoge Daten werden in digitale umgewandelt, Geschäftsprozesse flexibilisiert und automatisiert und Technik, Informationen, Dinge und Menschen vernetzt. Der Kunde und dessen Bedürfnisse stehen im Mittelpunkt. Durch Effizienz muss der Freiraum für Innovation geschaffen werden.
Disruption	Steht für den Umbruch, in dem traditionelle Geschäftsmodelle durch innovative Geschäftsmodelle abgelöst oder verdrängt werden.
Disziplin	Befasst sich mit der Behandlung gewisser Stoffgebiete oder Teilbereiche. Es umfasst sowohl inhaltliche als auch organisatorische Aspekte. Beispiele für Disziplinen sind das Enterprise Architecture Management oder das Demand Management.

Domäne	Strukturierung nach festgelegten Kriterien. So kann z. B. die Bebauung nach IS-Domänen oder fachlichen Domänen strukturiert werden. Bündelt kohärentes Wissen und Vorgehensweisen. Domänen sind organisationsinvariant und strukturieren das Geschäft nach festgelegten Kriterien. So kann z. B. die IS-Bebauung nach organisatorischen Bereichen aufgeteilt werden.
Due Diligence	Ein amerikanischer Rechtsbegriff, der jedoch im deutschsprachigen Raum eine weitere Bedeutung erhalten hat. Es wird im Allgemeinen darunter die sorgfältige Analyse, Prüfung und Bewertung eines Objekts im Rahmen z. B. einer Akquisition verstanden. Im IT-Umfeld umfasst dies in der Regel die Bestandsaufnahme und die Bewertung des Produkt- und Dienstleistungsspektrums, der IT-Landschaft sowie der Prozesse.
EAM-Board	Im EAM-Board werden inhaltliche Empfehlungen über die Weiterentwicklung der IT-Landschaft und Geschäftsarchitektur sowie der EAM-Methode und -Werkzeugunterstützung verabschiedet. Es werden Planungsprämissen für die Bebauungsplanung vorgegeben, Planungsvarianten bewertet und Rahmenvorgaben für die Soll-Bebauung und Roadmap zur Umsetzung gegeben. Dies ist ein wichtiger Input für die IT-Strategieentwicklung, für Investitionsentscheidungen und das Projektportfoliomanagement.
EAM Framework	Im EAM Framework werden die für EAM relevanten Stakeholder, deren Ziele und Fragestellungen sowie die für die Beantwortung der Fragestellungen erforderlichen fachlichen und technischen Strukturen sowie Visualisierungen, Listen und Steuerungssichten beschrieben.
End-to-end	Erstreckt sich vom Kundenbedürfnis über alle Stationen bis zur Befriedigung des Kundenbedürfnisses. Häufig sind hierzu auch externe Partner zu involvieren.
Enterprise Architecture Framework	Unterstützt die Erstellung und Pflege der Unternehmensarchitektur. Sie stellt eine Grundlage dar, aus der sich eine konkrete Unternehmensarchitektur ableiten lässt. Je nach Framework liegt der Schwerpunkt auf der Strukturierung oder der Entwicklung der Unternehmensarchitektur.
Enterprise Architecture Management (EAM)	Ein systematischer und ganzheitlicher Ansatz für das Verstehen, Kommunizieren, Gestalten und Planen der fachlichen und technischen Strukturen im Unternehmen. Es hilft dabei, die Komplexität der IT-Landschaft zu beherrschen und die IT-Landschaft strategisch und businessorientiert weiterzuentwickeln. EAM ist ein wesentlicher Bestandteil des IT-Managements und beinhaltet alle Prozesse für die Dokumentation, Analyse, Qualitätssicherung, Planung und Steuerung der Weiterentwicklung der IT-Landschaft und der Geschäftsarchitektur.
Ergebnistyp	Eine grafische oder tabellarische Darstellung, um Daten auszuwerten und Informationen darzustellen.

Erweiterte Daten	Unternehmensspezifische Daten, die den Bebauungselementen als Zusatzinformation hinzugefügt werden. Beispiele hierfür sind die Größe eines Informationssystems in „Lines-of-Code" oder Herstellerinformationen zu einem Informationssystem.
Erweiterte Prozesslandkarte	Stellt die Teilgeschäftsprozesse des Unternehmens mit ihren wesentlichen Schnittstellen end-to-end dar. *Synonym:* Swimlane-Diagramm
Fachliche Bebauung	Beschreibt die wesentlichen fachlichen Einheiten eines Unternehmens, die maßgeblich das „Geschäft" bestimmen. Die wesentlichen Elemente der fachlichen Bebauung sind Geschäftsprozesse, fachliche Funktionen, Produkte, Geschäftseinheiten und Geschäftsobjekte sowie Vertriebskanäle und Geschäftspartner.
Fachlicher Bezugsrahmen	Gibt fachliche Strukturen als Anknüpfungs- und Orientierungspunkte für die IT-Bebauung vor. Der Bezugsrahmen wird häufig als fachliche Cluster-Grafik oder in Form der Achsen einer Bebauungsplangrafik (z. B. Soll-Geschäftsprozesse) dargestellt.
Fachliche Domäne	Fachliche Einteilungen, die typischerweise die fachliche oder Informationssystembebauung strukturieren.
Fachliches Domänenmodell	Beschreibt die Geschäftsarchitektur eines Unternehmens im Überblick. Durch fachliche Domänen wird eine übergeordnete fachliche Strukturierung vorgegeben. Als fachliche Domänen werden häufig grobgranulare Geschäftsprozesse, fachliche Funktionen, Produkte, Geschäftsobjekte und/oder Geschäftseinheiten genutzt. Die wesentlichen aktuellen oder zukünftigen fachlichen Bebauungselemente, wie z. B. Geschäftsprozesse oder fachliche Funktionen, werden in die fachlichen Domänen einsortiert. Das Ergebnis ist dann ein fachliches Domänenmodell. Ein fachliches Domänenmodell gibt damit eine gemeinsame Sprache vor und schafft Bezugspunkte für die Verknüpfung mit den IT-Strukturen. Es bestimmt den Rahmen für die Weiterentwicklung in Business und IT.
Fachliche Funktion	Eine in sich abgeschlossene und zusammenhängende fachliche Funktionalität, wie z. B. „Kundenkontakt-Management". Mithilfe der fachlichen Funktionen wird das fachliche Leistungsvermögen des Unternehmens („Business Capabilities") beschrieben. Fachliche Funktionen sind unabhängig von der Umsetzung in Geschäftsprozessen. *Synonym:* Business Capability
Fachliches Klassenmodell	Stellt die wesentlichen Entitäten und deren Beziehungen sowie Geschäftsregeln dar.
Fachliches Komponentenmodell	Gliedert die einzelnen IT-technisch umgesetzten oder umzusetzenden Funktionen in fachliche Cluster, die Komponenten.

Fachliche Nähe	Fachliche Nähe, z. B. zu einem Prozesscluster, besteht dann, wenn das Objekt eine große Zahl oder ausschließlich die Geschäftsprozesse des Prozess-Clusters unterstützt (analog für die anderen fachlichen Bebauungselemente).
Fachliche Projekt- und Iterationsplanung	Die im Rahmen der Projektportfolio- und Roadmap-Planung festgelegten Initiativen werden im Detail in der Granularität von Realisierungsanforderungen geplant.
Fachliche Projektportfolio- und Roadmap-Planung	In dieser taktischen Planungsebene werden das Projektportfolio und die Roadmap zur Umsetzung für alle Produkte geplant und entsprechend der sich ändernden Anforderungen und Rahmenbedingungen angepasst. Dies ist die Königsdisziplin im Demand Management, da es hier darauf ankommt, mit einem angemessenen Aufwand sicherzustellen, dass die richtigen Dinge getan werden. Dies ist alles andere als einfach, da es die Beherrschung des Anforderungschaos voraussetzt und aufbauend darauf die taktische Planung systematisch durchgeführt werden muss. Hierzu müssen mit vertretbarem Aufwand die relevanten Themenbereiche und Features identifiziert und abgestimmt werden. Die strategischen Geschäftsanforderungen werden weiter heruntergebrochen und aus den gesammelten Realisierungsanforderungen und Pains werden über eine Bottom-up-Konsolidierung Themenbereiche, Features und in einigen Fällen sogar Teil-Features identifiziert. Diese werden zu taktischen Umsetzungspaketen gebündelt, analysiert und bewertet. Hierauf setzt dann die eigentliche taktische Umsetzungsplanung auf. Ergebnis sind Projektanträge, das aus fachlicher Sicht sinnvolle Projektportfolio und/oder (Produkt-) Roadmaps für die Umsetzung der taktischen Umsetzungspakete. Die Projektanträge werden ins Projektportfoliomanagement und die Produkt-Roadmaps ins Produktmanagement eingesteuert.
Fachliches Referenzmodell	Gibt für ein Unternehmen oder eine Klasse von Unternehmen – z. B. eine Branche – eine Empfehlung für die fachliche Strukturierung vor. Auf dieser Basis erfolgen die Dokumentation und Gestaltung der unternehmensspezifischen Geschäftsarchitektur. Fachliche Referenzmodelle helfen dabei, das eigene Verständnis über Strukturen und Zusammenhänge zu schärfen. Beispiele sind VAA [Ges01] im Versicherungsumfeld oder eTOM in der Telekommunikation (siehe [Ber03-1] oder [Joh11]). Standardreferenzmodelle lassen sich selten unverändert auf die Gegebenheiten eines konkreten Unternehmens übertragen. Sie werden für die Anwendung im Unternehmen entsprechend der spezifischen Geschäftsanforderungen und Randbedingungen angepasst. Ergebnis ist das unternehmensspezifische fachliche Domänenmodell.

Feature	Funktionale oder nichtfunktionale Eigenschaften (fachliche Funktionen) eines oder mehrerer Systeme oder Produkte, die für den Anwender einen unmittelbaren Wert darstellen. Sie werden vom Anwender als eine in sich geschlossene Einheit (ein sinnvolles Ganzes) wahrgenommen. Bei (Software-)Produkten wird häufig bei der Bestimmung der Features hinterfragt, ob dieses Feature für den Käufer kaufentscheidend ist. Ein Feature wird über ein Projekt oder eine Wartungsmaßnahme in einem Release in einem oder mehreren miteinander verbundenen IT-Systemen umgesetzt. Für die Priorisierung und Umsetzungsplanung werden Features häufig in Teil-Features zerlegt, wenn ein Feature nicht in einer Iteration umgesetzt werden kann. Beispiele für Features für den Themenbereich „Geschäftspartnermanagement" sind „Geschäftspartner-Stammdatenverwaltung", „Geschäftspartnersegmentierung" und „Marketingaktionsschnittstelle". Teil-Features der „Geschäftspartner-Stammdatenverwaltung" sind „Geschäftspartner-Stammdatenpflege", „Beziehungsgeflechtpflege" und „Kündigungsbearbeitung".
Fertigungstiefe	Anteil der vom Unternehmen selbst durchgeführten Prozesse. Häufig konzentrieren sich die Unternehmen zunehmend auf ihre Kernkompetenzen zur Erhöhung der Wertschöpfung des Unternehmens.
FinTech	Sammelbegriff für die Digitalisierung im Finanzdienstleistungssektor. Über moderne Technologien und innovative Lösungen werden die Prozesse z. B. zum Bezahlen, Absichern, Anlegen, Finanzieren und Beraten optimiert und soweit möglich standardisiert und automatisiert. FinTech-Unternehmen stehen entweder im Wettbewerb zu oder kooperieren mit klassischen Finanzdienstleistern. Kooperationen werden häufig abgeschlossen, um die Digitalisierung schneller voranzutreiben, was in „verkrusteten Strukturen" häufig nur schwer möglich ist. FinTech-Unternehmen im Versicherungsbereich werden InsurTech und Unternehmen aus dem Immobilienbereich PropTech genannt.
Flexibilität	Schnelle Anpassung der IT-Systeme an veränderte Geschäftsanforderungen und Rahmenbedingungen (Agilität).
Führendes System	Informationssystem für ein Geschäftsobjekt oder Informationsobjekt, das der Master für das Geschäftsobjekt bzw. Informationsobjekt ist. Vom führenden Informationssystem können andere Informationssysteme das Geschäftsobjekt beziehen. Das führende Informationssystem muss eine ausreichende Datenqualität sicherstellen.
Führungsprozesse	Geschäftsprozesse für die Planung, Steuerung und das Controlling der Leistungserbringung.

Funktionales Referenzmodell	Eine Ausprägung eines fachlichen Domänenmodells. In einem funktionalen Referenzmodell werden die fachlichen Funktionen, die Fähigkeiten (Capabilities) des Unternehmens, dokumentiert. *Synonym:* Business Capability Map
Funktions-Cluster	Eine Menge von fachlichen Funktionen, die fachlich eng zusammengehören. Kandidaten für Funktions-Cluster liegen vor, wenn eine der folgenden Bedingungen erfüllt ist: ▪ Eine Menge von fachlichen Funktionen, die mehrfach in dieser Zusammenstellung einem Geschäftsprozess oder einem Produkt zugeordnet sind. ▪ Eine Menge von fachlichen Funktionen, die mehrfach in dieser Zusammenstellung einer Geschäftseinheit zugeordnet sind oder deren Mehrzahl in Verantwortung von Geschäftseinheiten eines Organisations-Clusters liegen. ▪ Eine Menge von fachlichen Funktionen, die mehrfach in dieser Zusammenstellung von einem Informationssystem unterstützt werden. ▪ Eine Menge von fachlichen Funktionen, die die gleichen Business-Ziele umsetzen.
Geschäftsanforderung	Eine überprüfbare Aussage über eine Eigenschaft oder Leistung, die ein Produkt, ein Prozess, ein am Prozess Beteiligter oder ein IT-System erfüllen muss. Jede Geschäftsanforderung erfüllt das Bedürfnis eines bestehenden oder potenziellen Kunden oder das anderer Stakeholder. Geschäftsanforderungen leiten sich aus der Unternehmens- oder IT-Strategie ab oder resultieren aus Veränderungsanforderungen aus dem operativen Geschäftsbetrieb oder von externen Randbedingungen, wie z. B. gesetzlichen Anforderungen. Sie beschreiben das Ergebnis der Veränderung nach der Umsetzung. Die Veränderungen können organisatorischer, prozessualer oder technischer Natur sein. Beschreibt das, was ein Anforderungssteller zur Lösung seines Problems oder zur Erreichung seines Ziels benötigt oder was ein System oder eine Systemkomponente erfüllen muss, um Vorgaben zu genügen (siehe IEEE 1990 [IEE90]).
Geschäftsarchitektur	Beschreibt die wesentlichen fachlichen Einheiten eines Unternehmens, die maßgeblich das Geschäft bestimmen. Die wesentlichen Elemente sind Geschäftsprozesse, fachliche Funktionen, Produkte, Geschäftseinheiten und Geschäftsobjekte sowie Vertriebskanäle und Geschäftspartner. Mittels fachlicher Einteilungen, fachliche Domänen genannt, kann die fachliche Bebauung strukturiert werden.
Geschäftseinheit	Logische oder strukturelle Einheiten des Unternehmens, wie z. B. Bereiche und Werke des Unternehmens, oder logische Nutzergruppen, wie z. B. „Außendienst“ und „Innendienst“.

Geschäftsmodell	Beschreibt die Geschäftsinhalte und deren Differenzierung gegenüber dem Wettbewerb gesamthaft für das Unternehmen oder aber für eine Geschäftseinheit. Das Geschäftsmodell ist der Kern der Unternehmensstrategie. Es bestimmt das Was und das Wie. Im Geschäftsmodell werden zur Konkretisierung der Ziele im Wesentlichen die Dimensionen Produkte, Kunden und Ressourcen festgelegt.
Geschäftsobjekt	Ein abgestimmter, fachlicher Begriff für abstrakte oder konkrete Objekte, die in engem Zusammenhang mit der Geschäftstätigkeit des Unternehmens stehen. Geschäftsobjekte können in einer Beziehung zueinander stehen und werden von Geschäftsprozessen verwendet. Beispiele für Geschäftsobjekte sind Kunde, Produkt oder Auftrag. Die konkreten Daten eines Informationssystems, auch Informationsobjekte genannt, können sich logisch auf ein Geschäftsobjekt beziehen. So kann z. B. ein Informationssystem Master für die Kundennummern und Kundennamen sein und diese mit anderen Informationssystemen austauschen.
Geschäftspartner	Jemand, an dem ein Unternehmen ein geschäftliches Interesse hat. Es ist ein übergeordneter Begriff für Kunden, Lieferanten und Partner des Unternehmens. Häufig werden auch Gruppen von Geschäftspartnern unterschieden. Ein Beispiel sind die Kundengruppen „Privatkunden", „Firmenkunden" und „Institutionen".
Geschäftsprozess	Geschäftsprozesse bestehen aus einer Abfolge von zielgerichteten Aktivitäten zur Umsetzung des Geschäftsmodells des Unternehmens. Geschäftsprozesse leisten einen unmittelbaren Beitrag zur Wertschöpfung oder unterstützen andere wertschöpfende Geschäftsprozesse. Geschäftsprozesse haben einen definierten Anfang und ein definiertes Ende mit einem klar festgelegten Ergebnis. In der Regel werden Geschäftsprozesse mehrfach durchgeführt.
Geschäftsregel	Spezifische Richtlinien, die das Geschäftsverhalten beeinflussen oder leiten, sind ein Mittel, um die Umsetzung der Unternehmensstrategie und die aktuellen Geschäftsanforderungen zu kontrollieren und durchzusetzen.
Geschäftsrelevante IT-Produkte	Entstehen durch die Bündelung von einzelnen IT-Leistungen und -Produkten zu Leistungsangeboten, die für das Business als Paket in einem gewissen Geschäftskontext sinnvoll einsetzbar sind. Beispiel: Bereitstellung eines Pakets für Außendienstler, das sowohl die Softwarepakete als auch die Anbindung und die Hardware beinhaltet.
Geschäftstreiber	Die kritischen Erfolgsfaktoren, die ausschlaggebend für das Erreichen der Ziele und des Erfolgs eines Unternehmens sind. *Beispiel:* Kriterien für eine Kaufentscheidung eines Kunden wie Preis oder Beschaffenheit eines Produkts.

Gesundheitszustand	Kann sowohl fachlich als auch technisch betrachtet werden. Der fachliche Gesundheitszustand beschreibt den Grad bzw. die Qualität der Abdeckung von Geschäftsanforderungen. Der technische Gesundheitszustand ist bestimmt durch technische Qualitätsanforderungen. Diese entscheiden maßgeblich darüber, ob z. B. ein System wirtschaftlich sinnvoll und planbar an neue Geschäftsanforderungen angepasst und anschließend gewartet werden kann. Stimmt die Architektur nicht oder verhindert ein schlechtes Design die Weiterentwicklung, so sind sowohl das zugrunde liegende System selbst als auch die Lieferantenbeziehung gefährdet.
Governance	Grundsätze, Verfahren und Maßnahmen, die sicherstellen, dass die Geschäftsziele erreicht, Ressourcen verantwortungsvoll eingesetzt und Risiken angemessen überwacht werden (angelehnt an [Mey03]).
Granularität	Ein Maß für die Feinkörnigkeit (Detailgrad) des Betrachtungsgegenstands. In der Regel wird zwischen grobgranular und feingranular unterschieden.
Gremium	Bezeichnet die Zusammenarbeit von Personen in einer Gruppe (Ausschuss, Kollegium), die sich zum Zweck der Beratung über einen speziellen Themenkomplex bzw. der Beschlussfassung über diesen Themenbereich über einen längeren Zeitraum hinweg bildet (siehe www.wikipedia.org).
Handlungsbedarf	Definiert die Notwendigkeit, Veränderungen im Business oder in der IT vorzunehmen.
Incident Management	Ausgefallener Service ist so schnell wie möglich wieder bereitzustellen. Hierbei ist die Beseitigung der Ursache zweitrangig, auch eine Störungsvermeidung zählt als Beseitigung der Störung (Störungsmanagement).
Indikator	Zeigt zahlenmäßig oder grafisch auf, was in Betracht gezogen wird, um die geplante Zielerreichung zu überprüfen oder zu messen. Ein Indikator stellt somit eine möglichst genau zu formulierende Messgröße dar, die zu einem bestimmten Berichtszeitpunkt eine Aussage über die geplante oder tatsächliche Ausprägung eines Steuerungsobjekts macht (siehe [KüM07]).
Industrie 4.0	Steht für eine schnellere, effizientere und flexiblere Fabrik von morgen. Die ganze Wertschöpfungskette und der komplette Produkt-Lifecycle wird mithilfe einer sich weitestgehend selbstorganisierenden Produktion optimiert. Technische Grundlage hierfür bilden intelligente und vernetzte Systeme. Maschinen, Anlagen, Produkte und Menschen kommunizieren und kooperieren direkt miteinander.
Informationsbebauung	Umfasst die Beschreibung der unternehmensweit abgestimmten Begriffe (Geschäftsobjekte) und der IS-spezifischen Informationsobjekte sowie deren Zuordnung untereinander und ihre Verwendung in der fachlichen und Informationssystembebauung.

Informations-flussgrafik	Dient zum Aufzeigen von Abhängigkeiten und Zusammenhängen zwischen Informationssystemen und deren fachlich logischem Informationsfluss.
Informations-management	Beinhaltet die systematische, methodengestützte Planung und Steuerung der betrieblichen Informationsversorgung. Die Wertschöpfung aller Unternehmensbereiche hängt in erheblichem Umfang von der Qualität der Daten ab.
Informationsobjekt	IS-spezifischer Begriff. Informationsobjekte werden von Informationssystemen auf unterschiedliche Art (z. B. CRUD) genutzt und über Schnittstellen transportiert. Sie stehen in Relation zu Geschäftsobjekten, die die fachlich übergreifend abgestimmten Begriffe repräsentieren.
Informations-sicherheit	Adressiert die Schutzziele, wie z. B. Vertraulichkeit, Verfügbarkeit und Integrität. Diese gilt es über ein Informationssicherheitsmanagementsystem (kurz ISMS) sicherzustellen, sodass alle Verfahren und Prozesse im Kontext Informationssicherheit abgesichert werden und fristgerecht alle Vorschriften und Gesetzanforderungen für alle einzuhaltenden Normen, wie IT-Grundschutz, ISO 27001 & ISO 27002:2005, ISO 27001 und ISO 27002:2013 erfüllt werden.
Informationssystem	Eine logische Zusammenfassung von Funktionalitäten, die der Anwender als technische oder fachliche Einheit begreift (siehe [Sie02]). Es unterstützt im Allgemeinen zusammengehörige fachliche Funktionen, die sich logisch und technisch abgrenzen lassen. *Synonyme:* Applikation oder Anwendung
Informations-systembebauung (kurz: IS-Bebauung)	Dokumentiert die IS-Landschaft des Unternehmens, d. h. die Informationssysteme und ihre Schnittstellen inkl. deren Informationsfluss. Die IS-Bebauung kann durch fachliche oder technische Domänen oder andere Kriterien, auch Bebauungscluster genannt, strukturiert werden.
Infrastruktur-bebauung	Dokumentiert auf einer groben Granularität die Betriebsinfrastrukturelemente des Unternehmens.
Infrastruktur-elemente	Über Infrastrukturelemente werden die logischen HW- und NW-Einheiten, auf denen Informationssysteme betrieben werden, abgebildet. Die Infrastrukturelemente werden im Allgemeinen im Enterprise Architecture Management auf grober logischer Ebene erfasst.
Infrastruktur-Service	Betriebsinfrastrukturplattformen können Infrastruktur-Services anbieten und Infrastruktur-Services von anderen nutzen. Die Services (Leistungen) werden in einem standardisierten Service-Katalog mit deren SLAs und gegebenenfalls auch Preisen beschrieben, um sie am Markt (interner oder externer Kunde) anzubieten. Die Leistungen können bezüglich funktionaler und dann im Anschluss bezüglich SLA-Aspekte zu aussagekräftigen und verrechenbaren Leistungen verfeinert werden. Die Differenzierung erlaubt eine gezielte Kostensteuerung.

Infrastruktursysteme	Stellen im Allgemeinen Dienste bereit, die von anderen Infrastruktursystemen oder Informationssystemen genutzt werden können. Im Unterschied zu Informationssystemen stellen sie in der Regel keine Business-Unterstützung bereit, z. B. implementieren sie keine fachlichen Funktionen. Infrastruktursysteme sind daher typischerweise auch nicht in einer IS-Bebauung enthalten. Ein Beispiel hierfür ist eine Portalinfrastruktur.
Inkonsistenz	Bezeichnet einen Zustand, in dem zwei Dinge, die beide als gültig angesehen werden, nicht miteinander vereinbar sind. Inkonsistenzen verursachen in der Regel hohe Aufwände für die Konsolidierung. Inkonsistente Daten können zu wirtschaftlichen oder Imageschäden führen, wenn z. B. falsche Preisdaten in Kundenaufträgen errechnet werden (siehe www.wikipedia.org).
Inkrement	Ein Ergebnis nach einer oder mehreren Iterationen. Im agilen Kontext wird es häufig gleichgesetzt mit einem Stück fertiger, lauffähiger Software entsprechend der Definition von „Done".
Innovations-Enabling	Die digitale Fähigkeit, Kreativität der Mitarbeiter zu entfesseln. Wichtig sind hier u. a., Freiraum für Querdenken und unbewertete Ideenfindung zu schaffen.
Innovationsmanagement	Die systematische Planung, Steuerung und Kontrolle von Innovationen in Organisationen (siehe www.wikipedia.org).
Insourcing	Die Eigenerstellung von bisher extern eingekauften Produkten bzw. Leistungen. Es erfolgt eine Ausweitung der Wertschöpfungskette auf die bisher extern eingekauften Leistungen, um Kosten zu senken und neue Geschäftsfelder wahrnehmen zu können.
Integrationsarchitektur	Eine Integrationsarchitektur liefert unternehmensspezifische Vorgaben für die serviceorientierte Umsetzung von Geschäftsanforderungen. Hierzu zählen Technologie-, Softwarearchitektur- und Infrastrukturaspekte für Entwicklung, Betrieb und Governance der involvierten Einzelsysteme und deren Zusammenspiel (end-to-end). Beispiele hierfür sind Architekturvorgaben für die lose Kopplung von Komponenten über einen ESB (Enterprise Service Bus) oder aber die Herauslösung der Geschäftsregeln und Ablaufsteuerung aus dem Programmcode und die Hinterlegung dieser in einer Rules Engine und einem BPMS (Business Process Management System).
Investitionsplanung	Der Prozess der Erstellung des Investitionsprogramms bei Neugründungen und dessen Anpassung, in der Regel jährlich im Rahmen der Unternehmensstrategieentwicklung und Business-Planung. Um den Ressourceneinsatz (insbesondere das finanzielle Budget) zu optimieren, sind eine Priorisierung sowie eine aktive Steuerung und Überwachung der Budgets erforderlich. Mithilfe einer Business Capability Map können Entscheidungen nachvollziehbar begründet und damit abgesichert werden.

Investitionsthema	Investitionsthemen beschreiben Maßnahmen zur Umsetzung der Ziele eines Unternehmens oder einer Geschäftseinheit. Sie werden im Rahmen der Budgetierung ermittelt, bewertet und mit Budget versehen. Die Budgetzuordnung erfolgt in der Regel für eine Planungsperiode (z. B. ein Jahr) und kann im Rahmen einer rollierenden Planung z. B. je Quartal angepasst werden. Investitionsthemen werden häufig durch Schlagworte benannt, wie z. B. „Einführung CRM (Customer Relationship Management)" oder „Partnerintegration des Unternehmens Energy Verde". Investitionsthemen werden durch die Untergliederung in Themenbereiche konkretisiert.
IS-Cluster	Eine Menge von fachlich eng zusammengehörigen Informationssystemen. Informationssysteme sind unter anderem dann fachlich zusammenhängend, wenn sie z. B. gemeinsame Daten nutzen, die gleichen Geschäftsprozesse unterstützen oder in Verantwortung von einer gemeinsamen Geschäftseinheit liegen. Hieraus können Optimierungsmöglichkeiten für z. B. die enge Kopplung oder das Zusammenlegen von Informationssystemen abgeleitet werden.
IS-Domäne	Fasst anhand eines oder mehrerer Kriterien verschiedene Informationssysteme zusammen. IS-Domänen werden häufig verwendet, um einerseits die IS-Landschaft und andererseits die Verantwortlichkeiten für die Bebauungsplanung aufzuteilen.
IS-Kategorie	Bezeichnet einen Typ von Informationssystemen wie z. B. OLTP- oder OLAP-Informationssysteme.
IS-Landschaft	Die Gesamtheit aller betrieblichen Informationssysteme in einem Unternehmen. Die IS-Landschaft besteht im Wesentlichen aus den Informationssystemen, deren Daten und Schnittstellen. *Synonyme:* Anwendungs- oder Applikationslandschaft
Ist-Bebauung	Beschreibt den aktuell produktiven Stand der Bebauung, z. B. alle Geschäftsprozesse, die aktuell so ausgeführt sind, oder alle Informationssysteme, die aktuell produktiv genutzt werden.
Ist-Zustand	Der Ist-Zustand gibt den aktuell gültigen Stand von Daten und Informationen wieder.
IT-Architektur	Die statischen und dynamischen Aspekte, die die (Grund-)Struktur eines Systems definieren. Eine IT-Architektur besteht aus verschiedenen Sichten: *Konzeptionelle Sicht:* Kontext, Kerninhalte und Zusammenspiel mit dem Umfeld. *Logische Sicht:* logische, fachliche und technische Komponenten und deren Zusammenspiel. *Technische Sicht:* Implementierungseinheiten, z. B. Codestruktur und Abbildung von Implementierungseinheiten auf die logischen Komponenten und auf die Deployment-Einheiten.

	Infrastruktursicht: Abbildung der Deployment-Einheiten auf die Betriebsinfrastruktur sowie Betriebssicht (Sicherstellung der betriebsrelevanten Anforderungen).
IT-Bebauungsmanagement	Eine Metapher aus der Stadt- und Landschaftsplanung. Das IT-Bebauungsmanagement schafft Transparenz über die IT-Landschaft und stellt die Verknüpfung zwischen Business- und IT-Strukturen (die „Brücke" zwischen Business und IT) her. Mithilfe einer Unternehmensarchitektur werden die verstreuten Informationen aus dem Business und der IT, wie z. B. Geschäftsprozesse und Informationssysteme, verknüpft und ein Gesamtblick auf die IT im Unternehmen geschaffen. Abhängigkeiten und Auswirkungen von fachlichen und IT-Änderungen werden transparent. Es wird Transparenz sowohl über den Ist-Zustand als auch über den Zielzustand sowie die Umsetzungsplanung hergestellt.
IT-Board	Ist für die übergreifende Planung und Steuerung der IT verantwortlich und verabschiedet die IT-Strategie sowie die IT-Kosten- und Investitionsplanung. Das IT-Board setzt sich im Allgemeinen aus Vertretern der Unternehmensführung und dem CIO sowie dem Management der Geschäftseinheiten zusammen. Die Unternehmensführung gibt z. B. über Budgets Randbedingungen für die IT-Investitionen vor.
IT-Commodity	*siehe* Commodity
IT-Dienstleistungs- und Produktportfolio	Die Gesamtheit aller IT-Dienstleistungen und IT-Produkte in einem Unternehmen, die für die IT-Kunden bereitgestellt werden. Beispiel: Applikationsbetrieb oder aber Infrastrukturbereitstellung oder aber Unterstützungsleistungen für die Geschäftsprozessmodellierung.
IT-Funktionalität	Eine durch ein Informationssystem bereitgestellte fachliche Funktion.
IT-Governance	Grundsätze, Verfahren und Maßnahmen, die sicherstellen, dass mithilfe der eingesetzten IT die Geschäftsziele abgedeckt, Ressourcen verantwortungsvoll eingesetzt und Risiken angemessen überwacht werden (siehe [Mey03]).
IT-Kaufprodukt	Unter IT-Produkten werden Software- und Hardware-Lösungen verstanden, die vom Markt als Produkt ohne unternehmensspezifische Anpassung bezogen werden. Hierzu zählen u. a. PCs, PC-Arbeitsplatzsoftware, wie z. B. Office- oder Kommunikationsplattformen und Server-Infrastruktur-Komponenten.
IT-Konsolidierung	Optimiert den Einsatz von Menschen, Prozessen und Technologie für einen effizienteren und/oder effektiveren Betrieb. Die Ziele von IT-Konsolidierung liegen in der Optimierung von IT-Ressourcen, um Kosten zu reduzieren, den Service-Level zu verbessern und die Flexibilität der Unternehmen zu erhöhen.

IT-Koordinatoren-Gremium	Ist für die übergreifende Planung und Steuerung der Umsetzung von Geschäftsanforderungen verantwortlich. Häufig gibt es sowohl unternehmensübergreifende als auch geschäftseinheitenweite Gremien. Die von den Fachbereichen eingebrachten Geschäftsanforderungen werden übergreifend entsprechend der Umsetzungspakete (Projekte, Wartungsbudgets) priorisiert und in die Umsetzung eingesteuert.
IT-Landschaft	Besteht aus der Gesamtheit aller IT-Systeme des Unternehmens, wie z. B. Informationssysteme, Daten, Schnittstellen, technische Bausteine und Betriebsinfrastrukturen.
IT-Leistungsverrechnung	Hier werden genau spezifizierte Produkte oder Leistungen zu vorab kalkulierten und periodenweise festgelegten Preisen an den Nutzer bzw. Kunden abgegeben (siehe [KüM07]).
IT-Management	Beinhaltet alle Planungs- und Steuerungsaufgaben im IT-Umfeld. Ziel ist die Steigerung des Wertbeitrags der IT zum Unternehmenserfolg und die Minimierung der mit der IT verbundenen Risiken und Kosten.
IT-Management-Instrumentarium	Beinhaltet alle IT-Managementfunktionen zur Planung und Steuerung der IT in ihrem Zusammenspiel. Dies schließt sowohl die Prozesse, Rollen und Verantwortlichkeiten, Gremien als auch die Werkzeugunterstützung der IT-Managementfunktionen mit ein. *Kurzform:* ITM-Instrumentarium
IT-Produkt	Soft- und/oder Hardwareelement, das als Ganzes als Eigenentwicklung oder Kaufsoftware erstellt, erworben oder lizenziert wurde.
IT-Projektportfolio	Das IT-Projektportfolio eines Unternehmens beinhaltet alle aktiven IT-Projekte des Unternehmens, von deren Genehmigung bis zu deren Beendigung.
IT-Revision	Prüft im unmittelbaren Auftrag der Unternehmensführung die IT-Organisationseinheiten sowie IT-Prozessabläufe hinsichtlich der Einhaltung von Vorgaben und Vorschriften. Prüfkriterien sind die Ordnungsmäßigkeit, Risiken, Sicherheit, Wirtschaftlichkeit, Zukunftssicherheit und Zweckmäßigkeit. Schwerpunkte der IT-Revision als Teil der internen Revision sind Prüfung der IT-Systeme und -Infrastrukturen, IT-Leistungserstellung und IT-gestützte Abläufe (siehe [KüM07]).
IT-Strategie	Leitet sich aus der Unternehmensstrategie ab. Sie gibt durch Planungsprämissen und strategische Vorgaben den formalen und verbindlichen Rahmen für die Weiterentwicklung der IT vor. Eine IT-Strategie wird regelmäßig überprüft und bei Bedarf angepasst. Eine erfolgversprechende IT-Strategie gibt als Teil der Unternehmensstrategie eine Vision und Leitplanken vor und verbindet das Vorhandene mit dem notwendigen Neuen. Sie beinhaltet viele Teilstrategien, wie z. B. die Infrastruktur-, Applikations-, Innovations-, Sourcing- und Investmentstrategie.

IT-Strategie-entwicklung	Der Prozess zur initialen Erstellung der IT-Strategie oder Anpassung der IT-Strategie in regelmäßigen Zeitabständen an veränderte Rahmenbedingungen.
IT-System	Alle technischen, informationsverarbeitenden Einheiten werden IT-Systeme genannt. IT-Systeme können sowohl Informationssysteme (z. B. SAP R/3), Datenbankmanagementsysteme (z. B. Oracle) ohne oder im Zusammenspiel mit Betriebssystemen (z. B. Unix) als auch Hardware-/NW-Komponenten sein.
Iteration	Die wiederholte Durchführung einer oder mehrerer Aktivitäten. Die Anzahl der Iterationen steht entweder vorher fest oder richtet sich nach dem Fortschritt oder der Erfüllung eines Abbruchkriteriums.
ITIL (Information Technology Infrastructure Library)	Eine herstellerunabhängige Sammlung von „Best Practices" für das IT-Servicemanagement. ITIL ist zum De-facto-Standard für das IT-Servicemanagement geworden.
JIT	Just-in-time-Produktion (kurz: JIT) ist eine Produktionsstrategie, bei der die Materialien erst dann geliefert werden, wenn sie tatsächlich für die Produktion gebraucht werden.
Kennzahl	Zahl, die zu einem bestimmten Berichtszeitpunkt eine Aussage über die geplante oder tatsächliche Ausprägung eines Merkmals eines Steuerungsobjekts macht. Die Merkmale selber können sich sowohl auf Zeitpunkte als auch auf Zeiträume beziehen. Eine Kennzahl nimmt unterschiedliche Werte an (siehe [KüM07]). Eine Kennzahl kann entweder eine absolute Zahl, wie z. B. Investitionssumme oder Projektlaufzeit, oder aber eine Zahl sein, die im Verhältnis zu anderen Informationen steht, wie z. B. Innovations- oder Fertigstellungsgrad. Im Rahmen der Planung wird für die Kennzahl ein Zielwert vorgegeben, z. B. Kostenreduktion um 30 %. Ggf. wird ein Schwellenwert festgelegt, der angibt, wann ein Eingreifen erforderlich ist.
Kennzahlensystem	Beinhaltet eine Menge von Kennzahlen, die in Abhängigkeit zueinander stehen können. Eines der bekanntesten Kennzahlensysteme ist die Balanced Scorecard. Ein Kennzahlensystem macht zu einem bestimmten Zeitpunkt eine qualitative Aussage über den geplanten oder tatsächlichen Zustand von vorab festgelegten Steuerungsobjekten (siehe [KüM07]).
Kerndaten	Daten, die die Bebauungselemente beschreiben, unter anderem die Namen von z. B. Geschäftsprozessen, Informationssystemen oder technischen Bausteinen.
Kerngeschäfts-objekt	Fachliche Gruppierungen (Zusammenfassungen) von Geschäftsobjekten. Häufig werden diese top-down aus Kernanforderungen und der Strategie abgeleitet. Auf der Basis der Kerngeschäftsobjekte (kurz KGO) und z. B. auch der Geschäftsobjekte erfolgen die Analyse, Planung und Steuerung der Informationsbebauung im Hinblick auf strategische, fachliche IT-Planung und Anforderungen Informationssicherheit/Datenschutz.

Kernkompetenz	Als Kernkompetenz bezeichnet man eine oder mehrere Fähigkeiten eines Unternehmens, durch die nachhaltig Wettbewerbsvorteile erreicht werden.
Kernprozesse	Geschäftsprozesse, die der Wertschöpfung im Rahmen der Erstellung von Produkten bzw. Erbringung von Dienstleistungen dienen.
Key Performance Indicator (KPI)	Der KPI bezeichnet Kennzahlen, anhand derer man den Fortschritt oder den Erfüllungsgrad hinsichtlich wichtiger Zielsetzungen oder kritischer Erfolgsfaktoren innerhalb einer Organisation messen und/oder ermitteln kann. KPIs verschaffen einen schnellen Überblick über den Status und signalisieren Handlungsbedarf. Sie bieten aber ohne eine Operationalisierung (Herunterbrechen auf fassbare Kennzahlen) keine ausreichende Grundlage für Entscheidungen (siehe [KüM07]).
Key-User	Wichtige Anwender von Informationssystemen.
Komponentisierung	Evolutionäres Zerschlagen von Applikationen in orthogonale IT-Funktionalitäten.
Laufzeitumgebung	Technische Infrastruktur, um ein Informationssystem auszuführen.
Lean Management	Ein Führungs- und Organisationskonzept zur schlanken, aber gleichzeitig effektiven und effizienten Gestaltung der Aufbau- und Ablauforganisation einer Geschäftseinheit oder eines Unternehmens. Operational und Strategic Excellence wird ohne Verschwendung in einem kontinuierlichen Verbesserungsprozess angestrebt. Bedeutsam ist dabei die Konzentration auf die für die Wertschöpfung wesentlichen Aktivitäten, diese optimal aufeinander abzustimmen und jegliche Form von Verschwendung und Blindleistung, wie z. B. überflüssige Prozesse, Prozessschritte oder organisatorische Einheiten sowie Formalien, zu vermeiden.
Legacy	Software wird als „Legacy“ bezeichnet, wenn sie in Wartung ist und nicht permanent an die neuen, unternehmensspezifischen technischen Standards angepasst wird. „Software systems become legacy systems when they begin to resist modification and evolution.“ ([Sea03])
Leitlinien	Konkrete und verbindliche Prämissen und Orientierungshilfen für IT-Entscheidungen.
Lieferantenmanagement	Umfasst die Entwicklung und Steuerung des Lieferantenportfolios in Abhängigkeit von der Kerneigenleistungsfähigkeit und Sourcing-Strategie. Es beinhaltet die Auswahl, die Bewertung und das Controlling des Lieferantenportfolios.
Lifecycle	Beschreibt die Zustände eines Objekts und deren Veränderung.
Lokation	Ein physischer Ort der Leistungserbringung. *Beispiele:* Werke, Standort oder Standortteil.
Lösungsidee	Teil einer Soll- oder Plan-Bebauung, der für einen IT-relevanten Aspekt eine mögliche Umsetzung der zugeordneten Business- bzw. IT-Anforderung beinhaltet.

M2M (Machine-to-Machine)	Über M2M (Machine-to-Machine) kommunizieren Geräte selbstständig ohne menschliches Einwirken miteinander. Beispiele sind die vollautomatische Entladung eines Containerschiffs in einem Hafen oder das automatische Einparken von Autos in eine freie Lücke im Parkhaus. Hierzu werden oft Sensoren genutzt, die permanent Daten untereinander austauschen und damit eine zentrale Steuerung möglich machen.
Machine Learning	Beim maschinellen Lernen (Machine Learning) wird von Systemen selbstständig neues Wissen erworben. Während beim Data Mining der Fokus auf dem Finden neuer Muster liegt, die bereits in den bestehenden Daten vorliegen, geht es beim maschinellen Lernen darum, neue Algorithmen aus vorhandenen Daten abzuleiten. Hier werden die Regeln und Algorithmen so trainiert, dass sie aus den vorliegenden Daten lernen, selbstständig ein Datenmodell erzeugen und dieses für Prognosen oder Entscheidungen einsetzen. *Beispiel:* Eine Versicherung erzeugt mithilfe von historischen Kündigungsdaten ein Modell, das Kunden vorhersagt, die künftig ebenfalls kündigen könnten.
Mandant	Ein Unternehmensteil, der ggf. rechtlich selbstständig ist, für den eine individuelle und abgegrenzte Sicht auf den Datenbestand benötigt wird.
Markenbildung	Das systematische Etablieren einer Unternehmens-, Produkt- oder Dienstleistungsmarke. Einprägsame positive Eigenschaften (Attraktivität), die mit der Marke in Verbindung gebracht werden, bestimmen zusammen mit der Markenbekanntheit den Wert der Marke. Die Markenbildung dauert in der Regel längere Zeit und erfordert eine sorgfältige Markenstrategie, Marketingmaßnahmen und das Einlösen der Werbeversprechen.
Marktanalyse	Teilgebiet des Marketings, meist als Synonym für Marktforschung (im weitesten Sinne) und Marktinformationsbeschaffung verwendet. Die Marktanalyse ist der grundlegende Baustein eines Marketingplans oder eines Marketingkonzepts, aus dem anschließend strategische und operative Ziele und Maßnahmen abgeleitet werden. Auch ist die Marktanalyse ein wichtiger Baustein im unternehmensübergreifenden Benchmarking (siehe www.wikipedia.org).
Mashup	Unter Mashup versteht man die Verschmelzung von Bausteinen und Daten bestehender Lösungen aus unterschiedlichen Quellen zu neuen digitalen Inhalten und Services. Voraussetzung hierfür ist eine standardisierte Integration über Programmierschnittstellen (APIs).

Maßnahme	Ein Vorhaben, das eine Veränderung organisatorischer, technischer oder prozessualer Natur einführt. Maßnahmen werden durch die Linienorganisation umgesetzt. Sie erfüllen nicht die Kriterien, die eine Umsetzung als Projekt erfordern (geringes Budget, begrenzte Wirkung, zum Beispiel auf nur ein IT-System, auf einen Detailprozess oder innerhalb einer Abteilung oder eines Bereichs). Maßnahmen sollten dem Demand Management bekannt gemacht werden, werden durch dieses aber in der Regel nicht an das Projektportfoliomanagement weitergegeben.
Masterplan	Eine strategische Multiprojektplanung, in der die wesentlichen grobgranularen Maßnahmen zur Umsetzung des Zielbilds gesamthaft aufgeführt sind. Die Planung in der absehbaren Zukunft ist konkreter und je weiter es in die Zukunft geht, umso visionärer wird der Plan. Der Masterplan wird entsprechend der Veränderungen in Strategie, Geschäftsanforderungen und Randbedingungen fortgeschrieben.
Masterplan-Grafik	Visualisiert zeitliche Abhängigkeiten von z. B. strategischen Maßnahmen oder Projekten.
Maturity Level	Beschreibt den Reifegrad eines Unternehmens oder von Teilen, wie z. B. Teilarchitekturen oder Geschäftsprozessen, in Stufen.
Merger & Acquisitions (M&A)	Sammelbegriff für Unternehmenstransaktionen, bei denen sich insbesondere große Gesellschaften zusammenschließen oder den Eigentümer wechseln (siehe www.wikipedia.org).
Methode	Eine systematische Vorgehensweise, um Aufgaben aus einem bestimmten Kontext zu lösen. Häufig wird eine Handlungsvorschrift und/oder die Art und Weise der Durchführung vorgegeben, wie, ausgehend von vorgegebenen Bedingungen, ein Ziel erreicht werden kann.
Migrationsstrategie	Geplantes und organisiertes Vorgehen, um eine IT-Lösung durch eine andere IT-Lösung abzulösen. Wesentlich ist hierbei die Bewertung der Umsetzungszeit, -kosten, -nutzen und -risiken.
Mission	Zweck einer Organisation, der ihre Existenz rechtfertigt.
Mittelfristplanung	In einer Mittelfristplanung wird typischerweise für einen längeren, aber noch überschaubaren Zeitraum in der Zukunft die Zielbebauung festgelegt. Als Zeitraum werden häufig drei bis maximal fünf Jahre gewählt. Eine Mittelfristplanung ist also ein Meilenstein in Richtung der Soll-Bebauung.
Modell	Eine Abbildung eines Ausschnitts der Realität. Modelle können z. B. über mathematische Formeln, Grafiken, aber auch in natürlicher Sprache dargestellt sein. Ein „gutes" Modell zeichnet sich dadurch aus, dass Modellersteller und Modellnutzer anhand des Modells das gleiche Verständnis für den durch das Modell abgebildeten Ausschnitt aus der Realität entwickeln können. Ein Modell kann beliebig viele Diagramme und eine beliebige Anzahl von Modellelementen enthalten. Modellelemente können über beliebig viele Diagramme visualisiert werden.

Modellierungsrichtlinien	Legt fest, welche Strukturen in welchen Granularitäten und auf welche Art und Weise abzubilden sind. Es werden Vorgaben für die Modellierung aller Bebauungselementtypen und deren Beziehungen sowie für die Modellierung von Querschnittsaspekten wie z. B. SOA, Portal oder Data Warehouse gemacht.
Monitoring	Im CobiT werden unter Monitoring die vier Prozesse „Prozesse überwachen", „interne Steuerung bewerten", „unabhängige Bewertung einholen" und „unabhängige Auditierung vorsehen" zusammengefasst (siehe [KüM07]).
Multiprojektmanagement	Die übergreifende Steuerung und Überwachung von mehreren, untereinander abhängigen Projekten. Aufgrund der fachlichen und technischen Abhängigkeiten können Projekte nicht isoliert betrachtet werden. Entscheidungen in einem Projekt können Auswirkungen in anderen Projekten nach sich ziehen. Diese Wechselwirkungen werden im Rahmen des Multiprojektmanagements behandelt.
Netzwerkeffekt	Nachdem eine kritische Anzahl von Plattform-Nutzern erreicht ist, wächst ihre Zahl exponentiell und nicht mehr linear wie auf traditionellen Märkten. Sättigungseffekte treten bei erfolgreichen (nicht verdrängten) Plattformen erst ein, wenn sie eine marktbeherrschende Stellung eingenommen haben.
Offshoring	Verlagerung der IT-Services in Niedriglohnländer, z. B. China (Offshore) oder Ungarn (Nearshore), um die Personalkosten durch das Lohnkostengefälle zu senken. Das Einsparpotenzial muss unternehmensspezifisch eingeschätzt werden. Häufig wird auch die Organisationsform eines Offshore-Entwicklungszentrums gewählt. IT-Funktionen werden in Niedriglohnländer verlagert und externe Ressourcen in einem eigenen Unternehmen oder Joint Venture gebündelt.
Operational Excellence	Fähigkeit, das aktuelle Geschäft kostenangemessen, sicher und zuverlässig durchzuführen und die Prozesse kontinuierlich zu optimieren.
Operational Model	Stellt das Unternehmen mit seinen wesentlichen Beziehungen zu den Geschäftspartnern, wie z. B. Lieferanten, Partnern, Dienstleistern, Kunden, Shared Service Centern, Aufsichts- und Regulierungsbehörden oder Tochtergesellschaften, dar.
Operative Ausrichtung	Im Fokus der operativen Ausrichtung steht das Tagesgeschäft. In der Planung werden kurzfristige Zeithorizonte von weniger als einem Jahr, häufig auch die laufende Rechnungs- bzw. Berichtsperiode für einen Teil des Unternehmens oder Aktivitäten adressiert.
Operatives Prozessmanagement	Das operative Prozessmanagement wickelt die bestehenden Prozesse im Tagesgeschäft bestmöglich ab, um die vorgegebenen Leistungskennzahlen zu erreichen und die Potenziale bestehender Prozesse auszuschöpfen. Es modelliert, analysiert, designt und misst die Prozesse innerhalb seines Verantwortungsbereichs, der an den Schnittstellen zu anderen Organisationseinheiten endet. Es treibt die kontinuierliche Prozessverbesserung und verantwortet das Change Management für seine Prozesse (siehe auch [Sch10]).

Opportunitäts-kosten	Erlöse, die nicht entstehen, weil Möglichkeiten (Opportunitäten) zur Nutzung von Ressourcen nicht wahrgenommen werden (siehe www.wikipedia.org).
Organisations-Cluster	Eine Menge von Geschäftseinheiten, die fachlich eng zusammengehören. Kandidaten für Organisations-Cluster liegen vor, wenn eine der folgenden Bedingungen erfüllt ist: ▪ Eine Menge von Geschäftseinheiten, die zusammenhängende Geschäftsprozesse ausführen. Zusammenhängende Geschäftsprozesse sind z. B. Geschäftsprozesse, die eine gemeinsame Wertschöpfungskette (gemeinsamen Vater) haben. ▪ Eine Menge von Geschäftseinheiten, die die Mehrzahl der Funktionen eines funktionalen Clusters oder die Mehrzahl von Geschäftsprozessen eines Prozess-Clusters ausführen. ▪ Eine Menge von Geschäftseinheiten, die für die Mehrzahl der Funktionen eines funktionalen Clusters oder für die Mehrzahl von Geschäftsprozessen eines Prozess-Clusters oder für die Mehrzahl von Geschäftsobjekten eines Daten-Clusters fachlich verantwortlich sind.
Organisations-einheit	Strukturelle Einheiten des Unternehmens; dies können Einheiten der Aufbauorganisation oder Werke bzw. Niederlassungen sein.
Organisations-struktur	Die Art, wie ein Unternehmen strukturiert ist, z. B. die Geschäftseinheiten wie Abteilungen des Unternehmens oder die Standorte oder Werke des Unternehmens.
O-Ton Kunde	Die wörtliche Formulierung der Anforderung des Anforderungsstellers („Originalton").
Outsourcing	Nutzung externer Ressourcen und Verlagerung von Prozessen zu einem externen Anbieter mit dem Ziel, Kosten insbesondere durch Skalenvorteile zu reduzieren.
Owner	Der Owner eines Bebauungselements ist fachlich verantwortlich für dieses. So kann z. B. ein Geschäftsprozess Daten-Owner für ein Geschäftsobjekt sein.
Partner Management	Systematische Steuerung der Beziehungen zu den Geschäftspartnern.
Performance Management	Eine systematische Überprüfung und Steuerung der Leistungserstellung im Unternehmen zur Steigerung der Leistung im Unternehmen. Dies umfasst sowohl die Prozesse als auch das Ergebnis der Prozesse. IT Performance Management und Application Performance Management sind die typischen Ausprägungen im IT-Umfeld. Diese zielen im Wesentlichen darauf ab, einen zuverlässigen und sicheren Geschäftsbetrieb zu gewährleisten.

Pflegekonzept	Mit einem Pflegekonzept werden Richtlinien für die Dokumentation der Geschäftsarchitektur und/oder der IT-Landschaft vorgegeben. Es enthält einerseits Modellierungsrichtlinien für die einheitliche Dokumentation in einer angemessenen Granularität. Andererseits werden die Datenbeschaffung und Qualitätssicherung sowie die Werkzeugunterstützung im Pflegekonzept klar geregelt. Ein Pflegekonzept ist essenziell, um sicherzustellen, dass eine Bebauungsdatenbasis kontinuierlich in hinreichender Qualität und angemessener Granularität gepflegt wird.
Plan-Bebauung	Geplanter Zustand einer Bebauung zu einem bestimmten Zeitpunkt. Plan-Bebauungen beschreiben einen Schritt von der Ist- zur Soll-Bebauung bzw. einen Schritt zwischen zwei Plan-Bebauungen. Im Rahmen der Bebauungsplanung kann es mehrere gültige Plan-Bebauungen (= Planungsszenarien) geben. Dies sind dann mögliche Lösungsvarianten für die Umsetzung der Soll-Bebauung.
Planung	Alle Aktivitäten zur Festlegung von Zielen und Strategien zur Zielerreichung. Am Ende jeder Planungsaktivität steht eine Entscheidung, welches Ziel in welchem Zeitraum wie erreicht werden soll.
Planungsebene	Über eine Planungsebene sind die Granularität und der zeitliche Planungshorizont festgelegt. Wir unterscheiden die Planungsebenen „Unternehmensplanung", „Projektportfolio- und Produktplanung" sowie „Projekt- und Maßnahmenplanung".
Planungsperiode	Der Zeitraum, für den eine Planung durchgeführt wird. Nach der Länge dieses Zeitraums kann man weiter unterteilen in langfristige Planung über mehrere Jahre, mittelfristige Planung über ein Jahr sowie kurzfristige Planung bis zu einem Jahr.
Planungsszenarien	Alternative Plan-Bebauungen z. B. für verschiedene alternative IT- oder Business-Ideen.
Plattform	In einer Plattform werden in der Regel technisch eng zusammenhängende technische Bausteine und Infrastrukturelemente zusammengefasst, die für die Entwicklung, die Wartung oder den Betrieb eines oder mehrerer Informationssysteme erforderlich sind.
Plattform-API	Eine Form von Application Programming Interface (API), die Schnittstellen und Funktionen für die Integration von Anwendungen oder Plug-ins in eine Plattform bietet. Beispiele für Funktionen sind der Zugriff auf Benutzerdaten oder Integration von sozialen Kanälen wie Facebook.
Portfolio	Der Begriff stammt ursprünglich aus dem Wertpapiergeschäft. In einem Portfolio werden zweidimensional verschiedene Objekte, wie z. B. Projekte, Informationssysteme oder Prozesse, entsprechend ihren Ausprägungen für die zwei Dimensionen einsortiert. Hierdurch wird ein Gesamtüberblick über die Eingruppierung der Objekte bzgl. der gewählten Dimensionen geschaffen.

Portfolioanalyse	Eine Technik, mit der Strategien formuliert werden können. Dazu werden die betrachteten Objekte, z. B. Produkte, bestimmt und nach in der Strategie festgelegten Attributen (relativer Marktanteil, Marktwachstum etc.) bewertet und in einer Portfoliografik dargestellt.
Portfoliografik	Dient zur übersichtlichen Visualisierung von relativen „Wertigkeiten“ von Bebauungselementen oder Strategien für Bebauungselemente auf einen Blick.
Portfolio-management	Unter Portfoliomanagement versteht man die Zusammenstellung und Verwaltung eines Portfolios, d. h. eines Bestands an Investitionen, im Sinne der mit dem Investor vereinbarten Anlagekriterien, insbesondere durch Käufe und Verkäufe mit Blick auf die erwarteten Marktentwicklungen (siehe www.wikipedia.org).
Prämisse	Eine als wahr unterstellte Aussage, aus der man logische Schlussfolgerungen ziehen kann.
Predictive Analytics	Beschäftigt sich mit der Vorhersage der wahrscheinlichen Zukunft und Trends.
Prinzipien	Voneinander unabhängige Grundsätze, die die Wahlfreiheit bezüglich Auswahl, Gestaltung oder Vorgehen einschränken und einen Entscheidungskorridor vorgeben. Die Prinzipien sind grundsätzlich anzuwenden. Abweichungen von den Grundsätzen sind bei entsprechender Begründung ggf. möglich. Prinzipien sind an sich beständig, d. h., sie werden nicht durch schnellen Technologie- oder Produktwechsel beeinflusst. Beispiele: „Serviceorientierung“ oder „Best-of-Breed“.
Produkt	Ergebnis des Leistungsprozesses eines Unternehmens, z. B. eine Ware wie ein Auto oder ein Rechner. Ein Produkt kann sowohl materiell als auch immateriell sein.
Produkt-Cluster	Eine Menge von Produkten, die fachlich eng zusammengehören. Kandidaten für Produkt-Cluster liegen vor, wenn eine der folgenden Bedingungen erfüllt ist: ▪ Eine Menge von Produkten, die mehrfach in dieser Zusammenstellung einer Geschäftseinheit zugeordnet sind. ▪ Eine Menge von Produkten, die mehrfach in dieser Zusammenstellung von einem Informationssystem unterstützt werden. ▪ Eine Menge von Produkten, die die gleichen Business-Ziele umsetzen. ▪ Eine Menge von Produkten, die mehrfach in dieser Zusammenstellung einer Geschäftseinheit zugeordnet sind oder deren Mehrzahl in Verantwortung von Geschäftseinheiten eines Organisations-Clusters liegen.
Produktlandkarte	Ausprägung eines fachlichen Referenzmodells. Eine Produktlandkarte legt das Produktspektrum des Unternehmens fest und stellt dessen Zusammenwirken grafisch dar. Sie gibt eine fachliche Strukturierung für das Unternehmen vor, die als fachlicher Bezugsrahmen für die Gestaltung der IS-Bebauung herangezogen werden kann.

Produktlebens-zyklusanalyse	Auf der Basis festgelegter Lebenszyklen, z. B. Einführung, Reife, Wachstum und Sättigung, ist es möglich, die Position der betrachteten Produkte der Unternehmung zu bestimmen und strategische Maßnahmen abzuleiten.
Produkt-Lifecycle	Beinhaltet alle Phasen des Lebenszyklus eines Produkts von der Idee über die Entwicklung, Fertigung, Nutzung und Wartung bis hin zum Recycling.
Produkt-management	Umfasst die Planung, Steuerung der (Weiter-)Entwicklung oder Produktion, die Vermarktung, das Ausrollen und das Ausphasen von Produkten (siehe www.wikipedia.org).
Produktmanager	Unternehmer im Unternehmen, die verantwortlich sind für alle Fragen rund um das von ihnen verantwortete Produkt. Der Produktmanager ist für die Aufgaben und den Erfolg des Produktmanagements verantwortlich (siehe www.wikipedia.org).
Produktplanung	In der Produktplanung werden ausgehend von den strategischen und operativen Geschäftsanforderungen und der Produktvision die Features zumindest der nächsten Releases eines Produkts entsprechend der strategischen Vorgaben und Randbedingungen aus der Unternehmensplanung festgelegt.
Programm	Der Begriff wird häufig anstelle von Projekt verwendet, wenn das Projekt strategische oder übergreifende Bedeutung hat. Häufig wird auch ein Projektbündel einer gewissen Größenordnung als Programm bezeichnet.
Projekt	Ein Vorhaben, das im Wesentlichen durch die Einmaligkeit der Bedingungen in ihrer Gesamtheit gekennzeichnet ist, z. B. Zielvorgabe, zeitliche, finanzielle, personelle und andere Begrenzungen, Abgrenzung gegenüber anderen Vorhaben und projektspezifischen Organisationen (siehe [GPM03]).
Projektantrag	Enthält sämtliche Informationen für die Entscheidung für oder gegen die Durchführung des Projekts im Projektportfoliomanagement. In der Regel sind dies Informationen zu Anforderungssteller, Auftraggeber, Projektorganisation, Ausgangslage, Randbedingungen, Zielen, Annahmen, Handlungsfelder und Handlungsbedarfe, grobe fachliche und technische Lösungsideen und Abgrenzung, Risikobetrachtung, erwarteter Nutzen, Kosten- und Zeitrahmen sowie Wirtschaftlichkeit, die zu diesem Zeitpunkt vorliegen.
Projekt-Cluster	Anhaltspunkte für Projekt-Cluster liegen vor, wenn im Rahmen der Projekte die Mehrzahl der Veränderungen die gleichen Geschäftseinheiten betreffen oder an den gleichen Geschäftsprozessen, fachlichen Funktionen, Produkten, Geschäftsobjekten, Informationssystemen, technischen Bausteinen oder Schnittstellen sowie zugehöriger Betriebsinfrastruktur in einer zumindest überlappenden Projektlaufzeit vorgenommen werden.
Projektidee	Eine erste große Skizze für einen Projektantrag.

Projektportfolio	Das Projektportfolio eines Unternehmens ist die Menge all seiner aktiven Projekte von deren Genehmigung bis zu deren Beendigung. Ein Projektportfolio kann z. B. Organisations-, Strategie-, Softwareentwicklungs-, Architektur- oder Infrastrukturprojekte umfassen. Da Projekte laufend neu genehmigt, neu priorisiert, verworfen und beendet werden, ändert sich das Projektportfolio ständig. Ziel des Projektportfoliomanagements ist es, die richtigen Projekte zum richtigen Zeitpunkt im richtigen Umfeld durchzuführen.
Projektportfolio-Board	Im Projektportfolio-Board wird das Projektportfolio des Unternehmens oder eines Geschäftsbereichs gesteuert. Projektanträge werden bewertet, priorisiert und das Projektportfolio wird festgelegt. Es werden Projekte gestartet, gestoppt oder unterbrochen und in diesem Rahmen werden Investitionsentscheidungen getroffen, gegebenenfalls unter Einbeziehung des Investitionskreises. Entscheidungsgrundlage sind aufbereitete Informationen zu den beantragten Projekten und zum Fortschritt und der Performance der laufenden Projekte.
Projektportfoliomanagement	Unter Projektportfoliomanagement wird die regelmäßige Planung, Priorisierung, übergreifende Überwachung und Steuerung aller Projekte eines Unternehmens oder einer Geschäftseinheit verstanden. Zu den Aufgaben des Projektportfoliomanagements gehören ▪ die Definition von Projekten und Programmen, ▪ die Bewertung von Projektanträgen, ▪ die Bewilligung, Zurückstellung und Ablehnung von Projektanträgen, ▪ die laufende Überwachung von Projekten aus der Sicht der Auftraggeber, ▪ die Wahrnehmung übergreifender Projekt- und Qualitätsmanagementaufgaben ▪ sowie das projektübergreifende Informations- und Wissensmanagement.
Projektportfolioplanung	Ein wesentlicher Bestandteil des Projektportfoliomanagements. In der Projektportfolioplanung werden das Projektportfolio und dessen Roadmap zur Umsetzung geplant und entsprechend veränderter Anforderungen und Rahmenbedingungen angepasst. Die Projektportfolioplanung ist eng mit der Produktplanung bei produktorientierten Unternehmen, wie z. B. Versicherungen oder IT-Produkthersteller, verbunden. Produkte können hierbei sowohl Fertigungserzeugnisse, Dienstleistungen, IT-Kaufprodukte als auch IT-Individualsoftware sein.
Projektsteuerkreis	Ein Projektsteuerkreis, häufig auch Lenkungsausschuss genannt, entscheidet über Projektaufträge, setzt Randbedingungen für die Projektdurchführung, ernennt den Projektleiter, entscheidet über die Ressourcen- und Budgetzuteilung sowie bei inhaltlichem und budgettechnischem Änderungsbedarf und setzt übergeordnete Unternehmensinteressen durch.

Prozessablauf-diagramm	Zeigt den Prozessablauf im Detail. Er beschreibt, welcher Auslöser einen Prozess anstößt, in welcher Reihenfolge und unter welchen Bedingungen Aktivitäten durchgeführt werden und wer eine Aktivität im Prozess ausführt.
Prozessbebauung	Im Rahmen der Prozessbebauung werden die Ist- und Soll-Geschäftsprozesse des Unternehmens dokumentiert. Unternehmensabhängig gibt es unterschiedlich viele Prozessebenen. In der untersten Prozessebene wird typischerweise der Prozess detailliert auf Basis von sogenannten ereignisgesteuerten Prozessketten (EPKs) modelliert. Die Bebauung bietet unter anderem eine Grundlage für die Bewertung der Prozesse mittels des CMMI-Verfahrens.
Prozess-Cluster	Eine Menge von Geschäftsprozessen, die fachlich eng zusammengehören. Kandidaten für Prozess-Cluster liegen vor, wenn eine der folgenden Bedingungen erfüllt ist: ▪ eine Menge von Geschäftsprozessen, die Daten-Owner für die Mehrzahl von Geschäftsobjekten eines Daten-Clusters sind, oder, falls keine Daten-Owner modelliert sind, nahezu die gleichen Geschäftsobjekte nutzen, ▪ eine Menge von Geschäftsprozessen, die mehrfach in dieser Zusammenstellung von einem Informationssystem unterstützt werden, ▪ eine Menge von Geschäftsprozessen, die die gleichen Business-Ziele umsetzen, ▪ eine Menge von Geschäftsprozessen, die mehrfach in dieser Zusammenstellung einer Geschäftseinheit zugeordnet sind oder deren Mehrzahl in Verantwortung von Geschäftseinheiten eines Organisations-Clusters liegen.
Prozesskomplexität	Kriterien für die Einschätzung der Prozesskomplexität sind die Heterogenität in z. B. Verantwortlichkeiten, Anzahl und Komplexität von Schnittstellen bzw. Prozessabhängigkeiten bzw. Leistungsbeziehungen sowie Koordinationsaufwand.
Prozesslandkarte	Ausprägung eines fachlichen Referenzmodells. Eine Prozesslandkarte stellt die Geschäftsprozesse in der Regel auf Wertschöpfungskettenebene des Unternehmens in ihrem Zusammenwirken grafisch dar. Sie gibt eine fachliche Strukturierung für das Unternehmen vor, die sich in der Regel in der Organisation widerspiegelt.
Prozess-management	Teilt sich in die beiden Komponenten „strategisches" und „operatives" Prozessmanagement auf. Im strategischen Prozessmanagement wird die Frage nach der Effektivität von Geschäftsprozessen beantwortet. Die Geschäftsprozesse werden strategisch weiterentwickelt. Beim operativen Prozessmanagement werden Prozesse dokumentiert, modelliert, analysiert, umgesetzt, überwacht und optimiert (siehe [Rei09]).

Prozesstransparenz	Wird auf Basis der Vollständigkeit, Nachvollziehbarkeit, Angemessenheit, Messbarkeit und/oder des Kommunikationsgrads eingeschätzt.
Quality Gate	Meilensteine in der Projektdurchführung, bei denen anhand vorher definierter Kriterien über die Freigabe der nächsten Phase oder des nächsten Inkrements entschieden wird.
Qualitätsmanagement	Bezeichnet alle organisatorischen Maßnahmen, die der Verbesserung der Prozessqualität, der Leistungen und damit den Produkten jeglicher Art dienen (siehe www.wikipedia.org).
Quick Win	Eine Strategie mit dem Ziel, zunächst jene Maßnahmen umzusetzen, die schnell zu sichtbaren Ergebnissen führen (siehe www.wikipedia.org). Durch Quick Wins können Sie Skeptiker davon überzeugen, dass Sie auf dem richtigen Weg sind. Nichts motiviert mehr als der Erfolg selbst. So können Sie im Veränderungsprozess Akzeptanz für etwaige Neuerungen schaffen.
Ramp-up	Phase im Lebenszyklus einer neuen Software oder einer neuen Software-Veröffentlichung nach dem Entwicklungsschluss und vor der allgemeinen Marktfreigabe. Dabei wird die Software in der Regel bei ausgewählten Kunden installiert und dort, unter Betreuung durch den Hersteller, sogenannten Produktivtests unterzogen (siehe www.wikipedia.org).
Realisierungsanforderung	Eine Aussage über eine Eigenschaft oder eine Leistung, die ein IT-System aus Sicht des Anforderungsstellers erbringen muss. Sie beschreibt nicht, wie diese Leistung zu erbringen ist. Realisierungsanforderungen werden im Rahmen des Anforderungsmanagements in Projekten oder Wartungsmaßnahmen ermittelt. Eine Realisierungsanforderung bezieht sich immer auf ein System oder Produkt. Eine Realisierungsanforderung wird über ein Projekt oder eine Wartungsmaßnahme in einer Iteration umgesetzt. Im agilen Umfeld wird häufig stattdessen die Einheit einer User Story (siehe [Coh04]) verwendet.
Referenzarchitektur (auch Musterarchitektur genannt)	Musterhafte Beschreibung der Architektur eines (Teil-)Informationssystems einer Kategorie von Informationssystemen, z. B. für webbasierte Anwendungen. In einer Referenzarchitektur werden technische Bausteine des Standardisierungskatalogs „verbaut“ und die Regeln für das Zusammenwirken der Bausteine festgelegt.
Referenzmodell	Allgemeines oder idealtypisches Modell für eine Klasse von Sachverhalten, das als Ausgangspunkt für die Ableitung eines spezifischen Modells für den Sachverhalt oder aber als Vergleichsobjekt herangezogen werden kann. Da im Allgemeinen Erfahrungswissen in Referenzmodellen konsolidiert wird, erreicht man durch deren Anwendung eine Beschleunigung (Kosteneinsparung) und Qualitätsverbesserung bei der Ableitung spezifischer Modelle.

Reifegradmodell	Ein Reifegradmodell gibt verschiedene Reifegradstufen vor. Jede Reifegradstufe beschreibt Anforderungen oder Qualitätsniveaus, die erfüllt sein müssen, damit diese Stufe als „erreicht" gilt. Die Einstufung erfolgt mithilfe eines definierten Assessment-Verfahrens. Reifegradmodelle dienen der systematischen Analyse der Ist-Situation, der Definition der Soll-Situation und der Roadmap zur Umsetzung.
Release	Eine Menge von Softwareeinheiten, die als Ganzes für die Nutzung bereitgestellt werden.
Release-management	Bündelung von Anforderungen zu einem Release oder Patch, das auf einmal in Betrieb genommen werden kann, sowie Sicherstellung, dass dies mit einem vertretbaren Risiko in der geforderten Zeit erfolgreich umgesetzt werden kann.
Richtlinie	Verbindliche Anweisung. Sie schafft Orientierung bei IT-Entscheidungen. Abweichungen von Richtlinien sind explizit zu begründen. Richtlinien unterstützen die Einhaltung und die Durchsetzung von Vorgaben.
Risiko	Ereignis, das die Zielerreichung gefährdet.
Schablone	Eine „Kopiervorlage" mit eindeutigem Namen. Eine Schablone besteht aus einem Teilausschnitt der Bebauungsdaten.
Schnittstelle	Definiert eine ggf. gerichtete Abhängigkeit zwischen zwei Informationssystemen. Hierbei kann zwischen Informationsfluss und Kontrollfluss unterschieden werden. Der Begriff „Schnittstelle" wird im Kontext des IT-Bebauungsmanagements in der Regel im Sinn von „Informationsfluss" zwischen Informationssystemen gebraucht. Über Schnittstellen werden somit Informationsobjekte zwischen Informationssystemen in einer bestimmten Flussrichtung übertragen.
Service	Eine klar abgegrenzte Funktionalität, die ein Servicegeber einem Servicenehmer über eine oder mehrere Schnittstellen bereitstellt. Jedem Service liegt ein Vertrag zugrunde. Der Vertrag legt einerseits die bereitgestellte Funktionalität und andererseits nichtfunktionale Eigenschaften (QoS - Quality of Service), wie z. B. Sicherheitslevel oder Performance, fest. *Synonym:* Dienst
Service-IT	Umfasst die Erbringung aller IT-Commodity-Dienstleistungen, wie z. B. Endgerätebereitstellung oder IT-Betrieb.
Service-Level-Agreement (SLA)	Vereinbarung zwischen Servicegeber und Servicenehmer über Qualität und Quantität der Serviceleistungen (eindeutig nachweisbar, nachvollziehbar). Bestandteile sind u. a. Leistungsdefinitionen, Servicezeiten und Reaktionszeiten.
Service-Level-Management	Prozess zur Sicherstellung der Service-Level-Agreements durch den Servicegeber und die Kontrolle durch den Servicenehmer. Basis sind Service Monitoring und Service Reporting.

Service-management	Fasst alle Aufgaben zusammen, die für Aufbau, Pflege und Ausbau sämtlicher Serviceaktivitäten gegenüber den Kunden notwendig sind. Dies umfasst sowohl den Support und Betrieb von Informationssystemen und Infrastruktur als auch Beratungsleistungen. ITIL ist die Referenz für das Servicemanagement.
Serviceorientierte Architektur (SOA)	Ein IT-Architekturstil, in dem Services (Dienste) die zentrale Rolle spielen. Die IT-Landschaft wird in modulare Services strukturiert. Jeder Service trägt direkt oder indirekt zur Wertschöpfung bei und kann flexibel zur Umsetzung von Geschäftsprozessen genutzt werden.
Shared Service Center	Zentralisierung von IT-Leistungen in einer eigenen Einheit und Standardisierung der IT-Systeme und -Prozesse mit dem Ziel, die Kosten durch Skalenvorteile zu reduzieren.
Skaleneffekt	Wird auch als Größenvorteil bezeichnet. Er spiegelt sich in der Senkung der Stückkosten wider. Ursache für solche Effekte liegen einerseits in der Einkaufsmacht und andererseits im höheren Spezialisierungsgrad (vgl. mein-wirtschaftslexikon.de).
Smart Meter	Ein intelligenter Zähler, der digital Daten empfängt und sendet und dazu in ein Kommunikationsnetz eingebunden wird.
Social Media	Digitale Lösungen für die Vernetzung, den Austausch von Internetnutzern. Soziale Netzwerke sind digitale Plattformen zum Aufbau von Netzwerken, Emotionalisierung mit dem Ziel Kundenbindung, Veröffentlichung von zielgruppenrelevanten Inhalten oder einfach nur Networking und Image-Pflege.
Software-Produktlinie	„A software product line is a set of software-intensive systems that share a common, managed set of features satisfying needs of a particular market segment or mission and that are developed from a common set of core assets in a prescribed way." Siehe Software Engineering Institute (SEI) der Carnegie Mellon Universität.
Soll-Bebauung	Die Vision, der Zielzustand der Bebauung zur Umsetzung der Business- und IT-Ziele, entweder ohne Zeitpunkt oder aber in Soll-Stufen (z. B. 2012, 2015, ...). Die Soll-Bebauung ist die optimale Bebauung. Ihre Umsetzung ist ungewiss, da sich die Rahmenbedingungen und die Geschäftsanforderungen über die Zeit ändern. Die Soll-Bebauung gibt einen verbindlichen Orientierungs- und Gestaltungsrahmen für die Umsetzung vor. Dies sind in der Regel grobe, strategische Aussagen, z. B. zu Technologien, Herstellern oder IT-Produkten. Diese Aussagen werden durch Prinzipien und Richtlinien weiter ergänzt. Die bestehende Bebauung sowie der strategische und operative Handlungsbedarf sind neben den strategischen Vorgaben wesentlicher Input für die Festlegung der Soll-Bebauung.
Soll-Szenario	Planungsszenario für die gesamte Bebauung oder einen Teilausschnitt der Bebauung. Soll-Szenarien sind mögliche Soll-Bebauungen für den jeweiligen Betrachtungsbereich.

Sourcing-Strategie	Hier werden zentrale Eckpfeiler gesetzt, um den richtigen Mix aus „make or buy“ zu finden. Die Sourcing-Strategie hängt stark von der Eigenleistungsfähigkeit des Unternehmens ab.
Sponsor	Der Auftraggeber oder gegebenenfalls ein anderer nutznießender Stakeholder. Er gibt bei der Einführung der Disziplin Rückendeckung. Er hat Einfluss und sorgt initial für die entsprechenden Budgets und dafür, dass die richtigen Personen im Einführungsprojekt und später in der Linie mitwirken. Später macht er aktiv Marketing mit den Erfolgen und hilft, die Disziplin „zum Fliegen zu bekommen“.
Stakeholder	Eine Person oder logische Gruppe, die ein Interesse an der Durchführung oder dem Ergebnis einer Tätigkeit oder eines Prozesses hat.
Stakeholder-Analyse	Analyse der Beteiligten an einer Aufgabe oder einem Prozess(schritt) hinsichtlich festgelegter oder festzulegenden Kriterien.
Stakeholder-Gruppe	Besteht aus einer Menge von Stakeholder.
Stellgröße	Einflussgröße, über die die Steuerungsobjekte beeinflussbar sind. Eine oder mehrere Kennzahlen des Kennzahlensystems sollen die angestrebten Zielwerte annehmen. Stellgrößen sind selber keine Kennzahlen, können aber mit einzelnen Kennzahlen in einer direkten Beziehung stehen. In der Regel wirkt die Veränderung einer Stellgröße auf mehrere Kennzahlen (siehe [KüM07]).
Steuerkreis	Ist verantwortlich für die Vorgabe von Zielen und Randbedingungen sowie die Überwachung von deren Einhaltung. Ein Steuerkreis besteht entsprechend seiner Zielsetzung (siehe Projektsteuerkreis) aus den Entscheidungsträgern in diesem Kontext. In einer Gremienordnung, auch Geschäftsordnung genannt, werden sowohl die Häufigkeit und Dauer der Sitzungen als auch alle Verfahrensregelungen, nach denen Sitzungen dieses Gremiums abzulaufen haben, zusammengefasst.
Steuerungsgrößen	Sind maßgeblich für die Unternehmens- und IT-Steuerung. Sie sind unternehmensspezifisch. Beispiele hierfür sind die Wettbewerbsdifferenzierung von Geschäftsprozessen oder der Strategiebeitrag oder der Gesundheitszustand eines Informationssystems.
Steuerungs-instrumentarium	Ein Hilfsmittel, um zielgerichtet die Einhaltung von Planvorgaben zu überprüfen und durchzusetzen. Hierzu werden der aktuelle Status, der Fortschritt und/oder eine Prognose für die zukünftige Entwicklung Stakeholder-orientiert in einer Steuerungssicht als Input zur Verfügung gestellt.
Steuerungsobjekt	Aspekt, der zielorientiert zu steuern ist. Steuerungsobjekte können u. a. Dienstleistungen, Prozesse, Produkte, Informationssysteme, Personen, Geschäftseinheiten oder Projekte sein.

Strategic Excellence	Fähigkeit, das Unternehmen oder den jeweiligen Verantwortungsbereich strategisch auszurichten und systematisch weiterzuentwickeln. Aufgrund der sich immer schneller ändernden Randbedingungen und Geschäftsanforderungen müssen hierzu gegebenenfalls auch das Geschäftsmodell, die Organisationsstrukturen und die Geschäftsprozesse hinterfragt und angepasst werden.
Strategie	Eine Unternehmensstrategie steht für die langfristigen Vorgaben, die für den Aufbau, den Erhalt oder die Weiterentwicklung des Unternehmens erfolgskritisch sind. Sie beschäftigt sich mit der Frage, auf welche Art und Weise Ziele erreicht werden können.
Strategien	Maßnahmen zur Absicherung der Erreichung der strategischen Ziele. Strategien sind mittel- bis langfristig angelegt.
Strategiebeitrag	Bezeichnet den Grad der Konformität zur Unternehmensstrategie.
Strategische Ausrichtung	Bei strategischer Ausrichtung werden ein langfristiger Zeithorizont, in der Regel länger als drei Jahre, und die wesentlichen Produktbereiche, Aktivitäten des Unternehmens oder das Unternehmen als Ganzes adressiert. Die Planung ist eher abstrakt und global.
Strategisches IT-Controlling	Zielt auf die Steigerung der Effektivität ab. Es stellt entscheidungsrelevante Informationen für das Management bereit.
Strategische IT-Maßnahmenplanung	Schafft einen langfristigen und unternehmensweiten Plan zur Gestaltung der IT-Landschaft. Ein strategischer Maßnahmenplan besteht in der Regel aus mehreren Teilplänen. Jeder Teilplan nimmt konkreten Bezug auf mindestens eine Kategorie von IT-Assets wie z. B. Betriebsinfrastruktur.
Strategisches IT-System	Eine grobe Planungseinheit für die strategische IT-Planung, die die Funktionalitäten für eine fachliche (Teil-)Domäne bereitstellt. Häufig hat das strategische IT-System noch keinen Namen und es wird stattdessen nur eine grobe strategische Aussage zum angestrebten Soll-Zustand, wie z. B. SAP im Geschäftsfeld A und Microsoft im Front-Office, oder auch nur eine strategische Vorgabe für eine fachliche oder technische Domäne, wie z. B. „Kauflösung“, gemacht.
Swimlane-Diagramm	Beschreibt, wie ein Geschäftsprozess end-to-end im Unternehmen abläuft. Es stellt die wesentlichen Teilprozesse und Aktivitäten in ihrer logisch zeitlichen Abfolge, die zwischen diesen übertragenen Informationen, die ausführenden Organisationseinheiten sowie die beteiligten externen Geschäftspartner dar. *Synonym:* erweiterte Prozesslandkarte
Synchroplan	Ein aus verschiedenen Plänen, z. B. von Projekten, konsolidierter „synchronisierter“ Plan, der sowohl die inhaltlichen als auch die zeitlichen Abhängigkeiten zwischen den Projekten berücksichtigt.

Szenario	Mögliche alternative Lösung, in der vorausschauend qualitativ und quantitativ die relevanten Aspekte und Randbedingungen abgebildet sowie Annahmen und Entwurfsentscheidungen getroffen werden. In der Regel werden irrelevante Aspekte ausgeblendet.
Tailoring	Bezeichnet die Anpassung oder Konfiguration von Bausteinen an die unternehmensspezifischen Anforderungen und Randbedingungen.
Taktische Ausrichtung	Die Planung und Steuerung erfolgt bei einer taktischen Ausrichtung in einem mittelfristigen Zeithorizont von einem bis drei oder fünf Jahre. Die Planung ist detaillierter als bei der strategischen Ebene, sie fokussiert aber zumeist nur die wesentlichen Bestandteile des Unternehmens oder der Aktivitäten.
Technische Bausteine	Liefern Informationen zur technischen Realisierung von Informationssystemen oder Schnittstellen. Die Standardisierung erfolgt über das Technologiemanagement.
Technische Bebauung	Macht Vorgaben für die technische Realisierung von Informationssystemen, Schnittstellen und Betriebsinfrastrukturbestandteilen. Eine technische Bebauung kann sowohl Referenzarchitekturen und Architekturmuster als auch IT-Produkte, Komponenten und Werkzeuge enthalten und in technische Domänen strukturiert sein.
Technische Domäne	Strukturiert den Blueprint, den Standardisierungskatalog für die technische Bebauung. Beispiele für technische Domänen sind „Datenbanken“, „Fachliche Standardsoftware“ oder „Laufzeitumgebungen“.
Technische Standardisierung	Beinhaltet alle Prozesse zur Planung und Steuerung der technischen Standardisierung, um die Flexibilität und Qualität durch adäquate Architekturen zu erhöhen und die Kosten durch technische Standardisierung (Prinzipien, Standardarchitekturen, Tools, Blueprints und Best-Practice-Beispiele) zu reduzieren. Im Rahmen des Technologiemanagements werden die unternehmensspezifischen IT-Standards wie z. B. Datenbanken für die Weiterentwicklung der IT-Landschaft vorgegeben. Dies ist ein wichtiger Input im IT-Bebauungsmanagement zur Steuerung der Verbauung der technischen Bausteine.
Themenbereich	Themenbereiche beschreiben die Kundenbedürfnisse auf höchster Ebene. Sie füllen die Investitionsthemen mit Inhalten, so dass diese grob abgeschätzt und priorisiert werden können. Jeder Themenbereich kann jeweils unabhängig bewertet und priorisiert werden. Die Umsetzung eines Themenbereichs erfolgt über Projekte oder Wartungsmaßnahmen in einem oder mehreren Releases eines oder mehrerer IT-Systeme. Der Inhalt eines Themenbereichs wird in der Regel in wenigen Sätzen oder Aufzählungspunkten beschrieben. Die verfolgten Ziele müssen dabei klar hervorgehen. Beispiele für Themenbereiche für das Investitionsthema „CRM“ sind „Geschäftspartnermanagement“, „Call-Center-Unterstützung“ und „Servicesteuerung“.

TCO (Total Cost of Ownership)	Bezeichnet alle anfallenden Kosten der Entwicklung, Nutzung und des Betriebs über die gesamte Lebensdauer.
Unternehmens-architektur (Enterprise Architecture)	Eine Unternehmensarchitektur (Enterprise Architecture) schafft eine gesamthafte Sicht auf das Unternehmen. Sie legt die wesentlichen fachlichen und IT-Strukturen fest und verknüpft sie miteinander. Auf dieser Basis lassen sich das Business und die IT und ihre Zusammenhänge beschreiben. Eine gemeinsame Sprachbasis, „eine Brücke“ zwischen Business und IT, wird geschaffen. So kann die strategische Weiterentwicklung von Business und IT aktiv gesteuert werden.
Unternehmens-planung	Ein systematisches und zukunftsorientiertes Durchdenken und Festlegen von Mitteln und Wegen zur Erreichung der Unternehmensziele (siehe [Kle00]). Die Ziele und Strategien des Unternehmens werden in Plänen dokumentiert, die häufig für die verschiedenen Geschäftseinheiten des Unternehmens in Einzelpläne und/oder Rahmenvorgaben heruntergebrochen werden. Auf Basis der Pläne und der gesetzten Rahmenbedingungen, wie z. B. Budgettöpfe oder eine Produktvision, kann das Unternehmen zielorientiert gesteuert werden, da sich die Zielerreichung durch einen Plan-Ist-Vergleich überprüfen lässt.
Unternehmens-steuerung	Vorgabe von Geschäftsmodell, Zielen und Leitplanken für das taktische und operative Management im Unternehmen und Sicherstellung von deren Umsetzung durch eine geeignete Organisation und Prozesse sowie Führung.
Unternehmens-strategie	Gibt das Geschäftsmodell, Organisation, Prozesse und Zielvorgaben für die Steuerung des Unternehmens vor. Es ist eine umfassende Beschreibung des Entscheidungsverhaltens der Unternehmensführung zur Sicherung zukünftiger Erfolgspotenziale. Obwohl sie sich von einem zukünftigen Erfolg ableitet, gibt sie den Weg vor, wie in der Gegenwart entschieden werden soll. Die Unternehmensstrategie gibt Antworten auf folgende essenzielle Fragen: „Wo stehen wir mit unserem Unternehmen? (Ist-Zustand)“, „Wo wollen wir hin? (Ziel- und Soll-Zustand)“ und „Wie kommen wir dorthin? (Weg zum Ziel)“ (siehe [Tie07]).
Unternehmens-strategie-entwicklung	Der Prozess zur Entwicklung oder Aktualisierung der Unternehmensstrategie.
Unterstützende Prozesse	Geschäftsprozesse zur Unterstützung der Kern- und Führungsprozesse zur Gewährleistung einer reibungslosen Leistungserbringung.
Use-Case	Beschreibt das nach außen hin für den Nutzer eines Systems sichtbare Verhalten.
User Experience	Das Kundenerlebnis ist die Summe der Erfahrungen, die ein Kunde bei der Begegnung und der Interaktion mit der Marke vor und nach dem Kauf von Produkten und Dienstleistungen über alle möglichen Berührungspunkte (Touchpoints) hat.

User Story	Eine in Alltagssprache gehaltene, möglichst in einem Satz formulierte Realisierungsanforderung. Eine User Story hat in der Regel eine Überschrift, anhand derer die User Story identifiziert wird. Eine bewährte „Standardform" für User Stories ist „As a <role>, I want <goal/desire> so that <benefit> ". Ein Beispiel für eine User Story: „Kundendaten im CRM-System: Als Verantwortlicher für Kundendaten möchte ich, dass die Daten eines registrierten Portalbenutzers in das CRM-System übernommen werden, damit diese an zentraler Stelle vorliegen."
Verantwortlichkeit	Dafür Sorge zu tragen, dass die Entwicklung des Verantwortungsbereichs im gewünschten Sinne verläuft (siehe www.wikipedia.org). Verantwortung besteht aus den drei untrennbaren Bestandteilen Aufgabe, Befugnis und Rechenschaftspflicht. Es ist also nicht möglich, für die Durchführung einer Aufgabe ohne die entsprechenden Befugnisse (z. B. Zeichnungsrecht, Weisungsrecht) verantwortlich zu sein (sog. Kongruenzprinzip). Ebenso bedeutet Verantwortung, dass aus falschem Handeln oder Nichthandeln Konsequenzen, wie z. B. Vertragsstrafen oder disziplinarische Strafen, erwachsen (siehe http://wirtschaftslexikon.gabler.de).
Verbauung	Bezeichnung für die Nutzung bzw. Verlinkung einer Bebauung mit einer anderen Bebauung. Beispiel: Bei der Pflege der IS-Bebauung oder bei der Bebauungsplanung wird die technische Bebauung genutzt, um Elemente daraus als technische Realisierung den Informationssystemen oder Schnittstellen zuzuordnen.
Verfahren	Ausführbare Vorschriften oder Anweisungen zur Anwendung von Methoden. Sie beschreiben einen konkreten Weg zur Lösung bestimmter Probleme oder Problemklassen.
Vertriebskanal	Vertriebskanäle, auch Absatzkanäle genannt, schaffen den Zugang zu Kunden für den Verkauf der Produkte und Dienstleistungen des Unternehmens. Beispiele für Vertriebskanäle sind der Direktvertrieb über unternehmenseigene Verkaufsniederlassungen (z. B. Outlets), der indirekte Vertrieb über den Handel oder der Vertrieb über das Internet, wie z. B. Self-Service-Portale. Als Multikanal-Vertrieb wird die gleichzeitige Nutzung mehrerer Vertriebskanäle wie Handel, Internet und Außendienst bezeichnet.
Virtual Reality (kurz: VR)	Eine computergenerierte Wirklichkeit, die nur virtuell existiert, in der man sich aber bewegen kann und die sich erfahren und erfühlen lässt.
Vision	Langfristig ausgerichtetes Zielbild, an dem sich sämtliche Aktivitäten orientieren. Eine Vision ist eine Wunschvorstellung, die die aktuelle Ausgangslage berücksichtigt, d. h. prinzipiell umsetzbar ist. Eine Vision dient als Leitgedanke für alle Beteiligten.
Vorhaben	Projekte, Programme oder Wartungsmaßnahmen, die als Ganzes geplant und gesteuert werden.

Wartung	Adressiert die Veränderung eines IT-Produkts nach dessen Auslieferung, um Fehler zu beheben, Performanz oder andere Attribute zu verbessern oder Anpassungen an die veränderte Umgebung vorzunehmen. (Definition gemäß IEEE 610.12-1990)
Wartungsmaßnahme	Ein „kleines“ Projekt, das in der Regel nicht in einer Projektorganisation, sondern selbstständig durch Wartungsverantwortliche durchgeführt wird. Für Wartungsmaßnahmen gelten im Vergleich zu Projekten geringere formale Auflagen in Bezug auf Planung und Steuerung. Projekte und Wartungsmaßnahmen werden häufig über den erwarteten Aufwand oder das zugewiesene Budget voneinander abgegrenzt. Unternehmensspezifisch kann z. B. festgelegt sein, dass bis zu einem Budget von 100.000 € ein Vorhaben als Wartungsmaßnahme durchgeführt wird, ab einem Budget von 100.000 € ist das Vorhaben als Projekt durchzuführen.
Wertbeitrag	Bezeichnet den Grad der Unterstützung des aktuellen Geschäfts.
Wertschöpfungskette	Gesamtheit der Primär- und Sekundärprozesse, die in einem Unternehmen zur Schaffung von Mehrwert beitragen (nach [Por85]). Mehrwert kann hierbei durch die Differenzierung am Markt oder aber durch die Verbesserung der Kostenstruktur erzielt werden. Konkret heißt dies: der Weg des gesamten Produkts bzw. der gesamten Dienstleistung vom Lieferanten über den Hersteller bis zum Endkunden (end-to-end).
Wissensmanagement	Beschäftigt sich mit dem Erwerb, der Konsolidierung, dem Transfer, der Speicherung sowie der Nutzung von Wissen.
Ziel	Bezeichnet einen in der Zukunft liegenden, gegenüber dem Gegenwärtigen im Allgemeinen veränderten, erstrebenswerten und angestrebten Zustand (Zielvorgabe). Ein Ziel ist somit ein definierter und angestrebter Endpunkt eines Prozesses, meist einer menschlichen Handlung. Mit dem Ziel ist häufig der Erfolg eines Projekts bzw. einer mehr oder weniger aufwendigen Arbeit markiert (siehe www.wikipedia.org).
Zuständigkeit	Legt Verantwortlichkeiten für Elemente wie z. B. Prozesse fest. Die Zuständigkeit kann in Form einer RACI (responsible, accountable, consulted, informed) festgelegt werden.

Abkürzungen

ADM	Architecture Development Method (TOGAF)
BPMN	Business Process Modeling Notation
CIO	Chief Information Officer
CMDB	Configuration Management Database
CMMI	Capability Maturity Modell Integration
CMS	Content Management System
COTS	Commercial-off-the-Shelf-Produkt
CRAMM	CCTA Risk Analysis and Management Method
CRUD	C-Create, R-Read, U-Update, D-Delete
C4ISR	Command, Control, Communications, Computers, Intelligence, Surveillance, and Reconnaissance
DMS	Dokumenten Management System
DoD	Department of Defense
DoDAF	Department of Defense Architecture Framework
DWH	Data Warehouse
EAI	Enterprise Application Integration
EAM	Enterprise Architecture Management
EPK	Ereignisgesteuerte Prozesskette (Kontext ARIS Prozessmodellierung siehe [Sch01])
ERP	Enterprise Resource Planning
ESB	Enterprise Service Bus
GfK	Gesetz über die Finanzkontrolle
HW	Hardware
IAF	Integrated Architecture Framework
IS	Informationssystem
ITIL	IT Infrastructure Library
JIT	Just in Time
JRE	Java Runtime Environment
LOC	Lines of Code
M&A	Mergers & Acquisitions

MSBA	Microsoft Services Business Architecture
NW	Netzwerk
OLA	Operating Level Agreement
OLAP	Online Analytical Processing
OLTP	Online Transaction Processing
PoC	Proof of Concept
SADT	Structured Analysis and Design Technique
SCM	Supply Chain Management
SLA	Service Level Agreement
SOA	Service Oriented Architecture
SOX	Sarbanes-Oxley Act
SPICE	Software Process Improvement and Capability Determination
SRM	Supplier Relationship Management
SWOT	Strength, Weakness, Opportunity, Threats
TAFIM	Technical Architecture Framework for Information Management
TCO	Total Cost of Ownership
TOGAF	The Open Group Architecture Framework
UC	Underpinning Contract
VAA	Versicherungs-Anwendungs-Architektur
VR	Virtual Reality

Literatur

[Abd00] *Aberdeen Group:* Enterprise Application Integration: Evolving to Meet e-Business Demands (Report), Feb. 2000

[Aca13] *Acatech:* „Umsetzungsempfehlungen für das Zukunftsprojekt Industrie 4.0", Forschungsunion, acatech 2013

[Aie04] *Aier, S.; Schönherr, M. (Hrsg.):* Enterprise Application Integration – Serviceorientierung und nachhaltige Architekturen. 1. Auflage. Gito, Berlin 2004

[Aie05] *Aier, S.; Schönherr, M. (Hrsg.):* Unternehmensarchitekturen und Systemintegration. 1. Auflage. Gito, Berlin 2005

[Ahl06] *Ahlrichs, F.; Knuppertz, Th.:* Controlling von Geschäftsprozessen. Prozessorientierte Unternehmenssteuerung umsetzen. 1. Auflage. Schäffer-Poeschel, 2006

[All05] *Allweyer, Th.:* Geschäftsprozessmanagement. 1. Auflage. W3L, Witten 2005

[Bae07] *Bär, M.; Krumm, R.; Wiehle, H.:* Unternehmen verstehen, gestalten, verändern. Das Graves-Value-System in der Praxis. 1. Auflage. Gabler, 2007

[Bal08] *Bals, L. (Autor); Jahns, Ch. (Hrsg.):* Sourcing of Services. International Aspects and Complex Categories. 1. Auflage. Gabler, 2008

[Bar12] *Barth, Stephan:* Kostensprung. Earned Value Analyse: Kostenkontrolle in agilen Projekten. iX 07/2012.

[Bas03] *Bass, L.; Clements, P.; Kazman, R.:* Software Architecture in Practice. 2. Auflage. Addison-Wesley Longman, Amsterdam 2003

[Bea09] *Bea, F. X.; Haas, J.:* Strategisches Management. 5. Auflage. UTB, Düsseldorf 2009

[Bei05] *Beimborn, D.; Martin, S.; Homann, U.:* Capability-orientated Modeling of the Firm. In: Proceedings of the IPSI 2005 Conference. Category: Proceedings. http://www.wiwi.de/publikationen/protected/CapabilityorientatedModelingoft1269.pdf. Registrierung erforderlich, zuletzt aufgerufen am 7.4.2010. Amalfi/Italien: IPSI 2005 Conference

[Ber03-1] *Bernhard, M. G.; Blomer, R.; Bonn, J. (Hrsg.):* Strategisches IT-Management – Bd. 1: Organisation – Prozesse – Referenzmodelle. Symposion Publishing, Düsseldorf 2003

[Ber03-2] *Bernhard, M. G.; Blomer, R.; Bonn, J. (Hrsg.):* Strategisches IT-Management – Bd. 2: Fallbeispiele und praktische Umsetzung. 1. Auflage. Symposion Publishing, Düsseldorf 2003

[Bie07] *Biethahn, J.; Huch, B. (Hrsg.):* Informationssysteme für das Controlling: Konzepte, Methoden und Instrumente zur Gestaltung von Controlling-Informationssystemen. 1. Auflage. Springer, Berlin 2007

[Bit11] *BITKOM:* Enterprise Architecture Management – neue Disziplin für die ganzheitliche Unternehmensentwicklung. BITKOM, 2011

[Blo06] *Blomer, R.; Mann, H.; Bernhard, M. G. (Hrsg.):* Praktisches IT-Management. Controlling, Kennzahlensysteme, Konzepte. 1. Auflage. Symposion Publishing, Düsseldorf 2006

[Boa99] *Boar, B. H.:* Constructing Blueprints for Enterprise IT Architectures. Wiley & Sons, USA 1999

[Boe04] *Böckle, G.; Knauber, P.; Pohl, K.; Schmid, K.:* Software-Produktlinien: Methoden, Einführung und Praxis. 1. Auflage. dpunkt.verlag 2004

[Bos00] *Bosch, J.:* Design and Use of Software Architectures: Adopting and Evolving a Product-Line Approach. 1. Auflage. Addison-Wesley Amsterdam 2000

[Bpm09] *European Association of Business Process Management (EABPM) (Hrsg.):* Business Process Management Common Body of Knowledge – BPM CBOK, Version 2.0. Dr. Götz Schmidt, Gießen 2009

[BRD16] *Bundesministerium für Wirtschaft und Energie:* Digitale Strategie 2025. www.de.digital.de

[Bre06] *Brenner, W.; Witte, Ch.:* Erfolgsrezepte für CIOs. Was gute Informationsmanager ausmacht. 1. Auflage. Hanser, München 2006

[Buc05] *Buchta, D.; Eul, M.; Schulte-Croonenberg, H.:* Strategisches IT-Management: Wert steigern, Leistung steuern, Kosten senken. 2. Auflage. Gabler, Wiesbaden 2005

[Buc07] *Buchsein, R.; Victor, F.; Günther, H.; Machmeier, V.:* IT-Management mit ITIL V3. 1. Auflage. Vieweg+Teubner, Wiesbaden 2007

[Bur04] *Burke, B.:* Enterprise Architecture or City Planning? http://techupdate.zdnet.com/techupdate/stories/main/Enterprise_Architecture_or_City_Planning.html

[Cam09] *Cameron, B.; Kalex, U.:* Webinar (Web Seminar) on Business Capability Management; Forrester Research & alfabet AG, Juni 2009; http://www.alfabet.de/news/veranstaltungen/webinar_driving_productive_it_investment

[Coc00] *Cockburn, A.:* Writing Effective Use Cases. Addison-Wesley Longman, Amsterdam 2000

[Coc06] *Cockburn, A.:* Agile Software Development: The Cooperative Game. Second Edition. Addison-Wesley Longman, Amsterdam 2006

[Coe03] *Coenenberg, A. G.; Salfeld, R.:* Wertorientierte Unternehmensführung – Vom Strategieentwurf zur Implementierung. 1. Auflage. Schäffer-Poeschel, Stuttgart 2003

[Coh04] *Cohn, M.:* User Stories Applied: For Agile Software Development. Addison-Wesley Longman, Amsterdam 2004

[Coh06] *Cohn, M.:* Agile Estimating and Planning. Prentice Hall, Upper Saddle River 2006

[Der09] *Dern, G.:* Management von IT-Architekturen. 3. Auflage. Vieweg+Teubner, Wiesbaden 2009

[Dic85] *Dickson, G. W.; Wetherbe, J. C.:* The Management of Information Systems. McGraw-Hill Professional, New York 1985

[Die06] *Dietrich, L.; Schirra, W.:* Innovationen durch IT – Erfolgsbeispiele aus der Praxis. 1. Auflage. Springer, Berlin 2006

[DOD04-1] *Department of Defence Architecture Framework Working Group:* DoD Architecture Framework Version 1.0, Volume I: Definitions and Guidelines. USA 2004

[DOD04-2] *Department of Defence Architecture Framework Working Group:* DoD Architecture Framework Version 1.0, Volume II: Product Descriptions. USA 2004

[Dom11] *Dombrowski, B.:* Business Capability Management – Gezielte Ausrichtung der Artefakte einer Unternehmensarchitektur. 2011. www.generate-value.com

[Dop02] *Doppler, K.; Lauterburg, Ch.:* Chance Management. Den Unternehmenswandel gestalten. 10. Auflage. Campus, Frankfurt 2002

[DMü11] *Donig, J.; Mühlbauer, S.:* Denn sie wissen nicht, was sie tun – den Überblick über agile Backlogs behalten. http://www.hood-group.com/uploads/tx_koproducts/donig_muehlbauer_OS_Agility_2011_k1.pdf (Download 2012-07-07)

[Dve16] *d.velop:* ITIL V3: Branchenatlas Digitale Transformation. https://www.d-velop.de/presse/studie-analysiert-grosse-branchenunterschiede-bei-der-digitalisierung/

[Ebe08] *Ebel, N.:* ITIL V3: Basis-Zertifizierung – Grundlagenwissen und Zertifizierungsvorbereitung für die ITIL Foundation-Prüfung. 1. Auflage. Addison-Wesley, München 2008

[Ebe10] *Ebert, Ch.:* Systematisches Requirements Engineering: Anforderungen ermitteln, spezifizieren, analysieren und verwalten. 3. Auflage. dpunkt.verlag, München 2010

[Eng08] *Engels, G.; Hess, A.; Humm, B.; Juwig, O.; Lohmann, M.; Richter, J.-P.:* Quasar Enterprise: Anwendungslandschaften serviceorientiert gestalten. 1. Auflage. dpunkt.verlag, Heidelberg 2008

[Eva03] *Evans, E.:* Domain-Driven Design: Tackling Complexity in the Heart of Software. Addison-Wesley Longman, Amsterdam 2003

[Fel08] *Feldbrügge, R.; Brecht-Hadraschek, B.:* Prozessmanagement leicht gemacht: Geschäftsprozesse analysieren und gestalten. 2. Auflage. Redline, München 2008

[Fer05] *Ferstl, O. K.; Sinz, E. J.; Eckert, S. (Hrsg.); Isselhorst, T.:* Wirtschaftsinformatik 2005: eEconomy, eGovernment, eSociety. S. 627–646. 1. Auflage. Physica, Heidelberg 2005

[Fis10] *Fischermanns, G.:* Praxishandbuch Prozessmanagement. 9. Auflage. Götz Schmidt, Gießen 2010 (ibo Schriftenreihe Band 9)

[Foe05] *Foegen, M.:* Architektur und Architekturmanagement – Modellierung von Architekturen und technisches Architekturmanagement in der Software-Organisation. wibas GmbH, Darmstadt 2005, http://www.wibas.de/e20/e2695/e52/e915/architekturundarchitekturmanagement_de.pdf

[Foe08] *Foegen, M.; Solbach, M.; Raak, C.:* Der Weg zur professionellen IT. Eine praktische Anleitung für das Management von Veränderungen mit CMMI, ITIL oder SPICE. 1. Auflage. Springer, Heidelberg 2008

[Fre10] *Freund, J.; Rücker, B.:* Praxishandbuch BPMN 2.0. 2. Auflage. Hanser, München 2010

[Frö07] *Fröhlich, M.; Glasner, K.:* IT-Governance – Leitfaden für eine praxisgerechte Implementierung. 1. Auflage. Gabler, Wiesbaden 2007

[Gad07] *Gadatsch, A.:* Grundkurs Geschäftsprozess-Management. Methoden und Werkzeuge für die IT-Praxis: Eine Einführung für Studenten und Praktiker. 5., verbesserte und erweiterte Auflage. Vieweg, Wiesbaden 2007

[Gar05] *Gartner Research Publication,* G00128285, Juni 2005; Audrey Apfel, Gartner Symposium/ITxpo 2005

[Gar08] *Gartner Research Publication,* November 2008; Cannes, France, Symposium/ITxpo 2008

[Gar10] *Gartner Research Publication,* November 2010; Cannes, France, Symposium/ITxpo 2010

[Gau09] *Gausemeier, J.; Plass, Ch.; Wenzelmann, Ch.:* Zukunftsorientierte Unternehmensgestaltung – Strategien, Geschäftsprozesse und IT-Systeme für die Produktion von morgen. 1. Auflage. Hanser, München 2009

[Ges01] *Gesamtverband der Deutschen Versicherungswirtschaft e. V. (GDV):* Die Anwendungsarchitektur der deutschen Versicherungswirtschaft (VAA). http://www.gdv-online.de/vaa/

[Glo11] *Gloger, B.:* Scrum: Produkte zuverlässig und schnell entwickeln. Mit beigehefteter Scrum-Checkliste 2010. 3. Auflage. Hanser, München 2011

[GPM03] *GPM Deutsche Gesellschaft für Projektmanagement e. V.:* Projektmanagement Fachmann. 7. Auflage. RKW, Eschborn 2003

[Gre15] *Greenleaf, Robert K.:* The Servant als Leader. The Greenleaf Center of Servant Leadership. 1. Auflage, 2015

[Rie11] *Ries, R.:* The Lean Startup: How Constant Innovation Creates Radically Successful Businesses. Portfolio Penguin. 1. Auflage, 2011

[Gui03] *Guiney, E.; Kulak, D.; Lavkulich, E.:* Use Cases: Requirements in Context. 2. Auflage. Addison-Wesley Longman, Amsterdam 2003

[Gün09] *Günterberg, B.:* 2003 Unternehmensgrößenstatistik – Unternehmen, Umsatz und sozialversicherungspflichtige Beschäftigte 2004 bis 2009 in Deutschland, Ergebnisse des Unternehmensregisters (URS 95). Publikation des Instituts für Mittelstandsforschung, Bonn 2009

[Haf04] *Hafner, M.; Schelp, J.; et al.:* Technisches Architekturmanagement als Basis effizienter und effektiver Produktion von IT-Services. HMD 41 (237), S. 54–66, 2004

[Han09] *Hanschke, I.:* Bauplan für eine SOA-Landschaft. In: IT-Management, Mai 2009

[Han13] *Hanschke, I.:* Strategisches Management der IT-Landschaft – Ein praktischer Leitfaden für das Enterprise Architecture Management. 3. Auflage. Hanser, München 2013

[Han14] *Hanschke, I.:* Lean IT-Management – einfach und effektiv. 1. Auflage. Hanser, München 2014

[Han16] *Hanschke, I.:* Enterprise Architecture Management – einfach und effektiv. 2. Auflage. Hanser, München 2016

[Han17] *Hanschke, I.:* Agile in der Unternehmenspraxis. 1. Auflage. Springer, 2017

[HGG15] *Hanschke, I.; Giesinger, G.; Goetze, D.:* Business-Analyse – einfach und effektiv. 2. Auflage. Hanser, München 2015

[Hei01] *Heilmann, H. (Hrsg.):* Strategisches IT-Controlling. 1. Auflage. dpunkt.verlag, Heidelberg 2001

[Hei09] *Heinrich, L. J.; Stelzner, D.:* Informationsmanagement: Grundlagen, Aufgaben, Methoden. 9. Auflage. Oldenbourg, München 2009

[Her06] *Herzwurm, G. (Hrsg.):* IT – Kostenfaktor oder strategische Waffe? Geschäftsziele und IT in Einklang bringen. 1. Auflage. Lemmens, Bonn 2006

[Hes92] *Hesse, W.; Merbeth, G.; Frölich, R.:* Software-Entwicklung – Vorgehensmodelle, Projektführung, Produktverwaltung. Handbuch der Informatik, Band 5.3, Oldenbourg 1992

[HGG12] *Hanschke, I.; Giesinger G.; Goetze, D.:* Business Analyse – einfach und effektiv: Geschäftsanforderungen verstehen und in IT-Lösungen umsetzen. Hanser, München 2012

[Hir11] *Hirzel, M.; Seldmayer, M.; Alter. W.:* Projektportfolio-Management: Strategisches und operatives Multi-Projektmanagement. 3. Auflage. Gabler 2011

[HLo12] *Hanschke, I.; Lorenz, R.:* Strategisches Prozessmanagement – einfach und effektiv: Ein praktischer Leitfaden. Hanser, München 2012

[Hof10] *Hofmann, J.; Schmidt, W. (Hrsg.):* Masterkurs IT-Management: Grundlagen, Umsetzung und erfolgreiche Praxis für Studenten und Praktiker. 2. Auflage. Vieweg + Teubner 2010

[Hor02] *Horn, E.; Reinke, T.:* Softwarearchitektur und Softwarebauelemente. Eine Einführung für Softwarearchitekten. Hanser, München 2002

[Hor12] *Horváth, P.; Gleich, R.; Voggenreiter, D.:* Controlling umsetzen: Fallstudien, Lösungen und Basiswissen. 5. Auflage. Schäffer-Poeschel 2012

[Hrb10] *Hruby, P.:* Model-Driven Design Using Business Patterns. Springer, Berlin Heidelberg 2010

[Hru06] *Hruschka, P.; Starke, G.:* Praktische Architekturdokumentation: Wie wenig ist genau richtig? In: OBJEKTspektrum, Nr. 1, S. 52–57, 2006

[IIBA09] *International Institute of Business Analysis*: A Guide to the Business Analysis Body of Knowledge® (BABOK® Guide). Version 2.0. Toronto 2009

[IEE00] *ANSI/IEEE Std 1471:* Recommended Practice for Architectural Descriptions of Software-Intensive Systems. http://www.iso-architecture.org/ieee-1471/

[IFE05] *Institute For Enterprise Architecture Developments:* Trends in Enterprise Architecture 2005: How are Organizations Progressing? http://www.ea-consulting.com/Reports/Enterprise%20Architecture%20Survey%202005%20IFEAD%20v10.pdf

[IGI08] *IT Governance Institute:* CobiT 4.1. http://www.isaca.org/Knowledge-Center/Research/ResearchDeliverables/Pages/COBIT-4-1.aspx (Download 2008-01-03)

[ISA13] *IT Governance Institute:* CobiT 5. http://www.isaca.org/cobit (Download 2013-02-02)

[itS08] *itSMF und ISACA:* Praxishandbuch. ITIL-COBIT-Mapping. Gemeinsamkeiten und Unterschiede der IT-Standards. 1. Auflage. Symposion Publishing, Düsseldorf 2008

[Jac11] *Jacobson, I.; Spence, I.; Bittner, K.:* USE-CASE 2.0. The Guide to Succeeding with Use Cases. Ivar Jacobson International SA, 12/2011. http://www.ivarjacobson.com/download.ashx?id=1282

[Joh11] *Johannsen, W.; Goeken, M.:* Referenzmodelle für IT-Governance. Strategische Effektivität und Effizienz mit COBIT, ITIL & Co. 2. Auflage. dpunkt.verlag, Heidelberg 2011

[Kag06] *Kagermann, H.; Österle, H.:* Geschäftsmodelle 2010 – Wie CEOs Unternehmen transformieren. 1. Auflage. Frankfurter Allgemeine Buch, Frankfurt 2006

[Kel06] *Keller, W.:* IT-Unternehmensarchitektur. Von der Geschäftsstrategie zur optimalen IT-Unterstützung. 1. Auflage. dpunkt.verlag, Heidelberg 2006

[Ker08] *Kerth, K.; Asum, H.:* Die besten Strategietools in der Praxis. Welche Werkzeuge brauche ich wann? Wie wende ich sie an? Wo liegen die Grenzen. 3. Auflage. Hanser, München 2008

[Keu08] *Keuper, F.; Schomann, M.; Grimm, R. (Hrsg.):* Strategisches IT-Management. Management von IT und IT-gestütztes Management. 1. Auflage. Gabler, Wiesbaden 2008

[Kle00] *Klenger, F.:* Operatives Controlling. 5. Auflage. Oldenbourg. München 2000

[Klu06] *Kluge, C.; Dietzsch, A.; Rosemann, M.:* Conference Proceedings of the 14th European Conference on Information Systems, Göteborg, Sweden 2006. How to realise Corporate Value from Enterprise Architecture. (siehe de.wikipedia.org/wiki/Unternehmensarchitektur)

[Kra04] *Krafzig D.; Banke, K.; Slama, D.:* Enterprise SOA: Service Oriented Architecture Best Practices. Prentice Hall, 2004

[Krc05] *Krcmar, H.:* Informationsmanagement. 4. Auflage. Springer, Berlin 2005

[Krc90] *Krcmar, H.:* Bedeutung und Ziele von Informationssystem-Architekturen. Wirtschaftsinformatik 32 (5), S. 395–402, 1990

[Krc09] *Krcmar, H.:* Informationsmanagement, 5. Auflage, Springer, Berlin 2009

[Krü03] *Krüger, S.; Seelmann-Eggebert, J.:* IT-Architektur-Engineering – Systemkomplexität bewältigen und Kosten senken. 1. Auflage. Galileo, Bonn 2003

[Küt06] *Kütz, M.:* IT-Steuerung mit Kennzahlensystemen. 1. Auflage. dpunkt.verlag, Heidelberg 2006

[Küt07] *Kütz, M.:* Kennzahlen in der IT – Werkzeuge für Controlling und Management. 2. Auflage. dpunkt.verlag, Heidelberg 2007

[Küt11] *Kütz, M.:* Kennzahlen in der IT – Werkzeuge für Controlling und Management. 4. Auflage. dpunkt.verlag, Heidelberg 2011

[KüM07] *Kütz, M.; Meier, A. (Hrsg.).:* IT-Controlling. 1. Auflage. dpunkt.verlag, HMD Heft 254, Heidelberg, April 2007

[Kuh11] *Kuhrmann, M.; Ternité, T.; Friederich, J.:* Das V-Modell® XT anpassen: Anpassung und Einführung kompakt für V-Modell® XT Prozessingenieure. 1. Auflage. Springer, Berlin Heidelberg 2011

[Lan05] *Lankhorst, M.:* Enterprise Architecture at Work. Modelling, Communication and Analysis. 1. Auflage. Springer, Heidelberg 2005

[Lan11] *Lang, M.; Amberg, M.:* Erfolgsfaktor IT-Management: So steigern Sie den Wertbeitrag Ihrer IT. 1. Auflage. Symposion Publishing GmbH, Düsseldorf 2011

[Lef11] *Leffingwell, D.:* Agile Software Requirements – Lean Requirements Practices for Teams, Programs, and the Enterprise. 1. Auflage. Addison-Wesley 2011

[Lit05] *Litke, H.-D.:* Projektmanagement – Handbuch für die Praxis. Konzepte – Instrumente – Umsetzung. 1. Auflage. Hanser, München 2005

[Luf00] *Luftman, J. N.:* Assessing Business-IT Alignment Maturity. In: Communications of the Association for Information Systems 4 (2000), Dezember 2000

[Mai05] *Maizlish, B.; Handler, R.:* IT Portfolio Management Step-by-Step. 1. Auflage. Wiley & Sons, USA 2005

[Mar00] *Marty, R.:* Wertorientierte IT-Governance. 1. Auflage. Springer, Berlin 2000

[Mas05] *Masak, D.:* Moderne Enterprise Architekturen. 1. Auflage. Springer, Berlin 2005

[Mas06] *Masak, D.:* IT-Alignment: IT-Architektur und Organisation (Xpert.Press). 1. Auflage. Springer, Berlin 2006

[Mat04-1] *Matthes, F.; Wittenburg, A.:* Softwarekarten zur Visualisierung von Anwendungssystemlandschaften und ihren Aspekten – Eine Bestandsaufnahme. Technische Universität München, Fakultät für Informatik, Lehrstuhl für Informatik 19 (sebis), Technischer Bericht, 2004

[Mat04-2] *Matthes, F.; Wittenburg, A.:* Softwarekartographie: Visualisierung von Anwendungslandschaften und ihren Schnittstellen. Technische Universität München, Fakultät für Informatik, Lehrstuhl für Informatik 19 (sebis), Technischer Bericht, 2004

[Mat11] *Matthes, D.:* Enterprise Architecture Frameworks Kompendium. Springer, Heidelberg 2011

[May90] *Mayring, P.:* Qualitative Inhaltsanalyse. Grundlagen und Techniken. Weinheim, Neuausgabe, 2. Auflage, 1990.

[Mey03] *Meyer, M.; et al.:* IT-Governance: Begriff, Status quo und Bedeutung. Wirtschaftsinformatik 45, S. 445–448, 2003

[Mic07] *Microsoft:* Microsoft Services Business Architecture (MSBA) – Getting Started with SOA, 2007

[Min05] *Mintzberg, H.; et al.:* Strategy Safari. Eine Reise durch die Wildnis des strategischen Managements. 1. Auflage. Redline Wirtschaft. Heidelberg 2005

[MIT03] *MIT Sloan School Center:* MIT Sloan School for Information Systems Research (CISR), 2003

[Mol10] *Moldaschl, M.:* Das Elend des Kompetenzbegriffs – Kompetenzkonstrukte in der aktuellen Unternehmenstheorie. Erschienen in: *M. Stephan; W. Kerber; T. Kessler; M. Lingenfelder (Hrsg.):* 25 Jahre ressourcen- und kompetenzorientierte Forschung. Wiesbaden. Gabler No. 3/2010, S. 3–40.

[Mül11-1] *Müller-Stewens, G.; Lechner, Ch.:* Strategisches Management – Wie strategische Initiativen zum Wandel führen. 4. Auflage. Schäffer-Poeschel, Stuttgart 2011

[Mül11-2] *Müller, A.; Schöder, H.; von Thienen, L.:* Lean IT-Management: Was die IT aus Produktionssystemen lernen kann. 1. Auflage. Gabler, Wiesbaden 2011

[Nie05] *Niemann, K. D.:* Von der Unternehmensarchitektur zur IT-Governance. 1. Auflage. Vieweg+Teubner, Wiesbaden 2005

[Oes08] *Oestereich, B.; Weiss, C.:* APM – Agiles Projektmanagement. Erfolgreiches Timeboxing für IT-Projekte. dpunkt.verlag, Heidelberg 2008

[Oes09] *Oestereich, B.:* Die UML Kurzreferenz 2.3 für die Praxis. Oldenburg, München 2009

[Omg11] *Object Management Group:* Business Process Model and Notation (BPMN). Version 2.0. OMG, 2011. http://www.omg.org/cgi-bin/doc?formal/11-01-03.pdf

[Ost06] *Osterloh, M.; Fros, J.:* Prozessmanagement als Kernkompetenz. Wie Sie Business Reengineering strategisch nutzen können. 5. Auflage. Gabler, Wiesbaden 2006

[Ost11] *Osterwalder, A.:* Business Model Generation: Ein Handbuch für Visionäre, Spielveränderer und Herausforderer. 1. Auflage. Campus, 2011

[Pax10] *Paxmann, S.; Fuchs, G.:* Der unternehmensinterne Businessplan: Neue Geschäftsmöglichkeiten entdecken, präsentieren, durchsetzen. 2. Auflage. Campus, 2010

[Pey07] *Peyret, H.:* The Forrester Wave™: Enterprise Architecture Tools, Q2 2007. http://www.metastorm.com/library/reports/AR_PV_Forrester_Wave_EA_Q207.pdf

[Pfe14] *Pfeffer, T.; Schmitt, R.; Masing, W.:* Handbuch Qualitätsmanagement. 6. Auflage. Hanser, München 2014

[Pla16] *Plattform Industrie 4.0 und ZVEI:* Referenzarchitekturmodell Industrie 4.0 (RAMI 4.0). https://www.plattform-i40.de/I40/Redaktion/DE/Downloads/Publikation/rami40-eine-einfuehrung.html, 2016

[Poh08] *Pohl, K.:* Requirements Engineering: Grundlagen, Prinzipien, Techniken. 2. Auflage. dpunkt.verlag Heidelberg 2008

[Por85] *Porter, M.; Millar, V. E.:* How information gives you competitive advantage. In: Harvard Business Review. 63. Jg., 1985, Nr. 4, S. 149–160.

[Rat08] *Rattay, G.; Patzak, G.:* Projektmanagement: Leitfaden zum Management von Projekten, Projektportfolios und projektorientierten Unternehmen. 5. Auflage. Linde Verlag, 2008

[Rei09] *Reinheimer, S. (Hrsg.):* Prozessmanagement. Praxis der Wirtschaftsinformatik. HMD. Heft 266. April 2009. dpunkt.verlag, Heidelberg 2009

[Res11] *Resch, O.:* Einführung in das IT-Management: Grundlagen, Umsetzung, Best-Practice. 2. Auflage. Erich Schmidt, Berlin 2011

[Rob06] *Robertson, S.; Robertson, J.:* Mastering the Requirements Process. Second Edition. Pearson Education, Boston 2006

[Rob16] *Robertson, B.:* Holacracy: Ein revolutionäres Management-System für eine volatile Welt. 1. Auflage. Vahlen, 2016

[Rog95] *Rogers, E. M.:* Diffusion of Innovations. 4. Auflage. The Free Press, New York 1995

[Rom07] *Romeike, F.:* Rechtliche Grundlagen des Risikomanagements: Haftungs- und Strafvermeidung für Corporate. 1. Auflage. Schmidt, Berlin 2007

[Rüt06] *Rüter, A.; Schröder, J.; Göldner, A.:* IT-Governance in der Praxis. 1. Auflage. Springer, Berlin 2006

[Rup07] *Rupp, Ch.; Queins, S.; Zengler, B.:* UML 2 glasklar. Praxiswissen für die UML-Modellierung. 3. Auflage. Hanser, 2007

[Rup09] *Rupp, Ch.:* Requirements-Engineering und -Management: Professionelle, iterative Anforderungsanalyse für die Praxis. 5. Auflage. Hanser, München 2009

[SAP12-1] *SAP Enterprise Service* Workplace. https://www.sap.com/cmp/oth/crm-xm14-tec-dev-tr09/index.html

[SAP12-2] *SAP Library* – Glossar. Englische Version: http://help.sap.com/saphelp_glossary/en/index.htm

Deutsche Version: http://help.sap.com/saphelp_glossary/de/index.htm

[Sch01] *Scheer, A.-W.:* ARIS – Modellierungsmethoden, Metamodelle, Anwendungen. 4. Auflage. Springer, Berlin 2001

[Sch04] *Schönherr, M.:* Enterprise Architecture Frameworks. In: *Aier, S.; Schönherr, M. (Hrsg.):* Enterprise Application Integration – Serviceorientierung und nachhaltige Architekturen. 1. Auflage. Gito, Berlin 2004

[Sch07] *Schönherr, M.:* Erarbeitung von Blueprints mit Architekturframeworks. Technische Universität Berlin, 2007

[Sch09] *Dr. Schmidt, G.:* Organisation und Business-Analysis – Methoden und Techniken. 14. Auflage. Dr. Götz Schmidt, Gießen 2009

[Sch10] *Schmelzer, H. J.; Sesselmann, W.:* Geschäftsprozessmanagement in der Praxis. Kunden zufrieden stellen. Produktivität steigern. Wert erhöhen. 7. Auflage. Hanser, München 2010

[Sea03] *Seacord, R. C.; Plakosh, D.; Lewis, G. A.:* Modernizing Legacy Systems: Software, Technologies, Engineering Processes, and Business Practices. 1. Auflage. Addison-Wesley, Boston 2003

[Seb08] *Sebis: Matthes, F.; Buckl, S.; Schweda, Ch. M.:* Enterprise Architecture Management Tool Survey 2008. 1. Auflage. Sebis, 2008

[Sei11] *Seidl, J.:* Multiprojektmanagement: Übergreifende Steuerung von Mehrprojektsituationen durch Projektportfolio- und Programmmanagement. 1. Auflage. Springer, Berlin Heidelberg 2011

[Sek05] *Sekatzek, P.:* Visualisierung von IT-Bebauungsplänen in Form von Softwarekarten – Konzeption und prototypische Umsetzung. Technische Universität München, Fakultät für Informatik, Masterarbeit 2005

[Ses07] *Sesselmann, W.; Schmelzer, H. J.:* Geschäftsprozessmanagement in der Praxis. Kunden zufrieden stellen, Produktivität steigern, Wert erhöhen: Kunden zufrieden stellen. 6. Auflage. Hanser, München 2007

[Sie02] *Siedersleben, J. (Hrsg.):* Standardarchitektur der Informationssysteme bei sd&m, München 2002

[Sha98] *Shapiro, Carl; Varian, Hal R.:* Information Rules – A Strategic Guide to Network Economy. Harvard Business Review Press, 1998

[Skk04] *Schekkerman, J.:* How to survive in the Jungle of Enterprise Architecture Frameworks. 2. Auflage. Trafford Publishing, Canada 2004

[Sla11] *Slama, D.; Nelius, R.:* Enterprise BPM. Erfolgsrezepte für unternehmensweites Prozessmanagement. 1. Auflage. Heidelberg 2011

[Sow92] *Sowa, J. F. L; Zachman J. A.:* Extending and Formalizing the Framework for Information Systems Architecture. In: IBM Systems Journal. Vol. 31, No. 3, S. 590–616, 1992

[Sta09] *Starke, G.:* Effektive Software-Architekturen – Ein praktischer Leitfaden. 4. Auflage. Hanser, München 2008

[Ste05] *Müller-Stewens, G.; Lechner, Ch.:* Strategisches Management. 2. Auflage. Schäffer-Poeschel, Stuttgart 2005

[Tie07] *Tiemeyer, E.:* Handbuch IT-Management. Konzepte, Methoden, Lösungen und Arbeitshilfen für die Praxis. 2. Auflage. Hanser, München 2007

[Toe09] *Töpfer, A.:* Lean Six Sigma. Erfolgreiche Kombination von Lean Management, Six Sigma und Design for Six Sigma. 1. Auflage. Springer, Berlin Heidelberg 2009

[TOG01] *The Open Group:* Other Architectures and Architectural Frameworks. The Open Group 2001. http://www.opengroup.org/architecture/togaf7-doc/arch/p4/others/others.htm (Download 2007-05-07)

[TOG03] *The Open Group:* TOGAF™ (The Open Group Architecture Framework) Version 8.1 „Enterprise Edition“. The Open Group 2003

[TOG07] *The Open Group:* Downloading TOGAF™ Version 8 „Enterprise Edition“. The Open Group 2007. http://www.opengroup.org/architecture/togaf8/downloads.htm (Download 2007-05-07)

[TOG08] *The Open Group:* TOGAF™ Version 8.1.1 „Enterprise Edition“. http://www.opengroup.org/architecture/togaf (Download 2008-01-03)

[TOG09] *The Open Group:* TOGAF™ Version 9. 1. Auflage. Van Haren Publishing, 2009

[UML11-1] *Object Management Group:* OMG Unified Modeling Language (OMG UML), Infrastructure Version 2.4.1. OMG, 2011. https://www.omg.org/spec/

[UML11-2] *Object Management Group:* OMG Unified Modeling Language (OMG UML), Superstructure Version 2.4.1. OMG, 2011. https://www.omg.org/spec/

[Vah05] *Vahs, D.:* Organisation. Einführung in die Organisationstheorie und -praxis. 5. Auflage. Schäffer Poeschel, Kornwestheim 2005

[VDM15] *VDMA:* Leitfaden Industrie 4.0. Orientierungshilfe zur Einführung in den Mittelstand. VMDA-Verlag 2015

[Vog05] *Vogel, O.; Arnold, I.; Chughtai, A.; Ihler, E.; Mehlig, U.; Neumann, T.; Völter, M.; Zdun, U.:* Software-Architektur. Grundlagen – Konzepte – Praxis. 1. Auflage. Spektrum Akademischer Verlag, München 2005

[War02] *Ward, J.; Peppard, J.:* Strategic Planning for Information Systems. 3. Auflage. Wiley & Sons, USA 2002

[Wei04] *Weill, P.; Ross, J. W.:* IT Governance – How Top Performers Manage IT Decision Rights for Superior Results. McGraw-Hill Professional, New York 2004

[Wei06] *Weill, P.; Ross, J. W.; Robertson, D. C.:* Enterprise Architecture as a Strategy. McGraw-Hill Professional, New York 2006

[Win03] *Winter, R.:* Methodische Unterstützung der Strategiebildung im Retail Banking. In: BIT – Banking and Information Technology, Nr. 2, S. 49–58, 2003

[Win08] *Aier, S.; Kurpjuweit, S.; Schmitz, O.; Schulz, J.; Thomas, A.; Winter, R.:* An Engineering Approach to Enterprise Architecture Design and its Application at a Financial Service Provider, 2008

[Win11] *Winter, R.:* Business Engineering Navigator: Gestaltung und Analyse von Geschäftslösungen „Business-to-IT“. 1. Auflage. Springer, Berlin Heidelberg, 2011

[Wol10] *Wolf, H.; van Solingen, R.; Rustenburg, E.:* Die Kraft von Scrum: Inspiration zur revolutionärsten Projektmanagement-Methode. 1. Auflage. Addison-Wesley, München 2010

[Zac08] *The Zachman Institute for Framework Advancement:* Mission Statement and Zachman Framework. http://www.zifa.com (Download 2008-01-03)

[Zac87] *Zachman, J.:* A Framework for Information Systems Architecture. In: IBM Systems Journal, Vol. 26, No. 3, S. 277–293, 1987

[Zin04] *Zink, K. J.:* TQM als integriertes Managementkonzept. Das EFQM Excellence Modell und seine Unterstützung. 1. Auflage. Hanser, München 2004

Stichwortverzeichnis